*Kaplan*
Computeralgebra

T0233427

Michael Kaplan

# Computeralgebra

Mit 30 Abbildungen

 Springer

*Dr. Michael Kaplan*
Zentrum Mathematik der TU München
Boltzmannstr. 3
85747 Garching
Deutschland
*e-mail:* kaplan@ma.tum.de

Mathematics Subject Classification (2000): 68W30

Bibliografische Information Der Deutschen Bibliothek

Die Deutsche Bibliothek verzeichnet diese Publikation in der Deutschen Nationalbibliografie;
detaillierte bibliografische Daten sind im Internet über http://dnb.ddb.de abrufbar.

ISBN 3-540-21379-1 Springer Berlin Heidelberg New York

Dieses Werk ist urheberrechtlich geschützt. Die dadurch begründeten Rechte, insbesondere die der
Übersetzung, des Nachdrucks, des Vortrags, der Entnahme von Abbildungen und Tabellen, der Funk-
sendung, der Mikroverfilmung oder der Vervielfältigung auf anderen Wegen und der Speicherung in
Datenverarbeitungsanlagen, bleiben, auch bei nur auszugsweiser Verwertung, vorbehalten. Eine Vervielfältigung dieses Werkes oder von Teilen dieses Werkes ist auch im Einzelfall nur in den Grenzen der
gesetzlichen Bestimmungen des Urheberrechtsgesetzes der Bundesrepublik Deutschland vom 9. September 1965 in der jeweils geltenden Fassung zulässig. Sie ist grundsätzlich vergütungspflichtig. Zuwi-
derhandlungen unterliegen den Strafbestimmungen des Urheberrechtsgesetzes.

Springer ist ein Unternehmen der Springer Science+Business Media
springer.de

© Springer-Verlag Berlin Heidelberg 2005

Die Wiedergabe von Gebrauchsnamen, Handelsnamen, Warenbezeichnungen usw. in diesem Werk be-
rechtigt auch ohne besondere Kennzeichnung nicht zu der Annahme, daß solche Namen im Sinne der
Warenzeichen- und Markenschutz-Gesetzgebung als frei zu betrachten wären und daher von jedermann
benutzt werden dürften.

Einbandgestaltung: *design & production GmbH*, Heidelberg
Herstellung: LE-TEX Jelonek, Schmidt & Vöckler GbR, Leipzig
Satz: Reproduktionsfertige Vorlage vom Autor
Gedruckt auf säurefreiem Papier          44/3142YL-5 4 3 2 1 0

Für Claudia

# Vorwort

Schon seit den 50-er Jahren versucht man, neben rein numerischen Rechnungen auch algebraische Umformungen mit Computern zu erledigen. Herausgekommen sind dabei kleine und große Computeralgebra-Systeme, in denen teilweise Hunderte von Mann-Jahren Entwicklung und eine ungeheure mathematische Expertise stecken. Deshalb bringt es nicht nur viel, wenn man mit solch einem Programm arbeitet, sondern es lohnt sich auch hinter die Kulissen zu schauen.

Das vorliegende Buch stellt deshalb einige dieser Systeme vor und zeigt an Beispielen deren Leistungsfähigkeit. Grundlegende Techniken, wie etwa das Rechnen mit großen ganzen Zahlen oder Polynomen, werden untersucht. Dabei zeigt sich, dass man oft für ein Problem mehrere Algorithmen braucht, weil diese ganz verschiedene Stärken haben. Die Algorithmen werden begründet, oft in einer Pseudoprogrammiersprache dargestellt, die sich nicht in technischen Details verliert, und analysiert. Dies wird begleitet von vielen durchgerechneten Beispielen.

Oftmals stellt es sich heraus, dass vermeintliche Umwege über andere mathematische Strukturen der schnellste Weg sind, z.B. wenn für die Faktorisierung ganzzahliger Polynome in endlichen Körpern gerechnet wird. Da dies algebraische Kenntnisse erfordert, werden die nötigen Grundlagen möglichst kurz und ohne Beweise eingeführt, so dass Kenntnisse der linearen Algebra zum Verständnis ausreichen sollten. Sicher nützlich sind außerdem Erfahrungen mit einer Programmiersprache.

Die ersten 4 Kapitel stellen die Grundlagen bereit. Die folgenden Kapitel sind weitestgehend unabhängig voneinander und können auch einzeln oder in anderer Reihenfolge gelesen werden. Bei den vielen enthaltenen Beispielen wäre es von Vorteil, wenn man diese selber (am besten mit einem Computeralgebra-System seiner Wahl) durchrechnet und variiert.

Der vorliegende Text basiert auf Vorlesungen und Seminaren, die ich zwischen den Jahren 1997 und 2004 am Zentrum Mathematik der TU München für Informatiker und Mathematiker (meist im Hauptstudium) angeboten habe. So sind auch die genannten Studenten die Hauptzielgruppe dieses Buches. Ansonsten sollen alle jene angesprochen werden, die sich für algebraischen Algorithmen interessieren, etwa Ingenieure, die Anwendungen in der Codierungstheorie, Kryptographie oder benachbarten Fächern haben.

München, im Sommer 2004                                                    M. Kaplan

# Inhalt

# 1 Einleitung

## 1.1 Was ist Computeralgebra?

In der älteren Geschichte der Mathematik und insbesondere nach Einführung der Differentialrechnung durch Newton und Leibniz wurde eine große Anzahl mathematischer Probleme durch aufwändige, und zu einem großen Teil algebraische, Berechnungen gelöst. So festigte etwa Gauß im Alter von 24 Jahren (1801) seinen Ruf als herausragender Mathematiker durch die Berechnung der Bahngleichungen des gerade entdeckten (aber ziemlich unbedeutenden) Planetoiden Ceres.

Das wohl bekannteste Beispiel für solch komplizierte algebraische Umformungen lieferte der französische Astronom Charles E. Delaunay: Im Jahre 1847 begann er die Berechnung der Bahn des Mondes aus dem Newtonschen Gravitationsgesetz. So einfach die Lösung des Zweikörper-Problems Erde-Mond ist (1. Semester Physik), so kompliziert wird es, wenn man den Einfluss der Sonne noch mit einbezieht.

Delaunay brauchte für seine Berechnungen 10 Jahre und weitere 10 Jahre, um alles nochmals nachzuprüfen! Seine Ergebnisse wurden 1867 in zwei Bänden veröffentlicht. Ein Band enthält dabei auf 128 Seiten nur die Formel für die Mondbahn.

Delaunays Arbeit wurde erst in den 60er Jahren dieses Jahrhunderts von Wissenschaftlern der Boeing Scientific Research Laboratories in Seattle wieder ausgegraben, die sich für Satellitenbahnen interessierten [DHR]. Mit Hilfe eines Computeralgebra-Systems gelang es Ihnen, die Ergebnisse von Delaunay in ca. 20 Stunden nachzurechnen. Sie fanden dabei erstaunlicherweise nur 3 kleinere Fehler, wobei 2 davon Folgefehler des ersten waren.

Inzwischen konnte man mit Hilfe größerer Rechner und verbesserter Computeralgebra-Programme noch weitere Information in die Rechnung eingehen lassen und die Bahngleichungen verfeinern (etwa den Einfluss atmosphärischer Reibung auf erdnahe Satelliten oder Änderungen des Gravitationsfeldes der Erde durch die nicht exakt kugelförmige Gestalt usw.).

Delaunays Beispiel zeigt einige wichtige Aspekte:

— Ein großes Problem beim exakten Umgang mit algebraischen Ausdrücken ist die Datenexplosion. Aus dem sehr einfachen Gravitationsgesetz wird durch Einsetzen in das Dreikörperproblem Erde-Sonne-Mond eine 128 Seiten lange Formel. Dieses ist eines der Hauptprobleme der Computeralgebra. Oft tritt es noch heimtückischer auf, wenn nämlich Ein- und Ausgabe relativ kleine Ausdrücke sind, aber beim Rechnen immens große Zwischenergebnisse vorkommen.

— Die Verkürzung der Rechenzeit von 20 Jahren auf 20 Stunden (heutzutage wären es auf einem entsprechend schnellen Rechner wahrscheinlich einige Minuten), verbunden mit der garantierten Richtigkeit der Ergebnisse (abgesehen von Programmierfehlern), eröffnet auch Wissenschaftlern ohne die Engelsgeduld eines Ch. Delaunay ganz neue Möglichkeiten. Durch Computeralgebra-Programme sind in einigen Gebieten die Grenzen des Machbaren deutlich verschoben worden.

— Aus der fertigen Formel lassen sich im Gegensatz zu langen Zahlenkolonnen wertvolle allgemeine Erkenntnisse ziehen. Eine spätere numerische Auswertung – etwa die Berechnung der Mondposition zu einem gewissen Zeitpunkt – stellt meist kein Problem mehr dar. In vielen Computeralgebra-Programmen bestehen zusätzlich zur eigenen (beliebig genauen) Arithmetik auch Schnittstellen zu Programmiersprachen wie C oder FORTRAN.

Während das Beispiel mit der Mondbahn eigentlich „nur" Computer-unterstützte höhere Mathematik umfasst und die ersten Computeralgebra-System auch auf dieses Gebiet spezialisiert waren, versteht man heute unter Computeralgebra den **Grenzbereich zwischen Algebra und Informatik, der sich mit Entwurf, Analyse, Implementierung und Anwendung algebraischer Algorithmen befasst.**

Das umfasst sehr viel mehr, als man im ersten Moment glauben mag; die Übergänge zur Analysis, numerischen Mathematik, Zahlentheorie oder Algebra sind fließend: So ist man vielleicht nach der obigen „Definition" erstaunt, dass man in vielen Computeralgebra-Systemen Integrations-Routinen vorfindet. Doch zeigt die Betrachtung dieser Algorithmen, dass sie erst durch eine Algebraisierung des Problems so effizient wurden, dass man sie erfolgreich in diesen Paketen einsetzen konnte.

Heute gibt es einige Computeralgebra-Programme, die zusätzlich zur üblichen höheren Mathematik noch einige Routinen etwa zur Gruppentheo rie oder endlichen Körpern anbieten. Weiterhin gibt es aber auch immer mehr spezialisierte Programme, etwa zur Gruppentheorie, zur Zahlentheorie, zu Lie-Gruppen oder auch zur Relativitätstheorie. Auf einige dieser Programme wird noch in einem gesonderten Abschnitt eingegangen.

# 1.2 Literatur

Erst in den 80er Jahren wurden die ersten Bücher speziell zur Computeralgebra herausgegeben. Die Forschung auf diesem Gebiet schlägt sich seit den 60er Jahren in einigen speziellen Zeitschriften nieder, von denen ich hier nur zwei nennen möchte:

— SIGSAM Bulletin (**S**pecial **I**nterest **G**roup on **S**ymbolic and **A**lgebraic **M**anipulation der **A**ssociation for **C**omputing **M**achinery, vierteljährlich bei ACM Press).

— Journal of Symbolic Computation (gegründet von Bruno Buchberger von der Johannes Kepler Universität in Linz; monatlich bei Academic Press; ISSN 0747-7171).

Viele andere Zeitschriften, wie etwa das SIAM Journal on Computing oder Mathematics of Computation sind ebenfalls gute Referenzen für die Computeralgebra. Siehe hierzu auch die Bibliographie.

Entsprechend zur SIGSAM in Amerika hat sich in Deutschland die Fachgruppe Computeralgebra der GI, DMV und GAMM gebildet. Der von dieser Fachgruppe herausgegebenen Computeralgebra-Rundbrief bringt Hinweise auf Konferenzen, Vorlesungen, Software etc. Der Rundbrief und viele andere Informationen zur Computeralgebra sind elektronisch über den WWW-Server der Fachgruppe (http://www.fachgruppe-computeralgebra.de/) abrufbar. Auch in anderen Ländern gibt es ähnliche Interessengruppen, so etwa die NIGSAM (Nordic Interest Group for Symbolic and Algebraic Manipulation), die die NIGSAM-News herausgibt oder die SAM-AFCET (Le Group Calcul Formel d'Association Française pour la Cybernétique Economique et Technique), die das CALSYF-Bulletin herausgibt.

Weiterhin finden laufend Konferenzen zum Thema statt, die jeweils Proceedings herausgegeben haben. Einige dieser Konferenzen und genauere Literaturhinweise auf die zugehörigen Proceedingsbände sind im Anschluss an die Bibliographie aufgelistet. In der Bibliographie selbst erscheinen sie jeweils nur unter Abkürzungen wie etwa SYMSAC-76 oder ISSAC-90.

Außer den speziellen Büchern zur Computeralgebra ist natürlich jedes gute Buch zu den algebraischen, zahlentheoretischen etc. Grundlagen zu empfehlen, solange es die algorithmischen Aspekte nicht ignoriert. Dazu gehört etwa die „Moderne Algebra" von B.L. van der Waerden [Wa1] und [Wa2]. Dieses Werk enthält viele konstruktive algebraische Methoden. Einige davon beruhen auf Leopold Kroneckers Konzept der „Konstruktion in endlich vielen Schritten", s. dazu auch die von Kurt Hensel herausgegebene Sammlung der Werke von Kronecker (z.B. [Kro]).

Für die Langzahl- und Polynomarithmetik bis hin zur Faktorisierung ist der zweite Band der Reihe „The Art of Computer Programming" von D. E. Knuth mit dem Titel „Seminumerical Algorithms" [Kn2] eine Standardreferenz.

Speziell zu Gröbner-Basen und ihren Anwendungen sind erschienen:

— Cox, Little, O'Shea: „Ideals, Varieties and Algorithms", [CLO].

— Th. Becker, V. Weispfenning, (H. Kredel): „Gröbner Bases. A Computational Approach to Commutative Algebra", [BWe].

Allgemeine Einführungen zur Computeralgebra sind etwa

— B. Buchberger, G. E. Collins, R. Loos (Herausgeber): „Computer Algebra, Symbolic and Algebraic Computation", [BCL] (sehr gute Artikelsammlung mit ausführlichen Bibliographien).

— J. H. Davenport, Y. Siret, E. Tournier: „Computer Algebra", [DST] (schöner Überblick mit einer Kurzeinführung in die Sprache REDUCE).

— M. Mignotte: „Mathematics for Computer Algebra", [Mi3] (Schwerpunkt bei Langzahl- und Polynomarithmetik).

— K. O. Geddes, S. R. Czapor, G. Labahn: „Algorithms for Computer Algebra", [GCL] (sehr umfangreiche und praxisbezogene Einführung von einigen der „MAPLE-Macher").

— J. von zur Gathen; J. Gerhard: „Modern Computer Algebra", [vGG] (800 Seiten voll mit Algorithmen, Laufzeitanalysen und Anwendungsbeispielen aus Chemie, Kryptographie usw.).

— J. Grabmeier, E. Kaltofen, V. Weispfennig, V. (Herausgeber): „Computer Algebra Handbook", [GKW] (Sammelband, zu dem ca. 200 Wissenschaftler beigetragen haben. Es werden 67 Computeralgebra-Systeme beschrieben, viele Anwendungen der Computeralgebra angegeben und auf die Theorie eingegangen).

## 1.3 Computeralgebra-Systeme

H. G. Kahrimanian [Kah] und J. Nolan [Nol] schrieben unabhängig voneinander im Jahr 1953 ihre Diplomarbeiten über symbolisches Differenzieren und Programme dazu in Philadelphia bzw. am M.I.T. Diese beiden Programme gelten heute als die ersten Computeralgebra-Programme. Man bedenke, dass es damals noch keine der heute gängige Computer-„Hochsprachen" gab (FORTRAN kam z.B. erst 1958 auf den Markt).

Erst, als 1960/61 die Sprache LISP auf den Markt kam, die wegen ihrer Listenverarbeitungsmöglichkeiten für die Computeralgebra ungleich besser geeignet war, als eher numerisch orientierte Sprachen, wie etwa ALGOL oder FORTRAN, wurden auch größere Computeralgebra-Pakete entwickelt. Eines der ersten, das einem größeren Publikum zugänglich war, war REDUCE. Obwohl das Gebiet also relativ jung ist, gibt es heute eine Flut von CA-Programmen.

Wie bereits erwähnt, gibt es sowohl sehr allgemein gehaltene Programme, die mehr oder weniger gut die Vorlesungen bis zum Vordiplom und teilweise darüber hinaus abdecken, als auch sehr spezialisierte Programme, die dafür in ihrem Spezialgebiet oft sehr viel besser sind, als die anderen.

Im **Anhang A** sind einige der verbreitetsten Systeme zusammengestellt. Die Liste erhebt allerdings weder Anspruch auf Vollständigkeit, noch sollen die Programme im einzelnen verglichen werden. Dies wäre schon wegen der verschiedenen Plattformen, auf denen die Programme laufen, und wegen der verschiedenen Absichten (und Preise) kaum möglich. Nur für die allgemein gehaltenen Systeme, die auch auf ein und dem gleichen Rechner verfügbar sind, gibt es Vergleichstests:

— Von Barry Simon (California Institute of Technology) gibt es mehrere vergleichende Artikel zu DERIVE, MACSYMA, MAPLE und MATHEMATICA, etwa [Si3] und [Si4].

— An der Universität Inria (Rocquencourt, Frankreich) wurden mehrmals MACSYMA, MAPLE und MATHEMATICA verglichen. Die Ergebnisse sind teilweise im WWW zu finden (http://www.loria.fr/~zimmerma/maple/).

— Die Fachgruppe Computeralgebra der GI, DMV und GAMM sammelt unter http://krum.rz.uni-mannheim.de/cafgbench.html Computer Algebra Benchmarks.

Außer den Handbüchern der einzelnen Programme, die teilweise in Bibliotheken oder Buchhandlungen zu haben sind, seien für weiter Interessierte die folgenden Schriften empfohlen:

— Wester, M. J. (ed.): *Computer Algebra Systems: A Practical Guide* [Wes]

— Harper, D.; Wooff, C.; Hodgkinson, D.: *A Guide to computer algebra systems* [HWH]

— Fuchssteiner, B; Wiwianka, W.; Hering, K. (Redaktion): *mathPAD, Vol. 1, Heft 3* [FWH]

— Gonnet, G. H.; Gruntz, D.W.: *Algebraic Manipulation: Systems* [GGr]

— Computeralgebra in Deutschland (Herausgegeben von der Fachgruppe Computeralgebra der GI, DMV und GAMM), 1993. Eine aktualisierte Version davon findet sich unter
http://www.fachgruppe-computeralgebra.de/ca-brd/ca-brd.html.

Eine recht komplette Liste von zur Zeit verfügbarer Computeralgebra-Software mit viel Zusatzinformationen wird von Paulo Ney de Souza geführt und auf seiner Homepage http://www.math.berkeley.edu/~desouza/ bereitgestellt.

# 2 Grundlagen

## 2.1 Algorithmen und ihre Komplexität

Ein *Algorithmus* $A$ ist eine Methode, eine Klasse $K$ von Problemen zu lösen, seine Beschreibung ist endlich und präzise, und alle beschriebenen Arbeitsschritte sind effektiv. Der Algorithmus soll *terminierend* sein, d.h. seine Ausführung immer nach einer endlichen Anzahl von Schritten enden. Bei *deterministischen* Algorithmen ist die Reihenfolge der einzelnen Ausführungsschritte für jede Eingabe eindeutig festgelegt, d.h. bei wiederholtem Aufruf des Algorithmus ist die Berechnung schrittweise reproduzierbar. Bei *probabilistischen* Algorithmen wird die Entscheidung über den nächsten Schritt in einem gewissen Rahmen auch dem Zufall überlassen.

Unter der *Komplexität* eines Algorithmus versteht man die „Kosten", die bei seiner Ausführung verursacht werden. Da der Zusammenhang zwischen den Eingabedaten eines Algorithmus und den zugehörigen Lösungskosten meist sehr komplex ist, wird die Komplexität von Algorithmen nicht in Abhängigkeit der Eingabedaten $x = x_1, \ldots, x_r$ selbst beurteilt, sondern in Abhängigkeit wichtiger Charakteristika $n_1, \ldots, n_r$ der Eingangsdaten (z.B. Größe von Zahlen in Bit, Grad von Polynomen, usw....).

Diese werden meist noch gebündelt zu einer einzigen Zahl $n$, die die Größe des untersuchten Problems beschreibt. Bei ganzzahligen Polynomen in einer Variablen kann dies z.B. das Produkt aus einer Maßzahl für die Größe der Koeffizienten und aus dem Grad des Polynoms sein. Die Lösungskosten werden in verschiedenen Einheiten gemessen, etwa in der Anzahl der Rechenschritte oder in Speicherplatz.

Bei der Beurteilung von Algorithmen der Computeralgebra interessiert man sich meist für Ihre *zeitliche Komplexität*, insbesondere für die *asymptotische Komplexität*, also eine Grenzfunktion für großes $n$. Dabei untersucht man meist die *maximale zeitliche Komplexität* in Abhängigkeit von $n$. Die so genannte *erwartete zeitliche Komplexität* dagegen ist das Mittel über alle Probleme aus $K$ von dieser Größe. Die erwartete zeitliche Komplexität wäre zwar die interessantere Größe, in aller Regel muss man sich aber mit der maximalen Komplexität begnügen. Auch eine untere Schranke für die zeitliche Komplexität ist gelegentlich von Interesse.

Es sei nun $A$ ein beliebiger Algorithmus und $S$ die Menge aller gültigen Eingabeparameter, die im Allgemeinen aus einer Menge von $r$-Tupeln besteht. Mit diesem Algorithmus wird eine Funktion $\mathrm{Op}[y \leftarrow A(x)] : \mathbb{N}_0^r \to \mathbb{N}$ assoziiert. Die Zahl $\mathrm{Op}[y \leftarrow A(x)]$ (oft auch kürzer $\mathrm{Op}[A]$ geschrieben) gibt die Anzahl der Grundoperationen an, die nötig sind, um mit Hilfe des Algorithmus $A$ den Ausgabewert $y$ zum Eingabewert $x \in S$ zu berechnen. Die Größe des Eingabewerts $x$ sei dabei durch das $r$-Tupel $(n_1, \ldots, n_r) \in \mathbb{N}_0^r$ gegeben.

Zu diesen so genannten Grundoperationen zählen beispielsweise die Addition oder Multiplikation in einfacher Genauigkeit, Sprünge oder die Zuweisung von Konstanten. Die Bestimmung der genauen Anzahl solcher Operationen stellt sich meist als schwierige Aufgabe heraus und das Ergebnis darf auch nicht überbewertet werden, da der Begriff „Grundoperation" selbst wenig exakt definiert ist.

Oft sind Algorithmen so komplex, dass man sich vorerst darauf beschränken muss, die Anzahl der Operationen in komplizierteren Strukturen zu bestimmen. Bei Algorithmen in endlichen Körpern zählt man etwa häufig nur die Anzahl der Grundoperationen in diesen Körpern.

Dies ist sinnvoll, weil je nach Anwendung die Darstellung der endlichen Körper im Rechner sehr verschieden ist und deshalb die Grundoperationen auch sehr unterschiedlichen Aufwand erfordern. Im Fall von endlichen Körpern wird darauf noch in einem gesonderten Kapitel eingegangen.

Um deutlich zu machen, welche Operationen wirklich gezählt werden, wird in diesem Fall die Funktion $\mathrm{Op}$ mit einem entsprechenden Index versehen, also etwa $\mathrm{Op}_{\mathrm{GF}(q)}[y \leftarrow A(x)]$. Geht man von einer festen Implementierung des endlichen Körpers $\mathrm{GF}(q)$ aus, so kann man für die aufwändigste Grundoperation in $\mathrm{GF}(q)$ die Anzahl der dafür nötigen „echten" Grundoperationen bestimmen und mit $\mathrm{Op}_{\mathrm{GF}(q)}[y \leftarrow A(x)]$ multiplizieren, um so eine grobe Abschätzung für $\mathrm{Op}[y \leftarrow A(x)]$ zu erhalten.

Im Abschnitt über die Arithmetik in grundlegenden algebraischen Strukturen wird z.B. die Addition beliebig großer positiver ganzer Zahlen untersucht und ein Algorithmus mit dem Namen $\mathtt{SumPosInt}$ angegeben, der zwei solche ganze Zahlen $I$ und $J$ addiert.

Die genaue Untersuchung dieses Algorithmus zeigt, dass dort eine Schleife $(\max(m-1, n-1) + 1)$-mal durchlaufen wird, in der jeweils eine feste Zahl von Kurzzahloperationen auszuführen ist. Dabei seien $m$ und $n$ die so genannten $\beta$-Längen von $I$ bzw. $J$, also Maßzahlen für die Größe der Eingangsdaten.

Da diese Kurzzahloperationen je nach Rechner und Programmiersprache sehr verschiedene Laufzeiten benötigen, interessiert man sich nur für die relative Änderung der Laufzeit, wenn man etwa die Größe der Eingangsdaten verdoppelt und schreibt

$$\mathrm{Op}[I + J \leftarrow \mathtt{SumPosInt}(I, J)](m, n) \asymp \max(m, n)$$

Op ist kodominant mit $\max(m, n)$ ). In der Computeralgebra wird meist die ungenauere „Groß-$\mathcal{O}$"-Notation$^\triangleleft$ verwendet, hier etwa

$$\mathrm{Op}[I + J \leftarrow \mathtt{SumPosInt}(I, J)](m, n) = \mathcal{O}(\max(m, n))$$

(in Worten: Op wird von $\max(m, n)$ *dominiert* oder Op ist von der Komplexität oder Ordnung $\max(m, n)$ etc.). Genauer:

**2.1.1 Definition:** Es sei $f : \mathbb{N} \to \mathbb{R}$ eine Funktion$^\diamond$ . Dann ist

$$\mathcal{O}(f(n)) := \{g : \mathbb{N} \to \mathbb{R}\,;\, \exists c \in \mathbb{R}_+, N \in \mathbb{N} : |g(n)| \le c \cdot |f(n)| \forall n \ge N\}$$
$$\Omega(f(n)) := \{g : \mathbb{N} \to \mathbb{R}\,;\, \exists d \in \mathbb{R}_+, N \in \mathbb{N} : |g(n)| \ge d \cdot |f(n)| \forall n \ge N\}$$
$$\Theta(f(n)) := \mathcal{O}(f(n)) \cap \Omega(f(n))$$
$$\mathfrak{o}(f(n)) := \{g : \mathbb{N} \to \mathbb{R}\,;\, \forall \epsilon > 0\, \exists N(\epsilon) \in \mathbb{N} : |g(n)| \le \epsilon \cdot |f(n)| \forall n \ge N(\epsilon)\}$$

Statt $g(n) \in \mathcal{O}(f(n))$ ist eher die Schreibweise $g(n) = \mathcal{O}(f(n))$ gebräuchlich. Dies ist zwar weit verbreitet, aber irreführend, denn im Gegensatz zum üblichen „$=$" ist es hier nicht sinnvoll die Seiten zu vertauschen!

Die Konvention bei dieser Schreibweise ist, dass die rechte Seite nie mehr Information liefert als die linke. Beachtet man dies, so kann sogar ganz gut mit $\mathcal{O}$ rechnen ( $c =$const.):

$$f(n) = \mathcal{O}(f(n)) \qquad , \qquad c \cdot \mathcal{O}(f(n)) = \mathcal{O}(f(n)),$$
$$\mathcal{O}(f(n)) \pm \mathcal{O}(f(n)) = \mathcal{O}(f(n)) \qquad , \qquad \mathcal{O}(\mathcal{O}(f(n))) = \mathcal{O}(f(n)),$$
$$\mathcal{O}(f(n))\mathcal{O}(g(n)) = \mathcal{O}(f(n)g(n)) \quad , \quad \mathcal{O}(f(n)g(n)) = f(n)\mathcal{O}(g(n)).$$

Die $\mathcal{O}$-Schreibweise ist nur transitiv, wenn man die Gleichungen von links nach rechts liest d.h. aus $g(n) = \mathcal{O}(f(n))$ und $h(n) = \mathcal{O}(f(n))$ folgt **nicht** $g(n) = h(n)$ (Man nehme etwa $f(n) = n^3, g(n) = n$ und $h(n) = n^2$ ). Dagegen folgt aus den letzten beiden Gleichungen obiger Tabelle sehr wohl $\mathcal{O}(f(n))\mathcal{O}(g(n)) = f(n)\mathcal{O}(g(n))$ .

Entsprechend ist auch bei den anderen Symbolen statt des „$\in$" das „$=$" gebräuchlich (und die gleiche Vorsicht angebracht), also z.B. $n! = \Omega(2^n)$ .

Oft findet sich in den eben eingeführten Mengen eine Schreibweise mit dem Limes, etwa $\lim\limits_{n \to \infty} \left|\frac{g(n)}{f(n)}\right| = 0$ für $g(n) = \mathfrak{o}(f(n))$ . Dies ist vielleicht leichter zu merken, allerdings nur richtig, wenn $f(n)$ nur endlich viele Nullstellen hat und wir diese aus der Grenzwertbetrachtung ausnehmen! Bei $\mathcal{O}(f(n))$ muss dieser Grenzwert nicht existieren, sondern der Quotient $\left|\frac{g(n)}{f(n)}\right|$ ist (unter den eben genannten Einschränkungen) für ausreichend große $n$ durch eine Konstante nach oben beschränkt (bei $\Omega$ nach unten und bei $\Theta$ nach beiden Seiten).

---

$^\triangleleft$  Die $\mathcal{O}$-Notation geht zurück auf Paul Bachmann [Bch]

$^\diamond$  Eine allgemeinere Definition von $\mathcal{O}$ mit $x \in \mathbb{R}$ und mit $x \to x_0$ für $x_0 \in \mathbb{R}$ ist z.B. für Ausdrücke der Gestalt $\frac{1}{1-x} = 1+x+\mathcal{O}(x^2)$ gebräuchlich, wird hier aber nicht weiter betrachtet.

Wegen des etwas unglücklichen „=" in $g(n) = \mathcal{O}(f(n))$ findet sich auch die Schreibweise $g(n) \preceq f(n)$. Die so definierte Relation ist eine reflexive Quasiordnung[*]. Jede reflexive Quasiordnung $Q$ induziert vermöge $aRb :$ $\Longleftrightarrow aQb \wedge bQa$ eine Äquivalenzrelation $R$:

$$f(n) \asymp g(n) : \Longleftrightarrow f(n) = \Theta(g(n)) \Longleftrightarrow (f(n) \preceq g(n) \wedge g(n) \preceq f(n)).$$

Ist $f(n) \asymp g(n)$, so nennt man $f$ und $g$ *kodominant*. Manchmal findet man hierfür auch die Schreibweise $f(n)\Theta g(n)$. Entsprechend zu $\preceq$ schreibt man für $g(n) = o(f(n))$ auch $g(n) \prec f(n)$. Dies ist eine nicht reflexive Quasiordnung.[°]

Kann man noch genauere Aussagen über den Quotienten machen, so verwendet man

$$f(n) \sim g(n) : \Longleftrightarrow \lim_{n \to \infty} \left| \frac{g(n)}{f(n)} \right| = 1$$

(mit den oben genannten Einschränkungen dieser Schreibweise). Die zwei Funktionen $f$ und $g$ nennt man in diesem Fall *asymptotisch gleich*. Auch $\sim$ ist eine Äquivalenzrelation und wie $\asymp$ mit den bisher eingeführten Relationen $\preceq$ und $\prec$ verträglich, d.h. ist $f(n) \sim f'(n)$ oder $f(n) \asymp f'(n)$ und $f(n) \underset{\preceq}{\prec} g(n)$ so ist auch $f'(n) \underset{\preceq}{\prec} g(n)$.

Oft findet man auch Aussagen der Gestalt $g(n) = h(n) + \mathcal{O}(f(n))$. Für ausreichend großes $n$ heißt das $\left| \frac{g(n)}{f(n)} \right| = \left| \frac{h(n)+\mathcal{O}(f(n))}{f(n)} \right| \leq \left| \frac{h(n)}{f(n)} \right| + c \Longleftrightarrow$ $|g(n)| \leq |h(n)| + c|f(n)|$. Der Fehler den man macht, wenn man $g(n)$ mit Hilfe von $h(n)$ berechnet, ist also höchstens ein konstantes Vielfaches von $|f(n)|$. Mit dieser Schreibweise hat man also eine genauere Aussage als mit einem puren $g(n) = \mathcal{O}(f(n))$, überflüssige Details werden in den $\mathcal{O}$-Term geschoben.

**2.1.2 Beispiel:** Wegen $\sqrt[n]{n} = n^{\frac{1}{n}} = \exp(\frac{\ell n\, n}{n}) = 1 + \frac{\ell n\, n}{n} + \mathcal{O}\left( (\frac{\ell n\, n}{n})^2 \right)$ gilt

$$n(\sqrt[n]{n} - 1) = n \left( \frac{\ell n\, n}{n} + \mathcal{O}\left( \left( \frac{\ell n\, n}{n} \right)^2 \right) \right) = \ell n\, n + \mathcal{O}\left( \frac{(\ell n\, n)^2}{n} \right),$$

denn $n\mathcal{O}\left( (\frac{\ell n\, n}{n})^2 \right) = \mathcal{O}(n)\mathcal{O}\left( (\frac{\ell n\, n}{n})^2 \right) = \mathcal{O}\left( \frac{(\ell n\, n)^2}{n} \right)$.

**2.1.3 Beispiel:** Mit den aufgeführten Rechenregeln kann man jetzt z.B. das Produkt zweier Ausdrücke mit Teilen in $\mathcal{O}$-Notation berechnen:

$$\left( \ell u\, n + \gamma + \mathcal{O}(\tfrac{1}{n}) \right) \cdot \left( n + \mathcal{O}(\sqrt{n}) \right) =$$
$$n\,\ell n\, n + n\gamma + n\mathcal{O}(\tfrac{1}{n}) + \gamma\mathcal{O}(\sqrt{n}) + \ell n\, n\mathcal{O}(\sqrt{n}) + \mathcal{O}(\tfrac{1}{n})\mathcal{O}(\sqrt{n}) =$$
$$n\,\ell n\, n + n\gamma + \mathcal{O}(n)\mathcal{O}(\tfrac{1}{n}) + \mathcal{O}(\sqrt{n}) + \mathcal{O}(\ell n\, n)\mathcal{O}(\sqrt{n}) + \mathcal{O}(\tfrac{1}{n} \cdot \sqrt{n}) =$$

---

[*] d.h. eine reflexive und transitive binäre Relation

[°] Vorsicht: $\preceq$ und $\neq$ zusammen ist nicht gleichbedeutend mit $\prec$ wie bei $\leq$!

$$n \, \ell n \, n + n\gamma + \mathcal{O}(1) + \mathcal{O}(\sqrt{n}) + \mathcal{O}(\ell n \, n \sqrt{n}) + \mathcal{O}(\tfrac{\sqrt{n}}{n}) =$$

$$n \, \ell n \, n + n\gamma + \mathcal{O}(\sqrt{n} \, \ell n \, n)$$

denn es gilt $1 = \mathcal{O}(\sqrt{n} \, \ell n \, n)$, $\sqrt{n} = \mathcal{O}(\sqrt{n} \, \ell n \, n)$, $\mathcal{O}(\tfrac{\sqrt{n}}{n}) = \mathcal{O}(\sqrt{n} \, \ell n \, n)$ und deshalb $\mathcal{O}(1) = \mathcal{O}(\mathcal{O}(\sqrt{n} \, \ell n \, n)) = \mathcal{O}(\sqrt{n} \, \ell n \, n)$ und $\mathcal{O}(\sqrt{n}) = \mathcal{O}(\mathcal{O}(\sqrt{n} \, \ell n \, n)) = \mathcal{O}(\sqrt{n} \, \ell n \, n)$, weshalb sich die $\mathcal{O}$-Terme der vorletzten Zeile zu $4\mathcal{O}(\sqrt{n} \, \ell n \, n) = \mathcal{O}(\sqrt{n} \, \ell n \, n)$ zusammenfassen lassen.

Völlig analog bedeutet $g(n) = h(n) + o(f(n))$, dass man $g(n)$ durch $h(n)$ approximieren kann und dass der Fehler den man dabei macht relativ zu $|f(n)|$ für steigendes $n$ beliebig klein wird. Insbesondere ist $g(n) = f(n) + o(f(n))$ gleichbedeutend mit dem eben eingeführten $g(n) \sim f(n)$.

*2.1.4 Beispiel:* Mit der Relation $\preceq$ lassen sich die Rechenregeln für die $\mathcal{O}$-Notation etwas verdeutlichen. So lautet etwa $\mathcal{O}(f(n)) + \mathcal{O}(f(n)) = \mathcal{O}(f(n))$ umgeschrieben $g(n), h(n) \preceq f(n) \Rightarrow g(n) + h(n) \preceq f(n)$. Fehlinterpretationen, wie etwa die von Knuth [Kn1] erwähnte $\mathcal{O}(f(n)) - \mathcal{O}(f(n)) = 0$, werden so vermieden (richtig: $\mathcal{O}(f(n)) - \mathcal{O}(f(n)) = \mathcal{O}(f(n))$).

*2.1.5 Beispiel:* Ist $p(x) \in \mathbb{R}[x]$ ein Polynom vom Grad $d$ mit dem Leitkoeffizienten $\mathrm{LK}(p)$, so gilt

$$\lim_{n \to \infty} \frac{p(n)}{n^k} = \begin{cases} 0 & \text{für } k > d \\ \mathrm{LK}(p) & \text{für } k = d \\ \infty & \text{für } k < d \end{cases}$$

und damit $p(n) \asymp n^d$ bzw. $p(n) \sim \mathrm{LK}(p) \cdot n^d$.

Damit gilt für zwei Polynome $p(x), q(x) \in \mathbb{R}[x]$:

$$p(n) \prec q(n) \iff \deg p(n) < \deg q(n)$$
$$p(n) \preceq q(n) \iff \deg p(n) \le \deg q(n)$$

$$p(n) \asymp q(n) \iff \deg p(n) = \deg q(n)$$
$$p(n) \sim q(n) \iff \deg p(n) = \deg q(n) \text{ ̃und ̃} |\mathrm{LK}(p)| = |\mathrm{LK}(q)|.$$

Die Funktion Op des Algorithmus $A$ hängt nicht nur von der Eingabe $x$ ab, sondern auch von den auf einem Rechner bzw. Prozessor zur Verfügung stehenden Grundoperationen. Sind nun $B_1$ und $B_2$ zwei verschiedene Mengen von Operationen, so geht man davon aus, dass jede Operation aus $B_1$ durch eine endliche Anzahl von Operationen aus $B_2$ nachgebildet werden kann und umgekehrt. So kann etwa eine Division durch eine Reihe von Subtraktionen realisiert werden. Also ist $\mathrm{Op}|_{B_1} \asymp \mathrm{Op}|_{B_2}$ und man beschränkt sich auf die dazugehörige Äquivalenzklasse.

Je nach Ordnung seiner Zeitfunktion heißt ein Algorithmus *logarithmisch*, *polynomial* oder *exponentiell*. Es gilt

$$\log n \prec n \prec n \log n \prec n^2 \prec 2^n.$$

Das folgende Beispiel zeigt, dass die zeitliche Komplexität eines Algorithmus zwar sehr wichtig ist, aber natürlich zur vollständigen Beurteilung nicht ausreicht.

*2.1.6  Beispiel:*  Gegeben seien 5 Algorithmen $A_1$, $A_2$,..., $A_5$ verschiedener Komplexität für das gleiche Problem. Unter der Annahme, dass eine Grundoperation des Rechners $\frac{1}{1000}$ s benötigt, ist jeweils das (bei einem angenommenen Vorfaktor 1) größte zu bearbeitende $n$ in einer gewissen Zeit angegeben. Außerdem ist der Effekt beim Übergang zu einem 10-mal schnelleren Rechner angegeben. Die letzten 2 Spalten zeigen schließlich, dass ein vermeintlich schnellerer Algorithmus wegen großer Vorfaktoren durchaus langsamer sein kann.

| Alg. | Op $\asymp$ | Max. $n$ in 1s \| 1min Rechenzeit | Änd. von $n$ bei 10 mal schnell. Rech. | Op $=$ | optimal für |
|------|-----|-----|-----|-----|-----|
| $A_1$ | $n$ | 1000 \| 60000 | $\cdot 10$ | $1000n$ | $n > 1024$ |
| $A_2$ | $n\log(n)$ | 140 \| 4893 | fast $\cdot 10$ ($n$ groß) | $100n\log(n)$ | $59 \le n \le 1024$ |
| $A_3$ | $n^2$ | 31 \| 244 | $\cdot 3.16$ | $10n^2$ | $10 \le n \le 59$ |
| $A_4$ | $n^3$ | 10 \| 39 | $\cdot 2.15$ | $n^3$ | — |
| $A_5$ | $2^n$ | 9 \| 15 | $+3.3$ | $2^n$ | $2 \le n \le 9$ |

Ein Beispiel für solch einen Effekt ist etwa die Multiplikation zweier $n$-ziffriger Zahlen. Während der Standardalgorithmus (=Schulmethode) von quadratischer Ordnung (genauer $\asymp n^2$) ist, gibt es einen verbesserten Algorithmus FFT mit $\text{Op}[c = a \cdot b \leftarrow \text{FFT}(a,b)](n,n) \asymp n\log n \log\log n$.

Da allerdings $\text{Op}[\text{FFT}](n,n) \approx 20n\log n \log\log n$ gilt, ist dieser Algorithmus nur in spezialisierten CA-Paketen implementiert, da er erst ab einem sehr großen $n$ (dem so genannten Schwellenwert, englisch „trade-off point" oder „break even point") wirklich besser als der Standardalgorithmus ist.

## 2.2  Kanonische Normalformen

Arbeitet man mit algebraischen Objekten am Rechner, so möchte man diese meist in „äquivalente" aber „einfachere" Gestalt umformen. Dabei kann man für ein und dieselbe Klasse von Objekten sowohl verschiedene Äquivalenzklassen, als auch verschiedene Vorstellungen von „einfach" realisieren:

*2.2.1  Beispiel:*  Wählt man als Äquivalenzrelation die Gleichheit im Körper $\mathbb{Q}(x)$ der rationalen Funktionen in $x$ über den rationalen Zahlen, so sind $\frac{x^2-1}{x+1}$ und $x - 1$ zwei äquivalente Objekte, von denen man das zweite wahrscheinlich als das einfachere betrachten würde.

Die einfachere Gestalt ist leicht mittels des ggT berechenbar. Fasst man die beiden Funktionen dagegen als Abbildungen von $\mathbb{Q}$ nach $\mathbb{Q}$ auf, so sind sie nicht äquivalent ( $x = -1$ !). Die MAPLE-„Designer" haben sich deshalb entschlossen, solche Ausdrücke nicht automatisch zu vereinfachen. Man muss den Befehl `normal` verwenden, um in $\mathbb{Q}(x)$ zu vereinfachen. Man sollte dabei wissen, was man will, denn die Vereinfachung von $\frac{x^2-1}{x+1}$ zu $x - 1$ erfolgt ohne Hinweis auf den veränderten Definitionsbereich in $x = -1$.

*2.2.2 Beispiel:* Der im vorhergehenden Beispiel angesprochene Befehl `normal` formt auch $\frac{x^{100}-1}{x-1}$ um zu $x^{99} + x^{98} + \ldots + x + 1$, was von der Menge der Terme oder der Berechnung von Nullstellen her sicher keine Vereinfachung ist.

*2.2.3 Beispiel:* Noch schwieriger wird die Situation bei transzendenten Funktionen. So ist etwa in $\csc^2 x - \cot x \cdot \csc x = \frac{1}{1+\cos x}$ die rechte Seite von Struktur und Anzahl der Terme her deutlich einfacher als die linke Seite. Wenn dieser Ausdruck integriert werden soll, stellt sich heraus, dass die linke Seite vorzuziehen ist.

Welche Gestalt auch immer man im vorhergehenden Beispiel für einfacher hält, man verlangt auf jeden Fall von einem Computeralgebra-System, dass es die Gleichheit der beiden Ausdrücke erkennt und so etwa in der Lage ist zu erkennen, dass $(\csc^2 x - \cot x \cdot \csc x) \cdot (1 + \cos x) - 1$ verschwindet.

Diese Überlegungen führen im folgenden auf die Definition so genannter kanonischer Simplifikatoren. Dazu sei $T$ eine Klasse (linguistischer) Objekte und $\sim$ eine auf $T$ definierte Äquivalenzrelation.

*2.2.4 Beispiel:* $(x+1)^2$ und $x^2+2x+1$ sind zwar linguistisch verschiedene Objekte, aber äquivalent in dem Sinne, dass sie gleiche Polynome in $\mathbb{R}[x]$ darstellen. $(T, \sim) = (\mathbb{R}[x], =)$.

*2.2.5 Beispiel:* In Beispiel 2.2.1 haben wir etwa $(T, \sim) = (\mathbb{Q}(x), =)$ betrachtet und $\frac{x^2-1}{x+1}$ und $x - 1$ als äquivalente Objekte erkannt.

*2.2.6 Beispiel:* $x^6 - 1$ und $x - 1$ sind zwar für keinen Körper $K$ gleich in $K[x]$, für $K = \mathrm{GF}(2)$ stellen sie aber die gleiche Abbildung $f : K \to K$ dar, d.h. sie stellen äquivalente Objekte in $(T, \sim) = (\mathrm{GF}(2)[x], \overset{\mathrm{als\ Abb.}}{=})$ dar.

**2.2.7 Definition:** Eine Abbildung $S : T \to T$ heißt *kanonischer Simplifikator*, wenn gilt:

> (S1)   $S(t) \sim t$           für alle $t \in T$
> (S2)   $s \sim t \Rightarrow S(s) = S(t)$   für alle $s, t \in T$

$S(t)$ heißt *kanonische Normalform* von $t \in T$.

*2.2.8  Beispiel:*  $\frac{a}{b}$ mit $a \in \mathbb{Z}$, $b \in \mathbb{N}$ und $\mathrm{ggT}(a,b) = 1$ ist eine kanonische Normalform für rationale Zahlen. Sie ist mittels des ggT und der Signumfunktion auf $\mathbb{Z}$ einfach berechenbar.

*2.2.9  Beispiel:*  Es sei $G$ die kommutative Halbgruppe mit

$$G = \langle a, b, c, f, s \,;\, as = c^2 s \,,\, bs = cs \,,\, s = f \rangle$$

Mit Hilfe von Gröbner-Basen kann man zeigen, dass die drei Substitutionsregeln
$$s \to f \,,\, cf \to bf \,,\, b^2 f \to af$$

zusammen (in beliebiger Reihenfolge, auch mehrmals angewandt) einen kanonischen Simplifikator für $(G, =)$ darstellen. Wegen

$$S(a^5 bc^3 f^2 s^3) = S(a^5 b^2 c^2 s^5) = a^7 f^5$$

sind die Elemente $a^5 bc^3 f^2 s^3$ und $a^5 b^2 c^2 s^5$ aus $G$ gleich mit kanonischer Normalform $a^7 f^5$.

Leider ist es nicht immer möglich, einen kanonischen Simplifikator für $(T, \sim)$ zu finden:

*2.2.10  Beispiel:*  Caviness [Cav], Richardson [Ric] und Matiyasevich [Mat] bewiesen (1968-1970), dass für die Klasse $T$, die im folgenden näher erläutert wird, zusammen mit der Äquivalenzrelation $\sim$ (= Gleichheit als Abbildung) kein kanonischer Simplifikator existiert. $T$ ist dabei die Klasse von Ausdrücken, die sich bilden lassen aus
(i)   $\mathbb{Q} \cup \{\pi \,,\, \ell\mathrm{n}(2)\}$         (iii)  $+ \,,\, \cdot \,,\, \circ$
(ii)  $x$                                                        (iv)  $\sin \,,\, \exp \,,\, \mathrm{abs}\,.$

Der sehr mächtige Integrations-Algorithmus von Risch beruht auf der Existenz eines kanonischen Simplifikators für eine ganz ähnliche Klasse. Vergleich mit dem von Caviness, Richardson und Matiyasevich untersuchten Fall zeigt, dass die Nicht-Existenz eines kanonischen Simplifikators in ihrem Fall wohl an den Konstanten $\pi$ und $\ell\mathrm{n}(2)$ liegt.

Viele CA-Systeme vereinfachen (außer bei rationalen Zahlen) nicht automatisch auf kanonische Normalform und überlassen es (etwa bei rationalen Funktionen, vgl. Beispiele zum MAPLE-normal-Befehl) dem Benutzer, diese explizit aufzurufen. In vielen Fällen gibt es natürlich auch keine kanonische Normalform, wie das vorhergehende Beispiel zeigt. In diesen Fällen kann man viele (nichtkanonische) Umformungen ausführen oder bei einigen Systemen sogar eigene Substitutionsregeln einführen.

Das ist zwar sehr benutzerfreundlich, aber natürlich auch gefährlich: es ist ein keineswegs triviales Problem, einem Satz von Substitutionsregeln wie etwa in Beispiel *2.2.9* anzusehen, ob jede Kette von Substitutionen an einem beliebigen Ausdruck nach endlich vielen Schritten terminiert, und ob das Ergebnis eine kanonische Normalform ist.

REDUCE bricht einfach bei einer voreingestellten Rekursionstiefe ab, um in solchen Fällen nicht in eine Endlosschleife zu geraten. Bei nicht-kanonischen Vereinfachungen kann es natürlich auch passieren, dass man eine riesige Formel als Ergebnis von Umformungen erhält und das Programm nicht „merkt", dass der Ausdruck verschwindet.

## 2.3 Umformungssysteme

**2.3.1 Definition:** Ein *Umformungssystem* über $T$ ist ein Paar $(T, \longrightarrow)$ aus einer nichtleeren Menge $T$ und einer Relation $\longrightarrow \subset T \times T$. Für $s, t \in T$ mit $(s, t) \in \longrightarrow$ nennt man $s$ die *Prämisse* und $t$ die *Konklusion* der Regel $\longrightarrow$ und schreibt auch suggestiver $s \longrightarrow t$.
Gibt es Elemente $s_1, s_2, \ldots, s_{n-1} \in T$ mit

$$s \longrightarrow s_1 \longrightarrow s_2 \longrightarrow \ldots \longrightarrow s_{n-1} \longrightarrow t \, ,$$

so schreibt man $s \longrightarrow^n t$ und sagt: $t$ entsteht in $n$ Schritten aus $s$. Schreibt man die Identität als $\longrightarrow^0$, so ist der reflexive und transitive Abschluss $\longrightarrow^*$ von $\longrightarrow$ also wie folgt definiert:

$$s \longrightarrow^* t :\Longleftrightarrow \exists n \in \mathbb{N}_0 \text{ mit } s \longrightarrow^n t \ .$$

Ist $\longrightarrow$ *strikt antisymmetrisch* (d.h. $\longrightarrow \cap \longleftarrow \, = \emptyset$, wobei $\longleftarrow$ die zu $\longrightarrow$ inverse Relation sei), so heißt diese Relation auch *Reduktionsrelation* bzw. $(T, \longrightarrow)$ ein *Reduktionssystem*.
Der *strikt antisymmetrische Anteil* einer beliebigen Relation $\longrightarrow$ ist $\longrightarrow_s := \longrightarrow \setminus \longleftarrow$. Es ist $\longrightarrow \, = \, \longrightarrow_s$ genau dann, wenn $\longrightarrow$ strikt antisymmetrisch ist.
Die Relation $\longrightarrow$ heißt *noethersch*, wenn es keine unendliche Kette $s_1 \longrightarrow_s s_2 \longrightarrow_s \ldots$ mit Elementen $s_i \in T$, $i \in \mathbb{N}$ gibt.
Ist $U \subseteq T$ und gibt es zu $u \in U$ kein $s \in U$ mit $u \longrightarrow_s s$, so heißt $u$ *irreduzibel in $U$* bzgl. $\longrightarrow$ oder in *Normalform in $U$* oder auch $\longrightarrow$-*maximal in $U$*. Man schreibt auch $\underline{s}_U$, um zu betonen, dass $s$ in Normalform in $U$ ist. Ist $U = T$, so lässt man jeweils den Hinweis auf $U$ weg.
Gibt es zu Elementen $s, t \in T$ ein $u \in T$ mit $s \longrightarrow^* u$ und $t \longrightarrow^* u$, so sagt man: $s$ und $t$ haben einen *gemeinsamen Nachfolger* und schreibt: $s \downarrow t$. Schreibt man die zu $\longrightarrow^*$ inverse Relation mit $\longleftarrow^*$, so heißt das

$$s \downarrow t :\Longleftrightarrow \exists u \in T : s \longrightarrow^* u \longleftarrow^* t$$

Der reflexive und transitive Abschluss $\longleftrightarrow^*$ von $\longleftrightarrow$ ist eine Äquivalenzrelation und wird auch mit $\sim$ bezeichnet werden. Ist umgekehrt $\sim$ eine beliebige Äquivalenzrelation und $\longrightarrow$ eine Relation mit $\longleftrightarrow^* = \sim$, so heißt $\longrightarrow$ eine *zu $\sim$ gehörige Relation*.

*2.3.2  Beispiel:*  Es sei  $A = \{a_1, \ldots, a_n\}$  eine endliche nichtleere Menge (Alphabet,  $a_i$ =Buchstaben). Eine endliche Folge von Buchstaben aus  $A$  heißt Wort über  $A$ ,  $A^*$  sei die Menge aller Wörter über  $A$  (incl. dem leeren Wort). Auf  $A^*$  werden für feste  $V_i$ ,  $W_i \in A^*$ ,  $1 \leq i \leq m$  die folgenden Relationen erklärt:

$$\xrightarrow[i]{} := \{(VV_iW, VW_iW) \; ; \; V, W \in A^*\}$$

Dann ist  $T := A^*$  mit  $\longrightarrow := \cup_{i=1}^m \xrightarrow[i]{}$  ein Umformungssystem über  $A^*$ . Solche Teilwort-Ersetzungssysteme heißen Semi-Thuesysteme.

**2.3.3  Satz:**  *Die Relation  $\longrightarrow$  auf  $T$  ist genau dann noethersch, wenn jede nichtleere Teilmenge  $U \subseteq T$  ein irreduzibles Element besitzt.*

*Beweis:*

„ $\Leftarrow$ " Gäbe es eine unendliche Kette  $r_1 \longrightarrow_s r_2 \longrightarrow_s \ldots$ , so hätte die Menge  $U := \{r_i \, ; \, i \in \mathbb{N}\}$  kein irreduzibles Element.

„ $\Rightarrow$ " Angenommen, die Menge  $U$  besitzt kein irreduzibles Element. Dann ist für jedes  $u \in U$  die durch  $R_u := \{s \in U \, ; \, u \longrightarrow_s s\}$  definierte Menge nichtleer.

Das Auswahlaxiom$^\diamond$  garantiert nun, dass man sich zu jedem  $r \in U$  aus der Vereinigung der Mengen  $R_u$   $(u \in U)$  jeweils ein  $f(r)$  auswählen kann, so dass  $r \longrightarrow_s f(r)$  gilt:

$$f : \begin{cases} U \to \bigcup_{u \in U} R_u \\ r \mapsto f(r) \text{ so dass } r \longrightarrow_s f(r) \end{cases}$$

Ist  $r_1 \in U$  beliebig, so wird durch  $r_{i+1} := f(r_i)$  für  $i = 1, 2, \ldots$  rekursiv eine unendliche Kette  $r_1 \longrightarrow_s r_2 \longrightarrow_s \ldots$  definiert. Dies ist ein Widerspruch zur Voraussetzung.  $U$  besitzt also doch ein irreduzibles Element.  $\square$

Es sei nun  $(T, \longrightarrow)$  ein Reduktionssystem mit noetherscher Relation  $\longrightarrow$ . Gibt es eine berechenbare Funktion (=Algorithmus)  $S : T \to T$ , die jedem  $t \in T$  ein irreduzibles  $s = S(t)$  mit  $t \longrightarrow^* s$  zuordnet, so erfüllt dieses  $S$  sicher den ersten Punkt (S1) aus der Definition eines kanonischen Simplifikators. Es gilt sogar schärfer  $t \longrightarrow^* S(t)$  für alle  $t \in T$ .

Nach (S2) muss ein kanonischer Simplifikator zusätzlich noch die Eigenschaft haben, dass zwei verschiedene Elemente  $s, t \in T$  dem gleichen irreduziblen Element zugeordnet werden.

Um dies zu testen, müsste man allerdings in der Regel unendlich viele Elemente  $s$  und  $t$  aus  $T$  durchtesten, was nicht machbar ist. Die eben beschriebene Funktion  $S : T \to T$  heißt *Normalform-Algorithmus* für  $\longrightarrow$ .

---

$\diamond$   Es sei  $M$  eine Menge und  $\mathfrak{M} \subseteq \mathfrak{P}(M) \backslash \emptyset$ . Dann gibt es eine Abbildung (Auswahlfunktion)  $\varphi : \mathfrak{M} \to M$  mit  $\varphi(X) \in X$  für alle  $X \in \mathfrak{M}$ .

Die folgenden Sätze schränken zwar die Anzahl der Tests für den Punkt (S2) ein, hinterlassen aber leider i.Allg. immer noch unendlich viele Tests. Zuerst aber einige nötige Definitionen:

**2.3.4 Definition:**  Es sei $(T, \longrightarrow)$ ein Reduktionssystem. Die Relation $\longrightarrow$ hat die *Church-Rosser-Eigenschaft*, wenn gilt

$$s \longleftrightarrow^* t \Rightarrow s \downarrow t \qquad \forall s, t \in T \quad .$$

$\longrightarrow$ heißt *konfluent*, wenn gilt:

$$s \longleftarrow^* u \longrightarrow^* t \Rightarrow s \downarrow t \qquad \forall s, t, u \in T \quad .$$

$\longrightarrow$ heißt *lokal konfluent*, wenn gilt:

$$s \longleftarrow u \longrightarrow t \Rightarrow s \downarrow t \qquad \forall s, t, u \in T \quad .$$

**2.3.5 Satz:**  *Der Normal-Form-Algorithmus $S$ ist genau dann ein kanonischer Simplifikator für $\longleftrightarrow^* = \sim$, wenn die noethersche Reduktionsrelation $\longrightarrow$ die Church-Rosser-Eigenschaft besitzt.*

*Beweis:*

„$\Rightarrow$" Nach (S2) gilt für alle $s, t \in T$ mit $s \longleftrightarrow^* t \iff s \sim t$, dass $S(s) = S(t)$ ist. Damit ist $u := S(s) = S(t)$ ein gemeinsamer Nachfolger für $s$ und $t$. Es gilt also $s \downarrow t$.

„$\Leftarrow$" Sind $s, t \in T$ mit $s \longleftrightarrow^* t$, so haben $s$ und $t$ nach der Church-Rosser-Eigenschaft einen gemeinsamen Nachfolger $u \in T$, es gilt also $s \longrightarrow^* u \longleftarrow^* t$. Mit Hilfe des Normal-Form Algorithmus $S$ folgt dann

$$S(s) \longleftarrow^* s \longrightarrow^* S(u) \longleftarrow^* t \longrightarrow^* S(t)$$

Dies heißt

$$S(s) \longleftrightarrow^* S(u) \text{ ~~und~~ } S(u) \longleftrightarrow^* S(t)$$

Nach Church-Rosser haben $S(s)$ und $S(u)$ also einen gemeinsamen Nachfolger in $T$. Da beide Elemente aber schon in Normalform sind, folgt $S(s) = S(u)$. Analog folgt aus $S(u) \longleftrightarrow^* S(t)$ auch $S(u) = S(t)$ und damit zusammen $S(s) = S(t)$.    $\square$

**2.3.6 Satz:**  *Die noethersche Reduktionsrelation $\longrightarrow$ hat genau dann die Church-Rosser Eigenschaft, wenn sie konfluent ist.*

*Beweis:*

„$\Rightarrow$" Gilt für $s, t, u \in T : s \longleftarrow^* u \longrightarrow^* t$, so gilt nach Definition von $\longleftrightarrow^*$ auch $s \longleftrightarrow^* t$ und damit nach Church-Rosser $s \downarrow t$; $\longrightarrow$ ist also konfluent.

„$\Leftarrow$" $s \longleftrightarrow^* t$ heißt nach Definition, dass es ein $n \in \mathbb{N}_0$ und zugehörige Elemente $s_1, s_2, \ldots, s_{n-1} \in T$ mit

$$s \rightleftharpoons s_1 \rightleftharpoons s_2 \rightleftharpoons \ldots \rightleftharpoons s_{n-1} \rightleftharpoons t$$

gibt ($\rightleftharpoons$ stehe dabei für $\longleftarrow$ oder $\longrightarrow$). Dafür schreibt man auch kurz $\longleftrightarrow^n$; die Äquivalenzrelation $\longleftrightarrow^*$ ist in diesem Sinne die Vereinigung aller $\longleftrightarrow^n$ mit $n \in \mathbb{N}_0$. Der Beweis wird nun durch Induktion nach diesem $n$ geführt:

(IA) $s \longleftrightarrow^0 t \iff s = t \Rightarrow s \downarrow t$

(IS) $s \longleftrightarrow^{n+1} t \iff \exists u \in T$ mit $s \longrightarrow u \longleftrightarrow^n t \lor s \longleftarrow u \longleftrightarrow^n t$. In jedem Fall gibt es nach Induktionsvoraussetzung einen gemeinsamen Nachfolger $v \in T$ für $u$ und $t : u \longrightarrow^* v \longleftarrow^* t$. Im ersten Fall folgt aus $s \longrightarrow u$ sofort $s \longrightarrow^* v \longleftarrow^* t$, also $s \downarrow t$.

Für $s \longleftarrow u \longrightarrow^* v$ folgt aus der Konfluenz von $\longrightarrow$ die Existenz eines gemeinsamen Nachfolgers $w \in T$ von $s$ und $v$:

$$s \longrightarrow^* w \longleftarrow^* \underbrace{v \longleftarrow^* t}_{\text{s.o.}}$$

Damit ist $w$ auch als gemeinsamer Nachfolger von $s$ und $t$ erkannt, also $s \downarrow t$ gezeigt. $\qquad\square$

Bevor nun der Satz von Newman bewiesen werden kann, muss erst etwas zu dem dort verwendeten Beweisverfahren gesagt werden. Wegen der Analogie zur (transfiniten) Induktion spricht man auch von *noetherscher Induktion*:

**2.3.7 Satz:** (Prinzip der noetherschen Induktion)
*Es sei* $(T, \longrightarrow)$ *ein Umformungssystem mit noetherschem* $\longrightarrow$ *und* $A(t)$ *eine für jedes Element* $t \in T$ *sinnvolle Aussage. Wenn für jedes* $t \in T$ *aus der hypothetisch vorausgesetzten Wahrheit der Aussage* $A(s)$ *für alle* $s \in T$ *mit* $t \longrightarrow_s s$ *die Wahrheit der Aussage* $A(t)$ *folgt, so ist die Aussage* $A(t)$ *für alle* $t \in T$ *wahr.*

*Beweis:* Angenommen, die Menge $U := \{t \in T ; A(t)$ ist falsch $\}$ ist nichtleer. Nach Satz **2.3.3** besitzt $U$ ein irreduzibles Element $u$. Damit ist die Menge $R := \{s \in U ; u \longrightarrow_s s\}$ leer, die Aussage $A(s)$ also trivialerweise wahr für alle $s \in R$ und damit nach Voraussetzung auch $A(u)$ wahr. Dies steht im Widerspruch zur Definition von $U$. $\qquad\square$

**2.3.8 Satz:** (Newman 1942)
*Die noethersche Reduktionsrelation* $\longrightarrow$ *ist genau dann konfluent, wenn sie lokal konfluent ist.*

*Beweis:*

„$\Rightarrow$" es seien $s, t, u \in T$ mit $s \longleftarrow u \longrightarrow t$. Das heißt auch $s \longleftarrow^* u \longrightarrow^* t$ und damit wegen der Konfluenz: $s \downarrow t$.

„ $\Leftarrow$ " Es sei $u \in T$ beliebig aber fest gewählt. Es wird gezeigt, dass es zu beliebigen $s, t \in T$ mit $s \longleftarrow^* u \longrightarrow^* t$ einen gemeinsamen Nachfolger $w \in T$ gibt, also $s \longrightarrow^* w \longleftarrow^* t$. Dies geschieht mittels der in Satz **2.3.7** begründeten noetherschen Induktion:

(IA) Induktionsanfang in diesem Sinne sind $u = s$ bzw. $u = t$. In beiden Fällen folgt sofort $s \downarrow t$.

(IS) Ist $u \neq s, t$, so gibt es $s_1, t_1 \in T \setminus \{u\}$ mit

$$s \longleftarrow^* s_1 \longleftarrow u \longrightarrow t_1 \longrightarrow^* t$$

Mit dem Diagramm auf der nächsten Seite folgt nun

(i) Die Existenz von $v' \in T$ folgt aus $s_1 \longleftarrow u \longrightarrow t_1$ und der lokalen Konfluenz von $\longrightarrow$ .

(ii) Die Existenz von $v$ liefert die Induktionsvoraussetzung, denn $u \longrightarrow_s s_1$ und $s \longleftarrow^* s_1 \longrightarrow^* v'$ .

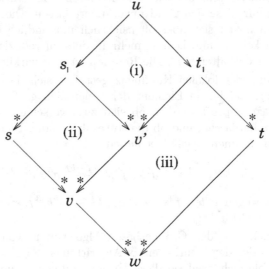

(iii) Die Existenz von $w$ folgt aus der Induktionsvoraussetzung, denn $u \longrightarrow_s t_1$ und $v \longleftarrow^* t_1 \longrightarrow^* t$ .    $\square$

Damit ist insgesamt gezeigt:

**Folgerung:** *Es sei $(T, \longrightarrow)$ ein Reduktionssystem mit noetherschem $\longrightarrow$ und einem Normal-Form Algorithmus $S$. $S$ ist genau dann ein kanonischer Simplifikator für $\longleftrightarrow^* = \sim$, wenn $\longrightarrow$ lokal konfluent ist.*

*2.3.9 Beispiel:* (Fortsetzung von *2.2.9*) Möchte man die Behauptung nachprüfen, dass die drei angegebenen Substitutionsregeln einen kanonischen Simplifikator bilden, so muss man nach nach den soeben bewiesenen Sätzen zeigen, dass die Umformung noethersch und lokal konfluent ist.

Jedes Element der Halbgruppe lässt sich wegen der Kommutativität in der Form $s^{n_1} f^{n_2} c^{n_3} b^{n_4} a^{n_5}$ mit $n_i \in \mathbb{N}_0$ für $i = 1, .., 5$ schreiben.

Betrachtet man nun die Wirkung der drei Substitutionen auf den Exponentenvektor $(n_1, n_2, n_3, n_4, n_5)$, so sieht man, dass der Gesamtgrad $n := \sum_{i=1}^{5} n_i$ bei den ersten beiden Substitutionen gleich bleibt, bei der dritten um eins fällt.

Sortiert man die Exponentenvektoren lexikographisch (mehr dazu im Abschnitt über Ordnungsrelationen für Polynome), so sieht man, dass jede Substitution zu einem lexikographisch kleineren Vektor führt. Dies zeigt, dass die aus diesen drei Substitutionen bestehende Umformungsrelation strikt antisymmetrisch ist.

Da sich der Gesamtgrad $n$ nur endlich oft absenken lässt, ist eine unendliche Reduktionskette nur möglich, wenn es für einen festen Grad $n$ eine unendliche Reduktionskette gibt.

Daran können dann nur die beiden ersten Substitutionen beteiligt sein, weil nur diese den Grad unverändert lassen. Diese beiden Substitutionen lassen sich aber offensichtlich nur endlich oft anwenden, weil dann kein $s$ und kein $c$ mehr in dem zu reduzierenden Gruppenelement enthalten sind. Die Relation ist also wirklich noethersch.

Die Prüfung der lokalen Konfluenz gestaltet sich da schon deutlich schwieriger. Bei jedem Element der (unendlich großen) Halbgruppe müsste dazu geprüft werden, ob sich zwei verschiedene Substitutionen anwenden lassen, und ob die so resultierenden Elemente wirklich einen gemeinsamen Nachfolger haben, z.B.:

$$a^5 bc^3 f^3 s^2 \overset{s \to f}{\longleftarrow} a^5 bc^3 f^2 s^3 \overset{cf \to bf}{\longrightarrow} a^5 b^2 c^2 f^2 s^3$$

und somit wegen $a^5 b^2 c^2 f^2 s^3 \longrightarrow^* a^7 f^5 \longleftarrow^* a^5 bc^3 f^3 s^2$ das gewünschte $a^5 b^2 c^2 f^2 s^3 \downarrow a^5 bc^3 f^3 s^2$.

Algorithmen wie der Gröbnerbasen-Algorithmus von B. Buchberger [Buc] oder der Knuth-Bendix-Algorithmus [KBe] sind in einigen Fällen erfolgreich, weil sie diese Untersuchung von unendlich vielen Elementen einschränken auf endlich viele spezielle Kandidaten.

Untersucht werden dabei die „kleinstmöglichen" Elemente, auf die sich zwei verschiedene Reduktionen anwenden lassen, im vorliegenden Beispiel etwa $cb^2 f$. Wendet man die beiden Substitutionen auf dieses Element an, so entsteht ein sog. *kritisches Paar* das einen gemeinsamen Nachfolger haben muss:

$$b^3 f \overset{cf \to bf}{\longleftarrow} cb^2 f \overset{b^2 f \to af}{\longrightarrow} acf.$$

Es gilt $acf \longrightarrow^* abf \longleftarrow^* b^3 f$, d.h. die beiden Elemente des kritischen Paares $(b^3 f, acf)$ haben den gemeinsamen Nachfolger $abf$.

Für die im vorliegenden Beispiel betrachteten drei Substitutionen gibt es nur drei solche kritische Paare zu betrachten. Natürlich ist es beweisbedürftig, dass die Untersuchung dieser drei Paare auch genügt.

## 2.4 Ideale

Sowohl für die in der Computeralgebra wesentlichen Sätze von Hensel und den Chinesischen Restsatz, als auch für die Theorie der Gröbner-Basen, sind Ideale der wesentliche algebraische Baustein.

Hier werden nur kurz und ohne Beweis einige Grundlagen zu Idealen zusammengefasst. Dabei gelte als Generalvoraussetzung: **Ab jetzt seien alle Ringe immer kommutative Ringe mit einem Einselement** $1 \neq 0$.

Weiterhin bezeichne $R^*$ wie üblich die Menge der multiplikativ invertierbaren Elemente von $R$. Mit der Multiplikation bildet diese Menge die so genannte *Einheitengruppe* von $R$.

Eine nichtleere Teilmenge $I$ von $R$ heißt *Ideal*, wenn für alle $i, j \in I$ und alle $r, s \in R$ gilt: $r \cdot i + s \cdot j \in I$. Es ist $(I, +)$ eine Untergruppe von $(R, +)$ bzw. $(I, +, \cdot)$ ein Unterring (für $I \neq R$ allerdings ein Ring ohne $1$) von $(R, +, \cdot)$.

Sind $i_1, i_2, \ldots$ Elemente von $I$, so ist auch jede endliche Summe der Gestalt

$$ i = \sum r_n i_n \text{ mit } r_n \in R \text{ (nur endlich viele } r_n \neq 0) $$

in dem Ideal $I$. Lässt sich umgekehrt jedes Element $i \in I$ auf diese Weise darstellen, so heißt das System $(i_1, i_2, \ldots)$ ein *Erzeugendensystem* oder eine *Basis* des Ideals. Man schreibt $I = \langle i_1, i_2, \ldots \rangle$.

Im folgenden werden hauptsächlich so genannte *endlich erzeugte* Ideale behandelt, also solche, die eine endliche Basis $(i_1, i_2, \ldots, i_n)$ besitzen. Ein von einem Element erzeugtes Ideal heißt *Hauptideal*.

Von solchen Basen wird oft gefordert, dass sie *minimal* sind, d.h. dass kein Element der Basis weggelassen werden kann, ohne dass sie aufhört eine Basis von $I$ zu sein. Bei einer minimalen Basis ist es nicht möglich, ein Basiselement als Summe $\sum r_n i_n$ der anderen Basiselemente darzustellen.

*2.4.1 Beispiel:* Es sei $I = \langle x \rangle \subset K[x]$ das von $x$ erzeugte Hauptideal in dem Polynomring $K[x]$ über einem Körper $K$. Offensichtlich ist $(x)$ eine minimale Basis dieses Ideals. Die Basis $(x, x^2)$ erzeugt ebenfalls $I$, ist aber nicht minimal, da $x^2$ ein Vielfaches von $x$ ist und deshalb ohne Schaden weggelassen werden kann. Dagegen ist $(x^2 + x, x^2)$ eine minimale Basis von $I$. Um dies einzusehen, muss man erst mal zeigen, dass $\langle x^2 + x, x^2 \rangle = \langle x \rangle$ ist:

$$f(x) \in \langle x \rangle \iff \exists h(x) \in K[x] : f(x) = x \cdot h(x) =$$
$$= (x^2 + x) \cdot h(x) - x^2 \cdot h(x) \in \langle x^2 + x, x^2 \rangle$$
$$g(x) \in \langle x^2 + x, x^2 \rangle \iff \exists h_1(x), h_2(x) \in K[x] : g(x) =$$
$$= (x^2 + x) \cdot h_1(x) + x \cdot h_2(x) =$$
$$= x \cdot (x \cdot h_1(x) + h_1(x) + h_2(x)) \in \langle x \rangle$$

Da keines der beiden beteiligten Polynome aus $(x^2 + x, x^2)$ alleine ganz $I$ erzeugt, ist diese Basis sogar minimal.

Dieses Beispiel zeigt, dass eine minimale Idealbasis nicht die gleichen schönen Eigenschaften hat wie eine Vektorraumbasis (lineare Unabhängigkeit, Dimension).

Ist jedes Ideal von $R$ endlich erzeugt, so heißt $R$ *noethersch*. Nullteilerfreie Ringe heißen *Integritätsringe* (auch *Integritätsbereich*). Integritätsringe mit $1$, in denen jedes Ideal Hauptideal ist, heißen *Hauptidealringe*.

Ein Integritätsring $R$ heißt *euklidischer Ring*, wenn es eine Abbildung $\delta : R \setminus \{0\} \to \mathbb{N}_0$ gibt, so dass es zu je zwei Elementen $a, b \in R$ mit $b \neq 0$ Elemente $q, r \in R$ gibt mit $a = qb + r$ und $r = 0$ oder $\delta(r) < \delta(b)$ ist (Division mit Rest).

Nun sei $R$ nullteilerfrei. Ein Ringelement $q \in R \setminus \{R^* \cup \{0\}\}$ heißt *irreduzibel*, wenn eine Zerlegung $q = r \cdot s$ im Ring nur für $r \in R^*$ oder $s \in R^*$ möglich ist. Ein Element $p \in R \setminus \{R^* \cup \{0\}\}$ heißt *prim* oder *Primelement*, wenn für $r, s \in R$ aus $p \mid r \cdot s$ stets $p \mid r$ oder $p \mid s$ folgt.

Ist $p$ ein Primelement mit einer Zerlegung $p = r \cdot s$ in $R$, so folgt aus der Definition $p \mid r$ oder $p \mid s$. Im ersten Fall gibt es dann ein $r' \in R$ mit $r = p \cdot r'$, also mit $p = p \cdot r' \cdot s \iff p(1 - r' \cdot s) = 0$. Wegen der Nullteilerfreiheit von $R$ heißt das $1 = r' \cdot s$, d.h. $s$ ist eine Einheit. Entsprechend folgt im zweiten Fall, dass $r$ eine Einheit ist. Dies zeigt, dass jedes Primelement $p$ irreduzibel ist.

Ein Integritätsring heißt faktorieller Ring (auch ZPE-Ring oder gaußscher Ring genannt), wenn jede von Null verschiedene Nichteinheit ein Produkt irreduzibler Elemente ist und wenn diese Zerlegung sogar bis auf die Reihenfolge der Faktoren und Multiplikation mit Einheiten eindeutig ist.

Jeder euklidische Ring ist ein Hauptidealring, jeder Hauptidealring ist faktoriell. In faktoriellen Ringen sind irreduzible Elemente auch prim$^\diamond$.

Hauptidealringe sind insbesondere noethersch. Ein Ring ist genau dann noethersch, wenn jede aufsteigende Kette von Idealen

$$I_1 \subsetneq I_2 \subsetneq \ldots$$

in $R$ endlich ist. Der *hilbertsche Basissatz* besagt, dass mit $R$ auch jeder Polynomring $R[x_1, x_2, \ldots, x_n]$ über $R$ noethersch ist.

---

$\diamond$    Dies erklärt die Abkürzung ZPE: **Z**erlegung in **P**rimelemente ist **E**indeutig.

Ein Ideal $I \subsetneq R$ heißt *Primideal*, wenn für alle $r_1$, $r_2 \in R$ mit $r_1 \cdot r_2 \in I$ stets $r_1 \in I$ oder $r_2 \in I$ gilt. Das Hauptideal $\langle p \rangle$ ist genau dann ein Primideal, wenn $p$ ein Primelement ist.

Ein Ideal $I \subsetneq R$ heißt *maximal*, wenn wenn für alle Ideale $J$ von $R$ aus $I \subseteq J$ folgt $I = J$ oder $J = R$.

Jedes maximale Ideal ist prim. Die Umkehrung davon gilt aber nur in Hauptidealringen. In der Computeralgebra ist man insbesondere an Polynomringen interessiert: $R[x]$ ist genau dann ein euklidischer Ring oder ein Hauptidealring, wenn $R$ ein Körper ist. Die Eigenschaft faktoriell überträgt sich nach einem Satz von Gauß von $R$ auf $R[x]$. Weiterhin ist $R[x]$ genau dann ein Integritätsbereich, wenn bereits $R$ diese Eigenschaft hat.

Ein Element $a$ eines Integritätsringes $R$ *teilt* ein $b \in R$, i.Z. $a \mid b$, wenn es ein $c \in R$ mit $b = ac$ gibt. Ein Element $d \in R$ heißt *gemeinsamer Teiler* von $a_1, \ldots, a_n \in R$, wenn $d$ die Elemente $a_1, \ldots, a_n$ in $R$ teilt.

Das Element $d \in R$ heißt ein *größter gemeinsamer Teiler* von $a_1, \ldots, a_n \in R$, wenn $d$ ein gemeinsamer Teiler dieser Elemente ist und wenn für jeden anderen gemeinsamen Teiler $d'$ von $a_1, \ldots, a_n$ gilt $d' \mid d$.

Die Standardmethode zur Berechnung eines größten gemeinsamen Teilers in einem euklidischen Ring $R$ ist der euklidische Algorithmus, also fortgesetzte Division mit Rest bis die Division aufgeht.

Sind $a, b \in R \setminus \{0\}$ mit $\delta(b) < \delta(a)$ so setze $a_1 = a$, $a_2 = b$ und berechne

$$
\begin{array}{rcccllll}
a_1 & = & q_1 & \cdot & a_2 & + & a_3 & \text{mit} & \delta(a_3) & < & \delta(a_2) \\
a_2 & = & q_2 & \cdot & a_3 & + & a_4 & \text{mit} & \delta(a_4) & < & \delta(a_3)
\end{array}
$$

$$\vdots$$

$$
\begin{array}{rcccllll}
a_{r-1} & = & q_{r-1} \cdot & a_r & + & a_{r+1} & \text{mit} & \delta(a_{r+1}) & < & \delta(a_r) \\
a_r & = & q_r \cdot & a_{r+1} & & & \Rightarrow & \mathrm{ggT}(a,b) & = & a_{r+1}.
\end{array}
$$

Dabei sei $a_i \neq 0$ für $i = 1, \ldots, r+1$.

Die Schreibweise $\mathrm{ggT}(a, b) = a_{r+1}$ sollte nicht darüber hinwegtäuschen, dass ein ggT nur bis auf Multiplikation mit Einheiten bestimmt ist, also etwa in $\mathbb{Z} : \mathrm{ggT}(10, 15) = \pm 5$. Aus diesem Grunde findet man auch oft die Schreibweisen $5 \in \mathrm{ggT}(10, 15)$ und $\mathrm{ggT}(10, 15) = \{-5, 5\}$. In Ringen, in denen es mehr Einheiten gibt, ist diese Menge entsprechend größer.

In faktoriellen, nicht euklidischen Ringen (z.B in $\mathbb{Z}[x]$) gibt es zwar immer einen ggT, er kann aber nicht mehr (oder nur auf „Umwegen") mit dem euklidischen Algorithmus berechnet werden. In diesem Fall kann man sich die Primfaktorisierungen der beteiligten Ringelemente berechnen. Die minimalen Potenzen dieser Primelemente ergeben ausmultipliziert einen ggT. Das ist die übliche Methode, die man in der Schule für den ggT ganzer Zahlen lernt - da ist sie allerdings fehl am Platze, denn die ganzen Zahlen bilden einen euklidischen Ring und man könnte den sehr viel besseren euklidischen Algorithmus nutzen.

In einem Hauptidealring $R$ gibt es nach einem *Satz von Bézout* zu Elementen $a_1, \ldots, a_m \in R$ mit $\mathrm{ggT}(a_1, \ldots, a_m) = d$ Elemente $r_1, \ldots, r_m \in R$ mit $r_1 a_1 + r_2 a_2 + \ldots + r_m a_m = d$.

Im Fall $m = 2$ in euklidischen Ringen berechnet man diese Elemente $r_i \in R$ mit Hilfe der sog. *erweiterten euklidischen Algorithmus*.

Man schreibt den Divisionsschritt $a_i = q_i a_{i+1} + a_{i+2}$ in Matrixgestalt

$$\begin{pmatrix} a_i \\ a_{i+1} \end{pmatrix} = \begin{pmatrix} q_i & 1 \\ 1 & 0 \end{pmatrix} \begin{pmatrix} a_{i+1} \\ a_{i+2} \end{pmatrix} \quad \text{und kürzt ab} \quad A := \begin{pmatrix} q_1 & 1 \\ 1 & 0 \end{pmatrix} \cdot \ldots \cdot \begin{pmatrix} q_r & 1 \\ 1 & 0 \end{pmatrix}.$$

Damit folgt

$$\begin{pmatrix} a \\ b \end{pmatrix} = \begin{pmatrix} a_1 \\ a_2 \end{pmatrix} = A \begin{pmatrix} a_{r+1} \\ 0 \end{pmatrix} = A \begin{pmatrix} \mathrm{ggT}(a,b) \\ 0 \end{pmatrix} \iff \begin{pmatrix} \mathrm{ggT}(a,b) \\ 0 \end{pmatrix} = A^{-1} \begin{pmatrix} a \\ b \end{pmatrix}$$

Die erste Zeile davon liefert die gewünschte Darstellung des $\mathrm{ggT}$.

Diese Überlegung lässt sich direkt in einen Algorithmus umsetzen. Wegen

$$\begin{pmatrix} q & 1 \\ 1 & 0 \end{pmatrix}^{-1} = \begin{pmatrix} 0 & 1 \\ 1 & -q \end{pmatrix}$$

kann man $A^{-1}$ einfach schrittweise als Produkt dieser Inversen berechnen. Die Multiplikation von links mit solch einer Matrix bewirkt

$$\begin{pmatrix} 0 & 1 \\ 1 & -q \end{pmatrix} \begin{pmatrix} c_1 & c_2 \\ d_1 & d_2 \end{pmatrix} = \begin{pmatrix} d_1 & d_2 \\ c_1 - q d_1 & c_2 - q d_2 \end{pmatrix} =: \begin{pmatrix} c_1' & c_2' \\ d_1' & d_2' \end{pmatrix}.$$

Man startet mit $c_1 = 1$, $c_2 = 0$, $d_1 = 0$, $d_2 = 1$, also der Einheitsmatrix, und wendet auf diese dann obige Regel an. Multipliziert man die gleichen Matrizen von links an den Vektor aus den beiden Elementen $a$ und $b$, so endet der Algorithmus bei dem Vekotr aus $\mathrm{ggT}(a,b)$ und $0$.

─────────**Größter Gemeinsamer Teiler, erweiterte Version**─────────

```
procedure Gcdex (a, b, s, t)          # Eingabe:  a, b ∈ R (euklidischer Ring)
    A ← a, B ← b                       #              s, t Namen für die zu
    c₁ ← 1; c₂ ← 0; d₁ ← 0; d₂ ← 1     #              berechnenden Kofaktoren.
    while B ≠ 0 do                      # Ausgabe:  ggT(a,b) und s und t
                                        #              mit sa + tb = ggT(a,b)
        q ← quo(A,B); r ← rem(A,B)      # A = qB + r sei die Division mit Rest
        u₁ ← c₁ − q·d₁; u₂ ← c₂ − q·d₂  # in R. Bezeichnung q = quo(A,B)
        A ← B; c₁ ← d₁; c₂ ← d₂         # und r = rem(A,B)
        B ← r; d₁ ← u₁; d₂ ← u₂
    end do
    s ← c₁; t ← c₂
    Return (A)
end
```

Ist $R = K[x]$ mit einem Körper $K$, so ist dies nach dem oben Gesagten ein euklidischer Ring und damit auch Hauptidealring.

Sind $u_1, u_2, \ldots, u_k \in R$ mit einem größten gemeinsamen Teiler $d$, so gibt es nach Bézout Elemente $w_1, w_2, \ldots, w_k \in R$ mit

$$w_1 u_1 + w_2 u_2 + \ldots + w_k u_k = d. \qquad (2.1)$$

In Ideal-Schreibweise heißt das $\langle u_1, u_2, \ldots, u_k \rangle = \langle d \rangle$

Eine Lösung $w_1, w_2, \ldots, w_k$ von *(2.1)* kann man etwa durch iterierte Anwendung des erweiterten euklidischen Algorithmus berechnen. Für einige Anwendungen ist man an Lösungen $w_1, w_2, \ldots, w_k \in K[x]$ von *(2.1)* von möglichst kleinem Grad interessiert.

Was man dabei erreichen kann, zeigt der folgende

**2.4.2 Satz:** *Es seien $u_1, u_2, \ldots, u_k \in K[x]$ mit $d := \mathrm{ggT}(u_1, \ldots, u_k)$, $v := \mathrm{kgV}(u_1, \ldots, u_k)^\circ$ und $\deg v > \deg d$. Dann gibt es $w_1, \ldots, w_k \in K[x]$ mit*

$$w_1 u_1 + w_2 u_2 + \ldots + w_k u_k = d$$

*und $\deg w_i < \deg v - \deg u_i$ für $i = 1, \ldots, k$.*

*Beweis:* Es sei $w_1, w_2, \ldots, w_k \in K[x]$ irgendeine Lösung von *(2.1)*. Dann gibt es für $i = 1, \ldots, k$ Polynome $q_i, r_i \in K[x]$ mit $\deg r_i < \deg v$ oder $r_i = 0$ und

$$w_i u_i = q_i v + r_i.$$

Da $u_i$ nach Voraussetzung $v$ teilt, ist $u_i$ auch ein Teiler von $r_i$. Es gibt also zu jedem $r_i$ ein $w_i' \in K[x]$ mit $r_i = w_i' u_i$. Einsetzen in *(2.1)* zeigt:

$$v \cdot \sum_{i=1}^{k} q_i + \sum_{i=1}^{k} w_i' u_i = d. \qquad (2.2)$$

Ist $\sum_{i=1}^{k} q_i \neq 0$, so gilt $\deg \left( v \cdot \sum_{i=1}^{k} q_i \right) \geq \deg v$. Wegen

$$\deg \left( \sum_{i=1}^{k} w_i' u_i \right) = \deg \left( \sum_{i=1}^{k} r_i \right) < \deg v \quad \text{und} \quad \deg d < \deg v$$

kann das nicht sein, es folgt also $\sum_{i=1}^{k} q_i = 0$ und somit aus *(2.2)* die Behauptung. $\qquad\qquad \Box$

*2.4.3 Beispiel:* In $\mathbb{Z}_{13}[x]$ seien

$$u_1 := x^5 + 8x^4 + x + 8, \quad u_3 := x^4 + 9x^2 + 8,$$
$$u_2 := x^5 + 5x^4 + x + 5, \quad u_4 := x^4 + 6x^2 + 5..$$

---

$^\circ$    $v$ ist kgV von $u_1, \ldots, u_k$ wenn gilt: $u_i \mid v$ für $i = 1, \ldots, k$ und $u_i \mid v'$ für $i = 1, \ldots, k \Rightarrow v \mid v'$

Iterative Anwendung des erweiterten euklidischen Algorithmus (also Berechnung von $\mathrm{ggT}(u_1, u_2)$, dann $\mathrm{ggT}(\mathrm{ggT}(u_1, u_2), u_3)$ usw. und $\mathrm{kgV}(u_1, u_2) = \frac{u_1 u_2}{\mathrm{ggT}(u_1, u_2)}$, $\mathrm{kgV}(u_1, u_2, u_3) = \mathrm{kgV}(\mathrm{kgV}(u_1, u_2), u_3)$ usw.) führt auf die Lösung

$$d = \mathrm{ggT}(u_1, u_2, u_3, u_4) = 1$$

$$v = \mathrm{kgV}(u_1, u_2, u_3, u_4) = x^6 + x^4 + x^2 + 1 \quad \text{und}$$

$$w_1 = 5x^2 + 3, \, w_2 = 8x^2 + 10, \, w_3 = 11x^2 + 4, \, w_4 = 5.$$

Nach Satz **2.4.2** gibt es eine Lösung $w_1', \ldots, w_4'$ mit $\deg w_1' < 6 - 5 = 1$, $\deg w_2' < 6 - 5 = 1$, $\deg w_3' < 6 - 4 = 2$, $\deg w_4' < 6 - 4 = 2$. Die im Beweis des Satzes verwendete Division mit Rest führt auf die Lösung kleineren Grades

$$w_1' = 11, \, w_2' = 2, \, w_3' = 1, \, w_4' = 5.$$

Da man nach dem Satz von der Existenz einer Lösung $w_1', \ldots, w_k'$ mit entsprechenden Maximalgraden weiß, kann man natürlich auch für diese Polynome einen Ansatz mit unbestimmten Koeffizienten machen und in *(2.1)* einsetzen. Koeffizientenvergleich mit der rechten Seite führt dann auf ein lösbares lineares Gleichungssystem.

Im vorliegenden Fall führt der Ansatz

$$w_i'(x) = \sum_{j=0}^{\deg v - \deg u_i - 1} w_{i,j}' \cdot x^j$$

auf das lineare Gleichungssystem

$$\begin{pmatrix} 8 & 5 & 8 & 0 & 5 & 0 \\ 1 & 1 & 0 & 8 & 0 & 5 \\ 0 & 0 & 9 & 0 & 6 & 0 \\ 0 & 0 & 0 & 9 & 0 & 6 \\ 8 & 5 & 1 & 0 & 1 & 0 \\ 1 & 1 & 0 & 1 & 0 & 1 \end{pmatrix} \cdot \begin{pmatrix} w_{10} \\ w_{20} \\ w_{30} \\ w_{31} \\ w_{40} \\ w_{41} \end{pmatrix} = \begin{pmatrix} 1 \\ 0 \\ 0 \\ 0 \\ 0 \\ 0 \end{pmatrix}$$

Dies hat die eindeutige Lösung

$$w_{10} = 11, \, w_{20} = 2, \, w_{30} = 1, \, w_{31} = 0, \, w_{40} = 5, \, w_{41} = 0.$$

Die Transponierte der bei diesem Ansatz auftretende Koeffizienten-Matrix ist eine Verallgemeinerung der so genannten Sylvester-Matrix, die im Abschnitt über Resultanten eingeführt wird.

Ist $t \in K[x]$ ein beliebiges Polynom und $w_1, \ldots, w_k \in K[x]$ eine Lösung von *(2.1)* mit der laut Satz **2.4.2** möglichen Gradbeschränkung $\deg w_i < \deg v - \deg u_i$, so gilt natürlich auch

$$tw_1 u_1 + tw_2 u_2 + \ldots + tw_k u_k = td. \quad (2.3)$$

Für diese Lösung wird aber i.Allg. nicht mehr $\deg tw_i < \deg v - \deg u_i$ gelten. Ist $\deg(td) < \deg v$, so lässt sich dies aber analog zum Beweis von Satz **2.4.2** durch Division mit Rest

$$tw_i u_i = q_i v + r_i \text{ mit } \deg r_i < \deg v \text{ oder } r_i = 0$$

reparieren. Es gilt also

**Folgerung:** Zu $u_1, \ldots, u_k, d, v \in K[x]$ wie in **2.4.2** und $t \in K[x]$ mit $\deg(td) < \deg v$ gibt es $w_1, \ldots, w_k \in K[x]$ mit

$$w_1 u_1 + w_2 u_2 + \ldots + w_k u_k = td$$

und $\deg w_i < \deg v - \deg u_i$ für $i = 1, \ldots k$.

**2.4.4** *Beispiel:* $u_1, \ldots, u_4 \in \mathbb{Z}_{13}[x]$ und damit auch $d$ und $v$ seien wie in *2.4.3* gegeben. Weiterhin sei $t = 2x^4 + 2x^2 + 4 \in \mathbb{Z}_{13}[x]$.

Wegen $\deg d = 0$ und $\deg v = 6$ ist also die Voraussetzung $\deg(td) < \deg v$ erfüllt. Aus der Lösung

$$tw_1' = 9x^4 + 9x^2 + 5 \qquad tw_2' = 4x^4 + 4x^2 + 8$$
$$tw_3' = 2x^4 + 2x^2 + 4 \qquad tw_4' = 10x^4 + 10x^2 + 7$$

(mit den Lösungen $w_1', \ldots, w_4'$ aus *2.4.3*) ergibt sich durch Division mit Rest $(tw_i' u_i = q_i v + r_i)$ und anschließende Division $(w_i'' = \frac{r_i}{u_i})$ die Lösung

$$w_1'' = 5, \ w_2'' = 8, \ w_3'' = 5, \ w_4'' = 8 \qquad\qquad \text{mit}$$
$$w_1'' u_1 + w_2'' u_2 + w_3'' u_3 + w_4'' u_4 = t$$

und $\deg w_i'' < \deg v - \deg u_i$ für $i = 1, \ldots, 4$.

Bekanntlich ist die Menge der Restklassen $R/I$ mit den Verknüpfungen $(r_1 + I) \overset{+}{\cdot} (r_2 + I) = (r_1 \overset{+}{\cdot} r_2) + I$ selbst wieder ein Ring, der so genannte *Restklassenring* oder *Faktorring* von $R$ modulo $I$. Primideale sind genau die Ideale, für die der Restklassenring $R/I$ ein Integritätsring ist. Maximale Ideale sind genau die Ideale, für die der Restklassenring $R/I$ ein Körper ist. Ist $R$ noethersch, so ist auch $R/I$ für jedes Ideal $I$ von $R$ noethersch.

Sind $R$ und $S$ zwei Ringe und $\varphi : R \to S$ ein Ringhomomorphismus, so ist $\mathrm{Kern}(\varphi)$ ein von dem ganzen Ring verschiedenes Ideal in $R$ und es gilt

$$R/\mathrm{Kern}(\varphi) \cong \varphi(R)$$

Der zugehörige Isomorphismus ist $\psi$ mit $\psi(r + \mathrm{Kern}(\varphi)) = \varphi(r)$.

**2.4.5** *Beispiel:* Der Ring $\mathbb{Z}$ ist euklidisch (und damit automatisch Hauptidealring, noethersch und faktoriell). Außerdem bilden die ganzen Zahlen einen Integritätsbereich.

Nach dem eben Gesagten vererben sich nur die Eigenschaften faktoriell, noethersch und die Nullteilerfreiheit auf den Polynomring $\mathbb{Z}[x]$. Wegen $\mathbb{Z}[x]/\langle 2, x \rangle \cong \mathbb{Z}_2$ ist das von $2$ und $x$ in $\mathbb{Z}[x]$ erzeugte Ideal maximal. Wegen $\mathbb{Z}[x]/\langle x \rangle \cong \mathbb{Z}$ ist das von $x$ erzeugte Ideal prim. Das Ideal $\langle x \rangle \subsetneq \langle 2, x \rangle$ ist also ein Beispiel für ein Primideal, das nicht maximal ist.

Nun sei $R_0$ ein faktorieller Ring (kommutativ mit $1$ wie immer). Damit ist auch der Ring der Polynome über $R_0$, $R_0[x_1, \ldots, x_n, x]$, ein faktorieller Ring. Im Folgenden werden multivariate Polynome stets als Polynome in einer Variablen, der Hauptvariablen $x$, über dem Ring $R := R_0[x_1, \ldots, x_n]$ betrachtet. Wenn nichts anderes angegeben ist, beziehen sich die Begriffe *Leitkoeffizient* oder *Leitterm* jeweils auf den Polynomring $R[x]$ (vgl. den Abschnitt über Polynome).

Zwei Polynome $f(x), \tilde{f}(x) \in R[x]$ heißen *ähnlich*, in Zeichen $f \sim \tilde{f}$, wenn Elemente $a, b$ aus $R \setminus \{0\}$ existieren, so dass $a \cdot f(x) = b \cdot \tilde{f}(x)$ ist. Die Elemente $a$ und $b$ heißen zugehörige *Ähnlichkeitskoeffizienten*.

Jedes $f(x) \in R[x]$ lässt sich in seinen *Inhalt* ( ggT der Koeffizienten, in Zeichen $\mathrm{Inh}(f)$ ) und den verbleibenden *primitiven Anteil* $\mathrm{pA}(f) := f/\mathrm{Inh}(f)$ zerlegen.

Der Inhalt und somit auch der primitive Anteil eines Polynoms ist wie der ggT nur bis auf Einheiten bestimmt. Elemente $a$ und $b$ eines Integritätsringes heißen *assoziiert*, wenn es eine Einheit $e \in R$ mit $a = e \cdot b$ gibt.

Da das übliche Symbol $\sim$ hier bereits für ähnliche Polynome vergeben ist, wird hier $a \eqsim b$ für assoziierte Elemente geschrieben. Assoziierte Elemente in $R[x]$ sind ähnlich, die Umkehrung ist i.Allg. falsch. Das Polynom $f$ heißt *primitiv*, wenn $\mathrm{Inh}(f)$ eine Einheit in $R$ ist.

**2.4.6 Hilfssatz:** *Ist $P \subseteq R$ ein Primideal, so ist $P[x] \subseteq R[x]$ ein Primideal.*

*Beweis:* Für jedes Ideal $I$ von $R$ ist trivialerweise $I[x]$ ein Ideal von $R[x]$. Es bleibt also nur zu zeigen, dass $P[x]$ wirklich prim ist. Sind $f(x) = \sum_{i=0}^{m} f_i x^i$, $g(x) = \sum_{j=0}^{n} g_j x^j \in R[x]$ Polynome mit $f \cdot g \in P[x]$, aber $f, g \notin P[x]$, so gibt es Koeffizienten von $f$ und $g$, die nicht in $P$ sind.

Sind $k$ und $\ell$ die kleinsten Indizes von Koeffizienten mit dieser Eigenschaft, so ist der Koeffizient von $x^{k+\ell}$ in $f \cdot g$ gleich

$$(f_0 g_{k+\ell} + f_1 g_{k+\ell-1} + \ldots f_{k-1} g_{\ell+1}) + f_k g_\ell + (f_{k+1} g_{\ell-1} + \ldots f_{k+\ell} g_0).$$

Die Klammerausdrücke liegen in $P$, der Ausdruck $f_k g_\ell$ nicht. Somit ist der Koeffizient von $x^{k+\ell}$ in $f \cdot g$ nicht in $P$, also $f \cdot g \notin P[x]$.    $\square$

**2.4.7 Hilfssatz:** *Sind $f$ und $g$ zwei von Null verschiedene primitive Polynome aus $R[x]$, so ist auch das Produkt $f \cdot g$ primitiv.*

*Beweis:* Nimmt man das Gegenteil der Behauptung an, so ist $\operatorname{Inh}(f \cdot g)$ keine Einheit und somit eindeutig in Primelemente zerlegbar ($R$ ist faktoriell vorausgesetzt). Ist $p$ eines dieser Primelemente, so sind alle Koeffizienten von $f \cdot g$ Vielfache dieses $p$, liegen also in dem von $p$ erzeugten Ideal $\langle p \rangle$ von $R$, d.h. $f \cdot g \in \langle p \rangle [x]$.

Da nach dem vorhergehenden Hilfssatz $\langle p \rangle [x]$ ein Primideal von $R[x]$ ist, folgt $f \in \langle p \rangle [x]$ oder $g \in \langle p \rangle [x]$, was ein Widerspruch zur Primitivität von $f$ und $g$ ist. $\qquad\square$

**2.4.8 Satz:** (Lemma von Gauß)
*Es seien $f$ und $g$ von Null verschiedene Polynome aus $R[x]$. Dann gilt*

$$\operatorname{Inh}(f \cdot g) \approx \operatorname{Inh}(f) \cdot \operatorname{Inh}(g). \qquad (2.4)$$

*Beweis:* Es gilt $f \cdot g = \operatorname{pA}(f) \cdot \operatorname{Inh}(f) \cdot \operatorname{pA}(g) \cdot \operatorname{Inh}(g)$. Da für $r \in R$ und $f \in R[x]$ gilt $\operatorname{Inh}(rf) \approx r \operatorname{Inh}(f)$, führt beidseitige Berechnung des Inhalts auf

$$\operatorname{Inh}(f \cdot g) \approx \operatorname{Inh}(f) \cdot \operatorname{Inh}(g) \cdot \operatorname{Inh}(\operatorname{pA}(f) \operatorname{pA}(g)).$$

Da mit $\operatorname{pA}(f)$ und $\operatorname{pA}(g)$ nach dem vorhergehenden Hilfssatz auch das Produkt primitiv ist, folgt $\operatorname{Inh}(\operatorname{pA}(f) \operatorname{pA}(g)) \in R^*$ und somit die Behauptung. $\qquad\square$

Sind $f$ und $g$ ähnlich, so gibt es $a, b \in R \setminus \{0\}$ mit $af = bg$. Es folgt

$$a \cdot \operatorname{Inh}(f) \approx \operatorname{Inh}(af) = \operatorname{Inh}(bg) \approx b \cdot \operatorname{Inh}(g).$$

Da andererseits auch

$$a \cdot \operatorname{pA}(f) \operatorname{Inh}(f) = b \cdot \operatorname{pA}(g) \operatorname{Inh}(g)$$

gilt, folgt $\operatorname{pA}(f) \approx \operatorname{pA}(g)$, oder in Worten:
*Die primitiven Anteile ähnlicher Polynome sind assoziiert.*

**2.4.9 Aufgaben:** Es seien $R$ ein kommutativer Ring mit 1 und $I$ und $J$ endlich erzeugte Ideale von $R$, etwa $I = \langle f_1, \ldots, f_r \rangle$ und $J = \langle g_1, \ldots, g_s \rangle$. Man definiert

$$I + J := \{ f + g \mid f \in I, g \in J \} \ , \quad I \cdot J := \langle f \cdot g \mid f \in I, g \in J \rangle,$$

$$I \cap J := \{ f \mid f \in I \wedge f \in J \} \quad , \quad \sqrt{I} := \{ f \mid \exists m \in \mathbb{N} : f^m \in I \}.$$

Zeigen Sie:

a)   $I + J$, $I \cdot J$, $I \cap J$ und $\sqrt{I}$ sind Ideale von $R$.

b)   $I + J$ ist das kleinste Ideal von $R$, das $I$ und $J$ enthält. Es gilt

$$I + J = \langle f_1, \ldots, f_r,\, g_1, \ldots, g_s \rangle.$$

c)   $I \cdot J = \langle f_i g_j \mid 1 \le i \le r,\, 1 \le j \le s \rangle.$

d)   Es sei $R' = R[x]$ der Ring der formalen Polynome in $x$ über $R$. Für $h(x) \in R[x]$ bezeichne $hI$ das Produktideal von $\langle h \rangle$ und $\langle f_1, \ldots, f_r \rangle$ in $R'$. Dann gilt: $I \cap J = \big(xI + (1-x)J\big) \cap R$.

e)   $\sqrt{I \cap J} = \sqrt{I} \cap \sqrt{J}$.

f)   $IJ \subseteq I \cap J$ (es gibt Fälle mit $\subsetneqq$).

## 2.5 Resultanten

**2.5.1 Definition:**   *Es seien $R$ ein kommutativer Ring mit 1,*
*$f(x) = \sum_{i=0}^{m} f_i x^i$ und $g(x) = \sum_{i=0}^{n} g_i x^i \in R[x]$ mit $f_m \neq 0 \neq g_n$.*
*Die Sylvester-Matrix $M(f,g)$ dieser beiden Polynome ist*

$$
M(f,g) = \begin{pmatrix}
f_m & f_{m-1} & f_{m-2} & \cdots & f_1 & f_0 & & & & \\
 & f_m & f_{m-1} & f_{m-2} & \cdots & f_1 & f_0 & & & \\
 & & \ddots & & & & & \ddots & & \\
 & & & \ddots & & & & & \ddots & \\
 & & & & & f_m & f_{m-1} & f_{m-2} & \cdots & f_1 & f_0 \\
g_n & g_{n-1} & \cdots & & g_0 & & & & & \\
 & g_n & g_{n-1} & \cdots & & g_0 & & & & \\
 & & \ddots & & & & \ddots & & & \\
 & & & \ddots & & & & \ddots & & \\
 & & & & \ddots & & & & \ddots & \\
 & & & & & g_n & g_{n-1} & \cdots & g_0 &
\end{pmatrix}
$$

$(\in R^{(m+n) \times (m+n)})$.

*Die Determinante dieser Matrix heißt die Resultante von $f$ und $g$, in Zeichen $\mathrm{res}(f,g) := \det(M)$.*

Aus den Rechenregeln für Determinanten folgt sofort

$$\mathrm{res}(f,\, g) = (-1)^{mn}\,\mathrm{res}(g,\, f)\quad,\quad \mathrm{res}(af,\, g) = a^n\,\mathrm{res}(f,\, g)\quad (a \in R).$$

Für $m = 0$, d.h. $f = a \in R$ gilt insbesondere $\mathrm{res}(a, g) = a^n$

Für den nächsten Satz werden die folgenden Polynome eingeführt:

$$p_m(x) := \prod_{i=1}^{m}(x - \alpha_i) = \sum_{i=0}^{m} p_i^{(m)} x^i.$$

Die $\alpha_i$ sind dabei neue Unbestimmte, die später die Rolle von Wurzeln aus einem Erweiterungskörper übernehmen sollen. Die Koeffizienten $p_i^{(m)}$ in der ausmultiplizierten Form sind bis auf die Vorzeichen die bekannten elementarsymmetrischen Funktionen in den $\alpha_i$.

Wegen

$$p_{m-1}(x) := \prod_{i=1}^{m-1} (x - \alpha_i) = \sum_{i=0}^{m-1} p_i^{(m-1)} x^i$$

gilt

$$p_m(x) = \sum_{i=0}^{m} p_i^{(m)} x^i = (x - \alpha_m) p_{m-1}(x) =$$

$$= -\alpha_m p_0^{(m-1)} + \sum_{i=1}^{m-1} \left[ p_{i-1}^{(m-1)} - \alpha_m p_i^{(m-1)} \right] x^i + p_{m-1}^{(m-1)} x^m \Rightarrow$$

$$p_i^{(m)} = p_{i-1}^{(m-1)} - \alpha_m p_i^{(m-1)} \quad 1 \le i \le m - 1$$

$$p_0^{(m)} = -\alpha_m p_0^{(m-1)}, \, p_m^{(m)} = p_{m-1}^{(m-1)} = 1$$

**2.5.2 Satz:** *Es sei $R$ ein Integritätsring. Mit den oben eingeführten Bezeichnungen gilt dann:*

$$\mathrm{res}(p_m(x), g(x)) = g(\alpha_m) \cdot \mathrm{res}(p_{m-1}(x), g(x))$$

*Beweis:* Man betrachtet die Sylvester-Matrix $M_1 := M(p_m, g)$. In dieser Matrix addiert man nun für $i = 1, \ldots, m + n - 1$ das $\alpha_m^{m+n-i}$-fache der $i$. Spalte zur letzten Spalte. Damit bekommt die letzte Spalte die Gestalt

$$\left( \sum_{i=1}^{m+1} \alpha_m^{m+n-i} p_{m+1-i}^{(m)}, \ldots, \sum_{i=n}^{m+n} \alpha_m^{m+n-i} p_{m+n-i}^{(m)}, \right.$$

$$\left. \sum_{i=1}^{n+1} \alpha_m^{m+n-i} g_{n+1-i}, \ldots, \sum_{i=m}^{m+n} \alpha_m^{m+n-i} g_{m+n-i} \right)^t =$$

$$= \left( \alpha_m^{n-1} \sum_{i=0}^{m} \alpha_m^i p_i^{(m)}, \ldots, \alpha_m^0 \sum_{i=0}^{m} \alpha_m^i p_i^{(m)}, \alpha_m^{m-1} \sum_{i=0}^{n} \alpha_m^i g_i, \ldots, \alpha_m^0 \sum_{i=0}^{n} \alpha_m^i g_i \right)^t$$

$$= \left( \alpha_m^{n-1} p_m(\alpha_m), \ldots, \alpha_m^0 p_m(\alpha_m), \alpha_m^{m-1} g(\alpha_m), \ldots, \alpha_m^0 g(\alpha_m) \right)^t$$

Wegen $p_m(\alpha_m) = 0$ kann man also den Faktor $g(\alpha_m)$ aus der letzten Spalte herausziehen und erhält:

$$\mathrm{res}(p_m(x), g(x)) = g(\alpha_m) \cdot \det(M_2) \qquad (2.5)$$

wobei $M_2$ die Matrix ist, deren erste $m+n-1$ Spalten identisch mit denen von $M_1$ sind mit der neuen letzten Spalte

$$(\underbrace{0, \ldots, 0}_{n}, \alpha_m^{m-1}, \alpha_m^{m-2}, \ldots, \alpha_m^0)^t.$$

Nun kann man man beide Seiten von *(2.5)* als Polynome in $\alpha_m$ auffassen: Die Koeffizienten $p_i^{(m)}$ von $p_m(x)$ sind linear in $\alpha_m$ :

$$p_m^{(m)} = 1 \qquad\qquad p_{m-1}^{(m)} = -(\alpha_1 + \alpha_2 + \ldots + \alpha_m)$$

$$p_{m-2}^{(m)} = \alpha_1\alpha_2 + \alpha_1\alpha_3 + \ldots + \alpha_{m-1}\alpha_m \quad \cdots \quad p_0^{(m)} = (-1)^m \alpha_1\alpha_2 \cdots \alpha_m$$

Dies betrifft die ersten $n$ Zeilen von $M_1$. In den weiteren $m$ Zeilen kommt $\alpha_m$ nicht vor. Damit sieht man $\deg_{\alpha_m}(\mathrm{res}(p_m(x)\,,\,g(x)) \le n$ .

Auf der rechten Seite von *(2.5)* ist aber bereits $\deg_{\alpha_m}(g(\alpha_m)) = n$ woraus folgt, dass $\det(M_2)$ die Variable $\alpha_m$ gar nicht enthält (Für diesen Schluss braucht man die Nullteilerfreiheit von $R$).

Das heißt $\det(M_2) = \det(M_2)|_{\alpha_m=0}$ . Damit wird die letzte Spalte von $M_2$ zu dem Einheitsvektor $(0,\ldots,0,1)^t$ und man kann außerdem die Koeffizienten von $p_m(x)$ entsprechend der Vorüberlegung durch die Koeffizienten von $p_{m-1}(x)$ wie folgt ersetzen:

$$p_0^{(m)} \longrightarrow 0 \,,\; p_i^{(m)} \longrightarrow p_{i-1}^{(m-1)} \text{ für } 0 < i < m \,,\; p_m^{(m)} = p_{m-1}^{(m-1)} = 1$$

Damit zeigt Entwicklung von der Determinante nach der letzten Spalte zusammen mit *(2.5)* die Behauptung. $\qquad\qquad\qquad\qquad\qquad$ $\Box$

**2.5.3  Satz:**  *Es sei* $f(x) = f_m \prod_{i=1}^m (x - \alpha_i) \in R[\alpha_1,\ldots,\alpha_m][x]$   $(f_m \ne 0)$ *mit einem Integritätsring* $R$ *und* $g(x)$ *vom Grad* $n$ . *Dann gilt:*

$$\mathrm{res}(f(x)\,,\,g(x)) = f_m^n \prod_{i=1}^m g(\alpha_i)\,.$$

*Beweis:*  Der Beweis wird durch Induktion nach $m$ geführt:
Für $m = 0$ ist $f(x) = f_0 \in R$ und damit nach Vorbemerkung

$$\mathrm{res}(f\,,\,g) = f_0^n = f_0^n \prod_{i=1}^0 g(\alpha_i)$$

Es sei also $m > 0$ . Dann ist nach Vorbemerkung und Satz **2.5.2**

$$\mathrm{res}(f\,,\,g) = \mathrm{res}(f_m \prod_{i=1}^m (x - \alpha_i)\,,\,g) = f_m^n \,\mathrm{res}(\prod_{i=1}^m (x - \alpha_i)\,,\,g) \overset{\textbf{2.5.2}}{=}$$

$$= f_m^n g(\alpha_m)\,\mathrm{res}(\prod_{i=1}^{m-1}(x - \alpha_i)\,,\,g) \overset{\text{Ind.-vor.}}{=}$$

$$= f_m^n g(\alpha_m) \prod_{i=1}^{m-1} g(\alpha_i) = f_m^n \prod_{i=1}^m g(\alpha_i) \qquad\qquad\qquad \Box$$

**2.5.4 Satz:** *Es seien $R$ nullteilerfrei und $f(x)\,, g(x) \in R[x] \setminus \{0\}$. Dann gilt:*

$$\mathrm{res}(f(x), g(x)) = 0 \iff \deg(\mathrm{ggT}(f(x)\,, g(x))) > 0\,.$$

*Der ggT, der i.Allg. in $R[x]$ nicht existiert, ist dabei ein Element aus $K[x]$, wobei $K$ der Quotientenkörper von $R$ sei.*

*Beweis:* Sind $f$ oder $g$ von Null verschiedene Konstanten aus $R$, so ist $\mathrm{res}(f,g)$ eine Potenz dieser Konstanten, also insbesondere von Null verschieden, und $\deg(\mathrm{ggT}(f,g)) = 0$, der Satz also erfüllt. Es sei also $\deg(f) \geq \deg(g) > 0$. Nun sei $p_1(x)\,, p_2(x)\,, \ldots, p_k(x)$ die Kette von Polynomen, die man erhält, wenn man den ggT von $f =: p_1$ und $g =: p_2$ mit dem euklidischen Algorithmus berechnet, also

$$p_1(x) = q_1(x)\quad p_2(x)\quad + p_3(x) \qquad \deg p_3 < \deg p_2$$
$$\vdots$$
$$p_{k-2}(x) = q_{k-2}(x)\, p_{k-1}(x) + p_k(x) \qquad \deg p_k < \deg p_{k-1}$$
$$p_{k-1}(x) = q_{k-1}(x)\, p_k(x) \quad + p_{k+1}(x) \qquad p_{k+1} = 0$$

und damit $p_k = \mathrm{ggT}(f\,, g)$. Weiterhin sei $n_i := \deg(p_i)$, $1 \leq i \leq k$ und $\mathrm{LK}(p(x))$ bezeichne den Leitkoeffizienten des Polynoms $p(x)$. Im Zerfällungskörper $L$ von $p_{i+1}$ über $K$ seien $\alpha_1, \ldots, \alpha_{n_{i+1}}$ die Wurzeln von $p_{i+1}$.
Dann gilt:

$$\mathrm{res}(p_i\,, p_{i+1}) = (-1)^{n_i n_{i+1}} \mathrm{res}(p_{i+1}\,, q_i p_{i+1} + p_{i+2}) \overset{\mathbf{2.5.3}}{=}$$

$$= (-1)^{n_i n_{i+1}} \mathrm{LK}(p_{i+1})^{n_i} \prod_{j=1}^{n_{i+1}} \left[ q_i(\alpha_j)\, \underbrace{p_{i+1}(\alpha_j)}_{=0} + p_{i+2}(\alpha_j) \right]$$

$$= (-1)^{n_i n_{i+1}} \mathrm{LK}(p_{i+1})^{n_i - n_{i+2}} \mathrm{LK}(p_{i+1})^{n_{i+2}} \prod_{j=1}^{n_{i+1}} p_{i+2}(\alpha_j) \overset{\mathbf{2.5.3}}{=}$$

$$= (-1)^{n_i n_{i+1}} \mathrm{LK}(p_{i+1})^{n_i - n_{i+2}} \mathrm{res}(p_{i+1}\,, p_{i+2})$$

Rekursive Anwendung dieser Formel auf $\mathrm{res}(p_1\,, p_2)$ zeigt:

$$\mathrm{res}(p_1\,, p_2) = (-1)^{n_1 n_2} \mathrm{LK}(p_2)^{n_1 - n_3} \mathrm{res}(p_2\,, p_3) =$$
$$= (-1)^{n_1 n_2} \mathrm{LK}(p_2)^{n_1 - n_3} (-1)^{n_2 n_3} \mathrm{LK}(p_3)^{n_2 - n_4} \mathrm{res}(p_3\,, p_4) =$$
$$\vdots$$
$$= \underbrace{\left( \prod_{i=1}^{k-2} (-1)^{n_i n_{i+1}} \mathrm{LK}(p_{i+1})^{n_i - n_{i+2}} \right)}_{\neq 0} \mathrm{res}(p_{k-1}\,, p_k)$$

Ist also $n_k = \deg(p_k) = \deg(\mathrm{ggT}(f,g)) = 0$, so ist $\mathrm{res}(p_{k-1}, p_k) = \mathrm{LK}(p_k)^{n_{k-1}} \neq 0$ und damit liest man an obiger Gleichung ab:
$\mathrm{res}(p_1, p_2) = \mathrm{res}(f,g) \neq 0$. Ist dagegen $\deg(\mathrm{ggT}(f,g)) > 0$, so wendet man obige Umformung nochmals an und liest aus

$$\mathrm{res}(p_1, p_2) = \left( \prod_{i=1}^{k-1} (-1)^{n_i n_{i+1}} \mathrm{LK}(p_{i+1})^{n_i - n_{i+2}} \right) \mathrm{res}(p_k, p_{k+1})$$

wegen $p_{k+1} = 0$ ab, dass auch $\mathrm{res}(p_1, p_2) = \mathrm{res}(f,g) = 0$ ist. $\qquad \square$

### 2.5.5 Aufgaben:

1.) Für die gegebenen Polynome $f$ und $g$ berechne man jeweils $\mathrm{res}(f,g)$:

   a) $f(x) = x^3 + x + 1$,   $g(x) = 2x^5 + x^2 + 2 \in \mathbb{Z}_3[x]$ ,

   b) $f(x) = x^4 + x^3 + 1$,   $g(x) = x^4 + x^2 + x + 1 \in \mathbb{Z}_2[x]$ .

2.) Es seien $R := K[x_1, \ldots, x_{r-1}]$, $f(x_r) = \sum_{i=0}^{m} f_i x_r^i$, $g(x_r) = \sum_{i=0}^{n} g_i x_r^i \in R[x_r]$ mit $f_m \neq 0 \neq g_n$ und $\alpha_1, \ldots, \alpha_{r-1}$ Elemente eines Erweiterungskörpers $L$ von $K$. Für $h \in R[x_r]$ sei $\overline{h} := h(\alpha_1, \ldots, \alpha_{r-1}, x_r)$.

   a) Zeigen Sie, dass i.Allg.   $\mathrm{res}_{x_r}(\overline{f}, \overline{g}) \neq \overline{\mathrm{res}_{x_r}(f,g)}$   ist. Wann gilt hier sicher die Gleichheit?

   b) Jetzt seien $\overline{f_m} \neq 0 \neq \overline{g_n}$. Zeigen Sie: $f$ und $g$ haben genau dann die gemeinsame Wurzel $(\alpha_1, \ldots, \alpha_r)$ mit $\alpha_r \in \overline{K}$, wenn $\overline{\mathrm{res}_{x_r}(f,g)} = 0$ ist.

3.) Mit Hilfe von Aufgabe 2 berechne man alle gemeinsamen komplexen Nullstellen der Polynome

$$f(x,y) = x(y^2 - x)^2 + y^5 \quad \text{und}$$
$$g(x,y) = y^4 + y^3 - x^2 \quad \text{aus } \mathbb{Q}[x,y].$$

4.) Es sei $\alpha$ algebraisch über $\mathbb{Q}$ mit dem Minimalpolynom $a(y)$, $\mathbb{Q}[\alpha] \cong \mathbb{Q}[y]/_{\langle a(y) \rangle}$. Für ein Polynom $b(y)$ mit $\deg b < \deg a$ sei

$$p(x) := \mathrm{res}_y(x - b(y), a(y)).$$

   a) Man zeige, dass das Minimalpolynom von $\sqrt[m]{b(\alpha)}$ über $\mathbb{Q}$ ein Teiler von $p(x^m)$ ist.

   b) Man berechne das Minimalpolynom von $\sqrt{9 + 4\sqrt{2}}$ über $\mathbb{Q}$.

## 2.6 Partialbruchzerlegungen

Es sei $F$ ein Körper und $f(x) = \frac{z(x)}{n(x)} \in F(x)$ eine rationale Funktion mit $z(x)$, $n(x) \in F[x]$ und $\deg z < \deg n$. Gegeben sei eine Zerlegung $n(x) = \prod_{i=1}^{k} n_i(x)$ des Nenners in paarweise teilerfremde (nicht notwendig irreduzible) Polynome $n_1, \ldots, n_k \in F[x]$.

Es sei $n_2' := \prod_{i=2}^{k} n_i$. Wegen $\text{ggT}(n_1, n_2') = 1$ und $\text{kgV}(n_1, n_2') = n$ gibt es nach Satz **2.4.2** Polynome $w_1, w_2' \in F[x]$ mit

$$w_2' n_1 + w_1 n_2' = z \quad \text{und} \quad \begin{array}{l} \deg w_2' < \deg n - \deg n_1 = \deg n_2', \\ \deg w_1 < \deg n - \deg n_2' = \deg n_1. \end{array} \qquad (2.6)$$

Setzt man $w_2'$ und $w_1$ als Polynome mit unbekannten Koeffizienten vom jeweiligen Grad in *(2.6)* ein, so erhält man ein lineares Gleichungssystem, dessen Koeffizientenmatrix gerade die im vorhergehenden Kapitel eingeführte Sylvestermatrix (bzw. deren Transponierte) von $n_1$ und $n_2'$ ist. Da $n_1$ und $n_2'$ teilerfremd sind, ist nach Satz **2.5.4** die Determinante dieser Matrix ( $= \text{res}_x(n_1, n_2')$ ) von Null verschieden, d.h. die Lösung $w_1, w_2'$ mit der genannten Gradbeschränkung ist sogar eindeutig. Dies führt auf die ebenfalls eindeutige Zerlegung

$$f = \frac{z}{n} = \frac{w_2' n_1 + w_1 n_2'}{n_1 n_2'} = \frac{w_2'}{n_2'} + \frac{w_1}{n_1}. \qquad (2.7)$$

Falls die Polynome $z$ und $n$ am Anfang teilerfremd waren, sind $w_2'$ und $n_2'$ wieder teilerfremd, denn gäbe es einen gemeinsamen Teiler, so wäre der auch Teiler von $w_2' n_1 + w_1 n_2'$ und von $n_1 n_2'$, also auch von $z$ und $n$.

Der Bruch $\frac{w_2'}{n_2'}$ erfüllt sinngemäß die anfänglich an $\frac{z}{n}$ gestellten Anforderungen. Mit der vorliegenden Faktorisierung $n_2' = \prod_{i=2}^{k} n_i$ des Nenners kann man also *(2.7)* weiter zerlegen und erhält die zu der gegebenen Faktorisierung von $n$ eindeutige Partialbruchzerlegung $f(x) = \sum_{i=1}^{k} \frac{w_i}{n_i}$ mit $\deg w_i < \deg n_i$ für $i = 1, 2, \ldots, k$. Diese Zerlegung hängt auch nicht von der verwendeten Reihenfolge ab, denn wäre $\sum_{i=1}^{k} \frac{v_i}{n_i}$ eine andere Zerlegung mit $\deg v_i < \deg n_i$, so zeigt Multiplikation mit dem Hauptnenner und Einsetzen der Wurzeln eines festen $n_i$ aus einem Erweiterungskörper, dass jeweils $v_i = w_i$ ist. Somit ist gezeigt:

**2.6.1 Satz:** *Zu jedem $n(x) = \prod_{i=1}^{k} n_i(x) \in F[x]$ mit paarweise teilerfremden Faktoren $n_i(x) \in F[x]$ und jedem $z(x) \in F[x]$ mit $\deg z < \deg n$ gibt es eindeutig bestimmte $w_i(x) \in F[x]$ mit $\deg w_i < \deg n_i$ $(i = 1, \ldots, k)$ und*

$$\frac{z(x)}{\displaystyle\prod_{i=1}^{k} n_i(x)} = \sum_{i=1}^{k} \frac{w_i(x)}{n_i(x)}.$$

Man kann also von <u>der</u> zu der Faktorisierung $n = \prod n_i$ gehörigen Partialbruchzerlegung der rationalen Funktion $f(x) = \frac{z(x)}{n(x)} \in F(x)$ sprechen.

*2.6.2 Beispiel:* Es sei

$$f(x) = \frac{x^3 - 3x + 1}{x^8 + 5x^7 + 4x^6 - 3x^4 - 15x^3 - 14x^2 - 10x - 8} \in \mathbb{Q}(x).$$

Zähler und Nenner sind bereits optimal durchgekürzt. Über den komplexen Zahlen lautet die Faktorisierung des Nennerpolynoms

$$n(x) = (x+1)(x+4)(x-\sqrt{2})(x+\sqrt{2})(x-i)^2(x+i)^2 \,.$$

Die zu dieser Faktorisierung gehörige eindeutige Partialbruchzerlegung von $f(x)$ gemäß Satz **2.6.1** lautet

$$f(x) = -\frac{1}{4}\frac{1}{x+1} + \frac{1}{238}\frac{1}{x+4} + \left(\frac{11}{252} - \frac{2}{63}\sqrt{2}\right)\frac{1}{x-\sqrt{2}} +$$
$$+ \left(\frac{11}{252} + \frac{2}{63}\sqrt{2}\right)\frac{1}{x+\sqrt{2}} + \frac{1}{1224}\frac{(97+14i)x - (37+148i)}{(x-i)^2} -$$
$$- \frac{1}{1224}\frac{(-97+14i)x + (37-148i)}{(x+i)^2} \,.$$

Für die reelle Partialbruchzerlegung geht man von der vollständigen reellen Faktorisierung

$$n(x) = (x+1)(x+4)(x-\sqrt{2})(x+\sqrt{2})(x^2+1)^2$$

aus. Diese führt auf die zugehörige eindeutige Partialbruchzerlegung

$$f(x) = -\frac{1}{4}\frac{1}{x+1} + \frac{1}{238}\frac{1}{x+4} + \left(\frac{11}{252} - \frac{2}{63}\sqrt{2}\right)\frac{1}{x-\sqrt{2}} +$$
$$+ \left(\frac{11}{252} + \frac{2}{63}\sqrt{2}\right)\frac{1}{x+\sqrt{2}} + \frac{1}{612}\frac{97x^3 - 65x^2 + 199x + 37}{(x^2+1)^2} \,.$$

Eine exakte reelle oder komplexe Faktorisierung des Nennerpolynoms ist i.Allg. nicht zu bekommen, eine rationale Zerlegung dagegen sehr wohl (siehe dazu das Kapitel zur Polynomfaktorisierung).

Die rationale Faktorisierung des obigen Nennerpolynoms lautet

$$n(x) = (x+1)(x+4)(x^2-2)(x^2+1)^2$$

Dies führt auf die rationale Partialbruchzerlegung

$$f(x) = -\frac{1}{4}\frac{1}{x+1} + \frac{1}{238}\frac{1}{x+4} + \frac{1}{126}\frac{11x-16}{x^2-2} +$$
$$+ \frac{1}{612}\frac{97x^3 - 65x^2 + 199x + 37}{(x^2+1)^2} \,.$$

Für die Summation oder Integration rationaler Funktionen braucht man keine vollständige rationale Partialbruchzerlegung, sondern so genannte quadratfreie oder shiftfreie Zerlegungen (siehe die entsprechenden Kapitel).

Die quadratfreie rationale Zerlegung des obigen Nennerpolynoms ist etwa

$$n(x) = [(x+1)(x+4)(x^2-2)]^1 \cdot [x^2+1]^2$$
$$= [x^4 + 5x^3 + 2x^2 - 10x - 8] \cdot [x^2+1]^2$$

(keines der Polynome in den eckigen Klammern enthält einen mehrfachen Faktor in $\mathbb{Q}[x]$ ), woraus man die quadratfreie Partialbruchzerlegung

$$f(x) = -\frac{1}{612} \frac{97x^3 + 420x^2 - 126x - 908}{x^4 + 5x^3 + 2x^2 - 10x - 8} + \frac{1}{612} \frac{97x^3 - 65x^2 + 199x + 37}{(x^2+1)^2}$$

erhält. Für die shiftfreie Zerlegung muss man die gegebene rationale Funktion u.U. geeignet erweitern, hier mit $(x+2)(x+3)$.
Die erweiterte Darstellung ist

$$f(x) = \frac{x^5 + 5x^4 + 3x^3 - 14x^2 - 13x + 6}{[(x^2-2)(x^2+1)^2] \cdot [(x+1)(x+2)(x+3)(x+4)]}$$

(In den eckigen Klammern sind alle Shifts eines Teilers des Nenners zusammengefasst, verschiedene eckige Klammern enthalten keine Shifts voneinander und sind natürlich teilerfremd.)
Dies führt auf die shiftfreie Partialbruchzerlegung

$$f(x) = \frac{1}{476} \frac{117x^5 - 111x^4 + 87x^3 + 9x^2 - 268x - 118}{x^6 - 3x^2 - 2} -$$
$$- \frac{3}{476} \frac{(39x + 158)(x+2)(x+3)}{(x^2 + 5x + 4)(x+2)(x+3)}.$$

Da die gegebene Faktorisierung $n(x) = \prod_{i=1}^{k} n_i(x)$ des ursprünglichen Nennerpolynoms nicht notwendig vollständig war, lassen sich möglicherweise einige $n_i$ noch weiter zerlegen in

$$n_i(x) = \prod_{j=1}^{v_i} n_{i,j}(x) \quad (v_i \in \mathbb{N})$$

mit (nicht notwendig teilerfremden) Faktoren $n_{i,j}(x) \in F[x]$ $(j = 1, \ldots, v_i)$.
Diese Faktorisierung kann man nutzen, um die bisherige Zerlegung

$$\sum_{i=1}^{k} \frac{w_i(x)}{n_i(x)}$$

weiter in Partialbrüche aufzuspalten. Ziel ist es dabei insbesondere, die Grade der beteiligten Zählerpolynome noch etwas kleiner zu bekommen.
Dies geschieht durch fortgesetzte Division mit Rest:

$(Z_0)$ \qquad $w_i = q_{i,0} \cdot n_{i,v_i} + r_{i,0}$ mit $\deg r_{i,0} < \deg n_{i,v_i}$

$(Z_1)$ \qquad $q_{i,0} = q_{i,1} \cdot n_{i,v_i-1} + r_{i,1}$ mit $\deg r_{i,1} < \deg n_{i,v_i-1}$

$$\vdots \qquad \vdots$$

$(Z_{v_i-2})$    $q_{i,v_i-3} = q_{i,v_i-2} \cdot n_{i,2} + r_{i,v_i-2}$ mit $\deg r_{i,v_i-2} < \deg n_{i,2}$

Einsetzen von $(Z_1)$ in $(Z_0)$ zeigt $w_i = q_{i,1} \cdot n_{i,v_i} \cdot n_{i,v_i-1} + r_{i,1} \cdot n_{i,v_i} + r_{i,0}$. Einsetzen von $(Z_2)$ führt jetzt auf

$$w_i = q_{i,2} \prod_{j=0}^{2} n_{i,v_i-j} + \sum_{\ell=0}^{\ell-1} r_{i,\ell} \prod_{j=0}^{\ell-1} n_{i,v_i-j} \, .$$

Durch fortgesetztes Einsetzen bis zu $(Z_{v_i-2})$ erhält man also

$$w_i = q_{i,v_i-2} \prod_{j=0}^{v_i-2} n_{i,v_i-j} + \sum_{\ell=0}^{v_i-2} r_{i,\ell} \prod_{j=0}^{\ell-1} n_{i,v_i-j} \, .$$

Mit dieser Zerlegung des Zählers folgt

$$\frac{w_i}{n_i} = \frac{q_{i,v_i-2}}{n_{i,1}} + \sum_{\ell=0}^{v_i-2} \frac{r_{i,\ell}}{\prod_{j=1}^{v_i-\ell} n_{i,j}} \, .$$

Wegen $\deg w_i = \deg\left( q_{i,v_i-2} \prod_{j=0}^{v_i-2} n_{i,v_i-j} \right) < \deg\left( \prod_{j=1}^{v_i} n_{i,j} \right)$ ist $\deg q_{i,v_i-2} < \deg n_{i,1}$ ; aus $(Z_1)-(Z_{v_i-2})$ ist bereits bekannt, dass $\deg r_{i,\ell} < \deg n_{i,v_i-\ell}$ (für $\ell = 0, \ldots, v_i - 2$).

Benennt man um in $w_{i,1} := q_{i,v_i-2}$ und $w_{i,\ell} := r_{i,v_i-\ell}$ für $\ell = 2, \ldots, v_i$, so ist gezeigt, dass es zu $\frac{w_i}{\prod_{j=1}^{v_i} n_{i,j}}$ Polynome $w_{i,\ell}$ mit $\deg w_{i,\ell} < \deg n_{i,\ell}$ gibt, so dass

$$\frac{w_i}{\prod_{j=1}^{v_i} n_{i,j}} = \sum_{\ell=1}^{v_i} \frac{w_{i,\ell}}{\prod_{j=1}^{\ell} n_{i,j}} \, .$$

Wegen der Eindeutigkeit der $q_{i,j}$ und $r_{i,j}$ in $(Z_0) - (Z_{v_i-2})$ ist diese Zerlegung zu der gegebenen Faktorisierung von $n_i$ eindeutig.

In Kombination mit dem vorhergehenden Satz ist damit gezeigt:

**2.6.3 Satz:** *Zu jedem $n(x) = \prod_{i=1}^{k} n_i(x) \in F[x]$ mit paarweise teilerfremden Faktoren $n_i(x) = \prod_{j=1}^{v_i} n_{i,j}(x) \in F[x]$, mit $v_i \in \mathbb{N}$ und $n_{i,j}(x) \in F[x]$ und jedem $z(x) \in F[x]$ mit $\deg z < \deg n$ gibt es eindeutig bestimmte Polynome $w_{i,\ell}(x) \in F[x]$ mit $\deg w_{i,\ell} < \deg n_{i,\ell}$ und*

$$\frac{z(x)}{\prod_{i=1}^{k} \prod_{j=1}^{v_i} n_{i,j}(x)} = \sum_{i=1}^{k} \sum_{\ell=1}^{v_i} \frac{w_{i,\ell}}{\prod_{j=1}^{\ell} n_{i,j}} \, .$$

*Zur Unterscheidung von der im vorhergehenden Satz betrachteten Partialbruchzerlegung zu $n = \prod n_i$ spricht man hier von der vollständigen Partialbruchzerlegung zur Faktorisierung $n = \prod n_{i,j}$.*

Bei der üblichen Partialbruchzerlegung über $\mathbb{C}$ sind die $n_{i,j}$ Linearfaktoren und die $n_i$ Produkte gleicher Linearfaktoren gemäß ihrer Vielfachheit in $n$, also $n_i = (f_i)^{v_i}$ mit $f_i = n_{i,1} = \ldots = n_{i,v_i}$. Die Zerlegung eines Summanden $\frac{w_i}{n_i}$ der Partialbruchzerlegung ist dann also

$$\frac{w_i}{f_i^{v_i}} = \sum_{\ell=1}^{v_i} \frac{w_{i,\ell}}{f_i^\ell} \quad \text{mit} \quad \deg w_{i,\ell} < \deg f_i = 1 \quad \text{also} \quad w_{i,\ell} \in \mathbb{C}.$$

Bei Zerlegungen über $\mathbb{R}$ kommen noch quadratische Faktoren entsprechend ihrer Vielfachheit hinzu. Bei einer Faktorisierung des Nennerpolynoms über $\mathbb{Q}$ können die irreduziblen Teiler dagegen beliebig großen Grad haben.

Etwas anders ist die Situation bei der erwähnten shiftfreien Partialbruchzerlegung. Dort hat man Nenner der Gestalt $\prod f(x-i)$ mit einem Polynom $f$ (eben $f$ und all seine in $n$ enthaltenen Shifts).

*2.6.4 Beispiel:* (Fortsetzung von Beispiel 2.6.2) In der komplexen PBZ von $f(x)$ kam etwa der folgende Summand vor:

$$\frac{1}{1224} \frac{(97+14i)x - (37+148i)}{(x-i)^2}$$

Einfache Division des Zählers mit Rest durch $x-i$ führt auf die vollständige Zerlegung

$$\frac{1}{1224} \cdot \frac{97+14i}{x-i} - \frac{1}{24} \frac{1+i}{(x-i)^2}.$$

In der shiftfreien Partialbruchzerlegung von $f$ kam der Summand

$$\frac{39x^3 + 353x^2 + 1024x + 948}{(x+1)(x+2)(x+3)(x+4)}$$

vor. Die vollständige Zerlegung dazu ist ($n_{1,1} = x+4$, ...)

$$\frac{39}{x+4} + \frac{119}{(x+3)(x+4)} + \frac{238}{(x+2)(x+3)(x+4)} + \frac{238}{(x+1)(x+2)(x+3)(x+4)}.$$

## 2.7 Einige Schranken

Es sei $A = (a_{rs})_{1 \le r,s \le n} \in \mathbb{C}^{n \times n}$ eine *positiv definite hermitesche Matrix*, d.h. es gelte $A = \overline{A}^t$ und $h(\vec{x}) := \vec{x}^t \cdot A \cdot \overline{\vec{x}} > 0$ für alle $\vec{x} \in \mathbb{C}^n \setminus \{\vec{0}\}$. Aus der Definition folgt insbesondere, dass die Diagonalelemente $a_{rr}$ für $1 \le r \le n$ von $A$ positive reelle Zahlen sind.

Nun betrachtet man die Diagonalmatrix $D$ mit den Einträgen $\frac{1}{\sqrt{a_{11}}}$, $\ldots$, $\frac{1}{\sqrt{a_{nn}}}$ und $C := D^t \cdot A \cdot \overline{D} = (\frac{a_{rs}}{\sqrt{a_{rr}a_{ss}}})_{1 \le r,s \le n}$. Die Matrix $C$ beschreibt die hermitesche Form $h$ bezüglich einer anderen Basis (Transformationsmatrix $D$), ist also auch wieder hermitesch.

Sind $\lambda_1, \ldots, \lambda_n$ die reellen positiven Eigenwerte von $C$, so gilt nach der Ungleichung zwischen dem arithmetischen und dem geometrischen Mittel

$$\lambda_1 \cdot \ldots \cdot \lambda_n \le \left(\frac{\lambda_1 + \ldots + \lambda_n}{n}\right)^n \iff \det(C) \le \left(\frac{\operatorname{Spur}(C)}{n}\right)^n.$$

Wegen $\det(C) = \det(D^t \cdot A \cdot \overline{D}) = \det(D)^2 \cdot \det(A) = (a_{11} \cdot \ldots \cdot a_{nn})^{-1} \cdot \det(A)$ und $\operatorname{Spur}(C) = n$ folgt also $\det(A) \le a_{11} \cdot \ldots \cdot a_{nn}$.

Das Gleichheitszeichen in der Ungleichung zwischen dem arithmetischen und dem geometrischen Mittel wird genau dann angenommen, wenn $\lambda_1 = \ldots = \lambda_n$ ist. Dies ist genau dann der Fall, wenn $C$ skalar, d.h. ein Vielfaches der Einheitsmatrix ist. Dies ist wiederum genau dann der Fall, wenn $A$ diagonal ist. Damit ist der folgende Satz bewiesen.

**2.7.1 Satz:** *Es sei $A = (a_{rs})_{1 \le r,s \le n} \in \mathbb{C}^{n \times n}$ eine positiv definite hermitesche Matrix. Dann gilt*

$$\det(A) \le a_{11} \cdot \ldots \cdot a_{nn},$$

*wobei das Gleichheitszeichen genau dann angenommen wird, wenn $A$ eine Diagonalmatrix ist.*

**2.7.2 Satz:** *(Ungleichung von Hadamard) Es sei $A = (a_{rs})_{1 \le r,s \le n}$ eine nichtsinguläre komplexe $(n \times n)$-Matrix. Dann gilt*

$$|\det(A)|^2 \le \prod_{r=1}^{n} \sum_{k=1}^{n} |a_{kr}|^2$$

*wobei das Gleichheitszeichen genau dann angenommen wird, wenn die Spalten von $A$ orthogonal (bzgl. dem kanonischen Skalarprodukt auf $\mathbb{C}^n$) sind.*

*Beweis:* Es sei $B = A^t \cdot \overline{A} = (b_{rs})_{1 \le r,s \le n}$ die so genannte *Grammatrix* der Matrix $A$. Wegen $\overline{B}^t = \left(\overline{A^t \cdot \overline{A}}\right)^t = \left(\overline{A}^t \cdot A\right)^t = A^t \cdot \overline{A}^{tt} = A^t \cdot \overline{A} = B$ ist $B$ hermitesch. Wegen $\vec{x}^t \cdot B \cdot \overline{\vec{x}} = \vec{x}^t \cdot A^t \cdot \overline{A} \cdot \overline{\vec{x}} = |A\vec{x}|^2$ ist $B$ positiv definit. Mit dem vorhergehenden Satz folgt also

$$|\det(A)|^2 = \det(A^t)\det(\overline{A}) = \det(B) \le \prod_{r=1}^{n} b_{rr} = \prod_{r=1}^{n} \sum_{k=1}^{n} |a_{kr}|^2 .$$

Gleichheit liegt vor, wenn $B$ diagonal ist, d.h. wenn die Spalten von $A$ orthogonal sind. □

Die folgenden Schranken betreffen Wurzeln von Polynomen und werden bei deren Isolation und bei der Faktorisierung von Polynomen benötigt.

**2.7.3 Satz:** (Ungleichung von Cauchy) *Es seien* $n \geq 1, p_n \in \mathbb{C} \setminus \{0\}$, $p(x) = \sum_{i=0}^{n} p_i x^i \in \mathbb{C}[x]$ *und* $x_1 \in \mathbb{C}$ *eine Wurzel von* $p(x)$. *Dann gilt*

$$|x_1| < 1 + \frac{\max\{|p_0|, \ldots, |p_{n-1}|\}}{|p_n|}.$$

*Beweis:* Ist $|x_1|$ eine Wurzel von $p(x)$ mit $|x_1| \leq 1$, so ist der Satz trivialerweise richtig. Es seien also ab jetzt $|x_1| > 1$ und $m := \max\{|p_0|, \ldots, |p_{n-1}|\}$. Wegen

$$p(x_1) = 0 \iff p_n x_1^n = -p_{n-1} x_1^{n-1} - \ldots - p_1 x_1 - p_0$$

folgt

$$|p_n||x_1|^n = |p_{n-1} x_1^{n-1} + \ldots + p_1 x_1 + p_0| \leq$$
$$\leq |p_{n-1}||x_1|^{n-1} + \ldots + |p_1||x_1| + |p_0| \leq$$
$$\leq m\left(|x_1|^{n-1} + \ldots + |x_1| + 1\right) =$$
$$= m \cdot \frac{|x_1|^n - 1}{|x_1| - 1} < m \cdot \frac{|x_1|^n}{|x_1| - 1}$$

und damit

$$|p_n| < \frac{m}{|x_1| - 1} \iff |x_1| < 1 + \frac{m}{|p_n|}. \qquad \square$$

Betrachtet man das Polynom $x^n \cdot p(\frac{1}{x}) = \sum_{i=0}^{n} p_i x^{n-i} = \sum_{i=0}^{n} p_{n-i} x^i$ mit der Wurzel $\frac{1}{x_1}$, so liefert der vorhergehende Satz die folgende untere Schranke.

**Folgerung:** *Es seien* $n \geq 1$, $p_0 \in \mathbb{C} \setminus \{0\}$, $p(x) = \sum_{i=0}^{n} p_i x^i \in \mathbb{C}[x]$ *und* $x_1 \in \mathbb{C}$ *eine Wurzel von* $p(x)$. *Dann gilt*

$$|x_1| > \frac{|p_0|}{|p_0| + \max\{|p_1|, \ldots, |p_n|\}}.$$

**2.7.4 Hilfssatz:** *Es seien* $p(x) = \sum_{i=0}^{n} p_i x^i \in \mathbb{C}[x]$, $c \in \mathbb{C}$. *Dann gilt*

$$\|(x - c)p(x)\|_2 = \|(\bar{c}x - 1)p(x)\|_2 \, ^*$$

*Beweis:* Setzt man $p_{-1} = p_{n+1} = 0$, so ist

$$(x - c)p(x) = \sum_{i=0}^{n+1} (p_{i-1} - cp_i)x^i, \; (\bar{c}x - 1)p(x) = \sum_{i=0}^{n+1} (\bar{c}p_{i-1} - p_i)x^i$$

---

$^*$ $r$-Norm des Koeffizientenvektors $\|\vec{x}\|_r := \left(\sum_{i=1}^{n} |x_i|^r\right)^{\frac{1}{r}}$, $\|\vec{x}\|_\infty := \max_{1 \leq i \leq n} |x_i|$.

und damit

$$\|(x-c)p(x)\|_2^2 = \sum_{i=0}^{n+1}(p_{i-1}-cp_i)\overline{(p_{i-1}-cp_i)} =$$

$$= \sum_{i=0}^{n+1}p_{i-1}\overline{p}_{i-1} + \sum_{i=0}^{n+1}(cp_i)\overline{(cp_i)} - \sum_{i=0}^{n+1}\left(\overline{c}p_{i-1}\overline{p}_i + c\overline{p}_{i-1}p_i\right) =$$

$$= \sum_{i=0}^{n+1}p_i\overline{p}_i + \sum_{i=0}^{n+1}(cp_{i-1})\overline{(cp_{i-1})} - \sum_{i=0}^{n+1}\left(\overline{c}p_{i-1}\overline{p}_i + c\overline{p}_{i-1}p_i\right) =$$

$$= \sum_{i=0}^{n+1}(\overline{c}p_{i-1}-p_i)\overline{(\overline{c}p_{i-1}-p_i)} = \|(\overline{c}x-1)p(x)\|_2^2 \qquad \square$$

**2.7.5 Satz:** (Ungleichung von Landau) *Es seien $n \geq 1$, $p_n \in \mathbb{C} \setminus \{0\}$, $p(x) = \sum_{i=0}^n p_i x^i \in \mathbb{C}[x]$ und $x_1, \ldots, x_n \in \mathbb{C}$ alle Wurzeln von $p(x)$. Dann gilt*

$$|p_n| \prod_{j=1}^n \max\{1, |x_j|\} \leq \|p(x)\|_2 \ .$$

*Beweis:* Der Einfachheit halber seien die Wurzeln $x_1, \ldots, x_n \in \mathbb{C}$ von $p(x)$ gerade so sortiert, dass $|x_1|, \ldots, |x_k| > 1$ und $|x_{k+1}|, \ldots, |x_n| \leq 1$ sind. Damit ist $|p_n| \prod_{j=1}^n \max\{1, |x_j|\} = |p_n| \prod_{j=1}^k |x_j|$. Nun betrachtet man das Polynom

$$q(x) := p_n \prod_{j=1}^k(\overline{x}_j x - 1) \prod_{j=k+1}^n (x-x_j) = (\overline{x}_k x - 1) \cdot p_n \prod_{j=1}^{k-1}(\overline{x}_j x - 1) \prod_{j=k+1}^n (x-x_j).$$

Anwendung des Hilfssatzes zeigt nun

$$\|q(x)\|_2 = \left\| (x-x_k) \cdot p_n \prod_{j=1}^{k-1}(\overline{x}_j x - 1) \prod_{j=k+1}^n (x - x_j) \right\|_2 =$$

$$= \left\| p_n \prod_{j=1}^{k-1}(\overline{x}_j x - 1) \prod_{j=k}^n (x - x_j) \right\|_2 .$$

Wiederholt man dies jetzt noch $k-1$ mal, so erhält man

$$\|q(x)\|_2 = \left\| p_n \prod_{j=1}^n (x - x_j) \right\|_2 = \|p(x)\|_2 .$$

Mit $\|q(x)\|_2^2 \geq |\operatorname{LK}(q(x))|^2 = \left(|p_n| \prod_{j=1}^k |x_j|\right)^2$ folgt die Behauptung. $\qquad \square$

**2.7.6 Satz:** (Ungleichungen von Mignotte) *Es seien* $n \geq 1$, $p_n \in \mathbb{C} \setminus \{0\}$, $p(x) = \sum_{i=0}^{n} p_i x^i \in \mathbb{C}[x]$ *und* $q(x) = \sum_{i=0}^{m} q_i x^i \in \mathbb{C}[x]$ *mit* $q_m \neq 0$ *ein Teiler von* $p(x)$. *Dann gilt*

$$|q_j| \leq \binom{m}{j} \left| \frac{q_m}{p_n} \right| \|p(x)\|_2 \text{ für } 0 \leq j \leq m \text{ bzw.}$$

$$\max\{|q_0|, \ldots, |q_m|\} \leq \binom{m}{[\frac{m}{2}]} \left| \frac{q_m}{p_n} \right| \|p(x)\|_2 \text{ und}$$

$$\|q(x)\|_1 \leq 2^m \left| \frac{q_m}{p_n} \right| \|p(x)\|_2$$

*Beweis:* Es seien wieder die Wurzeln $x_1, \ldots, x_n \in \mathbb{C}$ von $p(x)$ so sortiert, dass $|x_1|, \ldots, |x_k| > 1$ und $|x_{k+1}|, \ldots, |x_n| \leq 1$ sind. Wegen $q(x) = \sum_{i=0}^{m} q_i x^i = q_m \prod_{j=1}^{m} (x - x_{\ell_j})$ mit $\{\ell_1, \ldots, \ell_m\} \subseteq \{1, \ldots, n\}$ gilt

$$\frac{q_j}{q_m} = (-1)^{m-j} \underbrace{\sum_{1 \leq k(1) < \ldots < k(m-j) \leq m}}_{\binom{m}{m-j} \text{ Stück}} \underbrace{\prod_{i=1}^{m-j} x_{\ell_{k(i)}}}_{|\cdot| \leq \prod_{i=1}^{k} |x_i|} \Rightarrow |q_j| \leq \binom{m}{j} |q_m| \prod_{i=1}^{k} |x_i|.$$

Mit der Ungleichung von Landau folgt nun

$$|q_j| \leq \binom{m}{j} \left| \frac{q_m}{p_n} \right| \cdot |p_n| \prod_{i=1}^{k} |x_i| \leq \binom{m}{j} \left| \frac{q_m}{p_n} \right| \cdot \|p(x)\|_2 \ ,$$

woraus man auch die zweite Ungleichung sofort ablesen kann. Aufsummieren über $j$ zeigt schließlich

$$\|q(x)\|_1 \leq 2^m \left| \frac{q_m}{p_n} \right| \cdot \|p(x)\|_2 \ . \qquad \square$$

Die angegebenen Schranken sind nicht mehr deutlich zu verbessern. Um dies einzusehen, werden wir zeigen, dass es Polynome $p(x)$ gibt, die nur die Koeffizienten $0$ und $\pm 1$ und deshalb auch eine sehr kleine 2-Norm haben, die aber Teiler der Form $q(x) = (x-1)^m$ mit Koeffizienten $q_j$ mit $|q_j| = \binom{m}{j}$ und der großen 1-Norm $2^m$ besitzen.

Da $q(x) = (x-1)^m$ ein Teiler von $p(x)$ sein soll, muss dieses Polynom die $m$-fache Nullstelle 1 besitzen, es muss also gelten:

$$p(1) = p'(1) = \ldots = p^{(m-1)}(1) = 0 \iff \sum_{i=0}^{n} \binom{i}{t} p_i = 0 \text{ für } 0 \leq t \leq m-1.$$

Die Frage ist nun, ob das überhaupt mit $p_i \in \{-1, 0, 1\}$ lösbar ist und wie groß dafür der Grad $n$ von $p(x)$ zu wählen ist.

Dazu betrachtet man die Menge $P$ aller Polynome vom Grad $\leq n$ mit Koeffizienten 0 oder 1 und die Abbildung $f$ mit

$$f : \begin{cases} P \to \mathbb{N}_0^m \\ \sum_{i=0}^{n} r_i x^i \mapsto \left( \sum_{i=0}^{n} \binom{i}{0} r_i, \sum_{i=0}^{n} \binom{i}{1} r_i, \ldots, \sum_{i=0}^{n} \binom{i}{m-1} r_i \right) \end{cases}$$

Es ist $|P| = 2^{n+1}$. Wegen

$$\sum_{i=0}^{n} \binom{i}{t} r_i \leq \sum_{i=0}^{n} \binom{i}{t} = \binom{n+1}{t+1} \leq (n+1)^{t+1}$$

ist $|f(P)| \leq (n+1)^{1+2+\ldots+m} = (n+1)^{\frac{m(m+1)}{2}}$, d.h. es gibt ein $n$ mit $|P| > |f(P)|$. Für solch ein $n$ gibt es zwei Polynome aus $P$ mit dem gleichen Bild unter der Abbildung $f$. Die Differenz $p(x)$ dieser beiden Polynome hat Koeffizienten $p_i \in \{-1, 0, 1\}$ und wird von $f$ auf den Null-Vektor abgebildet, ist also das gesuchte Vielfache von $(x-1)^m$.

2.7.7 *Beispiel:* Die Polynome $p_1(x) = x^6 - x^5 - x^4 + x^2 + x - 1$ und $p_2(x) = x^8 - x^7 - x^5 + x^3 + x - 1$ wurden wie soeben beschrieben bestimmt. Beide haben die relativ kleine 2-Norm $\sqrt{6}$ und besitzen den Teiler $q(x) = (x-1)^3$ mit der großen 1-Norm $2^3 = 8$.

# 3 Rechnen mit homomorphen Bildern

## 3.1 Grundlegende Ideen

Zur Lösung algebraischer Probleme empfiehlt es sich oft, das Problem homomorph in andere algebraische Strukturen abzubilden, in denen sie deutlich einfacher zu lösen sind und das Ergebnis dann in die ursprüngliche Struktur zurück zu transformieren:

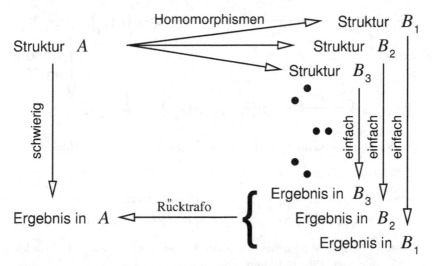

Dabei ist oft der Preis für die einfachere Lösung in $B_j$, dass man für die Rücktransformation nach $A$ mehrere Lösungen in verschiedenen $B_j$ braucht.

Häufig ist die Struktur $A$ ein Ring $R$ (wieder kommutativ mit 1) und die Struktur $B_j$ der Restklassenring $R/I_j$ von $R$ nach einem Ideal $I_j$.

Für ein $r \in R$ sei $\bar{r} := r + I \in R/I$. Es sei $V \subset R$ ein Vertretersystem für $R/I$, d.h. $V$ enthalte von jeder Nebenklasse $\bar{r} \in R/I$ genau ein Element. $v : R \rightarrow V$ sei die zugehörige kanonische Abbildung, die jedem $r \in R$ seinen zugehörigen Nebenklassenvertreter zuordnet., d.h. $r \equiv s \bmod I \Rightarrow v(r) = v(s)$.

Definiert man nun auf $V$ die Verknüpfungen $+_v$ und $\cdot_v$ als

$$r +_v s := v(r + s) \quad \text{und}$$
$$r \cdot_v s := v(r \cdot s)$$

für $r$, $s \in V$, so ist

$$(V, +_v, \cdot_v) \cong (R/I, +, \cdot)$$

und $v$ ein Ring-Homomorphismus.

Sehr oft ist die Wahl für das Vertretersystem $V$ sehr naheliegend und natürlich, wie etwa im Fall $\mathbb{Z}/\langle m \rangle$. Dort wählt man häufig $V = \{0, 1, \ldots, m - 1\}$. Die zugehörige Abbildung $v$ ist dann $v(r) = r \bmod m$. Analog rechnet man im Fall endlicher Körper $\mathbb{Z}_p[x]/\langle q(x) \rangle$ mit Vertretern minimalen Grades usw.

Ist nun ein Problem in $R$ zu lösen, das Elemente $r_1, r_2, \ldots, r_m \in R$ als Eingabe und Elemente $s_1, s_2, \ldots, s_\ell \in R$ als Lösung hat, so ist ein Übergang von $R$ nach $R/I$ bzw. $V$ nur dann sinnvoll, wenn der Homomorphismus $v : R \to V$ mit dem Lösungsverfahren kommutiert, d.h.

Ist das der Fall, so nennt man das Ideal $I$ *glücklich*, sonst *unglücklich*.

*3.1.1 Beispiel:* Wegen

$$1 = \mathrm{ggT}(x^4 + 3x^3 + 2x^2 + 1, x^2 + 1) \bmod 3$$
$$\neq \mathrm{ggT}(x^4 + 3x^3 + 2x^2 + 1 \bmod 3, x^2 + 1 \bmod 3) = x^2 + 1$$

ist $\langle 3 \rangle$ ein unglückliches Ideal zur Berechnung dieses ggT. Das Ideal $\langle 5 \rangle$ dagegen wäre in diesem Falle glücklich.

Bei der Wahl des Ideals $I$ gibt es nun zwei wichtige Fälle (im Folgenden wird ist nur von glücklichen Idealen die Rede)

(i)    Ist $s_i = v(s_i)$ für $i = 1, \ldots, \ell$, d.h. liegen die Lösungen bereits von sich aus im Vertretersystem $V$ von $R/I$, so spart man sich die Rücktransformation.

So ändert sich zum Beispiel beim vorhergehenden Beispiel nichts an der gesamten Rechnung, wenn man statt in $\mathbb{Z}$ in $\mathbb{Z}_{10}$ rechnet, da keiner der Koeffizienten beim Rechnen größer als 9 wird. Der Nachteil ist klar: der Übergang von $R$ zu $R/I$ bringt auch keine Vereinfachung.

(ii)   Man ist eigentlich an Idealen interessiert, die die Rechnung vereinfa-
       chen. Im ggT-Beispiel etwa $\langle 2 \rangle$, denn das beschränkt alle Koeffizien-
       ten auf 0 oder 1. Dann ergibt sich aber das Problem der Rücktrans-
       formation auf die Lösung in $R$.

Ein bekanntes Beispiel für solch ein Transformations-Verfahren aus der
Analysis ist ist die Laplacetransformation zur Lösung von Differentialgleichungen. In der Computeralgebra wird dieses Verfahren insbesondere dazu
genutzt um durch Übergang auf endliche Körper allzugroße Zahlen zu vermeiden und schöne Algorithmen, wie etwa den Berlekamp-Algorithmus zu
verwenden, oder um aus multivariaten Polynomen univariate Polynome zu
machen.

Wesentlich für das Gelingen ist natürlich die Existenz einer effektiven
Rücktransformation. Die zwei meist gebrauchten Rücktransformationen sind
der Chinesische Restsatz und der Satz von Hensel.

Der Chinesische Restsatz kann unter gewissen Umständen aus Lösungen
in $R/I_1, \ldots, R/I_n$ eine Lösung in $R/I_1 \cap \ldots \cap I_n$ berechnen. Man wird
die Ideale also in diesem Falle so wählen, dass $I_1, \ldots, I_n$ von der zweiten
beschriebenen Sorte sind und $I_1 \cap \ldots \cap I_n$ von der ersten Sorte. Im vorhergehenden Beispiel könnte man etwa den ggT in $\mathbb{Z}_2$ und in $\mathbb{Z}_5$ berechnen
und damit den ggT in $\mathbb{Z}_{10}$, der ja dem in $\mathbb{Z}$ gleich ist, bestimmen.

Eine andere, oft effektivere Methode bietet der Satz von Hensel. Nach
diesem Satz kann man eine Lösung modulo einem Ideal $I^t$ „hochziehen"
oder „liften" zu einer Lösung modulo $I^{t+1}$ oder, in einer verbesserten quadratischen Version sogar direkt auf $I^{2t}$. Man wird also bei einem $I$ der
zweiten Sorte starten und versuchen, so lange zu liften, bis man ein $I^k$ der
ersten Sorte hat.

## 3.2  Das Chinesische Restproblem

**3.2.1 Definition:**  Eine Menge $\{I_1, \ldots, I_n\}$ von Idealen in $R$ heißt
*paarweise erzeugend*, wenn

$$I_j + I_k = R \qquad \forall j \neq k$$

ist. Eine unmittelbare Konsequenz dieser Definition ist, dass es für
zwei solche Ideale $I_j$ und $I_k$ $(j \neq k)$ Elemente $n_j^{(k)} \in I_j$ und
$n_k^{(j)} \in I_k$ gibt mit $n_j^{(k)} + n_k^{(j)} = 1$.

*3.2.2 Beispiel:*  $\{\langle 3 \rangle, \langle 5 \rangle, \langle 14 \rangle\}$ ist paarweise erzeugend in $\mathbb{Z}$, denn 3,
5 und 14 sind paarweise teilerfremd, d.h. man kann jeweils mit
dem erweiterten euklidischen Algorithmus geeignete Kombinationen
berechnen, etwa:

$$2 \cdot 3 - 5 = 1 = \mathrm{ggT}(3, 5) \qquad \text{d.h.}$$

$$n_1^{(2)} = 6 \in I_1 := \langle 3 \rangle \qquad\qquad \text{und}$$
$$n_2^{(1)} = -5 \in I_2 := \langle 5 \rangle \qquad\qquad \text{usw.}$$

**3.2.3 Satz:** *Es sei $\{I_1, \ldots, I_n\}$ eine Menge paarweise erzeugender Ideale von $R$ und*

$$\Phi : \begin{cases} R & \to \prod_{j=1}^{n} R/I_j \\ u & \mapsto (u + I_1, \, u + I_2, \ldots, u + I_n). \end{cases}$$

*Dann ist $\Phi$ ein Epimorphismus und $\operatorname{Kern} \Phi = I_1 \cap \ldots \cap I_n$.*

*Beweis:* Es ist klar, dass $\Phi$ ein Homomorphismus ist und dass $\operatorname{Kern} \Phi$ die angegebene Gestalt hat. Es bleibt also noch zu zeigen, dass $\Phi$ surjektiv ist, d.h. dass für beliebige $u_1, u_2, \ldots, u_n \in R$ ein $u \in R$ existiert mit

$$\Phi(u) = (u_1 + I_1, \, u_2 + I_2, \ldots, u_n + I_n) \iff$$
$$u \equiv u_j \bmod I_j \text{ für } j = 1, \ldots, n$$

Dieses System von Kongruenzen heißt *Chinesisches Restproblem* (CRP). Es wird auf zwei verschiedene konstruktive Arten gelöst, die beide als Algorithmus Anwendung finden. Wegen des engen Zusammenhangs zur Polynominterpolation nach Lagrange und Newton spricht man auch vonder *Lagrangesche* und *Newtonsche Lösung.*

(i)  Lagrangesche Lösung
Für $k = 1, \ldots, n$ seien

$$L_k := \prod_{\substack{j=1 \\ j \neq k}}^{n} n_j^{(k)} \in R$$

mit den $n_j^{(k)} \in R$ wie oben definiert. Dann ist insbesondere $L_k \equiv 0 \bmod I_j$ für $j \neq k$ und wegen $n_j^{(k)} = 1 - n_k^{(j)}$ gilt $L_k \equiv 1 \bmod I_k$ oder zusammen

$$L_k \equiv \delta_{j,k} \bmod I_j.$$

Damit ist

$$u := \sum_{i=1}^{n} u_i L_i$$

eine Lösung des CRP.

(ii)  Newtonsche Lösung
Ausgehend von der Lösung $u^{(1)} = u_1$ von $u \equiv u_1 \bmod I_1$ wird für $k = 3, \ldots, n+1$ rekursiv eine Lösung $u^{(k-1)}$ für

$$u \equiv u_j \bmod I_j \qquad j = 1, \ldots, k-1$$

konstruiert, $u = u^{(n)}$ ist dann eine Lösung des CRP.

Wieder werden die die $n_j^{(k)}$ von vorhin verwendet. Es ist

$$u^{(k)} = u^{(k-1)} + (u_k - u^{(k-1)}) \prod_{j=1}^{k-1} n_j^{(k)}$$

denn für $j = 1, 2, \ldots, k-1$ folgt aus $\prod_{\ell=1}^{k-1} n_\ell^{(k)} \equiv 0 \bmod I_j$ dass

$$u^{(k)} \equiv u^{(k-1)} \equiv u_j \bmod I_j \text{ für } j = 1, \ldots, k-1.$$

Außerdem gilt wegen $\prod_{j=1}^{k-1} n_j^{(k)} = \prod_{j=1}^{k-1}(1 - n_k^{(j)}) \equiv 1 \bmod I_k$ , dass

$$u^{(k)} \equiv u^{(k-1)} + (u_k - u^{(k-1)}) \equiv u_k \bmod I_k$$

$\square$

*3.2.4 Beispiel:* Wir wollen die Kongruenzen

$$u \equiv 2 \bmod 3, \; u \equiv 3 \bmod 5, \; u \equiv 10 \bmod 14$$

lösen. Bereits im letzten Beispiel war $n_1^{(2)} = 6$ und $n_2^{(1)} = -5$ berechnet worden.

Analog erhält man: $n_1^{(3)} = 15, \, n_3^{(1)} = -14, \, n_2^{(3)} = 15, \, n_3^{(2)} = -14$ und damit

$$L_1 = n_2^{(1)} n_3^{(1)} = (-5) \cdot (-14) = 70$$
$$L_2 = n_1^{(2)} n_3^{(2)} = 6 \cdot (-14) = -84$$
$$L_3 = n_1^{(3)} n_2^{(3)} = 15 \cdot 15 = 225$$

$\Rightarrow u \equiv 2 \cdot 70 - 3 \cdot 84 + 10 \cdot 225 \bmod (3 \cdot 5 \cdot 14) \equiv 2138 \bmod 210 \equiv 38 \bmod 210$ mit der Lagrange-Lösung, oder

$$u^{(1)} = 2$$
$$u^{(2)} = 2 + (3 - 2) \cdot 6 = 8$$
$$u^{(3)} = 8 + (10 - 8) \cdot 15 \cdot 15 = 458 \equiv 38 \bmod 210$$

mit der Newton-Lösung.

*3.2.5 Beispiel:* In $\mathbb{Q}[x]$ soll gelöst werden:

$$u(x) \equiv x + 1 \bmod x^2 + 1, \; u(x) \equiv 2x - 1 \bmod 2x^3 + 3$$

Wegen $(x^2 + 1)(-\frac{4}{13}x^2 - \frac{6}{13}x + \frac{4}{13}) + (2x^3 + 3)(\frac{2}{13}x + \frac{3}{13}) = 1$ gilt

$$n_1^{(2)} = (x^2 + 1)(-\tfrac{4}{13}x^2 - \tfrac{4}{13}x^2 - \tfrac{6}{13}x + \tfrac{4}{13})$$
$$n_2^{(1)} = (2x^3 + 3)(\tfrac{2}{13}x + \tfrac{3}{13})$$

$$L_1 = n_2^{(1)}, L_2 = n_1^{(2)} \text{ und damit}$$

$$u(x) = n_2^{(1)}(x+1) + n_1^{(2)}(2x-1) \bmod (x^2+1)(2x^3+3)$$

$$= \frac{1}{13}(2x^4 + 16x^3 + 29x + 11) \bmod (2x^5 + 2x^3 + 3x^2 + 3)$$

*3.2.6 Beispiel:* In $\mathbb{Q}[x,y]$ soll gelöst werden:

$$u(x,y) \equiv 17x^2 + 6x + 4 \bmod y - 3, \; u(x,y) \equiv -8x^2 + 26x - 1 \bmod y + 2$$

Wegen $-\frac{1}{5}(y-3) + \frac{1}{5}(y+2) = 1$ gilt $n_1^{(2)} = -\frac{1}{5}(y-3)$, $n_2^{(1)} = \frac{1}{5}(y+2)$
und damit (diesmal mit Newton):

$$u^{(1)} = u_1 = 17x^2 + 6x + 4$$

$$u^{(2)} = u^{(1)} + (u_2 - u^{(1)}) \cdot n_1^{(2)}$$

$$= 5x^2 y + 2x^2 - 4xy + 18x + y + 1$$

$$\equiv u \bmod (y-3)(y+2) \equiv u \bmod (y^2 - y - 6)$$

Das letzte Beispiel zeigt eine beliebte Methode, multivariate Probleme auf univariate zurückzuführen (hier $\bmod(y-3)$ und $\bmod(y+2)$ und dadurch ohne $y$ rechnen, dann mit Chinesischem Restsatz rücktransformieren).

Meistens wird wie im letzten Beispiel die Newtonsche Methode bevorzugt, weil man leicht noch weitere Kongruenzen hinzufügen kann, ohne gleich die ganze Rechnung nochmal machen zu müssen.

Besonders einfach wird die Lösung des CRP in euklidischen Ringen, denn jeder euklidische Ring ist ein Hauptidealring und somit ist die Voraussetzung des Satzes „paarweise erzeugend" für $\{I_1, \ldots, I_n\}$ besonders leicht nachzuprüfen: Ist jeweils $I_j = \langle m_j \rangle$, so ist die angegebene Menge genau dann paarweise erzeugend, wenn die erzeugenden Elemente paarweise teilerfremd sind, d.h. wenn für alle $j \neq k$ gilt $\mathrm{ggT}(m_j, m_k) = 1$.

Weiterhin lassen sich die $n_j^{(k)}$ besonders leicht berechnen, denn mit dem erweiterten euklidischen Algorithmus erhält man $s_j^{(k)} \in R$ mit $s_j^{(k)} m_j + s_k^{(j)} m_k = 1$ und somit $n_j^{(k)} = s_j^{(k)} \cdot m_j$. Dieser Zusammenhang wurde bereits in den vorhergehenden Beispielen ausgenutzt.

Es sei $K$ ein Körper und $R = K[x]$ der zugehörige (euklidische) Polynomring. Da die linearen Polynome $m_j(x) := x - d_j \in K[x]$ für $d_j \neq d_k, j \neq k$ paarweise teilerfremd sind, ist $\{\langle m_1 \rangle, \ldots, \langle m_n \rangle\}$ paarweise erzeugend in $R$, das CRP $u(x) \equiv u_j \bmod m_j(x)$ also für beliebige $u_j \in K, j = 1, \ldots, n$ lösbar.

Da aber $u(x) \equiv u(d_j) \bmod (x - d_j)$ ist, heißt das, dass in diesem Fall das CRP identisch ist mit dem Interpolationsproblem $u(d_j) = u_j$ für $j = 1, \ldots, n$. Die im Beweis angegebenen Lagrangesche und Newtonsche Lösungsmethoden liefern in diesem Fall genau das Interpolationspolynom nach Lagrange bzw. nach Newton.

## 3.3  Der Satz von Hensel

**3.3.1  Satz:**   (Taylor für kommutative Ringe mit 1)
*Es seien* $f \in R[x_1, \ldots, x_r]$, $r \geq 1$ *und* $y_1, \ldots, y_r$ *neue Unbestimmte. Dann gilt*

$$f(x_1 + y_1, \ldots, x_r + y_r) = f(x_1, \ldots, x_r) + \sum_{j=1}^{r} \frac{\partial f}{\partial x_j}(x_1, \ldots, x_r) \cdot y_j + F$$

*mit* $F \in R[x_1, \ldots, x_r][y_1, \ldots, y_r]$ *und* $F \equiv 0 \bmod \langle y_1, \ldots, y_r \rangle^2$ *ist.*
Dabei sei $\langle y_1, \ldots, y_r \rangle^2$ das Quadrat des von $\langle y_1, \ldots, y_r \rangle$ in
$R[x_1, \ldots, x_r][y_1, \ldots, y_r]$ erzeugten Ideals. Die Ableitungen im Satz sind
formal zu verstehen, d.h. man definiert für einen Term

$$\frac{\partial}{\partial x_j}(x_1^{n_1} \cdot \ldots \cdot x_j^{n_j} \cdot \ldots \cdot x_r^{n_r}) := n_j \cdot (x_1^{n_1} \cdot \ldots \cdot x_j^{n_j - 1} \cdot \ldots \cdot x_r^{n_r})$$

und erweitert diese Definition auf $R[x_1, \ldots, x_r]$ durch lineare Fortsetzung.

Wegen der Linearität der partiellen Ableitung reicht es, wenn man den
Satz für einen einzelnen Term einsieht. Nach dem binomischen Satz gilt

$$(x_1 + y_1)^{n_1} \cdot \ldots \cdot (x_r + y_r)^{n_r} = (x_1^{n_1} + n_1 x_1^{n_1 - 1} y_1 + y_1^2 \cdot p_1) \cdot \ldots \cdot (x_r^{n_r} + n_r x_r^{n_r - 1} y_r + y_r^2 \cdot p_r)$$

mit Polynomen $p_1, \ldots, p_r \in R[x_1, \ldots, x_r][y_1, \ldots, y_r]$.
Multipliziert man dies aus, so erhält man

$$(x_1^{n_1} \cdot \ldots \cdot x_r^{n_r}) + \left( \sum_{j=1}^{r} n_j \cdot (x_1^{n_1} \cdot \ldots \cdot x_j^{n_j - 1} \cdot \ldots \cdot x_r^{n_r}) y_j \right) +$$

$$+ \sum_{j=1}^{r} \left( p_j y_j^2 \prod_{\substack{\ell=1 \\ \ell \neq j}}^{r} (x_\ell + y_\ell)^{n_\ell} + \sum_{\substack{k=1 \\ k \neq j}}^{r} n_j n_k y_j y_k x_j^{n_j - 1} x_k^{n_k - 1} \prod_{\substack{\ell=1 \\ \ell \neq j, k}}^{r} (x_\ell + y_\ell)^{n_\ell} \right).$$

was die Behauptung zeigt.

**3.3.2  Satz:**   (Hensel, 1908) *Es seien* $I$ *ein endlich erzeugtes Ideal in* $R$,
$f_1, \ldots, f_n \in R[x_1, \ldots, x_r]$, $r \geq 1$ *und* $a_1, \ldots, a_r \in R$ *mit*

$$f_i(a_1, \ldots, a_r) \equiv 0 \bmod I \quad, \quad 1 \leq i \leq n.$$

*Weiterhin sei* $U$ *die Jakobi-Matrix von* $f_1, \ldots, f_n$ *in* $a_1, \ldots, a_r$:

$$U = (u_{ij})_{\substack{1 \leq i \leq n \\ 1 \leq j \leq r}} = \left( \frac{\partial f_i}{\partial x_j}(a_1, \ldots, a_r) \right)_{\substack{1 \leq i \leq n \\ 1 \leq j \leq r}} \in R^{n \times r}$$

*Dann gilt: Besitzt $U$ eine Rechtsinverse $W \in R^{r \times n}$ modulo $I$, dann gibt es für jedes $t \in \mathbb{N}$ Elemente $a_1^{(t)}, \ldots, a_r^{(t)} \in R$, so dass*

$$f_i(a_1^{(t)}, \ldots, a_r^{(t)}) \equiv 0 \bmod I^t \quad \text{für} \quad 1 \leq i \leq n$$

*und $a_j^{(t)} \equiv a_j \bmod I$ für $j = 1, \ldots, r$ gilt.*

*Beweis:* (Induktion nach $t$):

(IA)  Für $t = 1$ nehme man $a_j^{(1)} := a_j$ für $1 \leq j \leq r$.

(IV)  $f_i(a_1^{(t)}, \ldots, a_r^{(t)}) \equiv 0 \bmod I^t$ für $1 \leq i \leq n$ und $a_j^{(t)} \equiv a_j \bmod I$ für $1 \leq j \leq r$.

(IS)  $\underline{t \to t+1}$
Da $I$ endlich erzeugt ist, ist $I^t$ endlich erzeugt und man kann schreiben $I^t = \langle q_1, \ldots, q_m \rangle$ mit $q_1, \ldots, q_m \in R$ und $m \in \mathbb{N}$. Nach dem ersten Teil der Induktionsvoraussetzung gibt es $v_{ik} \in R$ mit

$$f_i(a_1^{(t)}, \ldots, a_r^{(t)}) = \sum_{k=1}^{m} v_{ik} q_k.$$

Nun macht man den Ansatz $a_j^{(t+1)} = a_j^{(t)} + B_j$ für $1 \leq j \leq r$. Die $B_j \in I^t$ sollen geeignet bestimmt werden. Dazu schreibt man mit Hilfe des Erzeugendensystems $q_1, \ldots, q_m$ von $I^t$

$$B_j = \sum_{k=1}^{m} b_{jk} q_k, \quad b_{jk} \in R, \quad 1 \leq j \leq r, \quad 1 \leq k \leq m.$$

Dann ist

$$f_i(a_1^{(t+1)}, \ldots, a_r^{(t+1)}) = f_i(a_1^{(t)} + B_1, \ldots, a_r^{(t)} + B_r) \overset{\text{Taylor}}{\equiv}$$

$$\equiv f_i(a_1^{(t)}, \ldots, a_r^{(t)}) + \sum_{j=1}^{r} \frac{\partial f_i}{\partial x_j}(a_1^{(t)}, \ldots, a_r^{(t)}) \cdot B_j \bmod \langle B_1, \ldots, B_r \rangle^2$$

$$\Rightarrow f_i(a_1^{(t+1)}, \ldots, a_r^{(t+1)}) \equiv f_i(a_1^{(t)}, \ldots, a_r^{(t)}) + \sum_{j=1}^{r} u_{ij}^{(t)} B_j \bmod I^{t+1}$$

mit $u_{ij}^{(t)} := \frac{\partial f_i}{\partial x_j}(a_1^{(t)}, \ldots, a_r^{(t)})$. (Wegen $B_1, \ldots, B_r \in I^t$ gilt das sogar mod $I^{2t}$, doch das braucht man hier nicht. Für das so genannte quadratische Liften nutzt man diesen Sachverhalt allerdings aus. Die im Beweis verwendete Variante nennt man lineares Hensel-Lifting)
Setzt man nun die Darstellungen der $f_i$ und der $B_j$ mittels des Erzeugendensystems von $I^t$ ein, so erhält man:

$$f_i(a_1^{(t+1)}, \ldots, a_r^{(t+1)}) \equiv \sum_{k=1}^{m} v_{ik} q_k + \sum_{j=1}^{r} u_{ij}^{(t)} \sum_{k=1}^{m} b_{jk} q_k \bmod I^{t+1} \equiv$$

$$0 \bmod I^{t+1} \equiv \sum_{k=1}^{m} \left( v_{ik} + \sum_{j=1}^{r} u_{ij}^{(t)} b_{jk} \right) q_k \bmod I^{t+1} \quad \Longleftrightarrow$$

$$v_{ik} + \sum_{j=1}^{r} u_{ij}^{(t)} b_{jk} \equiv 0 \bmod I \text{ für } 1 \le k \le m \text{ und } 1 \le i \le n.$$

Wegen $a_j^{(t)} \equiv a_j \bmod I$ gilt auch $u_{ij}^{(t)} \equiv u_{ij} \bmod I$ und damit

$$v_{ik} + \sum_{j=1}^{r} u_{ij} b_{jk} \equiv 0 \bmod I.$$

Für ein festes $k$ ist dies ein lineares Gleichungssystem der Gestalt

$$\begin{pmatrix} v_{1k} \\ \vdots \\ v_{nk} \end{pmatrix} + U \cdot \begin{pmatrix} b_{1k} \\ \vdots \\ b_{rk} \end{pmatrix} \equiv 0 \bmod I$$

Da es nach Voraussetzung eine $r \times n$-Matrix $W$ über $R$ mit $U \cdot W \equiv E_n \bmod I$ gibt, hat dieses Gleichungssystem immer eine Lösung, z.B.

$$\begin{pmatrix} b_{1k} \\ \vdots \\ b_{rk} \end{pmatrix} = -W \cdot \begin{pmatrix} v_{1k} \\ \vdots \\ v_{nk} \end{pmatrix}.$$

Die Tatsache, dass diese Lösung nicht unbedingt die Beste für unsere Zwecke unter den vielen existierenden Lösungen ist, macht dabei bei einigen Anwendungen des Satzes Probleme.

Aus der Induktionsvoraussetzung $a_j^{(t)} \equiv a_j \bmod I$ und unserem Ansatz $a_j^{(t+1)} = a_j^{(t)} + B_j$ mit $B_j \in I^t$ folgt außerdem der zweite Teil der Behauptung $a_j^{(t+1)} \equiv a_j \bmod I$. $\qquad\square$

Wie bereits im vorhergehenden Beweis erwähnt, gilt die dort modulo $I^{t+1}$ verwendete Kongruenz

$$f_i(a_1^{(t+1)}, \ldots, a_r^{(t+1)}) \equiv f_i(a_1^{(t)}, \ldots, a_r^{(t)}) + \sum_{j=1}^{r} u_{ij}^{(t)} B_j$$

sogar modulo $I^{2t}$ oder nach Einsetzen

$$f_i(a_1^{(t+1)}, \ldots, a_r^{(t+1)}) \equiv \sum_{k=1}^{m} \left( v_{ik} + \sum_{j=1}^{r} u_{ij}^{(t)} b_{jk} \right) q_k \bmod I^{2t}$$

für $i = 1, \ldots, n$. Da die $q_k$ nach Voraussetzung das Ideal $I^t$ erzeugen, ist dieser Ausdruck $\equiv 0 \bmod I^{2t}$, falls

$$v_{ik} + \sum_{j=1}^{r} u_{ij}^{(t)} b_{jk} \equiv 0 \bmod I^t$$

für $k = 1, \ldots, m$ und $i = 1, \ldots, n$ ist.

Während im vorhergehenden Beweis an dieser Stelle $u_{ij}^{(t)} \equiv u_{ij} \bmod I$ ausgenutzt wurde, bräuchte man hier $u_{ij}^{(t)} \equiv u_{ij} \bmod I^t$, was aber i.Allg. nicht der Fall sein wird. Es sei also $U^{(t)} := \left( u_{ij}^{(t)} \right)$. Mit dieser Bezeichnung kann man für festes $k$ das obige lineare Gleichungssystem in der folgenden Form schreiben:

$$\begin{pmatrix} v_{1k} \\ \vdots \\ v_{nk} \end{pmatrix} + U^{(t)} \begin{pmatrix} b_{1k} \\ \vdots \\ b_{rk} \end{pmatrix} \equiv 0 \bmod I^t$$

Möchte man also quadratisch liften, d.h. von $I^t$ gleich zu $I^{2t}$ übergehen, so reicht es analog zum vorhergehenden Beweis zu zeigen, dass es eine Matrix $W^{(t)}$ mit $U^{(t)} W^{(t)} \equiv E_n \bmod I^t$ gibt, denn dann ist

$$\begin{pmatrix} b_{1k} \\ \vdots \\ b_{rk} \end{pmatrix} = -W^{(t)} \begin{pmatrix} v_{1k} \\ \vdots \\ v_{nk} \end{pmatrix}$$

eine Lösung des gegebenen Gleichungssystems.

Da die $u_{ij}^{(t)} \equiv u_{ij} \bmod I$ sind, gilt auch $U^{(t)} \equiv U \bmod I$. Da es nach Voraussetzung eine Matrix $W$ mit $U \cdot W \equiv E_n \bmod I$ gibt, gilt also auch $U^{(t)} \cdot W \equiv U \cdot W \equiv E_n \bmod I$ oder ausmultipliziert

$$\sum_{j=1}^{r} w_{kj} u_{ji}^{(t)} - \delta_{ik} \equiv 0 \bmod I \quad .$$

Setzt man $F_{ik}(X_1, \ldots, X_r) := \sum_{j=1}^{r} u_{ji}^{(t)} X_j - \delta_{ik}$ für $i, k = 1, \ldots, n$, so heißt das

$$F_{ik}(A_{k1}, \ldots, A_{kr}) \equiv 0 \bmod I$$

für $A_{kj} = w_{kj}$. Für ein festes $k$ ist das genau die Voraussetzung des Satzes von Hensel mit $F_{ik}$ statt $f_i$ und $A_{kj}$ statt $a_j$.

Da die Jakobi-Matrix der $F_{ik}$ ($k$ fest) gerade $U^{(t)}$ ist, und diese Matrix $\bmod I$ invertierbar ist, gibt es Ringelemente $w_{jk}^{(t)}$ mit $F_{ik}(w_{1k}^{(t)}, \ldots, w_{rk}^{(t)}) \equiv 0 \bmod I^t$ und $w_{jk}^{(t)} \equiv w_{jk} \bmod I$ und damit die gewünschte Matrix $W^{(t)} = \left( w_{jk}^{(t)} \right)$.

Quadratisches Liften ist also wirklich möglich, der Nachteil ist der jetzt erhöhte Rechenaufwand für das simultane Mitliften der Matrix $W^{(t)}$!

**3.3.3 Aufgaben:** Es seien $f_1, \ldots, f_n \in \mathbb{Z}[x_1, \ldots, x_r]$. Man ist an gemeinsamen ganzzahligen Nullstellen dieser Polynome interessiert. Da $\mathbb{Z}$ ein Hauptidealring ist, gibt es zu jedem Ideal $I \subseteq \mathbb{Z}$ ein $q \in \mathbb{N}_0$ mit $I = \langle q \rangle$. Man wählt ein kleines $q$ aus und sucht $a_1, \ldots, a_r \in \mathbb{Z}$, so dass

$$f_i(a_1, \ldots, a_r) \equiv 0 \bmod q$$

ist. Mit dem Satz von Hensel berechnet man $a_1^{(t)}, \ldots, a_r^{(t)} \in \mathbb{Z}$, so dass

$$f_i\left(a_1^{(t)}, \ldots, a_r^{(t)}\right) \equiv 0 \bmod q^t$$

gilt. Ist $b_1, \ldots, b_r \in \mathbb{Z}$ eine der gesuchten ganzzahligen Lösungen, also $f_i(b_1, \ldots, b_r) = 0$, so gilt natürlich auch für alle $t \in \mathbb{N}$:

$$f_i(b_1, \ldots, b_r) \equiv 0 \bmod q^t$$

Benutzt man zur Rechnung modulo $q^t$ Vertreter zwischen $-\frac{q^t}{2}$ und $\frac{q^t}{2}$, so ist die Berechnung von $f_i(b_1, \ldots, b_r)$ modulo $q^t$ für ausreichend großes $t$ identisch mit der ganzzahligen Berechnung. Damit besteht die Hoffnung, unter den $a_1^{(t)}, \ldots, a_r^{(t)}$ die ganzzahligen Lösungen $b_1, \ldots, b_r$ zu finden.

Das folgende Zahlenbeispiel zeigt, dass dieses Verfahren im Fall solcher diophantischer Gleichungen wegen der vielen Lift-Möglichkeiten nicht brauchbar ist. In einem späteren Kapitel wird gezeigt, dass man dagegen bei Polynomen eine eindeutige Lift-Strategie hat.

Es seien $r = 2$, $n = 1$ und

$$f = f_1 = x_1 x_2 - x_2^2 - 10.$$

a)  Wählen Sie $q = 2$ und berechnen Sie alle Tupel $(a_1, a_2)$ mit $f(a_1, a_2) \equiv 0 \bmod 2$.

b)  Welche der Lösungen aus a) lassen sich mit Hilfe des Satzes von Hensel liften?

c)  Liften Sie eine der Lösungen aus b) mehrfach und testen Sie jeweils, ob es sich um eine ganzzahlige Lösung handelt.
    Wiederholen Sie den Vorgang mit anderen Rechtsinversen.

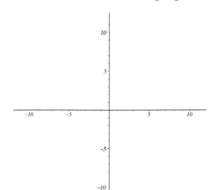

Das Bild zeigt zum Vergleich den Graphen von $f = 0$ im $\mathbb{R}^2$ (eine Hyperbel) und all seine Punkte mit ganzzahligen Koordinaten.

# 4 Grundlegende algebraische Strukturen

## 4.1 Ganze Zahlen

### 4.1.1 Darstellung

Grundlage eines jeden Computeralgebra-Programms ist eine schnelle Arithmetik mit ganzen Zahlen von möglichst unbegrenzter, d.h nur durch die Speichergröße des Computers begrenzter, Länge (= *long integer*). Das folgende Beispiel zeigt, dass diese für exakte algebraische Umformungen unverzichtbar sind:

*4.1.1.1 Beispiel:* Rechnet man mit Funktionen aus $\mathbb{Q}(x)$, so stellt man diese üblicherweise als Quotienten von Polynomen aus $\mathbb{Z}[x]$ dar. In der gebräuchlichen kanonischen Normalform sind Zähler und Nenner optimal durchgekürzt, was man durch Berechnung eines größten gemeinsamen Teilers erreicht. Da $\mathbb{Z}[x]$ nicht euklidisch ist, rechnet man bei Anwendung des euklidischen Algorithmus automatisch in dem euklidischen Ring $\mathbb{Q}[x]$:

Sind $f_1(x) = 3\,x^6 + 5\,x^4 - 4\,x^2 - 9\,x + 4$ und $f_2(x) = 2\,x^5 - x^4 - 1$, so ergibt sich die polynomiale Restfolge (s. dazu den gesonderten Abschnitt zum größten gemeinsamen Teiler von Polynomen)

$$f_3(x) = \frac{23}{4}\,x^4 - 4\,x^2 - \frac{15}{2}\,x + \frac{19}{4}$$

$$f_4(x) = \frac{32}{23}\,x^3 + \frac{44}{23}\,x^2 - \frac{68}{23}\,x - \frac{4}{23}$$

$$f_5(x) = \frac{4887}{256}\,x^2 - \frac{6037}{256}\,x + \frac{963}{256}$$

$$f_6(x) = \frac{29989120}{23882769}\,x - \frac{2360576}{2653641}$$

$$f_7(x) = -\frac{11817361280583}{3513075462400}$$

Obwohl der größte Koeffizient in den Eingabe-Polynomen 9 war, ist der Zähler von $f_7$ (schon gekürzt) 14-stellig! Man muss also schon bei sehr kleinen Polynomen damit rechnen, bei der Berechnung des ggT die normale Arithmetik zum Überlauf zu bringen.

Modifiziert man den euklidischen Algorithmus so, dass er statt mit der Division mit Rest in $\mathbb{Q}[x]$ mit der so genannten Pseudodivision in $\mathbb{Z}[x]$ arbeitet (vgl. extra Paragraph dazu), so vermeidet man zwar die ggT-Berechnungen bei den Koeffizienten, die Datenexplosion nimmt aber noch schlimmere Ausmaße an.

$$f_3(x) = 23\,x^4 - 16\,x^2 - 30\,x + 19$$

$$f_4(x) = 736\,x^3 + 1012\,x^2 - 1564\,x - 92$$

$$f_5(x) = 41363568\,x^2 - 51097168\,x + 8150832$$

$$f_6(x) = 1136503306119086080\,x - 805132723304595456$$

$$f_7(x) = -9414343951556634943772866137828716489736192$$

$f_7$ ist eine 43-stellige Zahl! Zur Vermeidung dieser Datenexplosion beim ggT ganzzahliger Polynome rechnet man mit so genannten Subresultanten-Ketten oder mit modularen Verfahren. Solche Methoden verbessern zwar die Situation, ersparen aber nicht die Langzahlarithmetik.

Da man nicht von vornherein weiß, wie groß Zahlen im Laufe einer Rechnung werden, kann man ihnen auch nicht einen festen Speicherplatz reservieren, ohne Gefahr zu laufen, dass dieser Platz in den meisten Fällen nicht ausgenutzt wird und damit zu einem großen Teil vergeudet ist. Jede Zahl sollte also genau den Platz zugewiesen bekommen, den sie braucht. Dazu ist eine dynamische Speicherverwaltung nötig.

Ist $\ell$ die Länge eines Computerwortes (=Grundeinheit, die der Prozessor auf einmal verarbeiten kann, bei den meisten heutigen Computern 32), so kann ein binär arbeitender Computer üblicherweise mit seinen in Hardware implementierten Grundoperationen mit ganzen Zahlen $i$ mit $-2^{\ell-1} \leq i \leq 2^{\ell-1} - 1$ umgehen.

*4.1.1.2 Beispiel:* Ist etwa $\ell = 3$ und arbeitet der Rechner mit dem so genannten Zweier-Komplement mit Offset 1, so sieht die interne Darstellung wie folgt aus: Die positiven Zahlen von 0 bis $2^{\ell-1} - 1$ werden in ihrer Binärdarstellung geschrieben. Für $0 < n < 2^{\ell-1} - 1$ wird die Zahl $-n - 1$ dann durch das bitweise Komplement der Binärdarstellung der Zahl $n$ dargestellt:

| $n$ | binär | $-n-1$ | Komplement |
|-----|-------|--------|------------|
| 0 | 000 | $-1$ | 111 |
| 1 | 001 | $-2$ | 110 |
| 2 | 010 | $-3$ | 101 |
| 3 | 011 | $-4$ | 100 |

In dieser Darstellung sind die Addition und Subtraktion besonders einfach: $1 + 2 = 001 + 010 = 011 = 3$ oder z.B. $2 - 3 = 2 + (-3) = 010 + 101 = 111 = -1$.

Liegt eine Zahl $I \in \mathbb{Z}$ außerhalb des so darstellbaren Bereichs, so kann sie nicht in einem Computerwort gespeichert werden und auch nicht direkt mit den implementierten Operationen verarbeitet werden.

Um dem Computer die Arithmetik mit solch großen Zahlen beizubringen, stellt man diese in der Form

$$I = s \cdot \sum_{j=0}^{n-1} i_j \beta^j$$

dar. Dabei sei $1 < \beta \leq 2^{\ell-1}$ frei gewählt, $s := \mathrm{sign}(I)$ und $0 \leq i_j < \beta$ für $j = 0, \dots, n-1$ und $i_{n-1} \neq 0$. Diese Darstellung ist eindeutig.

Da in dieser Darstellung jeweils alle $i_j \geq 0$ sind, wäre eine symmetrische Darstellung wie beim Zweier-Komplement mit Offset 1 Platzverschwendung, da negative Zahlen nicht gebraucht werden. In diesem Fall könnte man auch alle Zahlen von $0$ bis $2^\ell - 1$ in ihrer normalen Binärdarstellung speichern, muss dann aber aufpassen, dass in den Algorithmen nicht doch negative Zahlen gebraucht werden.

Da die $i_j$ kleiner als $\beta$, also insbesondere kleiner als $2^{\ell-1}$ sind, lassen sie sich in je einem Computerwort speichern. Zur Speicherung von $I$ gibt es verschiedene Datenmodelle. Zwei in der Praxis verwendete Konzepte sind so genannte *verkettete Listen* und *dynamische Arrays*. Der Inhalt der Variablen $I$ ist in beiden Fällen für den Rechner ein Querverweis (*Pointer* oder *Zeiger*), wo im Speicher die Information beginnt.

— Bei der verketteten Liste steht an dieser Stelle dann z.B. die ganze Zahl $s \cdot i_0$. Im nächsten Computerwort steht ein Zeiger auf den Speicherplatz mit der Zahl $i_1$ usw. Die Liste endet mit dem Eintrag $i_{n-1}$ und einem darauf folgenden Listenende-Zeichen (*nil-pointer*). Die Zahl $i_j$ zusammen mit dem folgenden Zeiger heißt *Knoten*. Damit sieht $I$ intern so aus:

Auf diese Art und Weise lässt sich eine ganze Zahl beliebiger Größe dynamisch im Speicher aufbauen. LISP, PASCAL oder C erlauben den Aufbau solcher Strukturen auf recht einfache Weise. Der Nachteil ist, dass durch die Speicherung der Pointer der Speicherverbrauch um einiges größer ist, als das für die Speicherung der puren Daten $s i_0, i_1, \dots, i_{n-1}$ nötig wäre. Außerdem kostet es Zeit, sich die im Speicher des Rechners verstreuten Einzelteile mit Hilfe der Pointer zusammenzusuchen.

— Die eben beschriebenen Nachteile verketteter Listen werden von dynamischen Arrays vermieden. Dort speichert man an erster Stelle etwa $s \cdot n$, d.h. das Vorzeichen und die Länge des folgenden Feldes in Computerwörtern. Dann kommen hintereinander $i_0, i_1, \dots, i_{n-1}$ in den Speicher. Weil sie direkt hintereinander kommen, sind keine Zeiger nötig.

Auch ein spezielles Ende-Zeichen ist nicht nötig, weil man ja weiß, wie lang das Feld ist. In dieser Darstellung hat $I$ die Gestalt

$$I \longrightarrow \boxed{sn} \; \boxed{i_0} \; \boxed{i_1} \; \cdots \; \boxed{i_{n-1}}$$

Der Nachteil dieser Darstellung ist, dass sie eine ausgeklügelte Verwaltung des Speichers erfordert, denn es muss erst einmal ein Speicherplatz gefunden werden, der die Unterbringung eines so großes Feldes erlaubt.

Von diesen Darstellungen gibt es natürlich viele Varianten. So ist es etwa denkbar, das Vorzeichen nicht nur am Anfang einer Liste zu speichern, sondern alle Einträge $i_0, \dots, i_{n-1}$ mit dem gleichen Vorzeichen zu versehen. Das hat Vor- und Nachteile für die Grundrechenarten, die hier nicht im einzelnen diskutiert werden sollen, da es keinen Einfluss auf die Komplexität der betrachteten Algorithmen hat.

Auch bei verketteten Listen könnte man sich wie bei dynamischen Arrays die Listenlänge $n$ am Anfang merken. Dies ist zwar nicht unbedingt nötig, spart einem aber etwa bei einigen Prozeduren, erst die ganze Liste nach dem Listenende zu durchsuchen (siehe z.B. die im Folgenden beschriebene Routine zum Vergleich positiver ganzer Zahlen).

Es wurde auch vorgeschlagen (siehe etwa [HSA]), statt des vorgestellten Datentyps der einfach verketteten Liste mit einem Listenende-Zeichen so genannte zirkulär verkettete Listen betrachten, bei denen vom Listenende wieder auf den Anfang der Liste verwiesen wird.

Die meisten LISP-basierten Systeme verwenden die verketteten Listen, MAPLE dagegen benutzt die dynamischen Arrays° .

In jedem Fall ist die $\beta$-Länge

$$L_\beta(I) := \begin{cases} 1 & \text{für } I = 0 \\ \lceil \log_\beta(|I|) \rceil & \text{für } I \neq 0 \end{cases}$$

für $I \in \mathbb{Z}$ ein gutes Maß für die Größe des Speicherbedarfs der long integer $I$ bei der Darstellung im $\beta$-System: die verkettete Liste benötigt $n = L_\beta(I)$ Knoten, also $2L_\beta(I)$ Computerwörter, das dynamische Array $L_\beta(I) + 1$ Computerwörter.

Wegen $\log_\beta(x) = \log_\gamma(x) / \log_\gamma(\beta)$ ist $L_\beta(I) \asymp L_\gamma(I)$. Deshalb lässt man bei $L_\beta(I)$ auch den Index $\beta$ weg und kann, unabhängig von der Zahldarstellung sagen, dass der Speicherbedarf für $I$ kodominant zu $L(I)$ ist.

Um nicht immer zwischen den beiden Speichermethoden unterscheiden zu müssen, wird im Folgenden $I$ im $\beta$-System einfach als $n + 1$-Tupel $(s, i_0, \dots, i_{n-1})_\beta$ mit $i_{n-1} \neq 0$ dargestellt (Die Null wird $(0, 0)_\beta$ geschrieben; in manchen Algorithmen wird intern auch $i_{n-1} = 0$ zugelassen).

---

°    Bis Version 8 nur eigene Arithmetik, seit Version 9 verwendet MAPLE für die Langzahlarithmetik großer Zahlen das Paket GMP

## 4.1.2 Addition und Subtraktion

Mit der aufgelisteten Prozedur `ComPosInt` lassen sich nun einfach zwei positive long integers $I$ und $J$ vergleichen. Betrachtung der Routine zeigt, dass für zwei Zahlen der gleichen $\beta$-Länge $n$ schlimmstenfalls $n-1$ Tests auf Gleichheit durchgeführt werden müssen. Weiterhin muss das Signum einer Differenz berechnet werden (jeweils in Kurzzahlarithmetik) oder $n$ Tests auf Gleichheit durchgeführt werden.

_____Vergleich positiver ganzer Zahlen_____

```
procedure ComPosInt(I, J)        # Eingabe:  I = (s, i₀, ... , i_{n-1})_β ,
  if  m ≠ n  then                #              J = (t, j₀, ... , j_{m-1})_β
  | Return ( sign(n − m) )       # Ausgabe: sign(|I| − |J|)
  else                          #
  | k ← n − 1                    # Return =Ausgabe und Abbruch
  | while  i_k = j_k  and  k ≥ 0  do    # ←= Zuweisung
  | | k ← k − 1                  # end do =Ende einer do -Schleife
  | end do                       # end if =Ende einer if -Schleife
  | if  k = −1  then             #
  | | Return (0)
  | else
  | | Return ( sign(i_k − j_k) )
  | end if
  end if
end
```

Sind dagegen die $\beta$-Längen der beiden Zahlen verschieden, so ist nur ein Signum in Kurzzahlarithmetik zu berechnen. Hat man die $\beta$-Längen nicht bereits am Anfang der Listen gespeichert, so muss man mindestens die kürzere der beiden nach dem Listenende durchsuchen. Zusammen kann man also sagen, dass der Vergleich zweier ganzer Zahlen $I$ und $J$ der Längen $n$ bzw. $m$ von der Ordnung $\mathcal{O}(\min(m,n))$ ist, genauer:

$$\text{Op}[\text{sign}(|I| - |J|)] \leftarrow \text{ComPosInt}(I, J)](L_\beta(I), L_\beta(J)) \preceq \min(L_\beta(I), L_\beta(J)) \, .$$

Genauso leicht lässt sich die Summe zweier positiver Zahlen realisieren. Man muss allerdings bedenken, dass beim komponentenweisen Summieren Zahlen der Größe $\leq 2\beta - 1$ entstehen (s. Zeile $i_\ell + j_\ell +$ carry).

Da man diese Summen ja noch mit der vorhandenen Kurzzahlarithmetik berechnen möchte, muss man bei symmetrischer Darstellung $2\beta - 1 \leq 2^{\ell-1} - 1 \iff \beta \leq 2^{\ell-2}$ wählen, sonst $2\beta - 1 \leq 2^\ell - 1 \iff \beta \leq 2^{\ell-1}$ .°

_____

° Moderne Mikroprozessoren verfügen über ein eigenes Carry-Flag. Nutzt man dieses aus, so kann man bei dem größeren $\beta$ bleiben, muss dann aber den hier gezeigten Algorithmus entsprechend abändern.

## Summe positiver ganzer Zahlen

**procedure** SumPosInt$(I, J)$     # Eingabe: $I = (s\,, i_0\,, \ldots, i_{n-1})_\beta\,,$

  carry $\leftarrow 0$                        #         $J = (t\,, j_0\,, \ldots, j_{m-1})_\beta$

  temp$_2 \leftarrow \max(m - 1, n - 1)$     # Ausgabe: $|I| + |J| = (1, k_0, \ldots, k_\ell)_\beta$

  **for** $\ell$ **from** $0$ **to** temp$_2$ **do**     #

    temp$_1 \leftarrow i_\ell + j_\ell +$ carry     # $i_\ell$ mit $\ell > n - 1$ bzw. $j_\ell$ mit

    **if** temp$_1 < \beta$ **then**           # $\ell > m - 1$ seien $= 0$ gesetzt!

      $k_\ell \leftarrow$ temp$_1$

      carry $\leftarrow 0$

    **else**

      $k_\ell \leftarrow$ temp$_1 - \beta$

      carry $\leftarrow 1$

    **end if**

  **end do**

  **if** carry $> 0$ **then**

    **Return** $((1, k_0\,, \ldots, k_{\text{temp}_2}\,, 1))$

  **else**

    **Return** $((1, k_0\,, \ldots, k_{\text{temp}_2}))$

  **end if**

**end**

Da $(\max(m - 1, n - 1) + 1)$-mal die Schleife mit einer jeweils festen Anzahl von Kurzzahloperationen wie etwa $i_\ell + j_\ell +$ carry durchlaufen wird, ist diese Prozedur von der Ordnung $\mathcal{O}(\max(m, n))$, oder genauer:

$$\text{Op}[|I| + |J| \leftarrow \texttt{SumPosInt}(I, J)](L_\beta(I), L_\beta(J)) \asymp \max(L_\beta(I), L_\beta(J)).$$

Sind nun $I$ und $J$ zwei beliebige long integers, so gilt offensichtlich:

$$I + J = \begin{cases} \text{sign}(I) \cdot (|I| + |J|) & \text{falls } \text{sign}(I) = \text{sign}(J) \\ \text{sign}(I) \cdot (|I| - |J|) & \text{falls } \text{sign}(I) \neq \text{sign}(J) \text{ und } |I| > |J| \\ \text{sign}(J) \cdot (|J| - |I|) & \text{falls } \text{sign}(I) \neq \text{sign}(J) \text{ und } |I| \leq |J| \end{cases}$$

Damit genügt es zusammen mit den beiden bereits besprochenen Algorithmen, wenn man die Differenz zweier positiver long integers $I$ und $J$ mit $I \geq J$ bilden kann.

Da die Schleife mit einer jeweils festen Anzahl von Kurzzahloperationen wie $i_\ell - j_\ell +$ carry genau $(\max(m - 1, n - 1) + 1)$-mal durchlaufen wird, gilt auch für diese Prozedur:

$$\text{Op}[|I| - |J| \leftarrow \texttt{DifPosInt}(I, J)](L_\beta(I), L_\beta(J)) \asymp \max(L_\beta(I), L_\beta(J)).$$

Offensichtlich gilt also sowohl für die Summe, als auch für die Differenz zweier long integers mit diesen Algorithmen:

$$\text{Op}[I \pm J \leftarrow \texttt{Sum/Dif}(I, J)](L_\beta(I), L_\beta(J)) \asymp \max(L_\beta(I), L_\beta(J)).$$

_____Differenz positiver ganzer Zahlen_____

**procedure** DifPosInt$(I, J)$                # Eingabe: $I = (s, i_0, \ldots, i_{n-1})_\beta$,

  carry $\leftarrow 0$                #           $J = (t, j_0, \ldots, j_{m-1})_\beta$

  **for** $\ell$ **from** 0 **to** $n-1$ **do**                #           $I \geq J$.

    temp $\leftarrow i_\ell - j_\ell +$ carry                # Ausgabe: $|I| - |J| = (u, k_0, \ldots, k_\ell)_\beta$

    **if** temp $\geq 0$ **then**                #

      $k_\ell \leftarrow$ temp; carry $\leftarrow 0$                # $j_\ell$ mit $\ell > m-1$

    **else**                # seien wieder $= 0$ gesetzt!

      $k_\ell \leftarrow$ temp $+\beta$ ; carry $\leftarrow -1$

    **end if**

  **end do**

  $\ell \leftarrow n-1$

  **while** $k_\ell = 0$ **and** $\ell \geq 0$ **do**

    $\ell \leftarrow \ell - 1$

  **end do**

  **if** $\ell = -1$ **then**

    **Return** $((0,0))$

  **else**

    **Return** $((1, k_0, \ldots, k_\ell))$

  **end if**

**end**

_____Differenz ganzer Zahlen_____

**procedure** Dif$(I, J)$                # Eingabe: $I = (s, i_0, \ldots, i_n)_\beta$,

  $t \leftarrow -t$                #           $J = (t, j_0, \ldots, j_m)_\beta$

  **Return** (Sum$(I, J)$)                # Ausgabe: $I - J = (u, k_0, \ldots, k_\ell)_\beta$

**end**

_____Summe ganzer Zahlen_____

**procedure** Sum$(I, J)$                # Eingabe: $I = (s, i_0, \ldots, i_{n-1})_\beta$,

  **if** $s = t$ **then**                #           $J = (t, j_0, \ldots, j_{m-1})_\beta$

    $(u, k_0, \ldots, k_\ell) \leftarrow$ SumPosInt$(I, J)$                # Ausgabe: $I + J = (u, k_0, \ldots, k_\ell)_\beta$

    $u \leftarrow s$

  **else**

    **if** ComPosInt$(I, J) = 1$ **then**

      $(u, k_0, \ldots, k_\ell) \leftarrow$ DifPosInt$(I, J)$

      $u \leftarrow s$

    **else**

      $(u, k_0, \ldots, k_\ell) \leftarrow$ DifPosInt$(J, I)$

      $u \leftarrow t \cdot u$

    **end if**

  **end if**

  **Return** $((u, k_0, \ldots, k_\ell))$

**end**

Dies ist ist jeweils der schlechteste Fall. Ist bei `SumPosInt` und `Dif-PosInt` der Übertrag carry= 0 und $\ell > m - 1$, so ist in der jeweiligen $\ell$-Schleife nichts zu tun. Meist wird man also mit $\min(L_\beta(I), L_\beta(J))$ Durchläufen auskommen.

### 4.1.3 Multiplikation

Das Produkt der long integers $I = s \cdot \sum_{k=0}^{n-1} i_k \beta^k$ und $J = t \cdot \sum_{\ell=0}^{m-1} j_\ell \beta^\ell$ ist

$$I \cdot J = s \cdot t \cdot \sum_{h=0}^{m+n-2} \left( \sum_{k+\ell=h} i_k j_\ell \right) \beta^h$$

Dies ist aber noch nicht die gewünschte Darstellung im $\beta$-System, denn die Koeffizienten in der inneren Klammer können natürlich sehr viel größer als $\beta - 1$ werden. Man muss also möglichst frühzeitig $\mathrm{mod}\,\beta$ rechnen und sich die Überträge merken. Dies führt auf den folgenden Algorithmus $\mathrm{Prod}_1$.

Die innere Schleife mit der Berechnung von $i_h \cdot j_\ell + k_{h+\ell} +$ carry, dem ganzzahligen Quotienten und Rest wird $m \cdot n$-mal durchlaufen. Damit gilt für die Multiplikation nach der Schulmethode:

$$\mathrm{Op}[I \cdot J \leftarrow \mathrm{Prod}_1(I,J)](L_\beta(I), L_\beta(J)) \asymp L_\beta(I) \cdot L_\beta(J).$$

────────────**Produkt ganzer Zahlen (Schulmethode)**────────────

```
procedure Prod₁(I, J)
    u ← s · t
    for ℓ from 0 to m + n − 1 do
    |  kℓ ← 0
    end do
    for ℓ from 0 to n − 1 do
    |  carry ← 0
    |  for h from 0 to m − 1 do
    |  |  temp ← iℓ · jh + kh+ℓ + carry
    |  |  kh+ℓ ← Rest(temp, β)
    |  |  carry ← Quo(temp, β)
    |  end do
    |  kℓ+m ← carry
    end do
    if kn+m−1 = 0 then
    |  Return ( (u, k₀ , ... , kn+m−2) )
    else
    |  Return ( (u, k₀ , ... , kn+m−1) )
    end if
end
```

```
# Eingabe:  I = (s, i₀ , ... , in−1)β ,
#           J = (t, j₀ , ... , jm−1)β
# Ausgabe:  I · J = (u, k₀ , ... , kℓ)β
#
# Rest = Rest bei ganzzahliger
#        Division
# Quo = Quotient bei ganzzahliger
#        Division
# jeweils in Kurzzahlarithmetik
```

Der gezeigte Algorithmus unterscheidet sich etwas von der üblichen Handmethode: es werden nicht erst alle Produkte ausgerechnet und dann addiert, sondern es wird jedes Produkt auf die schon berechnete Zwischensumme aufaddiert und gleich der Übertrag abgespalten. Dadurch werden die Zahlen nicht allzu groß.

Trotzdem muss man die Zahlbasis $\beta$ kleiner wählen, als in den bisherigen Algorithmen: Es gilt

$$i_h \cdot j_\ell + k_{h+\ell} \leq (\beta - 1)^2 + (\beta - 1) = \beta(\beta - 1) \quad .$$

Damit ist das erste berechnete carry $\leq \beta - 1$, das nächste $i_h \cdot j_\ell + k_{h+\ell} +$ carry also $\leq \beta(\beta - 1) + (\beta - 1) = \beta^2 - 1$. Der Übertrag carry ist damit immer kleiner als $\beta$, der Ausdruck $i_h \cdot j_\ell + k_{h+\ell} +$ carry immer kleiner als $\beta^2$. Möchte man das alles noch mit der existierenden Kurzzahlarithmetik erledigen, so muss bei der symmetrischen Darstellung $\beta^2 - 1 \leq 2^{\ell-1} - 1 \iff \beta \leq 2^{\lceil \frac{\ell-1}{2} \rceil}$ bzw. sonst $\beta^2 - 1 \leq 2^\ell - 1 \iff \beta \leq 2^{\lceil \frac{\ell}{2} \rceil}$ gewählt werden.

Bei einem 16 bit Computer wären etwa je nach zugrundeliegender Zahldarstellung $\beta = 2^7 = 128$ oder $\beta = 2^8 = 256$ geeignete Zahlbasen, bei einem 32 bit Rechner $\beta = 2^{15} = 32.768$ oder $\beta = 2^{16} = 65.536$.

```
> restart:kernelopts(version);
        Maple 9.00, IBM INTEL LINUX
```

Wortgröße des Computers

```
> kernelopts(wordsize);
                32
```

Die größte Zahl, die von Maple noch in ein Computerwort gespeichert wird, ist

```
> kernelopts(maximmediate)=ifactor(kernelopts(maximmediate)+1
```

$$1073741823 = (2)^{30} - 1$$

Eine Beispielzahl, die mit Maples eigener Arithmetik behandelt wird

```
> z:=1234567890123456789012345678901234567890;
```

$$z := 1234567890123456789012345678901234567890$$

Adresse dieses Objekts:

```
> a := addressof(z);
```

$$a := 134987332$$

```
> d := disassemble(a);
```

$$d := 2, 7890, 3456, 9012, 5678, 1234, 7890, 3456, 9012, 5678, 1234$$

Dabei bedeutet die 2 an erster Stelle

```
> kernelopts(dagtag=d[1]);
                INTPOS
```

also die Information, dass es sich um eine positive ganze Zahl handelt. Die restlichen Zahlen sind die i_j zur Basis 10000 (i_0=7890 zuerst)

GMP wird benutzt, falls eine ganze Zahl größer als 10 hoch

```
> kernelopts(gmpthreshold);
                108
```

ist.

MAPLE-Worksheet zur Zahldarstellung

Möchte man die lästigen und aufwändigen Umrechnungen zwischen dem $\beta$-System und dem Dezimalsystem vermeiden, so kann man etwa bei einem 32 bit Rechner die nächstkleinere 10-er Potenz $\beta = 10.000$ wählen. Diese Zahlbasis wird in MAPLE auch verwendet.

Erst ab einer voreingestellten Schranke und ab Version 9 wird dann für die Langzahlarithmetik GMP verwendet, das teilweise in Assembler geschrieben ist und Wortlänge und Carry-Flag voll ausnutzt, dafür aber jeweils zwischen der internen Darstellung und der zur Basis 10 umrechnen muss.

Ein ähnlicher Ansatz wird auch im PERL-Package `Math::BigInt` verwendet. Dort wird je nach Rechner zur Basis $10^5$ oder $10^7$ gerechnet. Es gilt

$$|I| = \left| s \cdot \sum_{j=0}^{n-1} i_j \beta^j \right| \leq (\beta - 1) \cdot \sum_{j=0}^{n-1} \beta^j = (\beta - 1) \frac{\beta^n - 1}{\beta - 1} = \beta^n - 1$$

und deshalb ist die Anzahl der Dezimalstellen von $I$ maximal $\lceil n \log_{10}(\beta) \rceil$.

Beschränkt man sich bei den Exponenten auf so genannte 'short unsigned integers' (bei 32 bit Rechnern $\leq 2^{16} - 1 = 65.535$), so kann man mit der Zahlbasis 10.000 immerhin schon Zahlen bis zu $2^{16} \cdot \log_{10}(10.000) = 2^{18} = 262.140$ Dezimalstellen darstellen. Bei 64 bit Rechnern könnte man die Zahlbasis $10^9$ verwenden und kommt dann auf 38.654.705.655 Dezimalstellen.

In MAPLE wird die Listenlänge im 32 bit Fall in einem Teil eines 32 bit Computerwortes gespeichert. In diesem Wort werden 8 bit für die 'garbage collection' verwendet, 1 bit für den Status der Vereinfachung und 6 bit für eine Identifikationsnummer. Es verbleiben also 17 bit für die Listenlänge, womit sich dann sogar 524.280 Dezimalstellen erreichen lassen.

Bei 64 bit Rechnern ist die Aufteilung in MAPLE wie folgt: 16 bit 'garbage collection', 1 bit Status der Vereinfachung, 6 bit für die Identifikationsnummer. 9 bit werden frei gelassen und es verbleiben 32 bit für die Listenlänge, d.h. man hat die bereits oben berechneten 38.654.705.655 Dezimalstellen zur Verfügung.

Diese Schranke ist bei den meisten Rechnern rein theoretisch, denn die Darstellung einer so großen Zahl erfordert weit mehr RAM-Speicherplatz, als in heute üblichen Computern vorhanden ist. Selbst, wenn man so viel Speicher hätte, ließe sich mit so großen Objekten nicht mehr in vernünftiger Zeit rechnen.

Der asymptotische Aufwand für die Langzahlmultiplikation lässt sich mit einer so genannten „Teile und Herrsche"-Strategie deutlich herabsetzen. Die Grundidee dieser Strategie, die nicht nur bei der Multiplikation Anwendung findet, ist es, ein Problem der Größe $n$ so in Teilstücke der Größe $\frac{n}{m}$ aufzuteilen, dass die Gesamtkomplexität geringer wird.

Die Anwendung auf die Multiplikation wurde erstmals in einem Artikel von Karatsuba und Ofman beschrieben [KOf]$^*$ .

Es seien $I$ und $J$ zwei ganze Zahlen der $\beta$-Länge $n$. Der Einfachheit halber setzt man zunächst voraus, dass $n$ eine Zweierpotenz ist und teilt $I$ und $J$ wie folgt in je zwei gleichgroße $\beta$-Teile auf

$$I = a \cdot \beta^{\frac{n}{2}} + b \quad , \quad J = c \cdot \beta^{\frac{n}{2}} + d \quad .$$

Dabei seien $a$, $b$, $c$ und $d$ ganze Zahlen der $\beta$-Länge $\frac{n}{2}$.
Dann lässt sich das Produkt in der folgenden Form schreiben

$$I \cdot J = ac\beta^n + [ac + bd + (a - b)(d - c)]\beta^{\frac{n}{2}} + bd.$$

Die in dieser Formel auftretenden Zahlen der $\beta$-Länge $\frac{n}{2}$ werden nun ihrerseits nach der gleichen Methode in Zahlen der $\beta$-Längen $\frac{n}{4}$ zerlegt, ihre Produkte nach der entsprechenden Formel berechnet. Das wird solange rekursiv fortgesetzt bis man beim Produkt ganzer Zahlen in Kurzzahlarithmetik angelangt ist.

Ergibt sich bei den Differenzen $a - b$ und $d - c$ bzw. bei der Summe der Koeffizienten von $\beta^{\frac{n}{2}}$ kein Überlauf (zur $\beta$-Länge $\frac{n}{2} + 1$ bzw. $n + 1$), so sind zu dieser Berechnung von $I \cdot J$ die folgenden Rechnungen nötig:

(i)  3 Produkte von long integers der $\beta$-Längen $\frac{n}{2}$ nach der entsprechenden Formel ( $ac$ und $bd$ müssen ja nur jeweils einmal berechnet werden),

(ii)  2 Produkte mit Potenzen von $\beta$ ,

(iii) — 2 Differenzen von Zahlen der $\beta$-Länge $\frac{n}{2}$ ( $a - b$ und $c - d$ ),

— 2 Summen von Zahlen der $\beta$-Länge $n$ (beim Koeffizient von $\beta^{\frac{n}{2}}$ ).

— 2 Summen von Zahlen der $\beta$-Länge $2n$ (beim Zusammenfassen der Vielfachen von $\beta^n$ , $\beta^{\frac{n}{2}}$ und $\beta^0 = 1$ ).

Der Aufwand für die obigen Einzelschritte ist:

(i)  $3 \cdot \text{Op}[\text{Prod}_2](\frac{n}{2})^\diamond$ .

(ii)  Eine Multiplikation einer Zahl $I = (s, i_0, \ldots, i_{n-1})_\beta$ mit einer Potenz $\beta^\ell$ von $\beta$ bedeutet eine einfache Verschiebung der Liste zu

$$\beta^\ell \cdot I = (s, \underbrace{0, \ldots, 0}_{\ell}, i_0, \ldots, i_{n-1})_\beta \, .$$

Dies lässt sich bei der Listendarstellung durch das „Verbiegen" eines Pointers und Einfügen der entsprechenden Zellen bewerkstelligen.

---

$^*$  Frau Dr. Ekatherina A. Karatsuba, Tochter von A. A. Karatsuba, machte mich freundlicherweise darauf aufmerksam, dass ihr Vater den hier beschriebenen Algorithmus als 23-jähriger Student bei A. N. Kolmogorov alleine (ohne Zutun des Coautors Y. Ofman) entdeckt habe.

$^\diamond$  Da im Folgenden vorerst das Produkt zweier Zahlen der gleichen Länge betrachtet wird, wird jeweils abgekürzt $\text{Op}[\text{Prod}_2](n)$ für $\text{Op}[I \cdot J \leftarrow \text{Prod}_2(I, J)](n, n)$ .

Selbst, wenn man die Liste komplett im Speicher verschieben würde, wäre der Aufwand dafür schlimmstenfalls proportional zur Listenlänge, also etwa $c \cdot n$ mit einer Konstanten $c \in \mathbb{R}_+$ .

(iii) Wegen $\mathrm{Op}[\mathtt{Sum}](n, m) \asymp \max(n, m)$ gilt $\mathrm{Op}[\mathtt{Sum}](n, n) \asymp n$. Damit gibt es eine Konstante $k \in \mathbb{R}_+$ , so dass der Aufwand für die genannten Einzelschritte höchstens $2 \cdot k \cdot \frac{n}{2}$ , $2 \cdot k \cdot n$ bzw. $2 \cdot k \cdot 2n$ ist.

An dieser Überlegung ändert sich auch nichts, wenn etwa bei der Berechnung von $a - b$ oder $d - c$ Zahlen der $\beta$-Länge $\frac{n}{2} + 1$ entstehen. Zerlegt man diese Zahlen analog zu oben in $a - b = a_1 \beta^{\frac{n}{2}} + b_1$ und $c - d = a_2 \beta^{\frac{n}{2}} + b_2$ mit $L_\beta(a_1) = L_\beta(a_2) = 1$ und $L_\beta(b_1) = L_\beta(b_2) = \frac{n}{2}$ so sieht man, dass bei der Berechnung des Produkts

$$(a - b) \cdot (c - d) = a_1 a_2 \beta^n + (a_1 a_2 + b_1 b_2 + (a_1 - b_1)(b_2 - a_2)) \beta^{\frac{n}{2}} + b_1 b_2$$

nach der Karatsuba-Formel nur ein Produkt zweier Zahlen der $\beta$-Länge $\frac{n}{2}$ berechnet werden muss, nämlich $b_1 b_2$ .

Der Aufwand für alle anderen Produkte wird von dem Aufwand für dieses Produkt dominiert, denn es ist jeweils mindestens eine Zahl der $\beta$-Länge 1 beteiligt.

Somit gilt nach Vorüberlegung für die Anzahl der Operationen des Karatsuba-Algorithmus schlimmstenfalls die Rekursion

$$\mathrm{Op}[\mathtt{Prod_2}](n) = \begin{cases} k_1 & \text{für } n = 1 \\ 3 \, \mathrm{Op}[\mathtt{Prod_2}](\frac{n}{2}) + k_2 n & \text{für } n > 1 \end{cases}$$

Dabei ist $k_1$ der Aufwand für die Berechnung des Produkts zweier Zahlen $I$ und $J$ der $\beta$-Länge 1 mit $\mathtt{Prod_1}$ und der Faktor $k_2 = 7k + 2c \in \mathbb{R}_+$ ergibt sich aus obiger Diskussion zu (ii) und (iii).

Da man bei anderen „Teile und Herrsche"-Strategien ähnliche Rekursionsformel erhält, werden diese im folgenden Satz gleich etwas allgemeiner untersucht:

**4.1.3.1  Satz:**  *Es seien $k_1$ , $k_2 \in \mathbb{R}_+$ , $\ell$ , $m$ , $r \in \mathbb{N}$ und $n = m^r$ . Erfüllt eine Funktion $T : \mathbb{N} \to \mathbb{R}_+$ die Rekursion*

$$T(n) = \begin{cases} k_1 & \text{für } n = 1 \\ \ell \cdot T(\frac{n}{m}) + k_2 n & \text{für } n > 1, \end{cases}$$

*so gilt:*

$$T(n) \asymp \begin{cases} n & \text{für } \ell < m \\ n \log_m n & \text{für } \ell = m \\ n^{\log_m \ell} & \text{für } \ell > m \end{cases} .$$

*Beweis:*  Wie man leicht mit Induktion nach $r \in \mathbb{N}$ nachweist, löst

$$T(m^r) = \ell^r k_1 + k_2 m \sum_{i=0}^{r-1} \ell^i m^{r-1-i}$$

die Rekursion. Mit Hilfe der geometrischen Summenformel folgt

$$T(m^r) = \begin{cases} \ell^r k_1 + k_2 m^r \frac{\left(\frac{\ell}{m}\right)^r - 1}{\frac{\ell}{m} - 1} & \text{für } \ell \neq m \\ \ell^r k_1 + k_2 m^r r & \text{für } \ell = m \end{cases}$$

Nun muss man drei Fälle unterscheiden:

$\underline{\ell = m}$ : Wegen $r = \log_m n$ kann man $T(n) = n(k_1 + k_2 \log_m n)$ schreiben, woraus man sofort $T(n) \asymp n \log_m n$ abliest.

$\underline{\ell < m}$ : Wegen $\frac{T(m^r)}{m^r} = \left(\frac{\ell}{m}\right)^r k_1 + k_2 \frac{\left(\frac{\ell}{m}\right)^r - 1}{\frac{\ell}{m} - 1} \overset{r \text{ groß}}{\to} k_2 \frac{m}{m-\ell}$ gilt

$T(m^r) \overset{r \text{ groß}}{\to} k_2 m^r \frac{m}{m-\ell}$ bzw. $T(n) \overset{n \text{ groß}}{\to} n \cdot k_2 \frac{m}{m-\ell}$, d.h. $T(n)$ ist kodominant zu $n$.

$\underline{\ell > m}$ : In diesem Fall kann man die Funktion $T$ in die Gestalt

$$T(n) = \ell^{\log_m n} \left( \frac{\ell k_1 - k_1 m + k_2 m}{\ell - m} \right) - n \frac{k_2 m}{\ell - m}$$

bringen. Wegen $\ell^{\log_m n} = n^{\log_m \ell}$ und $\log_m \ell > 1$ ist diese Summe kodominant zu $n^{\log_m \ell}$. □

Ist nun $n$ keine ganzzahlige Potenz von $m$, kann man trotzdem „Teile und Herrsche"-Strategien wie den Algorithmus von Karatsuba anwenden, indem man jeweils zum nächsten Vielfachen von $m$ „auffüllt" bevor man in $m$ Stücke teilt.

Im Fall der Langzahlmultiplikation könnte das z.B. so aussehen, dass man Zahlen der $\beta$-Länge 51 durch Ergänzen führender Nullen auf die Länge 52 bringt und dann in zwei Blöcke der Größe 26 teilt usw:

$$51/52 \to 26 \to 13/14 \to 7/8 \to 4 \to 2 \to 1 \qquad .$$

Alternativ könnte man auch gleich im ersten Schritt auf die nächste ganzzahlige Potenz von $m$ auffüllen, hier etwa auf 64. Geht man von der Monotonie der Funktion $T$ aus, so gibt es ein $r \in \mathbb{N}$, so dass gilt $m^r < n < m^{r+1}$ und damit auch $T(m^r) \leq T(n) \leq T(m^{r+1})$.

Im Fall $\ell < m$ wurde z.B. für $n = m^r$ bereits gezeigt, dass $T(n) \asymp n$ gilt. Es gibt also Konstanten $c_1, c_2 \in \mathbb{R}_+$ mit $c_1 m^r \leq T(m^r) \leq c_2 m^r$ und damit auch mit $c_1 m^{r+1} \leq T(m^{r+1}) \leq c_2 m^{r+1}$.

Damit gilt

$$\frac{c_1}{m} \cdot n < c_1 m^r \leq T(m^r) \leq T(n) \leq T(m^{r+1}) \leq c_2 m^{r+1} < (c_2 m) \cdot n$$

also insbesondere $T(n) \asymp n$ auch wenn $n$ keine ganzzahlige Potenz von $m$ ist.

In den anderen Fällen ($\ell \geq m$) kann man genauso argumentieren. Die hergeleiteten Formeln für die Ordnung der Funktion $T$ gelten also sogar für beliebiges $n \in \mathbb{N}$  ($n \geq m$)!

**Folgerung:**  Im Fall der Langzahlmultiplikation nach Karatsuba ist $m = 2$ und $\ell = 3$. Damit liest man aus dem Satz ab:

$$\text{Op}[\texttt{Prod}_2](n) \asymp n^{\log_2 3} \asymp n^{1.58496\ldots} \quad .$$

**Folgerung:**  Rechnet man das Produkt von $I = a \cdot \beta^{\frac{n}{2}} + b$ und $J = c \cdot \beta^{\frac{n}{2}} + d$ ($a$, $b$, $c$, $d$ wie oben) nach der üblichen Methode aus, also

$$I \cdot J = ac\beta^n + (ad + bc)\beta^{\frac{n}{2}} + bd \ ,$$

so benötigt man 4 Produkte von Zahlen der $\beta$-Länge $\frac{n}{2}$ und einige Operationen mit linearem Zeitaufwand. Damit ist $\ell = 4$ und $m = 2$, was zeigt, dass für die rekursive Variante der üblichen Multiplikation wie die für Schulmethode gilt $\text{Op}[I \cdot J \leftarrow \texttt{Prod}(I, J)](n, n) \asymp n^2$.

**Folgerung:**  Hat man es nicht wie in den beiden vorhergehenden Folgerungen mit zwei etwa gleich großen Zahlen $I$ und $J$ zu tun, sondern mit deutlich verschieden großen Zahlen ($\beta$-Längen $n$ und $m$), so zerhackt man die größere der beiden in Teile, die so groß sind wie die kleinere der Zahlen.

Dann multipliziert man mit diesen Teilen und setzt zum Ergebnis zusammen. Der gesamte Vorgang wird von den Multiplikationen dominiert, so dass insgesamt gilt

$$\text{Op}[\texttt{Prod}](m, n) \asymp \frac{\max(m, n)}{\min(m, n)} \cdot \text{Op}[\texttt{Prod}] (\min(m, n)) \ .$$

Im Fall der Schulmethode $\texttt{Prod}_1$ führt dies auf die bereits bekannte Aufwandsabschätzung $\text{Op}[\texttt{Prod}_1](m, n) \asymp m \cdot n$, bei Karatsuba auf $\text{Op}[\texttt{Prod}_2](m, n) \asymp \max(m, n) \cdot \min(m, n)^{\alpha-1}$ mit $\alpha = \log_2 3$. Da die gleiche Formel mit $\alpha = 2$ die Schulmethode beschreibt, kann man in Zukunft für das Produkt von long integers

$$\text{Op}[\texttt{Prod}](m, n) \asymp \max(m, n) \cdot \min(m, n)^{\alpha-1}$$

schreiben und die beiden besprochenen Methoden durch Einsetzen von $\alpha = 2$ oder $\alpha = \log_2 3$ beschreiben.

Als Programm sieht der Algorithmus von Karatsuba etwa wie in der Prozedur $\texttt{Prod}_2$ beschrieben aus (ohne das geschilderte Zerhacken verschieden großer Zahlen $I$ und $J$).

Nach **4.1.3.1** und einer der Folgerungen dazu gilt also

$$\text{Op}[I \cdot J \leftarrow \texttt{Prod}_2(I, J)] \asymp \max(L_\beta(I), L_\beta(J)) \cdot \min(L_\beta(I), L_\beta(J))^{\log_2 3 - 1} .$$

Die Prozedur $\texttt{Shift}$ beschreibt die Multiplikation mit einer Potenz von $\beta$:

_____Produkt ganzer Zahlen (Karatsuba)_____

**procedure** $\text{Prod}_2(I, J)$                    # Eingabe: $I = (s, i_0, \ldots, i_{n-1})_\beta$,

  **if** $s = 0$ **or** $t = 0$ **then**                    #                    $J = (t, j_0, \ldots, j_{m-1})_\beta$

  | **Return** $((0,0))$                         # Ausgabe: $I \cdot J$

  **end if**                                          #

  **if** $m = 1$ **and** $n = 1$ **then**           # $i_\ell$ mit $\ell > n - 1$ bzw. $j_\ell$ mit

  | **Return** $(\text{Prod}_1(I, J))$             # $\ell > m - 1$ seien $= 0$ gesetzt!

  **end if**

  $n' \leftarrow \lceil \frac{1}{2} \max(m, n) \rceil \cdot 2$

  **if** $n - 1 < \frac{n'}{2}$ **then**

  | $a \leftarrow (0, 0)$

  **else**

  | $a \leftarrow (s, i_{n'/2}, \ldots, i_{n'-1})$

  **end if**

  $b \leftarrow (s, i_0, \ldots, i_{n'/2-1})$

  **if** $m - 1 < \frac{n'}{2}$ **then**

  | $c \leftarrow (0, 0)$

  **else**

  | $c \leftarrow (t, j_{n'/2}, \ldots, j_{n'-1})$

  **end if**

  $d \leftarrow (t, j_0, \ldots, j_{n'/2-1})$

  $\text{temp}_1 \leftarrow \text{Prod}_2(\text{Dif}(a, b), \text{Dif}(d, c))$

  $\text{temp}_2 \leftarrow \text{Prod}_2(a, c)$ ; $\text{temp}_3 \leftarrow \text{Prod}_2(b, d)$

  $\text{temp}_1 \leftarrow \text{Sum}(\text{temp}_2, \text{Sum}(\text{temp}_3, \text{temp}_1))$

  $\text{temp}_1 \leftarrow \text{Shift}(\text{temp}_1, \frac{n'}{2})$ ; $\text{temp}_2 \leftarrow \text{Shift}(\text{temp}_2, n')$

  **Return** $(\text{Sum}(\text{temp}_2, \text{Sum}(\text{temp}_1, \text{temp}_3)))$

**end**

_____Produkt mit einer Potenz der Zahlbasis_____

**procedure** $\text{Shift}(I, m)$                    # Eingabe: $I = (s, i_0, \ldots, i_{n-1})_\beta$,

  **if** $s = 0$ **then**                             #                    $m \in \mathbb{N}$

  | **Return** $((0, 0))$                         # Ausgabe: $I \cdot \beta^m$

  **else**

  | **Return** $((s, \underbrace{0, \ldots, 0}_{m}, i_0, \ldots, i_{n-1}))$

  **end if**

**end**

Für diese Verschiebung gilt

$$\text{Op}[I \cdot \beta^m \leftarrow \text{Shift}(I, m)] \preceq L_\beta(I).$$

**Folgerung:** Hätte man nicht wie Karatsuba $m = 2$, sondern etwa $m = 4$ gewählt (d.h. die Zahlen der $\beta$-Länge $n$ in 4 gleiche Teile aufgespalten), so wäre für $\ell > 4$ der Aufwand $\text{Op}(n) \asymp n^{\log_4 \ell}$.

Wegen $\log_4 \ell < \log_2 3 \iff \ell \le 8$ hieße das, dass man einen asymptotisch besseren Algorithmus als den von Karatsuba erhielte, wenn es gelänge das Produkt der zwei Zahlen der $\beta$-Länge $n$ durch höchstens 8 Produkte von Zahlen der $\beta$-Länge $\frac{n}{4}$ und einigen Additionen und Verschiebungen auszudrücken.

Dies ist in der Tat möglich und gelingt auch für noch feinere Stückelungen der Zahlen $I$ und $J$. Der Karatsuba-Algorithmus ist damit nur der erste von einer Folge von Algorithmen mit dem Aufwand

$$\text{Op}[\text{Prod}_{r+1}](n) \asymp n^{\log_{r+1}(2r+1)} \ , \ r = 1, 2, \ldots$$

Wegen $\log_{r+1}(2r + 1) < 1 + \log_{r+1} 2 \to 1$ für $r \to \infty$ gibt es also zu jedem $\varepsilon > 0$ einen Algorithmus für die Langzahlmultiplikation mit einem Aufwand, der von $n^{1+\varepsilon}$ dominiert wird.

Wegen der großen Vorfaktoren sind diese Algorithmen aber nur von theoretischem Interesse. A. L. Toom [Too] formulierte einen ähnlichen Algorithmus mit dem beachtlichen asymptotischen Aufwand $\mathcal{O}(n^{1+3.5/\sqrt{\log_2 n}})$.

*4.1.3.2 Beispiel:* Um abschätzen zu können, ab welcher Zahlengröße $n$ sich der Karatsuba-Algorithmus lohnt, wird der Aufwand für die beiden Algorithmen $\text{Prod}_1$ und $\text{Prod}_2$ etwas genauer untersucht.

Für $\text{Prod}_1$ ergibt sich bei zwei Zahlen gleicher $\beta$-Länge $n$, dass die Hauptschleife $n^2$-mal durchlaufen wird und jedesmal ein Produkt, eine Division mit Rest und 2 Summen ausgeführt werden.

Nachdem Produkt und Division etwa gleich schnell berechnet werden können, meist aber deutlich langsamer als die Addition sind, kann man etwa

$$\text{Op}[\text{Prod}_1](b) = n^2(2k + 2p)$$

vermerken, wobei $k$, wie bereits zuvor, ein Maß für die Addition, $p$ für die Multiplikation, ist. Ein realistisches Verhältnis wäre etwa $p \approx 2k$.

Im Beweis von **4.1.3.1** findet man für Karatsuba mit $\ell > m$ die Formel

$$\text{Op}[\text{Prod}_2](n) = n^{\log_2 3}(k_1 + 2k_2) - 2k_2 n$$

mit $k_1 = 2(k + p)$ ($\text{Prod}_1$ auf $\beta$-Länge 1 angewandt).

Gilt nun etwa $k = c = 1$, so ergibt sich für $\beta = 2^{15}$ die folgende Tabelle, die zeigt, dass sich, je nach den sehr vom Rechner abhängigen Werten der Konstanten, der Karatsuba-Algorithmus erst ab sehr großen Zahlenwerten lohnt.

Man wird deshalb in aller Regel große Zahlen nur soweit nach Karatsuba zerlegen, bis die einzelnen Bruchstücke kleiner als dieser Zahlenwert sind und diese Bruchstücke dann nach der Standardmethode ausmultiplizieren.

In der Prozedur `Prod`$_2$ wird man also die erste Zeile ersetzen durch
**if** $m \le S$ **and** $n \le S$ mit einer geeigneten Schranke $S$.

| $p=$ | $\mathrm{Op[Prod_2]}(n)=$ | $\mathrm{Op[Prod_1]}(n)=$ | $\mathrm{Op[Prod_2]}(n) < \mathrm{Op[Prod_1]}(n)$ ab | |
|---|---|---|---|---|
| | | | $n =$ | Dezimalstellen |
| 1 | $22n^{\log_2 3} - 18n$ | $4n^2$ | 50 | 226 |
| 1.5 | $23n^{\log_2 3} - 18n$ | $5n^2$ | 31 | 140 |
| 2.0 | $24n^{\log_2 3} - 18n$ | $6n^2$ | 21 | 95 |
| 2.5 | $25n^{\log_2 3} - 18n$ | $7n^2$ | 15 | 68 |

Die nebenstehende Skizze zeigt den Verlauf der Schulmethode (`Prod`$_1$), des Karatsuba-Algorithmus (`Prod`$_2$), und des kombinierten Karatsuba-Algorithmus mit $n_0 = 4$ und jeweils $k = c = 1$ und $p = 2$.

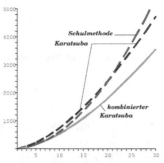

Man sieht sieht hier den bereits oben angegebenen „trade off point" in der Nähe von 21 und den Vorteil der Kombination beider Methoden.

Im kombinierten Fall hat man es mit der Rekursion

$$T(n) = \begin{cases} 2(k+p)n^2 & \text{für } n \le n_0 \\ 3 \cdot T(\frac{n}{2}) + k_2 \cdot n & \text{für } n > n_0 \end{cases}$$

zu tun. Asymptotisch liefert das zwar immer noch einen Algorithmus mit $\mathcal{O}(n^{\log_2 3})$, aber der entsprechende Vorfaktor lässt sich durch eine günstige Wahl von $n_0$ noch deutlich beeinflussen.

Ein asymptotisch sehr schneller Algorithmus ($\mathcal{O}(n \log n \log \log n)$) zur Langzahlmultiplikation beruht auf der schnellen Fourier-Transformation (kurz FFT, [ScS]). Diese wird hier nicht besprochen, da der „trade off point" nochmals deutlich höher als bei Karatsuba liegt.

Das hochspezialisierte Paket GMP bietet FFT nur über den Schalter '--enable-fft' an und im Hilfetext dazu liest man: 'By default multiplications are done using Karatsuba and 3-way Toom-Cook algorithms, but a Fermat FFT can be enabled, for use on large to very large operands. Currently the FFT is recommended only for knowledgeable users who check the algorithm thresholds for their CPU.'

**4.1.3.3 Aufgaben:** Ähnlich wie beim Algorithmus von Karatsuba zur Langzahlmultiplikation führt ein „Teile und Herrsche"– Verfahren bei der Matrixmultiplikation zu einer verbesserten zeitlichen Komplexität. Die Idee dazu stammt von V. Strassen [Str]:

Es seien $R$ ein Ring, $A = \begin{pmatrix} a_{11} & a_{12} \\ a_{21} & a_{22} \end{pmatrix}$, $B = \begin{pmatrix} b_{11} & b_{12} \\ b_{21} & b_{22} \end{pmatrix} \in R^{n \times n}$ $n \times n$-Matrizen ($n$ Zweierpotenz) mit den $\frac{n}{2} \times \frac{n}{2}$-Untermatrizen $a_{ij}$ und $b_{ij}$ ($1 \le i, j \le 2$).

$C = \begin{pmatrix} c_{11} & c_{12} \\ c_{21} & c_{22} \end{pmatrix} := A \cdot B$ sei das entsprechend in Untermatrizen aufge-
teilte Produkt der beiden gegebenen Matrizen.

a)  Man gebe eine Rekursionsformel für $\mathrm{Op}_R[\text{Standard}](n)$ an, wenn
    das Produkt nach der Standardmethode $c_{ij} = a_{i1}b_{1j} + a_{i2}b_{2j}$ für
    $(1 \leq i, j \leq 2)$ berechnet wird.

b)  Man gebe eine Rekursionsformel für $\mathrm{Op}_R[\text{Strassen}](n)$ an, wenn
    die Einträge von $C$ wie folgt berechnet werden:

$$
\begin{aligned}
m_1 &= (a_{12} - a_{22})(b_{21} + b_{22}) \;, & m_2 &= (a_{11} + a_{22})(b_{11} + b_{22}), \\
m_3 &= (a_{11} - a_{21})(b_{11} + b_{12}) \;, & m_4 &= (a_{11} + a_{12})b_{22}\,, \\
m_5 &= a_{11}(b_{12} - b_{22}) & m_6 &= a_{22}(b_{21} - b_{11})\,, \\
m_7 &= (a_{21} + a_{22})b_{11} & & \\
c_{11} &= m_1 + m_2 - m_4 + m_6 \;, & c_{12} &= m_4 + m_5\,, \\
c_{21} &= m_6 + m_7 & c_{22} &= m_2 - m_3 + m_5 - m_7\,.
\end{aligned}
$$

c)  Man löse allgemein die Rekursion

$$
T(n) = \begin{cases} a & \text{für } n = 1 \\ bT\left(\frac{n}{2}\right) + c\left(\frac{n}{2}\right)^2 & \text{für } n > 1 \end{cases}
$$

für $a \in \mathbb{R}_+, b, c \in \mathbb{N}$.

d)  Man bestimme die Komplexität der in c) gegebenen Funktion
    $T$ und vergleiche damit den Standardalgorithmus zur Matrix-
    Multiplikation mit dem Strassen-Algorithmus.

e)  Für $a = 1.2$ bestimme man den „break even point" des Strassen–
    Algorithmus, d.h. das $n$, ab dem der Strassen–Algorithmus schnel-
    ler als die Standardmethode ist.

### 4.1.4 Division

In einem euklidischen Ring $R$ verfügt man bekanntlich über eine Gradfunk-
tion $\delta : R \setminus \{0\} \to \mathbb{N}$, so dass zu beliebigen $a, b \in R \setminus \{0\}$ Elemente $q, r \in R$
mit $a = bq + r$ und $r = 0$ oder $\delta(r) < \delta(b)$ existieren. In $\mathbb{Z}$ nimmt man
meist für die Gradfunktion $\delta(r) = |r|$ ( $\delta(r) = |r|^n$ mit jedem beliebigen,
aber festen $n \in \mathbb{N}$ geht auch). Die Elemente $q$ und $r$ sind i.Allg. nicht
eindeutig festgelegt, wie etwa das Beispiel $5 = 2 \cdot 2 + 1 = 2 \cdot 3 - 1$ zeigt.
Für $I, J \in \mathbb{Z}$, $J \neq 0$ schreibt man

$$
I = \underbrace{\mathrm{ZQuo}(I, J)}_{\substack{\text{Ganzzahliger} \\ \text{Quotient}}} \cdot J + \underbrace{\mathrm{ZRest}(I, J)}_{\substack{\text{Ganzzahliger} \\ \text{Rest}}}
$$

mit $0 \leq \mathrm{ZRest}(I, J) < |J|$ für $I \geq 0$, $-|J| < \mathrm{ZRest}(I, J) \leq 0$ für $I < 0$.

Durch die Vorzeichenwahl sind $\mathrm{ZQuo}(I, J)$ und $\mathrm{ZRest}(I, J)$ eindeutig.
Die Rechner-Methode zur Langzahldivision ähnelt sehr der Methode beim
Rechnen per Hand. Die einzige Schwierigkeit ist die „Raterei" beim ziffern-
weisen Aufbau des Quotienten. Diese muss noch algorithmisch formuliert
werden.

Die Zahlen $I$ und $J$ seien wieder in der Form $I = (s, i_0, \ldots, i_{n-1})_\beta$ und $J = (t, j_0, \ldots, j_{m-1})_\beta$ gegeben, weiterhin sei $Q := \mathrm{ZQuo}(I, J) = (u, q_0, \ldots, q_{\ell-1})_\beta$. Der Einfachheit halber betrachtet man vorerst nur positives $I$ und $J$.

Da der Quotient einer Zahl der $\beta$-Länge 2 durch eine der Länge 1 (double precision/single precision integer) üblicherweise bereits zur Verfügung steht, nimmt man als Tipp für die Leitziffer $q := q_{\ell-1}$ des Quotienten $Q$ die Zahl

$$q^* := \left\lfloor \frac{i_{n-1}\beta + i_{n-2}}{j_{m-1}} \right\rfloor .$$

Ist diese größer als $\beta - 1$, so ergänzt man den Dividenden mit einer führenden Null, nimmt also $q^* := \left\lfloor \frac{i_{n-1}}{j_{m-1}} \right\rfloor$.

Sorgt man vor der eigentlichen Division durch geeignetes Erweitern des Quotienten dafür, dass die Leitziffer $j_{m-1}$ des Divisors $J$ größer als die Hälfte der Zahlbasis $\beta$ ist, $j_{m-1} \geq \lfloor \frac{\beta}{2} \rfloor$, so kann man zeigen, dass dieser Tipp $q^*$ höchstens um 2 größer ist, als der wahre Wert $q$, also $q \in \{q^*, q^* - 1, q^* - 2\}$.

Hat man das richtige $q$ durch Probieren aus $q^*$ bestimmt, so berechnet man

$$I' = I - q \cdot J \cdot \beta^{n-m} = (s, i'_0, \ldots, i'_{n-2})_\beta$$

($i'_{n-2}$ könnte hier ausnahmsweise entgegen der früher getroffenen Vereinbarung verschwinden, vgl. 2. Schritt im folgenden Beispiel). Als Tipp für die nächste Ziffer $q := q_{\ell-2}$ nimmt man nun

$$q^* := \min\left( \left\lfloor \frac{i'_{n-2}\beta + i'_{n-3}}{j_{m-1}} \right\rfloor, \beta - 1 \right) .$$

Auch dieses $q^*$ ist höchstens um 2 größer als der wahre Wert $q$. So verfährt man rekursiv weiter.

Bevor bewiesen wird, dass das alles wirklich so geht, ein einführendes Beispiel zu diesem so genannten Pope-Stein Divisions-Algorithmus [PSt]:

*4.1.4.1 Beispiel:* Es seien $\beta = 10$, $I = 4561238$ und $J = 222$. Durch Erweitern mit $d = 3$ erhält man $13683714$ und $666$, also wie gefordert $6 \geq \lfloor \frac{\beta}{2} \rfloor = 5$. Damit ist $q^* = \lfloor \frac{13}{6} \rfloor = 2$, was wegen $1368 - 2 \cdot 666 = 36 > 0$ richtig ist (wäre $q^*$ zu groß gewesen, so hätte man hier ein negatives Ergebnis bekommen); es ist also $q = 2$ usw.:

$$
\begin{array}{llll}
\mathbf{13}683714 & : & \mathbf{666} & = 20\ldots \\
\underline{1332} & & q^* = 2 \\
\mathbf{03}63 \\
\underline{0000} & & q^* = 0 \\
\mathbf{3637}
\end{array}
$$

Bis dahin verläuft die Rechnung also genauso wie gewohnt. Jetzt ergibt sich allerdings wegen $q^* = \lfloor \frac{36}{6} \rfloor = 6$ eine falsche Schätzung, denn $3637 - 6 \cdot 666 = -359 < 0$, d.h. $q^*$ ist zu groß. Wegen $-359 + 666 = 307 > 0$ sieht man aber, dass $q = q^* - 1 = 5$ zum Ziel führt. Der Rest der Rechnung verläuft wieder wie gewohnt und man erhält $13683714 : 666 = 20546$ Rest $78$ bzw. $4561238 : 222 = 20546$ Rest $\frac{78}{3} = 26$.

Nun zur Begründung der einzelnen Rechenschritte des Pope-Stein-Algorithmus ($I$, $J$, $Q$ bzw. $q$ und $q^*$ wie oben definiert):

**4.1.4.2 Satz:** *Mit den eingeführten Bezeichnungen gilt*

a) $d := \left\lfloor \frac{\beta}{j_{m-1}+1} \right\rfloor$, $dJ = (t, j_0', \ldots, j_{m-1}') \Rightarrow \lfloor \frac{\beta}{2} \rfloor \leq j_{m-1}' < \beta$,

b) $q^* \geq q$,

c) $j_{m-1} \geq \lfloor \frac{\beta}{2} \rfloor \Rightarrow q^* \leq q + 2$.

*Beweis:*

a) •
$$\left. \begin{array}{c} d \leq \dfrac{\beta}{j_{m-1}+1} \iff j_{m-1}d \leq \beta - d \\[2mm] \displaystyle\sum_{i=0}^{m-2} j_i\beta^i < \beta^{m-1} \Rightarrow d \cdot \sum_{i=0}^{m-2} j_i\beta^i < d\beta^{m-1} \end{array} \right\} \Rightarrow$$
$$\Rightarrow j_{m-1}' = j_{m-1}d + \text{Übertrag} < (\beta - d) + d = \beta$$

• $\exists r : 0 \leq r \leq j_{m-1}$ und $\beta = d(j_{m-1}+1) + r$. Es gilt :

$$\frac{\beta}{2} = \frac{j_{m-1}}{2j_{m-1}}(d(j_{m-1}+1)+r) = j_{m-1}d\frac{j_{m-1}+1}{2j_{m-1}} + \frac{rj_{m-1}}{2j_{m-1}} \iff$$

$$j_{m-1}d = \frac{2j_{m-1}}{j_{m-1}+1}\left(\frac{\beta}{2} - \frac{rj_{m-1}}{2j_{m-1}}\right) =$$

$$= \frac{\beta}{2} + \frac{1}{j_{m-1}+1}\left((j_{m-1}-1)\frac{\beta}{2} - rj_{m-1}\right)$$

Es ist also $j_{m-1}' \geq j_{m-1}d$ sicher dann größer oder gleich als $\lfloor \frac{\beta}{2} \rfloor$, wenn $(j_{m-1}-1)\frac{\beta}{2} - rj_{m-1} \geq 0$ ist.

Einsetzen von $\beta = d(j_{m-1}+1) + r$ führt auf

$$\frac{d}{2}(j_{m-1}^2 - 1) + \frac{1}{2}r(j_{m-1}-1) - rj_{m-1} \geq 0 \iff$$

$$dj_{m-1}^2 - rj_{m-1} - d - r \geq 0 \iff$$

$$j_{m-1} \geq \frac{r + \sqrt{r^2 + 4d(d+r)}}{2d} = \frac{r}{d} + 1$$

Probleme könnte es nur geben für $j_{m-1} < \frac{r}{d} + 1$. Wegen $r \leq j_{m-1}$ geht das nur, wenn $j_{m-1}(1 - \frac{1}{d}) < 1$ ist, d.h. wenn $d = 1$ oder $j_{m-1} = 1$ ist.

Im ersten Fall folgt $r = j_{m-1}$ und $\beta = (j_{m-1}+1)+j_{m-1} = 2j_{m-1}+1$, d.h. $j_{m-1}$ ist eh schon $\left\lfloor \frac{\beta}{2} \right\rfloor$, weshalb $d = 1$ in Ordnung ist. Im zweiten Fall folgt $r = 1$, also $\beta = 2d+1$ und somit $d = \left\lfloor \frac{\beta}{2} \right\rfloor$. Damit ist $j'_{m-1} \geq \lfloor \frac{\beta}{2} \rfloor$ auch in diesem Fall gesichert.

b) Für diesen Punkt kann man sich zur Vermeidung von Trivialfällen auf den Fall $n = m+1$ und $J \leq I < \beta J$, also $j_{m-1} > i_m$ beschränken. Dann ist $q = \lfloor \frac{I}{J} \rfloor$.

Wegen $q \leq \beta - 1$ ist die Aussage sicher für $q^* = \beta - 1$ richtig.

Ist $q^* < \beta - 1$, d.h. $q^* := \left\lfloor \frac{i_m\beta+i_{m-1}}{j_{m-1}} \right\rfloor$, so folgt $q^* \geq \frac{i_m\beta+i_{m-1}+1}{j_{m-1}} - 1 \iff q^* \cdot j_{m-1} \geq i_m\beta + i_{m-1} + 1 - j_{m-1}$.

Damit folgt

$$I - q^*J \leq I - q^*j_{m-1}\beta^{m-1} \leq$$
$$\leq i_m\beta^m + \ldots + i_1\beta + i_0 - (i_m\beta + i_{m-1} + 1 - j_{m-1})\beta^{m-1} \leq$$
$$\leq \underbrace{\underbrace{i_{m-2}\beta^{m-2} + \ldots + i_1\beta + i_0}_{<\beta^{m-1}} - \beta^{m-1} + j_{m-1}\beta^{m-1}}_{<0} <$$
$$< j_{m-1}\beta^{m-1} \leq j_{m-1}\beta^{m-1} + \ldots + j_1\beta + j_0 = J$$

also zusammen $I - q^*J < J \iff I - (q^*+1)J < 0$. Wäre $q > q^*$, so wäre also widersprüchlicherweise $I - qJ < 0$.

c) Ist $J = \beta^{m-1}$, so ist $q = q^*$, die Aussage also richtig. Man kann also im Folgenden $J \neq \beta^{m-1}$ voraussetzen. Aus $q^* = \left\lfloor \frac{i_m\beta+i_{m-1}}{j_{m-1}} \right\rfloor$ folgt

$$q^* \leq \frac{i_m\beta^m + i_{m-1}\beta^{m-1}}{j_{m-1}\beta^{m-1}} \leq \frac{i_m\beta^m + i_{m-1}\beta^{m-1} + \ldots + i_1\beta + i_0}{j_{m-1}\beta^{m-1}} =$$
$$= \frac{I}{j_{m-1}\beta^{m-1}} \leq \frac{I}{J - \beta^{m-1}} \quad \text{denn}$$

$$J - \beta^{m-1} = (j_{m-1}-1)\beta^{m-1} + j_{m-2}\beta^{m-2} + \ldots + j_1\beta + j_0 =$$
$$= j_{m-1}\beta^{m-1} + \underbrace{(j_{m-2}\beta^{m-2} + \ldots + j_1\beta + j_0 - \beta^{m-1})}_{<0} <$$
$$< j_{m-1}\beta^{m-1}$$

Angenommen, $q^* \geq q + 3 \iff 3 \leq q^* - q$. Mit $q = \lfloor \frac{I}{J} \rfloor \Rightarrow q > \frac{I}{J} - 1$ und der eben bewiesenen Abschätzung für $q^*$ folgt also:

$$3 \leq \frac{I}{J - \beta^{m-1}} - \frac{I}{J} + 1 = \frac{I}{J}\left(\frac{J}{J - \beta^{m-1}} - 1\right) + 1 =$$
$$= \frac{I}{J}\frac{\beta^{m-1}}{J - \beta^{m-1}} + 1 \iff$$

$$2 \le \frac{I}{J} \frac{\beta^{m-1}}{J - \beta^{m-1}} \iff \frac{I}{J} \ge 2 \frac{J - \beta^{m-1}}{\beta^{m-1}} \iff \frac{I}{J} \ge 2 \left( \frac{J}{\beta^{m-1}} - 1 \right) =$$

$$= 2(j_{m-1} + j_{m-2}\beta^{-1} + \ldots + j_0\beta^{1-m} - 1) \ge 2(j_{m-1} - 1)$$

Damit gilt auch $q = \lfloor \frac{I}{J} \rfloor \ge 2(j_{m-1} - 1)$. Nach Voraussetzung ist $q \le q^* - 3$ und damit $q \le \beta - 4$. Mit der obigen Abschätzung für $q$ heißt das $\beta - 4 \ge 2(j_{m-1} - 1) \iff \beta \ge 2j_{m-1} + 2 \iff \lfloor \frac{\beta}{2} \rfloor \ge j_{m-1} + 1 \iff j_{m-1} < \lfloor \frac{\beta}{2} \rfloor$ Damit ist gezeigt, dass aus $q^* \ge q + 3$ folgt: $j_{m-1} < \lfloor \frac{\beta}{2} \rfloor$. Dies ist äquivalent zur Behauptung. $\qquad\square$

_____**Ganzzahlige Division mit Rest**_____

```
procedure Div(I, J)                 # Eingabe: I = (s, i_0, ..., i_{n-1})_β,
   if n ≥ m then                     #          J = (t, j_0, ..., j_{m-1})_β
      d ← ⌊ β / (j_{m-1}+1) ⌋        # Ausgabe: ZQuo(I, J), ZRest(I, J)
      I' ← Prod₁(I, sd);  J' ← Prod₁(J, td)
      if ⌊ (i'_{n-1}β + i'_{n-2}) / j'_{m-1} ⌋ > β - 1 then n ← n + 1 end if
      for ℓ from 0 to n - m do
         q* ← min ( β - 1, ⌊ (i'_{n-1-ℓ}β + i'_{n-ℓ-2}) / j'_{m-1} ⌋ )
         temp ← Dif ( (1, i'_{n-m-1-ℓ}, ..., i'_{n-1-ℓ}), Prod₁(J', q*) )
         while sign(temp) = -1 do
            q* ← q* - 1;  temp ← Sum(temp, J')
         end do
         q_{n-m-ℓ} ← q*
         I' ← (1, i'_0, ..., i'_{n-m-2-ℓ}, temp_0, ..., temp_{m-1})
      end do
      u ← st
      if q_{n-m} = 0 then
         if n = m then
            ZQuo(I, J) ← (0, 0)
         else
            ZQuo(I, J) ← (u, q_0, ..., q_{n-m-1})
         end if
      else
         ZQuo(I, J) ← (u, q_0, ..., q_{n-m})
      end if
      ZRest(I, J) ← sI'/d
   else
      ZQuo(I, J) ← (0, 0)
      ZRest(I, J) ← I
   end if
end
```

Es gibt sogar Untersuchungen [CMu], dass man in ca. 67% der Fälle mit $q^*$, in ca. 32% mit $q^* - 1$ und in nur 1% mit $q^* - 2$ den richtigen Wert hat. Die Komplexität des Pope-Stein-Algorithmus (Prozedur Div) wird bestimmt von den Langzahloperationen Prod$_1$ und Dif. Es gilt im Einzelnen:

$$
\begin{array}{ll}
\text{Op}[I' \leftarrow \text{Prod}_1(I, sd)](n, 1) & \asymp n \\
\text{Op}[J' \leftarrow \text{Prod}_1(J, td)](m, 1) & \asymp m \\
\text{Op}[J'' \leftarrow \text{Prod}_1(J', q^*)](m, 1)) & \asymp m \\
\text{Op}[\text{temp} \leftarrow \text{Dif}((1, i'_{n-m-1-\ell}, \ldots, i'_{n-1-\ell}), J'')](m+1, \leq m+1) \asymp m+1 \\
\text{Op}[\text{temp} \leftarrow \text{Sum}(\text{temp}, J')(\leq m, m) & \asymp m
\end{array}
$$

Der Aufwand in der $\ell$-Schleife ist kodominant zu $m + 1$, denn die **while**-Schleife wird nach Satz **4.1.4.2** höchstens 2 mal aufgerufen. Da die $\ell$-Schleife $(n - m + 1)$-mal durchlaufen wird, ist sie insgesamt kodominant zu $(n - m + 1) \cdot (m + 1)$.

Da die Schritte vor und nach dieser Schleife von geringerer Komplexität sind, ist das bereits der Aufwand für den gesamten Algorithmus. Es gilt also:

$$\text{Op}[(\text{ZQuo}(I, J), \text{ZRest}(I, J)) \leftarrow \text{Div}(I, J)] \asymp L_\beta(J) \cdot (L_\beta(I) - L_\beta(J)).$$

Sind $I, J \in \mathbb{N}$, so gilt wegen $0 \leq \text{ZRest}(I, J) < J$ auch

$$\log_\beta(\text{ZQuo}(I, J) \cdot J) \leq \log_\beta(I) < \log_\beta((\text{ZQuo}(I, J) + 1) \cdot J)$$
$$\iff \log_\beta(\text{ZQuo}(I, J)) \leq \log_\beta(I) - \log_\beta(J) < \log_\beta(\text{ZQuo}(I, J) + 1).$$

Da für $a, b \in \mathbb{R}_+$ gilt $\lceil a - b \rceil - 1 \leq \lceil a \rceil - \lceil b \rceil \leq \lceil a - b \rceil$ heißt das

$$L_\beta(\text{ZQuo}(I, J)) - 1 \leq L_\beta(I) - L_\beta(J) \leq L_\beta(\text{ZQuo}(I, J) + 1),$$

also

$$L_\beta(I) - L_\beta(J) \asymp L_\beta(\text{ZQuo}(I, J)).$$

Damit kann man auch schreiben

$$\text{Op}[(\text{ZQuo}(I, J), \text{ZRest}(I, J)) \leftarrow \text{Div}(I, J)] \asymp L_\beta(J) \cdot L_\beta(\text{ZQuo}(I, J))$$

Der Aufwand für die Division ist also kodominant zu dem Aufwand für die Berechnung von $\text{ZQuo}(I, J) \cdot J$ mit der Prozedur Prod$_1$ und damit genauso groß wie der für die Probe, d.h. die Berechnung von $\text{ZQuo}(I, J) \cdot J + \text{ZRest}(I, J)$.

T. Jebelean [Je1] gab 1997 einen Divisions-Algorithmus an, der asymptotisch die gleiche Komplexität wie der Karatsuba-Algorithmus hat (ca. Faktor 2 zu Karatsuba). Der Algorithmus kombiniert eine Idee von W. Krandick [KrJ] zur Berechnung des oberen Teils des Quotienten mit der Karatsuba-Multiplikation. MAPLE setzt diesen Algorithmus im neuesten Release ab Zahlen mit mindestens 50 Wörtern (d.h. bei 32 bit 200 Dezimalstellen) ein. Darunter ist der hier gezeigte Algorithmus schneller.

### 4.1.5 Größter gemeinsamer Teiler

Die Standardmethode zur Berechnung eines größten gemeinsamen Teilers in dem euklidischen Ring $R = \mathbb{Z}$ ist der euklidische Algorithmus, also fortgesetzte Division mit Rest bis die Division aufgeht.

Die Analyse des euklidischen Algorithmus gestaltet sich sehr schwierig, da es nicht leicht ist, die Anzahl der Divisionsschritte abzuschätzen und sich außerdem von Schritt zu Schritt die $\beta$-Längen der beteiligten ganzen Zahlen ändern.

D. E. Knuth [Kn2] widmet der Analyse des euklidischen Algorithmus in seinem „Seminumerical Algorithms" fast 20 Seiten und schließt dann mit der Bemerkung:

*In view of the historical importance of Euclid's method, it seems fair to state that a determination of the asymptotic behavior ... is the most important problem in the analysis of algorithms which is still unsolved.*

Eine obere Schranke für die Anzahl der Divisionsschritte in $\mathbb{Z}$ gibt der folgende *Satz von Lamé* (1845) der aussagt, dass man am meisten Schritte braucht, wenn $a$ und $b$ zwei aufeinander folgende Fibonacci-Zahlen sind.

Zur Erinnerung: die *Fibonacci-Zahlen* $F_i$ sind definiert durch die (so genannte Kaninchen-)Rekursion:

$$F_0 = 0\,,\ F_1 = 1\,,\ F_{n+2} = F_{n+1} + F_n \text{ für } n \geq 0$$

und besitzen die explizite Darstellung

$$F_n = \frac{1}{\sqrt{5}} \left( \left( \frac{1+\sqrt{5}}{2} \right)^n - \left( \frac{1-\sqrt{5}}{2} \right)^n \right)$$

**4.1.5.1 Satz:** (Lamé) *Es seien $r, a, b \in \mathbb{N}$, $a > b$ und die Berechnung von $\mathrm{ggT}(a, b)$ benötige genau $r$ Divisionsschritte. Das kleinstmögliche $a$ mit dieser Eigenschaft ist $F_{r+2}$, das zugehörige $b$ ist $F_{r+1}$.*

*Beweis:* Berechnet man den ggT von $a_1 = a$ und $a_2 = b$ wie im Abschnitt über Ideale gezeigt, aber mit der Zusatzbedingung $a_i \geq 0$ für $i = 1, 2, \ldots, a_{r+1}$ (fortgesetzte Anwendung der Prozedur Div), so erhält man eine eindeutige, monoton fallende Folge positiver ganzer Zahlen $a_1$, ..., $a_r$, $a_{r+1} = \mathrm{ggT}(a, b)$ und eine dazugehörige, ebenfalls eindeutig bestimmte Folge von ganzen, positiven Quotienten $q_1$, $q_2$, ..., $q_r$.

Knuth führte für die endliche Zahlenfolge $(q_1, \ldots, q_r, a_{r+1})$ den Begriff der *euklidischen Darstellung* ein, denn es sind nicht nur die Zahlen $q_1, \ldots, q_r, a_{r+1}$ durch $a_1$ und $a_2$ eindeutig festgelegt, sondern es sind natürlich auch anders herum die Zahlen $a_1$ und $a_2$ durch diese Folge eindeutig festgelegt. Es besteht also ein eineindeutiger Zusammenhang zwischen dem Zahlenpaar $(a, b)$ und der zugehörigen euklidischen Darstellung.

Substituiert man, von der letzten Gleichung beginnend, das jeweilige $a_i$ in die vorhergehende Gleichung des euklidischen Algorithmus, so erhält man für $a_1$ die Darstellung $a_1 = (q_1 q_2 \cdot \ldots \cdot q_r + c) a_{r+1}$, wobei $c$ eine Summe von kleineren Produkten der $q_i$ ist.

An dieser Darstellung liest man ab, dass $a = a_1$ für gegebenes $r$ minimal ist, wenn die $q_i$ und der ggT $a_{r+1}$ minimal sind, d.h. wenn die euklidischen Darstellung die 1-Folge ist.

Die letzten beiden Schritte des euklidischen Algorithmus wären somit $1 = 1 \cdot 1$ und $2 = 1 \cdot 1 + 1$. Das ist so nicht ganz richtig, denn der Rest soll ja kleiner als der Teiler sein, d.h. aus diesen zwei Schritten wird der eine Schritt $2 = 1 \cdot 2 + 0$.

Die früheren Divisionsschritte bleiben davon unberührt, d.h. sie sind $3 = 1 \cdot 2 + 1$, $5 = 1 \cdot 3 + 2$ usw., d.h. die richtige euklidischen Darstellung ist $(1, \ldots, 1, 2, 1)$.

Die zugehörige Folge der $a_i$ ist $a_{r+1} = 1$, $a_r = 2$, $a_{r-1} = a_r + a_{r+1} = 3$, $a_{r-2} = a_{r-1} + a_r = 4$, also gerade die Folge der Fibonacci-Zahlen mit $F_2 = a_{r+1}$, $F_3 = a_r$, $F_4 = a_{r-1}, \ldots$, $F_{r+1} = a_2$, $F_{r+2} = a_1$.    □

Der euklidische Algorithmus durchläuft dann die Fibonacci-Rekursion rückwärts, also

$$
\begin{aligned}
F_{r+2} &= \mathbf{1} \cdot F_{r+1} + F_r \\
F_{r+1} &= \mathbf{1} \cdot F_r + F_{r-1} \\
&\;\;\vdots \\
F_4 &= \mathbf{1} \cdot F_3 + F_2 \\
F_3 &= \mathbf{2} \cdot \mathbf{F_2}
\end{aligned}
$$

und $\mathrm{ggT}(F_{r+2}, F_{r+1}) = F_2 = 1$. Mit Hilfe des Satzes von Lamé kann man abschätzen, wieviele Divisionsschritte höchstens für den euklidischen Algorithmus nötig sind:

**4.1.5.2 Satz:**  *Es seien $a, b, N \in \mathbb{N}_0$ mit $0 \le a, b < N$. Dann sind zur Berechnung von $\mathrm{ggT}(a,b)$ nach dem angegebenen Algorithmus höchstens*

$$
\left\lceil \log_\phi(\sqrt{5}N) \right\rceil - 2
$$

*Divisionsschritte nötig ( $\phi := \frac{1+\sqrt{5}}{2}$ ist der goldene Schnitt).*

*Beweis:* Es seien $a = F_r$, $b = F_{r+1}$ mit $F_{r+1} < N \le F_{r+2}$. Der erste Schritt bei Euklid lautet dann: $F_r = 0 \cdot F_{r+1} + F_r$, vertauscht also nur die beiden Fibonacci-Zahlen. Ab da sind es dann noch $r - 1$ Schritte bis zum ggT $= 1$ und dies ist nach Lamé die maximale Anzahl an Schritten für den vorgegebenen Bereich von $a$ und $b$.

Wegen

$$
F_{r+1} = \frac{1}{\sqrt{5}} \left( \underbrace{\left( \frac{1+\sqrt{5}}{2} \right)^{r+1}}_{=:\phi} - \underbrace{\left( \frac{1-\sqrt{5}}{2} \right)^{r+1}}_{=:\psi} \right)
$$

folgt aus $F_{r+1} < N \le F_{r+2}$ :

$$\phi^{r+1} - \psi^{r+1} < \sqrt{5}N \le \phi^{r+2} - \psi^{r+2} \tag{4.1}$$

Ist $r$ ungerade, so ist $\psi^{r+1} > 0$ und damit $\phi^{r+1} - \psi^{r+1} < \phi^{r+1}$ und $\phi^{r+2} < \phi^{r+2} - \psi^{r+2}$. Bestimmt man also $r$ so, dass $\phi^{r+1} < \sqrt{5}N \le \phi^{r+2}$, so ist erst recht Gleichung *(4.1)* richtig. Damit erhält man

$$r + 1 < \log_\phi \sqrt{5}N \le r + 2$$
$$\Rightarrow r + 2 \le \left\lceil \log_\phi(\sqrt{5}N) \right\rceil \le r + 2 \Rightarrow r = \left\lceil \log_\phi(\sqrt{5}N) \right\rceil - 2 .$$

Ist $r$ gerade, so ist $-1 < \psi^{r+1} < 0 < \psi^{r+2} < 1$. Bestimmt man also $r$ so, dass $\phi^{r+1} + 1 < \sqrt{5}N \le \phi^{r+2} - 1$, so ist erst recht Gleichung *(4.1)* richtig. Damit erhält man

$$\phi^{r+1} < \sqrt{5}N - 1 \le \phi^{r+2} - 2$$
$$\Longleftrightarrow r + 1 < \log_\phi(\sqrt{5}N - 1) \le \log_\phi(\phi^{r+2} - 2) .$$

Damit folgt

$$r + 2 \le \left\lceil \log_\phi(\sqrt{5}N - 1) \right\rceil \le r + 2$$
$$\Longleftrightarrow \underline{r = \left\lceil \log_\phi(\sqrt{5}N - 1) \right\rceil - 2 < \left\lceil \log_\phi(\sqrt{5}N) \right\rceil - 2}$$

die Behauptung gilt also auch in diesem Fall.    □

____**Größter Gemeinsamer Teiler ganzer Zahlen, Grundversion**____

```
procedure Gcd (I, J)              # Eingabe: I = (s, i_0, ... , i_{n-1})_β ,
    a ← |I|                       #          J = (t, j_0, ... , j_{m-1})_β
    b ← |J|                       # Ausgabe: ggT(I, J)
    while b ≠ 0 do
        Div (a, b)
        a ← b
        b ← ZRest(a, b)
    end do
    Return (a)
end
```

Wegen $\log_\phi(\sqrt{5}N) = \dfrac{\ln(N) + \ln(\sqrt{5})}{\ln \phi} \approx 2.078\,\ln(N) + 1.6723$ heißt das, dass man mit höchstens $r = \lceil 2.078\,\ln(N) + 1.6723 \rceil - 2$ Divisionsschritten zu rechnen hat.

D. E. Knuth [Kn2] gibt für die mittlere Zahl der Divisionsschritten an:

$$\frac{12\,\ln(2)}{\pi^2}\,\ln(N) + 0.06 \approx 0.8428\,\ln(N) + 0.06 .$$

Der Koeffizient von $\ell n(N)$ beruht dabei auf recht tiefliegenden Untersuchungen, die Konstante $0.06$ wurde durch viele ggT-Berechnungen empirisch ermittelt. Sowohl die Maximalzahl, als auch die mittlere erwartete Zahl der Divisionsschritte sind also kodominant zur $\beta$-Länge $n$ von $N$.

Nach dem Abschnitt über die Langzahldivision ist der Aufwand für den $i$-ten Divisionsschritt $a_i = q_i a_{i+1} + a_{i+2}$ kodominant zu $L_\beta(a_{i+1}) L_\beta(q_i)$. Damit gibt es ein $c \in \mathbb{R}_+$, so dass gilt:

$$\text{Op}[\gcd(I,J) \leftarrow \text{Gcd}(I,J)] \leq c \sum_{i=1}^{r} L_\beta(a_{i+1}) L_\beta(q_i).$$

Sind $0 < a_2 = J < a_1 = I$ mit $L_\beta(I) = n$ und $L_\beta(J) = m$, so gilt für $i = 2, \ldots, r : L_\beta(a_i) \leq m$.

Rückwärtssubstitution im euklidischen Algorithmus zeigt

$$I = \text{ggT}(I,J) \cdot \left( \prod_{i=1}^{r} q_i + \text{ kleinere Terme} \right)$$

$$\sum_{i=1}^{r} L_\beta(q_i) \leq L_\beta(I) - L_\beta(\text{ggT}(I,J)) + r + 1$$

Dies zeigt zusammen mit $r = \mathcal{O}(n)$ und $k = L_\beta(\text{ggT}(I,J))$

$$\text{Op}[\text{ggT}(I,J) \leftarrow \text{Gcd}(I,J)](n,m,k) \preceq m \cdot (n - k + 1).$$

Eine Verbesserung des Standard-Algorithmus wurde von D. H. Lehmer vorgeschlagen [Leh]. Die Prozedur wird dabei so abgeändert, dass jeweils nicht eine volle Langzahldivision durchgeführt wird, sondern Kurzzahldivisionen der signifikantesten Ziffern im $\beta$-System. Den Schlüssel dazu liefert

**4.1.5.3 Satz:** Es seien $(a_1, a_2)$, $(a_1', a_2')$ und $(a_1'', a_2'')$ Paare natürlicher Zahlen mit

$$\frac{a_1'}{a_2'} < \frac{a_1}{a_2} < \frac{a_1''}{a_2''}$$

und euklidischen Darstellungen

$$(q_1, \ldots, q_r, a_{r+1}), (q_1', \ldots, q_{r'}', a_{r'+1}') \text{ und } (q_1'', \ldots, q_{r''}'', a_{r''+1}'').$$

Gibt es ein $k \in \mathbb{N}$ mit $q_1' = q_1'', \ldots, q_k' = q_k''$, so gilt $q_1 = q_1' = q_1'', \ldots, q_k = q_k' = q_k''$.

*Beweis:* Der erste Divisionsschritt bei der ggT-Berechnung von $a_1$ und $a_2$ lautet $a_1 = q_1 a_2 + a_3$, bei $a_1'$ und $a_2'$

$$a_1' = q_1' a_2' + a_3' \iff \frac{a_1'}{a_2'} = q_1' + \frac{a_3'}{a_2'}$$

und entsprechend bei $a_1''$ und $a_2''$

$$a_1'' = q_1'' a_2'' + a_3'' \iff \frac{a_1''}{a_2''} = q_1'' + \frac{a_3''}{a_2''} = q_1' + \frac{a_3''}{a_2''}.$$

Damit folgt

$$\frac{a_1'}{a_2'} < \frac{a_1}{a_2} < \frac{a_1''}{a_2''} \iff q_1' + \frac{a_3'}{a_2'} < \frac{a_1}{a_2} < q_1' + \frac{a_3''}{a_2''} \iff \frac{a_3'}{a_2'} < \frac{a_1}{a_2} - q_1' < \frac{a_3''}{a_2''}$$

Wegen $0 \le a_3' < a_2'$ und $0 \le a_3'' < a_2''$ folgt

$$0 < \frac{a_1}{a_2} - q_1' < 1 \iff \left\lfloor \frac{a_1}{a_2} \right\rfloor = q_1 = q_1' = q_1''$$

und damit

$$q_1' + \frac{a_3'}{a_2'} < \frac{a_1}{a_2} = q_1 + \frac{a_3}{a_2} < q_1'' + \frac{a_3''}{a_2''} \Rightarrow \frac{a_3'}{a_2'} < \frac{a_3}{a_2} < \frac{a_3''}{a_2''} \iff \frac{a_2''}{a_3''} < \frac{a_2}{a_3} < \frac{a_2'}{a_3'}$$

Die Zahlenpaare $(a_2'', a_3'')$, $(a_2, a_3)$ und $(a_2', a_3')$, haben die euklidischen Darstellungen $(q_2'', \ldots, q_{r''}'', a_{r''+1}'')$, $(q_2, \ldots, q_r, a_{r+1})$ und $(q_2', \ldots, q_{r'}', a_{r'+1}')$ mit $q_2' = q_2'', \ldots, q_k' = q_k''$. Zusammen mit der bewiesenen Abschätzung $\frac{a_2''}{a_3''} < \frac{a_2}{a_3} < \frac{a_2'}{a_3'}$ hat man also sinngemäß die gleiche Situation wie am Anfang und kann induktiv weiterschließen $q_2 = q_2' = q_2'', \ldots, q_k = q_k' = q_k''$.   □

*4.1.5.4 Beispiel:* Es seien $I = F_{26} = 121393$ und $J = F_{25} = 75025$. Im Beweis des Satzes von Lamé ist bereits gezeigt worden, dass diese beiden aufeinander folgenden Fibonacci-Zahlen teilerfremd sind und die euklidische Darstellung
$(1, 1, 1, 1, 1, 1, 1, 1, 1, 1, 1, 1, 1, 1, 1, 1, 1, 1, 1, 1, 1, 2, 1)$ haben.

Weiß man nicht, dass es sich um Fibonacci-Zahlen handelt, und betrachtet sie etwa als große ganze Zahlen zur Basis $\beta = 1000$, so sind die Leitziffern 121 und 75 und man kann etwa $a_1' = 121$, $a_2' = 75 + 1$, $a_1'' = 121 + 1$, $a_2'' = 75$ wählen. Die Paare $(a_1, a_2)$, $(a_1', a_2')$ und $(a_1'', a_2'')$ erfüllen somit die vorausgesetzte Ungleichung von Satz **4.1.5.3**. In Kurzzahlarithmetik ergibt sich als euklidische Darstellung von $(a_1', a_2')$ die Folge $(1, 1, 1, 2, 4, 1, 2, 1)$ und als euklidische Darstellung von $(a_1'', a_2'')$ die Folge $(1, 1, 1, 1, 2, 9, 1)$. Es ist also $k = 3$ und die euklidische Darstellung von $(a_1, a_2)$ lautet nach dem vorhergehenden Satz $(1, 1, 1, \ldots)$.

Mit Hilfe von Satz **4.1.5.3** kann man nun zur ggT-Berechnung von $a_1$ und $a_2$ so vorgehen, dass man geeignete Zahlenpaare $(a_1', a_2')$ und $(a_1'', a_2'')$ bestimmt (etwa wie im vorhergehenden Beispiel aus den Leitziffern von $I$ und $J$ im $\beta$-System) und an diesen die ggT-Berechnung solange in Kurzzahlarithmetik durchführt, wie die Folge der $q_k'$ und der $q_k''$ übereinstimmen.

Obwohl man dann natürlich die Folge $a_3, \ldots, a_k$ nicht kennt, kann man mit Hilfe der bereits im Abschnitt über Ideale verwendeten Beziehung

$$\begin{pmatrix} a_i \\ a_{i+1} \end{pmatrix} = \begin{pmatrix} q_i & 1 \\ 1 & 0 \end{pmatrix} \begin{pmatrix} a_{i+1} \\ a_{i+2} \end{pmatrix}$$

aus der Folge $(q_1, \ldots, q_k)$ die Elemente $a_{k+1}$ und $a_{k+2}$ berechnen[◇] :

$$\begin{pmatrix} a_{k+1} \\ a_{k+2} \end{pmatrix} = \begin{pmatrix} 0 & 1 \\ 1 & -q_k \end{pmatrix} \begin{pmatrix} a_k \\ a_{k+1} \end{pmatrix} = \begin{pmatrix} 0 & 1 \\ 1 & -q_k \end{pmatrix} \begin{pmatrix} 0 & 1 \\ 1 & -q_{k-1} \end{pmatrix} \begin{pmatrix} a_{k-1} \\ a_k \end{pmatrix} = \ldots =$$

$$= \prod_{j=k}^{1} \begin{pmatrix} 0 & 1 \\ 1 & -q_j \end{pmatrix} \cdot \begin{pmatrix} a_1 \\ a_2 \end{pmatrix} .$$

*4.1.5.5 Beispiel:* (Fortsetzung von *4.1.5.4*) Nachdem von der euklidischen Darstellung von $(a_1, a_2)$ der Teil $(1, 1, 1, \ldots)$ bekannt ist, folgt

$$\begin{pmatrix} a_4 \\ a_5 \end{pmatrix} = \prod_{j=1}^{3} \begin{pmatrix} 0 & 1 \\ 1 & -q_j \end{pmatrix} \begin{pmatrix} a_1 \\ a_2 \end{pmatrix} = \begin{pmatrix} 0 & 1 \\ 1 & -1 \end{pmatrix}^{3} \begin{pmatrix} 121393 \\ 75025 \end{pmatrix} =$$

$$= \begin{pmatrix} -1 & 2 \\ 2 & -3 \end{pmatrix} \begin{pmatrix} 121393 \\ 75025 \end{pmatrix} = \begin{pmatrix} 28657 \\ 17711 \end{pmatrix} .$$

Wegen $\mathrm{ggT}(a_{k+1}, a_{k+2}) = \mathrm{ggT}(a_1, a_2)$ muss man jetzt nur noch den ggT der kleineren Zahlen $a_{k+1}$ und $a_{k+2}$ berechnen. Dabei kann man auch nochmals die Lehmersche Idee verwenden und erneut mit den Leitziffern rechnen, solange das geht.

*4.1.5.6 Beispiel:* (Fortsetzung von *4.1.5.4*) Zu dem berechneten Paar $(a_4, a_5) = (28657, 17711)$ wählt man die Ziffernpaare $(29, 17)$ und $(28, 18)$ mit den euklidischen Darstellungen $(1, 1, 2, 2, 2, 1)$ und $(1, 1, 1, 4, 2)$, d.h. jetzt ist $k = 2$ und man bekommt

$$\begin{pmatrix} a_6 \\ a_7 \end{pmatrix} = \begin{pmatrix} 0 & 1 \\ 1 & -1 \end{pmatrix}^{2} \begin{pmatrix} a_4 \\ a_5 \end{pmatrix} = \begin{pmatrix} 10946 \\ 6765 \end{pmatrix} \qquad \text{usw.}$$

Damit rechnet man soweit möglich mit kleineren Zahlen, muss jetzt allerdings jeweils zwei ggT-Berechnungen parallel machen.

Sowohl beim Berechnen des Matrizenproduktes $\prod_{j=k}^{1} \begin{pmatrix} 0 & 1 \\ 1 & -q_j \end{pmatrix}$, als auch beim Multiplizieren dieser Matrix mit dem Vektor $\begin{pmatrix} a_1 \\ a_2 \end{pmatrix}$ entstehen wieder große Zahlen, die man also je nach Größe mit einem schnellen Multiplikationsalgorithmus verarbeitet.

---

[◇]  Vorsicht! Das Produktzeichen ist hier nicht kommutativ zu verstehen, sondern muss genau in der Reihenfolge $j = k \ldots 1$ ausgewertet werden.

D. E. Knuth [Kn2] gibt für den Aufwand einer solchen verbesserte Version $\mathcal{O}(n \log^5 n \log \log n)$ an, A. Schönhage [Scö] verbesserte die Potenz beim Logarithmus später noch auf 2. Einen Überblick dieser Verbesserungen bietet T. Jebelean [Je2].

_____**Ganzzahliger ggT nach Lehmer**_____

**procedure** $\mathrm{Gcd}_{\mathrm{Lehmer}}(I, J, N)$      # Eing.: $I = (s, i_0, \ldots, i_{n-1})_\beta$,

$$A \leftarrow \begin{pmatrix} 1 & 0 \\ 0 & 1 \end{pmatrix}$$
     #        $J = (t, j_0, \ldots, j_{m-1})_\beta$
     #        $N =$ Schranke für die $\beta$-

$a_1 \leftarrow \max(|I|, |J|); a_1' \leftarrow i_{n-1}; a_1'' \leftarrow a_1' + 1$    #    Länge von $J$ unterhalb

$a_2 \leftarrow \min(|I|, |J|); a_2'' \leftarrow j_{m-1}; a_2' \leftarrow a_2'' + 1$    #    der Gcd verwendet

**if** $m \leq N$ **then Return** $\mathrm{Gcd}(a1, a2)$ **end if**    #    werden soll

**if** $n \neq m$ **then**      # Ausg.: $\mathrm{ggT}(I, J)$

  |  $a_1'' \leftarrow a_1'' \cdot \beta^{n-m}; a_1' \leftarrow a_1' \cdot \beta^{n-m}$

**end if**

$\mathrm{Div}(a_1', a_2'); q' \leftarrow \mathrm{ZQuo}(a_1', a_2'); r' \leftarrow \mathrm{ZRest}(a_1', a_2')$

$\mathrm{Div}(a_1'', a_2''); q'' \leftarrow \mathrm{ZQuo}(a_1'', a_2''); r'' \leftarrow \mathrm{ZRest}(a_1'', a_2'')$

**if** $(q' \neq q''$ **or** $r' = 0$ **or** $r'' = 0)$ **then**

  |  $\mathrm{Div}(a_1, a_2); a_1 \leftarrow a_2; a_2 \leftarrow \mathrm{ZRest}(a_1, a_2)$

  |  **if** $a_2 = 0$ **then Return** $a_1$ **else** $\mathrm{Gcd}_{\mathrm{Lehmer}}(a_1, a_2, N)$ **end if**

**end if**

**while** $(q' = q''$ **and** $r' \neq 0$ **and** $r'' \neq 0)$ **do**

  |  $A \leftarrow \begin{pmatrix} 0 & 1 \\ 1 & -q' \end{pmatrix} \cdot A$

  |  $a_1' \leftarrow a_2'; a_2' \leftarrow r'; a_1'' \leftarrow a_2''; a_2'' \leftarrow r''$

  |  $\mathrm{Div}(a_1', a_2'); q' \leftarrow \mathrm{ZQuo}(a_1', a_2'); r' \leftarrow \mathrm{ZRest}(a_1', a_2')$

  |  $\mathrm{Div}(a_1'', a_2''); q'' \leftarrow \mathrm{ZQuo}(a_1'', a_2''); r'' \leftarrow \mathrm{ZRest}(a_1'', a_2'')$

**end do**

$\mathrm{temp} \leftarrow A \cdot \begin{pmatrix} a_1 \\ a_2 \end{pmatrix}$

$\mathrm{Gcd}_{\mathrm{Lehmer}}(\mathrm{temp}[1], \mathrm{temp}[2], N)$

**end**

_____

*4.1.5.7 Beispiel:* (Fortsetzung von *4.1.5.4*) Mit den Voreinstellungen $N = 1$ und $\beta = 1000$ sieht die in den letzten Beispielen bereits in Teilen ausgeführte Berechnung eines ggT der 25. und 26. Fibonacci-Zahl so aus (statt der Ganzzahldivision von $I$ und $J$ werden jeweils $a_1'$ durch $a_2'$ und $a_1''$ durch $a_2''$ geteilt):

Aufruf $\mathrm{Gcd}_{\mathrm{Lehmer}}$ mit $I = 121393$, $J = 75025$:

$$a_1' = 121, a_2' = 76, a_1'' = 122, a_2'' = 75, q' = 1, q'' - 1, A = \begin{pmatrix} 0 & 1 \\ 1 & -1 \end{pmatrix}$$

$$a_1' = 76, a_2' = 45, a_1'' = 75, a_2'' = 47, q' = 1, q'' = 1, A = \begin{pmatrix} 1 & -1 \\ -1 & 2 \end{pmatrix}$$

$$a_1' = 45, a_2' = 31, a_1'' = 47, a_2'' = 28, q' = 1, q'' = 1, A = \begin{pmatrix} -1 & 2 \\ 2 & -3 \end{pmatrix}$$

Aufruf $\text{Gcd}_{\text{Lehmer}}$ mit $I = 28657$, $J = 17711$:

$$a_1' = 28, a_2' = 18, a_1'' = 29, a_2'' = 17, q' = 1, q'' = 1, A = \begin{pmatrix} 0 & 1 \\ 1 & -1 \end{pmatrix}$$

$$a_1' = 18, a_2' = 10, a_1'' = 17, a_2'' = 12, q' = 1, q'' = 1, A = \begin{pmatrix} 1 & -1 \\ -1 & 2 \end{pmatrix}$$

Aufruf $\text{Gcd}_{\text{Lehmer}}$ mit $I = 10946$, $J = 6765$:

$$a_1' = 10, a_2' = 7, a_1'' = 11, a_2'' = 6, q' = 1, q'' = 1, A = \begin{pmatrix} 0 & 1 \\ 1 & -1 \end{pmatrix}$$

Aufruf $\text{Gcd}_{\text{Lehmer}}$ mit $I = 6765$, $J = 4181$:

$$a_1' = 6, a_2' = 5, a_1'' = 7, a_2'' = 4, q' = 1, q'' = 1, A = \begin{pmatrix} 0 & 1 \\ 1 & -1 \end{pmatrix}$$

Aufruf $\text{Gcd}_{\text{Lehmer}}$ mit $I = 4181$, $J = 2584$:

Aufruf $\text{Gcd}_{\text{Lehmer}}$ mit $I = 2584$, $J = 1597$:

Aufruf $\text{Gcd}_{\text{Lehmer}}$ mit $I = 1597$, $J = 987$:

Ausgabe: ggT $= 1$.

### 4.1.5.8 Aufgaben:

1.) Mit Pope-Stein und $\beta = 10$ berechne man $9992 : 59$.

2.) Berlekamps Version des erweiterten euklidischen Algorithmus:

Es seien $a, b \in \mathbb{Z}$ und o.B.d.A. $b > 0$.
Setze $r_{-2} = a, r_{-1} = b, p_{-2} = 0, q_{-2} = 1, p_{-1} = 1$, $q_{-1} = 0$.
Berechne $a_k, r_k, p_k, q_k$ gemäß den Regeln:

$$r_{k-2} = a_k r_{k-1} + r_k \quad \text{mit} \quad 0 \leq r_k < r_{k-1},$$

$$p_k = a_k p_{k-1} + p_{k-2},$$

$$q_k = a_k q_{k-1} + q_{k-2}.$$

a) Man zeige:
— Es gibt ein $n \in \mathbb{N}_0$ mit $r_{n-1} \neq 0 = r_n$.
— Für dieses $n$ gilt: $p_n r_{n-1} = a$, $q_n r_{n-1} = b$ und $b p_{n-1} - a q_{n-1} = (-1)^n r_{n-1}$.
— $r_{n-1}$ ist ein größter gemeinsamer Teiler von $a$ und $b$.

b) Für $a = 3485$ und $b = 92$ berechne man Zahlen $c, d \in \mathbb{Z}$ mit

$$ac + bd = \text{ggT}(a, b).$$

c) Ist $92$ in $\mathbb{Z}_{3485}$ invertierbar? Man berechne gegebenenfalls die Inverse.

## 4.2 Rationale Zahlen

Üblicherweise wird eine rationale Zahl $\frac{a}{b}$ $(a, b \in \mathbb{Z}, b \neq 0)$ als Paar $(a, b)$ aus zwei long integers dargestellt. Ist $\mathrm{ggT}(a, b) = 1$ und $b > 0$, so ist dies eine kanonische Normalform für $\frac{a}{b}$, die mittels des größten gemeinsamen Teilers und der Signumfunktion leicht berechenbar ist. Die Umrechnung in diese kanonische Normalform ist eine der wenigen Vereinfachungen, die in den meisten Computeralgebra-Systemen automatisch ausgeführt wird. Es sei deshalb immer $\mathrm{ggT}(a, b) = 1$ und $b > 0$ vorausgesetzt.

Mit Hilfe der bekannten Langzahlarithmetik ist die Arithmetik für rationale Zahlen damit eigentlich klar, wegen des häufigen Kürzens durch größte gemeinsame Teiler allerdings recht aufwändig. Deshalb sollte man versuchen, rationale Arithmetik so lange zu vermeiden, wie sie unter vernünftigem Aufwand vermeidbar ist. Wenn man schon rationale Zahlen verwenden muss, so tut man dies mit möglichst kleinen Daten.

Statt z.B. bei der Addition von Brüchen naiv zu rechnen

$$\frac{a}{b} + \frac{c}{d} = \frac{ad + bc}{bd}$$

und dann durch $g := \mathrm{ggT}(ad + bc, bd)$ zu kürzen, ist oft das folgende Verfahren günstiger.

Berechne $g_1 := \mathrm{ggT}(b, d)$, $b' := \frac{b}{g_1}$ und $d' := \frac{d}{g_1}$ und damit

$$\frac{a}{b} + \frac{c}{d} = \frac{ad' + cb'}{b'd'g_1}$$

So werden die Zahlen kleiner gehalten. Da das Ergebnis jetzt i.Allg. (nämlich für $g \neq g_1$) noch nicht optimal durchgekürzt ist, muss man allerdings nochmals einen ggT berechnen.

Dabei hilft die Tatsache, dass

$$g_2 := \mathrm{ggT}(ad' + cb', b'd'g_1) = \mathrm{ggT}(ad' + cb', g_1)$$

ist, denn $b'$ und $d'$ enthalten sicher keine Teiler von $ad' + cb'$. Insbesondere ist hier nichts mehr zu tun, wenn $g_1 = 1$ war.

Die gleiche Methode lässt sich genauso auf andere Quotientenkörper übertragen und bringt dort je nach der zugrundeliegenden Arithmetik sogar noch größere Beschleunigung als im vorliegenden Fall.

Analog lohnt es sich beim Produkt

$$\frac{a}{b} \cdot \frac{c}{d} = \frac{a}{d} \cdot \frac{c}{b}$$

erst die Brüche $\frac{a}{d}$ und $\frac{c}{b}$ zu kürzen und nicht erst das Ergebnis $\frac{ac}{bd}$.

*4.2.1  Beispiel:*  Mit der üblichen Methode gerechnet, ist

$$\frac{11}{15} + \frac{77}{20} = \frac{220 + 1155}{300} = \frac{1375}{300} = \frac{55}{12}.$$

Dazu musste $\text{ggT}(1375, 300)$ berechnet werden und als größtes Produkt $77 \cdot 15$. Mit der verbesserten Methode sieht die Rechnung wie folgt aus:

$$\frac{11}{15} + \frac{77}{20} = \frac{11 \cdot \frac{20}{5} + 77 \cdot \frac{15}{5}}{\frac{20}{5} \cdot \frac{15}{5} \cdot 5} = \frac{44 + 231}{12 \cdot 5} = \frac{\frac{275}{5}}{12 \cdot \frac{5}{5}} = \frac{55}{12}.$$

Hierzu musste $\text{ggT}(20, 15)$ und $\text{ggT}(275, 5)$ berechnet werden. Das größte zu berechnende Produkt war $77 \cdot 3$.

## 4.3  Algebraische Zahlen und Funktionen

### 4.3.1  Grundlagen und Probleme

Im Folgenden seien $K$ und $L$ jeweils Körper.

**4.3.1.1  Definition:**  Eine *Körpererweiterung* $L : K$ (d.h $K \subseteq L$ ist mit den für $L$ gegebenen Verknüpfungen auch ein Körper) heißt *algebraisch*, wenn jedes $a \in L$ algebraisch über $K$ ist, d.h. wenn es zu jedem $a \in L$ ein $f \in K[x] \setminus \{0\}$ mit $f(a) = 0$ gibt.

**4.3.1.2  Definition:**  Ist $L : K$ eine Körpererweiterung und $A \subseteq L$, so ist $K(A)$ (lies: *K adjungiert A*) der kleinste Unterkörper von $L$, der $K$ und $A$ enthält. Für ein einzelnes Element $a \in L$ schreibt man statt $K(\{a\})$ meist kürzer $K(a)$.

Da $K(a)$ selbst wieder ein Körper, also bezüglich Addition und Multiplikation abgeschlossen ist, muss jedes Element der Gestalt $\sum_{i=1}^{n} k_i a^i$ mit $k_i \in K$ auch in $K(a)$ liegen, d.h. es gilt

$$K[a] := \{f(a) \, ; \, f \in K[x]\} \subseteq K(a).$$

Ist $a$ algebraisch über $K$, so ist $K[a]$ bereits selbst ein Körper, d.h. es gilt $K(a) = K[a]$.

**4.3.1.3  Definition:**  Das Element $a$ heißt *primitives Element* der Körpererweiterung $K(a) : K$ und $L$ heißt *einfach*, falls es ein $a \in L$ mit $L = K(a)$ gibt. Bei mehrfachen Körpererweiterungen schreibt man statt $(K(a_1))(a_2)$ kurz $K(a_1, a_2)$ usw., bzw. im algebraischen Fall statt $(K[a_1])[a_2]$ kurz $K[a_1, a_2]$.

Unter den Polynomen aus $K[x]$, die $a$ als Nullstelle besitzen, gibt es ein eindeutig bestimmtes, normiertes Polynom kleinsten Grades. Dieses heißt das *Minimalpolynom* von $a$, in Zeichen $m_a(x)$. Das Minimalpolynom teilt jedes andere Polynom aus $K[x]$, das $a$ als Nullstelle besitzt.

Wegen $m_a(a) = 0$, kann man bei $\sum_{i=1}^{n} k_i a^i \in K[a]$ alle Potenzen $a^i$ mit $i \geq \deg(m_a)$ durch Summen kleinerer Potenzen von $a$ ersetzen, d.h. es gilt sogar

$$K[a] := \{f(a)\,;\, f \in K[x]\,,\, \deg f < \deg m_a\}\,.$$

Ist $L : K$ eine Körpererweiterung, so ist $L$ wegen der mächtigen Körperaxiome insbesondere ein $K$-Vektorraum. Die Dimension dieses Vektorraumes spielt im Folgenden eine wichtige Rolle:

**4.3.1.4 Definition:** Es sei $L : K$ eine Körpererweiterung. Die Vektorraum-Dimension von $L$ über $K$ heißt auch der *Grad der Körpererweiterung*, in Zeichen $[L : K] := \dim_K(L)$.

Der Grad $[L : K]$ ist genau dann endlich, wenn es endlich viele über $K$ algebraische Elemente $a_1, \ldots a_m \in L$ gibt mit $L = K[a_1, \ldots a_m]$. Für ein über $K$ algebraisches $a$ gilt

$$K[a] \cong K[x]/\langle m_a(x)\rangle$$

und deshalb

$$[L : K] := \deg m_a(x)\,.$$

Ist $M$ ein Zwischenkörper der Körpererweiterung $L : K$, also Oberkörper von $K$ und Unterkörper von $L$, so gilt der Gradsatz

$$[L : K] = [L : M]\,[M : K]\,.$$

Ist $[L : K]$ endlich, so sind $[L : M]$ und $[M : K]$ Teiler von $[L : K]$.

*4.3.1.5 Beispiel:* In der Computeralgebra interessante algebraische Körpererweiterungen sind etwa

(i) $\mathbb{Q}(\sqrt{2})$, denn $\alpha = \sqrt{2}$ ist eine Wurzel von $x^2 - 2$. Da dieses Polynom normiert und irreduzibel ist, gilt sogar $m_{\sqrt{2}}(x) = x^2 - 2$. Weiterhin ist

$$\mathbb{Q}(\sqrt{2}) = \mathbb{Q}[\sqrt{2}] \cong \mathbb{Q}[x]/\langle x^2 - 2\rangle\,, \ \left[\mathbb{Q}[\sqrt{2}] : \mathbb{Q}\right] = 2$$

$$\mathbb{Q}(\sqrt{2}) = \{a + b\sqrt{2};\, a, b \in \mathbb{Q}\}\,.$$

(ii) $\mathbb{Q}(x, \sqrt[3]{x - 1}) = \mathbb{Q}(x)(\sqrt[3]{x - 1})$ ist eine algebraische Erweiterung von $K = \mathbb{Q}(x)$, dem so genannten Körper der rationalen Funktionen, denn $\sqrt[3]{x - 1}$ ist eine Wurzel des Minimalpolynoms $y^3 - x + 1 \in K[y]$.

Weiterhin gilt

$$K(\sqrt[3]{x - 1}) = K[\sqrt[3]{x - 1}] \cong K[y]/\langle y^3 - x + 1\rangle$$

also

$$K(\sqrt[3]{x - 1}) = \{a + b\sqrt[3]{x - 1} + c\sqrt[3]{(x - 1)^2}\,;\, a, b, c \in K\}\,.$$

(iii) $\mathbb{Q}[x]/\langle x^5 + x + 1\rangle$ ist zwar eine algebraische Körpererweiterung von $\mathbb{Q}$ ( $x^5 + x + 1$ ist irreduzibel über $\mathbb{Q}$ ), eine Wurzel $\alpha$ von $x^5 + x + 1$ lässt sich aber nicht mit Hilfe von Radikalen schreiben (ein Radikal ist eine Wurzel eines reinen Polynoms $x^n - a \in K[x]$, also etwa $\sqrt[n]{a}$ ). Man kann also $\alpha$ nicht genauer spezifizieren, sondern rechnet in

$$\mathbb{Q}(\alpha) = \{a + b\alpha + c\alpha^2 + d\alpha^3 + e\alpha^4 \,;\, a,b,c,d,e \in \mathbb{Q}\}$$

mit der zusätzlichen, durch das Minimalpolynom gegebenen, Regel $\alpha^5 = -\alpha - 1$.

Rechnet man in einer einfachen algebraischen Körpererweiterung $K[\gamma]$, so ist klarerweise $a_0 + a_1\gamma + \ldots + a_r\gamma^r$ mit $a_0, \ldots, a_r \in K$ eine kanonische Darstellung, falls $[K[\gamma] : K] = r+1$ ist und die Koeffizienten $a_0, \ldots, a_r \in K$ ihrerseits in einer kanonischen Normalform in $K$ vorliegen.

Mit diesen Ausdrücken rechnet man wie mit Polynomen. Ergeben sich dabei Potenzen von $\gamma$ mit Exponenten größer als $r$, so wird, wie in den Beispielen gezeigt, nach einer durch das Minimalpolynom $m_\gamma(z)$ gegebenen Regel reduziert.

Adjungiert man dagegen mehrere algebraische Zahlen an $K$, so ist es ein keineswegs triviales Problem, eine kanonische Darstellung für die Elemente dieses Körpers zu finden. Mittels des folgenden Satzes über das primitive Element könnte man aber versuchen, in diesen Fällen zu einer einfachen algebraischen Erweiterung überzugehen:

**4.3.1.6 Satz:**  *Jede endliche Erweiterung eines endlichen Körpers oder eines Körpers der Charakteristik 0 ist einfach, d.h. zu Elementen $a_1, \ldots, a_n \in L$ ( $L : K$ endliche Erweiterung) gibt es ein $a \in L$ mit $K(a_1, \ldots, a_n) = K(a)$ .*

Der Beweis dieses Satzes im vorerst interessanten Fall $\operatorname{char} K = 0$ ist konstruktiv (siehe etwa [Me2]): Sind $a$ und $b$ algebraisch über $K$, so gibt es ein $y \in K$, so dass $c := ay + b$ primitives Element von $K(a,b)$ ist, also $K(a,b) = K(c)$. Man berechnet den größten gemeinsamen Teiler von $m_a(z)$ und $m_b(c-yz)$ in $K(a,b)[z]$. Das Element $c$ ist genau dann primitiv, wenn dieser ggT gleich $z - a$ ist.

Während dies in den meisten Algebra-Büchern durch mehr oder weniger geschicktes Ausprobieren festgestellt wird, sind wir mit Hilfe von Satz **2.5.4** in der Lage, $c$ mittels Resultanten zu berechnen. Es gilt nämlich:

$$\operatorname{ggT}(m_a(z), m_b(c - yz)) = z - a \iff \operatorname{ggT}\left(\frac{m_a(z)}{z - a}, \frac{m_b(c - yz)}{z - a}\right) = 1$$

$$\iff \operatorname{res}_z\left(\frac{m_a(z)}{z - a}, \frac{m_b(c - yz)}{z - a}\right) \neq 0$$

*4.3.1.7 Beispiel:* Es seien $K = \mathbb{Q}$, $a = \sqrt[3]{2}$ und $b = \sqrt{2}$, also $m_a(z) = z^3 - 2$ und $m_b(z) = z^2 - 2$. Dann ist

$$\frac{m_a(z)}{z - a} = \frac{z^3 - a^3}{z - a} = z^2 + az + a^2$$

$$m_b(z) = z^2 - b^2 \Rightarrow m_b(c - yz) = (c - yz)^2 - b^2 \Rightarrow$$

$$m_b(c - yz) = 0 \iff c - yz = \pm b \iff z = \frac{ay + b \pm b}{y} = \begin{cases} a \\ \frac{ay + 2b}{y} \end{cases} \Rightarrow$$

$$m_b(c - yz) = y^2(z - a)(z - \frac{ay + 2b}{y}) \Rightarrow \frac{m_b(c - yz)}{z - a} = y^2 z - y(ay + 2b)$$

$$\Rightarrow \operatorname{res}_z\left(\frac{m_a(z)}{z - a}, \frac{m_b(c - yz)}{z - a}\right) = \begin{vmatrix} 1 & a & a^2 \\ y^2 & -y(ay + 2b) & 0 \\ 0 & y^2 & -y(ay + 2b) \end{vmatrix} =$$

$$= y^2(3a^2y^2 + 6aby + 4b^2)$$

Die einzige rationale Wurzel[*] dieses Polynoms ist $y = 0$, d.h. jedes $y \in \mathbb{Q} \setminus \{0\}$ liefert ein primitives Element $c = ay + b$. Mit $y = 1$ erhält man etwa $c = \sqrt[3]{2} + \sqrt{2}$.

Ist ein primitives Element $c = ay + b$ gefunden, so betrachtet man die Polynome $m_a(z)$ und $m_b(x - yz) \in K[x, z]$. Diese besitzen die gemeinsame Wurzel $(x, z) = (c, a)$.

Nach Satz **2.5.3** gilt dann

$$h(x) := \operatorname{res}_z(m_a(z), m_b(x - yz)) = \prod_{i=1}^{r} m_b(x - ya_i)$$

wobei $a = a_1, a_2, \ldots, a_r$ die (paarweise verschiedenen) Wurzeln von $m_a$ sind.

Ist der Grad von $m_b$ gleich $s$, so ist $h(x)$ ein normiertes Polynom vom Grad $r \cdot s$ aus $K[x]$ mit der Wurzel $c$. Aus dem Gradsatz folgt

$$[K(c) : K] = [K(a, b) : K] = K[(a, b) : K(a)] \cdot \underbrace{[K(a) : K]}_{=r}.$$

Deshalb ist genau dann $[K(c) : K] = r \cdot s$, wenn $[K(a, b) : K(a)] = [K(b) : K] = s$ ist, d.h. wenn $m_b$ auch über $K(a)$ irreduzibel ist. In diesem Fall ist $h(x)$ also das Minimalpolynom $m_c(x)$ von $c$ über $K$.

---

[*]   Diese Information ist i. Allg. kaum zu bekommen, aber auch gar nicht nötig. Es reicht, wenn man einen Wert angibt, für den die Resultante von $0$ verschieden ist!

Sind $r$ und $s$ teilerfremd, so liest man aus

$$r \cdot s \geq [K(c) : K] = \begin{cases} [K(a,b) : K(a)] \cdot r \\ [K(a,b) : K(b)] \cdot s \end{cases}$$

ab, dass $r$ und $s$ den Grad $[K(c) : K]$ teilen und damit $[K(c) : K] = rs$ gilt. In diesem Fall spart man sich also den Test, ob $m_b$ auch über $K(a)$ irreduzibel ist.

*4.3.1.8 Beispiel:* (Fortsetzung von *4.3.1.7*)

$$m_a(z) = z^3 - 2$$
$$m_b(x - yz) = (x - yz)^2 - 2 = y^2z^2 - 2xyz + x^2 - 2$$
$$\Rightarrow h(x) = \mathrm{res}_z(m_a(z), m_b(x - yz)) =$$
$$= x^6 - 6x^4 - 4x^3 + 12x^2 - 24x - 4$$

Da $\deg m_a$ und $\deg m_b$ teilerfremd sind, ist das nach Vorbemerkung bereits das Minimalpolynom von $c = \sqrt[3]{2} + \sqrt{2}$ über $\mathbb{Q}$.

Möchte man noch $a$ und $b$ durch das primitive Element $c$ ausdrücken, so kann man nochmals $\mathrm{ggT}(m_a(z), m_b(c-yz)) = z-a$ ausnützen. Berechnet man nämlich den ggT mit dem nun bekannten $c$ und der (durch $m_c(x)$) bekannten Arithmetik in $K[c]$, so erhält man durch Vergleich mit der bekannten rechten Seite $a$ als Polynom in $c$. Das Element $b$ erhält man dann aus $b = c - ay$. Dies ist zwar recht leicht gesagt, durch die aufwändige Arithmetik in $K[c]$ aber mühsam zu berechnen. Im vorliegenden Beispiel ergibt sich etwa

$$a = -\frac{12}{155}c^5 - \frac{9}{310}c^4 + \frac{16}{31}c^3 + \frac{78}{155}c^2 - \frac{76}{155}c + \frac{182}{155}, \, b = c - a$$

Zum Abschluss ein noch abschreckenderes Beispiel zu primitiven Elementen [NZe]:

*4.3.1.9 Beispiel:* Es seien $a$ und $b$ zwei verschiedene Wurzeln von $p(x) = x^4 + 2x^3 + 5$. Dann ist ein primitives Element $d \in \mathbb{Q}(a, b)$ Wurzel eines Polynoms vom Grad 12 mit größtem Koeffizienten fast $2 \cdot 10^5$. (Je nach primitivem Element ergibt sich z.B. $z^{12} + 18z^{11} + 132z^{10} + 504z^9 + 991z^8 + 372z^7 - 3028z^6 - 6720z^5 + 11435z^4 + 91650z^3 + 185400z^2 + 194400z + 164525$)

Noch hässlicher wird es, wenn man die Elemente $a$ und $b$ durch $d$ ausdrücken möchte: die Koeffizienten werden dann bis zu 14-stellig. Die Berechnung von $d$ und $a(d)$ bzw. $b(d)$ geschieht dabei (wie in den vorhergehenden Beispiel gezeigt) mit Resultanten und wird hier nicht ausgeführt. Da $x^4 + 2x^3 + 5$ über $\mathbb{Q}(a, b)[x]$ noch nicht in Linearfaktoren zerfällt, es gilt

$$x^4 + 2x^3 + 5 = (x - a)(x - b)(x^2 + (2 + a + b)x + 2a + a^2 + 2b + ab + b^2),$$

möchte man vielleicht noch eine dritte Wurzel $c$ (=Wurzel des noch verbleibenden quadratischen Faktors) adjungieren, d.h. in dem Zerfällungskörper $\mathbb{Q}(a, b, c)$ von $p(x)$ rechnen. Das Minimalpolynom eines primitiven Elements $e$ von $\mathbb{Q}(a, b, c)$ ist vom Grad 24 und enthält bereits über 200-stellige Koeffizienten!

Die Beispiele zeigen, warum die meisten existierenden CA-Systeme auf eine Berechnung primitiver Elemente verzichten; der anfänglich so schön anmutende Satz über das primitive Element ist leider hauptsächlich von theoretischem Interesse.

Für die kanonische Darstellung algebraischer Zahlen oder Funktionen gibt es im wesentlichen drei Schwierigkeitsstufen zu unterscheiden, die teilweise in den Beispielen schon anklangen:

(1) Einfache, nichtverschachtelte Radikale, etwa $\sqrt[3]{2}$ oder $\sqrt{x-1}$.

(2) Zusätzlich zu (1) verschachtelte Radikale wie $\sqrt[3]{2-\sqrt{3}}$, $\sqrt{\sqrt[3]{x}-\sqrt{x}}$.

(3) Zusätzlich zu (2) algebraische Ausdrücke, die sich nicht durch Radikale darstellen lassen, etwa $2-\frac{1}{3}\alpha$ mit dem $\alpha$ aus Beispiel *4.3.1.5*(iii).

Diese drei Punkte werden in den nächsten Abschnitten einzeln diskutiert.

## 4.3.2 Nichtverschachtelte Radikale

Es seien $K$ ein Körper, $a_1, \ldots, a_r \in K$, $n_1, \ldots, n_r \in \mathbb{N}$, $\zeta_1, \ldots, \zeta_r \in \overline{K}$ (algebraischer Abschluss von $K$) mit $\zeta_i^{n_i} = a_i$ für $i = 1, \ldots, r$. Betrachtet wird die algebraische Körpererweiterung von $K$ mit den nichtverschachtelten Radikalen $\zeta_1, \ldots, \zeta_r$ auf $L := K(\zeta_1, \ldots, \zeta_r)$.

Ist $[L : K] = n_1 \cdot \ldots \cdot n_r$, so bilden die Elemente

$$\zeta_1^{\ell_1} \cdot \zeta_2^{\ell_2} \cdots \zeta_r^{\ell_r} \text{ mit } 0 \le \ell_i \le n_i - 1 \text{ für } i = 1, \ldots, r$$

eine Basis des $K$-Vektorraumes $L$. Jedes Element aus $L$ lässt sich also eindeutig als $K$-Linearkombination dieser Elemente darstellen, womit bis auf die Reihenfolge der Summanden eine kanonische Darstellung für die Elemente von $L$ gefunden wäre (dabei sei vorausgesetzt, dass die Koeffizienten in kanonischer Normalform für $K$ vorliegen).

Die Eindeutigkeit der Reihenfolge bekommt man etwa durch lexikographisches Sortieren der Exponentenvektoren $(\ell_1, \ldots, \ell_r)$. Siehe dazu den Abschnitt über zulässige Ordnungsrelationen für multivariate Polynome.

*4.3.2.1 Beispiel:*

(i) Mit Hilfe des primitiven Elements $\sqrt{2} + \sqrt{3}$ von $\mathbb{Q}(\sqrt{2}, \sqrt{3})$ erhält man die kanonische Darstellung

$$a + b(\sqrt{2} + \sqrt{3}) + c(\sqrt{2} + \sqrt{3})^2 + d(\sqrt{2} + \sqrt{3})^3$$

von Elementen dieses Körpers $(a, b, c, d \in \mathbb{Q})$.

Wegen $[\mathbb{Q}(\sqrt{2}, \sqrt{3}) : \mathbb{Q}] = 4$ geht's aber auch einfacher in der oben angesprochenen Gestalt

$$a'\sqrt{2}\sqrt{3} + b'\sqrt{2} + c'\sqrt{3} + d'$$

( $\zeta_1 = \sqrt{2}, \zeta_2 = \sqrt{3}$ , lexikographisch sortiert: $\sqrt{2}\sqrt{3}$ entspricht dem Exponentenvektor $(\ell_1, \ell_2) = (1, 1)$ , kommt also zuerst, usw.).

(ii) Für verschiedene Primzahlen $p$ , $q$ gilt $[\mathbb{Q}(\sqrt{p}, \sqrt[3]{q}) : \mathbb{Q}] = 6$ (vgl. Bemerkung vor Beispiel *4.3.1.8*). Eine kanonische Darstellung für Elemente aus $\mathbb{Q}(\sqrt{p}, \sqrt[3]{q})$ ist also etwa

$$a + b\sqrt{p} + c\sqrt[3]{q} + d\sqrt{p}\sqrt[3]{q} + e\sqrt[3]{q}^2 + f\sqrt{p}\sqrt[3]{q}^2$$

mit $a, b, c, d, e, f \in \mathbb{Q}$ ( $\zeta_1 = \sqrt[3]{q}, \zeta_2 = \sqrt{p}$ invers lexikographisch sortiert). Diese Darstellung ist der mit Hilfe des primitiven Elements $\sqrt{p} \cdot \sqrt[3]{q}$ sehr ähnlich, denn

$$a' + b'\sqrt{p}\sqrt[3]{q} + c'(\sqrt{p}\sqrt[3]{q})^2 + d'(\sqrt{p}\sqrt[3]{q})^3 + e'(\sqrt{p}\sqrt[3]{q})^4 + f'(\sqrt{p}\sqrt[3]{q})^5$$
$$= a' + b'\sqrt{p}\sqrt[3]{q} + c'p\sqrt[3]{q}^2 + d'pq\sqrt{p} + e'p^2q\sqrt[3]{q} + f'p^2q\sqrt{p}\sqrt[3]{q}^2$$

mit $a' = a, b' = d, c'p = e, d'pq = b, e'p^2q = c, f'p^2q = f$ .

(iii) Die übliche Radikalschreibweise $\sqrt[n]{a}$ ist nicht nur nicht eindeutig, sondern in manchen Fällen sogar falsch. Während man mit $\sqrt{2}$ noch eindeutig die positive Wurzel des Polynoms $z^2 - 2$ meint, ist bei $\sqrt[4]{-5}$ erst einmal nicht klar, welche der vier komplexen Wurzeln von $z^4 + 5$ man meint. Solange man $\mathbb{Q}(\sqrt[4]{-5})$ als

$$\{a + bw + cw^2 + dw^3 \,;\, a, b, c, d \in \mathbb{Q}\} \text{ mit } w^4 = -5$$

darstellt, spielt es auch keine Rolle, welche der Wurzeln man mit $w$ meint.

Schreibt man dagegen mit der gleichen Absicht $\sqrt[4]{-4}$ und rechnet in

$$\{a + bv + cv^2 + dv^3 \,;\, a, b, c, d \in \mathbb{Q}\} \text{ mit } v^4 = -4,$$

so ist dies völliger Unsinn: in dieser Struktur gibt es nichttriviale Nullteiler, es gilt z.B. $(v^2 + 2v + 2)(v^2 - 2v + 2) = 0$ .

Das liegt daran, dass das zugrundeliegende Polynom $z^4 + 4$ (im Gegensatz zu $z^4 + 5$ ) über $\mathbb{Q}$ reduzibel ist. Es ist

$$z^4 + 4 = (z^2 + 2z + 2)(z^2 - 2z + 2)$$

und damit $\mathbb{Q}[z]/\langle z^4 + 4\rangle$ kein Körper! Der Ausdruck $\sqrt[4]{-5}$ ist also ein gültiges Radikal, während die Schreibweise $\sqrt[4]{-4}$ nicht sinnvoll ist!

Die Entscheidung, ob wirklich $[L:K] = n_1 \cdot \ldots \cdot n_r$ ist, kann mit einem Satz von A.Schinzel [Sch] getroffen werden, der seinerseits auf Arbeiten von Mordell [Mor], Siegel [Sie] und Kneser [Kne] beruht.

Najid-Zejli [NZe] hat einen Algorithmus entwickelt, der die Voraussetzungen dieses Satzes im Fall $K = \mathbb{Q}$ und $a_1, \ldots, a_r \in \mathbb{Z}$ nachprüft und für $[L:K] < n_1 \cdot \ldots \cdot n_r$ die Abhängigkeiten der Radikale $\zeta_1, \ldots, \zeta_r$ untereinander berechnet. Damit kann man dann durch Ausnutzung dieser Abhängigkeiten einige Radikale durch andere ausdrücken und $L$ in der Form $L = K(\zeta_1', \ldots, \zeta_s')$ mit $s < r$ schreiben, so dass $[L:K] = n_1' \cdot \ldots \cdot n_s'$ ist und man wieder eine kanonische Darstellung hat. Der Satz wird hier nur ohne Beweis zitiert und der Algorithmus an Beispielen erläutert.

**4.3.2.2 Satz:** (Schinzel [Sch]) *Es sei $L$ eine Erweiterung des Körpers $K$ um einfache Radikale $\zeta_i$ ($\zeta_i^{n_i} = a_i \in K^*$ für $i = 1, \ldots, r$) mit $\operatorname{char} K \nmid n_i$, $I_p := \{i\,;\, p | n_i\}$ und $x_i \in \mathbb{N}_0$. Dann ist $[L:K] = n_1 \cdot \ldots \cdot n_r$ genau dann, wenn die beiden folgenden Bedingungen erfüllt sind:*

1.) *Für jede Primzahl $p$ mit*

$$\prod_{i \in I_p} a_i^{x_i} = \gamma^p \text{ für ein } \gamma \in K$$

*ist $x_i \equiv 0 \bmod p$ $\forall i \in I_p$.*

2.) *Gilt*

$$\prod_{i \in I_2} a_i^{x_i} = -4\gamma^4 \text{ für ein } \gamma \in K,$$

*und $n_i \cdot x_i \equiv 0 \bmod 4$ $\forall i \in I_2$, so folgt $x_i \equiv 0 \bmod 4$ für alle $i \in I_2$.*

*4.3.2.3 Beispiel:*

(i)  Der Algorithmus wird hier für $r = 2$, $a_1 = 2$, $a_2 = 3$, $n_1 = 2$, $n_2 = 2$, also $L = \mathbb{Q}(\sqrt{2}, \sqrt{3})$ durchgespielt. In diesem Fall ist $I_2 = \{1,2\}$ und $I_p = \emptyset$ für alle ungeraden Primzahlen $p$. Punkt 2 des Satzes ist hier nicht möglich, da alle $a_i$ positiv sind. Man kann sich also auf Punkt 1 konzentrieren.

Dazu werden die $a_i$ in paarweise teilerfremde Faktoren $q_1, \ldots, q_\ell$ zerlegt. Damit kann man schreiben

$$a_i = q_1^{s_{i1}} \cdot \ldots \cdot q_\ell^{s_{i\ell}} \text{ mit } s_{i,j} \in \mathbb{N}_0 \text{ und } 1 \le i \le r, 1 \le j \le \ell.$$

Im Beispiel sind $q_1 = 2$, $q_2 = 3$, $s_{11} = 1$, $s_{12} = 0$, $s_{21} = 0$, $s_{22} = 1$ oder

$$2 = 2^1 \cdot 3^0$$
$$3 = 2^0 \cdot 3^1$$

Die Bedingung $\prod_{i \in I_p} a_i^{x_i} = \gamma^p$ heißt dann

$$q_1^{\sum_{i \in I_p} \frac{x_i s_{i1}}{p}} \cdot \ldots \cdot q_\ell^{\sum_{i \in I_p} \frac{x_i s_{i\ell}}{p}} = \gamma \in \mathbb{Z}$$

Da die $q_j$ teilerfremd sind, heißt das

$$q_j^{\frac{1}{p}} \in \mathbb{Z} \quad \text{oder} \quad \sum_{i \in I_p} x_i s_{ij} \equiv 0 \bmod p$$

für $j = 1, \ldots, \ell$. Den ersten Fall kann man umgehen, indem man $q_j$ durch $q_j^{\frac{1}{p}}$ ersetzt und die zugehörigen Potenzen $s_{ij}$ durch $p \cdot s_{ij}$ ersetzt. Die verbleibende 2. Bedingung ist ein lineares Gleichungssystem über $\mathbb{Z}_p$ bestehend aus $\ell$ Gleichungen mit $|I_p|$ Unbekannten $x_i$. Dieses Gleichungssystem ist mit dem Gauß-Algorithmus lösbar. Hier ist die Gestalt des Systems einfach, nämlich $(x_1, x_2) \cdot \begin{pmatrix} 1 & 0 \\ 0 & 1 \end{pmatrix} \equiv \vec{0} \bmod 2$ und für die Lösung gilt auch $x_1, x_2 \equiv 0 \bmod 2$. Damit ist nach dem Satz von Schinzel $[\mathbb{Q}(\sqrt{2}, \sqrt{3}) : \mathbb{Q}] = n_1 n_2 = 4$.

(ii) Nun seien $r = 2$, $a_1 = 2$, $a_2 = 8$, $n_1 = 2$, $n_2 = 2$, d.h. $L = \mathbb{Q}(\sqrt{2}, \sqrt[3]{8})$. Dann sind $I_2 = \{1, 2\}$ und $I_p = \emptyset$ für $p \neq 2$, $q_1 = 2$, $s_{11} = 1$, $s_{21} = 3$. Das Gleichungssystem hat damit die Gestalt: $(x_1, x_2) \begin{pmatrix} 1 \\ 3 \end{pmatrix} \equiv 0 \bmod 2$ mit der nichttrivialen Lösung $(x_1, x_2) = (1, 1)$, d.h. die beiden adjungierten Wurzeln sind als abhängig erkannt. In $\prod_{i \in I_p} a_i^{x_i} = \gamma^p$ eingesetzt, liefert diese Lösung $16 = 2^1 \cdot 8^1 = \gamma^2$ oder $4 = \sqrt{16} = \sqrt{2} \cdot \sqrt{8}$. Damit ist $\sqrt{8}$ als $\frac{4}{\sqrt{2}} = 2\sqrt{2}$ entlarvt, es gilt also $L = \mathbb{Q}(\sqrt{2}) = \{a + b\sqrt{2} \, ; \, a, b \in \mathbb{Q}\}$.

(iii) Punkt 2 des Satzes von Schinzel ist speziell für Beispiele des Typs $\sqrt[4]{-4}$ gemacht: dort ist $a_1 = -4$, $n_1 = 4$ also $I_2 = \{1\}$ und $I_p = \emptyset$ für $p \neq 2$ also löst $x_1 = 1$ die Gleichung $a_1^{x_1} = -4\gamma^4$ mit $\gamma = 1$ und es gilt $n_1 \cdot x_1 = 4 \equiv 0 \bmod 4$. Wegen $x_1 = 1 \not\equiv 0 \bmod 4$ ist damit $\sqrt[4]{-4}$ als Übeltäter entlarvt!

Weiß man also nach Anwendung des Algorithmus von Najid-Zejli, dass $[L : K] = n_1 \cdot \ldots \cdot n_r$ ist, so ist eine kanonische Normalform leicht berechenbar, indem man zuerst alle Potenzen $\zeta_i^{\ell_i}$ so reduziert, dass $0 \leq \ell_i \leq n_i - 1$ ist. Die meisten Systeme tun das (allerdings ohne die Abhängigkeit der Radikale $\zeta_i$ untersucht zu haben) automatisch. MAPLE schreibt etwa je nach Version das unzulässige $\sqrt[4]{-4}$ durch teilweises Radizieren um in $\sqrt[4]{-1} \cdot \sqrt{2}$ oder nach Aufruf von `radsimp` (bei $\sqrt[4]{-1}$ nimmt MAPLE den Hauptwert) auf $1 + i$ und gibt keinerlei Warnung von sich. Diese Wurzel $1 + i$ ist eine der Wurzeln des Faktors $z^2 - 2z + 2$ von $z^4 + 4$.

Um etwa die Gleichheit der Ausdrücke $\frac{1}{\sqrt{3}-2}$ und $-\sqrt{3} - 2$ zu erkennen, muss man zusätzlich noch den Nenner rational machen. Das geschieht bei den meisten CA-Systemen bereits nicht mehr automatisch, manche bieten spezielle Befehle dazu an. Im vorliegenden Beispiel geschieht dies durch Erweitern mit dem konjugierten Element $\sqrt{3} + 2$.

Sind $z(x), n(x) \in K[x]$ und $a$ algebraisch über $K$, so möchte man allgemein einen geeigneten Multiplikator $m \in K[a]$ finden, so dass Erweitern mit $m$ den Nenner des Bruches $\frac{z(a)}{n(a)}$ frei von $a$ macht.

Dazu berechnet man in $K[x]$ einen größten gemeinsamen Teiler $d$ von $m_a(x)$ und $n(x)$. Da $m_a(x)$ definitionsgemäß irreduzibel über $K$ ist, ist dieser in $(K[x])^* = K^*$. Mit Hilfe des erweiterten euklidischen Algorithmus erhält man zwei Polynome $p_1(x), p_2(x) \in K[x]$ mit

$$p_1(x) \cdot n(x) + p_2(x) \cdot m_a(x) = d$$

Einsetzen von $a$ in diese Gleichung liefert $p_1(a) \cdot n(a) = d \in K^*$ also ist $m := p_1(a)$ ein geeigneter Faktor.

*4.3.2.4 Beispiel:* Es seien $K = \mathbb{Q}(\sqrt{2}, \sqrt{3})$, $a = \sqrt{5}$, $z(x) = 1$, $n(x) = \sqrt{2} + \sqrt{3} + x$, d.h. der Nenner von

$$\frac{z(a)}{n(a)} = \frac{1}{\sqrt{2} + \sqrt{3} + \sqrt{5}}$$

soll von $\sqrt{5}$ befreit werden.
Wegen $m_a(x) = x^2 - 5$ und

$$(x^2 - 5) + (x + \sqrt{2} + \sqrt{3})(-x + \sqrt{2} + \sqrt{3}) = 2\sqrt{2}\sqrt{3}$$

ist $m = -x + \sqrt{2} + \sqrt{3} \mid_{x=\sqrt{5}} = \sqrt{2} + \sqrt{3} - \sqrt{5}$ und damit

$$\frac{1}{\sqrt{2} + \sqrt{3} + \sqrt{5}} = \frac{\sqrt{2} + \sqrt{3} - \sqrt{5}}{2\sqrt{2}\sqrt{3}}.$$

Dieses Verfahren könnte man jetzt rekursiv mit $\sqrt{2}$ und $\sqrt{3}$ fortsetzen. Im vorliegenden Fall ist klar, dass eine einmalige Erweiterung mit $\sqrt{6} = \sqrt{2}\sqrt{3}$ zum Ziel führt.

Eine kanonische Darstellung für den gegebenen Ausdruck in dem Körper $\mathbb{Q}(\sqrt{2}, \sqrt{3}, \sqrt{5})$ wäre also etwa

$$-\frac{1}{12}\sqrt{2}\sqrt{3}\sqrt{5} + \frac{1}{4}\sqrt{2} + \frac{1}{6}\sqrt{3}.$$

Analog erhält man etwa für $(\sqrt{2} + \sqrt{3} + \sqrt{5} + \sqrt{7})^{-1}$ die schon recht aufwändige kanonische Normalform

$$\frac{62}{215}\sqrt{2}\sqrt{3}\sqrt{5} - \frac{10}{43}\sqrt{2}\sqrt{3}\sqrt{7} - \frac{34}{215}\sqrt{2}\sqrt{5}\sqrt{7} + \frac{37}{43}\sqrt{2} -$$

$$-\frac{22}{215}\sqrt{3}\sqrt{5}\sqrt{7} - \frac{29}{43}\sqrt{3} - \frac{133}{215}\sqrt{5} + \frac{27}{43}\sqrt{7}$$

in $\mathbb{Q}[\sqrt{2}, \sqrt{3}, \sqrt{5}, \sqrt{7}]$.

Analog zum Algorithmus von Najid-Zejli für unverschachtelte Radikale über $\mathbb{Q}$, gibt es den Algorithmus von Caviness und Fateman [CFa], der unverschachtelte Radikale über $\mathbb{Q}(x_1, \ldots, x_n)$ betrachtet.

Die Hauptschwierigkeit dieses Algorithmus liegt in dem schrittweisen Aufbau des Körperturms. Hat man bereits die Radikalerweiterung $\mathbb{Q}(x_1, \ldots, x_n)[\alpha_1, \ldots, \alpha_{j-1}]$ und möchte man die Wurzel $\alpha_j = \sqrt[d]{b}$ adjungieren, so muss man $y^d - b$ über diesem Körper faktorisieren und modulo einem irreduziblen Faktor von $y^d - b$ rechnen um Mehrdeutigkeiten zu vermeiden. Dieser Schritt ist sehr schwierig und dominiert auch die Rechenzeit.

Ist der Körperturm erst einmal aufgebaut, so kann man darin wie bereits geschildert mit kanonischen Normalformen rechnen. Diese Vorgehensweise ist allerdings nur solange sinnvoll, wie man wirklich mit Elementen des jeweiligen Körpers rechnet. Fasst man etwa plötzlich ein Element einer algebraischen Erweiterung von $\mathbb{Q}(x)$ als Abbildung auf und setzt für $x$ Werte ein, so führt dies zwangsläufig zu Fehlern:

Soll über $\mathbb{Q}(x)$ die Wurzel $\sqrt{x^2}$ eingeführt werden, so muss man sich für einen der zwei irreduziblen Faktoren von $y^2 - x^2 = (y - x)(y + x)$ in $\mathbb{Q}(x)[y]$ entscheiden. Fasst man $\mathbb{Q}(x, \sqrt{x^2})$ auf als $\mathbb{Q}(x)[y]/\langle y - x\rangle$, so ist $\sqrt{x^2} = x$, rechnet man dagegen in $\mathbb{Q}(x)[y]/\langle y + x\rangle$, so ist $\sqrt{x^2} = -x$. Eine Zuweisungen wie $\sqrt{x^2} = |x|$ lässt sich so nicht verwirklichen!

### 4.3.3 Verschachtelte Radikale

Ist die Situation bei nichtverschachtelten Radikalen schon schwierig, so wird es nur noch schlimmer, wenn man auch verschachtelte Ausdrücke zulässt. Viele der bekannten Systeme erkennen etwa nicht die Identität

$$\frac{1}{6}\sqrt{3}\left(\sqrt{5 + 2\sqrt{6}} + \sqrt{5 - 2\sqrt{6}}\right) = 1.$$

Maple V.2 machte sogar einen groben Fehler, es schrieb nämlich um in

$$\frac{1}{6}\sqrt{3}\left(\sqrt{5 + 2\sqrt{6}} + i\sqrt{2\sqrt{6} - 5}\right),$$

was numerisch ausgewertet ca. $0,86$ ist.

Damit wurde der „beliebte" Fehler

$$1 = \sqrt{1} = \sqrt{(-1)(-1)} = i \cdot i = -1$$

gemacht (ab Maple Version V.3 wird es richtig gemacht)! Andere überraschende Vereinfachungen von verschachtelten zu unverschachtelten Radikalen, wie etwa

$$\sqrt{x + \sqrt{x^2 - 1}} = \sqrt{\frac{x+1}{2}} + \sqrt{\frac{x-1}{2}} \qquad \text{oder}$$

$$\sqrt[3]{\sqrt[5]{\frac{32}{5}} - \sqrt[5]{\frac{27}{5}}} = \sqrt[5]{\frac{1}{25}} + \sqrt[5]{\frac{3}{25}} - \sqrt[5]{\frac{9}{25}}.$$

werden nach wie vor nicht erkannt.

Es lassen sich noch viele schwierig in den Griff zu bekommende Identitäten angeben. Zur Bearbeitung solcher Ausdrücke gibt es bisher nur wenige und unbefriedigende Algorithmen. Im wesentlichen werden sie deshalb genauso behandelt, wie die im nächsten Kapitel behandelten algebraischen Ausdrücke, die nur durch ein sie definierendes Polynom gegeben sind. So wird etwa $\sqrt{9 + 4\sqrt{2}}$ entweder durch das Polynom $p_1(x) = x^2 - (9+4\sqrt{2}) \in \mathbb{Q}(\sqrt{2})[x]$ über $\mathbb{Q}(\sqrt{2})$ oder durch $p_2(x) = x^4 - 18x^2 + 49$ über $\mathbb{Q}$ gegeben.

### 4.3.4 Allgemeine algebraische Ausdrücke

Nach den vorhergehenden Kapiteln ist im Prinzip klar, wie mit algebraischen Zahlen oder Funktionen umzugehen ist. Es bleibt die erhebliche technische und mathematische Schwierigkeit, sich für jede Rechnung mit algebraischen Elementen $\alpha_1$, $\alpha_2$, $\alpha_3$, ... etwa über $\mathbb{Q}$ einen Körperturm $\mathbb{Q}$, $\mathbb{Q}(\alpha_1)$, $\mathbb{Q}(\alpha_1, \alpha_2)$, ... aufzubauen.

Möchte man mit kanonischen Vertretern für die algebraischen Ausdrücke rechnen, so muss man die Elemente $\alpha_1$, $\alpha_2$, ... jeweils durch irreduzible Polynome über dem gerade zugrundeliegenden Grundkörper beschreiben:

$$p_1(x) \quad \text{irreduzibel über} \quad \mathbb{Q} \quad \text{mit} \quad p_1(\alpha_1) = 0,$$
$$p_2(x) \quad \text{irreduzibel über} \quad \mathbb{Q}(\alpha_1) \quad \text{mit} \quad p_2(\alpha_2) = 0,$$
$$p_3(x) \quad \text{irreduzibel über} \quad \mathbb{Q}(\alpha_1, \alpha_2) \quad \text{mit} \quad p_3(\alpha_3) = 0,$$

usw. Das Faktorisieren in diesen algebraischen Erweiterungen ist bei den bisher bekannten Algorithmen von exponentieller Ordnung.

*4.3.4.1 Beispiel:* Die über $\mathbb{Q}$ algebraische Zahl $\alpha_1 := \sqrt{6}$ ist gegeben durch das irreduzible Polynom $p_1(x) = x^2 - 6$. Das verschachtelte $\alpha_2 := \sqrt{15 - 6\sqrt{6}}$ ist wegen $\left(\frac{\alpha_2^2 - 15}{6}\right)^2 = 6$ eine Wurzel des Polynoms $x^4 - 30x^2 + 9 \in \mathbb{Q}[x]$. Da dieses Polynom über $\mathbb{Q}$ in $(x^2 - 6x + 3)(x^2 + 6x + 3)$ zerfällt, ist $\alpha_2$ identisch mit einer der Wurzeln dieser quadratischen Faktoren, nämlich mit der Wurzel $3 - \sqrt{6}$ von $(x^2 - 6x + 3)$.

Dies zeigt $\alpha_2 \in \mathbb{Q}[\alpha_1]$. Das Polynom $x^2 + 6\sqrt{6} - 15 \in \mathbb{Q}[\alpha_1][x]$ mit der Wurzel $\alpha_2$ ist also über $\mathbb{Q}[\alpha_1]$ nicht irreduzibel. Es gilt $x^2 + 6\sqrt{6} - 15 = (x - 3 + \sqrt{6})(x + 3 - \sqrt{6})$ und

$$\mathbb{Q}\left[\sqrt{6}, \sqrt{15 - 6\sqrt{6}}\right] = \mathbb{Q}\left[\sqrt{6}\right] \cong \mathbb{Q}[x]/\langle x^2 - 6\rangle.$$

Die Wurzel $\alpha_3 := \sqrt{15 + 6\sqrt{6}}$ ist über $\mathbb{Q}$ ebenfalls durch $x^4 - 30x^2 + 9$ bzw. dessen irreduziblen Faktor $x^2 - 6x + 3$ gegeben. Es gilt $\sqrt{15 + 6\sqrt{6}} = 3 + \sqrt{6}$. Zusammen hat man also $\mathbb{Q}(\alpha_1, \alpha_2, \alpha_3) = \mathbb{Q}\left[\sqrt{6}\right]$ und $\alpha_2 + \alpha_3 = 6$. Division dieser Gleichung durch $\sqrt{3}$ führt auf

$$\sqrt{5 - 2\sqrt{6}} + \sqrt{5 + 2\sqrt{6}} = 2\sqrt{3}.$$

Bei dieser Vorgehensweise kommt es sehr darauf an, in welcher Form die Radikale geschrieben waren: So ist etwa $\sqrt{5 - 2\sqrt{6}}$ über $\mathbb{Q}$ durch das irreduzible Polynom $x^4 - 10x^2 + 1$ gegeben, es gilt $[\mathbb{Q}(\sqrt{5 - 2\sqrt{6}}) : \mathbb{Q}] = 4$. Hätte man also gleich mit diesem Ausdruck begonnen, um eine kanonische Normalform zu berechnen, so hätte man sich in eine größere Körpererweiterungen begeben müssen, während oben die ganze Zeit in einer Erweiterung vom Grad 2 von $\mathbb{Q}$ gerechnet wurde!

## 4.4 Transzendente Ausdrücke

### 4.4.1 Grundlagen und Probleme

Während etwa $\sin(x + y)(\sin(x) + x) = \sin(x)\sin(x + y) + x\sin(x + y)$ noch eine reine Polynomumformung ist, ist eine Umformung wie

$$\sin(x + y)(\sin(x) + x) = \cos(y)\left(x\sin(x) + \sin^2(x)\right) + \sin(y)\left(\frac{\sin(2x)}{2} + x\cos(x)\right)$$

nur durch Anwendung von Umformungsregeln wie etwa dem Additionstheorem $\sin(x + y) = \sin(x)\cos(y) + \sin(y)\cos(x)$ möglich.

Diese werden in vielen CA-Systemen mit Hilfe von sog. „rewrite-rules" eingeführt, in REDUCE etwa in der Form:

```
FOR ALL X,Y LET SIN (X+Y)=SIN (X)COS(Y)+COS (X)SIN (Y);
```

Ausdrücke der Gestalt $\sin(x + y)$ werden damit vom System erkannt und umgeschrieben. Ein Umschreiben von $\sin(3x)$ wird aber nicht in Betracht gezogen, da das Programm nicht auf die „Idee" $\sin(3x) = \sin(2x + x)$ kommt. Dies muss gesondert vereinbart werden.

Ein zusätzliches Einführen der Regel $\sin(x)\cos(y) = \frac{1}{2}(\sin(x + y) + \sin(x - y))$ wäre jetzt aber katastrophal, denn das Programm würde damit beim ersten Auftauchen eines Ausdrucks der Gestalt $\sin(x + y)$ in eine Endlosschleife geraten.

Während dies in dem vorliegenden Fall einfach zu sehen war, ist es i.Allg. einem Satz von Formeln nicht leicht anzusehen, ob eine fortgesetzte Anwendung dieser Formeln terminiert oder nicht. Erst recht ist es nicht klar, ob dieses Regelwerk einen kanonischen Simplifikator darstellt. Bei der Entscheidung solcher Fragen treten algebraische Überlegungen mit Hilfe von Struktursätzen in den Vordergrund, die im folgenden erläutert werden.

**4.4.1.1 Definition:** Es sei $L : K$ eine Körpererweiterung. $a \in L$ heißt *transzendent* über $K$, wenn es nicht algebraisch über $K$ ist. Enthält $M : K$ transzendente Elemente über $K$, so heißt $M$ *transzendente Körpererweiterung*.

Da $K(a)$ genau dann endlichen Grad über dem Grundkörper hat, wenn $a$ algebraisch ist, gilt also im transzendenten Fall $[K(a) : K] = \infty$. Es ist $K(a)$ isomorph zu $K(x)$, in Zeichen $K(a) \cong K(x)$, d.h. in einer einfach transzendenten Erweiterung wird mit $a$ genauso gerechnet, wie in dem Körper der rationalen Funktionen $K(x)$ mit der Unbestimmten $x$.

Die Hauptschwierigkeit liegt ähnlich wie bei zusammengesetzten algebraischen Ausdrücken. Wenn man ausgehend von einem Grundkörper stufenweise algebraische Körpererweiterungen aufbaut, muss man darauf achten, ob die Minimalpolynome der neu adjungierten Elemente auch über dem bereits erweiterten Körper noch irreduzibel sind (etwa $\sqrt{8}$ über $\mathbb{Q}(\sqrt{2})$).

Genauso muss man jetzt beim Adjungieren darauf achten, dass die betrachteten Erweiterungen wirklich transzendent sind. Betrachtet man etwa $xe^x + e^{-3x}$, so könnte man hintereinander die transzendenten Erweiterungen $\mathbb{Q}(x)$ und $\mathbb{Q}(x, e^x)$ bilden. Das über $\mathbb{Q}(x)$ transzendente Element $e^{-3x}$ ist Wurzel des Polynoms $(e^x)^3 \cdot y - 1 \in \mathbb{Q}(x, e^x)[y]$, also algebraisch über $\mathbb{Q}(x, e^x)$. Man wird also mit $xe^x + e^{-3x}$ umgehen wie mit der rationalen Funktion $xy + y^{-3} \in \mathbb{Q}(x, y)$.

Analog sind etwa die Ausdrücke $\log(\sqrt{x})$ oder $e^{\log(x) + 3x}$ über dem Körper $\mathbb{Q}(x, \log(x), e^x)$ nicht transzendent. Die Entscheidung darüber kann in weniger offensichtlichen Fällen jeweils mit dem Struktursatz vonRisch [Ris] getroffen werden, der auch bei der formalen Integration eine entscheidende Rolle spielt.

Während der ursprüngliche Satz „nur" Logarithmen und Exponentialfunktionen behandelt, gibt es inzwischen einige Erweiterungen auf weitere transzendente Funktionen, die hier nicht weiter ausgeführt werden.

## 4.4.2 Der Satz von Risch

**4.4.2.1 Definition:** Ein Körper $\mathbb{D}$ mit $\operatorname{char}\mathbb{D} = 0$ und einem unären Operator $\frac{d}{dz}$ heißt *Differentialkörper*, wenn für $a, b \in \mathbb{D}$ gilt

$$\frac{d}{dz}(a + b) = \frac{d}{dz}a + \frac{d}{dz}b \quad \text{und} \quad \frac{d}{dz}(a \cdot b) = b\frac{d}{dz}a + a\frac{d}{dz}b.$$

Ist keine Verwechslung möglich, so wird auch die übliche Schreibweise $\frac{d}{dz}a = a'$ benutzt.

Der Differentialunterkörper $\mathbb{K} := \{k \in \mathbb{D}; \frac{d}{dz}k = 0\}$ von $\mathbb{D}$ heißt der *Konstantenkörper* von $\mathbb{D}$. Es seien $\mathbb{F}$ ein Differentialunterkörper von $\mathbb{D}$ und $f \in \mathbb{D}$. Die Größe $f$ bzw. die Körpererweiterung $\mathbb{F}(f)$ heißen *einfach elementar*, wenn eine der folgenden Bedingungen erfüllt ist:

(i) $f$ ist algebraisch über $\mathbb{F}$,

(ii) Es gibt ein $g \in \mathbb{F} \setminus \{0\}$ mit $g' = g f'$ (Man schreibt dann auch $f = \log(g)$ und sagt: $f$ ist *logarithmisch* über $\mathbb{F}$),

(iii) Es gibt ein $g \in \mathbb{F}$ mit $f' = f g'$ (Man schreibt dann auch $f = \exp(g)$ und sagt: $f$ ist *exponentiell* über $\mathbb{F}$).

Ist $f$ transzendent über $\mathbb{F}$ und logarithmisch oder exponentiell und haben $\mathbb{F}$ und $\mathbb{F}(f)$ den gleichen Konstantenkörper, so heißt $f$ auch *Monom*[*]. Eine Körpererweiterung $\mathbb{F}(f_1, \ldots, f_r)$ heißt *elementar*, wenn für $i = 1, \ldots, r$ jeweils $f_i$ über $\mathbb{F}(f_1, \ldots, f_{i-1})$ einfach elementar ist. Sie heißt *elementar transzendent*, wenn jeweils $f_i$ über $\mathbb{F}(f_1, \ldots, f_{i-1})$ transzendent und exponentiell oder logarithmisch ist.

Aus der Definition von $\frac{d}{dz}$ leitet man nun leicht die bekannten Rechenregeln $\frac{d}{dz}(f^n) = n \cdot f^{n-1} \cdot f'$ für $n \in \mathbb{Z}$ und die Quotientenregel ab. Mit Hilfe dieser Regeln folgt, dass der Konstantenkörper immer die rationalen Zahlen umfasst. Im Fall $\mathbb{D} = \mathbb{Q}(z)^{\diamond}$ gilt etwa $\mathbb{K} = \mathbb{Q}$.

Weiterhin folgen aus obiger Definition auch die Funktionalgleichungen für den Logarithmus und die Exponentialfunktion. Man beachte dabei, dass die Definition von log und exp durch ihre Differentialgleichungen, diese Funktionen im üblichen Sinne nur bis auf Konstanten festlegt, was für die Anwendung bei der formalen Integration auch völlig ausreichend ist. Auch bei anderen Funktionen wird die additive Konstante ignoriert, aus $f' = g'$ folgt so jeweils $f = g$.

**Folgerung:** Es seien $\mathbb{F}$ ein Differentialunterkörper des Differentialkörpers $\mathbb{D}$ und $g_1, g_2, g \in \mathbb{F}$. Dann gilt

(i)   $\log(g_1) + \log(g_2) = \log(g_1 \cdot g_2)$.

(ii)  $\log(g^n) = n \cdot \log(g)$ für $n \in \mathbb{Z}$.

(iii) $\exp(g_1) \cdot \exp(g_2) = \exp(g_1 + g_2)$.

(iv)  $\exp(n \cdot g) = \exp(g)^n$ für $n \in \mathbb{Z}$.

(v)   $\log(\exp(g)) = g$, $\exp(\log(g)) = g$.

*Beweis:*

(i)   $\log(g_1 g_2)' = \frac{(g_1 g_2)'}{g_1 g_2} = \frac{g_1'}{g_1} + \frac{g_2'}{g_2} = \log(g_1)' + \log(g_2)' = (\log(g_1) + \log(g_2))'$

(ii)  $(n \log(g))' = n \log(g)' = n \frac{g'}{g} = \frac{n \cdot g^{n-1} \cdot g'}{g^n} = \frac{(g^n)'}{g^n} = \log(g^n)'$.

(iii) Es gilt $(\exp(g_1) \cdot \exp(g_2))' = g_1' \exp(g_1) \exp(g_2) + g_2' \exp(g_1) \exp(g_2) = (g_1 + g_2)' \cdot (\exp(g_1) \cdot \exp(g_2))$ und deshalb $\exp(g_1) \cdot \exp(g_2) = \exp(g_1 + g_2)$.

(iv)  Es gilt $(\exp(g)^n)' = n \exp(g)^{n-1} \exp(g) g' = (ng)'(\exp(g)^n)$ und deshalb $\exp(g)^n = \exp(ng)$.

---

[*]    Nicht zu verwechseln mit dem Monom bei Polynomen

$\diamond$    d.h. $\frac{d}{dz}$ sei so definiert, dass $\frac{d}{dz} z = 1$ ist.

(v)   Es ist $\log(\exp(g))' = \frac{\exp(g)'}{\exp(g)} = \frac{g'\exp(g)}{\exp(g)} = g'$ und $\exp(\log(g_1)) = g_2 \Rightarrow$
$\log(\exp(\log(g_1))) = \log(g_1) = \log(g_2) \Rightarrow g_1 = g_2$.                          $\square$

Wenn man Ausdrücke wie etwa $a(z) := \log(z\exp(z)) + \exp(\exp(z) + \log(z))$ untersuchen will, wird man sich einen Konstantenkörper $\mathbb{K}$ wählen (etwa $\mathbb{Q}$ oder $\mathbb{Q}(i)$, auf jeden Fall endlich erzeugt über $\mathbb{Q}$) und diesen Schritt für Schritt erweitern durch Adjunktion von Größen $z_0, z_1, \ldots, z_r$.

Auf diese Weise erhält man einen Körperturm der Form

$$\mathbb{K} \subseteq K_0 := \mathbb{K}(z_0) \subseteq K_1 := K_0(z_1) = \mathbb{K}(z_0, z_1) = \subseteq \ldots \subseteq K_r.$$

Dabei sei $z_0 = z$ transzendent über $\mathbb{K}$ und Lösung von $z' = 1$. Weiterhin seien

$$L_s := \{j\,;\, z_j \text{ ist logarithmisch über } K_{j-1},\ 1 \le j \le s \le r\} \text{ und}$$
$$E_s := \{j\,;\, z_j \text{ ist exponentiell über } K_{j-1},\ 1 \le j \le s \le r\} \text{ und}$$
$$A_s := \{j\,;\, z_j \text{ ist algebraisch über } K_{j-1},\ 1 \le j \le s \le r\}$$

und $L_0, E_0, A_0 := \emptyset$. Für $i \in E_r$ gibt es ein $f_i \in K_{i-1}$ mit $z_i' = z_i f_i'$, für $i \in L_r$ gibt es $f_i \in K_{i-1}$ mit $f_i' = f_i z_i'$. Diese $f_i$ sind im folgenden Satz gemeint.

Alle $z_i$ seien exponentiell, logarithmisch oder algebraisch über dem jeweiligen Grundkörper, d.h. $L_r \cup E_r \cup A_r = \{1, 2, \ldots, r\}$ wobei $L_r$ und $A_r$ oder $E_r$ und $A_r$ einen nichtleeren Schnitt haben können * .

**4.4.2.2 Satz:**   (Struktursatz von Risch) *Mit den eingeführten Bezeichnungen sei* $i \in E_s \cup L_s$. *Ist* $z_i$ *algebraisch über* $K_{i-1}$, *so gilt*

(a) $i \in E_i$ *und es gibt* $k \in \mathbb{K}$ *und* $n_j \in \mathbb{Q}$ *mit*

$$k = f_i + \sum_{j \in L_{i-1}} n_j z_j + \sum_{j \in E_{i-1}} n_j f_j$$

(b) $i \in L_i$ *und es gibt* $k \in \mathbb{K}$, $n_j \in \mathbb{Z}$ *und* $n_i \in \mathbb{Z} \setminus \{0\}$ *mit*

$$k = f_i^{n_i} \prod_{j \in L_{i-1}} f_j^{n_j} \prod_{j \in E_{i-1}} z_j^{n_j}$$

Der Beweis dieses Satzes (siehe [Ri3]) würde wegen seines Umfangs hier den Rahmen sprengen. Er soll aber gleich an dem gegebenen $a(z)$ erprobt werden.

*4.4.2.3 Beispiel:*      $a(z) = \log(z\exp(z)) + \exp(\exp(z) + \log(z))$

Wählt man $\mathbb{K} = \mathbb{Q}$, so ist $K_0 = \mathbb{Q}(z)$. Startet man mit $z_1 = \exp(z)$, so ist $z_1$ wegen $z_1' = z_1 f_1'$ mit $f_1 = z$ exponentiell über $K_0$.

---

*   Ist $j \in E_s \cap L_s$, so ist $K_j = K_{j-1}$.

Ist $z_1$ algebraisch über $K_0$, so gibt es nach Punkt (a) des Satzes ein $k \in \mathbb{Q}$ mit $k = z$. Da dies nicht der Fall ist, ist $\exp(z)$ als Monom über $\mathbb{Q}(z)$ erkannt.

Um den ersten Ausdruck von $a(z)$ in den Griff zu bekommen, könnte man jetzt etwa $z_2 = \log(zz_1)$ betrachten. Dieses $z_2$ ist logarithmisch über $K_1 = \mathbb{Q}(z, \exp(z))$ mit $f_2 = zz_1$. Wegen $L_1 = \emptyset$ und $E_1 = \{1\}$ betrachtet man nun

$$k = f_2^{n_2} \cdot z_1^{n_1} \iff k = z^{n_2} z_1^{n_1 + n_2}$$

mit $k \in \mathbb{Q}$ und $n_1, n_2 \in \mathbb{Z}$, $n_2 \neq 0$. Wegen der Transzendenz von $z_1$ über $\mathbb{Q}(z)$ ist dies nicht möglich, $z_2$ also ein Monom über $K_1, L_2 = \{2\}, E_2 = \{1\}$.

Damit ist der erste Term von $a(z)$ abgehandelt, man betrachtet jetzt $a(z) = z_2 + \exp(z_1 + \log(z))$. Jetzt könnte man $z_3 = \log(z)$ versuchen. Dieses $z_3$ ist logarithmisch über dem schon vorhandenen $K_2 = \mathbb{Q}(z, \exp(z), \log(z \exp(z)))$ mit $f_3 = z$. Nach dem Satz muss man prüfen, ob es ein $k \in \mathbb{Q}$ und $n_1, n_2, n_3 \in \mathbb{Z}$ mit $n_3 \neq 0$ und

$$k = f_3^{n_3} \cdot f_2^{n_2} \cdot z_1^{n_1} \iff k = z^{n_3} \cdot (zz_1)^{n_2} \cdot z_1^{n_1} \iff k = z^{n_2 + n_3} \cdot z_1^{n_1 + n_2}$$

gibt.

Davon gibt es z.B. die Lösung $n_1 = -n_2 = n_3 = 1$ und $k = 1$. Es gilt also

$$1 = f_3 \cdot f_2^{-1} \cdot z_1 \iff f_3 = \frac{f_2}{z_1} \iff z_3 = z_2 - z$$

Das so gewählte $z_3$ ist also nicht transzendent über $K_2$. Da $z_3$ sogar in $K_2$ liegt, muss an dieser Stelle nicht einmal algebraisch erweitert werden.

Wegen des berechneten Zusammenhangs schreibt man $a(z)$ um zu

$$a(z) = z_2 + \exp(z_1 + z_2 - z).$$

Nachdem dieser Versuch fehlschlug, probiert man weiter mit dem neuen $z_3 = \exp(z_1 + z_2 - z)$, also $f_3 = z_1 + z_2 - z$. Dieser Ausdruck ist exponentiell über $K_2 = \mathbb{Q}(z, \exp(z), \log(z \exp(z)))$.

Man betrachtet also die Gleichung

$$k = f_3 + n_2 z_2 + n_1 f_1 \iff k = z_1 + z_2(1 + n_2) + z(n_1 - 1)$$

mit $k \in \mathbb{Q}$ und $n_1, n_2 \in \mathbb{Q}$.

Da $1, z, z_1$ und $z_2$ nach den bisherigen Betrachtungen unabhängig sind, ist dies nur möglich, wenn die Koeffizienten dieser Ausdrücke verschwinden. Da der Koeffizient von $z_1$ aber 1 ist, ist dies nicht möglich.

Damit ist $z_3$ über $K_2$ transzendent, der fertige Körperturm ist

$$K_3 = \mathbb{Q}(\underbrace{\underbrace{z}_{z_0}, \underbrace{\exp(z)}_{f_1}}_{z_1}, \underbrace{\underbrace{\log(z\exp(z))}_{f_2}}_{z_2}, \underbrace{\underbrace{\exp(\exp(z) + \log(z\exp(z)) - z)}_{f_3}}_{z_3}).$$

In diesem Körper wird $a(z)$ jetzt behandelt als die rationale Funktion

$$a = z_2 + z_3 \in \mathbb{Q}(z_0, z_1, z_2, z_3).$$

Das Hauptproblem bei dieser Rechnung ist jeweils die Entscheidung, ob die betrachtete Gleichung lösbar ist. Das hier gezeigte Vorgehen war nicht algorithmisch und erforderte bereits eine gewisse Fertigkeit beim Umgang mit Logarithmus und Exponentialfunktion.

Die Überprüfung der beiden Bedingungen lässt sich wie folgt vereinfachen. Leitet man die erste Bedingung

$$k = f_i + \sum_{j \in L_{i-1}} n_j z_j + \sum_{j \in E_{i-1}} n_j f_j$$

ab, so ergibt sich wegen $k' = 0$

$$0 = f_i' + \sum_{j \in L_{i-1}} n_j z_j' + \sum_{j \in E_{i-1}} n_j f_j'.$$

Dies ist eine lineare Gleichung für die $n_j$ in $K_{i-1}$. Erweitern mit dem Hauptnenner der $n_j$ führt auf

$$0 = m_i f_i' + \sum_{j \in L_{i-1}} m_j z_j' + \sum_{j \in E_{i-1}} m_j f_j',$$

mit ganzzahligen $m_j$.

Im logarithmischen Fall erhält man ebenfalls wegen $k' = 0$

$$0 = \frac{k'}{k} = n_i \frac{f_i'}{f_i} + \sum_{j \in L_{i-1}} n_j \frac{f_j'}{f_j} + \sum_{j \in E_{i-1}} n_j \frac{z_j'}{z_j}.$$

Durch geeignetes Erweitern dieser Gleichung erhält man ebenfalls eine relativ leicht zu lösende lineare Gleichung für ganzzahlige Werte.

4.4.2.4 *Beispiel:* Im letzten Beispiel war die erste Gleichung $k = z$ gewesen. Ableiten führt auf $0 = 1$, die Gleichung ist also nicht lösbar. Die zweite untersuchte Gleichung war $k = f_2^{n_2} \cdot z_1^{n_1}$. Die logarithmische Ableitung davon ist

$$0 = n_2 \frac{f_2'}{f_2} + n_1 \frac{z_1'}{z_1} \iff 0 = n_2 \frac{1+z}{z} + n_1 \iff$$

$$0 = n_2 + (n_1 + n_2)z \iff \vec{0} = \begin{pmatrix} 0 & 1 \\ 1 & 1 \end{pmatrix} \cdot \begin{pmatrix} n_1 \\ n_2 \end{pmatrix},$$

was für $n_2 \neq 0$ nicht lösbar ist.

Die logarithmische Ableitung der dritten Gleichung $k = f_3^{n_3} \cdot f_2^{n_2} \cdot z_1^{n_1}$ ist

$$0 = n_3 \frac{f_3'}{f_3} + n_2 \frac{f_2'}{f_2} + n_1 \frac{z_1'}{z_1} \iff 0 = n_3 \frac{1}{z} + n_2 \frac{z_1 + zz_1}{zz_1} + n_1 \iff$$

$$0 = n_3 + n_2(1 + z) + n_1 z \iff 0 = (n_2 + n_3) + z(n_1 + n_2) \iff$$

$$\vec{0} = \begin{pmatrix} 0 & 1 & 1 \\ 1 & 1 & 0 \end{pmatrix} \begin{pmatrix} n_1 \\ n_2 \\ n_3 \end{pmatrix},$$

woraus man etwa die Lösung $n_1 = -n_2 = n_3 = 1$ abliest.

Die letzte Gleichung lautete $k = f_3 + n_2 z_2 + n_1 f_1$. Da das betrachtete $z_3$ exponentiell war, betrachtet man davon die Ableitung

$$0 = f_3' + n_2 z_2' + n_1 f_1' = z_1' + z_2' - 1 + n_2 z_2' + n_1 =$$

$$= z_1 + \frac{z_1 + zz_1'}{zz_1}(1 + n_2) - 1 + n_1 \iff$$

$$0 = zz_1 + (1 + z)(1 + n_2) + (n_1 - 1)z =$$

$$= (1 + n_2) + z(n_1 + n_2) + zz_1$$

Die ist wegen der Unabhängigkeit von $1$, $z$ und $zz_1$ und dem konstanten Faktor bei $zz_1$ nicht möglich.

Zum Schluss sei nochmals auf den im Abschnitt über kanonische Normalformen zitierten Satz von Caviness, Richardson und Matiyasevich hingewiesen: Sobald zu transzendenten Funktionen transzendente Zahlen wie etwa $\pi$ oder $\ell n\, 2$ hinzukommen, gibt es große Probleme, in einigen Fällen sogar nachweisbar keinen kanonischen Simplifikator!

## 4.5  Endliche Körper

Endliche Körper spielen nicht nur eine wesentliche Rolle in der Codierungstheorie oder Kryptographie, sondern bilden auch den mathematischen Hintergrund für viele Algorithmen, die vordergründig gar nichts damit zu tun haben, etwa für die Faktorisierung von Polynomen über $\mathbb{Q}$ (siehe die Abschnitte zur Polynomfaktorisierung und zum Rechnen mit homomorphen Bildern).

Für Interessierte seien die Bücher [LNi], [Jun] oder [Men] empfohlen da die Theorie der endlichen Körper hier bei weitem nicht erschöpfend dargestellt werden kann. Für einen Schnelleinstieg in die Problematik aus der Sicht der Computeralgebra siehe etwa den Artikel [Le4] von A. K. Lenstra.

Hier soll nur kurz auf die Darstellung der Körperelemente und die Grundrechenarten eingegangen werden.

Für eine Primzahlpotenz $q = p^n$ lässt sich der (bis auf Isomorpie eindeutig bestimmte) endliche Körper $GF(q)$ etwa als Faktorring $\mathbb{Z}_p[x]/\langle f \rangle$ mit einem über $\mathbb{Z}_p$ irreduziblen (dann ist $\langle f \rangle$ maximal und der Faktorring somit ein Körper, vgl. den Abschnitt über Ideale) Polynom $f$ vom Grad $n$ darstellen. Rechnet man in diesem Ring mit Vertretern kleinsten Grades, so sind die Körperelemente Polynome aus $\mathbb{Z}_p[x]$ vom Grad kleiner als $n$.

Bei dieser Darstellung ist die Addition sehr einfach, die Multiplikation und Exponentiation sind dagegen recht „teuer", da nach jedem Schritt mod $f$ reduziert werden muss. Außerdem ist diese Darstellung speicherintensiv, denn jedes Körperelement ist ein Feld der Länge $n$ über $\mathbb{Z}_p$.

Eine andere Darstellung bietet die Tatsache, dass $GF(q)^* = GF(q) \setminus \{0\}$ eine zyklische Gruppe ist. Ein erzeugendes Element $\alpha$ dieser Gruppe heißt *primitives Element* des Körpers. Damit kann man schreiben

$$GF(q) = \{0, 1, \alpha, \alpha^2, \ldots, \alpha^{q-2}\}.$$

Die Darstellung der Körperelemente ist damit sehr einfach, man muss nur den ganzzahligen Exponenten speichern. Die Multiplikation wird zur Addition $\mathrm{mod}(q - 1)$ der ganzzahligen Exponenten.

Dagegen macht jetzt die Addition Probleme: Da es nun keine einfache Möglichkeit gibt, eine Summe $\alpha^m + \alpha^n$ in der Form $\alpha^?$ zu bekommen, schreibt man um in $\alpha^n \cdot (\alpha^{m-n} + 1)$ und entnimmt einer vorher erstellten Tabelle, welche Potenz von $\alpha$ der Ausdruck in der Klammer ist.

Diese Zahl könnte man zwar auch mit Hilfe des diskreten Logarithmus berechnen, der ist aber leider eine der teuersten Körperoperationen überhaupt und wird deshalb auch zu kryptographischen Zwecken eingesetzt (vgl. etwa [Til]).

Den Logarithmus von Körperelementen der Gestalt $\alpha^k + 1$ nennt man auch *Jacobi-* oder *Zech-Logarithmus* $Z(k)$, also $\alpha^{Z(k)} = \alpha^k + 1$.

Statt alle $(q - 1)^2$ Logarithmen von $\alpha^m + \alpha^n$ zu berechnen oder in einer Tabelle zu speichern, muss man „nur" die $q - 2$ Zech-Logarithmen speichern und rechnet damit

$$\alpha^m + \alpha^n = \alpha^n(\alpha^{m-n} + 1) = \alpha^n \alpha^{Z(m-n)} = \alpha^{n+Z(m-n) \bmod q-1}.$$

Auch dies ist z.B. bei kryptographischen Anwendungen nicht mehr durchführbar, da $q$ dort sehr groß werden kann. Bei kleinen Körpern ist diese Darstellung aber mit Abstand die schnellste mit dem geringsten Speicherbedarf.

Statt die so genannte *polynomiale Basis* $1, x, \ldots, x^{n-1}$ von $\mathbb{Z}_p[x]/\langle f \rangle$ über $\mathbb{Z}_p$ zu verwenden, versucht man, eine günstigere Basis des $\mathbb{Z}_p$-Vektorraumes $GF(q)$ zu verwenden, die eine einfachere Multiplikation erlaubt.

Eine Möglichkeit dazu bilden so genannte *Normalbasen*: Dazu sucht man ein $\alpha \in \mathrm{GF}(q)$, so dass $\alpha^1, \alpha^p, \alpha^{p^2}, \ldots, \alpha^{p^{n-1}}$ über $\mathbb{Z}_p$ linear unabhängig sind. Solch ein $\alpha$ lässt sich immer finden (siehe etwa [LNi]), man kann nach einem Satz von Lenstra und Schoof [LSc] sogar ein primitives $\alpha$ mit dieser Eigenschaft angeben. Die zugehörige Basis heißt *primitive Normalbasis*. Stepanov und Shparlinsky [SSh] gaben einen schnellen Algorithmus zum Auffinden primitiver Normalbasen an.

Von Massey und Omura [MOm] stammt ein schneller Multiplikationsalgorithmus für bzgl. Normalbasen dargestellte Körperelemente. Sind $k_1, k_2$ und $k_3$ Elemente von $\mathrm{GF}(q)$ mit $k_1 \cdot k_2 = k_3$ und sind $(k_{i,0}, \ldots, k_{i,n-1})$ für $i = 1, \ldots, 3$ deren Darstellungen bzgl. der Normalbasis, also $k_i = \sum_{j=0}^{n-1} k_{i,j} \alpha^{p^j}$, so ist die Abbildung $((k_{1,0}, \ldots, k_{1,n-1}), (k_{2,0}, \ldots, k_{2,n-1})) \mapsto k_{3,0}$ eine Bilinearform, lässt sich also durch eine $n \times n$-Matrix $B$ über $\mathbb{Z}_p$ beschreiben:

$$(k_{1,0}, k_{1,1} \ldots, k_{1,n-1}) \cdot B \cdot \begin{pmatrix} k_{2,0} \\ k_{2,1} \\ \vdots \\ k_{2,n-1} \end{pmatrix} = k_{3,0}.$$

Da nun aber $k_1^p \cdot k_2^p = k_3^p$ gilt und das Potenzieren mit $p$ in der Normalbasis-Darstellung gerade eine zyklische Verschiebung bedeutet, folgt

$$(k_{1,n-1}, k_{1,0} \ldots, k_{1,n-2}) \cdot B \cdot \begin{pmatrix} k_{2,n-1} \\ k_{2,0} \\ \vdots \\ k_{2,n-2} \end{pmatrix} = k_{3,n-1}$$

$$(k_{1,n-2}, k_{1,n-1} \ldots, k_{1,n-3}) \cdot B \cdot \begin{pmatrix} k_{2,n-2} \\ k_{2,n-1} \\ \vdots \\ k_{2,n-3} \end{pmatrix} = k_{3,n-2}$$

$$\vdots$$

$$(k_{1,1}, k_{1,2} \ldots, k_{1,0}) \cdot B \cdot \begin{pmatrix} k_{2,1} \\ k_{2,2} \\ \vdots \\ k_{2,0} \end{pmatrix} = k_{3,1}$$

Zur Berechnung von $k_3$ werden die Normalbasis-Darstellungen von $k_1$ und von $k_2$ in zwei zyklischen Schieberegistern gespeichert und diese werden nach jedem Zeittakt von links und von rechts an die vorher berechnete Matrix $B$ multipliziert.

Um diese Multiplikation effektiv zu gestalten, sollte die Matrix $B$ möglichst wenige von Null verschiedene Einträge enthalten. Diese Anzahl $C$ heißt auch die *Komplexität des Massey-Omura Multiplizierers*. Im für die meisten Anwendungen wichtigen Fall $p = 2$ gilt $C \geq 2n - 1$.

In manchen Fällen, nämlich bei den so genannten *optimalen Normal-basen* [MOVW], ist diese Grenze scharf. Falls es diese nicht gibt, so gibt es Untersuchungen zu *Normalbasen geringer Komplexität* [ABV], die dieser Schranke möglichst nah kommen.

Die Komplexität der Normalbasis gibt nicht nur Auskunft über die An-zahl der nötigen Operationen, sondern auch über den schaltungstechnischen Aufwand bei der festen Verdrahtung eines Multiplizierers. An dem folgen-den Beispiel sieht man, dass man außer den beiden zyklischen Schieberegis-tern der Länge $n$ zur Realisierung genau $C$ AND-Schalter für die Multi-plikation in $\mathbb{Z}_2$ und $C-1$ XOR-Schalter für die Addition benötigt.

*4.5.1 Beispiel:* Über $\mathbb{Z}_2$ gibt es drei irreduzible Polynome vom Grad 4, nämlich $p_1 = x^4+x+1$, $p_2 = x^4+x^3+1$ und $p_3 = x^4+x^3+x^2+x+1$. Alle drei erlauben eine Darstellung von GF(16) als $\mathbb{Z}_2[x]/\langle p_i \rangle$ bzgl. der polynomialen Basis $\{x^3, x^2, x, 1\}$.

Es empfiehlt sich allerdings $p_1$ oder $p_2$ zu nehmen, da in diesen beiden Fällen $\alpha = x$ jeweils ein primitives Element ist.

Nimmt man etwa $p_2$, so ergibt sich die Umrechnungstabelle auf der nächsten Seite zwischen der Darstellung $(\alpha_3, \alpha_2, \alpha_1, \alpha_0)$ bzgl. der po-lynomialen Basis, dem diskreten Logarithmus $n$ dieses Elements (al-so $\alpha^n = \sum_{i=0}^{3} \alpha_i x^i$) und dem Zech-Logarithmus.

Die Elemente mit einem $+$ davor sind primitive Elemente ( log tei-lerfremd zu 15 ). Die Vektoren

$$\alpha = 0010, \, \alpha^2 = 0100, \, \alpha^4 = 1001, \, \alpha^8 = 1110$$

(ohne Kommas und Klammern geschrieben) sind linear unabhängig über $\mathbb{Z}_2$. Das Element $\alpha$ erzeugt also eine primitive Normalbasis.

| | Ord | log | Zech |
|---|---|---|---|
| | 0000 | $-\infty$ | 0 |
| | 0001 | 1 | 0 $-\infty$ |
| + | 0010 | 15 | 1 | 12 |
| + | 0100 | 15 | 2 | 9 |
| | 1000 | 5 | 3 | 4 |
| + | 1001 | 15 | 4 | 3 |
| | 1011 | 3 | 5 | 10 |
| | 1111 | 5 | 6 | 8 |
| + | 0111 | 15 | 7 | 13 |
| + | 1110 | 15 | 8 | 6 |
| | 0101 | 5 | 9 | 2 |
| | 1010 | 3 | 10 | 5 |
| + | 1101 | 15 | 11 | 14 |
| | 0011 | 5 | 12 | 1 |
| + | 0110 | 15 | 13 | 7 |
| + | 1100 | 15 | 14 | 11 |

Die erste Spalte der Tabelle kann man etwa mit dem gezeigten Schieberegister berechnen.

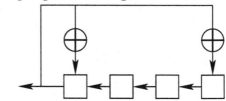

Aus der Tabelle liest man z.B. ab

$$1101 + 0011 = 1110 = \alpha^8$$
$$1101 \cdot 0011 = (x^3 + x^2 + 1)(x + 1) =$$
$$= x^4 + x^2 + x + 1 =$$
$$= x^3 + x^2 + x = 1110$$
$$\alpha^{11} + \alpha^{12} = \alpha^{11}(\alpha + 1) = \alpha^{11}\alpha^{Z(1)} =$$
$$= \alpha^{11} \cdot \alpha^{12} = \alpha^{23 \bmod 15} =$$
$$= \alpha^8 = 1110$$
$$\alpha^{11} \cdot \alpha^{12} = \alpha^{23 \bmod 15} = \alpha^8 = 1110$$

Die zugehörige Massey-Omura Matrix $B$ ist

$$\begin{pmatrix} 0 & 1 & 1 & 1 \\ 1 & 0 & 1 & 0 \\ 1 & 1 & 0 & 0 \\ 1 & 0 & 0 & 1 \end{pmatrix},$$

hat also die Komplexität 9 und ist damit nicht optimal. Die Elemente $\alpha^2, \alpha^4, \alpha^8$ erzeugen ebenfalls primitive Normalbasen der Komplexität 9. Die Elemente

$$\begin{aligned} \alpha^3 &= \alpha^3 &= 1000 \\ (\alpha^3)^2 &= \alpha^6 &= 1111 \\ (\alpha^3)^4 &= \alpha^{12} &= 0011 \\ (\alpha^3)^8 &= \alpha^9 &= 0101 \end{aligned}$$

sind linear unabhängig über $\mathbb{Z}_2$. Das Element $\alpha^3$ erzeugt also eine (jetzt allerdings nichtprimitive) Normalbasis.

Die zugehörige Massey-Omura Matrix $B$ ist

$$\begin{pmatrix} 0 & 0 & 1 & 0 \\ 0 & 0 & 1 & 1 \\ 1 & 1 & 0 & 0 \\ 0 & 1 & 0 & 1 \end{pmatrix},$$

hat also die Komplexität $7 = 2n - 1$. Die von $\alpha^3$ erzeugte Normalbasis ist damit optimal. Das Gleiche gilt für $\alpha^6, \alpha^9$ und $\alpha^{12}$. Die verbleibenden Elemente $\alpha^i$ mit $i = 5, 7, 10, 11, 13, 14, 15$ erzeugen jeweils keine Normalbasis.

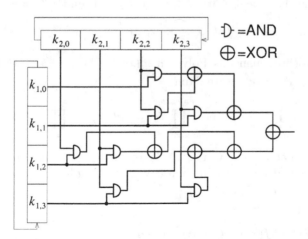

Zu der von $\alpha^3$ erzeugten optimalen Normalbasis sieht ein Schaltbild etwa wie gezeigt aus. Die Anordnung der AND-Schalter entspricht dabei genau der Position der Einsen in der oben berechneten Massey-Omura Matrix.

Je zwei Ausgänge dieser Schalter werden über XOR-Schalter aufaddiert. Deren Ausgänge werden wieder solange paarweise aufaddiert, bis nur noch ein Ausgang übrig ist. Es ist klar, dass dieser Vorgang mit etwas mehr Schaltungsaufwand auch sehr gut parallelisierbar ist, so dass in einem Takt ohne zyklische Verschiebungen der gesamte Ergebnisvektor $(k_{3,0}, k_{3,1} \ldots, k_{3,n-1})$ berechnet wird.

Für den Berlekamp-Algorithmus in großen endlichen Körpern erweist sich die folgende Spurfunktion als nützlich.

**4.5.2 Definition:**  Es seien $p$ prim, $s \in \mathbb{N}$ und $q := p^s$. Dann heißt

$$\mathrm{Sp}_{\mathrm{GF}(q)} : \begin{cases} \mathrm{GF}(q) & \to \mathrm{GF}(p) \\ \alpha & \mapsto \alpha + \alpha^p + \ldots + \alpha^{p^{s-1}} \end{cases}$$

die (absolute) *Spurfunktion* von $\mathrm{GF}(q)$. Sind keine Verwechslungen möglich, so schreibt man einfach $\mathrm{Sp}(\alpha)$ für die Spur von $\alpha$.

Es bleibt noch zu zeigen, dass $\mathrm{Sp}(\alpha)$ wirklich ein Element des Primkörpers $\mathrm{GF}(p)$ ist. Ist $f(x)$ das Minimalpolynom von $\alpha$ über $\mathrm{GF}(p)$ vom Grad $\deg f = d$, so ist $\mathrm{GF}(q)[x]/\langle f(x) \rangle \cong \mathrm{GF}(p)(\alpha)$ ein Unterkörper von $\mathrm{GF}(q)$ und isomorph zu $\mathrm{GF}(p^d)$. Der Körper $\mathrm{GF}(p^d)$ ist genau dann Unterkörper von $\mathrm{GF}(q = p^s)$, wenn $d$ ein Teiler von $s$ ist. Da für jedes Element $a \in \mathrm{GF}(p^d)$ gilt $a^{p^d} = a$, gilt insbesondere auch $\alpha^{p^d} = \alpha$.

Da aus $f(\beta) = 0$ mit Hilfe des Frobenius-Automorphismus $f(\beta^p) = 0$ folgt, sind außer $\alpha$ auch $\alpha^p, \ldots, \alpha^{p^{d-1}}$ Wurzeln von $f(x)$. Wenn diese Wurzeln alle verschieden sind, dann sind das aus Gradgründen bereits alle Wurzeln von $f$ und man kann $f$ in Linearfaktoren zerlegen.

Dies ist der Fall, denn wäre $0 \le r < t \le d-1$ und $\alpha^{p^r} = \alpha^{p^t}$, so wäre

$$\alpha = \alpha^{p^d} = (\alpha^{p^r})^{p^{d-r}} = (\alpha^{p^t})^{p^{d-r}} = (\alpha^{p^d})^{p^{t-r}} = \alpha^{p^{t-r}}$$

Nun betrachtet man das Polynom $g(x) := \prod_{i=0}^{t-r-1}(x - \alpha^{p^i})$. Wegen der Annahme $\alpha^{p^r} = \alpha^{p^t}$ wäre dann

$$g(x^p) = \prod_{i=0}^{t-r-1}(x^p - \alpha^{p^i}) = \prod_{i=0}^{t-r-1}(x^p - \alpha^{p^{i+1}}) = \prod_{i=0}^{t-r-1}(x - \alpha^{p^i})^p = g(x)^p,$$

d.h. alle Koeffizienten von $g(x)$ lägen in $\mathrm{GF}(p)$. Wegen $\deg g < \deg f$ widerspräche das der Irreduzibilität von $f$. Es gilt also $f(x) = (x - \alpha)(x - \alpha^p) \cdot \ldots \cdot (x - \alpha^{p^{d-1}}) \in \mathrm{CF}(p)[x]$.

Wegen $\frac{s}{d} \in \mathbb{N}$ folgt

$$h(x) := f(x)^{\frac{s}{d}} = (x - \alpha)^{\frac{s}{d}} (x - \alpha^p)^{\frac{s}{d}} \cdot \ldots \cdot (x - \alpha^{p^{d-1}})^{\frac{s}{d}} =$$
$$= (x - \alpha)(x - \alpha^p) \cdot \ldots \cdot (x - \alpha^{p^{d-1}}) \cdot$$
$$\cdot (x - \alpha^{p^d})(x - \alpha^{p^{d+1}}) \cdot \ldots \cdot (x - \alpha^{p^{2d-1}}) \cdot$$

$$\vdots$$

$$\cdot (x - \alpha^{p^{s-d}})(x - \alpha^{p^{s-d+1}}) \cdot \ldots \cdot (x - \alpha^{p^{s-1}}) =$$
$$= (x - \alpha)(x - \alpha^p) \cdot \ldots \cdot (x - \alpha^{p^{s-1}}) \in \mathrm{GF}(p)[x].$$

Es ist $\mathrm{Sp}(\alpha)$ gleich dem Negativen des Koeffizienten von $x^{s-1}$ in $h(x)$, also insbesondere $\mathrm{Sp}(\alpha) \in \mathrm{GF}(p)$.

**4.5.3 Satz:**  Sp : $\mathrm{GF}(q) \rightarrow \mathrm{GF}(p)$  *ist eine surjektive Linearform des* $\mathrm{GF}(p)$-*Vektorraumes* $\mathrm{GF}(q)$.

*Beweis:*  $\mathrm{Sp}(\alpha + \beta) = \mathrm{Sp}(\alpha) + \mathrm{Sp}(\beta)$ für alle $\alpha$, $\beta \in \mathrm{GF}(q)$ folgt sofort aus $(\alpha + \beta)^{p^i} = \alpha^{p^i} + \beta^{p^i}$ für $i \in \mathbb{N}$. $\mathrm{Sp}(c \cdot \alpha) = c\,\mathrm{Sp}(\alpha)$ für jedes $c \in \mathrm{GF}(p)$ folgt aus $c^{p^i} = c$ für $i \in \mathbb{N}$. Für die Surjektivität dieser linearen Abbildung genügt es bereits $\mathrm{Kern}(\mathrm{Sp}) \neq \mathrm{GF}(q)$ zu zeigen.

Es ist $\alpha \in \mathrm{Kern}(\mathrm{Sp})$ genau dann, wenn $\alpha$ eine Wurzel des Polynoms $S(x) := \sum_{i=0}^{s-1} x^{p^i}$ ist. Dieses Polynom ist vom Grad $p^{s-1}$, kann also nicht alle $p^s$ Körperelemente aus $\mathrm{GF}(p^s)$ als Wurzeln haben.  $\square$

Aus der Linearität von Sp und $\dim(\mathrm{Bild}(\mathrm{Sp})) = 1$ folgt mit der Dimensionsformel, dass $\dim(\mathrm{Kern}(\mathrm{Sp})) = s - 1$ ist. Dies heißt, dass die Gleichung $S(x) = b$ für jedes $b \in \mathrm{GF}(p)$ genau $p^{s-1}$ Lösungen $x \in \mathrm{GF}(q)$ hat und dass die Lösungen zu allen $b \in \mathrm{GF}(p)$ eine Partition von $\mathrm{GF}(q)$ bilden.

Damit kann man in der bekannten Identität

$$x^q - x = \prod_{a \in \mathrm{GF}(q)} (x - a)$$

auf der rechten Seite jeweils $p^{s-1}$ Faktoren zusammenfassen und schreiben:

$$x^q - x = \prod_{b \in \mathrm{GF}(p)} (S(x) - b). \qquad (4.2)$$

## 4.6 Polynome

### 4.6.1 Zulässige Ordnungsrelationen

Polynome bilden eine der wichtigsten Strukturen in jedem Computeralgebra-System. Wie bereits gezeigt, beruht das Rechnen in endlichen Körpern und in algebraischen oder transzendenten Körpererweiterungen jeweils zu einem großen Teil auf polynomialen Umformungen. Oft baut man über diesen Strukturen nochmals Polynomringe auf, hat es also in zweifacher Hinsicht mit Polynomen zu tun. Elemente des zugehörigen Quotientenkörpers sind Paare von Polynomen usw.

Es sei $R$ wie üblich ein kommutativer Ring mit $1$, $r \in \mathbb{N}$ und $R' := R[x_1, \ldots, x_r]$. Ein *Term* ist ein Potenzprodukt $x_1^{i_1} x_2^{i_2} \cdot \ldots \cdot x_r^{i_r}$ mit $i_1, \ldots, i_r \in \mathbb{N}_0$. Um Schreibarbeit zu sparen, kürzt man ab $I := (i_1, \ldots, i_r)$ und schreibt Terme in der Form $X^I := x_1^{i_1} x_2^{i_2} \cdot \ldots \cdot x_r^{i_r}$.

Die Menge $\text{Term}(X) := \{X^I; I \in \mathbb{N}_0^r\}$ aller Terme in $X$ bildet bezüglich der Multiplikation ein *abelsches Monoid*[*] mit neutralem Element $1 = X^0 = x_1^0 x_2^0 \cdots x_r^0$.[◇]

Ein Polynom $p$ aus $R' = R[X]$ lässt sich mit Hilfe der *Multiindizes* $I_j$ schreiben als

$$p(X) = a_m X^{I_m} + a_{m-1} X^{I_{m-1}} + \ldots + a_1 X^{I_1}$$

mit $m \in \mathbb{N}$, $I_1, \ldots, I_m \in \mathbb{N}_0^r$ und $a_1, \ldots, a_m \in R$.

Um diese Schreibweise möglichst übersichtlich zu halten, fordert man, dass entsprechende Terme zusammengefasst werden, d.h. dass für $i \neq j$ auch $I_i \neq I_j$ sei. Weiterhin wird man sich meist (schon aus Platzgründen) darauf einigen, nur wirklich vorkommende Terme darzustellen, d.h. $a_j \neq 0$ für $j = 1, \ldots, m$.

Die Ausdrücke $a_j X^{I_j}$ heißen *Monome*. Für die in $p(X)$ auftretenden Terme bzw. Monome seien

$$\text{Term}(X; p) := \{X^{I_j} ; 1 \le j \le m\} \quad , \quad \text{Mon}(X; p) := \{a_j X^{I_j} ; 1 \le j \le m\}.$$

Zu einer kanonischen Darstellung von $R'$ fehlt jetzt nur noch eine eindeutige Festlegung der Reihenfolge der Terme in $p(X)$. Diese erhält man, indem man $\text{Term}(X)$ eine Ordnung aufprägt und die Terme in $p(X)$ bezüglich dieser Ordnungsrelation sortiert.

**4.6.1.1 Definition:** Eine lineare Ordnung[°] $<$ auf einem abelschen Monoid $M$ (additiv mit neutralem Element $0$) heißt *zulässig*, wenn

(Z1)  $0 < i$ für alle $i \in M \setminus \{0\}$ und

(Z2)  $i < j \Rightarrow i + k < j + k$ für alle $i, j, k \in M$.

Ist $<$ zulässige Ordnung auf $M$, so heißt $(M, <)$ ein *geordnetes Monoid*.

Ein bekanntes Beispiel für eine geordnetes Monoid ist $\mathbb{N}_0^r$ (additiv mit neutralem Element $\mathbf{0} = (0, \ldots, 0)$) mit der *lexikographischen Ordnung* $<_{\text{lex}}$:

$$I <_{\text{lex}} J : \Longleftrightarrow \exists k \, (1 \le k \le r) \text{ mit } i_k < j_k \text{ und } i_1 = j_1, \ldots, i_{k-1} = j_{k-1}.$$

Das gleiche Monoid lässt sich auch mit anderen zulässigen Ordnungen versehen. Eigene Namen haben etwa noch die *invers lexikographische Ordnung* $<_{\text{ilx}}$

$$I <_{\text{ilx}} J : \Longleftrightarrow \exists k \, (1 \le k \le r) \text{ mit } i_k > j_k \text{ und } i_{k+1} = j_{k+1}, \ldots, i_r = j_r.$$

---

[*]    Ein Monoid (=Halbgruppe) ist eine Menge mit einer inneren assoziativen Verknüpfung (manchmal auch Halbgruppe mit $1$)

[◇]    $\text{Term}(X)$ ist unabhängig von $R$. Wird $\text{Term}(X)$ als Teilmenge von $R'$ betrachtet, so sind die Einselemente des Monoids und des Ringes identisch.

[°]    d.h. irreflexive $(a \not< a)$, transitive $(a < b, b < c \Rightarrow a < c)$, asymmetrische $(a < b \Rightarrow b \not< a)$ und konnexe $(a < b \vee a = b \vee b < a)$ Relation $<$.

oder die *Diagonalordnungen* $<_{\mathrm{dlx}}$ bzw. $<_{\mathrm{dil}}$

$$I <_{\mathrm{dlx}} J : \Longleftrightarrow i_1 + \ldots + i_r < j_1 + \ldots j_r \vee (i_1 + \ldots + i_r = j_1 + \ldots j_r \wedge I <_{\mathrm{lex}} J).$$
$$I <_{\mathrm{dil}} J : \Longleftrightarrow i_1 + \ldots + i_r < j_1 + \ldots j_r \vee (i_1 + \ldots + i_r = j_1 + \ldots j_r \wedge I <_{\mathrm{ilx}} J).$$

Die gleiche Konstruktion funktioniert entsprechend mit anderen „nachgeschalteten" zulässigen Ordnungen[◁] .

Die Abbildung $e : \mathbb{N}_0^r \to \mathrm{Term}(X)$, $I \mapsto X^I$ ist ein Isomorphismus von dem additiven Monoid $\mathbb{N}_0^r$ auf das multiplikative Monoid $\mathrm{Term}(X)$ der Terme in den $r$ Variablen $x_1, \ldots, x_r$. Zulässige Ordnungsrelationen auf $\mathrm{Term}(X)$ heißen *Termordnungen*. Mittels der Abbildung $e$ induzieren zulässige Ordnungsrelationen auf $\mathbb{N}_0^r$ Termordnungen.

**Folgerung:** Für eine Termordnung $<$ auf $\mathrm{Term}(X)$ gilt:

(T1) $\mathbf{1} < X^I$ für alle $I \in \mathbb{N}_0^r \setminus \{\mathbf{0}\}$ ,

(T2) $X^I < X^J \Rightarrow X^I X^K < X^J X^K$ für alle $I, J, K \in \mathbb{N}_0^r$ .

Sortiert man die Terme in $p(X)$ also noch gemäß einer fest vorgegebenen Termordnung $<$ (etwa $X^{I_1} < \ldots < X^{I_m}$ ), so liegt eine kanonische Darstellung vor (dabei sei vorausgesetzt, dass es für die Elemente von $R$ eine kanonische Normalform gibt und die Koeffizienten $a_m, \ldots, a_1$ von $p(X)$ bereits in dieser Normalform vorliegen).

Ist nun also $p(X) = \sum_{j=1}^m a_j X^{I_j}$ mit $a_j \in R \setminus \{0\}$ und $X^{I_j} < X^{I_k}$ für $j < k$ eine kanonische Darstellung von $p(X) \in R'$ bezüglich einer Termordnung $<$, so nennt man $\mathrm{LK}(p) := a_m$ den *Leitkoeffizienten* von $p$, $\mathrm{LT}(p) := X^{I_m}$ den *Leitterm* von $p$ und $\mathrm{LM}(p) := \mathrm{LK}(p) \cdot \mathrm{LM}(p) = a_m X^{I_m}$ das *Leitmonom* von $p$. Speziell für das Nullpolynom vereinbart man $\mathrm{LK}(0) := 0$ und $\mathrm{LM}(0) := 0$. $\mathrm{LT}(0)$ ist nicht definiert.

Unter dem *Grad* $\deg(X^I)$ eines Terms $X^I$ (bzw. Monoms $a_I X^I$ ) versteht man üblicherweise seinen Gesamtgrad, also die Summe der Komponenten des Exponentenvektors $I$. Der *Grad* $\deg(p(X))$ eines Polynoms ist dann das Maximum der Grade in $\mathrm{Term}(X; p)$. Damit kommt man u.U. in die im univariaten Fall unmögliche Situation, dass der Grad eines Polynoms nichts mit dem Exponenten des Leitterms zu tun hat.

Fasst man $p(X) \in R'$ auf als Element $p(x_i) \in R''[x_i]$ mit $1 \leq i \leq r$, so bezeichnet man den üblichen Grad des univariaten Polynoms in $x_i$ zur Unterscheidung mit $\deg_{x_i}(p)$ oder $\deg_i(p)$.

Die bekanntesten Termordnungen sind die von den genannten zulässigen Ordnungen auf $\mathbb{N}_0^r$ mittels $e$ induzierten Ordnungen. Da $i_1 + \ldots + i_r$ der Gesamtgrad des Terms $X^I$ ist, heißt die Diagonalordnung bei Termen *Ordnung nach Gesamtgrad*, dann lexikographisch bzw. invers lexikographisch usw. je nach nachgeschalteter Ordnung.

Die eingeführten Bezeichnungen, wie etwa $<_{\mathrm{lex}}$ werden sinngemäß für $\mathrm{Term}(X)$ übernommen.

---

[◁]  genau genommen müssen diese Ordnungen nicht einmal zulässig sein; es reicht (Z2)

Die meisten Computeralgebra-Systeme stellen verschiedene Termordnungen zur Verfügung. MAPLE bietet etwa die lexikographische Ordnung unter dem Namen `plex` an. Darüber hinaus kann man selber beliebige Termordnungen einführen.

Leider gibt es in MAPLE die Bezeichnung `tdeg` zweimal mit verschiedener Bedeutung. Im `sort`-Befehl steht das für die Ordnung nach Gesamtgrad mit anschließender lexikographischer Ordnung, verwendet man dagegen das Kürzel `tdeg` im `termorder`-Befehl des `Groebner`-Pakets, so bedeutet es dort die Ordnung nach Gesamtgrad mit anschließender invers lexikographischer Ordnung.

*4.6.1.2 Beispiel:* Das Polynom $p(X) = p(w, x, y, z) = wx^3y + 2w^2xy + 3y^4 + 4x^2yz$ hat je nach zugrundeliegender Ordnungsrelation die folgende kanonische Normalform in $\mathbb{Z}[w, x, y, z]$ (wenn nichts anderes dabeisteht gelte $w > x > y > z$ ):

$$p(X) = 2w^2xy + wx^3y \quad + 4x^2yz + 3y^4 \qquad \text{(rein lexikographisch } <_{\text{lex}} \text{)} ,$$
$$p(X) = 2w^2xy + wx^3y \quad + 3y^4 \quad + 4x^2yz \qquad \text{(invers lexikographisch } <_{\text{ilx}} \text{)} ,$$
$$p(X) = wx^3y \; + 2w^2xy + 4x^2yz + 3y^4 \qquad \text{(Grad, dann lex. } <_{\text{dlx}} \text{)} ,$$
$$p(X) = wx^3y \; + 2w^2xy + 3y^4 \quad + 4x^2yz \qquad \text{(Grad, dann inv. lex. } <_{\text{dil}} \text{.)}$$
$$p(X) = 4x^2yz + 3y^4 \quad + wx^3 \quad + 2w^2xy \qquad \text{(lex. mit } w < x < y < z \text{)} .$$

Gibt es zu einer zulässigen Ordnung $<_T$ auf $\mathbb{N}_0^r$ eine reguläre Matrix $A \in (\mathbb{R}_+ \cup \{0\})^{r \times r}$ mit

$$I <_T J \iff I \cdot A <_{\text{lex}} J \cdot A,$$

so heißt diese Matrix eine zu $<_T$ gehörige *Ordnungsmatrix*. Erstaunlicherweise gibt es zu jeder zulässigen Ordnung eine zugehörige Ordnungsmatrix [Rob].

Auch, wenn sich mit Hilfe solcher Ordnungsmatrizen immer zur lexikographischen Ordnung übergehen lässt, so hat die Wahl der jeweiligen Ordnungsrelation doch auf die Rechenzeit (und bei einigen Algorithmen auch auf das Ergebnis) erheblichen Einfluss.

*4.6.1.3 Beispiel:* Die Matrix

$$A = \begin{pmatrix} 1 & 1 & 0 \\ 1 & 0 & 1 \\ 1 & 0 & 0 \end{pmatrix}$$

ist eine Ordnungsmatrix zur Diagonalordnung $<_{\text{dlx}}$ auf $\mathbb{N}_0^3$ . Es gilt

$$I = (i_1, i_2, i_3) <_{\text{dlx}} (j_1, j_2, j_3) = J \iff$$
$$I \cdot A = (i_1 + i_2 + i_3, i_1, i_2) <_{\text{lex}} (j_1 + j_2 + j_3, j_1, j_2) = J \cdot A .$$

Von V. Weispfenning stammt eine einfache Charakterisierung von Termordnungen. Dazu betrachtet man Ordnungen auf $\mathbb{Q}^r$ und deren Einschränkung auf $\mathbb{N}_0^r$.

**4.6.1.4 Definition:** Es sei $G$ eine additive Gruppe mit neutralem Element $0$. Eine Teilmenge $P$ von $G$ heißt *Positivitätsbereich* von $G$, wenn gilt

(P1)   $G = -P \mathbin{\dot\cup} \{0\} \mathbin{\dot\cup} P$

(P2)   $P + P \subseteq P$

Die durch $f <_P g : \Longleftrightarrow g - f \in P$ definierte Relation heißt die durch $P$ definierte *Gruppenordnung*.

Besitzt eine additive Gruppe $G$ einen Positivitätsbereich $P$, so folgt aus den Gruppeneigenschaften, dass $<_P$ eine lineare Ordnung ist. Auch die Eigenschaft (Z2) wird von jeder Gruppenordnung erfüllt.

Nun sei $G$ abelsch. Dann fehlt $<_P$ zu einer zulässigen Ordnung nur noch die Eigenschaft (Z1).

Betrachtet man eine bzgl. der gegebenen Verknüpfung abgeschlossene Teilmenge $M$ von $G$, die auch das neutrale Element von $G$ enthält, so ist dieses $M$ ein abelsches Monoid mit Eins.

Die Einschränkung von $<_P$ auf $M$ ist ebenfalls eine lineare Ordnung, die (Z2) erfüllt. Ist $M$ gerade so gewählt, dass $M$ außer dem neutralen Element von $G$ nur Elemente des Positivitätsbereichs $P$ enthält, so ist auch (Z1) erfüllt, d.h. $<_P\big|_M$ zulässig.

Nimmt man z.B. als Gruppe $G = \mathbb{Q}^r$, so ist die Einschränkung einer beliebigen Gruppenordnung $<_P$ auf das abelsche Monoid $\mathbb{N}_0^r$ mit neutralem Element $(0, \dots, 0)$ genau dann eine zulässige Ordnung, wenn $\mathbb{N}_0^r \setminus \{(0, \dots, 0)\} \subseteq P$ ist.

*4.6.1.5 Beispiel:* Es sei $G = \mathbb{R}[x]$. $P' = \{p \in \mathbb{R}[x]; p \neq 0, \mathrm{LK}(p) > 0\}$ ist ein Positivitätsbereich von $G$. Die Einschränkung von $<_{P'}$ auf $\mathbb{R}$ ist die übliche lineare Ordnung in $\mathbb{R}$. Weiterhin gilt $r <_{P'} x$ für alle $r \in \mathbb{R}$.

**4.6.1.6 Satz:** *Es seien $a_1, \dots, a_r$ linear unabhängige Elemente des $\mathbb{Q}$-Vektorraumes $\mathbb{R}[x]$ mit $0 <_{P'} a_1, \dots, a_r$ (mit der in obigem Beispiel eingeführten Gruppenordnung $<_{P'}$). Dann ist*

$$P := \{(s_1, \dots, s_r) \in \mathbb{Q}^r; 0 <_{P'} \sum_{i=1}^r a_i s_i\}$$

*ein Positivitätsbereich von $\mathbb{Q}^r$.*

*Beweis:* Da $a_1, \dots, a_r$ linear unabhängig vorausgesetzt sind, ist $(0, \dots, 0)$ die einzige Lösung von $\sum_{i=1}^r a_i s_i = 0$, was Eigenschaft (P1) zeigt. Eigenschaft (P2) ist sofort klar. $\qquad\square$

Da offensichtlich $\mathbb{N}_0^r \setminus \{(0, \ldots, 0)\}$ in $P$ enthalten ist, ist die Einschränkung von $<_P$ auf $\mathbb{N}_0^r$ eine zulässige Ordnung. Das Besondere an dieser Konstruktion ist, dass man so alle zulässigen Ordnungen bekommt [Wei].

*4.6.1.7 Beispiel:* Es seien $a_\ell := x^{r-\ell}$ für $\ell = 1, \ldots, r$. Diese Elemente sind linear unabhängig im $\mathbb{Q}$-Vektorraum $\mathbb{R}[x]$ und nach Definition von $<_{P'}$ alle positiv (jeweils Leitkoeffizient 1). Damit gilt

$$I <_P J \iff 0 <_{P'} \sum_{\ell=1}^{r} (j_\ell - i_\ell) \cdot x^{r-\ell} \iff$$

$$\iff \mathrm{LK}\left(\sum_{\ell=1}^{r} (j_\ell - i_\ell) \cdot x^{r-\ell}\right) > 0$$

$$\iff \exists k \ (1 \le k \le r) \text{ mit } i_k < j_k \wedge j_1 = i_1, \ldots, j_{k-1} = i_{k-1}$$

$$\iff I <_{\mathrm{lex}} J$$

$(x^{r-1}, \ldots, x, 1)$ führt also auf die lexikographische Ordnung.

Entsprechend führt $(x^r + x^{r-1}, \ldots, x^r + x, x^r + 1)$ auf die Diagonalordnung $<_{\mathrm{dlx}}$ (und das sind jeweils nicht die einzigen Vektoren, die auf diese Ordnungen führen).

Mit $P'' = \{p \in \mathbb{R}[x]; p \neq 0, \mathrm{LK}(p) < 0\}$ statt $P'$ (das ist natürlich auch ein Positivitätsbereich von $\mathbb{R}[x]$) und $(1, x, \ldots, x^{r-1})$ bekommt man dagegen die invers lexikographische Ordnung $<_{\mathrm{ilx}}$.

### 4.6.2 Darstellung

Die etwa in Beispiel *4.6.1.2* gezeigten kanonischen Normalformen eines multivariaten Polynoms betreffen zwar nur die abstrakte mathematische Ebene, beeinflussen aber auch nicht unerheblich die jeweilige Darstellung im Rechner.

Für das Polynom

$$p(X) = \sum_{j=1}^{m} a_j X^{I_j}$$

in kanonischer Darstellung bietet sich analog zur Darstellung von long integers eine (mehrfach) verkettete lineare Liste an.

Jeder Knoten dieser Liste könnte etwa wie folgt aussehen:

| $a_j$ | $I_j$ | Pointer |
|---|---|---|

Der Eintrag $a_j$ ist dabei i.Allg. selbst ein Pointer auf ein recht großes Objekt, etwa eine long integer oder eine rationale Zahl, allgemein auf ein Element aus $R$ in kanonischer Normalform.

$I_j$ ist ein Pointer auf den zugehörigen Multiindex (der u.U. auch wieder eine verkettete Liste ist) und Pointer ist schließlich ein Querverweis auf den nächsten genauso aussehenden Knoten. Am Anfang einer solchen Liste speichert man in einem Header Informationen wie den Namen des Datentyps oder die Namen der verwendeten Variablen ab.

Da in der Polynomdarstellung nur nicht verschwindende Koeffizienten vermerkt wurden, lohnt sich die gezeigte Darstellung besonders bei dünnbesiedelten Polynomen. Aus diesem Grund nennt man diese Darstellung *dünn* oder englisch *sparse*. Da das Polynom voll ausmultipliziert dasteht, nennt man diese Darstellung *distributiv*.

Insbesondere bei Verwendung der lexikographischen Ordnungen bietet sich noch eine weitere Darstellungsmöglichkeit an: Gilt etwa $x_r > x_{r-1} > \ldots > x_1$, so bedeutet lexikographisches Sortieren, dass man das Polynom $p$ als Polynom in $x_r$ auffasst und nach Potenzen von $x_r$ sortiert.

Jeder Koeffizient einer $x_r$-Potenz wird seinerseits als Polynom in $x_{r-1}$ aufgefasst und entsprechend sortiert. Dies führt zur *dünn rekursiven* Darstellung:

$$\text{Man schreibt} \quad p(X) = p(x_1, \ldots, x_r) = \sum_{i=1}^{k} p_i(x_1, \ldots, x_{r-1}) x_r^{e_i}$$

mit $e_k > e_{k-1} > \ldots > e_1$, $p_i \neq 0$ für $i = 1, \ldots, k$ und stellt dieses Polynom dar als verkettete Liste mit Knoten der Form

| $p_i$ | $e_i$ | Pointer |
|-------|-------|---------|

Der Eintrag $p_i$ ist dabei ein Querverweis auf die dünn rekursive Darstellung des Polynoms $p_i(x_1, \ldots, x_{r-1})$ in der Hauptvariablen $x_{r-1}$, $e_i$ eine natürliche Zahl. Der anschließende Pointer verweist auf den nächsten Knoten der gleichen Gestalt. Am Anfang einer jeden Liste merkt man sich den zugehörigen Variablennamen.

In der dünnen Darstellung beanspruchen die Polynome $2x^{1000} + 1$ und $2x^3 + 1$ den gleichen Speicherplatz, während man bei der so genannten *dichten* Darstellung (englisch: *dense*) im ersten Fall 997 Einträge mehr als im zweiten speichern muss.

Man spart sich allerdings das Abspeichern der Exponenten, wenn man alle, also auch die verschwindenden, Koeffizienten abspeichert. Allgemein ist eine dicht distributive Darstellung von

$$p(X) = \sum_{j=1}^{m} a_j X^{I_j}$$

nur dann möglich, wenn die Menge $\text{Term}^*(X; p) := \{X^I \in \text{Term}(X), X^I \leq \text{LT}(p)\}$ endlich ist (dies ist z.B. bei den Ordnungen nach Gesamtgrad der Fall, bei den lexikographischen Ordnungen i.Allg. nicht). In diesem Fall nummeriert man die Elemente von $\text{Term}^*(X; p)$ der Größe nach durch, etwa

$$1 = X^{E_0} < X^{E_1} < \ldots < X^{E_\ell} = X^{I_m} = \mathrm{LT}(p),$$

schreibt $p(X)$ um in $p(X) = \sum_{j=0}^{\ell} b_j X^{E_j}$ und speichert $b_0, \ldots, b_\ell$ als Liste.

Analog erhält man die *dicht rekursive* Darstellung aus

$$p(X) = p(x_1, \ldots, x_r) = \sum_{i=0}^{\ell} q_i(x_1, \ldots, x_{r-1}) x_r^i$$

mit $q_\ell \neq 0$, indem man $q_0, \ldots, q_\ell$ in der dicht rekursiven Form abspeichert.

*4.6.2.1 Beispiel:* Die dünn distributive Darstellung von $p(x, y, z) = x^2 yz + 2xy^3 z + 3xyz^2$ bzgl. der rein lexikographischen Ordnung sieht etwa wie folgt aus (es wird jeweils nach absteigenden Termen sortiert, damit man sofortigen Zugriff auf den Leitterm hat; dies ist für einige Algorithmen wesentlich):

$$\boxed{\text{(x,y,z)}} \rightarrow \boxed{1}\,\boxed{(2,1,1)} \rightarrow \boxed{2}\,\boxed{(1,3,1)} \rightarrow \boxed{3}\,\boxed{(1,1,2)}$$

Bzgl. der Ordnung nach Gesamtgrad, dann lexikographisch ändert sich diese Darstellung zu

$$\boxed{\text{(x,y,z)}} \rightarrow \boxed{2}\,\boxed{(1,3,1)} \rightarrow \boxed{1}\,\boxed{(2,1,1)} \rightarrow \boxed{3}\,\boxed{(1,1,2)}$$

Aus der rekursiven Schreibweise in der lexikographischen Ordnung

$$p(x, y, z) = x^2(y(z)) + x(y^3(2z) + y(3z^2))$$

ergibt sich die dünn rekursive Darstellung (absteigend sortiert):

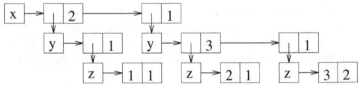

Für Beispiele dichter Darstellungen begnügen wir uns mit $q := \frac{p}{xyz} = 2y^2 + x + 3z$ (Gesamtgrad, dann lexikographisch). Die Menge $\mathrm{Term}^*(X; q)$ besteht dann aus den Elementen

$$\underbrace{X^{(0,0,0)}}_{1=} < X^{(0,0,1)} < X^{(0,1,0)} < X^{(1,0,0)} < X^{(0,0,2)} < X^{(0,1,1)} < \underbrace{X^{(0,2,0)}}_{=y^2}$$

Damit erhält man die dichte Darstellung (aufsteigend sortiert)

$$\boxed{\text{(x,y,z)}} \rightarrow \boxed{0} \rightarrow \boxed{3} \rightarrow \boxed{0} \rightarrow \boxed{1} \rightarrow \boxed{0} \rightarrow \boxed{0} \rightarrow \boxed{2}$$

Eine dicht rekursive Darstellung von $q$ bezüglich der rein lexikographischen Ordnung hat schließlich die Gestalt (aufsteigend sortiert)

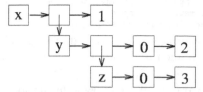

Natürlich sind auch andere Datenstrukturen als Listen denkbar. So wurden etwa in [Hor] oder in [Kl2] Implementierungen mit *Balanced Trees* und mit so genannten *Hash Tables* vorgeschlagen und diskutiert, die möglicherweise effektiver als einfache lineare Listen sind.

Grundsätzlich wird ein Polynom (wie bereits oben für die Listendarstellung gezeigt) als Menge von Monomen, d.h. Termen (eigentlich nur Exponentenvektoren) und zugehörigen Koeffizienten gespeichert. Dazu gibt es in der Informatik viele bekannte Methoden, etwa die bereits erwähnten verketteten Listen, ausgeglichene oder AVL-Bäume [AVL] und Hash-Tabellen.

Grundsätzlich muss eine Datenstruktur, die zur Darstellung von Polynomen verwendet werden soll, zunächst einmal die Möglichkeit bieten, das Nullpolynom zu erzeugen und Monome zum bestehenden Polynom hinzu zu addieren. Mit diesen beiden Konstruktionselementen kann jedes gewünschte Polynom in dieser Datenstruktur erzeugt werden.

Darüber hinaus ist es aber auch nötig, das Polynom Monom für Monom durchgehen zu können, d.h. es muss ein Iterator vorhanden sein, der es gestattet, nacheinander alle Monome des Polynoms zu betrachten, ohne dass dabei ein Monom zweimal vorkommt.

Mit Hilfe dieser Schnittstellenoperationen kann man dann Algorithmen von der Datenstruktur unabhängig formulieren. Viele Algorithmen mit Polynomen sind mit diesen Mitteln aber noch nicht sehr effizient zu formulieren. Man sollte die Sortiertheit der gegebenen Polynome bzgl. der zugrundeliegenden Ordnungsrelation ausnutzen.

Während man bei einer Liste die Terme in der Reihenfolge speichern kann, die durch die Ordnungsrelation vorgegeben ist, geht die Information über die Reihenfolge bei der Verwendung von Hash-Tabellen verloren.

Obwohl also relativ schnell klar ist, welche Datenstruktur bei den einfachen Schnittstellenoperationen schneller ist, ist es keineswegs einfach zu sehen, welche Datenstruktur für welche Algorithmen am geeignetsten ist.

An der TU München wurden im Rahmen eines interdisziplinäres Projekts diese verschiedenen implementiert. Ein kleines System namens SPOCK (Sparse POlynomial Calculation Kit) wurde dazu erstellt [KRSW].

*4.6.2.2 Beispiel:* Die verschiedenen Darstellungen eines Polynoms werden mit einer SPOCK-Beispielsitzung dokumentiert. SPOCK arbeitet wie die meisten Computeralgebra-Programme als Interpreter. Nach dem Aufruf `spock` oder `spock <kommandodatei>` meldet sich das Programm mit einem kurzen Begrüßungstext und seinem Prompt oder arbeitet die Befehle in der angegebenen Kommandodatei ab:

```
This is Spock - Sparse POlynomial Calculation Kit
Calculating primetable .. done
Interpreting session-file ../spock_bsp1:
```

Der Befehl `random(a,b,c)` erzeugt ein zufälliges Polynom mit $a$ Termen, $b$ Variablen und einem Grad von höchstens $c$ in jeder der Variablen.

Der Befehl `stat(a)` gibt nähere Informationen zur internen Darstellung des Polynoms $a$ aus. Je nachdem, in welchem Modus sich SPOCK gerade befindet, erhält man Informationen über die Anzahl der Terme, die Höhe und ggf. Struktur des AVL-Baums oder die Auslastung der Hash-Tabelle.

Bei Bäumen wird bis zu einer Höhe von 7 die Struktur des Baumes um 90 Grad gedreht am Bildschirm gezeichnet - sie enthält neben den Knoten des Baums auch Angaben über die Ausgeglichenheit der Unterbäume.

Die Hash-Tabellen-Darstellung gibt Informationen über die Größe der verwendeten Hash-Tabelle, die Anzahl der Terme, das Verhältnis dieser beiden Zahlen, die Anzahl der nichtleeren Tabelleneinträge, die durchschnittliche Länge der Listen, die mindestens ein Element enthalten, und schließlich über die Anzahl der Elemente der längsten vorkommenden Liste. Die Befehle `hash`, `list` bzw. `tree` schalten zwischen den Datenstrukturen um.

```
> list
Switching to list-mode.
> setlex
Switching to lexicographical order.
> a:=random(7,4,6)
  7735 x1^6 x2^6 x3 - 4265 x1^6 x3^5 + 2736 x1^4 x2^5 +
  3880 x1^3 x2^2 x3^6 x4^6 + 6022 x1^3 x2^2 x3^5 x4^4 +
  6528 x1 x2^4 x3^4 x4^3 - 7979 x1 x3^2 x4^6
> stat(a)
list:
# terms: 7
> hash
Switching to hash-mode.
Copying Symbols ... done
> stat(a)
hashtable:
size                  : 11
# terms               : 7
load                  : 0.636364
# used table-entries  : 5
average list-length   : 1.4
maximum list-length   : 2
> tree
Switching to tree-mode.
Copying Symbols ... done
> stat(a)
AVL tree:
# terms: 7
height : 3
tree structure:
```

```
                         [0] 7735 x1^6 x2^6 x3
              [0] 4265 x1^6 x3^5
                         [0] 2736 x1^4 x2^5
       [0] 3880 x1^3 x2^2 x3^6 x4^6
                         [0] 6022 x1^3 x2^2 x3^5 x4^4
              [0] 6528 x1 x2^4 x3^4 x4^3
                         [0] 7979 x1 x3^2 x4^6
```

In MAPLE gibt es keinen gesonderten Datentyp für Polynome. Dort gehören Polynome zu den sehr viel allgemeineren Datentypen SUM oder PROD. Der Typ SUM ähnelt dabei der oben vorgestellten Listenform: nach einem Header, in dem die Länge des Ausdrucks, sein Typ und noch einige andere Informationen gespeichert sind, folgen Querverweise auf konstante Vorfaktoren und Ausdrücke ( SUM = Vorfaktor$_1$ · Ausdruck$_1$ + ... ), die analog Monomen bei Polynomen in Hash-Tabellen gespeichert werden.

Die Ausdrücke können allerdings nicht nur Terme sein und werden auch nicht von Haus aus sortiert (wenn nicht mit dem sort-Befehl explizit sortiert wird, wird die Reihenfolge der Ausdrücke durch ihre Adressen im Rechner bestimmt). Da nicht automatisch vereinfacht wird, sind etwa $x^2 + 2x + 1$ und $(x + 1)^2$ nicht nur verschiedene Objekte im Rechner, sondern sogar von den verschiedenen Datentypen SUM und PROD.

### 4.6.3 Addition und Subtraktion

Polynomiale Arithmetik ähnelt der Arithmetik mit long integers; man ersetze dort jeweils $\beta^i$ durch $X^I$. Die Tatsache, dass es keine Überträge zu berücksichtigen gibt, macht den Umgang mit Polynomen sogar etwas leichter. Dafür bringt die wegen des bei multivariaten Polynomen deutlich geringeren Speicherbedarfs üblicherweise bevorzugte dünne Darstellung einige neue Probleme mit sich, da ja vor jedem Rechenschritt die Exponenten erfragt und verglichen werden müssen. Auch das u.U. nötige Sortieren nach Exponenten kostet zusätzlichen Aufwand, der sich auf die Rechenzeit niederschlägt.

Die entsprechende Größe zur $\beta$-Länge einer long integer ist bei der dicht distributiven Darstellung offensichtlich die Mächtigkeit $t_p^*$ der Menge Term$^*(X; p)$. Bezeichnet man mit $m(r, d)$ die Anzahl der Terme in $r$ Veränderlichen vom Gesamtgrad $d$, so gilt $m(r, 0) = 1$ für $r \geq 0$ und $m(0, d) = 0$ für $d \geq 1$.
Betrachtet man nun den Term $x_1^{i_1} x_2^{i_2} \cdot \ldots \cdot x_r^{i_r}$ vom Gesamtgrad $\sum_{j=1}^{r} i_j = d$, so ist $x_1^{i_1} x_2^{i_2} \cdot \ldots \cdot x_{r-1}^{i_{r-1}}$ ein Term in $r - 1$ Variablen vom Grad $d - i_r$. Das heißt

$$m(r, d) = \sum_{n=0}^{d} m(r - 1, d - n) \ .$$

Einsetzen zeigt, dass $m(r, d) = \binom{d+r-1}{r-1}$ die Rekursion löst.

Damit gilt bei dicht distributiver Darstellung und Ordnung nach Gesamtgrad für ein Polynom $p(x_1, \ldots, x_r)$ vom Gesamtgrad $d$:

$$\frac{d}{r}\binom{d+r-1}{r-1} = \sum_{i=0}^{d-1}\binom{i+r-1}{r-1} < t_p^* \leq \sum_{i=0}^{d}\binom{i+r-1}{r-1} = \frac{d+1}{r}\binom{d+r}{r-1}.$$

Im letzten Beispiel war $q = 2y^2 + x + 3z$, also $d = 2$ und $r = 3$. Damit liefert obige Abschätzung $4 < t_q^* \leq 10$. Der exakte Wert ist $7$. Ist dagegen $d = 5$ und $r = 3$, so liegt $t_p^*$ (und damit die Anzahl der abzuspeichernden Koeffizienten) bereits zwischen $35$ und $56$, selbst wenn das Polynom nur wenige von Null verschiedene Einträge hat.

Da die dicht distributive Darstellung nicht für alle Ordnungsrelationen existiert und im Fall der Ordnung nach Gesamtgrad meist einen ungeheuren Speicheraufwand bedeutet, wird sie für Polynome in mehreren Variablen praktisch nicht verwendet (abgesehen von der Schwierigkeit der Nummerierung der Terme).

Bei der dicht rekursiven Darstellung sind höchstens

$$t_p^\diamond := \prod_{i=1}^{r}(1 + \deg_i p)$$

Koeffizienten zu speichern. Dies ist zwar weniger als im dicht distributiven Fall (bei $d = 5$ und $r = 3$ etwa zwischen $6$ und $18$), im Fall vieler Variabler oder großer Grade aber immer noch recht viel: Der Term $w^4 x^5 y^6 z^3$ bräuchte so $5 \cdot 6 \cdot 7 \cdot 4 = 840$ Speicherplätze.

Im univariaten Fall sind die beiden dichten Speichermethoden identisch und sinnvoll, da die Grundrechenarten mit ihnen leicht zu implementieren und schnell sind. Im multivariaten Fall beschränken wir uns ab jetzt dagegen auf die einzig sinnvollen dünnen Speichermethoden. Zum schnellen effektiven Rechnen mit univariaten Polynomen über $\mathbb{Z}_n$ für ein $n$ das kleiner als die Wortlänge des Computers ist, verwendet MAPLE eine dichte Speichermethode (`modp1`-Routinen). Ein Beispiel dazu findet sich dem nebenstehenden Worksheet.

```
> restart:n:=200000:
```

$q1$ und $q2$ sind zufällig erzeugte Polynome vom Grad $n$ modulo einer großen Primzahl $p$

```
> p:=nextprime(n):
  q1:=Randpoly(n,x) mod p:
  q2:=Randpoly(n,x) mod p:
```

Die benötigte Zeit für die Multiplikation in der üblichen dünnen Darstellung ist:

```
> st:=time():
  q1*q2:
  time()-st;
                    0.261
```

Kosten für die Umwandlung in die interne dichte Darstellung (*modp1*–Paket)

```
> st:=time():
  q3:=modp1(ConvertIn(q1,x),p):
  q4:=modp1(ConvertIn(q2,x),p):
  time()-st;
                    2.030
```

Die benötigte Zeit für die Multiplikation in dieser dichten Darstellung ist:

```
> st:=time():
  Multiply(q3,q4):
  time()-st;
                    0.
```

Für ein einzelnes Produkt lohnt sich das also nicht, sehr wohl aber, wenn viel gerechnet werden muss.

Arbeitet man mit der dünn distributiven oder dünn rekursiven Speichermethode, so muss man natürlich auch damit rechnen, dass ein Polynom $p$ in $r$ Variablen vom Grad $d$ dicht gefüllt ist, d.h. die je nach Methode maximale Anzahl von Koeffizienten ungleich Null besitzt oder nur knapp darunter bleibt (also $t_p^*$ bei dünn distributiver Speicherung und $t_p^\diamond$ bei dünn rekursiver Speicherung).

Üblicherweise geht man aber davon aus, dass die Anzahl $t_p := |\mathrm{Term}(X;p)|$ deutlich kleiner als diese mögliche Maximalzahl ist, d.h. man geht von dünn besiedelten Polynomen aus.

Insbesondere verwendet man die Zahl $t_p$ bei der Beurteilung der Rechenzeit polynomialer Operationen und greift nur für die Beurteilung des schlimmsten Falles auf die oben angegebenen Schranken für dieses $t_p$ zurück.

_____**Summe von Polynomen**_____

```
procedure PSum(p, q)
    lp ← tp; lq ← tq; lr ← 1
    while lp ≥ 1 and lq ≥ 1 do
        O ← sign(Ilp − Jlq)
        if O = 0 then
            clr ← alp ⊕ blq
            if clr = 0 then
                lp ← lp − 1; lq ← lq − 1
            else
                Klr ← Ilp
                lp ← lp − 1; lq ← lq − 1; lr ← lr + 1
            end if
        elif O = 1
            clr ← alp; Klr ← Ilp
            lp ← lp − 1; lr ← lr + 1
        else
            clr ← blq; Klr ← Jlq
            lq ← lq − 1; lr ← lr + 1
        end if
    end do
    if lp ≥ 1 then
        Return (∑...)
    elif lq ≥ 1 then
        Return (∑...)
    else
        Return (∑...)
    end if
end
```

Comments:
- # Eingabe: $p(X) = \sum_{\ell=1}^{t_p} a_\ell X^{I_\ell}$,
- # $q(X) = \sum_{\ell=1}^{t_q} b_\ell X^{J_\ell}$
- # aus $R[X] = R[x_1, \ldots, x_r]$
- # in kanonischer, dünn
- # distributiver Darstellung.
- # Ausgabe: $r(X) = \sum_{\ell=1}^{t_r} c_\ell X^{K_\ell} =$
- # $= p(X) + q(X)$
- # in kanonischer, dünn
- # distributiver Darstellung.
- # sign bezieht sich hier auf die
- # zugrundeliegende zulässige Ordnung
- # $\oplus$ bezeichnet die Addition
- # im Ring $R$

$$\mathbf{Return}\ \left(\sum_{\ell=1}^{l_p} a_\ell X^{I_\ell} + \sum_{\ell=l_p+1}^{l_p+l_r-1} c_{l_p+l_r-\ell} X^{K_{l_p+l_r-\ell}}\right)$$

$$\mathbf{Return}\ \left(\sum_{\ell=1}^{l_q} b_\ell X^{J_\ell} + \sum_{\ell=l_q+1}^{l_q+l_r-1} c_{l_q+l_r-\ell} X^{K_{l_q+l_r-\ell}}\right)$$

$$\mathbf{Return}\ \left(\sum_{\ell=1}^{l_r-1} c_{l_r-\ell} X^{K_{l_r-\ell}}\right)$$

Je nach zugrundeliegender Darstellung kann man nun Routinen für die Grundrechenarten angeben. Die Prozedur PSum erledigt die Summation von Polynomen in der dünn distributiven Darstellung. Von den Eingabepolynomen wird erwartet, dass sie sich in kanonischer Normalform bezüglich der fest vereinbarten Termordnung befinden.

Die Ausgabe des Ergebnisses erfolgt in kanonischer Normalform. Der Einfachheit halber werden Polynome im Programm in der gewohnten mathematischen Notation geschrieben. Wie in *4.6.1.2* gezeigt, seien sie intern als absteigende Liste der Knoten aus Koeffizienten, Multiindizes und Pointern gespeichert (plus eventuelle Header, die hier nicht angegeben werden).

$$p(X) = \sum_{\ell=1}^{t_p} a_\ell X^{I_\ell} \leftrightarrow p \rightarrow \boxed{\begin{array}{c|c} a_{t_p} & I_{t_p} \end{array}} \rightarrow \boxed{\begin{array}{c|c} a_{t_p-1} & I_{t_p-1} \end{array}} \rightarrow \cdots \rightarrow \boxed{\begin{array}{c|c} a_1 & I_1 \end{array}}$$

Betrachtung der **while**-Schleife in der Prozedur zeigt, dass die Hauptarbeit in der Berechnung von $\text{sign}(I_{l_p} - J_{l_q})$, d.h. dem Vergleich zweier Vektoren aus $\mathbb{N}_0^r$ bezüglich einer festgelegten zulässigen Ordnungsrelation und in der Berechnung der Koeffizientensumme $a_{l_p} \oplus b_{l_q}$ im Ring $R$ liegt.

Die Beurteilung dieser beiden Punkte hängt davon ab, wieviele gemeinsame Terme die beiden zu summierenden Polynome $p(X)$ und $q(X)$ haben. Diese Anzahl wird mit

$$t_{p*q} := |\text{Term}(X; p) \cap \text{Term}(X; q)|$$

bezeichnet (nicht zu verwechseln mit $t_{p\cdot q}$!) und liegt zwischen $0$ und $\min(t_p, t_q)$.

In jedem Durchlauf der **while**-Schleife wird einer der Laufindizes $l_p$ oder $l_q$ um $1$ heruntergesetzt. Sind die zwei betrachteten Terme gleich, so werden sogar beide Indizes heruntergesetzt. Damit wird die Schleife höchstens $t_p + t_q - t_{p*q}$-mal durchlaufen.

So oft muss höchstens das Signum berechnet werden und $t_{p*q}$-Mal wird die Koeffizientensumme berechnet. Diese zwei Punkte dominieren die Rechnungen in Kurzzahlarithmetik mit den Laufindizes.

Ein Vergleich zweier Multiindizes der Länge $r$ kann recht aufwändig werden, wenn er ganz allgemein gemäß **4.6.1.6** berechnet wird. Für die vorgestellten gängigen Termordnungen sind aber höchstens $r$ Operationen nötig.

Der Aufwand für die Koeffizientensummen hängt natürlich sehr von dem zugrundeliegenden Ring $R$ ab. Um diesen Aufwand abschätzen zu können, betrachten wir diejenigen Koeffizienten von $p$ und $q$, für die die Summenbildung am aufwändigsten ist. Die Anzahl der Operationen, die für deren Addition nötig ist, bezeichnen wir mit $\mathcal{A}(p,q)$. Damit gilt für den Gesamtaufwand

$$\text{Op}[r(X) \leftarrow \text{PSum}(p(X), q(X))] \preceq (t_p + t_q - t_{p*q}) \cdot r + t_{p*q} \cdot \mathcal{A}(p,q).$$

Bei dünn besiedelten Polynomen wir oft $t_{p*q}$ klein sein oder sogar verschwinden, so dass die Addition von $(t_p + t_q) \cdot r$ dominiert wird. Je dichter $p$ und $q$ belegt sind, desto mehr wird sich $t_{p*q}$ seinem Maximalwert $\min(t_p, t_q)$ nähern. Der Gesamtaufwand in diesem Fall wird also von $\max(t_p, t_q) \cdot r + \min(t_p, t_q) \cdot \mathcal{A}(p, q)$ dominiert. Erst für eine relativ aufwändige Ringarithmetik und dicht gefüllte Polynome dominieren also die Additionen der Koeffizienten die Rechnung.

Sind $p$ und $q$ univariate vollbesetzte Polynome, so ist $t_p \approx \deg p + 1$, $t_q \approx \deg q + 1$ und damit der Rechenaufwand von PSum von der Ordnung $\max(\deg(p) + 1, \deg(q) + 1) + \min(\deg(p) + 1, \deg(q) + 1) \cdot \mathcal{A}(p, q)$ also häufig etwas aufwändiger als die Addition dicht distributiv dargestellter, univariater Polynome, die von der Ordnung $\min(\deg(p) + 1, \deg(q) + 1) \cdot \mathcal{A}(p, q)$ ist.

Sind $t_p$ und $t_q$ von der gleichen Größenordnung $n$, so hat man es bei der Listendarstellung mit $\mathcal{O}(n)$ Termvergleichen und $\mathcal{O}(n)$ Additionen im Koeffizientenring $R$ zu tun.

Da man bei der Darstellung mit AVL-Bäumen etwas mehr Aufwand betreiben muss, um alle Terme in der richtigen Reihenfolge zu bekommen, benötigt man dort $\mathcal{O}(n \log n)$ Termvergleiche. Die Anzahl der Additionen ist bei dieser Datenstruktur gleich. Bei der Darstellung mit Hash-Tabellen braucht man wie bei Listen $\mathcal{O}(n)$ Termvergleiche und $\mathcal{O}(n)$ Additionen, d.h. der Vorteil der eigentlich besseren Datenstrukturen wirkt sich bei der Addition nicht aus.

### 4.6.4 Multiplikation

Noch größer als bei der Addition ist der Unterschied der verschiedenen Speichermethoden bei der Multiplikation. Der Einfachheit halber beschränken wir uns wieder auf die dünn distributive Methode.

Es seien also $p$ und $q$ in der dünn distributiven Form dargestellt, etwa

$$p(X) = \sum_{i=1}^{t_p} a_i X^{I_i} \text{ und } q(X) = \sum_{j=1}^{t_q} b_j X^{J_j}.$$

Dann gilt

$$r(X) := p(X) \cdot q(X) = \sum_{i,j} a_i b_j X^{I_i + J_j} = \sum_{k=1}^{t_{pq}} r_k X^{K_k}.$$

Die zur Berechnung dieses Produktes benötigte Zeit hängt stark davon ab, wie schnell die berechneten Zwischenergebnisse $(a_i b_j, I_i + J_j)$ für $1 \le i \le t_p$ und $1 \le j \le t_q$ zusammengefasst und sortiert werden, denn die $(r_k, K_k)$ für $1 \le k \le t_{pq}$ sollen ja bzgl. der gegebenen Termordnung sortiert sein, also $K_1 < K_2 < \ldots < K_{t_{pq}}$. Dazu geht man wie folgt vor:

1) Berechne für $i = 1, \ldots, t_p$ die Polynome

$$s_i(X) = a_i X^{I_i} \cdot q(X) = \sum_{j=1}^{t_q} a_i b_j X^{I_i + J_j} \text{ bzw.}$$

$$s_i = ((a_i b_{t_q}, I_i + J_{t_q}), \ldots, (a_i b_1, I_i + J_1))$$

Die $s_i$ sind bereits sortiert ((T2)!), deshalb ist hier nichts weiter zu tun.

2) Sortiere für $1 \leq i \leq \frac{t_p}{2}$ jeweils die Listen $s_{2i-1}$ und $s_{2i}$ ineinander und fasse dabei gleiche Terme zusammen. Fasse die so berechneten Listen wieder paarweise nach dem gleichen Schema zusammen, bis am Schluss nur noch die eine sortierte Liste $((r_{t_{pq}}, K_{t_{pq}}), \ldots, (r_1, K_1))$ übrig ist.

*4.6.4.1 Beispiel:* Es seien $p(x, y, z) = 3x^3 y^2 z^3 + 2x^2 y^3 z^3 - xy^2 z^3$ und $q(x, y, z) = x^4 y^3 z^2 - x^3 y^2 z^2 + x^2 y^3 z^2$ (jeweils nach Gesamtgrad, dann lexikographisch sortiert) bzw.

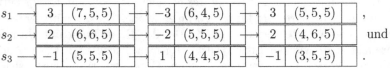

Dann ist

$s_1 \longrightarrow$ | 3 | (7,5,5) | $\longrightarrow$ | −3 | (6,4,5) | $\longrightarrow$ | 3 | (5,5,5) | ,

$s_2 \longrightarrow$ | 2 | (6,6,5) | $\longrightarrow$ | −2 | (5,5,5) | $\longrightarrow$ | 2 | (4,6,5) | und

$s_3 \longrightarrow$ | −1 | (5,5,5) | $\longrightarrow$ | 1 | (4,4,5) | $\longrightarrow$ | −1 | (3,5,5) | .

Im ersten Sortierschritt werden $s_1$ und $s_2$ zusammensortiert zu

| 3 | (7,5,5) | $\longrightarrow$ | 2 | (6,6,5) | $\longrightarrow$ | −3 | (6,4,5) | $\longrightarrow$
| 1 | (5,5,5) | $\longrightarrow$ | 2 | (4,6,5) | .

Dieses Zwischenergebnis wird schließlich mit $s_3$ zum Endergebnis

| 3 | (7,5,5) | $\longrightarrow$ | 2 | (6,6,5) | $\longrightarrow$ | −3 | (6,4,5) | $\longrightarrow$
| 2 | (4,6,5) | $\longrightarrow$ | 1 | (4,4,5) | $\longrightarrow$ | −1 | (3,5,5) | bzw.

$$p \cdot q = 3x^7 y^5 z^5 + 2x^6 y^6 z^5 - 3x^6 y^4 z^5 + 2x^4 y^6 z^5 + x^4 y^4 z^5 - x^3 y^5 z^5$$

zusammengesetzt.

Analyse dieses Multiplikationsalgorithmus:

1) In Schritt 1 werden für jedes $s_i$ $(i = 1, \ldots, t_p)$ $t_q$ Produkte $a_i b_j$ von Koeffizienten und ebensoviele Summen von Multiindizes $I_i + J_j$ berechnet. Um diesen Aufwand abschätzen zu können, betrachten wir diejenigen Koeffizienten von $p$ und $q$, für die die Produktbildung am aufwändigsten ist. Die Anzahl der Operationen, die für deren Multiplikation nötig ist, bezeichnen wir mit $\mathcal{M}(p, q)$. Damit ist die Berechnung eines einzelnen $s_i$ mit dem Aufwand $(\mathcal{M}(p, q) + r) \cdot t_q$ verbunden, d.h. Schritt 1 insgesamt mit $(\mathcal{M}(p, q) + r) \cdot t_p t_q$.

2) In Schritt 2 kostet das Zusammenfügen zweier Listen der Länge $L$ jeweils höchstens $2L - 1$ Vergleiche von Multiindizes und höchstens $L$ Summen von Koeffizienten.

Im $i$-ten Schritt werden $\leq \frac{t_p}{2^i}$ Paare von Listen der Länge $\leq 2^{i-1}t_q$ ineinander sortiert. Dies erfordert höchstens

$$\left(\mathcal{A}(p,q) \cdot 2^{i-1}t_q + (2 \cdot 2^{i-1}t_q - 1) \cdot r\right) \cdot \frac{t_p}{2^i} = \left(\frac{1}{2}\mathcal{A}(p,q) + r\right) \cdot t_p \cdot t_q - \frac{t_p r}{2^i}$$

Operationen. Da insgesamt $\lceil \log_2 t_p \rceil$ Sortierschritte nötig sind, wird Schritt 2 also dominiert von

$$\left(\frac{1}{2}\mathcal{A}(p,q) + r\right) \cdot t_p \cdot t_q \cdot \lceil \log_2 t_p \rceil.$$

Für die Beurteilung des gesamten Verhaltens kommt es darauf an, wie sich $\mathcal{M}(p,q) + r$ und $\left(\frac{1}{2}\mathcal{A}(p,q) + r\right) \cdot \lceil \log_2 t_p \rceil$ zueinander verhalten. Ist die Multiplikation von Ringelementen im Vergleich zur Addition sehr aufwändig und ist das Polynom $p$ relativ dünn besiedelt, so wird der Aufwand für den ersten Schritt den gesamten Algorithmus dominieren. Sind dagegen Multiplikation und Addition im Ring $R$ mit ähnlichem zeitlichen Aufwand verbunden, so dominiert der zweite Schritt die gesamte Rechenzeit.

Hat man es etwa mit zwei dichtbesetzten univariaten Polynomen $p$ und $q$ zu tun, so ist $t_p \approx \deg p + 1$, $t_q \approx \deg q + 1$ und die Anzahl der Operationen wird damit (bei Annahme des 2. Falls) dominiert von

$$\frac{1}{2}\mathcal{A}(p,q)(\deg q + 1)(\deg p + 1)\lceil \log_2(\deg p + 1)\rceil.$$

Das gleiche Produkt in dichter Darstellung erfordert

$$\mathcal{M}(p,q)(\deg q + 1)(\deg p + 1).$$

Sind $\mathcal{A}(p,q)$ und $\mathcal{M}(p,q)$ ungefähr gleich groß (etwa beim Rechnen in $R = \mathbb{Z}_n$), so ist die Multiplikation von dünn dargestellten Polynomen also um den durch das Ineinandersortieren der Listen bedingten Faktor $\frac{1}{2}\lceil \log_2(\deg p + 1)\rceil$ langsamer, als die von dicht dargestellten.

Dies zeigt, warum etwa in MAPLE in diesem Fall bei einigen Algorithmen automatisch zur dichten Darstellung übergegangen wird (modp1-Routinen). Bei dem naheliegenden, aber schlechteren Sortierverfahren, bei dem man die $s_i$ nicht paarweise sondern hintereinander zusammenfasst, bekäme man hier sogar einen Faktor $\frac{1}{2}t_p$ bzw. $\frac{1}{2}(\deg p + 1)$.

Realisiert man das erläuterte Sortierverfahren für die Multiplikation, so könnte man die $t_p$ Polynome $s_i(X)$ (mit je $t_q$ Termen) in einem Feld der Größe $t_p$ speichern und diese jeweils (da sie dann nicht mehr benötigt werden) mit den ineinandersortierten Polynomen überschreiben. Am Ende stünde dann das Ergebnispolynom als erster und einziger Eintrag.

Horowitz schlägt in [Hor] eine Verbesserung dieses Verfahrens vor. Dabei wird statt des eben genannten Feldes ein sog. Stack[*] verwendet.

---

[*]   eine Liste, bei der nur an einem Ende eingefügt und entnommen werden kann.

Jedesmal, wenn ein Polynom mit einem anderen zusammengefasst wurde, wird dies als Zusatzinformation gespeichert (dem sog. *level*, die $s_i$ haben *level* 1. Es werden soweit möglich nur Polynome gleichen *levels* zusammengefasst.

Dies hat den Vorteil, dass man wirklich nur die Polynome speichert, die man gerade zum Rechnen braucht und nicht immer das ganze Feld wie oben. Von der Komplexität her unterscheidet sich diese Variante (Horowitz nennt sie *Binary-Mult*) nicht von der zuerst geschilderten.

Ist $m = t_p$, $n = t_q$, so hat man es bei Verwendung der Listendarstellung und dem Algorithmus *Binary-Mult* mit $\mathcal{O}(mn \log n)$ Termvergleichen, $\mathcal{O}(mn \log n)$ Additionen und $\mathcal{O}(mn)$ Multiplikationen in $R$ zu tun.

*4.6.4.2 Beispiel:* Bei der Berechnung des Produkts der beiden univariaten Polynome

$$p := x^3 + 4x^2 + x + 5$$

und

$$q := x^3 - x^2 + x + 1$$

mit *Binary-Mult* sieht der Stack hintereinander wie gezeigt aus. Wegen der besseren Lesbarkeit sind die Polynome in der üblichen Notation geschrieben. Intern liegen Sie als Listen vor.

| Zwischenpolynom | level |
|---|---|
| $s_1 = x^6 + 4x^5 + x^4 + 5x^3$ | 1 |
| $s_1 = x^6 + 4x^5 + x^4 + 5x^3$ | 1 |
| $s_2 = -x^5 - 4x^4 - x^3 - 5x^2$ | 1 |
| $x^6 + 3x^5 - 3x^4 + 4x^3 - 5x^2$ | 2 |
| $x^6 + 3x^5 - 3x^4 + 4x^3 - 5x^2$ | 2 |
| $s_3 = x^4 + 4x^3 + x^2 + 5x$ | 1 |
| $x^6 + 3x^5 - 3x^4 + 4x^3 - 5x^2$ | 2 |
| $s_3 = x^4 + 4x^3 + x^2 + 5x$ | 1 |
| $s_4 = x^3 + 4x^2 + x + 5$ | 1 |
| $x^6 + 3x^5 - 3x^4 + 4x^3 - 5x^2$ | 2 |
| $x^4 + 5x^3 + 5x^2 + 6x + 5$ | 2 |
| $x^6 + 3x^5 - 2x^4 + 9x^3 + 6x + 5$ | 3 |

Horowitz [Hor] schlägt eine bessere Strategie zur geordneten Abarbeitung der Produktterme vor. Dazu betrachtet man die sog. *Exponentenmatrix* der beiden zu multiplizierenden Polynome, also die Matrix

$$E(p,q) := \begin{pmatrix} I_m + J_n & I_{m-1} + J_n & \dots & I_1 + J_n \\ I_m + J_{n-1} & I_{m-1} + J_{n-1} & \dots & I_1 + J_{n-1} \\ I_m + J_{n-2} & & \ddots & \vdots \\ \vdots & & & \\ I_m + J_1 & & \dots & I_1 + J_1 \end{pmatrix}$$

Alle Zeilen und Spalten der Matrix $E := E(p,q)$ sind bezüglich der zugrundeliegenden zulässigen Ordnung absteigend sortiert (T2). Das größte Element, und damit der Exponent des Leitterms des Produkts, findet sich links oben.

Der von Horowitz *Sort-Mult* genannte Algorithmus besteht nun darin, diese Exponentenmatrix unter Ausnutzung der Sortiertheitsbedingungen so zu durchlaufen, dass die besuchten Monome dabei in der Reihenfolge der verwendeten Ordnungsrelation anfallen.

Ist das der Fall, kann das Einfügen dieser Monome in die Liste des Ergebnispolynoms mit $\mathcal{O}(1)$ geschehen und es werden keine weiteren Termvergleiche benötigt.

Um den Speicherverbrauch möglichst gering zu halten, muss dieses Durchlaufen der Exponentenmatrix so geschehen, dass diese nicht vollständig im Speicher aufgebaut werden muss.

Trotz der Sortiertheit der Exponentenmatrix lässt sich dieses Durchlaufen in der richtigen Reihenfolge nicht völlig ohne Termvergleiche bewerkstelligen. Hat man z.B. das Element $E_{1,1}$ als ersten Term des Produkts festgehalten, so stehen für den nächsten Term $E_{1,2}$ und $E_{2,1}$ zur Verfügung. Die Kandidaten muss man sich in einer geeigneten Struktur merken und durch Vergleiche daraus jeweils wieder den größten aussuchen.

Für die technischen Details dieser Variante sei auf [KRSW] verwiesen. Die asymptotische Laufzeit ändert sich nicht im Vergleich zum vorgestellten *Binary-Mult*, der Speicherbedarf ist allerdings deutlich geringer und der Algorithmus dadurch auch in der Praxis schneller.

Klip liefert in [Kl2] eine andere Variante von *Sort-Mult*, die dem Namen *Gen-Mult*. Der Unterschied liegt einzig in der Art und Weise wie die Exponentenmatrix durchlaufen wird. Implementierungsdetails und Verbesserungen einiger Fehler von Klip lese man ebenfalls in [KRSW] nach.

Trotz der auch hier theoretisch gleichen asymptotischen Laufzeit wie bei den beiden anderen Algorithmen, erweist sich *Gen-Mult* als schnellster der Algorithmen für Polynome in Listendarstellung.

Beim Vergleich mit SPOCK stellt sich *Gen-Mult* als ebenso schnell wie die Multiplikation unter Verwendung von AVL-Bäumen, aber langsamer als die Multiplikation mit Hilfe von Hash-Tabellen heraus. Bei Hash-Tabellen kommt man mit $\mathcal{O}(mn)$ Additionen, Multiplikationen und Termvergleichen aus!

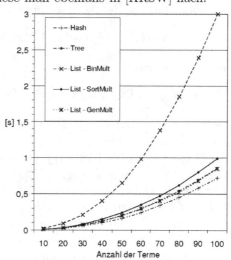

Empirischer Vergleich der Multiplikationsalgorithmen mit SPOCK

*4.6.4.3 Beispiel:* Die Exponentenmatrix der Polynome aus *4.6.4.1* ist

$$
\begin{pmatrix}
(7,5,5) & (6,6,5) & (5,5,5) \\
{\scriptstyle(1)} & {\scriptstyle(2)} & {\scriptstyle(4)} \\
(6,4,5) & (5,5,5) & (4,4,5) \\
{\scriptstyle(3)} & {\scriptstyle(4)} & {\scriptstyle(6)} \\
(5,5,5) & (4,6,5) & (3,5,5) \\
{\scriptstyle(4)} & {\scriptstyle(5)} & {\scriptstyle(7)}
\end{pmatrix}
$$

Unter den Exponentenvektoren ist jeweils vermerkt, an welcher Stelle dieser Exponent in das Ergebnis kommt.

### 4.6.5 Division und Pseudodivision

Bei der Division zweier Polynomen $f(x), g(x) \in R[x]$ $(g(x) \neq 0)$ ( $R$ wie üblich kommutativ mit 1 ) sind zwei wichtige Fälle zu unterscheiden:

1) Ist $R = K$ sogar ein Körper, so ist $K[x]$ ein euklidischer Ring, d.h. es existieren eindeutig bestimmte Polynome $q(x), r(x) \in K[x]$ mit

$$f(x) = g(x) \cdot q(x) + r(x) \text{ und } \deg r(x) < \deg g(x) \qquad (4.3)$$

In Analogie zu der Bezeichnung bei ganzen Zahlen sei:

$$\text{PQuo}(f, g) := q, \ \text{PRest}(f, g) := r .$$

2) Ist $R$ ein faktorieller Ring, so ist auch $R[x]$ faktoriell aber nur im bereits in 1) betrachteten Fall euklidisch. Ist $R$ kein Körper, so funktioniert die Division (4.3) so nicht, da sie Teilbarkeit der Leitkoeffizienten von $f$ und $g$ durcheinander erfordert. Da man aber (insbesondere für die Berechnung des ggT ) etwas Ähnliches wie (4.3) haben möchte, behilft man sich in diesem Fall mit der so genannten *Pseudodivision*.

Dazu multipliziert man $f(x)$ mit einer geeigneten Konstanten, so dass dann die nötigen Divisionen in $R$ aufgehen. Ist $\alpha \in R$ solch ein Faktor, so gibt es dazu eindeutig bestimmte $q, r \in R[x]$ mit

$$\alpha \cdot f(x) = g(x) \cdot q(x) + r(x) \text{ und } \deg r(x) < \deg g(x)$$

und man schreibt

$$\text{PPQuo}(f, g) := \text{PQuo}(\alpha \cdot f, g) = q , \ \text{PPRest}(f, g) := \text{PRest}(\alpha \cdot f, g) = r .$$

Ist nun $\tilde{f} \sim f$ und $\tilde{g} \sim g$, so existieren $a, \tilde{a}, b$ und $\tilde{b}$ aus $R \setminus \{0\}$ mit $\tilde{a}\tilde{f} = af$ und $\tilde{b}\tilde{g} = bg$.

Sind weiterhin $r = \text{PPRest}(f, g)$ und $\tilde{r} = \text{PPRest}(\tilde{f}, \tilde{g})$, so gibt es $\alpha, \tilde{\alpha} \in R \setminus \{0\}$ und $q, \tilde{q}, r, \tilde{r} \in R[x]$ mit $\deg r < \deg q$ bzw. $\deg \tilde{r} < \deg \tilde{q}$ und $\alpha f = qg + r$, $\tilde{\alpha}\tilde{f} = \tilde{q}\tilde{g} + \tilde{r}$. Multipliziert man von diesen beiden Gleichungen die erste mit $ab\tilde{\alpha}$ und zieht davon das $\tilde{a}b\alpha$-fache der zweiten Gleichung ab, so ergibt sich $\tilde{g}(\tilde{a}b\alpha\tilde{q} - a\tilde{b}\tilde{\alpha}q) = b(a\tilde{\alpha}r - u\tilde{a}\alpha\tilde{r})$.

Aus Gradgründen liest man daraus ab $\tilde{a}b\alpha\tilde{q} = a\tilde{b}\tilde{\alpha}q$, $a\tilde{\alpha}r = \tilde{a}\alpha\tilde{r}$, oder einfach $\tilde{q} \sim q$ und $\tilde{r} \sim r$. Dies zeigt

$$\left. \begin{array}{c} \tilde{f} \sim f \\ \tilde{g} \sim g \end{array} \right\} \Rightarrow \left\{ \begin{array}{c} \text{PPRest}(\tilde{f}, \tilde{g}) \sim \text{PPRest}(f, g) \\ \text{PPQuo}(\tilde{f}, \tilde{g}) \sim \text{PQuo}(f, g) \end{array} \right. . \qquad (4.4)$$

Diese Erkenntnis hilft etwa bei der ggT-Berechnung. Man könnte zwar einfach in den Quotientenkörper $K$ von $R$ ausweichen und in dem euklidischen Ring $K[x]$ rechnen, muss dann allerdings die üblicherweise sehr viel aufwändigere Arithmetik in $K$ in Kauf nehmen.

Gerade beim euklidischen Algorithmus, bei dem dieser Divisionsschritt mehrmals wiederholt wird, kann das die Rechenzeit erheblich erhöhen.

Da das Rechnen mit allzu großen Ausdrücken auch die Rechenzeit verlängert, wird man versuchen den Faktor $\alpha$ von $f(x)$ so klein wie möglich zu halten und möglicherweise auch noch aus dem Rest $r(x)$ einen Faktor heraus zu ziehen.

Die Berechnung von $\mathrm{PQuo}(f, g)$ und $\mathrm{PRest}(f, g)$ über einem Körper $K$ mit der unten gezeigten Routine PDiv funktioniert im Prinzip genauso wie die bekannte Handmethode. Die Normierung von $g$ vor der Schleife erfordert $t_g$ Divisionen in $K$. Die Schleife wird höchstens $(\deg(f) - \deg(g) + 1)$-mal durchlaufen. In der Schleife werden ein Quotient und $t_g$ Produkte von Körperelementen berechnet. Weiterhin wird eine Differenz zweier Polynome mit $t_g$ und $t_{f'}$ Einträgen berechnet. Die Differenz der beiden Grade am Schluss spielt genauso wie die Berechnung von $k$ am Anfang bei der Beurteilung keine Rolle (ganze Zahlen in Kurzzahlarithmetik).

---

**Polynomdivision**

```
procedure PDiv(f, g)                    # Eingabe:  f(x), g(x) ∈ K[x], dünn
    f' ← f;  k ← deg f' − deg g;  g' ← g/LK(g)  #          distributiv gespeichert
    while k ≥ 0 do                      # Ausgabe:  PQuo(f, g)
        q_k ← LK(f')/LK(g)             #           PRest(f, g)
        f' ← f' − g' LK(f')x^k;  k ← deg f' − deg g
    end do
    PQuo(f, g) ← ∑_{q_k ≠ 0} q_k x^k;  PRest(f, g) ← f'
    Return(PQuo(f, g), PRest(f, g))
end
```

---

Geht man davon aus, dass die Division im Körper genauso viel Aufwand wie die Multiplikation erfordert, so bleibt die Schwierigkeit, dass sich die Größe der beteiligten Körperelemente in manchen Körpern (etwa in $\mathbb{Q}$) dauernd ändert. In endlichen Körpern hat man dieses Problem nicht. Es ist also

$$\mathrm{Op}_K[(\mathrm{PQuo}(f, g), \mathrm{PRest}(f, g)) \leftarrow \mathrm{PDiv}(f, g)] \preceq (\deg(f) - \deg(g)) \cdot t_g.$$

Bei dicht besetzten Polynomen erfordert der Algorithmus somit maximal $\mathcal{O}((\deg f - \deg g) \cdot \deg g)$ Operationen in $K$.

Erst, wenn man wirklich Grundoperationen zählt, wirken sich bei der Division die verschiedenen möglichen Datenstrukturen aus. Die Schwierigkeit liegt hier neben der sich ändernden Größe der Koeffizienten in der Bestimmung des Grades und der Leitkoeffizienten.

Bei einem Polynom aus $K[x]$ in Listendarstellung ist dies am einfachsten, denn der Grad ist der Exponent des ersten Listenknotens, der Leitkoeffizient der zugehörige Exponent. Eine unsortiert abgespeicherte Hash-Tabelle muss man dagegen nach diesen Größen durchsuchen.

Deutlich schwieriger wird die Situation bei multivariaten Polynomen. Hier beziehen sich deg und LK jeweils auf eine ausgezeichnete Hauptvariable. Ist dies gerade auch die Hauptvariable einer lexikographisch sortierten Liste, so sind diese Größen wiederum sehr leicht abzulesen. Liegen dagegen eine andere Ordnung oder eine andere Datenstruktur vor, so muss man möglicherweise alle Terme durchsuchen. Dies bewirkt, dass hier die Listendarstellung den anderen Strukturen überlegen ist.

Die folgende Prozedur $\texttt{PggT}_{K[x]}$ berechnet mit Hilfe von $\texttt{PDiv}$ den ggT zweier Polynome aus $K[x]$. Das funktioniert genauso in jedem anderen euklidischen Ring, man muss nur die geeignete Prozedur für die euklidische Division mit Rest in diesem Ring bereitstellen.

─────────────────────── **ggT** in $K[x]$ ───────────────────────

**procedure** $\texttt{PggT}_{K[x]}(f,g)$      # Eingabe: $f(x), g(x) \in K[x]$,

   $f' \leftarrow f;\ g' \leftarrow g$           # Ausgabe: $\text{ggT}(f,g)$

   **while** $g' \neq 0$ **do**

     |   $\texttt{PDiv}(f',g');\ r \leftarrow \text{PRest}(f',g')$

     |   $f' \leftarrow g'\ ;\ g' \leftarrow r$

   **end do**

   **Return**$(f')$

**end**

─────────────────────────────────────────────────────────────

Berechnet man mit Hilfe von $\texttt{PggT}_{K[x]}$ den ggT zweier Polynome in dichter Darstellung mit der Schulmethode (Schreibweise wie im Beweis von **2.5.4**), so erfordert die gesamte ggT-Berechnung $\mathcal{O}((n_1 - n_2)n_2 + (n_2 - n_3)n_3 + \ldots + (n_{k-1} - n_k)n_k)$ Operationen in $K$.

Wegen $n_1 > n_2 > \ldots > n_k$ und $(n_1 - n_2)n_2 + (n_2 - n_3)n_3 + \ldots + (n_{k-1} - n_k)n_k = n_1 n_2 + n_2(n_3 - n_2) + \ldots + n_{k-1}(n_k - n_{k-1}) - n_k^2$ gilt also

$$\text{Op}_K[\text{ggT}(f,g) \leftarrow \texttt{PggT}_{K[x]}(f,g)] = \mathcal{O}(\deg(f) \cdot \deg(g)).$$

Da bei dem Algorithmus $\texttt{PDiv}$ höchstens $(\deg(f) - \deg(g) + 1)$-mal durch den Leitkoeffizienten $\text{LK}(g)$ von $g(x)$ dividiert wird, ist für die Pseudodivision immer $\alpha := \text{LK}(g)^{(\deg(f) - \deg(g) + 1)}$ ein geeigneter, wenn auch oft zu großer Faktor.

Um nicht einen zu großen Faktor zu verwenden und um davon zu profitieren, dass es ja meist weniger Rechenschritte sein werden, multipliziert man nicht gleich von Anfang das Polynom $f$ mit solch einem Faktor, sondern multipliziert in jedem Divisionsschritt mit $\text{LK}(g)$.

Die so berechneten $q_k$ müssen am Ende allerdings mit der jeweils entsprechenden Potenz von $\text{LK}(g)$ multipliziert werden. Außer der **while**-Schleife wie bei $\texttt{PDiv}$ braucht man dazu noch eine zweite Schleife, in der die $q_k$ nochmals bei $k = 0$ startend durchlaufen werden. Da dies bei den vorgestellten Datenstrukturen nur recht uneffizient zu machen ist, sollte man die $q_k$ in einer dazu geeigneteren Datenstruktur zwischenlagern.

_____**Pseudodivision**_____

**procedure** PPDiv($f, g$)         # Eingabe:  $f(x), g(x) \in R[x]$ , dünn
  $f' \leftarrow f$ ; $k \leftarrow \deg f' - \deg g$     #         distributiv gespeichert
  **while** $k \geq 0$ **do**          # Ausgabe: PPQuo($f, g$) ,
  | $q_k = \mathrm{LK}(f')$         #         PPRest($f, g$)
  | $f' \leftarrow \mathrm{LK}(g)f' - \mathrm{LK}(f')gx^k$ ; $k \leftarrow \deg f' - \deg g$
  **end do**
  temp $\leftarrow 0$
  **for** $k$ **from** 0 **to** $\deg(f) - \deg(g)$ **do**
  | **if** $q_k \neq 0$ **then**
  | | $q_k \leftarrow q_k \cdot \mathrm{LK}(g)^{\mathrm{temp}}$ ; temp $\leftarrow$ temp $+1$
  | **end if**
  **end do**
  PPQuo($f, g$) $\leftarrow \sum_{q_k \neq 0} q_k x^k$ ; PPRest($f, g$) $\leftarrow f'$
  **Return**(PPQuo($f, g$), PPRest($f, g$))
**end**

---

*4.6.5.1 Beispiel:* Es seien $f(x) = x^7 - 3x^2 + 3x + 1$ und $g(x) = 3x^3 - 4x + 2$.
Mit normaler Division bzw. Pseudodivision erhält man

$$\mathrm{PQuo}(f, g) = \tfrac{1}{3}x^4 + \tfrac{4}{9}x^2 - \tfrac{2}{9}x + \tfrac{16}{27}$$
$$\mathrm{PRest}(f, g) = -\tfrac{43}{9}x^2 + \tfrac{157}{27}x - \tfrac{5}{27}$$
$$\mathrm{PPQuo}(f, g) = 27x^4 + 36x^2 - 18x + 48$$
$$\mathrm{PPRest}(f, g) = -387x^2 + 471x - 15$$

| Division in $\mathbb{Q}[x]$ | | Pseudodivision in $\mathbb{Z}[x]$ | | |
|---|---|---|---|---|
| $q_k$ | $f'$ | $k$ | $q_k$ | $f'$ |
| $\tfrac{1}{3}$ | $\tfrac{4}{3}x^5 - \tfrac{2}{3}x^4 - 3x^2 + 3x + 1$ | 4 | 1 | $4x^5 - 2x^4 - 9x^2 + 9x + 3$ |
| $\tfrac{4}{9}$ | $-\tfrac{2}{3}x^4 + \tfrac{16}{9}x^3 - \tfrac{35}{9}x^2 + 3x + 1$ | 2 | 4 | $-6x^4 + 16x^3 - 35x^2 + 27x + 9$ |
| $-\tfrac{2}{9}$ | $\tfrac{16}{9}x^3 - \tfrac{43}{9}x^2 + \tfrac{31}{9}x + 1$ | 1 | $-6$ | $48x^3 - 129x^2 + 93x + 27$ |
| $\tfrac{16}{27}$ | $-\tfrac{43}{9}x^2 + \tfrac{157}{27}x - \tfrac{5}{27}$ | 0 | 48 | $-387x^2 + 471x - 15$ |

Das $q_k$ in der Tabelle zur Pseudodivision ist das in der **while**-Schleife berechnete, die endgültigen $q_k$ sind die Koeffizienten von PPQuo($f, g$). Der gesamte Multiplikator war somit bei der Pseudodivision 81 statt $\mathrm{LK}(g)^{(\deg(f) - \deg(g) + 1)} = 243$. Das ist auch noch zu viel, denn offensichtlich hätte 27 auch schon gereicht.

*4.6.5.2 Beispiel:* Bei Polynomen in mehreren Variablen kommt es bei der Pseudodivision auf die Reihenfolge der Variablen an. Es seien etwa

$$f(x, y) := x^2 y + xy^2 + 2xy, \ g(x, y) := 3xy^2 - y \in \mathbb{Z}[x, y]$$

Mit $x$ als Hauptvariable (also $\mathbb{Z}[x, y] = (\mathbb{Z}[y])[x]$ ) erhält man

$$9y^4 \cdot f = (3y^4 + 3y^3 x + 6y^3 + y^2) \cdot g + (3y^5 + 6y^4 + y^3),$$

mit der Hauptvariablen $y$

$$x \cdot f = x \cdot g + (3x^3 y + 6x^2 y + xy) \,.$$

## 4.6.6 Größter gemeinsamer Teiler

Wie bereits im vorhergehenden Abschnitt bemerkt, lässt sich der ggT in $R[x]$ i.Allg. nicht mit dem euklidischen Algorithmus berechnen, da dieser nur funktioniert, wenn die Leitkoeffizienten der beteiligten Polynome durcheinander teilbar sind. Man greift deshalb auf die Pseudodivision zurück und wandelt den euklidischen Algorithmus entsprechend ab.

**4.6.6.1 Definition:** Es seien $f_1, f_2 \in R[x] \setminus \{0\}$. Dann bilden die Polynome $f_1, f_2, \ldots, f_k \in R[x]$ eine *Polynom-Restfolge* (polynomial remainder sequence) oder kurz *PRS*, wenn gilt:
Für $i = 3, \ldots, k$ existieren $\alpha_i, \beta_i \in R \setminus \{0\}$ und $q_i \in R[x]$, so dass

$$\alpha_i f_{i-2} = q_i \cdot f_{i-1} + \beta_i f_i \quad \text{mit} \quad \deg f_i < \deg f_{i-1}$$

und es existieren $\alpha_{k+1} \in R \setminus \{0\}$ und $q_{k+1} \in R[x]$ mit

$$\alpha_{k+1} f_{k-1} = q_{k+1} f_k \,.$$

Eine PRS wird *normal* genannt, wenn für $i = 3, \ldots, k$ gilt $\deg f_{i-1} - \deg f_i = 1$.

Aus der letzten Pseudodivision der PRS folgt $f_k | \alpha_{k+1} f_{k-1}$. Setzt man dies in die vorletzte Gleichung $\alpha_k f_{k-2} = q_k f_{k-1} + \beta_k f_k$ ein und erweitert man mit $\alpha_{k+1}$, so liest man ab $f_k | \alpha_{k+1} \alpha_k f_{k-2}$. Setzt man dies fort, so sieht man, dass $f_k$ ein Teiler von $\alpha_{k+1} \cdot \ldots \cdot \alpha_4 f_2$ und von $\alpha_{k+1} \cdot \ldots \cdot \alpha_3 f_1$ ist. Es gibt also Polynome $f_1', f_2' \in R[x]$ mit

$$\frac{f_k}{\alpha_{k+1} \cdot \ldots \cdot \alpha_3} \cdot f_1' = f_1 \quad \text{und} \quad \frac{f_k}{\alpha_{k+1} \cdot \ldots \cdot \alpha_3} \cdot (\alpha_3 \cdot f_2') = f_2 \,,$$

d.h. $\frac{f_k}{\alpha_{k+1} \cdot \ldots \cdot \alpha_3}$ ist ein gemeinsamer Teiler von $f_1$, $f_2$ in $K[x]$ ($K = Q(R)$ Quotientenkörper von $R$). Der folgende Satz von Gauß liefert dann, dass $f_k$ ähnlich zu einem gemeinsame Teiler von $f_1$ und $f_2$ in $R[x]$ ist.

**4.6.6.2 Satz:** *Es sei* $f = g \cdot h$ *eine Zerlegung von* $f \in R[x] \setminus \{0\}$ *in* $g, h \in K[x]$. *Dann gibt es* $k_1, k_2 \in K$ *und* $r \in R$ *so dass* $k_1 \cdot g$, $k_2 \cdot h$ *primitive Polynome in* $R[x]$ *mit* $f = r \cdot (k_1 \cdot g) \cdot (k_2 \cdot h)$ *sind.*

*Beweis:* Es sei $n_g$ der Hauptnenner aller Koeffizienten von $g$, $n_h$ die entsprechende Größe von $h$. Dann gilt

$$n_g \cdot n_h \cdot f = n_g \cdot n_h \cdot g \cdot h = \mathrm{Inh}(\underbrace{n_g \cdot g}_{\in R[x]}) \cdot \mathrm{Inh}(\underbrace{n_h \cdot h}_{\in R[x]}) \cdot \mathrm{pA}(n_g \cdot g) \cdot \mathrm{pA}(n_h \cdot h) \,.$$

Beidseitige Berechnung des Inhalts führt auf

$$n_g \cdot n_h \cdot \mathrm{Inh}(f) \approx \mathrm{Inh}(n_g \cdot g) \cdot \mathrm{Inh}(n_h \cdot h) \cdot \mathrm{Inh}(\mathrm{pA}(n_g \cdot g) \cdot \mathrm{pA}(n_h \cdot h)).$$

Nach dem zuvor bewiesenen Lemma von Gauß ist der letzte Faktor eine Einheit in $R$. Damit liest man ab, dass $n_g \cdot n_h$ ein Teiler von $\mathrm{Inh}(n_g \cdot g) \cdot \mathrm{Inh}(n_h \cdot h)$ in $R$ ist. Damit folgt, dass

$$k_1 = \frac{n_g}{\mathrm{Inh}(n_g \cdot g)}, \; k_2 = \frac{n_h}{\mathrm{Inh}(n_h \cdot h)} \text{ und } r = \frac{\mathrm{Inh}(n_g \cdot g) \cdot \mathrm{Inh}(n_h \cdot h)}{n_g \cdot n_h}$$

die gewünschten Eigenschaften haben. $\qquad\qquad\square$

Ist $c$ irgendein gemeinsamer Teiler von $f_1$ und $f_2$, so liest man an der ersten Pseudodivision der PRS $\alpha_3 f_1 = q_3 \cdot f_2 + \beta_3 f_3$ ab, dass $c$ ein Teiler von $\beta_3 f_3$ ist. Einsetzen in die weiteren Gleichungen zeigt, dass dieses $c$ auch ein Vielfaches von $f_k$ teilt. Der soeben bewiesene Satz von Gauß liefert nun, dass dieses $c$ zu einem Teiler von $f_k$ ähnlich ist.

Zusammen mit (4.4) zeigt das, dass eine Polynom-Restfolge bis auf Ähnlichkeit eindeutig ist und dass

$$\mathrm{ggT}(f_1, f_2) \sim \mathrm{ggT}(f_2, f_3) \sim \cdots \sim \mathrm{ggT}(f_{k-1}, f_k) \sim \mathrm{ggT}(f_k, 0)$$
$$\text{und damit} \qquad f_k \sim \mathrm{ggT}(f_1, f_2). \qquad\qquad (4.5)$$

Also lässt sich der ggT zweier Polynome bis auf Ähnlichkeit durch die Konstruktion einer Polynom-Restfolge berechnen.

Nachdem „bis auf Ähnlichkeit" gerade bei multivariaten Polynomen noch ein sehr vager Begriff ist, gilt es jetzt aus der Klasse der zu $f_k$ ähnlichen Polynome einen ggT herauszufiltern. Dazu startet man mit primitiven Polynomen.

Sind $f_1$ und $f_2$ primitive Polynome, so liest man aus $\mathrm{ggT}(f_1, f_2) \cdot f_1' = f_1$ und $\mathrm{ggT}(f_1, f_2) \cdot f_2' = f_2$ mit Hilfe des Lemmas von Gauß ab, dass $\mathrm{ggT}(f_1, f_2)$ ebenfalls primitiv ist. Wegen der Ähnlichkeit von $f_k$ zu diesem ggT ist $\mathrm{pA}(f_k)$ ein größter gemeinsamer Teiler in $R[x]$. Wegen $\mathrm{pA}(f_1) \sim f_1$, $\mathrm{pA}(f_2) \sim f_2$ und der Primitivität von $\mathrm{ggT}(\mathrm{pA}(f_1), \mathrm{pA}(f_2))$ folgt

$$\mathrm{ggT}(\mathrm{pA}(f_1), \mathrm{pA}(f_2)) \approx \mathrm{pA}(\mathrm{ggT}(f_1, f_2)).$$

Sind die Polynome $g_1$ und $g_2$ nicht primitiv, so kommt bei der Berechnung von $\mathrm{ggT}(g_1, g_2)$ zu $\mathrm{pA}(\mathrm{ggT}(g_1, g_2))$ noch ein nichttrivialer $\mathrm{Inh}(\mathrm{ggT}(g_1, g_2))$ hinzu. Es sei nun $d(x) := \mathrm{ggT}(g_1, g_2)$. Ist $c \in R$ ein Teiler von $\mathrm{Inh}(d)$, so ist $c$ auch ein Teiler von $d(x) \in R[x]$ und somit auch ein Teiler von $g_1(x), g_2(x) \in R[x]$. Wegen $c \in R$ folgt dann aber sogar $c \mid \mathrm{Inh}(g_1(x)), \mathrm{Inh}(g_2(x))$, also auch $c \mid \mathrm{ggT}(\mathrm{Inh}(g_1(x)), \mathrm{Inh}(g_2(x)))$.

Um einzusehen, dass sogar $\mathrm{Inh}(\mathrm{ggT}(g_1, g_2)) \approx \mathrm{ggT}(\mathrm{Inh}(g_1), \mathrm{Inh}(g_2))$ ist, betrachtet man einen Teiler $g \in R$ von $\mathrm{Inh}(g_1(x))$ und $\mathrm{Inh}(g_2(x))$. Dieser teilt dann auch $g_1(x)$ und $g_2(x)$ und somit auch $\mathrm{ggT}(g_1, g_2)$. Wegen $g \in R$ heißt das $g \mid \mathrm{Inh}(\mathrm{ggT}(g_1, g_2))$.

Somit gilt im allgemeinen Fall

$$\text{ggT}(g_1, g_2) \approx \text{ggT}(\text{Inh}(g_1), \text{Inh}(g_2)) \cdot \text{ggT}(\text{pA}(g_1), \text{pA}(g_2)).$$

Die Polynome $g_\ell$ für $\ell = 1, 2$ müssen also zunächst zerlegt werden in $g_\ell = \text{Inh}(g_\ell) \cdot \text{pA}(g_\ell)$, wobei zur Berechnung von $\text{Inh}(g_\ell)$ wiederum maximal $\deg g_\ell$ ggTs von (polynomialen) Koeffizienten berechnet werden müssen. Zur Berechnung des ggT in $R_0[X] = R[x]$ ergibt sich der folgende rekursive Grundalgorithmus:

$\text{PggT}_{R_0[X]}(g_1, g_2)$ :

(1) Bestimme Hauptvariable $x$

(2) Berechne Inhalt und primitiven Anteil von $g_1$ und $g_2$ bezüglich $x$

$$c_1 \leftarrow \text{Inh}(g_1), f_1 \leftarrow g_1/c_1 \qquad c_2 \leftarrow \text{Inh}(g_2), f_2 \leftarrow g_2/c_2$$

(3) $c \leftarrow \text{PggT}_R(c_1, c_2)$

(4) Konstruktion einer PRS $f_1, f_2, \ldots, f_k$

(5) Berechne den primitiven Anteil von $f_k$ bezüglich $x$

$$g' \leftarrow \text{pA}(f_k)$$

(6) $g \leftarrow c \cdot g'$

Im Punkt (5) wird der primitive Anteil des Polynoms $f_k$ berechnet. Es ist anzunehmen, dass $\text{pA}(f_k)$ als Teiler von $\text{pA}(f_1)$ und $\text{pA}(f_2)$ häufig kleinere Koeffizienten als diese besitzt.

Während der Konstruktion der PRS $f_1, \ldots, f_k$ wachsen andererseits die Koeffizienten oft so stark an, dass auch der Inhalt von $f_k$ ziemlich groß wird, seine Berechnung also sehr aufwändig. Deshalb versucht man Teiler von $\text{Inh}(f_k)$ herauszufinden und bereits vor der eigentlichen Inhaltsberechnung zu kürzen.

$g' := \text{pA}(f_k)$ ist ein ggT von $f_1$ und $f_2$, $\text{LK}(g')$ ein Teiler von $\text{LK}(f_1)$ und $\text{LK}(f_2)$, also auch von $\text{ggT}(\text{LK}(f_1), \text{LK}(f_2)) =: \bar{g}_1$. Wegen $\text{Inh}(f_k) = \frac{\text{LK}(f_k)}{\text{LK}(\text{pA}(f_k))}$ ist $\frac{\text{LK}(g')}{\text{LK}(f_k)} \cdot f_k \in R[x]$, also auch $\bar{g}_2 := \frac{\bar{g}_1}{\text{LK}(f_k)} \cdot f_k \in R[x]$.

Nun muss nur noch der hoffentlich kleinere Inhalt $\text{Inh}(\bar{g}_2)$ berechnet und herausgekürzt werden. Es ist $g' = \frac{\bar{g}_2}{\text{Inh}(\bar{g}_2)}$. Ist $\deg f_k = 0$, also $\text{LK}(f_k) = \text{Inh}(f_k)$, so kann man $g'$ gleich 1 setzen, da $1 \sim f_k$ in $R[x]$ ist.

Im Punkt (1) ist es bei multivariaten Polynomen von Vorteil, die Hauptvariable $x$ nicht willkürlich zu wählen, sondern die Termordnung den untersuchten Polynomen anzupassen. Dabei sind diejenigen Variablen höherwertig zu wählen, die in beiden Polynomen mit möglichst kleiner Differenz zwischen höchster und niedrigster auftretender Potenz vorkommen.

Kommt z.B. im Extremfall die Variable $x$ in $g_1$ nicht vor, so verwendet man sie als Hauptvariable und muss nur $\text{ggT}(g_1, \text{Inh}_x(g_2))$ berechnen.

Durch diese Ordnung wird die Anzahl der Teilungsschritte in den ersten Rekursionsebenen, bei denen die Koeffizienten aus Polynomringen mit vielen Variablen stammen und relativ viele Terme besitzen, so klein wie möglich gehalten.

Die verschiedenen ggT-Algorithmen unterscheiden sich nur in der Art der PRS-Konstruktion, d.h. durch die $\alpha_i$ und $\beta_i$ in jedem Teilungsschritt

$$\alpha_i f_{i-2} = q_i f_{i-1} + \beta_i f_i \quad \text{für} \quad i = 3, \ldots, k \,.$$

Wie bereits gezeigt, ist $\alpha_i := \mathrm{LK}(f_{i-1})^{(\deg(f_{i-2}) - \deg(f_{i-1}) + 1)}$ immer möglich, die von der angegebenen Prozedur PPDiv verwendete Potenz von $\mathrm{LK}(f_{i-1})$ ist aber meist kleiner. MAPLE bietet beide Varianten unter den Namen prem (pseudo-remainder of polynomials mit obigem $\alpha_i$) und sprem (sparse pseudo-remainder of polynomials mit $\alpha_i$ wie bei PPDiv) an.

Die beiden extremsten Strategien zur Wahl der $\beta_i$ werden beim euklidischen PRS-Algorithmus und beim primitiven PRS-Algorithmus eingesetzt.

Beim *euklidischen PRS-Algorithmus* ist $\beta_i = 1$ für alle $i = 3, \ldots, k$, d.h. die Koeffizienten der Pseudoreste werden in keinem Schritt gekürzt und schwellen so stark an. Dies hat zur Folge, dass die einzelnen Divisionsschritte mit immer größeren Koeffizienten durchgeführt werden müssen und daher auch immer teurer werden.

Beim *primitiven PRS-Algorithmus* ist $\beta_i = \mathrm{Inh}(\mathrm{PRest}(\alpha_i f_{i-2}, f_{i-1}))$. Die Koeffizienten der $f_i$ sind in $R[x]$ minimal und die Pseudodivision ist so einfach wie in $R[x]$ möglich, da nur die primitiven Anteile der Vorgängerpolynome weiterverwendet werden. Dafür nimmt man in jedem Schritt langwierige ggT-Berechnung von (polynomialen) Koeffizienten in Kauf.

_____**Basis-ggT**_____

```
procedure PggT_{R_0[X]}(g_1, g_2)        # Eingabe:  g_1, g_2 ∈ R_0[x_1, …, x_n, x]
   Geeignete Termordnung wählen          #                   = R_0[X] = R[x]
   Hauptvariable x wählen                # Ausgabe:  g = ggT(g_1, g_2) ∈ R[x]
   c_1 ← Inh(g_1); f_1 ← g_1/c_1
   c_2 ← Inh(g_2); f_2 ← g_2/c_2
   c ← PggT_R(c_1, c_2)
   f_3, …, f_k ← PRS(f_1, f_2)
   if deg_x f_k = 0 then
   |  g' ← 1
   else
   |  ḡ_1 ← PggT_R(LK(f_1), LK(f_2))
   |  ḡ_2 ← (ḡ_1 f_k)/LK(f_k); g' ← pA(ḡ_2)
   end if
   g ← c · g'
   Return(g)
end
```

_____

*4.6.6.3 Beispiel:* (vgl. *4.1.1.1*) Es seien $f_1(x) = 3\,x^6 + 5\,x^4 - 4\,x^2 - 9\,x + 4$ und $f_2(x) = 2\,x^5 - x^4 - 1 \in \mathbb{Z}[x]$.

Die PRS

$$f_3(x) = 23\,x^4 - 16\,x^2 - 30\,x + 19$$
$$f_4(x) = 736\,x^3 + 1012\,x^2 - 1564\,x - 92$$
$$f_5(x) = 41363568\,x^2 - 51097168\,x + 8150832$$
$$f_6(x) = 1136503306119086080\,x - 805132723304595456$$
$$f_7(x) = -941434395155663494377286613782871648 9736192$$

ist mit dem euklidischen PRS-Algorithmus berechnet worden. Diese PRS ist normal.

Die Koeffizienten der entsprechenden primitiven PRS sind wesentlich kleiner:

$$f_3 = 23\,x^4 - 16\,x^2 - 30\,x + 19$$
$$f_4 = 8\,x^3 + 11\,x^2 - 17\,x - 1$$
$$f_5 = 4887\,x^2 - 6037\,x + 963$$
$$f_6 = 117145\,x - 82989$$
$$f_7 = -1$$

*4.6.6.4  Beispiel:*  Es seien

$$f_1 = 6\,x^9 - 27\,x^7 + 10\,x^6 + 2\,x^5 - 15\,x^4 + 9\,x^3 - 9\,x^2 - 2\,x + 7$$
$$f_2 = 6\,x^8 - 12\,x^7 - 3\,x^6 + 10\,x^5 - 6\,x^4 - x^2 - x + 2$$

Der euklidische PRS-Algorithmus liefert die nicht normale PRS

$$f_3 = 216\,x^6 - 432\,x^5 - 108\,x^4 + 360\,x^3 - 216\,x^2 - 72\,x + 108$$
$$f_4 = 20155392\,x^3 - 40310784\,x^2 - 10077696\,x + 20155392$$
$$f_5 = 1188221736786109694919008531 2512\,x^2 -$$
$$- 594110868393054847459504265625 6\,,$$

der primitive PRS-Algorithmus

$$f_3 = 6\,x^6 - 12\,x^5 - 3\,x^4 + 10\,x^3 - 6\,x^2 - 2\,x + 3$$
$$f_4 = 2\,x^3 - 4\,x^2 - x + 2$$
$$f_5 = 2\,x^2 - 1\,.$$

*4.6.6.5  Beispiel:*

Dieses Beispiel demonstriert den Aufwand einer ggT-Berechnung für multivariate Polynome. Es wird der ggT zweier Polynome aus $\mathbb{Z}[x,y,z]$ mit Hilfe des vorgestellten Grundalgorithmus berechnet. Um den Ablauf transparent zu machen, wurden die Variablenbezeichnungen jeweils mit der Rekursionsebene indiziert.

Die Polynom-Restfolgen sind mit dem Subresultanten PRS-Algorithmus konstruiert, der noch besprochen wird.

Die Eingangspolynome seien

$$g_1 = -z^6 x^3 y + z^7 x^3 + y^5 z^4 - z^5 y^4 + x^3 y^2 z^2 - x^3 z^3 y - y^6 + y^5 z + $$
$$+ z^4 xy - z^5 x - y^2 x + xyz$$
$$g_2 = 2z^4 y^3 x^2 - 2z^5 x^2 y^2 + z^5 x^2 y - z^6 x^2 + z^5 y^2 - z^6 y + 2y^3 x^2 - $$
$$- 2x^2 y^2 z + x^2 yz - x^2 z^2 + y^2 z - z^2 y$$

**Aufruf** $\rightarrow$ $\text{PggT}_{\mathbb{Z}[x,y,z]}(g_1, g_2)$

(1) Hauptvariable: $x$

(2) $c_1^{(1)} = \text{Inh}(g_1^{(1)})$

Es müssen dazu insgesamt 3 ggT-Berechnungen in $\mathbb{Z}[z, y]$ durchgeführt werden. Die Koeffizienten von $g_1(x)$ sind

$$g_{13} = -z^6 y + z^7 + y^2 z^2 - z^3 y,$$
$$g_{12} = 0,$$
$$g_{11} = z^4 y - z^5 - y^2 + yz$$
$$g_{10} = y^5 z^4 - z^5 y^4 - y^6 + y^5 z.$$

Der erste dieser 3 ggTs ist trivial: $\text{ggT}(g_{13}, g_{12}) = g_{13}$.

**Aufruf** $\rightarrow$ $\text{PggT}_{\mathbb{Z}[y,z]}(g_{13}, g_{11})$

(2.1) Hauptvariable : $y$

(2.2) $c_1^{(2)} = \text{Inh}(g_{13})$.

Die Koeffizienten von $g_{13}$ sind

$$g_{132} = z^2, g_{131} = -z^6 - z^3, g_{130} = z^7$$

**Aufruf** $\rightarrow$ $\text{PggT}_{\mathbb{Z}[z]}(g_{131}, g_{132})$

(2.2.1) Hauptvariable: $z$

(2.2.2) $c_1^{(3)} = \text{Inh}(g_{131}) = 1, c_2^{(3)} = \text{Inh}(g_{132}) = 1$
$f_1^{(3)} = -z^6 - z^3, f_2^{(3)} = z^2$

(2.2.3) $c^{(3)} = 1$

(2.3.4) Konstruktion einer PRS von $f_1^{(3)}$ und $f_2^{(3)}$

$$f_1^{(3)} = -z^6 - z^3, \; f_2^{(3)} = z^2, \; f_3^{(3)} = 0$$

(2.3.5) $g'^{(3)} = z^2$

(2.3.6) $g^{(3)} = z^2$

**Ausgang** $\leftarrow$ $\text{PggT}_{\mathbb{Z}[z]}(g_{131}, g_{132})$: $\text{ggT}(g_{131}, g_{132}) = z^2$

**Aufruf** $\rightarrow$ $\mathrm{PggT}_{\mathbb{Z}[z]}(g_{130}, z^2)$

(2.2.1)  Hauptvariable: $z$

(2.2.2)  $c_1^{(3)} = \mathrm{Inh}(g_1) = 1, c_2^{(3)} = \mathrm{Inh}(g_2) = 1$
$\qquad f_1^{(3)} = z^7, f_2^{(3)} = z^2$

(2.2.3)  $c^{(3)} = 1$

(2.3.4)  Konstruktion einer PRS von $f_1^{(3)}$ und $f_2^{(3)}$ :

$$f_1^{(3)} = z^7\,,\ f_2^{(3)} = z^2\,,\ f_3^{(3)} = 0$$

(2.3.5)  $g'^{(3)} = z^2$

(2.3.6)  $g = z^2$

**Ausgang** $\leftarrow$ $\mathrm{PggT}_{\mathbb{Z}[z]}(g_{130}, z^2)$ : $\mathrm{ggT}(g_{130}, z^2) = z^2$

$c_1^{(2)} = \mathrm{Inh}(g_{13}) = z^2$ und $f_1^{(2)} = y^2 + (-z^4 - z)y + z^5$
Analog Inhalt und primitiver Anteil von $g_{11}$ :
$c_2^{(2)} = \mathrm{Inh}(g_{11}) = 1$ und $f_2^{(2)} = -y^2 + yz + z^4 y - z^5$

(2.3)  $c^{(2)} = 1$

(2.4)  Konstruktion einer PRS von $f_1^{(2)}$ und $f_2^{(2)}$ :

$$f_1^{(2)} = -z^4 y + z^5 + y^2 - yz,\ f_2^{(2)} = z^4 y - z^5 - y^2 + yz\,,$$
$$f_3^{(2)} = 0$$

(2.5)  $g'^{(2)} = z^4 y - z^5 - y^2 + yz$

(2.6)  $g^{(2)} = z^4 y - z^5 - y^2 + yz$

**Ausgang** $\leftarrow$ $\mathrm{PggT}_{\mathbb{Z}[y,z]}(g_{13}, g_{11})$ : $\mathrm{ggT}(g_{13}, g_{11}) = z^4 y - z^5 - y^2 + yz$

**Aufruf** $\rightarrow$ $\mathrm{PggT}_{\mathbb{Z}[y,z]}(g_{10}, z^4 y - z^5 - y^2 + yz)$

(2.1)  Hauptvariable: $y$

(2.2)  Wiederum wird durch ggT-Berechnungen in $\mathbb{Z}[z]$ der Inhalt von der beiden Eingangspolynome aus $\mathbb{Z}[z, y]$ bestimmt:
$\qquad c_1^{(2)} = \mathrm{Inh}(g_1^{(2)}) = 1, f_1^{(2)} = y^5 z^4 - z^5 y^4 - y^6 + y^5 z$
$\qquad c_2^{(2)} = \mathrm{Inh}(g_2^{(2)}) = 1, f_2^{(2)} = z^4 y - z^5 - y^2 + yz$

(2.3)  $c^{(2)} = 1$

(2.4)  Konstruktion einer PRS von $f_1^{(2)}$ und $f_2^{(2)}$ :

$$f_1^{(2)} = y^5 z^4 - z^5 y^4 - y^6 + y^5 z\,,$$
$$f_2^{(2)} = z^4 y - z^5 - y^2 + yz,\ f_3^{(2)} = 0$$

(2.5)  $\bar{g}^{(2)} = 1\,,\ g'^{(2)} = -y^2 + z^4 y + zy - z^5$

**Ausgang** $\leftarrow$ $\mathrm{PggT}_{\mathbb{Z}[y,z]}(g_{10}, z^4y - z^5 - y^2 + yz)$ :
$$\mathrm{ggT}(g_{10}, z^4y - z^5 - y^2 + yz) = -y^2 + z^4y + zy - z^5$$

Damit ist

$$c_1^{(1)} = -y^2 + z^4y + zy - z^5 \,, \; f_1^{(1)} = -x^3z^2 + y^4 + x$$

Analog wird $g_2^{(1)}$ in Inhalt und primitiven Anteil zerlegt:

$$c_2^{(1)} = z^4y - z^5 + y - z \,, \; f_2^{(1)} = 2x^2y^2 + x^2z + yz$$

(3) $c^{(1)} = \mathrm{ggT}(c_1^{(1)}, c_2^{(1)})$ :

    **Aufruf** $\rightarrow$ $\mathrm{PggT}_{\mathbb{Z}[y,z]}(c_1^{(1)}, c_2^{(1)})$

    (3.1) Hauptvariable: $y$

    (3.2) $c_1^{(2)} = \mathrm{Inh}(c_1^{(1)}) = 1 \,, \; f_1^{(2)} = z^4y - z^5 - y^2 + yz$
            $c_2^{(2)} = \mathrm{Inh}(c_2^{(1)}) = z^4 + 1 , f_2^{(2)} = y - z$

    (3.3) $c^{(2)} = 1$

    (3.4) Konstruktion einer PRS von $f_1^{(2)}$ und $f_2^{(2)}$ :

$$f_1^{(2)} = z^4y - z^5 - y^2 + yz \,, \; f_2^{(2)} = y - z \,, \; f_3^{(2)} = 0$$

    (3.5) $g'^{(2)} = y - z$
    (3.6) $g^{(2)} = y - z$

    **Ausgang** $\leftarrow$ $\mathrm{PggT}_{\mathbb{Z}[y,z]}(c_1^{(1)}, c_2^{(1)})$ : $\mathrm{ggT}(c_1^{(1)}, c_2^{(1)}) = y - z$
    $c^{(1)} = y - z$

(4) Konstruktion einer PRS von $f_1^{(1)}$ und $f_2^{(1)}$ in $\mathbb{Z}[z,y][x]$ :

$$f_1^{(1)} = x^3z^2 - y^4 - x$$
$$f_2^{(1)} = 2x^2y^2 + x^2z + yz$$
$$f_3^{(1)} = -y^4\left(2y^2 + z\right)^2 - x\left(z^3y + 2y^2 + z\right)\left(2y^2 + z\right)$$
$$f_4^{(1)} = y\left(8y^{13} + 12y^{11}z + 6y^9z^2 + y^7z^3 + z^7y^2 + 4z^4y^3 + \right.$$
$$\left. + 2z^5y + 4y^4z + 4y^2z^2 + z^3\right)$$
$$f_5^{(1)} = 0$$

(5) Kürzen: Es ist $\deg_x f_4^{(1)} = 0$ und damit $g'^{(1)} = 1$

(6) $g^{(1)} = c^{(1)} \cdot g'^{(1)} \overset{(3)}{=} y - z$

**Ausgang** $\leftarrow$ $\mathrm{PggT}_{\mathbb{Z}[x,y,z]}(g_1, g_2)$ : $\mathrm{ggT}(g_1, g_2) = y - z$

### 4.6.7 Der erweiterte euklidische Algorithmus

Ist $R[x]$ ein Hauptidealring, so gibt es nach dem Satz von Bézoutzu Polynomen $g_1, \ldots, g_m$ mit $\mathrm{ggT}(g_1, \ldots, g_m) = d \in R[x]$ Elemente $r_1, \ldots, r_m \in R[x]$ mit $r_1 g_1 + \ldots + r_m g_m = d$. Ist $R[x]$ zwar nullteilerfrei, aber kein Hauptidealring, so muss man zur Berechnung der $r_i$ in den Quotientenkörper $K = Q(R)$ von $R$ ausweichen.

Den üblichen erweiterten euklidischen Algorithmus (s. Abschnitt über Ideale) wandelt man für diesen Fall so ab, dass er aus der PRS $f_1, \ldots, f_k \in R[x]$ die $r_i$ berechnet:

Den Divisionsschritt aus der Definition einer PRS schreibt man dazu um in

$$\begin{pmatrix} f_{i-2} \\ f_{i-1} \end{pmatrix} = \begin{pmatrix} q_i/\alpha_i & \beta_i/\alpha_i \\ 1 & 0 \end{pmatrix} \begin{pmatrix} f_{i-1} \\ f_i \end{pmatrix}$$

was gleichbedeutend ist mit

$$\begin{pmatrix} 0 & 1 \\ \alpha_i/\beta_i & -q_i/\beta_i \end{pmatrix} \begin{pmatrix} f_{i-2} \\ f_{i-1} \end{pmatrix} = \begin{pmatrix} f_{i-1} \\ f_i \end{pmatrix}.$$

Nun seien für $i = 3, \ldots, k$

$$\Gamma_i := \begin{pmatrix} 0 & 1 \\ \alpha_i/\beta_i & -q_i/\beta_i \end{pmatrix}.$$

Dann folgt durch Induktion

$$\begin{pmatrix} f_{i-1} \\ f_i \end{pmatrix} = \Gamma_i \Gamma_{i-1} \cdots \Gamma_3 \begin{pmatrix} f_1 \\ f_2 \end{pmatrix} =: \begin{pmatrix} r_{i-1} & t_{i-1} \\ r_i & t_i \end{pmatrix} \begin{pmatrix} f_1 \\ f_2 \end{pmatrix}.$$

Durch das Produkt $\Gamma_i \Gamma_{i-1} \cdots \Gamma_3$ sind Polynome $r_i, t_i \in K[x]$ mit

$$r_i f_1 + t_i f_2 = f_i$$

gegeben. Für $3 \le i \le k$ gilt mit $n_i := \deg f_i$, dass

$$\deg r_i = n_2 - n_{i-1} \quad \text{und} \quad \deg t_i = n_1 - n_{i-1},$$

denn $\deg r_3 = \deg(\alpha_3/\beta_3) = 0$ und $\deg t_3 = \deg(q_3/\beta_3) = n_1 - n_2$ und man liest aus obiger Matrixschreibweise ab

$$\deg r_{i+1} = \max(\deg r_{i-1}, \deg r_i + \deg q_{i+1}) =$$
$$= \max(n_2 - n_{i-2}, n_2 - n_{i-1} + n_{i-1} - n_i) = n_2 - n_i \text{ da } (n_i < n_{i-2})$$
$$\deg t_{i+1} = \max(\deg t_{i-1}, \deg t_i + \deg q_{i+1}) = \max(n_1 - n_{i-2}, n_1 - n_i) =$$
$$= n_1 - n_i.$$

Die $r_i$ und $t_i$ sind Polynome aus $K[x]$. Also existieren für $i = 3, \ldots, k$ Elemente $d_i \in R \setminus \{0\}$ mit $d_i r_i \in R[x]$ und $d_i t_i \in R[x]$.

**4.6.7.1 Definition:** Es sei $f_1, \ldots f_k$ eine PRS in $R[x]$ mit $\deg f_i = n_i$. Zwei Polynomfolgen $a_1 = 1, a_2 = 0, a_3, \ldots, a_k$ und $b_1 = 0, b_2 = 1, b_3, \ldots, b_k$ aus $R[x]$, heißen *erste* bzw. *zweite Kosequenz* zu $f_1, \ldots, f_k$, wenn für alle $i = 3, \ldots, k$ gilt

(1) $\deg a_i \leq n_2 - n_{i-1}$ und $\deg b_i \leq n_1 - n_{i-1}$,

(2) $a_i f_1 + b_i f_2 = d_i f_i$ für ein $d_i \in R \setminus \{0\}$.

**Bemerkung:** Da in der Gleichung $r_i f_1 + t_i f_2 = f_i$ die rechte Seite ein Vielfaches von $d = \mathrm{ggT}(f_1, f_2)$ ist und wegen $\deg(f_i) < \deg(f_1), \deg(f_2)$ auch $\deg(f_i) < \deg(\mathrm{kgV}(f_1, f_2))$ gilt, folgt wie bei (2.6), dass $r_i$ und $t_i$ sogar eindeutig sind, wenn $\deg r_i < n_2 - n_k$ und $\deg t_i < n_1 - n_k$ sind. Wegen $\deg r_i = n_2 - n_{i-1} < n_2 - n_k$ und $\deg t_i = n_1 - n_{i-1} < n_1 - n_k$ ist dies der Fall. Da die PRS bis auf Ähnlichkeit festgelegt ist, sind also auch die beiden Kosequenzen bis auf Ähnlichkeit eindeutig.

### 4.6.8 Subresultanten

**4.6.8.1 Definition:** Es seien $f(x) = f_m x^m + \cdots + f_0$, $g(x) = g_n x^n + \cdots + g_0$ zwei Polynome aus $R[x]$ mit $f_m, g_n \neq 0$. Weiterhin sei $0 \leq j < \min(n, m)$. Die $j$-*te Subresultante* von $f$ und $g$ ist

$$\mathrm{sres}_j(f, g) := \det \begin{pmatrix} f_m & f_{m-1} & \cdots & & \cdots & f_1 & f_0 & & & x^{n-j-1}f \\ & \ddots & \ddots & & & & \ddots & \ddots & & \vdots \\ & & f_m & f_{m-1} & \cdots & & \cdots & f_1 & f_0 & x^{j+1}f \\ & & & \ddots & \ddots & & & & \vdots & \vdots \\ & & & & f_m & f_{m-1} & \cdots & f_{j+1} & & f \\ g_n & g_{n-1} & \cdots & & \cdots & g_0 & & & & x^{m-j-1}g \\ & g_n & g_{n-1} & \cdots & & \cdots & g_0 & & & x^{m-j-2}g \\ & & \ddots & \ddots & & & & \ddots & & \vdots \\ & & & g_n & g_{n-1} & \cdots & & \cdots & g_0 & x^{j+1}g \\ & & & & \ddots & & & & \vdots & \vdots \\ & & & & & g_n & \cdots & g_{j+1} & & g \end{pmatrix}$$

Dies ist die Determinante einer $(n + m - 2j) \times (n + m - 2j)$-Matrix über $R[x]$. Entwickelt man diese nach der letzten Spalte, so ergibt sich

$$\mathrm{sres}_j(f, g) = \sum_{i=0}^{n-j-1} u_i' \cdot x^i f + \sum_{i=0}^{m-j-1} v_i' \cdot x^i g =: u_j f + v_j g \qquad (4.6)$$

mit $\deg u_j \leq n - j - 1$ und $\deg v_j \leq m - j - 1$.

Dabei ist $u_i'$ die Determinante der Untermatrix, die man erhält, wenn man die letzte Spalte und die $n - j - i$-te Zeile streicht, multipliziert mit $(-1)^{m-j-i}$; $v_i'$ ist die Determinante der Untermatrix, die entsteht, wenn man die $m - j - i$-te Zeile des Blocks mit Koeffizienten von $g$ und die letzte Spalte streicht und dann mit $(-1)^i$ multipliziert.

$$\mathrm{sres}_j(f,g) = \left( \sum_{i=0}^{n-j-1} u_i' x^i \right) \left( \sum_{i=0}^{m} f_i x^i \right) + \left( \sum_{i=0}^{m-j-1} v_i' x^i \right) \left( \sum_{i=0}^{n} g_i x^i \right) =$$

$$= \sum_{k=0}^{n+m-j-1} \left( \sum_{i=0}^{k} u_i' f_{k-i} + v_i' g_{k-i} \right) x^k ,$$

erhält man, wenn man in (4.6) die Polynome $f$ und $g$ ausschreibt und dann multipliziert. Nun sei $c_k$ der Koeffizient von $x^k$ in $\mathrm{sres}_j(f,g)$. Aufgrund der Definition von $u_i'$ und $v_i'$ als Unterdeterminanten lässt sich auch jedes $c_k$ als Determinante darstellen:

$$c_k = \det \begin{pmatrix} f_m & f_{m-1} & \cdots & \cdots & \cdots & f_1 & f_0 & & & f_{k-n+j+1} \\ & \ddots & \ddots & & & & \ddots & \ddots & & \vdots \\ & & f_m & f_{m-1} & \cdots & \cdots & \cdots & f_1 & f_0 & f_{k-j-1} \\ & & & \ddots & \ddots & & & & \vdots & \vdots \\ & & & & f_m & f_{m-1} & \cdots & \cdots & f_{j+1} & f_k \\ g_n & g_{n-1} & \cdots & \cdots & \cdots & g_0 & & & & g_{k-m+j+1} \\ & g_n & g_{n-1} & \cdots & \cdots & \cdots & g_0 & & & g_{k-m+j+2} \\ & & \ddots & \ddots & & & & \ddots & & \vdots \\ & & & g_n & g_{n-1} & \cdots & & \cdots & \cdots & g_0 & g_{k-j-1} \\ & & & & \ddots & & & & \vdots & \vdots \\ & & & & & g_n & g_{n-1} & \cdots & g_{j+1} & g_k \end{pmatrix}$$

Dabei seien $f_\mu = 0$ für alle $\mu > m$ und $\mu < 0$ und analog $g_\nu = 0$ für alle $\nu < 0$ und $\nu > n$. Ist $k > j$, so ist die letzte Spalte dieser Matrix identisch mit der $n + m - j - k$-ten Spalte und deshalb $c_k = 0$. Dies zeigt

$$\deg_x (\mathrm{sres}_j(f,g)) \le j . \qquad (4.7)$$

Die ersten $n + m - 2j - 1$ Spalten der Matrizen, die $c_0, \ldots, c_{n+m-j-1}$ zugrundeliegen, sind jeweils gleich. Fügt man nun zu diesen Spalten für $k = j, \ldots, 0$ jeweils die letzte Spalte von $c_k$ hinzu, so ergibt sich die folgende $(m + n - 2j) \times (m + n - j)$-Matrix.

$$M_j(f,g) := \begin{pmatrix} f_m & f_{m-1} & \cdots & \cdots & \cdots & f_1 & f_0 & & & \\ & f_m & f_{m-1} & \cdots & \cdots & \cdots & f_1 & f_0 & & \\ & & \ddots & \ddots & & & & \ddots & \ddots & \\ & & & f_m & f_{m-1} & \cdots & \cdots & \cdots & \cdots & f_0 \\ g_n & g_{n-1} & \cdots & \cdots & g_1 & g_0 & & & & \\ & g_n & g_{n-1} & \cdots & \cdots & g_1 & g_0 & & & \\ & & \ddots & \ddots & & & & \ddots & \ddots & \\ & & & \ddots & \ddots & & & & \ddots & \ddots \\ & & & & g_n & g_{n-1} & \cdots & \cdots & g_1 & g_0 \end{pmatrix}$$

Es werden $n - j$ Zeilen von $M_j(f,g)$ von den Koeffizienten von $f$ und $m - j$ Zeilen von den Koeffizienten von $g$ besetzt.

Damit lässt sich $\mathrm{sres}_j(f,g)$ auch darstellen als

$$\mathrm{sres}_j(f,g) = |M_j^{(j)}|x^j + |M_j^{(j-1)}|x^{j-1} + \cdots + |M_j^{(0)}|,$$

wobei $M_j^{(k)}$ diejenige Untermatrix von $M_j(f,g)$ ist, die aus den ersten $n + m - 2j - 1$ und der $(n + m - j - k)$-ten Spalte besteht.

$M_j(f,g)$ ist eine Untermatrix von der $M(f,g)$, die durch Streichen der letzten $j$ Zeilen des $f$-Blocks, der letzten $j$ Zeilen des $g$-Blocks sowie der letzten $j$ Spalten entsteht. Insbesondere ist damit $M_0(f,g)$ gleich der Sylvestermatrix $M(f,g)$ und $\mathrm{sres}_0(f,g)$ gleich der Resultanten $\mathrm{res}(f,g)$.

### 4.6.9 Subresultanten-Ketten

Es seien $f_1, f_2 \in R[x]$ und $\deg f_1 \geq \deg f_2$. Dann wird die Folge der

$$\mathrm{sres}_j(f_1, f_2) \quad \text{mit} \quad 0 \leq j < \deg f_2$$

als *Subresultanten-Kette* von $f_1$ und $f_2$ bezeichnet.

Aus *(4.6)* folgt, dass sich die Subresultanten-Kette zweier Polynome $f_1, f_2 \in R[x]$ in dem von $f_1$ und $f_2$ in $R[x]$ erzeugten Ideal befindet.

Nun sei $f_1, \ldots, f_k$ eine PRS mit $n_i := \deg f_i$ für $i = 1, \ldots, k$. Wie bereits gezeigt, existieren dazu Kosequenzen $a_1, \ldots, a_k$ und $b_1, \ldots, b_k$ aus $R[x]$ und $d_i \in R$, so dass

$$a_i f_1 + b_i f_2 = d_i f_i.$$

Die Folge $f_1, f_2, d_3 f_3, \ldots, d_k f_k$ liegt also ebenfalls in dem von $f_1$ und $f_2$ in $R[x]$ erzeugten Ideal.

Setzt man in Gleichung *(4.6)* $j = n_{i-1} - 1$, so werden durch die Subresultante Polynome $u_{n_{i-1}-1}$ und $v_{n_{i-1}-1}$ mit $\deg\left(u_{n_{i-1}-1}\right) \leq n_2 - n_{i-1}$, $\deg\left(v_{n_{i-1}-1}\right) \leq n_1 - n_{i-1}$ gegeben, so dass

$$u_{n_{i-1}-1} f_1 + v_{n_{i-1}-1} f_2 = \mathrm{sres}_{n_{i-1}-1}(f_1, f_2).$$

Nach *(4.7)* ist $\deg\left(\mathrm{sres}_{n_{i-1}-1}(f_1, f_2)\right) \leq n_{i-1} - 1$. Im Hauptsatz über Subresultanten wird gezeigt werden, dass $\mathrm{sres}_{n_{i-1}-1}(f_1, f_2) \sim f_i$, also $\deg\left(\mathrm{sres}_{n_{i-1}-1}(f_1, f_2)\right) = n_i$ ist. Also erfüllen $u_{n_{i-1}-1}$ und $v_{n_{i-1}-1}$ die Gradbedingungen für die Kosequenzen $a_i$ und $b_i$ und sind deshalb gemäß der Bemerkung nach **4.6.7.1** ähnlich zu diesen

$$u_{n_{i-1}-1} \sim a_i,\ v_{n_{i-1}-1} \sim b_i.$$

Die Ähnlichkeitskoeffizienten von $\mathrm{sres}_{n_{i-1}-1}(f_1, f_2)$ und $f_i$ werden im Hauptsatz der Subresultanten explizit angegeben. Dazu werden zunächst zwei Hilfssätze bewiesen, die die Beziehung zwischen Subresultanten und den Restpolynomen bei Polynomdivision darlegen.

**4.6.9.1 Hilfssatz:** *Es seien* $f, g, q$ *und* $r$ *Polynome aus* $R[x]$,

$$f = f_m x^m + \cdots + f_0, \qquad g = g_n x^n + \cdots + g_0,$$
$$r = r_\ell x^\ell + \cdots + r_0 \text{ und } q = q_{m-n} x^{m-n} + \cdots + q_0,$$

*mit* $f_m, g_n, r_\ell \neq 0$ *und* $0 \leq \ell < n \leq m$, *so dass* $f = qg + r$.
*Dann gilt:*

$$\mathrm{sres}_j(f, g) = (-1)^{(m-j)(n-j)} g_n^{m-\ell} \mathrm{sres}_j(g, r), 0 \leq j < \ell \quad (4.8)$$
$$\mathrm{sres}_\ell(f, g) = (-1)^{(m-\ell)(n-\ell)} g_n^{m-\ell} r_\ell^{n-\ell-1} r \quad\quad (4.9)$$
$$\mathrm{sres}_j(f, g) = 0 \text{ für } \ell < j < n - 1 \quad\quad (4.10)$$
$$\mathrm{sres}_{n-1}(f, g) = (-1)^{m-n+1} g_n^{m-n+1} r \quad\quad (4.11)$$

*Beweis:* Es ist

$$r = f - qg = \sum_{k=0}^{m} f_k x^k - \left( \sum_{k=0}^{m-n} q_k x^k \right) \left( \sum_{k=0}^{n} g_k x^k \right) = \sum_{k=0}^{m} \left( f_k - \sum_{i=0}^{k} q_i g_{k-i} \right) x^k.$$

Damit gilt für jedes $r_k$ mit $k = 0, \ldots, m$ ($g_i = 0$ für $i > n$, $q_i = 0$ für $i > m - n$),

$$r_k = f_k - \sum_{i=0}^{k} q_i g_{k-i}.$$

Betrachtet man also die erste Zeile der zu $\mathrm{sres}_j(f, g)$ gehörigen Matrix, so kann diese durch Subtraktion des $q_{m-n-i}$-fachen der Zeilen $n - j + 1 + i$ für $i = 0, \ldots, m - n$ so umgeformt werden, dass $f_k$ durch $r_k$ ersetzt wird. Aus $x^{n-j-1} f$ in der letzten Spalte wird

$$x^{n-j-1} f - \sum_{i=0}^{m-n} q_{m-n-i} x^{m-j-1-i} g = x^{n-j-1} \Big( f - g \underbrace{\sum_{i=0}^{m-n} q_{m-n-i} x^{m-n-i}}_{=q} \Big)$$

$= x^{n-j-1} r$. Analog ist dies für die Zeilen $k = 2, \ldots, n - j$, durch Multiplikation vom $q_{m-n-i}$-fachen der Zeilen $n - j + k + i$ für $i = 0, \ldots, m - n$ zu erreichen. Also kann die Matrix in folgende Form gebracht werden:

$$\begin{pmatrix}
 & r_\ell & r_{\ell-1} & \cdots & & \cdots & r_0 & & x^{n-j-1}r \\
 & & r_\ell & r_{\ell-1} & \cdots & & \cdots & r_0 & x^{n-j-2}r \\
 & & & \ddots & \ddots & & & \ddots & \vdots \\
 & & & & r_\ell & r_{\ell-1} & \cdots & r_{j+1} & r \\
g_n & g_{n-1} & \cdots & & \cdots & & g_0 & & x^{m-j-1}g \\
 & g_n & g_{n-1} & \cdots & & \cdots & & g_0 & x^{m-j-2}g \\
 & & \ddots & & & & & \ddots & \vdots \\
 & & & \ddots & & & & & \vdots \\
 & & & g_n & g_{n-1} & \cdots & & \cdots & g_{j+1} & g
\end{pmatrix}$$

Die ersten $m - \ell$ Spalten des $r$-Blocks sind mit $0$ besetzt, da $r_k = 0$ für alle $k > \ell$.

Diese elementaren Zeilenumformungen verändern den Wert der Determinante nicht. Vertauscht man noch die $m - j$ Zeilen des $g$-Blocks mit den $n - j$ Zeilen des $r$-Blocks so ergibt sich $\mathrm{sres}_j(f, g) = (-1)^{(m-j)(n-j)} \cdot \det(M_j')$ mit

$$
M_j' = \begin{pmatrix}
g_n & g_{n-1} & \cdots & \cdots & \cdots & g_0 & & & x^{m-j-1}g \\
 & g_n & g_{n-1} & \cdots & \cdots & \cdots & g_0 & & x^{m-j-2}g \\
 & & \ddots & & & & & \ddots & \vdots \\
 & & & \ddots & & & & & \vdots \\
 & & & & g_n & g_{n-1} & \cdots & \cdots g_{j+1} & g \\
 & & r_\ell & r_{\ell-1} & \cdots & \cdots & r_0 & & x^{n-j-1}r \\
 & & & r_\ell & r_{\ell-1} & \cdots & \cdots & r_0 & x^{n-j-2}r \\
 & & & & \ddots & & & \ddots & \vdots \\
 & & & & & r_\ell & r_{\ell-1} & \cdots r_{j+1} & r
\end{pmatrix}
$$

Das $g_n$ in der letzten $g$-Zeile steht in der $n - j + 1$-ten Spalte von rechts, das $r_\ell$ der ersten $r$-Zeile in der $n + \ell - 2j$-ten Spalte, d.h. das $r_\ell$ steht genau dann diagonal unter dem $g_n$, wenn $\ell = j$ ist.

Fall 1: $\underline{n - 1 > j > \ell}$   Dann besteht der $r$-Block aus mindestens 2 Zeilen, hat also mindestens eine $0$ in der Diagonalen:

$$
M_j' = \begin{pmatrix}
g_n & g_{n-1} & \cdots & \cdots & g_0 & & x^{m-j-1}g \\
 & \ddots & & & & \ddots & \vdots \\
 & & g_n & g_{n-1} & \cdots g_{j+1} & g \\
 & & 0 & r_\ell & \cdots & x^{n-j-1}r \\
 & & & \ddots & \ddots & \vdots \\
 & & & & 0 & xr \\
 & & & & & r
\end{pmatrix}
$$

Man liest ab $\mathrm{sres}_j(f, g) = 0$. Das ist (4.10).

Fall 2: $\underline{j = \ell}$   Dann ist die Matrix $M_\ell'$ eine obere Dreiecksmatrix:

$$
\begin{pmatrix}
g_n & \cdots & \cdots & g_0 & & x^{m-\ell-1}g \\
 & \ddots & & & \ddots & \vdots \\
 & & g_n & \cdots & \cdots & g \\
 & & r_\ell & \cdots & x^{n-\ell-1}r \\
 & & & \ddots & & \vdots \\
 & & & & & r
\end{pmatrix} \Rightarrow
$$

$$
\mathrm{sres}_\ell(f, g) = (-1)^{(m-\ell)(n-\ell)} g_n^{m-\ell} r_\ell^{n-\ell-1} r
$$

Dies ist gerade (4.9). Mit $\ell = n - 1$ folgt der Spezialfall (4.11). Die gleiche Matrixgestalt erhält man bereits für $j = n - 1$ unabhängig von $\ell$, so dass auch hier (4.11) folgt.

Fall 3: $\underline{j < \ell}$  Dann ist

$$\mathrm{sres}_j(f,g) = (-1)^{(m-j)(n-j)} \det \begin{pmatrix} D & X \\ 0 & S' \end{pmatrix}$$

$$= (-1)^{(m-j)(n-j)} \cdot \det D \cdot \det S'$$

wobei $D$ eine obere Dreiecksmatrix mit $m - \ell$ Zeilen und Spalten und $g_n$ in der Hauptdiagonalen ist.

Dabei ist $S'$ die $(n + \ell - 2j) \times (n + \ell - 2j)$-Matrix

$$S' = \begin{pmatrix} g_n & \cdots & \cdots & \cdots & g_0 & & x^{\ell-j-1}g \\ & \ddots & & & & \ddots & \vdots \\ & & g_n & \cdots & \cdots & g_{j+1} & g \\ r_\ell & \cdots & \cdots & r_0 & & & x^{n-j-1}r \\ & \ddots & & & \ddots & & \vdots \\ & & \ddots & & & \ddots & \vdots \\ & & & r_\ell & \cdots & r_{j+1} & r \end{pmatrix}.$$

Daraus folgt $\det S' = \mathrm{sres}_j(g,r)$ und damit $(4.8)$:

$$\mathrm{sres}_j(f,g) = (-1)^{(m-j)(n-j)} g_n^{m-\ell} \, \mathrm{sres}_j(g,r) \qquad \square$$

**4.6.9.2 Hilfssatz:**  Es sei $f_1, \ldots, f_k$ eine Polynom-Restfolge in $R[x]$ mit $\alpha_i, \beta_i \in R \setminus \{0\}$ und $q_i \in R[x]$, so dass für $i = 3, .., k$ gilt

$$\alpha_i f_{i-2} = q_i f_{i-1} + \beta_i f_i.$$

Es seien $n_i = \deg f_i$ und $\delta_i := n_i - n_{i+1}$ für $i = 1, \ldots, k-1$.
Dann gilt für $i = 3, \ldots, k$:

$$\alpha_i^{n_{i-1}-j} \, \mathrm{sres}_j(f_{i-2}, f_{i-1}) = (-1)^{(n_{i-2}-j)(n_{i-1}-j)} \beta_i^{n_{i-1}-j}.$$
$$\mathrm{LK}(f_{i-1})^{\delta_{i-2}+\delta_{i-1}} \, \mathrm{sres}_j(f_{i-1}, f_i),$$
$$\text{für } 0 \le j < n_i \qquad (4.12)$$

$$\alpha_i^{\delta_{i-1}} \, \mathrm{sres}_{n_i}(f_{i-2}, f_{i-1}) = (-1)^{(\delta_{i-2}+\delta_{i-1})\delta_{i-1}} \beta_i^{\delta_{i-1}}.$$
$$\mathrm{LK}(f_i^{\delta_{i-1}-1}) \, \mathrm{LK}(f_{i-1})^{\delta_{i-2}+\delta_{i-1}} f_i \quad (4.13)$$

$$\mathrm{sres}_j(f_{i-2}, f_{i-1}) = 0 \qquad \text{für } n_i < j < n_{i-1} - 1 \quad (4.14)$$

$$\alpha_i \, \mathrm{sres}_{n_{i-1}-1}(f_{i-2}, f_{i-1}) = (-1)^{\delta_{i-2}+1} \beta_i \, \mathrm{LK}(f_{i-1})^{\delta_{i-2}+1} f_i \quad (4.15)$$

*Beweis:*  Aus der Definition der Subresultanten als Determinante folgt mit $m := \deg f$ und $n := \deg g$, dass

$$\mathrm{sres}_j(af, bg) = a^{n-j} b^{m-j} \, \mathrm{sres}_j(f, g).$$

Setzt man nun in den Formeln $(4.8)$–$(4.11)$ $f = \alpha_i f_{i-2}$, $g = f_{i-1}$ und $r = \beta_i f_i$ ein, so ist $\mathrm{LK}(r) = \beta_i \mathrm{LK}(f_i)$ und $\mathrm{sres}_j(\alpha_i f_{i-2}, f_{i-1}) = \alpha_i^{n_{i-1}-j} \, \mathrm{sres}_j(f_{i-2}, f_{i-1})$.

Damit ergeben sich die folgenden Fälle

Fall 1:  $\underline{j = n_{i-1} - 1}$  mit *(4.11)* liefert

$$\alpha_i \operatorname{sres}_{n_{i-1}-1}(f_{i-2}, f_{i-1}) = (-1)^{n_{i-2}-n_{i-1}+1} \operatorname{LK}(f_{i-1})^{n_{i-2}-n_{i-1}+1} \beta_i f_i$$

Mit  $n_{i-2} - n_{i-1} = \delta_{i-2}$  folgt *(4.15)*.

Fall 2:  $\underline{n_i < j < n_{i-1} - 1}$  mit *(4.10)* liefert *(4.14)*

$$\operatorname{sres}_j(f_{i-2}, f_{i-1}) = \alpha_i^{n_{i-1}-j} \operatorname{sres}_j(f_{i-2}, f_{i-1}) = 0$$

Fall 3:  $\underline{j = n_i}$  mit *(4.9)* liefert

$$\alpha_i^{n_{i-1}-n_i} \operatorname{sres}_{n_i}(f_{i-2}, f_{i-1}) = (-1)^{(n_{i-2}-n_i)(n_{i-1}-n_i)} \beta_i^{n_{i-1}-n_i} f_i$$
$$\cdot \operatorname{LK}(f_i)^{n_{i-1}-n_i-1} \operatorname{LK}(f_{i-1})^{n_{i-2}-n_i}$$

Mit  $\delta_{i-1} = n_{i-1} - n_i$  und  $n_{i-2} - n_i = \delta_{i-2} + \delta_{i-1}$  folgt *(4.13)*.

Fall 4:  $\underline{0 \le j < n_i}$  mit *(4.8)* liefert

$$\alpha_i^{n_{i-1}-j} \operatorname{sres}_j(f_{i-2}, f_{i-1}) = (-1)^{(n_{i-2}-j)(n_{i-1}-j)} \operatorname{LK}(f_{i-1})^{n_{i-2}-n_i}$$
$$\cdot \beta_i^{n_{i-1}-j} \operatorname{sres}_j(f_{i-1}, f_i)$$

Mit  $n_{i-2} - n_i = \delta_{i-2} + \delta_{i-1}$  ist das *(4.12)*.    □

**4.6.9.3 Satz:** (Hauptsatz über Subresultanten) *Es sei* $f_1, \dots, f_k$ *eine PRS in* $R[x]$. *Dann gilt für* $i = 3, \dots, k$:

$$\operatorname{sres}_j(f_1, f_2) = 0 \qquad \text{für } 0 \le j < n_k \qquad (4.16)$$

$$\operatorname{sres}_{n_i}(f_1, f_2) \cdot \prod_{\ell=3}^{i} \alpha_\ell^{n_{\ell-1}-n_i} = \left[ \prod_{\ell=3}^{i} \beta_\ell^{n_{\ell-1}-n_i} \operatorname{LK}(f_{\ell-1})^{\delta_{\ell-2}+\delta_{\ell-1}} \right]$$
$$\cdot (-1)^{\tau_i} \operatorname{LK}(f_i)^{\delta_{i-1}-1} f_i \qquad (4.17)$$

$$\operatorname{sres}_j(f_1, f_2) = 0 \qquad \text{für } n_i < j < n_{i-1} - 1, \quad (4.18)$$

$$\operatorname{sres}_{n_{i-1}-1}(f_1, f_2) \prod_{\ell=3}^{i} \alpha_\ell^{n_{\ell-1}-n_{i-1}+1} = \left[ \prod_{\ell=3}^{i} \beta_\ell^{n_{\ell-1}-n_{i-1}+1} \operatorname{LK}(f_{\ell-1})^{\delta_{\ell-2}+\delta_{\ell-1}} \right]$$
$$\cdot (-1)^{\sigma_i} \operatorname{LK}(f_{i-1})^{1-\delta_{i-1}} f_i \qquad (4.19)$$

*wobei gelte* $\tau_i = \sum_{\ell=3}^{i}(n_{\ell-2} - n_i)(n_{\ell-1} - n_i)$ *und*
$\sigma_i = \sum_{\ell=3}^{i}(n_{\ell-2} - n_{i-1} + 1)(n_{\ell-1} - n_{i-1} + 1)$.

*Beweis:*  Aus *(4.12)* folgt durch Induktion nach $i$ für alle $j < n_{i-1}$:

$$\operatorname{sres}_j(f_1, f_2) = (-1)^{(n_1-j)(n_2-j)} \left(\frac{\beta_3}{\alpha_3}\right)^{n_2-j} \operatorname{LK}(f_2)^{\delta_1+\delta_2} \operatorname{sres}_j(f_2, f_3) = \cdots = \qquad (4.20)$$

$$= \prod_{\ell=3}^{i-1} \left[ (-1)^{(n_{\ell-2}-j)(n_{\ell-1}-j)} \left(\frac{\beta_\ell}{\alpha_\ell}\right)^{n_{\ell-1}-j} \operatorname{LK}(f_{\ell-1})^{\delta_{\ell-2}+\delta_{\ell-1}} \right] \operatorname{sres}_j(f_{i-2}, f_{i-1})$$

Dies ergibt zusammen mit *(4.13)*, *(4.14)* und *(4.15)* für $\mathrm{sres}_j(f_{i-2}, f_{i-1})$ die Behauptungen *(4.17)*, *(4.18)* und *(4.19)*, wobei $n_i \leq j < n_{i-1}$.

Bei *(4.16)* ist $n_k > 0$ vorausgesetzt. Dann gilt mit *(4.20)* für $i = k+1$
$$\mathrm{sres}_j(f_1, f_2) \sim \mathrm{sres}_j(f_{k-1}, f_k).$$

Es ist $\alpha f_{k-1} - q f_k = 0$ für $\alpha \in R, q \in R[x]$. Wie im Beweis des ersten Hilfssatzes kann für alle $j < n_k$ die zu $\mathrm{sres}_j(f_{k-1}, f_k)$ gehörige Matrix durch elementare Zeilenumformungen so verändert werden, dass in den ersten $n_k - j$ Zeilen ausschließlich 0 steht. Damit ist die Determinante dieser Matrix gleich 0 und es gilt $\mathrm{sres}_j(f_1, f_2) = 0$ für $0 \leq j < n_k$. $\qquad \square$

*4.6.9.4 Beispiel:* Es wird die Subresultanten-Kette der Polynome aus *4.6.6.4* angegeben. Dort waren $n_1 = 9$, $n_2 = 8$ und

$$f_1 = 6\,x^9 - 27\,x^7 + 10\,x^6 + 2\,x^5 - 15\,x^4 + 9\,x^3 - 9\,x^2 - 2\,x + 7,$$
$$f_2 = 6\,x^8 - 12\,x^7 - 3\,x^6 + 10\,x^5 - 6\,x^4 - x^2 - x + 2,$$

Daraus war berechnet worden $n_3 = 6$, $n_4 = 3$, $n_5 = 2$ und $k = 5$.

$j = 0$: Da bereits aus *4.6.6.4* $\deg(\mathrm{ggT}(f_1, f_2)) = n_5 = 2$ bekannt ist, weiß man mit *(4.16)* $\mathrm{sres}_0(f_1, f_2) = 0$. Hat man dieses Wissen nicht, so muss man die Determinante der folgenden Matrix berechnen.

$$\begin{pmatrix}
6 & 0 & -27 & 10 & 2 & -15 & 9 & -9 & -2 & 7 & 0 & 0 & 0 & 0 & 0 & x^7 f_1 \\
0 & 6 & 0 & -27 & 10 & 2 & -15 & 9 & -9 & -2 & 7 & 0 & 0 & 0 & 0 & x^6 f_1 \\
0 & 0 & 6 & 0 & -27 & 10 & 2 & -15 & 9 & -9 & -2 & 7 & 0 & 0 & 0 & x^5 f_1 \\
0 & 0 & 0 & 6 & 0 & -27 & 10 & 2 & -15 & 9 & -9 & -2 & 7 & 0 & 0 & x^4 f_1 \\
0 & 0 & 0 & 0 & 6 & 0 & -27 & 10 & 2 & -15 & 9 & -9 & -2 & 7 & 0 & x^3 f_1 \\
0 & 0 & 0 & 0 & 0 & 6 & 0 & -27 & 10 & 2 & -15 & 9 & -9 & -2 & 7 & x^2 f_1 \\
0 & 0 & 0 & 0 & 0 & 0 & 6 & 0 & -27 & 10 & 2 & -15 & 9 & - & -2 & x f_1 \\
0 & 0 & 0 & 0 & 0 & 0 & 0 & 6 & 0 & -27 & 10 & 2 & -15 & 9 & -9 & -2 & f_1 \\
6 & -12 & -3 & 10 & -6 & 0 & -1 & -1 & 2 & 0 & 0 & 0 & 0 & 0 & 0 & x^8 f_2 \\
0 & 6 & -12 & -3 & 10 & -6 & 0 & -1 & -1 & 2 & 0 & 0 & 0 & 0 & 0 & x^7 f_2 \\
0 & 0 & 6 & -12 & -3 & 10 & -6 & 0 & -1 & -1 & 2 & 0 & 0 & 0 & 0 & x^6 f_2 \\
0 & 0 & 0 & 6 & -12 & -3 & 10 & -6 & 0 & -1 & -1 & 2 & 0 & 0 & 0 & x^5 f_2 \\
0 & 0 & 0 & 0 & 6 & -12 & -3 & 10 & -6 & 0 & -1 & -1 & 2 & 0 & 0 & x^4 f_2 \\
0 & 0 & 0 & 0 & 0 & 6 & -12 & -3 & 10 & -6 & 0 & -1 & -1 & 2 & 0 & x^3 f_2 \\
0 & 0 & 0 & 0 & 0 & 0 & 6 & -12 & -3 & 10 & -6 & 0 & -1 & -1 & 2 & x^2 f_2 \\
0 & 0 & 0 & 0 & 0 & 0 & 0 & 6 & -12 & -3 & 10 & -6 & 0 & -1 & -1 & 2 & x f_2 \\
0 & 0 & 0 & 0 & 0 & 0 & 0 & 0 & 6 & -12 & -3 & 10 & -6 & 0 & -1 & -1 & f_2
\end{pmatrix}$$

$\Rightarrow \mathrm{sres}_0(f_1, f_2) = 0$. Wegen $\mathrm{sres}_0(f_1, f_2) = \mathrm{res}(f_1, f_2)$ liefert **2.5.4** daraus nochmal $\deg(\mathrm{ggT}(f_1, f_2)) > 0$.

$j = 1$:

$$\begin{pmatrix}
6 & 0 & -27 & 10 & 2 & -15 & 9 & -9 & -2 & 7 & 0 & 0 & 0 & 0 & x^6 f_1 \\
0 & 6 & 0 & -27 & 10 & 2 & -15 & 9 & -9 & -2 & 7 & 0 & 0 & 0 & x^5 f_1 \\
0 & 0 & 6 & 0 & -27 & 10 & 2 & -15 & 9 & -9 & -2 & 7 & 0 & 0 & x^4 f_1 \\
0 & 0 & 0 & 6 & 0 & -27 & 10 & 2 & -15 & 9 & -9 & -2 & 7 & 0 & x^3 f_1 \\
0 & 0 & 0 & 0 & 6 & 0 & -27 & 10 & 2 & -15 & 9 & -9 & -2 & 7 & x^2 f_1 \\
0 & 0 & 0 & 0 & 0 & 6 & 0 & -27 & 10 & 2 & -15 & 9 & -9 & -2 & x f_1 \\
0 & 0 & 0 & 0 & 0 & 0 & 6 & 0 & -27 & 10 & 2 & -15 & 9 & -9 & f_1 \\
6 & -12 & -3 & 10 & -6 & 0 & -1 & -1 & 2 & 0 & 0 & 0 & 0 & 0 & x^7 f_2 \\
0 & 6 & -12 & -3 & 10 & -6 & 0 & -1 & -1 & 2 & 0 & 0 & 0 & 0 & x^6 f_2 \\
0 & 0 & 6 & -12 & -3 & 10 & -6 & 0 & -1 & -1 & 2 & 0 & 0 & 0 & x^5 f_2 \\
0 & 0 & 0 & 6 & -12 & -3 & 10 & -6 & 0 & -1 & -1 & 2 & 0 & 0 & x^4 f_2 \\
0 & 0 & 0 & 0 & 6 & -12 & -3 & 10 & -6 & 0 & -1 & -1 & 2 & 0 & x^3 f_2 \\
0 & 0 & 0 & 0 & 0 & 6 & -12 & -3 & 10 & -6 & 0 & -1 & -1 & 2 & x^2 f_2 \\
0 & 0 & 0 & 0 & 0 & 0 & 6 & -12 & -3 & 10 & -6 & 0 & -1 & -1 & x f_2 \\
0 & 0 & 0 & 0 & 0 & 0 & 0 & 6 & -12 & -3 & 10 & -6 & 0 & -1 & f_2
\end{pmatrix}$$

$$\Rightarrow \mathrm{sres}_1(f_1, f_2) = 0 \quad (\text{klar nach } (4.16))$$

$j = 2:$

$$\begin{pmatrix}
6 & 0 & -27 & 10 & 2 & -15 & 9 & -9 & -2 & 7 & 0 & 0 & x^5 f_1 \\
0 & 6 & 0 & -27 & 10 & 2 & -15 & 9 & -9 & -2 & 7 & 0 & x^4 f_1 \\
0 & 0 & 6 & 0 & -27 & 10 & 2 & -15 & 9 & -9 & -2 & 7 & x^3 f_1 \\
0 & 0 & 0 & 6 & 0 & -27 & 10 & 2 & -15 & 9 & -9 & -2 & x^2 f_1 \\
0 & 0 & 0 & 0 & 6 & 0 & -27 & 10 & 2 & -15 & 9 & -9 & x f_1 \\
0 & 0 & 0 & 0 & 0 & 6 & 0 & -27 & 10 & 2 & -15 & 9 & f_1 \\
6 & -12 & -3 & 10 & -6 & 0 & -1 & -1 & 2 & 0 & 0 & 0 & x^6 f_2 \\
0 & 6 & -12 & -3 & 10 & -6 & 0 & -1 & -1 & 2 & 0 & 0 & x^5 f_2 \\
0 & 0 & 6 & -12 & -3 & 10 & -6 & 0 & -1 & -1 & 2 & 0 & x^4 f_2 \\
0 & 0 & 0 & 6 & -12 & -3 & 10 & -6 & 0 & -1 & -1 & 2 & x^3 f_2 \\
0 & 0 & 0 & 0 & 6 & -12 & -3 & 10 & -6 & 0 & -1 & -1 & x^2 f_2 \\
0 & 0 & 0 & 0 & 0 & 6 & -12 & -3 & 10 & -6 & 0 & -1 & x f_2 \\
0 & 0 & 0 & 0 & 0 & 0 & 6 & -12 & -3 & 10 & -6 & 0 & f_2
\end{pmatrix}$$

$$\Rightarrow \mathrm{sres}_2(f_1, f_2) = 53747712\, x^2 - 26873856$$

Wegen $n_k = 2$ folgt mit $(4.17)$ $\mathrm{sres}_2(f_1, f_2) \sim f_k \sim \mathrm{ggT}(f_1, f_2) = 2x^2 - 1$.

$j = 3:$

$$\begin{pmatrix}
6 & 0 & -27 & 10 & 2 & -15 & 9 & -9 & -2 & 7 & x^4 f_1 \\
0 & 6 & 0 & -27 & 10 & 2 & -15 & 9 & -9 & -2 & x^3 f_1 \\
0 & 0 & 6 & 0 & -27 & 10 & 2 & -15 & 9 & -9 & x^2 f_1 \\
0 & 0 & 0 & 6 & 0 & -27 & 10 & 2 & -15 & 9 & x f_1 \\
0 & 0 & 0 & 0 & 6 & 0 & -27 & 10 & 2 & -15 & f_1 \\
6 & -12 & -3 & 10 & -6 & 0 & -1 & -1 & 2 & 0 & x^5 f_2 \\
0 & 6 & -12 & -3 & 10 & -6 & 0 & -1 & -1 & 2 & x^4 f_2 \\
0 & 0 & 6 & -12 & -3 & 10 & -6 & 0 & -1 & -1 & x^3 f_2 \\
0 & 0 & 0 & 6 & -12 & -3 & 10 & -6 & 0 & -1 & x^2 f_2 \\
0 & 0 & 0 & 0 & 6 & -12 & -3 & 10 & -6 & 0 & x f_2 \\
0 & 0 & 0 & 0 & 0 & 6 & -12 & -3 & 10 & -6 & f_2
\end{pmatrix}$$

$$\Rightarrow \mathrm{sres}_3(f_1, f_2) = -13436928\, x^3 + 26873856\, x^2 + 6718464\, x - 13436928$$

Wegen $n_4 = 3$ folgt mit $(4.17)$ $\mathrm{sres}_3(f_1, f_2) \sim f_4$.

$j = 4:$

$$\begin{pmatrix}
6 & 0 & -27 & 10 & 2 & -15 & 9 & -9 & x^3 f_1 \\
0 & 6 & 0 & -27 & 10 & 2 & -15 & 9 & x^2 f_1 \\
0 & 0 & 6 & 0 & -27 & 10 & 2 & -15 & x f_1 \\
0 & 0 & 0 & 6 & 0 & -27 & 10 & 2 & f_1 \\
6 & -12 & -3 & 10 & -6 & 0 & -1 & -1 & x^4 f_2 \\
0 & 6 & -12 & -3 & 10 & -6 & 0 & -1 & x^3 f_2 \\
0 & 0 & 6 & -12 & -3 & 10 & -6 & 0 & x^2 f_2 \\
0 & 0 & 0 & 6 & -12 & -3 & 10 & -6 & x f_2 \\
0 & 0 & 0 & 0 & 6 & -12 & -3 & 10 & f_2
\end{pmatrix}$$

$$\Rightarrow \mathrm{sres}_4(f_1, f_2) = 0$$

Wegen $n_4 = 3 < 4 < n_3 - 1 = 5$ folgt mit $(4.18)$ $\mathrm{sres}_4(f_1, f_2) = 0$.

$$j = 5: \qquad \begin{pmatrix} 6 & 0 & -27 & 10 & 2 & -15 & x^2 f_1 \\ 0 & 6 & 0 & -27 & 10 & 2 & x f_1 \\ 0 & 0 & 6 & 0 & -27 & 10 & f_1 \\ 6 & -12 & -3 & 10 & -6 & 0 & x^3 f_2 \\ 0 & 6 & -12 & -3 & 10 & -6 & x^2 f_2 \\ 0 & 0 & 6 & -12 & -3 & 10 & x f_2 \\ 0 & 0 & 0 & 6 & -12 & -3 & f_2 \end{pmatrix}$$

$$\Rightarrow \mathrm{sres}_5(f_1, f_2) = -93312\, x^3 + 186624\, x^2 + 46656\, x - 93312$$

Wegen $n_3 - 1 = 5$ folgt mit *(4.19)* $\mathrm{sres}_5(f_1, f_2) \sim f_4 \sim \mathrm{sres}_3(f_1, f_2)$.

$$j = 6: \qquad \begin{pmatrix} 6 & 0 & -27 & 10 & x f_1 \\ 0 & 6 & 0 & -27 & f_1 \\ 6 & -12 & -3 & 10 & x^2 f_2 \\ 0 & 6 & -12 & -3 & x f_2 \\ 0 & 0 & 6 & -12 & f_2 \end{pmatrix}$$

$$\Rightarrow \quad \begin{aligned} \mathrm{sres}_6(f_1, f_2) =\, & 7776\, x^6 - 15552\, x^5 - 3888\, x^4 + 12960\, x^3 - \\ & -7776\, x^2 - 2592\, x + 3888 \end{aligned}$$

Wegen $n_3 = 6$ folgt mit *(4.17)* $\mathrm{sres}_6(f_1, f_2) \sim f_3$.

$$j = 7: \qquad \begin{pmatrix} 6 & 0 & f_1 \\ 6 & -12 & x f_2 \\ 0 & 6 & f_2 \end{pmatrix} \Rightarrow$$

$$\mathrm{sres}_7(f_1, f_2) = 216\, x^6 - 432\, x^5 - 108\, x^4 + 360\, x^3 - 216\, x^2 - 72\, x + 108$$

Wegen $7 = n_2 - 1$ folgt mit *(4.19)* $\mathrm{sres}_7(f_1, f_2) \sim f_3 \sim \mathrm{sres}_6(f_1, f_2)$.
$j = 8$: Aus der Matrix $(f_2)$ liest man ab $\mathrm{sres}_8(f_1, f_2) = f_2$.
Wegen $8 = n_2$ liefert *(4.19)* $\mathrm{sres}_8(f_1, f_2) \sim f_2$.

### 4.6.10 Subresultanten und PRS Algorithmen

Aus dem Hauptsatz über Subresultanten können mehrere Algorithmen zur Konstruktion einer PRS $f_1, \ldots, f_k$ in einem faktoriellen Ring $R[x]$ abgeleitet werden. Grundlegend ist dabei die Beziehung *(4.19)*:

$$\rho_i\, \mathrm{sres}_{n_{i-1}-1}(f_1, f_2) = f_i \quad \text{für} \quad i = 3, \ldots, k \quad \text{mit}$$

$$\rho_i = (-1)^{\sigma_i}\, \mathrm{LK}(f_{i-1})^{\delta_{i-1}-1} \prod_{\ell=3}^{i} \left( \frac{\alpha_\ell}{\beta_\ell} \right)^{n_{\ell-1}-n_{i-1}+1} \mathrm{LK}(f_{\ell-1})^{-\delta_{\ell-2}-\delta_{\ell-1}},$$

$$\sigma_i = \sum_{\ell=3}^{i} (n_{\ell-2} - n_{i-1} + 1)(n_{\ell-1} - n_{i-1} + 1), \qquad (4.21)$$

$n_i := \deg f_i$ und $\delta_i := n_i - n_{i+1}$ für $i = 1, \ldots, k$.

Die $n_{i-1} - 1$-te Subresultante ist gemäß ihrer Definition als Determinante einer Matrix über $R[x]$ in $R[x]$. Werden also $\alpha_i$ und $\beta_i$ für $i = 3, \ldots, k$ so bestimmt, dass $\rho_i \in R$, so ist auch jedes Polynom $f_i$ ein Element aus $R[x]$.

**Die reduzierte PRS**: Ein sehr einfacher Algorithmus $\mathrm{PRS}_{\mathrm{Collins}}$ stammt von Collins [Co1] und beruht auf dem folgenden Satz.

**4.6.10.1 Satz:** (Collins, 1967) *Es seien* $f_1, f_2 \in R[x]$. *Dann wird durch die Wahl von*

$$\alpha_i = \mathrm{LK}(f_{i-1})^{\delta_{i-2}+1} \quad \text{für} \quad i = 3, \ldots, k,$$

$$\beta_3 = 1 \quad \text{und} \quad \beta_i = \alpha_{i-1} \quad \text{für} \quad i = 4, \ldots, k$$

*eine PRS* $f_1, \ldots, f_k$ *in* $R[x]$ *konstruiert, die so genannte reduzierte Polynom-Restfolge.*

*Beweis:* Es genügt zu zeigen, dass $\rho_i$, wie in *(4.21)* angegeben, für $i = 3, \ldots, k$ ein Element des Ringes $R$ ist, wenn $\alpha_i = \mathrm{LK}(f_{i-1})^{\delta_i-2+1} = \beta_{i+1}$ für $i \geq 3$ und $\beta_3 = 1$ gewählt werden:

$$\rho_i = (-1)^{\sigma_i} \mathrm{LK}(f_{i-1})^{\delta_{i-1}-1} \prod_{\ell=3}^{i} \left(\frac{\alpha_\ell}{\beta_\ell}\right)^{n_{\ell-1}-n_{i-1}+1} \mathrm{LK}(f_{\ell-1})^{-\delta_{\ell-2}-\delta_{\ell-1}} =$$

$$= (-1)^{\sigma_i} \prod_{\ell=3}^{i-1} \mathrm{LK}(f_{\ell-1})^{(\delta_{\ell-2}+1)(n_{\ell-1}-n_{i-1}+1)} \mathrm{LK}(f_{\ell-1})^{-\delta_{\ell-2}-\delta_{\ell-1}}.$$

$$\cdot \prod_{\ell=4}^{i} \mathrm{LK}(f_{\ell-2})^{-(\delta_{\ell-3}+1)(n_{\ell-1}-n_{i-1}+1)} = (-1)^{\sigma_i} \prod_{\ell=3}^{i-1} \mathrm{LK}(f_{\ell-1})^{(\delta_{\ell-1}-1)\delta_{\ell-2}}$$

Da $\delta_1 \geq 0$, $\delta_\ell \geq 1$ für $\ell = 2, \ldots, k-1$, folgt $\rho_i \in R$, $f_i \in R[x]$.    $\square$

Ist die PRS $f_1, \ldots, f_k$ normal, d.h. $\delta_i = 1$ für $i = 2, \ldots, k-1$, so folgt $\rho_i = \pm 1$ und damit $\mathrm{sres}_{n_{i-1}-1}(f_1, f_2) = \pm f_i$ für $i = 3, \ldots, k$.

*4.6.10.2 Beispiel:* Die reduzierte PRS der Startpolynome von *4.1.1.1* ist eine normale Polynom-Restfolge und stimmt sogar für $i = 3$, $i = 5$ und $i = 6$ mit der primitiven PRS überein. Es gilt:

$$f_3 = 23\,x^4 - 16\,x^2 - 30\,x + 19$$

$$f_4 = 184\,x^3 + 253\,x^2 - 391\,x - 23$$

$$f_5 = 4887\,x^2 - 6037\,x + 963$$

$$f_6 = 117145\,x - 82989$$

$$f_7 = -494807$$

Ist die PRS nicht normal, so können die Koeffizienten stark anschwellen (Faktor $\mathrm{LK}(f_{\ell-1})^{(\delta_{\ell-1}-1)\delta_{\ell-2}}$), wie man etwa an *4.6.6.4* sieht:

$$f_1 = 6\,x^9 - 27\,x^7 + 10\,x^6 + 2\,x^5 - 15\,x^4 + 9\,x^3 - 9\,x^2 - 2\,x + 7$$
$$f_2 = 6\,x^8 - 12\,x^7 - 3\,x^6 + 10\,x^5 - 6\,x^4 - x^2 - x + 2$$
$$f_3 = 216\,x^6 - 432\,x^5 - 108\,x^4 + 360\,x^3 - 216\,x^2 - 72\,x + 108$$
$$f_4 = 559872\,x^3 - 1119744\,x^2 - 279936\,x + 559872$$
$$f_5 = 701982420492091392\,x^2 - 350991210246045696$$

**Der Subresultanten PRS-Algorithmus**: Beim Subresultanten PRS-Algorithmus werden die $\beta_i$ so bestimmt, dass $\rho_i = 1$ für $i = 3, \ldots, k$ und damit

$$f_i = \mathrm{sres}_{n_{i-1}-1}(f_1, f_2).$$

Es gilt jeweils $\alpha_i = \mathrm{LK}(f_{i-1})^{\delta_{i-2}+1}$ für $i \geq 3$. Bei der Herleitung einer Rekursionsformel für die $\beta_i$ ist es hilfreich (4.21) formal auf $i = k + 1$ zu erweitern, obwohl $f_{k+1} = 0$. Für $i = 3$ ergibt sich:

$$\rho_3 = (-1)^{\sigma_3}\,\mathrm{LK}(f_2)^{\delta_2 - 1}\frac{\alpha_3}{\beta_3}\,\mathrm{LK}(f_2)^{-\delta_1 - \delta_2} \overset{!}{=} 1 \iff \beta_3 = (-1)^{\delta_1 + 1}, \quad (4.22)$$

für $i \geq 4$:

$$\frac{\rho_i}{\rho_{i-1}} = (-1)^{\sigma_i}\,\mathrm{LK}(f_{i-1})^{\delta_{i-1}-1}\left[\prod_{\ell=3}^{i}\left(\frac{\alpha_\ell}{\beta_\ell}\right)^{n_{\ell-1}-n_{i-1}+1}\mathrm{LK}(f_{\ell-1})^{-\delta_{\ell-2}-\delta_{\ell-1}}\right] \cdot$$

$$\cdot\,(-1)^{-\sigma_{i-1}}\,\mathrm{LK}(f_{i-2})^{1-\delta_{i-2}}\left[\prod_{\ell=3}^{i-1}\left(\frac{\alpha_\ell}{\beta_\ell}\right)^{-n_{\ell-1}+n_{i-2}-1}\mathrm{LK}(f_{\ell-1})^{\delta_{\ell-2}+\delta_{\ell-1}}\right] =$$

$$= (-1)^{\sigma_i - \sigma_{i-1}}\beta_i^{-1}\,\mathrm{LK}(f_{i-2})^{1-\delta_{i-2}}\prod_{\ell=3}^{i-1}\left(\frac{\alpha_\ell}{\beta_\ell}\right)^{\delta_{i-2}} \quad \text{mit}$$

$$\sigma_i - \sigma_{i-1} = \delta_{i-2} + 1 + \sum_{\ell=3}^{i-1}\left[((n_{\ell-2} - n_{i-1} + 1)(n_{\ell-1} - n_{i-1} + 1) - \right.$$

$$\left. -(n_{\ell-2} - n_{i-2} + 1)(n_{\ell-1} - n_{i-2} + 1))\right] =$$

$$= \delta_{i-2} + 1 + \sum_{\ell=3}^{i-1}(n_{i-2} - n_{i-1})\left[(n_{\ell-2} + n_{\ell-1} + 2) - n_{i-1} - n_{i-2}\right]$$

Da $\sigma_i - \sigma_{i-1}$ jeweils nur im Exponenten von $-1$ vorkommt, reicht es, wenn man diese Differenz modulo 2 betrachtet:

$$\sigma_i - \sigma_{i-1} \equiv \delta_{i-2} + 1 + (n_{i-2} - n_{i-1})\sum_{\ell=3}^{i-1}(n_{\ell-2} + n_{\ell-1} + 1)\,\mathrm{mod}\,2 \equiv$$

$$\equiv \delta_{i-2} + 1 + \delta_{i-2}(n_1 - n_{i-2} + i - 1)\,\mathrm{mod}\,2$$

Unter der Voraussetzung $\rho_{i-1} = 1$ ist $\rho_i$ genau dann gleich $1$, wenn $\beta_i$ gleich dem folgendem Produkt ist.

$$\beta_i = (-1)^{\delta_{i-2}+1} \operatorname{LK}(f_{i-2}) \left( (-1)^{(n_1 - n_{i-2} + i - 1)} \operatorname{LK}(f_{i-2})^{-1} \prod_{\ell=3}^{i-1} \frac{\alpha_\ell}{\beta_\ell} \right)^{\delta_{i-2}} =$$

$$= (-1)^{\delta_{i-2}+1} \operatorname{LK}(f_{i-2}) \psi_{i-2}^{\delta_{i-2}} . \tag{4.23}$$

Dabei sei

$$\psi_i := (-1)^{n_1 - n_i + i - 1} \operatorname{LK}(f_i)^{-1} \prod_{\ell=3}^{i+1} \frac{\alpha_\ell}{\beta_\ell} \quad \text{für } i = 2, \ldots, k. \tag{4.24}$$

Für die $\psi_i$ gilt

$$\frac{\psi_i}{\psi_{i-1}} = (-1)^{\delta_{i-1}+1} \frac{\operatorname{LK}(f_{i-1})}{\operatorname{LK}(f_i)} \frac{\alpha_{i+1}}{\beta_{i+1}}.$$

Mit $(4.23)$ für $\beta_{i+1}$ und dem üblichen $\alpha_{i+1}$ ergibt sich für $\psi_i$ mit $i > 3$ die folgende Rekursionsformel

$$\psi_i = \operatorname{LK}(f_i)^{\delta_{i-1}} \psi_{i-1}^{1-\delta_{i-1}} . \tag{4.25}$$

Für den Startwert $\psi_2$ zur Berechnung von $\beta_4$ gilt wegen $(4.22)$ und $(4.24)$

$$\psi_2 = (-1)^{n_1 - n_2 + 1} \operatorname{LK}(f_2)^{-1} \frac{\alpha_3}{\beta_3} = \operatorname{LK}(f_2)^{\delta_1} . \tag{4.26}$$

Die Gleichungen $(4.22)$, $(4.23)$, $(4.25)$ und $(4.26)$ werden in folgendem Satz nochmals zusammengefasst:

**4.6.10.3 Satz:**   (Brown, 1978)*Es seien $f_1, f_2 \in R[x]$. Durch die Wahl*

$$\alpha_i = \operatorname{LK}(f_{i-1})^{\delta_{i-2}+1} \text{ für } i = 3, \ldots, k+1,$$

$$\beta_3 = (-1)^{\delta_1 + 1}, \ \beta_i = (-1)^{\delta_{i-2}+1} \operatorname{LK}(f_{i-2}) \psi_{i-2}^{\delta_{i-2}}, \ i = 4, \ldots, k+1$$

$$\psi_2 = \operatorname{LK}(f_2)^{\delta_1}, \ \psi_i = \operatorname{LK}(f_i)^{\delta_{i-1}} \psi_{i-1}^{1-\delta_{i-1}} \text{ für } i = 3, \ldots, k$$

*wird die Subresultanten Polynom-Restfolge mit*
$\operatorname{sres}_{n_{i-1}-1}(f_1, f_2) = f_i$ *für* $i = 3, \ldots, k$ *berechnet.*

In der Literatur wird häufig eine andere Rekursionsformel zur Berechnung der $\beta_i$ für die Subresultanten Polynom-Restfolge angeführt. Sie stammt von Brown und Traub [BTr] und wird ohne Beweis angegeben:

$$\alpha_i = \operatorname{LK}(f_{i-1})^{\delta_{i-2}+1} \text{ für } i = 3, \ldots, k,$$

$$\beta_3 = (-1)^{\delta_1 + 1}, \ \beta_i = -\operatorname{LK}(f_{i-2}) \hat{\psi}_i^{\delta_{i-2}} \text{ für } i = 4, \ldots, k,$$

$$\hat{\psi}_3 = -1, \ \hat{\psi}_i = (-\operatorname{LK}(f_{i-2}))^{\delta_{i-3}} \hat{\psi}_{i-1}^{1-\delta_{i-3}} \text{ für } i = 4, \ldots, k.$$

**4.6.10.4 Satz:**   *Unter den Voraussetzungen des Satzes von Brown gilt für die Hilfsgrößen $\psi_i = \operatorname{LK}(\operatorname{sres}_{n_i}(f_1, f_2))$ für $i = 3, \ldots, k$.*

*Beweis:*   Gleichung (4.17) besagt für $i = 3, \ldots, k$, $\theta_i := \mathrm{LK}(\mathrm{sres}_{n_i}(f_1, f_2))$ :

$$\theta_i = (-1)^{\tau_i} \mathrm{LK}(f_i)^{\delta_{i-1}} \prod_{\ell=3}^{i} \left( \frac{\beta_\ell}{\alpha_l} \right)^{n_{\ell-1} - n_i} \mathrm{LK}(f_{\ell-1})^{\delta_{\ell-2} + \delta_{\ell-1}}$$

mit $\tau_i = \sum_{\ell=3}^{i} (n_{\ell-2} - n_i)(n_{\ell-1} - n_i)$. Die $\alpha_i$ und $\beta_i$ wurden im Satz von Brown so konstruiert, dass $\rho_i = 1$ für $i = 3, \ldots, k+1$ ist. Also ist

$$\theta_i = \theta_i \rho_{i+1} = (-1)^{\tau_i} \mathrm{LK}(f_i)^{\delta_{i-1}} \left[ \prod_{\ell=3}^{i} \left( \frac{\alpha_\ell}{\beta_\ell} \right)^{-n_{\ell-1} + n_i} \mathrm{LK}(f_{\ell-1})^{\delta_{\ell-2} + \delta_{\ell-1}} \right] \cdot$$

$$\cdot (-1)^{\sigma_{i+1}} \mathrm{LK}(f_i)^{\delta_i - 1} \left[ \prod_{\ell=3}^{i+1} \left( \frac{\alpha_\ell}{\beta_\ell} \right)^{n_{\ell-1} - n_i + 1} \mathrm{LK}(f_{\ell-1})^{-\delta_{\ell-2} - \delta_{\ell-1}} \right] =$$

$$= (-1)^{\sigma_{i+1} - \tau_i} \mathrm{LK}(f_i)^{-1} \prod_{\ell=3}^{i+1} \left( \frac{\alpha_\ell}{\beta_\ell} \right) .$$

Wegen

$$\sigma_{i+1} - \tau_i = \sum_{\ell=3}^{i+1} (n_{\ell-2} - n_i + 1)(n_{\ell-1} - n_i + 1) - \sum_{\ell=3}^{i} (n_{\ell-2} - n_i)(n_{\ell-1} - n_i)$$

$$\equiv n_{i-1} - n_i + 1 + \sum_{\ell=3}^{i} (n_{\ell-2} + n_{\ell-1} - 2n_i) + 1 \bmod 2$$

$$\equiv n_1 - n_i + i - 1 \bmod 2$$

heißt das

$$\theta_i = (-1)^{n_1 - n_i + i - 1} \mathrm{LK}(f_i)^{-1} \prod_{\ell=3}^{i+1} \left( \frac{\alpha_\ell}{\beta_\ell} \right) \overset{(4.24)}{=} \psi_i \qquad \square$$

Bei der reduzierten PRS nach Collins ist bei einer normalen PRS $\rho_i = \pm 1$, beim Subresultanten Algorithmus nach Brown ist immer $\rho_i = 1$. Da beide die gleichen $\alpha_i$ verwenden, heißt das, dass beim Subresultanten Algorithmus und einer normalen PRS gilt $\beta_i = \pm \alpha_{i-1}$.

**4.6.10.5 Satz:**  *Unter den Voraussetzungen des Satzes von Brown gilt für alle $i - 3, \ldots, k+1$ :*

$$\beta_i \in R .$$

*Beweis:*   Es ist $\beta_3 \in R$ wegen (4.3). Sei $i \geq 4$. Die Hilfsgrößen $\psi_i$, $i = 2, \ldots, k$, sind Elemente aus $R$. Für $\psi_2 = \mathrm{LK}(f_2)^{\delta_1} \in R$ ist das klar, da $\delta_1 \geq 0$. Für $\psi_i$, $i \geq 3$, besagt dies **4.6.10.4**. Daraus folgt

$$\beta_i = (-1)^{\delta_{i-2} + 1} \mathrm{LK}(f_{i-2}) \psi_{i-2}^{\delta_{i-2}} \in R . \qquad \square$$

Für die Effizienz des Subresultanten PRS-Algorithmus ist dieser Satz von großer Bedeutung. Denn wäre $\beta_i$ ein Element des Quotientenkörpers von $R$, so müssten zum Durchkürzen von $\beta_i$ wiederum teure ggT-Berechnungen in $R$ durchgeführt werden.

Der Satz von Brown lässt sich in folgenden Algorithmus umsetzen

$\mathrm{PRS}_{\mathrm{Brown-Sres}}(f_1, f_2)$ :

(1) Wiederhole bis $f = 0$ für $i = 3, 4, \dots$

    (1.1)  $f \leftarrow \mathrm{PRest}(\mathrm{LK}(f_{i-1})^{\delta_{i-2}+1} f_{i-2}, f_{i-1})$

    (1.2)  Berechne $\psi_{i-2}$ :

$$\psi_1 \leftarrow 1, \psi_{i-2} \leftarrow \mathrm{LK}(f_{i-2})^{\delta_{i-3}} \psi_{i-3}^{1-\delta_{i-3}} \text{ für } i \geq 4$$

    (1.3)  Berechne die $n_{i-1} - 1$-te Subresultante

$$f_3 \leftarrow (-1)^{\delta_1+1} f, \; f_i \leftarrow \frac{(-1)^{\delta_{i-2}+1}}{\mathrm{LK}(f_{i-2})\psi_{i-2}^{\delta_{i-2}}} f \text{ für } i \geq 4$$

(2) Gib $f_1, f_2, \dots$ (soweit $\neq 0$) aus.

*4.6.10.6 Beispiel:*  Eine PRS der bereits betrachteten Polynome aus *4.1.1.1*

$$f_1 = 3\,x^6 + 5\,x^4 - 4\,x^2 - 9\,x + 4$$
$$f_2 = 2\,x^5 - x^4 - 1,$$

wird mit Hilfe von des Algorithmus $\mathrm{PRS}_{\mathrm{Brown-Sres}}$ konstruiert. Da es sich um eine normale PRS handelt, stimmen diese Polynome (bis auf das Vorzeichen) mit denen der reduzierten PRS von $\mathrm{PRS}_{\mathrm{Collins}}$ überein, $f_3$, $f_5$ und $f_6$ sind sogar primitiv.

$$f_3 = 23\,x^4 - 16\,x^2 - 30\,x + 19$$
$$f_4 = 184\,x^3 + 253\,x^2 - 391\,x - 23$$
$$f_5 = 4887\,x^2 - 6037\,x + 963$$
$$f_6 = 117145\,x - 82989$$
$$f_7 = -494807$$

Berechnet man eine PRS der Polynome aus *4.6.6.4*

$$f_1 = 6\,x^9 - 27\,x^7 + 10\,x^6 + 2\,x^5 - 15\,x^4 + 9\,x^3 - 9\,x^2 - 2\,x + 7$$
$$f_2 = 6\,x^8 - 12\,x^7 - 3\,x^6 + 10\,x^5 - 6\,x^4 - x^2 - x + 2,$$

mit $\mathrm{PRS}_{\mathrm{Brown-Sres}}$, so ergeben sich gegenüber ihrer reduzierten Version deutlich kleinere Koeffizienten für $f_4$ und $f_5$, da die PRS nicht normal ist.

$$f_3 = 216\,x^6 - 432\,x^5 - 108\,x^4 + 360\,x^3 - 216\,x^2 - 72\,x + 108$$
$$f_4 = -93312\,x^3 + 186624\,x^2 + 46656\,x - 93312$$
$$f_5 = 53747712\,x^2 - 26873856$$

**Bemerkung:** Soll die gesamte Subresultanten-Kette $(\mathrm{sres}_j(f_1, f_2))_{0 \le j < n_2}$ berechnet werden, so fehlen noch die $\mathrm{sres}_j(f_1, f_2)$ für $j \ne n_{i-1} - 1$ mit $i \ge 3$. Diese können jedoch nach dem Hauptsatz der Subresultanten und 4.6.10.4 für $i = 3, \ldots, k$ leicht berechnet werden durch

$$\mathrm{sres}_{n_i}(f_1, f_2) = \frac{\psi_i f_i}{\mathrm{LK}(f_i)},$$

$$\mathrm{sres}_j(f_1, f_2) = 0 \text{ für } n_i < j < n_{i-1} - 1,$$

und $\mathrm{sres}_j(f_1, f_2) = 0$ für $0 \le j < n_k$.

### 4.6.11 Verbesserte Subresultanten Algorithmen

Eine Möglichkeit, den Algorithmus $\mathrm{PRS}_{\mathrm{Brown-Sres}}$ effizienter zu gestalten, besteht in der Verwendung der bereits vorgestellten Prozedur zur Pseudo-division PPDiv. Der von ihr gelieferte Rest $\mathrm{PPRest}(f_{i-2}, f_{i-1})$ ist meist kleiner als der bisher verwendete $\mathrm{PRest}(\mathrm{LK}(f_{i-1})^{\delta_{i-2}+1} f_{i-2}, f_{i-1})$, weil die Anzahl der Divisionsschritte kleiner als $\delta_{i-2} + 1$ ist. Durch Mitzählen in der ersten **while**-Schleife von PPDiv erhält man die Anzahl der wirklich ausgeführten Divisionsschritte. Diesen Wert $\le \delta_{i-2} + 1$ oder seine Differenz $\varepsilon_{i-2} \in \mathbb{N}_0$ zu $\delta_{i-2} + 1$ kann man als dritten Parameter ausgeben. Es ist

$$\mathrm{LK}(f_{i-1})^{\varepsilon_{i-2}} \mathrm{PPRest}(f_{i-2}, f_{i-1}) = \mathrm{PRest}(\mathrm{LK}(f_{i-1})^{\delta_{i-2}+1} f_{i-2}, f_{i-1}),$$

und man kann die entsprechende Zeile der Prozedur $\mathrm{PRS}_{\mathrm{Brown-Sres}}$ ersetzen durch   (1.1)   $f := \mathrm{LK}(f_{i-1})^{\varepsilon_{i-2}} \mathrm{PPRest}(f_{i-2}, f_{i-1})$.

Die Verwendung von PPRest mag sinnlos erscheinen, wenn der Pseudorest nach der Division wieder mit dem Faktor $\mathrm{LK}(f_{i-1})^{\varepsilon_{i-2}}$ multipliziert werden muss. Man kann aber zeigen, dass der Aufwand für die Berechnung von (1.1) so in jedem Fall kleiner oder höchstens gleich als die ursprüngliche Methode ist.

Weitere Verbesserungen ergeben sich dadurch, dass man unter Umständen während der Konstruktion einer Subresultanten PRS $f_1, \ldots, f_k$ ohne großen Aufwand Teiler $\gamma_i$ von $\mathrm{Inh}(f_i)$ finden kann.

Statt der PRS $f_1, \ldots, f_k$ wird dann die verbesserte Subresultanten Polynom-Restfolge $g_1, \ldots, g_k$ berechnet, für die gilt:

$$\gamma_i g_i = f_i \text{ für } i = 1, \ldots, k. \tag{4.27}$$

wobei $\gamma_1, \gamma_2 = 1$ gesetzt seien.
Dazu sind $\breve{\alpha}_i, \breve{\beta}_i$ so zu wählen, dass

$$\breve{\alpha}_i g_{i-2} - \breve{q}_i g_{i-1} = \breve{\beta}_i g_i.$$

Im folgenden werden mit $f_1, \ldots, f_k$ jeweils die Polynome der Subresultanten PRS bezeichnet. Die $\alpha_i$, $\beta_i$ und $\psi_i$ seien wie im Satz von Brown definiert.

Angenommen $\gamma_\ell g_\ell = f_\ell$ für alle $\ell < i$. Dann ist $\mathrm{LK}(g_\ell) = \gamma_\ell^{-1}\mathrm{LK}(f_\ell)$. Für die Pseudodivision, die in jedem Rekursionsschritt $i$ zur Berechnung von $f_i$, bzw. $g_i$ durchgeführt wird, gilt mit $\alpha_i = \mathrm{LK}(f_{i-1})^{\delta_{i-2}+1}$ und $\breve{\alpha}_i = \mathrm{LK}(g_{i-1})^{\delta_{i-2}+1}$

$$\gamma_{i-1}^{\delta_{i-2}+1}\gamma_{i-2}\,\mathrm{PRest}(\breve{\alpha}_i g_{i-2}, g_{i-1}) = \mathrm{PRest}(\alpha_i f_{i-2}, f_{i-1})$$

und somit

$$\breve{\beta}_i g_i = \gamma_{i-1}^{-\delta_{i-2}-1}\gamma_{i-2}^{-1}\beta_i f_i.$$

Also ist *(4.27)* genau dann auch für $i$ erfüllt, wenn

$$\breve{\beta}_i = \gamma_i\gamma_{i-1}^{-\delta_{i-2}-1}\gamma_{i-2}^{-1}\beta_i$$

bzw., wenn

$$\breve{\beta}_3 = \gamma_3(-1)^{\delta_1+1}\,,\ \breve{\beta}_i = \gamma_i(-\gamma_{i-1})^{-\delta_{i-2}-1}\,\mathrm{LK}(g_{i-2})\psi_{i-2}^{\delta_{i-2}},\ i = 4,\ldots,k+1 \tag{4.28}$$

Die $\psi_i$ werden dabei nicht beeinflusst, also ist nach *(4.25)* bzw. *(4.26)*

$$\psi_2 = \mathrm{LK}(f_2)^{\delta_1} = \mathrm{LK}(g_2)^{\delta_1}, \psi_i = \mathrm{LK}(f_i)^{\delta_{i-1}}\psi_{i-1}^{1-\delta_{i-1}} = (\gamma_i\,\mathrm{LK}(g_i))^{\delta_{i-1}}\psi_{i-1}^{1-\delta_{i-1}}.$$

Für beliebige Teiler $\gamma_i$ von $\mathrm{Inh}(f_i)$ ergibt sich der Grundalgorithmus:
$\mathrm{PRS}_{\mathrm{Sres-V1}}(f_1, f_2)$:

(0) Initialisierung:

$g_1 \leftarrow f_1, g_2 \leftarrow f_2, \gamma_1 \leftarrow 1, \gamma_2 \leftarrow 1$

(1) Wiederhole bis $g = 0$ für $i = 3, 4, \ldots$

(1.1) $g \leftarrow \mathrm{PPRest}(g_{i-2}, g_{i-1})$

(1.2) Berechne $\psi_{i-2}$:

$\psi_1 \leftarrow 1, \psi_{i-2} \leftarrow (\gamma_{i-2}\,\mathrm{LK}(g_{i-2}))^{\delta_{i-3}}\psi_{i-3}^{1-\delta_{i-3}}$ für $i \geq 4$

(1.3) Berechne die $n_{i-1} - 1$-te Subresultante:

$$f_3 \leftarrow (-1)^{\delta_1+1}\,\mathrm{LK}(g_2)^{\varepsilon_1}g\,,\ f_i \leftarrow \frac{(-\gamma_{i-1})^{\delta_{i-2}+1}\,\mathrm{LK}(g_{i-1})^{\varepsilon_{i-2}}}{\mathrm{LK}(g_{i-2})\psi_{i-2}^{\delta_{i-2}}}g$$

(1.4) Finde Teiler $\gamma_i$ : $g_i \leftarrow f_i/\gamma_i$

(2) Gib $g_1, g_2, \ldots$ (soweit $\neq 0$) aus.

Teiler $\gamma_i$ von $\mathrm{Inh}(f_i)$ sind gegeben durch

$$\gamma_i = \gamma := \mathrm{ggT}(\mathrm{LK}(f_1), \mathrm{LK}(f_2))\ \text{für}\ i = 3,\ldots,k,$$

denn aus der Definition der Subresultanten folgt unmittelbar, dass $\gamma$ als Faktor der Determinante aus der ersten Spalte herausgezogen werden kann und daher den Inhalt jeder Subresultante $\mathrm{sres}_j(f_1, f_2)$, $0 \leq j < n_2$, teilt.

Insbesondere teilt $\gamma$ den Inhalt von $\mathrm{sres}_{n_i}(f_1, f_2)$ und damit auch $\psi_i = \mathrm{LK}(\mathrm{sres}_{n_i}(f_1, f_2))$ für $i = 3,\ldots,k$. Aus *(4.28)* folgt für $i \geq 4$:

$$\check{\beta}_i = \gamma^{-\delta_{i-2}}(-1)^{\delta_{i-2}+1}\operatorname{LK}(g_{i-2})\psi_{i-2}^{\delta_{i-2}} = (-1)^{\delta_{i-2}+1}\operatorname{LK}(g_{i-2})\left(\frac{\psi_{i-2}}{\gamma}\right)^{\delta_{i-2}}$$
$$(4.29)$$

Sei also $\check{\psi}_i := \psi_i/\gamma$. Mit $\check{\psi}_2 = \operatorname{LK}(g_2)^{\delta_1}/\gamma$, gilt für die Rekursion der $\check{\psi}_i$:

$$\check{\psi}_i = (\gamma\operatorname{LK}(g_i))^{\delta_{i-1}}(\gamma\check{\psi}_{i-1})^{1-\delta_{i-1}}\gamma^{-1} = \operatorname{LK}(g_i)^{\delta_{i-1}}\check{\psi}_{i-1}^{1-\delta_{i-1}} \qquad (4.30)$$

Zusammengefasst ergeben (4.29) und (4.30):

$\operatorname{PRS}_{\mathrm{Sres-V2}}(f_1, f_2)$:

(0) Initialisierung:
$$g_1 \leftarrow f_1, g_2 \leftarrow f_2, \gamma \leftarrow \operatorname{ggT}(\operatorname{LK}(f_1), \operatorname{LK}(f_2))$$

(1) Wiederhole bis $g = 0$ für $i = 3, 4, \dots$

  (1.1)  $g \leftarrow \operatorname{PPRest}(g_{i-2}, g_{i-1})$

  (1.2)  Berechne $\check{\psi}_{i-2}$ für $i \geq 4$:
$$\check{\psi}_2 \leftarrow \operatorname{LK}(g_2)^{\delta_1}\gamma^{-1}, \quad \check{\psi}_{i-2} \leftarrow \operatorname{LK}(g_{i-2})^{\delta_{i-3}}\check{\psi}_{i-3}^{1-\delta_{i-3}}$$

  (1.3)  Berechne $g_i$:

$$g_3 \leftarrow (-1)^{\delta_1+1}\operatorname{LK}(g_2)^{\varepsilon_1}\frac{g}{\gamma}, \quad g_i \leftarrow \frac{(-1)^{\delta_{i-2}+1}\operatorname{LK}(g_{i-1})^{\varepsilon_{i-2}}}{\operatorname{LK}(g_{i-2})\check{\psi}_{i-2}^{\delta_{i-2}}}g, i \geq 4$$

(2) Gib $g_1, g_2, \dots$ (soweit $\neq 0$) aus.

Zu Algorithmus $\operatorname{PRS}_{\mathrm{Sres-V2}}$ ist zu bemerken, dass wegen **4.6.10.4** und der Bemerkung vor (4.29) gilt $\check{\psi}_i \in R$ für $i = 3, \dots, k$. Das Element $\check{\psi}_2$ ist nur dann sicher in $R$, wenn $\delta_1 > 0$ oder $\gamma = 1$ ist. Der Wert $\gamma = \operatorname{ggT}(\operatorname{LK}(f_1), \operatorname{LK}(f_2))$ wird bereits im Rahmenalgorithmus berechnet, erfordert also keinen zusätzlichen Aufwand.

Dieser Algorithmus lässt sich mit dem Algorithmus $\operatorname{PRS}_{\mathrm{Sres-V1}}$ zu $\operatorname{PRS}_{\mathrm{Sres-V3}}$ kombinieren. Durch die Reihenfolge der Berechnung spielt sich hier alles in $R$ ab.

Nimmt man jedoch Berechnungen im Quotientenkörper $K$ von $R$ in Kauf, so kann man dadurch weitere Teiler $\gamma_i$ finden.

In der **while**-Schleife von $\operatorname{PRS}_{\mathrm{Sres-V3}}$ gilt bei unbekanntem $\gamma_i$

$$\frac{\gamma_{i-1}^{\delta_{i-2}+1}\operatorname{LK}(g_{i-1})^{\varepsilon_{i-2}}}{\operatorname{LK}(g_{i-2})\check{\psi}_{i-2}^{\delta_{i-2}}}g = \pm\gamma_i g_i.$$

Division durch $g$ und kürzen der rechten Seite liefert

$$\frac{\gamma_{i-1}^{\delta_{i-2}+1}\operatorname{LK}(g_{i-1})^{\varepsilon_{i-2}}}{\operatorname{LK}(g_{i-2})\check{\psi}_{i-2}^{\delta_{i-2}}} = \frac{\gamma_i^*}{\eta_i} \text{ mit } \operatorname{ggT}(\gamma_i^*, \eta_i) = 1.$$

Es ist $\gamma_i^* g = \pm\eta_i\gamma_i g_i$. Da $\gamma_i^*$ und $\eta_i$ teilerfremd sind, ist $\gamma_i^*$ Teiler von $\operatorname{Inh}(\gamma_i g_i)$ und es kann $\gamma_i$ gleich $\gamma_i^*$ gesetzt werden.

Analog kann für $i = 3$ der Faktor $\mathrm{LK}(g_2)^{\varepsilon_1}/\gamma$ durchgekürzt und der Zähler dieses Elements aus $K$ als Teiler $\gamma_3$ gewählt werden.

_____**Subresultanten PRS**_____

**procedure** $\mathrm{PRS}_{\mathrm{Sres-V3}}$          # Eingabe: Polynome $f_1, f_2$ ,

   $g_1 \leftarrow f_1$ ; $g_2 \leftarrow f_2$           # Ausgabe: PRS $f_1, f_2, f_3, \ldots$

   $\gamma_1 \leftarrow 1$ ; $\gamma_2 \leftarrow 1$ ; $\gamma \leftarrow \mathrm{ggT}(\mathrm{LK}(f_1), \mathrm{LK}(f_2))$ #

   $i \leftarrow 4$ ; $g \leftarrow \mathrm{PPRest}(g_1, g_2)$      # Die $\varepsilon_i$ werden jeweils bei der

   $\delta_1 \leftarrow n_1 - n_2$ ; $\delta_2 \leftarrow n_2 - n_3$    # Berechnung von PPRest

   $\check{\psi}_2 \leftarrow \mathrm{LK}(g_2)^{\delta_1}$ ; $\check{\psi}_2 \leftarrow \check{\psi}_2/\gamma$    # mitgeliefert

   $g \leftarrow (-1)^{\delta_1+1}\,\mathrm{LK}(g_2)^{\varepsilon_1}g$ ; $g \leftarrow g/\gamma$

   **while** $g \neq 0$ **do**

      | $g \leftarrow \mathrm{PPRest}(g_{i-2}, g_{i-1})$

      | $\delta_{i-1} \leftarrow n_{i-1} - n_{i-2}$

      | $\check{\psi}_i \leftarrow (\gamma_i\,\mathrm{LK}(g_i))^{\delta_{i-1}}$ ; $\check{\psi}_i \leftarrow \check{\psi}_i/\check{\psi}_{i-1}^{\delta_{i-1}-1}$

      | $g \leftarrow (-\gamma_{i-1})^{\delta_{i-2}+1}\,\mathrm{LK}(g_{i-1})^{\varepsilon_{i-2}}g$

      | $g \leftarrow g/\mathrm{LK}(g_{i-2})\check{\psi}_{i-2}^{\delta_{i-2}}$

      | Finde $\gamma_i | g$ ; $g_i \leftarrow g/\gamma_i$ ; $i \leftarrow i + 1$

   **end do**

   **Return**$(g_1, g_2, \ldots, g_{i-1})$

**end**

---

$\mathrm{PRS}_{\mathrm{Sres-V4}}(f_1, f_2)$ :

(0) Initialisierung: $g_1 \leftarrow f_1, g_2 \leftarrow f_2, \gamma_1, \gamma_2 \leftarrow 1, \gamma \leftarrow \mathrm{ggT}(\mathrm{LK}(f_1), \mathrm{LK}(f_2))$

(1) Wiederhole bis $g = 0$ für $i = 3, 4, \ldots$

   (1.1) $g \leftarrow \mathrm{PPRest}(g_{i-2}, g_{i-1})$

   (1.2) Berechne $\check{\psi}_{i-2}$ :

$$\check{\psi}_2 \leftarrow \mathrm{LK}(g_2)^{\delta_1}\gamma^{-1}, \check{\psi}_{i-2} \leftarrow (\gamma_{i-2}\,\mathrm{LK}(g_{i-2}))^{\delta_{i-3}}/\check{\psi}_{i-3}^{\delta_{i-3}-1} \text{ für } i \geq 5$$

   (1.3) Berechne $\gamma_i$ aus

$$\frac{(-1)^{\delta_1+1}g_2^{\varepsilon_1}}{\gamma} = \frac{\gamma_3}{\eta_3} \text{ mit } \mathrm{ggT}(\gamma_3, \eta_3) = 1$$

$$\frac{(-\gamma_{i-1})^{\delta_{i-2}+1}g_{i-1}^{\varepsilon_{i-2}}}{\mathrm{LK}(g_{i-2})\check{\psi}_{i-2}^{\delta_{i-2}}} = \frac{\gamma_i}{\eta_i} \text{ mit } \mathrm{ggT}(\gamma_i, \eta_i) = 1 \text{ für } i \geq 4$$

   (1.4) Berechne Restpolynom $g_i$ : $g_i \leftarrow g/\eta_i$

(2) Gib $g_1, g_2, \ldots$ (soweit $\neq 0$) aus.

*4.6.11.1 Beispiel:* Die primitive PRS zu den beiden Startpolynomen

$$f_1 = 6\,x^{12} - 21\,x^{10} + 10\,x^9 - 19\,x^8 - 17\,x^7 + 8\,x^6 - 14\,x^5 + x^4 -$$
$$- 2\,x^3 - 3\,x^2 + 6\,x + 2$$
$$f_2 = 6\,x^9 - 27\,x^7 + 10\,x^6 + 2\,x^5 - 15\,x^4 + 9\,x^3 - 9\,x^2 - 2\,x + 7$$

lautet:

$$f_3 = 6\,x^8 - 12\,x^7 - 3\,x^6 + 10\,x^5 - 6\,x^4 - x^2 - x + 2$$
$$f_4 = 6\,x^6 - 12\,x^5 - 3\,x^4 + 10\,x^3 - 6\,x^2 - 2\,x + 3$$
$$f_5 = 2\,x^3 - 4\,x^2 - x + 2$$
$$f_6 = 2\,x^2 - 1.$$

Die folgende Tabelle gibt an, wie groß der Inhalt des $i$-ten Folge-polynoms der reduzierten PRS, der Subresultanten PRS und der verbesserten Subresultanten Polynom-Restfolgen jeweils ist.

| $i$ | $\mathrm{PRS}_{\mathrm{Collins}}$ | $\mathrm{PRS}_{\mathrm{Brown}}$ | $\mathrm{PRS}_{\mathrm{Sres-V2}}$ | $\mathrm{PRS}_{\mathrm{Sres-V4}}$ |
|---|---|---|---|---|
| 3 | $2^4\,3^4$ | $2^4\,3^4$ | $2^3\,3^3$ | $2^2\,3^2$ |
| 4 | $2^6\,3^6$ | $2^6\,3^6$ | $2^5\,3^5$ | $2^5\,3^5$ |
| 5 | $2^{15}\,3^{15}$ | $2^{10}\,3^{10}$ | $2^9\,3^9$ | $2^8\,3^8$ |
| 6 | $2^{49}\,3^{45}$ | $2^{16}\,3^{12}$ | $2^{15}\,3^{11}$ | $2^{15}\,3^{11}$ |

### 4.6.12 Der erweiterte Subresultanten PRS-Algorithmus

Jeder Algorithmus zur Berechnung einer PRS $f_1, \ldots, f_k$ kann wie bereits gezeigt um die Berechnung der Kosequenzen $(r_i)_{1 \le i \le k}$ und $(t_i)_{1 \le i \le k}$ aus $K[x]$ mit

$$r_i f_1 + t_i f_2 = f_i$$

erweitert werden.

Mit den Startwerten $r_1 = t_2 = 1$ und $r_2 = t_1 = 0$ werden diese in jedem Teilungsschritt $i \ge 3$ berechnet durch

$$r_i = (\alpha_i r_{i-2} - q_i r_{i-1})/\beta_i \,, \; t_i = (\alpha_i t_{i-2} - q_i t_{i-1})/\beta_i \,.$$

Wird die Subresultanten PRS berechnet, so sind die Polynome $r_i, t_i$ sogar Elemente aus $R[x]$, denn nach (4.6) gilt für jede $j$-te Subresultante $\mathrm{sres}_j(f_1, f_2)$, dass Polynome $u_j, v_j$ aus $R[x]$ existieren mit

$$u_j f_1 + v_j f_2 = \mathrm{sres}_j(f_1, f_2).$$

Da beim Subresultanten Algorithmus $\alpha_i$ und $\beta_i$ für $i \ge 3$ so gewählt sind, dass

$$f_i = \mathrm{sres}_{n_{i-1}-1}(f_1, f_2)\,,$$

und Kosequenzen bis auf einen Faktor in $K$ eindeutig sind, gilt

$$r_i = u_{n_{i-1}-1} \in R[x] \text{ und } t_i = v_{n_{i-1}-1} \in R[x].$$

Als Algorithmus zur Berechnung von Kosequenzen in $R[x]$ ergibt sich:

PRS_EXT$(f_1, f_2)$ :

(0) Initialisierung:

$r_1 \leftarrow 1$, $r_2 \leftarrow 0$, $t_1 \leftarrow 0$ und $t_2 \leftarrow 1$

(1) Wiederhole bis $f = 0$ für $i = 3, 4, \ldots$

(1.1) Berechne Pseudorest und Pseudoquotient: $\alpha_i = \text{LK}(f_{i-1})^{\delta_{i-2}+1}$

$$f \leftarrow \text{PRest}(\alpha_i f_{i-2}, f_{i-1}), \; q = \text{PQuo}(\alpha_i f_{i-2}, f_{i-1})$$

(1.2) Berechne $\psi_{i-2}$ :

$$\psi_1 \leftarrow 1, \psi_{i-2} \leftarrow \text{LK}(f_{i-2})^{\delta_{i-3}} \psi_{i-3}^{1-\delta_{i-3}}$$

(1.3) Berechne die $n_{i-1} - 1$-te Subresultante:

$$f_3 \leftarrow (-1)^{\delta_1 + 1} f \; \text{ bzw. } \; f_i \leftarrow \frac{(-1)^{\delta_{i-2}+1}}{\text{LK}(f_{i-2}) \psi_{i-2}^{\delta_{i-2}}} f \; \text{ für } i \geq 4$$

(1.4) Berechne die Kosequenzen:

$$r_3 = (-\text{LK}(f_2))^{\delta_1 + 1} \; \text{ und } \; t_3 = (-1)^{\delta_1} q$$

$$r_i = \frac{(-1)^{\delta_{i-2}+1}}{\text{LK}(f_{i-2}) \psi_{i-2}^{\delta_{i-2}}} (\text{LK}(f_{i-1})^{\delta_{i-2}+1} r_{i-2} - q r_{i-1})$$

$$t_i = \frac{(-1)^{\delta_{i-2}+1}}{\text{LK}(f_{i-2}) \psi_{i-2}^{\delta_{i-2}}} (\text{LK}(f_{i-1})^{\delta_{i-2}+1} t_{i-2} - q t_{i-1})$$

(2) Gib die PRS $f_1, f_2, \ldots$ (soweit $\neq 0$), die dazugehörige erste Kosequenz $r_1, r_2, \ldots$ und die zweite Kosequenz $t_1, t_2, \ldots$ aus.

*4.6.12.1 Beispiel:* Zu den beiden Polynomen aus *4.6.6.4* werden die Kosequenzen angegeben.

Mit den Startwerten $r_1 = 1$, $t_1 = 0$, $r_2 = 0$ und $t_2 = 1$ lauten PRS und Kosequenzen wie folgt:

$$f_3 = 216\,x^6 - 432\,x^5 - 108\,x^4 + 360\,x^3 - 216\,x^2 - 72\,x + 108$$

$$r_3 = 36$$

$$t_3 = -36\,x - 72$$

$$f_4 = -93312\,x^3 + 186624\,x^2 + 46656\,x - 93312$$

$$r_4 = 46656\,x^2$$

$$t_4 = -46656\,x^3 - 93312\,x^2 - 46656$$

$$f_5 = 53747712\,x^2 - 26873856$$

$$r_5 = 80621568\,x^5 + 53747712\,x^2 + 26873856$$

$$t_5 = -80621568\,x^6 - 161243136\,x^5 - 134369280\,x^3 - $$
$$- 107495424\,x^2 - 26873856\,x - 107495424$$

# 5 Faktorisierung ganzer Zahlen

## 5.1 Vorbereitungen

Zum Thema der Zerlegung ganzer Zahlen in ihre Primteiler ist in den letzten Jahren viel geforscht worden. Grund dafür ist einerseits die Entwicklung der Computertechnik, durch welche komplexere Methoden überhaupt erst anwendbar geworden sind. Andererseits wurde das Interesse an diesem Thema zusätzlich angefacht durch die Erfindung eines „Public-Key-Kryptosystems" von Rivest, Shamir und Adleman [RSA], dessen Sicherheit darauf beruht, dass zwei Primzahlen ab einer bestimmten Größe zwar einfach miteinander multipliziert, ihr Produkt hinterher aber nur sehr schwer wieder faktorisiert werden kann. Seither sind in der Literatur eine ganze Reihe von Faktorisierungsalgorithmen vorgeschlagen worden, von denen sich aber nur wenige wirklich in der Praxis bewährt haben. Im folgenden werden die praktikabelsten Methoden vorgestellt, die auch in den meisten modernen Computeralgebra-Systemen implementiert sind.

Eine Funktion zum Faktorisieren ganzer Zahlen muss den verschiedensten Problemstellungen gewachsen sein. Sie muss einerseits kleinere Zahlen möglichst schnell faktorisieren können, damit sie auch als Unterfunktion häufig aufgerufen werden kann. Andererseits soll sie auch große Zahlen mit großen Teilern bewältigen können. Sie stützt sich daher nicht auf eine einzige Faktorisierungsmethode, sondern durchläuft zunächst Stufen, in denen mit einfacheren Methoden nach kleineren und mittleren Faktoren gesucht wird. Die wirklich anspruchsvollen Algorithmen verwendet sie erst zum Schluß für die verbleibenden Faktoren.

Bevor man auf die Zahl $N$ einen der komplexeren Algorithmen aus den folgenden Abschnitten anwendet, sollte man zunächst einmal alle kleinen Primteiler aus $N$ eliminieren und überprüfen, ob $N$ eine Primzahl oder eine Potenz ist.

Das Eliminieren der kleinen Primteiler geschieht im Prinzip mit Probedivisionen. Hierbei möchte man sich aber nicht lange aufhalten, wenn $N$ gar keine solchen kleinen Teiler besitzt.

Wenn man das Produkt $P$ aller Primzahlen unterhalb einer bestimmten Schranke $S \geq 2$ fest im Programmcode speichert, kann man durch die Berechnung von $g = \mathrm{ggT}(P, N)$ schnell feststellen, ob $N$ überhaupt Teiler $< S$ besitzt. Falls $g > 1$ ist, wird $g$ durch Probedivisionen faktorisiert. Ist $g = 1$, so können die Probedivisionen übersprungen werden.

Für die Probedivisionen empfiehlt sich folgende Methode: Sei $d_1 = 1$, $d_2 = 7$, $d_3 = 11$, $d_4 = 13$, $d_5 = 17$, $d_6 = 19$, $d_7 = 23$ und $d_8 = 29$. Eine Primzahl $p$ ist entweder 2, 3 oder 5, oder es gilt $p \equiv d_i \pmod{30}$ für ein $i \in 1, 2, \ldots, 8$. Man dividiert $g$ also versuchsweise durch 2, 3, 5 und dann durch alle Zahlen der Form $30k + d_i$ für $i = 1, 2, \ldots, 8$ und $k \in \mathbb{N}_0$ bis die Schranke $S$ erreicht ist.

Es sei $\pi(x)$ die Anzahl der Primzahlen $\leq x$. Für diese zahlentheoretische Funktion gibt es verschiedene Abschätzungen, etwa die von Legendre (s. [Rie])

$$\pi(x) \approx \frac{x}{\ell\mathrm{n}\, x - B} \quad \text{mit} \quad B = 1.083666 \, .$$

Würde man alle Primzahlen bis zur Schranke $S$ durchprobieren, so hätte man nach dieser Abschätzung etwa mit $\frac{S}{\ell\mathrm{n}\, S}$ Probedivisionen zu rechnen. Mit der eben geschilderten Methode hat man dagegen mit ungefähr $\frac{8}{30} S$ Divisionen zu rechnen.

Nur der Anteil $\frac{30}{8\,\ell\mathrm{n}\, S}$ der Divisionen (also z.B. bei $S = 10^6$ nur etwa 27%) ist also wirklich nötig. Trotzdem ist diese Methode vorzuziehen, denn sonst müsste man ja alle Primzahlen bis zur Schranke $S$ in einer Tabelle speichern und dauernd auf diese Tabelle zugreifen, was die Rechenzeit erheblich erhöhen würde.

Ist $g$ vollständig zerlegt, so wird $N \leftarrow N/g$ gesetzt und die ganze Prozedur mit der Berechnung des $\mathrm{ggT}(P, N)$ und den Probedivisionen wiederholt, bis $N$ keine Teiler $< S$ mehr enthält. In MAPLE werden mit dieser Methode in einem ersten Schritt alle Teiler $< 1700$ eliminiert. Das dabei verwendete Produkt aller Primzahlen zwischen 13 und 1700 hat 718 Dezimalstellen!

Als nächsten Schritt überprüft man, ob $N$ eine Primzahl ist. Ein Computeralgebra-System verwendet dafür spezielle Primzahltests. Da das Identifizieren von Primzahlen ein ähnlich komplexes Thema wie das Faktorisieren ganzer Zahlen ist, sei hier lediglich auf die Bücher von Hans Riesel [Rie] und David M. Bressoud [Bre] verwiesen, sowie auf die Artikel von R. G. E. Pinch [Pin] und D. Bernstein [Ber].

Wenn festgestellt wurde, dass $N$ keine Primzahl ist und keine Teiler $< S$ enthält, ist als letztes noch auszuschließen, dass $N$ eine Potenz ist. Vor allem sollte $N$ keine Quadratzahl sein, da sonst die Algorithmen von Morrison und Brillhart oder der von Shanks nicht funktionieren.

Man überprüft daher jeweils, ob $\sqrt[k]{N}$ für $k = 2, 3, \ldots, \lfloor \frac{\log N}{\log S} \rfloor$ eine ganze Zahl ist (für größeres $k$ wäre die Wurzel kleiner als $S$ und damit schon bei der Suche nach Teilern $< S$ aufgefunden worden).

Wenn $N$ nach diesen Schritten immer noch nicht faktorisiert ist, lohnt es sich, einen der anspruchsvolleren Algorithmen zu probieren, die in den nun folgenden Kapiteln vorgestellt werden. Sie sind jeweils so formuliert, dass sie abbrechen, wenn sie einen Teiler $d$ von $N$ gefunden haben. Um die komplette Faktorisierung von $N$ zu erhalten, wendet man die Algorithmen danach rekursiv auf $d$ und $N/d$ an.

## 5.2 Pollard-$\rho$

### 5.2.1 Der Faktorisierungsalgorithmus

Im Jahre 1975 veröffentlichte J. M. Pollard [Po2] seine „Monte-Carlo-Methode": Man wählt eine einfach auszuwertende Polynomfunktion $f : \mathbb{Z} \to \mathbb{Z}$ vom Grad $n \geq 2$, z.B.

$$f(x) = x^n + c, \qquad c \in \mathbb{Z},$$

sowie einen Anfangswert $x_0 \in \mathbb{Z}_N$. Für $i = 1, 2, 3, \ldots$ erzeugt man eine Folge von $x_i$ mit der rekursiven Definition

$$x_i = f(x_{i-1}) \bmod N.$$

Nun sei $p$ der gesuchte Teiler von $N$. Definiert man $y_i = x_i \bmod p$, so können die (unbekannten) $y_i \in \mathbb{Z}_p$ nur $p$ verschiedene Werte annehmen. Daher muss in ihrer Folge nach einer bestimmten Anzahl von Elementen ein Element auftreten, das schon früher vorgekommen ist. Aufgrund ihrer rekursiven Definition verhält sich die Folge der $y_i$ von diesem Moment an periodisch. Es existieren also natürliche Zahlen $k$ und $l$, so dass $y_i = y_{i+l}$ ist für alle $i \geq k$. Wenn $k$ und $l$ minimal gewählt sind, ist $k = k(p)$ die Länge des aperiodischen Teils der Folge und $l = l(p)$ die Länge der Periode.

Wenn $y_i = y_{i+l}$ ist, so bedeutet das $x_i \equiv x_{i+l} \bmod p$ und $p$ ist Teiler der Differenz $x_i - x_{i+l}$. Deshalb ist $p$ dann auch Teiler von $d = \gg\mathrm{T}(x_i - x_{i+l}, N)$, und $d$ ist nichttrivialer Teiler von $N$, wenn nicht unglücklicherweise $x_i = x_{i+l}$ ist. In diesem Fall würde man den trivialen Teiler $d = N$ erhalten.

Berechnet man die Periode naiv, so berechnet man hintereinander die Werte $y_i$ und vergleicht jeden neuen mit allen bereits berechneten. Für großes $N$ ist dies sicher ein unvertretbarer Aufwand, denn es müssten ja alle Werte in einer Tabelle gespeichert werden, die dann jedesmal durchsucht werden müsste. Deutlich besser geht es mit dem unter dem Namen „Floyds Algorithmus" bekannten Verfahren.

Man berechnet für $i = 1, 2, 3 \ldots$ so lange jeweils die Paare $(x_i, x_{2i})$, bis $\gg\mathrm{T}(x_i - x_{2i}, N) \neq 1$ auftritt. Dies erfordert pro Iteration drei Funktionsauswertungen von $f \bmod N$, um von $(x_i, x_{2i})$ auf $(x_{i+1}, x_{2i+2})$ zu kommen, sowie eine ggT-Berechnung. Es sind keine Tabellen nötig.

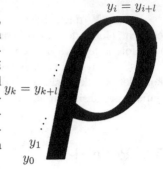

Bei $i = l \cdot \lceil \frac{k}{l} \rceil$ ist erstmals $\mathrm{ggT}(x_i - x_{2i}, N) \neq 1$, denn $i \geq k$, man befindet sich also bereits im periodischen Teil, und $l|i$ d.h. $2i - i$ ist ein Vielfaches der Periodenlänge $l$. Ist $k > l$, so ist $i$ ein echtes Vielfaches der Periode. J. M. Pollard bezeichnete diese Methode als „Monte-Carlo-Methode" wegen des pseudozufälligen Charakters der Folge der $y_i$. Heutzutage ist sie bekannter unter dem Namen Pollard-$\rho$, der von der der nebenstehenden Abbildung herrührt.

---

### Pollard-$\rho$-Algorithmus

```
procedure PolRho(N)              # Eingabe: N
    f(x) ← x² + a mit a ∈ ℤ_N \ {0, −2}   # Ausgabe: Faktor d von N
    Wähle x₀ ∈ ℤ_N               #          (u.U. d = N)
    x₁ ← f(x₀) mod N
    i ← 1
    d ← ggT(x₁ − x₂, N)
    while d = 1 do
        x_{i+1} ← f(x_i) mod N
        x_{2i+2} ← f(f(x_{2i}) mod N) mod N
        i ← i + 1
        d ← ggT(x_i − x_{2i}, N)
    end do
    Return(d)
end
```

---

Der Algorithmus bricht nach $r$ Iterationsschritten ab und gibt das Ergebnis $d = \mathrm{ggT}(x_r - x_{2r}, N)$ aus, welches $p$ als Teiler enthält, wenn $r$ ein Vielfaches der Periodenlänge $l(p)$ und $r$ größer oder gleich $k(p)$, der Länge des aperiodischen Teils der Folge $x_i \bmod p$ ist. Erfüllt $r$ diese Bedingung zufällig für alle Teiler $p$ von $N$, so gibt der Algorithmus das triviale Ergebnis $d = N$ aus. In diesem Fall kann der Algorithmus mit einem anderen Polynom $f(x)$ oder einem anderen Anfangswert $x_0$ erfolgreich sein, wie im folgenden Beispiel gezeigt wird.

5.2.1.1 *Beispiel:* Die Zahl $N = 59 \cdot 73 = 4307$ soll faktorisiert werden, wobei das Polynom $f(x) = x^2 + 1$ und der Anfangswert $x_0 - 2$ gewählt wurden. Für $i = 1, 2, 3, \ldots$ sind in der folgenden Tabelle die Werte $x_i$, $y_i$ und $z_i$ angegeben, definiert durch

$$x_i = f(x_{i-1}) \bmod N, \qquad y_i = x_i \bmod 59, \qquad z_i = x_i \bmod 73.$$

Die letzte Spalte enthält jeweils den Wert von $\mathrm{ggT}(x_i - x_{2i}, N)$.

Die Folge der $y_i$ wiederholt sich zum ersten Mal bei $i = 9$ mit $y_9 = y_6 = 16$. Ihre Periode hat die Länge $l(59) = 3$, und die Länge des aperiodischen Teils ist $k(59) = 6$.

| $i$ | $y_i$ | $y_{2i}$ | $y_i - y_{2i}$ | $z_i$ | $z_{2i}$ | $z_i - z_{2i}$ | $x_i$ | $x_{2i}$ | $x_i - x_{2i}$ | ggT |
|---|---|---|---|---|---|---|---|---|---|---|
| 1 | 5 | 26 | $-21$ | 5 | 26 | $-21$ | 5 | 26 | $-21$ | 1 |
| 2 | 26 | 18 | 8 | 26 | 36 | $-10$ | 26 | 1788 | $-1762$ | 1 |
| 3 | 28 | 16 | 12 | 20 | 71 | $-51$ | 677 | 2553 | $-1876$ | 1 |
| 4 | 18 | 29 | $-11$ | 36 | 26 | 10 | 1788 | 4041 | $-2253$ | 1 |
| 5 | 30 | 21 | 9 | 56 | 36 | 20 | 1151 | 1496 | $-345$ | 1 |
| 6 | 16 | 16 | 0 | 71 | 71 | 0 | 2553 | 2553 | 0 | 4307 |
| 7 | 21 | 29 | $-8$ | 5 | 26 | $-21$ | 1319 | 4041 | $-2722$ | 1 |
| 8 | 29 | 21 | 8 | 26 | 36 | $-10$ | 4041 | 1496 | 2545 | 1 |
| 9 | 16 | 16 | 0 | 20 | 71 | $-51$ | 1845 | 2553 | $-708$ | 59 |
| 10 | 21 | 29 | $-8$ | 36 | 26 | 10 | 1496 | 4041 | $-2545$ | 1 |

Dagegen wiederholt sich die Folge der $z_i$ zum ersten Mal bei $i = 7$ mit $z_7 = z_1 = 5$. Daraus folgt $l(73) = 6$ und $k(73) = 1$. Für beide Teiler von $N$ ist 6 das kleinste Vielfache von $l$, das $\geq k$ ist. Somit bricht der Algorithmus bei $i = 6$ ab und gibt den trivialen Teiler $d = N$ aus.

| $i$ | $y_i$ | $y_{2i}$ | $y_i - y_{2i}$ | $z_i$ | $z_{2i}$ | $z_i - z_{2i}$ | $x_i$ | $x_{2i}$ | $x_i - x_{2i}$ | ggT |
|---|---|---|---|---|---|---|---|---|---|---|
| 1 | 3 | 8 | $-5$ | 3 | 8 | $-5$ | 3 | 8 | $-5$ | 1 |
| 2 | 8 | 15 | $-7$ | 8 | 26 | $-18$ | 8 | 3968 | $-3960$ | 1 |
| 3 | 4 | 25 | $-21$ | 63 | 31 | 32 | 63 | 615 | $-552$ | 1 |
| 4 | 15 | 34 | $-19$ | 26 | 47 | $-21$ | 3968 | 2748 | 1220 | 1 |
| 5 | 47 | 34 | 13 | 18 | 31 | $-13$ | 2938 | 4046 | $-1108$ | 1 |
| 6 | 25 | 34 | $-9$ | 31 | 47 | $-16$ | 615 | 2748 | $-2133$ | 1 |
| 7 | 34 | 34 | 0 | 11 | 31 | $-20$ | 3515 | 4046 | $-531$ | 59 |
| 8 | 34 | 34 | 0 | 47 | 47 | 0 | 2748 | 2748 | 0 | 4307 |
| 9 | 34 | 34 | 0 | 18 | 31 | $-13$ | 1332 | 4046 | $-2714$ | 59 |
| 10 | 34 | 34 | 0 | 31 | 47 | $-16$ | 4046 | 2748 | 1298 | 59 |

Die zweite Tabelle enthält die entsprechenden Werte, wenn man das Polynom $f(x) = x^2 - 1$ wählt und den Anfangswert $x_0 = 2$ beibehält. In diesem Fall hat die Folge der $y_i$ die Periodenlänge $l(59) = 1$ und $k(59) = 7$. Die Folge der $z_i$ dagegen hat die Periodenlänge $l(73) = 4$ und $k(73) = 5$. Daher bricht der Algorithmus bei $i = 7$ mit dem Ergebnis $d = 59$ ab. Der Teiler 73 wäre zum ersten Mal bei $i = 8$ in Erscheinung getreten.

Da Multiplikationen modulo $N$ wesentlich weniger zeitaufwändig als ggT-Berechnungen sind, lohnt es sich, die Differenzen $x_i - x_{2i}$ in den Werten

$$Q_i = (x_i - x_{2i})Q_{i-1} \bmod N = \prod_{j=1}^{i}(x_j - x_{2j}) \bmod N$$

zu sammeln und nur alle $n$ Iterationen den $\mathrm{ggT}(Q_{n\cdot i}, N)$ zu berechnen.

Dadurch erhöht sich allerdings die Wahrscheinlichkeit, ein triviales Ergebnis zu erhalten, weil sich in dem Produkt $Q_{n\cdot i}$ leicht mehrere Teiler von $N$ ansammeln können, die sich dann zu $N$ multiplizieren.

Speichert man aber anfangs das erste Wertepaar $(x_1, x_2)$ und nach jeder erfolglosen Berechnung von $\mathrm{ggT}(Q_{n \cdot i}, N) = 1$ das nächste Wertepaar $(x_{n \cdot i+1}, x_{2n \cdot i+2})$, so kann man im Falle des trivialen Ergebnisses $\mathrm{ggT}(Q_{n \cdot i}, N) = N$ noch einmal bei dem zuletzt gespeicherten Wertepaar beginnen und bei diesem neuen Durchgang den ggT für jeden einzelnen Iterationsschritt berechnen.

### 5.2.1.2 Beispiel: (Fortsetzung von 5.2.1.1)

Berechnet man den ggT nach jedem 5. Iterationsschritt, so erhält man bei der Wahl des zweiten Polynoms $f(x) = x^2 - 1$ das Produkt

$$Q_5 = \prod_{j=1}^{5} (x_j - x_{2j}) \bmod N = 4191 \qquad \text{und} \qquad \mathrm{ggT}(Q_5, N) = 1.$$

Man speichert das nächste Wertepaar $(x_6, x_{12})$ und sammelt weiter bis

$$Q_{10} = \prod_{j=1}^{10} (x_j - x_{2j}) \bmod N = 0 \qquad \text{und} \qquad \mathrm{ggT}(Q_{10}, N) = N.$$

Den nichttrivialen Teiler $d = \mathrm{ggT}(x_7 - x_{14}, N) = 59$ findet man, indem man noch einmal zu dem Paar $(x_6, x_{12})$ zurückgeht und dieses Mal den ggT für jedes $i$ berechnet.

Der Nachteil bei Floyds Algorithmus ist, dass die $x_i$ im Verlauf des Algorithmus doppelt berechnet werden. Richard P. Brent hat in [Brn] eine alternative Strategie vorgeschlagen, bei der diese doppelten Berechnungen vermieden werden:

Man hält jeweils das letzte $x_i$ fest, für welches $i = 2^k$ eine Potenz von 2 ist, und überprüft dann alle Differenzen $x_{2^k} - x_j$ mit $3 \cdot 2^{k-1} < j \leq 2^{k+1}$. Danach hält man $x_{2^{k+1}}$ fest usw. Bei dieser Methode berechnet man also nacheinander folgende Werte:

| | |
|---|---|
| $x_1, x_2,$ | $x_1 - x_2,$ |
| $x_3, x_4$ | $x_2 - x_4,$ |
| $x_5, x_6, x_7$ | $x_4 - x_7,$ |
| $x_8,$ | $x_4 - x_8,$ |
| $x_9, x_{10}, x_{11}, x_{12}, x_{13},$ | $x_8 - x_{13},$ |
| $x_{14},$ | $x_8 - x_{14},$ |
| $x_{15},$ | $x_8 - x_{15},$ |
| $x_{16},$ | $x_8 - x_{16},$ |
| $x_{17}, x_{18}, \ldots, x_{25},$ | $x_{16} - x_{25},$ |
| $x_{26},$ | $x_{16} - x_{26},$ |
| $x_{27},$ | $x_{16} - x_{27},$ |
| usw. | |

Bei dieser Strategie wird der Teiler von $N$ nach wesentlich weniger Auswertungen von $f$ gefunden als mit Floyds Algorithmus.

*5.2.1.3 Beispiel:* (Fortsetzung von *5.2.1.1*)
Wählt man das erste Polynom, so treten wegen $y_6 = y_{12}$ und $z_6 = z_{12}$ beide Teiler von $N$ erstmalig in der Differenz $x_6 - x_{12}$ auf. Um dahin zu gelangen, sind 18 Auswertung von $x_i = f(x_{i-1}) \bmod N$ nötig.

Brents Methode findet die Periode beim Überprüfen der Differenz $x_8 - x_{14}$, die man bereits nach 14 Auswertungen von $f$ erhält.

Bei der Wahl des zweiten Polynoms ist der Unterschied noch deutlicher: Floyds Algorithmus findet den Teiler 59 in der Differenz $x_7 - x_{14}$, d.h. nach 21 Funktionsauswertungen. Brents Methode dagegen findet ihn in der Differenz $x_8 - x_{13}$ nach 13 Funktionsauswertungen.

Die Funktionsauswertungen von $f$ benötigen natürlich dann am wenigsten Zeit, wenn man ein Polynom vom Grad 2 mit der Form $f(x) = x^2 + c$ wählt. Dabei rät Pollard von den Werten $c = 0$ und $c = -2$ ab, weil sich die Folge der $y_i$ sonst nicht genügend „zufällig" verhalten würde. Im Fall $c = -2$ hängt das damit zusammen, dass die damit erzeugte Folge der $x_i$ eine besondere Rolle im Lucas-Lehmer-Test für Mersenne-Primzahlen spielt. Pollard empfiehlt die Wahl des aufwändiger auszuwertenden Polynoms

$$f(x) = x^n + c, \quad \text{mit} \quad c \in \mathbb{Z} \quad \text{und} \quad n > 2$$

falls bekannt ist, dass der gesuchte Primteiler $p$ von $N$ die Form $p = kn+1$ hat. Der folgende Satz besagt, dass man so etwas über $p$ wissen kann, wenn $N$ die Form $N = a^n \pm b^n$ hat.

**5.2.1.4 Satz:** (Legendre)*Es sei $p \neq 2$ ein Primteiler der ganzen Zahl $N = a^n \pm b^n$, wobei $\mathrm{ggT}(a, b) = 1$ sei. Wenn $p$ nicht Teiler eines algebraischen Teilers $a^m \pm b^m$ von $N$ ist mit $m < n$, dann hat $p$ die Form $p = kn + 1$. Sieht man von dem Fall $N = a^n - b^n$ mit geradem $n$ ab, so hat $p$ sogar die Form $p = 2kn + 1$.*

*Beweis:* Wenn $p \neq 2$ ein Primteiler von $N$ ist, ist $a^n \pm b^n \equiv 0 \bmod p$. Aus $\mathrm{ggT}(a, b) = 1$ folgt $\mathrm{ggT}(a, p) = \mathrm{ggT}(b, p) = 1$. Damit existiert $x := \frac{a}{b}$ in $\mathbb{Z}_p^*$ und es gilt

$$x^n \equiv \left(\frac{a}{b}\right)^n \equiv \mp 1 \bmod p.$$

Es sei $d$ die Ordnung von $x$ in der multiplikativen Gruppe $\mathbb{Z}_p^*$. Dann ist $d$ Teiler der Gruppenordnung $p - 1$ und ein Teiler von $n$ bzw. $2n$ im Fall $-1$, und es gibt ganze Zahlen $l > 0$ und $k > 0$ mit

$$n = ld = \frac{l(p-1)}{k} \quad \text{im Fall } N = a^n - b^n \text{ bzw.}$$

$$n = \frac{2l-1}{2}d = \frac{(2l-1)(p-1)}{2k} \quad \text{im Fall } N = a^n + b^n.$$

Wäre im zweiten Fall $2n = ld$ mit $l = 2l'$, so wäre $n$ ein Vielfaches der Ordnung $d$ und damit widersprüchlicherweise $x^n = 1$. Deshalb wurde hier gleich $2l - 1$ als Faktor gewählt. Man liest dann ab, dass in letzterem Fall $d$ gerade sein muss. Daraus folgt in den jeweiligen Fällen

$$x^d \equiv \left(\frac{a}{b}\right)^d \equiv 1 \bmod p, \quad \text{d.h.} \quad a^d - b^d \equiv 0 \bmod p, \text{ bzw.}$$

$$x^{d/2} \equiv \left(\frac{a}{b}\right)^{d/2} \equiv -1 \bmod p, \quad \text{d.h.} \quad a^{d/2} + b^{d/2} \equiv 0 \bmod p.$$

Wenn $l > 1$ ist, d.h. wenn $d < n$ ist in dem einen Fall bzw. wenn $d/2 < n$ in dem anderen Fall, dann ist $p$ Teiler des algebraischen Teilers $a^d - b^d$ von $N = a^n - b^n$ bzw. $a^{d/2} + b^{d/2}$ von $N = a^n + b^n$. Dieser Fall wurde im Satz ausgeschlossen. Daher ist $l = 1$ und $n = \frac{p-1}{k}$ bzw. $n = \frac{p-1}{2k}$. Daraus folgt

$$p = kn + 1 \text{ falls } N = a^n - b^n \quad \text{bzw.} \quad p = 2kn + 1 \text{ falls } N = a^n + b^n.$$

Ist $n$ ungerade im Fall $N = a^n - b^n$, so muss $k$ gerade sein, damit $p = kn + 1$ ungerade ist.    □

Wenn ein Polynom der Form $f(x) = x^n + c$ verwendet wird, so gilt für die Differenzen $x_i - x_j \equiv x_{i-1}^n - x_{j-1}^n \bmod N$, d.h. dort sammeln sich Primteiler der Form $kn+1$ an. Die Wahrscheinlichkeit, mit der Berechnung von $\gcd(x_i - x_j, N)$ einen Teiler dieser Form zu finden, wird so erhöht. Die Auswertung von $f(x_i) \bmod N$ ist umso zeitaufwändiger, je höher der Grad des Polynoms $f$ ist. Dies fällt aber kaum ins Gewicht, wenn man $x_i^n \bmod N$ mit folgendem Hilfsalgorithmus berechnet:

_____**Große modulare Potenzen**_____

```
procedure ModPot(r, n, s)          # Eingabe: r, s ∈ R (Ring), n ∈ ℕ,
    t ← r                          #          n = (1, n₀, ..., n_{ℓ-1})₂
    for i from 2 to ℓ do           # Ausgabe: rⁿ mod s
        if n_{ℓ-i} = 0 then
        |  t ← t² mod s
        else
        |  t ← t · r² mod s
        end if
    end do
    Return(t)
end
```

Mit der Wahl des Polynoms $f(x) = x^{1024} + 1$ und des Anfangswerts $x_0 = 3$ gelang es Richard P. Brent und John M. Pollard im Jahre 1980 die Fermatsche Zahl $F_8 = 2^{2^8} + 1$ zu faktorisieren [BPo][*].

---

[*]    $F_7$ wird im kommenden Abschnitt zum Algorithmus von Morrison und Brillhart faktorisiert, $F_6$ zerfällt in $274177$ und $67280421310721$, $F_5$ in $641$ und $6700417$.

Heutige PCs liefern mit PARI oder GMP schon nach ein paar Stunden$^{\circ}$

$$F_8 = 1238926361552897 \cdot 93461639715357977769163558199606896584051237541638188580280321.$$

Nach dem Satz von Legendre wusste man, dass Teiler von $F_8 = 2^{2^8} + 1$ von der Form $2^9 k + 1$ sind. Brent und Pollard haben bei der Wahl ihres Polynoms offensichtlich auf Teiler der Form $2^{10} k + 1$ gehofft und damit auch Recht gehabt. Es sind sogar beide Teiler von $F_8$ von der Gestalt $2^{11} k + 1$, man hätte also am besten das Polynom $x^{2^{11}} + 1$ verwendet. Es gilt

$$F_8 = \left(2^{11} \cdot 604944512477 + 1\right) \cdot$$

$$\left(2^{11} \cdot 4563556626726463758259939365215180497268126833087802176 7715 + 1\right)$$

### 5.2.2 Aufwandsabschätzung

Um die erwartete Laufzeit des Algorithmus abschätzen zu können, nimmt Pollard in [Po2] an, dass sich die Folge der $y_i \equiv x_i \bmod p$ wie eine zufällige Folge von Elementen aus $\mathbb{Z}_p$ verhält. Sie wiederholt sich spätestens bei dem $(p+1)$-ten Element $y_p$. Für die Länge $l = l(p)$ der Periode gilt also $1 \le l \le p$ und für die Länge $k = k(p)$ des aperiodischen Teils der Folge gilt $0 \le k \le p - 1$. Für ihre Summe gilt $1 \le h = k + l \le p$.

Die Wahrscheinlichkeit $P(k)$, dass die ersten $k$ Folgenglieder paarweise verschieden sind, ist $\prod_{i=1}^{k-1}\left(1 - \frac{i}{p}\right)$. Schätzt man die $\frac{i}{p}$ in diesem Produkt durch ihr arithmetisches Mittel $\frac{1}{k-1}\sum_{i=1}^{k-1}\frac{i}{p} = \frac{k}{2p}$ ab, so erhält man die für nicht all zu großes $k$ recht passable Abschätzung

$$P(k) \approx \left(1 - \frac{k}{2p}\right)^{k-1}.$$

Schätzt man dies mit Hilfe von $(1 + \frac{1}{n})^n \approx e$ weiter ab, so erhält man

$$P(k) \approx \exp\left(-\frac{k(k-1)}{2p}\right).$$

Daraus liest man ab, dass $P(k) \approx 0.5$ ist für $k \approx \frac{1}{2} + \frac{1}{2} \cdot \sqrt{1 + 8\,\ell n(2)p} \approx 1.177 \cdot \sqrt{p}$. Nach dieser Abschätzung kann man nach $\mathcal{O}(\sqrt{p})$ Schritten mit einer Wahrscheinlichkeit von über $0.5$ mit einer ersten Wiederholung rechnen.

Für die Länge $l = l(p)$ der Periode und die Länge $k = k(p)$ des aperiodischen Teils der Folge gibt Pollard die Erwartungswerte

$$E(k(p)) = E(l(p)) - 1 = \sqrt{\frac{\pi p}{8}} + \mathcal{O}(1) = 0.6267\sqrt{p} + \mathcal{O}(1)$$

an, was diese Untersuchung bestätigt.

---

$^{\circ}$  Die kleineren Fermatschen Zahlen sind prim, die größeren Zahlen $F_9$, $F_{10}$ und $F_{11}$ sind zusammengesetzt. Die Faktorisierung von $F_9$ in seine 3 Primfaktoren mit Hilfe von bis zu 700 Rechnern und dem NFS dauerte etwa 4 Monate [LMP].

Der Pollard-Algorithmus bricht nach $r$ Iterationsschritten ab und gibt das Ergebnis $d = \text{ggT}(x_r - x_{2r}, N)$ aus, wobei $k \le r < k + l$ und $r \equiv 0 \bmod l$ ist. Als Erwartungswert für $r = r(p)$ gibt Pollard

$$E(r(p)) \approx \sqrt{\frac{\pi^5 p}{288}} = 1.0308\sqrt{p}$$

an. Außerdem schätzt Pollard, dass $r(p) < \frac{1}{2}\sqrt{p}$ mit der Wahrscheinlichkeit 0.183 und $r(p) > 2\sqrt{p}$ mit der Wahrscheinlichkeit 0.065 eintrifft. Diese Werte sowie die Erwartungswerte für $l(p)$, $k(p)$ und $r(p)$ fand er bei einer Untersuchung der 100 größten Primzahlen unter $10^6$ bestätigt.

Man erwartet also im Mittel $\mathcal{O}(\sqrt{p})$ bzw. schlimmstenfalls $\mathcal{O}(p)$ Iterationen. Bei jedem bzw. jedem $n$-ten Iterationsschritt wird der ggT zweier Zahlen von der Länge $\log N$ berechnet. Bei der Verwendung des euklidischen Algorithmus ist dafür ein Rechenaufwand von maximal $\mathcal{O}(\log^2 N)$ zu veranschlagen.

Dies dominiert den Aufwand für die Multiplikationen und Additionen modulo $N$ bei den Auswertungen von $f$. Die maximale zeitliche Komplexität ist also $\mathcal{O}(p \log^2 N)$, die mittlere Komplexität dagegen $\mathcal{O}(\sqrt{p} \log^2 N)$.

Setzt man $n := L_\beta(N)$, so ergibt sich wegen $p < \sqrt{N} \sim e^{\frac{1}{2}\log N}$ für die maximale zeitliche Komplexität $\mathcal{O}(n^2 e^{\frac{n}{2}})$ bzw. für die erwartete zeitliche Komplexität

$$\text{Op}[d \leftarrow \texttt{PolRho}(N)](p, N) \preceq n^2 e^{\frac{n}{4}}.$$

All diese Abschätzungen beruhen auf der unbewiesenen Annahme, dass sich die Folge der $y_i$ wie eine Zufalls-Folge in $\mathbb{Z}_p$ verhält. E. Bach [Bac] untersuchte den Aufwand für den Algorithmus realistischer in Abhängigkeit von $x_0$, $a$ und $f(x) = x^2 + a$. Er gibt statt $\mathcal{O}(\sqrt{p})$ eine Erfolgswahrscheinlichkeit von $\Omega(\log^2 p)/p$ an.

## 5.3 Pollard-$(p-1)$

### 5.3.1 Der Faktorisierungsalgorithmus

Im Jahre 1974 veröffentlichte J. M. Pollard in [Po1] seine $(p-1)$-Methode. Mit der Grundidee dieser Faktorisierungsmethode hatten sich D. N. und D. H. Lehmer schon viele Jahre vor ihm beschäftigt, aber auf den Rechenmaschinen ihrer Zeit konnte deren Effektivität noch nicht ausprobiert werden. Die Methode basiert auf dem folgenden bekannten Satz von Fermat:

**5.3.1.1 Satz:** (Fermat) *Wenn $p$ eine Primzahl ist und $g$ eine zu $p$ teilerfremde ganze Zahl, dann gilt $g^{p-1} \equiv 1 \bmod p$.*

Man wählt eine ganze Zahl $k$ so, dass sie aus möglichst vielen kleinen Primzahlen zusammengesetzt ist, z.B. $k = \text{kgV}(1, 2, ..., S)$ für eine Schranke $S > 0$.

Diesen Wert erhält man, indem man für alle $m$ verschiedenen Primzahlen $q_1 < q_2 < \ldots < q_m \leq S$ jeweils die größte Primzahlpotenz $Q_i = q_i^{\alpha_i} \leq S$ bestimmt. Es ist

$$k = \prod_{i=1}^{m} Q_i.$$

Dann wählt man eine beliebige ganze Zahl $g > 1$ mit $\mathrm{ggT}(g, N) = 1$. Wenn $p$ ein Primteiler von $N$ ist, für den $p - 1$ ein Teiler von $k$ ist, dann gilt mit dem Satz von Fermat $g^k \equiv 1 \bmod p$. Also ist $p$ Teiler von $g^k - 1$ bzw. von $g^k - 1 \bmod N$, und damit ist

$$d = \mathrm{ggT}(g^k - 1 \bmod N, N)$$

ein (trivialer oder nichttrivialer) Teiler von $N$.

Es ist nicht nötig, $k$ explizit auszumultiplizieren. Setzt man $R_0 = g$ und berechnet für $i = 1, 2, \ldots, m$ die Werte $R_i = R_{i-1}^{Q_i} \bmod N$, so erhält man $R_m = g^k \bmod N$. Diese Potenzen modulo $N$ lassen sich sehr schnell mit dem im vorigen Abschnitt angegebenen Algorithmus ModPot berechnen.

Es seien $p_j$ ein Primteiler von $N$, und $g$ ein Element der multiplikativen Gruppe $\mathbb{Z}_{p_j}^*$ mit $\mathrm{ord}(g) = s_j$. Dann ist $s_j$ Teiler der Gruppenordnung $|\mathbb{Z}_{p_j}^*| = p_j - 1$, und es gilt $g^{s_j} \equiv 1 \bmod p_j$.

Der Primteiler $p_j$ erscheint genau dann als Teiler des Ergebnisses $d$, wenn $g^k \equiv 1 \bmod p_j$ ist, also wenn $s_j$ ein Teiler von $k$ ist

$$p_j | d \iff \mathrm{ord}_{\mathbb{Z}_{p_j}^*}(g) | k.$$

Je mehr Teiler die Gruppenordnung $p_j - 1$ besitzt, desto größer ist die Wahrscheinlichkeit, dass $s_j$ wesentlich kleiner als $p_j - 1$ ist und der Teiler $p_j$ von $N$ auch bei relativ niedriger Schranke $S$ gefunden werden kann.

—————————————————**Pollard-$(p-1)$-Algorithmus**—————————————————

```
procedure PolP1(N, S)                    # Eingabe: N und ein S > 0,
   R_0 ← g mit g > 1 und ggT(g, N) = 1   # Ausgabe: Faktor d von N
   q_1 < ... < q_m ← alle Primzahlen ≤ S #           (u.U d = N )
   for i from 1 to m do                  #
      Bestimme α_i bzw. Q_i mit Q_i = q_i^{α_i} ≤ S und q_i Q_i > S .
      R_i ← ModPot(R_{i-1}, Q_i, N)
   end do
   Return(ggT(R_m - 1, N))
end
```

Man erhält die trivialen Ergebnisse $d = 1$ bzw. $d = N$, wenn die Ordnungen $s_j$ von $g$ in den Gruppen $\mathbb{Z}_{p_j}^*$ für keinen bzw. für alle Primteiler $p_j$ von $N$ Teiler von $k$ sind. Es besteht daher nach einem trivialen Ergebnis die Chance, dass der Algorithmus mit einem anderen Wert für $g$ erfolgreicher ist.

*5.3.1.2 Beispiel:* Für die ersten 10 Primzahlen $p_j > 400$, $j = 1, \ldots, 10$ sind in der folgenden Tabelle die Faktorisierungen der Ordnungen $p_j - 1$ der Gruppen $\mathbb{Z}_{p_j}^*$ angegeben und für die Werte $g = 2, 3, 5$ die Faktorisierungen der Ordnungen ord $(g)$ in diesen Gruppen.

| $j$ | $p_j$ | $p_j - 1 = |\mathbb{Z}_{p_j}^*|$ | ord(2) | ord(3) | ord(5) |
|---|---|---|---|---|---|
| 1 | 401 | $2^4 \cdot 5^2$ | $2^3 \cdot 5^2$ | $2^4 \cdot 5^2$ | $5^2$ |
| 2 | 409 | $*\ 2^3 \cdot 3 \cdot 17$ | $*\ 2^3 \cdot 3 \cdot 17$ | $*\ 2^3 \cdot 3 \cdot 17$ | $*\ 2^3 \cdot 3 \cdot 17$ |
| 3 | 419 | $*\ 2 \cdot 11 \cdot 19$ | $*\ 2 \cdot 11 \cdot 19$ | $*\ 11 \cdot 19$ | $*\ 19$ |
| 4 | 421 | $*\ 2^2 \cdot 3 \cdot 5 \cdot 7$ | $*\ 2^2 \cdot 3 \cdot 5 \cdot 7$ | $*\ 3 \cdot 5 \cdot 7$ | $*\ 2 \cdot 3 \cdot 5 \cdot 7$ |
| 5 | 431 | $2 \cdot 5 \cdot 43$ | $43$ | $43$ | $5 \cdot 43$ |
| 6 | 433 | $2^4 \cdot 3^3$ | $*\ 2^3 \cdot 3^2$ | $3^3$ | $2^4 \cdot 3^3$ |
| 7 | 439 | $2 \cdot 3 \cdot 73$ | $73$ | $2 \cdot 73$ | $3 \cdot 73$ |
| 8 | 443 | $*\ 2 \cdot 13 \cdot 17$ | $*\ 2 \cdot 13 \cdot 17$ | $*\ 13 \cdot 17$ | $*\ 2 \cdot 13 \cdot 17$ |
| 9 | 449 | $2^6 \cdot 7$ | $2^5 \cdot 7$ | $2^6 \cdot 7$ | $*\ 2 \cdot 7$ |
| 10 | 457 | $*\ 2^3 \cdot 3 \cdot 19$ | $*\ 2^2 \cdot 19$ | $*\ 2^2 \cdot 3 \cdot 19$ | $*\ 2^3 \cdot 19$ |

Wählt man $S = 20$, so ist $k = 2^4 \cdot 3^2 \cdot 5 \cdot 7 \cdot 11 \cdot 13 \cdot 17 \cdot 19$. Die faktorisierten Ordnungen, die dieses $k$ teilen, sind in der Tabelle mit einem Stern gekennzeichnet.

Für die folgende Werte von $N$ und $g$ gibt der Algorithmus aus:

$$g = 2 \quad g = 3 \quad g = 5$$
$$N_1 = 409 \cdot 433 = 177097 \quad d = N_1 \quad d = 409 \quad d = 409$$
$$N_2 = 401 \cdot 449 = 180049 \quad d = 1 \quad d = 1 \quad d = 449$$
$$N_3 = 419 \cdot 421 = 176399 \quad d = N_3 \quad d = N_3 \quad d = N_3$$
$$N_4 = 409 \cdot 443 = 181187 \quad d = N_4 \quad d = N_4 \quad d = N_4$$
$$N_5 = 401 \cdot 439 = 176039 \quad d = 1 \quad d = 1 \quad d = 1$$

An den Beispielen von $N_1$ und $N_2$ kann man erkennen, dass der Algorithmus mit verschiedenen Werten $g$ verschieden erfolgreich sein kann. Für $N_3$ und $N_4$ ist das Ergebnis immer trivial, da in beiden Fällen für jeweils beide Primteiler die zugehörige Gruppenordnung $p_j - 1$ Teiler von $k$ ist. Im Fall von $N_3$ kann der Teiler 421 gefunden werden, indem man die Schranke $S$ absenkt und den Algorithmus noch einmal wiederholt: Für $S = 10$ ist beispielsweise $k = 2^3 \cdot 3^2 \cdot 5 \cdot 7$. Im Fall $N_4$ nutzt auch ein Absenken von $S$ nichts, weil beide Gruppenordnungen $p_j - 1$ denselben größten Teiler 17 haben. Und im Fall $N_5$ hätte man den Teiler 401 mit einer höheren Schranke $S$ gefunden, z.B. mit $S = 30$.

Für den Fall, dass man das triviale Ergebnis $N = 1$ erhalten hat, schlagen J. M. Pollard und P. L. Montgomery in [Pol] und [Mon] eine relativ aufwändige zweite Stufe für den Pollard-$(p-1)$-Algorithmus vor, die mit Fourier-Transformationen arbeitet. Sie soll speziell solche Primteiler $p$ von $N$ finden, für die $p - 1 = uv$ ist, wobei $u$ ein Teiler von $k$ ist und $v$ eine Primzahl zwischen $S$ und einer größeren Schranke $S'$.

In vorhergehenden Beispiel könnte mit einer solchen zweiten Stufe der Teiler 439 von $N_5$ gefunden werden. Im Fall $N_2$ würde sie dagegen keinen Erfolg bringen, da beide Gruppenordnungen keine solchen großen Primteiler zwischen $S$ und $S'$ besitzen.

Eine andere Variation läuft einfach darauf hinaus, die Schranke $S$ recht hoch zu wählen und den ggT mehrmals zwischendurch zu berechnen, anstatt nur einmal zum Schluß. Dies sollte aber auch nicht zu häufig geschehen, da ggT-Berechnungen verhältnismäßig zeitaufwändig sind.

In MAPLE wurde dies besonders geschickt implementiert. Dort ist die Schranke $S = 2000$ fest gewählt. Dadurch kann bei den einzelnen Funktionsaufrufen die Zeit für das Bestimmen der Primzahlen $q_i \leq S$ und ihrer Potenzen $q_i^{\alpha_i}$ gespart werden. Man hat jeweils mehrere Potenzen $q_i^{\alpha_i}$ in einem Produkt $P_l$ zusammengefaßt und diese 52 großen Produkte direkt in den Programmcode geschrieben.

Nach jeder Berechnung von $R_l = R_{l-1}^{P_l}$ wird $d = \text{ggT}(R_l - 1, N)$ berechnet. Man bricht den Algorithmus ab, sobald für ein $l > 0$ ein nichttriviales Ergebnis $1 < d < N$ auftritt. Erhält man jedoch $d = N$ für ein $l > 0$, so geht man zurück zum letzten Wert $R_{l-1}$ und potenziert ihn dieses Mal in kleineren Schritten, nämlich mit jedem einzelnen Primteiler von $P_l$, und berechnet dabei nach jeder Potenz den ggT.

### 5.3.2 Aufwandsabschätzung

Die Anzahl $m$ der Iterationen im Pollard-$(p-1)$-Algorithmus ist die Anzahl von Primzahlen kleiner oder gleich der Schranke $S$, also $\mathcal{O}(\frac{S}{\log S})$.

Die Werte $Q_i$ liegen alle in dem Intervall $[\sqrt{S}, S]$. Bei der Berechnung von $R_{i-1}^{Q_i} \bmod N$ mit dem Algorithmus ModPot werden $\log Q_i = \mathcal{O}(\log S)$ Iterationsschritte durchgeführt, in denen jeweils eine oder zwei Multiplikationen modulo $N$ stattfinden.

Insgesamt werden also $\mathcal{O}(\log S \frac{S}{\log S}) = \mathcal{O}(S)$ Multiplikationen modulo $N$ durchgeführt. Damit gilt für die maximale zeitliche Komplexität des Pollard-$(p-1)$-Algorithmus[°]

$$\text{Op}[d \leftarrow \text{PolP1}(N, S)](N, S) \preceq S \log^2 N \sim S \cdot n^2.$$

## 5.4 Elliptic Curve Method (ECM)

### 5.4.1 Pollard-$(p-1)$ und ECM

Der im letzten Abschnitt angegebene Satz von Fermat lautet allgemeiner

**5.4.1.1 Satz:** (Fermat) *Ist $G$ eine endliche Gruppe mit der Ordnung $|G| = m$ und dem neutralen Element $e$, so ist $g^m = e$ für jedes $g \in G$. (Analog dazu $m \cdot g = e$ bei additiver Schreibweise.)*

---

[°] Dabei hängt $S$ von $n$ ab, wenn eine gewisse Erfolgschance vorgegeben wird.

Es sei wieder $p$ ein Primteiler von $N$. Bei dem Pollard-$(p-1)$-Algorithmus wurde dieser Satz auf die multiplikative Gruppe $\mathbb{Z}_p^*$ angewandt. Die Ordnung dieser Gruppe ist $p-1$. Wenn $g \in \mathbb{Z}_p^*$ und die Gruppenordnung $p-1$ Teiler einer ganzen Zahl $k$ ist, dann ist in dieser Gruppe $g^k$ gleich dem neutralen Element $1$. Deshalb ist $p$ Teiler von $\text{ggT}\,(g^k - 1, N)$.

Im Jahr 1987 veröffentlichte H. W. Lenstra in [Le6] eine zu Pollard-$(p-1)$ analoge Faktorisierungsmethode namens *Elliptic Curve Method (ECM)*. Sie verwendet statt $\mathbb{Z}_p^*$ eine additive Gruppe von Punkten auf einer zufälligen elliptischen Kurve $E$ mit Koordinaten in $\mathbb{Z}_p$. Diese Gruppe $E(\mathbb{Z}_p)$ besitzt die Ordnung $p+1-t$, wobei $t$ eine von $E$ und $p$ abhängige ganze Zahl mit $|t| \le 2\sqrt{p}$ ist.

Das neutrale Element von $E(\mathbb{Z}_p)$ ist der Punkt $(0:1:0)$. Wenn die Gruppenordnung $p+1-t$ die ganze Zahl $k$ teilt, so gilt für jeden Punkt $P$ dieser Gruppe $k \cdot P = (0:1:0)$. Auch bei ECM wird modulo $N$ statt modulo $p$ gerechnet. Für die dritte Koordinate $Z$ von $k \cdot P$ gilt dann $Z \equiv 0 \bmod p$ und mit $\text{ggT}\,(Z, N)$ lässt sich ein Teiler von $N$ finden.

Pollard-$(p-1)$ versagt, wenn die Gruppenordnung $p-1$ die Zahl $k$ nicht teilt, etwa weil einer der Primteiler von $p-1$ zu groß ist. Der Vorteil von ECM besteht darin, dass der Algorithmus bei einem Misserfolg mit einer anderen Kurve $E$ wiederholt werden kann. Zu einer anderen elliptische Kurve gehört auch ein anderer Wert $t$, so dass für die Gruppenordnung $p+1-t$ eine neue Chance besteht, aus kleinen Primzahlen zusammengesetzt zu sein.

### 5.4.2  Die Geometrie elliptischer Kurven

**5.4.2.1  Definition:**  Für die beiden Parameter $a, b \in \mathbb{R}$ gelte

$$4a^3 + 27b^2 \ne 0. \tag{5.1}$$

Die *elliptische Kurve* $E_{a,b}$ sei definiert als die Menge aller Punkte $(x,y) \in \mathbb{R}^2$, welche der folgenden Weierstraß-Gleichung genügen

$$y^2 = x^3 + ax + b. \tag{5.2}$$

Die elliptische Kurve $E_{a,b}$ besitzt keinen singulären Punkt. Die implizite Schreibweise von $E_{a,b}$ ist $F(x,y) = y^2 - x^3 - ax - b = 0$. Ein Punkt $(x_0, y_0)$ dieser Kurve ist genau dann singulär, wenn beide partiellen Ableitungen $F_x(x_0, y_0) = F_y(x_0, y_0) = 0$ sind.

$$F_x(x,y) = -3x^2 - a = 0 \iff 3x^2 + a \quad\;\; = 0$$
$$F_y(x,y) = 2y \quad\;\;\; = 0 \iff x^3 + ax + b = 0$$

Die beiden Polynome $3x^2 + a$ und $x^3 + ax + b$ haben genau dann eine gemeinsame Wurzel in $\mathbb{C}$, wenn ihre Resultante gleich Null ist.

$$\mathrm{res}(3x^2 + a, x^3 + ax + b) = 4a^3 + 27b^2 = 0 \,.$$

Wegen Bedingung *(5.1)* besitzt die Kurve $E_{a,b}$ keine singulären Punkte. Graphen elliptischer Kurven sehen etwa wie folgt aus:

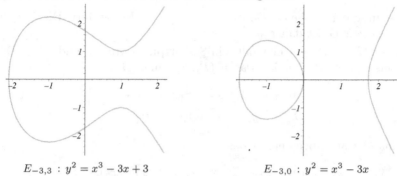

$$E_{-3,3} : y^2 = x^3 - 3x + 3 \qquad E_{-3,0} : y^2 = x^3 - 3x$$

Die Kurve $E_{a,b}$ besitzt in jedem Punkt eine eindeutig bestimmte Tangente. Der folgende Satz besagt, dass jede nicht-senkrechte Gerade, die eine solche elliptische Kurve in zwei Punkten schneidet, sie auch noch in einem dritten Punkt schneidet, wenn man den Berührungspunkt einer Tangente als doppelten Schnittpunkt zählt.

**5.4.2.2 Satz:**  *Gegeben seien zwei Punkte* $P_1 = (x_1, y_1)$ *und* $P_2 = (x_2, y_2)$ *auf der elliptischen Kurve* $E_{a,b}$ *mit* $(x_1, y_1) \neq (x_2, -y_2)$. *$G$ sei die Gerade, die* $E_{a,b}$ *in den beiden Punkten* $P_1$ *und* $P_2$ *schneidet bzw. berührt, sofern* $P_1 = P_2$ *ist. Dann gilt für die Steigung* $\lambda$ *von $G$*

$$\lambda = \begin{cases} \frac{3x_1^2 + a}{2y_1}, & \text{für } x_1 = x_2, \\ \frac{y_1 - y_2}{x_1 - x_2}, & \text{für } x_1 \neq x_2, \end{cases}$$

*und der Punkt* $P_3 = (x_3, y_3)$, *definiert durch*

$$x_3 = \lambda^2 - x_1 - x_2 \,, \; y_3 = \lambda(x_3 - x_1) + y_1 = \lambda(x_3 - x_2) + y_2$$

*ist ein weiterer Schnittpunkt von $G$ mit $E_{a,b}$.*

*Beweis:* Wenn $x_1 \neq x_2$ ist, so ist

$$\lambda = \frac{y_1 - y_2}{x_1 - x_2}$$

die Steigung der Geraden $G$. Setzt man $P_1$ und $P_2$ jeweils in *(5.2)* ein und zieht die beiden Gleichungen voneinander ab, so erhält man

$$y_1^2 - y_2^2 = x_1^3 - x_2^3 + a(x_1 - x_2) \Rightarrow (y_1 - y_2)(y_1 + y_2) = (x_1 - x_2)(x_1^2 + x_1 x_2 + x_2^2 + a).$$

Das lässt sich umformen in

$$\lambda = \frac{y_1 - y_2}{x_1 - x_2} = \frac{x_1^2 + x_1 x_2 + x_2^2 + a}{y_1 + y_2}. \tag{$*$}$$

Wenn man nun $P_2$ gegen $P_1$ gehen lässt, erhält man

$$\lambda = \frac{3x_1^2 + a}{2y_1} \left( = -\frac{F_x(x_1, y_1)}{F_y(x_1, y_1)} \right)$$

als Steigung der Tangente $G$, die $E_{a,b}$ in $P_1 = P_2$ berührt. Die Geradengleichung von $G$ ist daher $y = \lambda x + \mu$.

Es sei $P_3 = (x_3, y_3)$ ebenfalls ein Schnittpunkt von $G$ und $E_{a,b}$. Dann folgt aus $(*)$ für die Punkte-Paare $(P_3, P_1)$ und $(P_3, P_2)$.

$$\lambda(y_3 + y_1) = x_3^2 + x_3 x_1 + x_1^2 + a,$$
$$\lambda(y_3 + y_2) = x_3^2 + x_3 x_2 + x_2^2 + a.$$

Voneinander abgezogen ergibt das

$$\lambda(y_1 - y_2) = x_3(x_1 - x_2) + (x_1^2 - x_2^2).$$

Wenn $x_1 \neq x_2$ ist, kann man durch $x_1 - x_2$ teilen und erhält dadurch

$$\lambda^2 = x_3 + x_1 + x_2.$$

Es folgt $x_3 = \lambda^2 - x_1 - x_2$. Setzt man $P_1$, $P_2$ und $P_3$ in die Geradengleichung ein, so erhält man $y_1 = \lambda x_1 + \mu$, $y_2 = \lambda x_2 + \mu$, $y_3 = \lambda x_3 + \mu$ und daraus folgt $y_3 = \lambda(x_3 - x_1) + y_1 = \lambda(x_3 - x_2) + y_2$. Für $x_1 = x_2$ gilt

$$y_3 = \lambda x_3 + (y_1 - \lambda x_1) \text{ und } y_3^3 = x_3^3 + ax^3 + b.$$

Einsetzen der ersten Gleichung in die zweite und des oben für diesen Fall berechneten $\lambda$ liefert

$$\frac{(x_1 - x_3)^2}{4y_1^2} \cdot (-x_1^4 + 4x_3 x_1^3 + 2x_1^2 a + 8x_1 b + 4x_1 a x_3 + 4x_3 b - a^2) = 0$$

mit den Lösungen $x_1 = x_3$ oder wie im ersten Fall

$$x_3 = -\frac{-x_1^4 + 2x_1^2 a + 8x_1 b - a^2}{4x_1^3 + 4ax_1 + 4b} = \lambda^2 - x_1 - x_2. \qquad \square$$

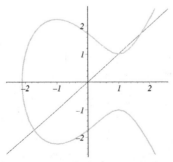

$E_{-3,3} : y^2 = x^3 - 3x + 3$

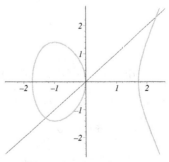

$E_{-3,0} : y^2 = x^3 - 3x$

Wenn die Punkte $(x_1, y_1)$ und $(x_2, y_2)$ rationale Koordinaten besitzen, so gilt das also auch auch für den dritten Schnittpunkt $(x_3, y_3)$. Für den Faktorisierungsalgorithmus soll mit der Menge der rationalen Punkte von $E_{a,b}$ eine Gruppe konstruiert werden. Als Verknüpfung definiert man hierfür eine Addition, welche die zwei Punkte $(x_1, y_1)$ und $(x_2, y_2)$ auf den Punkt $(x_3, -y_3)$ abbildet, also auf den an der $x$-Achse gespiegelten dritten Schnittpunkt.

In dem im Satz ausgeschlossenen Fall $(x_1, y_1) = (x_2, -y_2)$ wäre die Gerade $G$ senkrecht. Als dritten Schnittpunkt könnte man sich hier einen Punkt unendlich weit im Norden vorstellen, der von jeder senkrechten Geraden geschnitten wird. Dieser Punkt soll mit $(\infty, \infty)$ bezeichnet werden.

**5.4.2.3 Definition:** Es sei $E_{a,b}(\mathbb{Q})$ die Menge aller rationalen Punkte auf der Kurve $E_{a,b}$ vereinigt mit $(\infty, \infty)$, also

$$E_{a,b}(\mathbb{Q}) = \{(x, y); y^2 = x^3 + ax + b \text{ und } x, y \in \mathbb{Q}\} \cup \{(\infty, \infty)\}.$$

Auf $E_{a,b}(\mathbb{Q})$ sei eine *Addition*

$$\dotplus : \begin{cases} E_{a,b}(\mathbb{Q}) \times E_{a,b}(\mathbb{Q}) & \to E_{a,b}(\mathbb{Q}), \\ ((x_1, y_1), (x_2, y_2)) & \mapsto (x_1, y_1) + (x_2, y_2) \end{cases}$$

definiert durch:

(i) $(x, y) + (\infty, \infty) = (\infty, \infty) + (x, y) = (x, y)$ für alle $(x, y) \in E_{a,b}(\mathbb{Q})$.

(ii) Für $(x_1, y_1) \neq (\infty, \infty)$ und $(x_2, y_2) \neq (\infty, \infty)$ ist

$$(x_1, y_1) + (x_2, y_2) = \begin{cases} (\infty, \infty), & \text{für } (x_1, y_1) = (x_2, -y_2), \\ (x_3, y_3), & \text{für } (x_1, y_1) \neq (x_2, -y_2), \end{cases}$$

mit
$$x_3 = \lambda^2 - x_1 - x_2,$$
$$y_3 = \lambda(x_1 - x_3) - y_1 = \lambda(x_2 - x_3) - y_2,$$
$$\lambda = \begin{cases} \frac{(3x_1^2 + a)}{(2y_1)} & \text{für } (x_1, y_1) = (x_2, y_2), \\ \frac{(y_1 - y_2)}{(x_1 - x_2)} & \text{für } (x_1, y_1) \neq (x_2, y_2). \end{cases}$$

Die Menge $E_{a,b}(\mathbb{Q})$ bildet mit dieser Addition eine abelsche Gruppe (zum Beweis siehe etwa [Si1]). In dieser Gruppe ist $(\infty, \infty)$ das neutrale Element, das Inverse von $(x, y)$ ist $(x, -y)$.

Setzt man

$$x = X/Z \quad \text{und} \quad y = Y/Z$$

mit $X, Y, Z \in \mathbb{Z}$, $Z \neq 0$ in Gleichung (5.2) ein und multipliziert beide Seiten mit $Z^3$, so erhält man

$$Y^2 Z = X^3 + aXZ^2 + bZ^3. \tag{5.3}$$

Jede ganzzahlige Lösung $(X, Y, Z) \in \mathbb{Z}^3$ dieser Gleichung, bei der $Z \neq 0$ ist, entspricht einem Punkt $(x, y) \in E_{a,b}(\mathbb{Q})$ mit den rationalen Koordinaten $x = X/Z$ und $y = Y/Z$, während die Lösung $(0, 1, 0)$ dem unendlichen Punkt $(\infty, \infty) \in E_{a,b}(\mathbb{Q})$ zugeordnet werden kann. Zwei Lösungen $(X, Y, Z)$ und $(X', Y', Z')$ repräsentieren genau dann denselben Punkt in $E_{a,b}(\mathbb{Q})$, wenn es ein $c \in \mathbb{Z} \setminus \{0\}$ gibt, so dass $(X', Y', Z') = (cX, cY, cZ)$.

Berechnet man die Koordinaten von $(X, Y, Z)$ jeweils modulo einer Primzahl $p$ und definiert auch die Addition entsprechend, so erhält man eine Gruppe mit endlicher Ordnung, welche nun definiert werden soll.

**5.4.2.4 Definition:** Es sei $p > 3$ eine Primzahl. Zwei Tripel $(X, Y, Z)$ und $(X', Y', Z')$ aus $\mathbb{Z}_p^3 \setminus (0, 0, 0)$ werden *äquivalent* genannt, wenn es ein $c \in \mathbb{Z}_p^*$ gibt, so dass $(X', Y', Z') = (cX, cY, cZ)$ ist. Die Äquivalenzklasse, die $(X, Y, Z)$ enthält, wird mit $(X : Y : Z)$ bezeichnet, und die Menge $\mathbb{P}_2(\mathbb{Z}_p)$ aller dieser Äquivalenzklassen wird als *projektive Ebene* über $\mathbb{Z}_p$ bezeichnet.

Für $a, b \in \mathbb{Z}_p$ mit $4a^3 + 27b^2 \not\equiv 0 \bmod p$ sei $E_{a,b}(\mathbb{Z}_p)$ definiert durch

$$E_{a,b}(\mathbb{Z}_p) = \{(X : Y : Z) \in \mathbb{P}_2(\mathbb{Z}_p) : Y^2 Z \equiv X^3 + aXZ^2 + bZ^3 \bmod p\}.$$

$E_{a,b}(\mathbb{Z}_p)$ wird auch als *elliptische Kurve modulo* $p$ bezeichnet mit den *Punkten* $(X : Y : Z)$. Insbesondere nennt man $O = (0 : 1 : 0) \in E_{a,b}(\mathbb{Z}_p)$ den *Nullpunkt* der Kurve.

Der Punkt $O = (0 : 1 : 0)$ ist der einzige in $E_{a,b}(\mathbb{Z}_p)$, bei dem die dritte Koordinate $Z = 0$ ist. In jeder anderen Klasse $(X : Y : Z) \in E_{a,b}(\mathbb{Z}_p)$ gibt es genau einen Repräsentanten $(X' : Y' : 1)$, denn $Z \in \mathbb{Z}_p^*$ und es gilt $(X : Y : Z) = (XZ^{-1} : YZ^{-1} : 1) = (X' : Y' : 1)$.

Die Koordinaten $X'$ und $Y'$ dieses Repräsentanten erfüllen die Kongruenz $Y'^2 \equiv X'^3 + aX' + b \bmod p$. Hierbei ist mit $Z^{-1}$ das Inverse von $Z$ in $\mathbb{Z}_p^*$ gemeint. Mit der Existenz eines solchen Repräsentanten $(X' : Y' : 1)$ in jeder Klasse außer $O$ ist folgende Definition einer Addition möglich:

**5.4.2.5 Definition:** Auf der Menge $E_{a,b}(\mathbb{Z}_p)$ sei eine *Addition*

$$+ : \begin{cases} E_{a,b}(\mathbb{Z}_p) \times E_{a,b}(\mathbb{Z}_p) & \to & E_{a,b}(\mathbb{Z}_p), \\ (P, Q) & \mapsto & P + Q \end{cases}$$

definiert durch:

(i)  $P + O = O + P = P$ für alle $P \in E_{a,b}(\mathbb{Z}_p)$.

(ii) Für $P = (X_1 : Y_1 : 1)$ und $Q = (X_2 : Y_2 : 1)$ mit $P, Q \neq O$ ist

$$P + Q = \begin{cases} O & \text{für } (X_1 : Y_1 : 1) = (X_2 : -Y_2 : 1), \\ R = (X_3 : Y_3 : 1) & \text{sonst} \end{cases}$$

mit $X_3, Y_3, \lambda \in \mathbb{Z}_p$ bestimmt durch

$$X_3 \equiv (\lambda^2 - X_1 - X_2) \bmod p, \quad Y_3 \equiv (\lambda(X_1 - X_3) - Y_1) \bmod p,$$

$$\lambda \equiv \begin{cases} (3X_1^2 + a)(2Y_1)^{-1} \bmod p & (X_1 : Y_1 : 1) = (X_2 : Y_2 : 1), \\ (Y_1 - Y_2)(X_1 - X_2)^{-1} \bmod p & \text{sonst.} \end{cases}$$

Bei der Definition von $\lambda$ ist mit $(X_1 - X_2)^{-1}$ bzw. $(2Y_1)^{-1}$ wiederum das jeweilige Inverse in $\mathbb{Z}_p^*$ gemeint.

Analog zu der Gruppe $E_{a,b}(\mathbb{Q})$ bildet auch die Menge $E_{a,b}(\mathbb{Z}_p)$ mit der darauf definierten Addition eine abelsche Gruppe (siehe [Si1]). Das neutrale Element dieser Gruppe ist $O = (0 : 1 : 0)$, und das Inverse von $(X : Y : Z)$ ist $-(X : Y : Z) = (X : -Y : Z)$. Zur Ordnung dieser Gruppe hat Helmut Hasse im Jahre 1934 den folgenden Satz bewiesen (für einen Beweis siehe etwa [Si1]):

**5.4.2.6 Satz:** (Hasse) *Die Gruppe $E_{a,b}(\mathbb{Z}_p)$ hat die Ordnung*

$$|E_{a,b}(\mathbb{Z}_p)| = p + 1 + t,$$

*wobei $t \in \mathbb{N}$ von $a$, $b$ und $p$ abhängig ist mit $|t| < 2\sqrt{p}$.*

Weiter bewies William Waterhouse 1969 in [Wat]:

**5.4.2.7 Satz:** *Wenn $p > 3$ eine Primzahl ist und $t$ eine beliebige ganze Zahl mit $|t| < 2\sqrt{p}$, dann existieren Parameter $a, b \in \mathbb{Z}_p$, so dass*

$$|E_{a,b}(\mathbb{Z}_p)| = p + 1 + t.$$

*Außerdem sind die Ordnungen der elliptischen Kurven modulo $p$ ziemlich gleichmäßig über das Intervall $]p + 1 - 2\sqrt{p}, p + 1 + 2\sqrt{p}[$ verteilt.*

*5.4.2.8 Beispiel:* Die Punkte mit $Z = 1$ der elliptische Kurve $E_{-3,0}(\mathbb{Z}_5)$ sind gegeben durch die Gleichung $Y^2 \equiv X^3 - 3X \bmod 5$. Die einzige Lösung dieser Gleichung ist $X = 0 = Y$, d.h. der Punkt $(0 : 0 : 1)$. Ansonsten liegt nur noch der Punkt $(0 : 1 : 0)$ auf der Kurve, es gilt also $|E_{-3,0}(\mathbb{Z}_5)| = 2$ und damit $t = -4$.

Wegen $2\sqrt{5} \approx 4.47$ ist dies der kleinstmögliche Wert für $t$ und 2 der kleinste Wert für $|E_{a,b}(\mathbb{Z}_5)|$.

Die Kurve $E_{-3,3}(\mathbb{Z}_5)$ besteht dagegen aus den 7 Punkten $(1 : 1 : 1)$, $(1 : 4 : 1)$, $(2 : 0 : 1)$, $(3 : 1 : 1)$, $(3 : 4 : 1)$, $(4 : 0 : 1)$, $(0 : 1 : 0)$ (für $Z = 1$ gilt $Y^2 \equiv X^3 - 3X + 3 \bmod 5$; zu den Lösungen hiervon kommt noch der Punkt $(0 : 1 : 0)$ dazu), d.h. es ist $t = 1$.

### 5.4.3 Multiplikation von Kurvenpunkten mit Skalaren

Für einen Punkt $P \in E_{a,b}(\mathbb{Q})$ bzw. $P \in E_{a,b}(\mathbb{Z}_p)$ und eine natürliche Zahl $n \in \mathbb{N}$ sei der Punkt $n \cdot P \in E_{a,b}(\mathbb{Q})$ bzw. $n \cdot P \in E_{a,b}(\mathbb{Z}_p)$ wie üblich bestimmt durch $n \cdot P = P + \ldots + P$ ($n$-mal).

Ist $k$ ein Vielfaches der Gruppenordnung $m = |E_{a,b}(\mathbb{Z}_p)|$, so folgt mit dem Satz von Fermat $k \cdot P = O$ für jeden Punkt $P \in E_{a,b}(\mathbb{Z}_p)$. Für die Berechnung von $n \cdot P$ soll nun eine schnelle Methode gefunden werden.

**5.4.3.1 Satz:** *Für* $(x_1, y_1) \in E_{a,b}(\mathbb{Q})$ *und jede Zahl* $n \in \mathbb{N}$ *sei*

$$(x_n, y_n) = n \cdot (x_1, y_1) = (x_1, y_1) + \ldots + (x_1, y_1) \quad (n\text{- mal}).$$

*Dann ist* $(x_{2i}, y_{2i}) = (x_i, y_i) + (x_i, y_i)$ *und* $(x_{2i+1}, y_{2i+1}) = (x_i, y_i) + (x_{i+1}, y_{i+1})$ *für ein bestimmtes* $i \in \mathbb{N}$. *Ist* $(x_i, y_i) \neq (\infty, \infty)$ *und* $y_i \neq 0$, *so gilt*

$$x_{2i} = \frac{(x_i^2 - a)^2 - 8bx_i}{4(x_i^3 + ax_i + b)}. \tag{5.4}$$

*Sind* $(x_i, y_i), (x_{i+1}, y_{i+1}) \neq (\infty, \infty)$ *sowie* $x_1 \neq 0$ *und* $x_i \neq x_{i+1}$, *so gilt*

$$x_{2i+1} = \frac{(a - x_i x_{i+1})^2 - 4b(x_i + x_{i+1})}{x_1(x_i - x_{i+1})^2}. \tag{5.5}$$

*Beweis:* Wegen $y_i \neq 0$ ist $(x_i, y_i) \neq (x_i, -y_i)$. Damit folgt Gleichung (5.4) direkt aus der Definition der Addition:

$$x_{2i} = \lambda^2 - 2x_i = \frac{(3x_i^2 + a)^2}{(2y_i)^2} - 2x_i$$

$$= \frac{(3x_i^2 + a)^2 - 2x_i \cdot 4(x_i^3 + ax_i + b)}{4(x_i^3 + ax_i + b)} = \frac{(x_i^2 - a)^2 - 8bx_i}{4(x_i^3 + ax_i + b)}.$$

Unter den für *(5.5)* angegebenen Voraussetzungen gilt

$$x_{2i+1} = \frac{(y_i - y_{i+1})^2}{(x_i - x_{i+1})^2} - x_i - x_{i+1}.$$

Daraus erhält man

$$x_{2i+1}(x_i - x_{i+1})^2 = (y_i - y_{i+1})^2 - (x_i + x_{i+1})(x_i - x_{i+1})^2 =$$
$$= -2y_i y_{i+1} + 2b + (a + x_i x_{i+1})(x_i + x_{i+1}). \tag{5.6}$$

Wegen $x_i \neq x_{i+1}$ ist auch $(x_1, y_1) = (x_{i+1}, y_{i+1}) + (x_i, -y_i) \neq (\infty, \infty)$. Analog zu *(5.6)* gilt daher

$$x_1(x_i - x_{i+1})^2 = 2y_i y_{i+1} + 2b + (a + x_i x_{i+1})(x_i + x_{i+1}). \tag{5.7}$$

Multipliziert man Gleichung *(5.6)* mit *(5.7)*, so ergibt das
$$x_1 x_{2i+1}(x_i - x_{i+1})^4 =$$
$$= (2b + (a + x_i x_{i+1})(x_i + x_{i+1}))^2 - 4(x_i^3 + ax_i + b)(x_{i+1}^3 + ax_{i+1} + b) =$$
$$= ((a - x_i x_{i+1})^2 - 4b(x_i + x_{i+1}))(x_i - x_{i+1})^2.$$

Wenn man beide Seiten durch $x_1(x_i - x_{i+1})^4$ teilt, folgt daraus für $x_1 \neq 0$ die zweite Gleichung der Behauptung. □

Die für $E_{a,b}(\mathbb{Q})$ gezeigten Formeln lassen sich auf $E_{a,b}(\mathbb{Z}_p)$ übertragen. Da man bei der Faktorisierung von $N$ im Grunde nur an der dritten Koordinate des Punktes $k \cdot P$ interessiert ist, ist es vollkommen ausreichend, wenn im folgenden Satz nur Formeln für die erste und die dritte Koordinate angegeben werden.

**5.4.3.2 Satz:** *Für* $(X_1 : Y_1 : Z_1) \in E_{a,b}(\mathbb{Z}_p)$ *und jede Zahl* $n \in \mathbb{N}$ *sei* $(X_n : Y_n : Z_n) := n \cdot (X_1 : Y_1 : Z_1)$. *Ist* $Y_i \not\equiv 0 \bmod p$ *für* $i \in \mathbb{N}$, *so gilt*

$$X_{2i} \equiv (X_i^2 - aZ_i^2)^2 - 8bX_iZ_i^3 \bmod p,$$
$$Z_{2i} \equiv 4Z_i(X_i^3 + aX_iZ_i^2 + bZ_i^3) \bmod p. \tag{5.8}$$

*Für* $X_1 \not\equiv 0 \bmod p$ *und* $X_iZ_i^{-1} \not\equiv X_{i+1}Z_{i+1}^{-1} \bmod p$ *gilt*

$$X_{2i+1} \equiv Z_1[(X_iX_{i+1} - aZ_iZ_{i+1})^2 - 4bZ_iZ_{i+1}(X_iZ_{i+1} + X_{i+1}Z_i)] \bmod p,$$
$$Z_{2i+1} \equiv X_1(X_{i+1}Z_i - X_iZ_{i+1})^2 \bmod p. \tag{5.9}$$

*Beweis:* $(X_i : Y_i : Z_i)$, $(X_j : Y_j : Z_j)$ und deren Summe $(X_k : Y_k : Z_k)$ seien Punkte aus $E_{a,b}(\mathbb{Z}_p) \setminus \{O\}$. Dann gibt es in $E_{a,b}(\mathbb{Q}) \setminus \{(\infty, \infty)\}$ entsprechende Punkte $(\frac{X_i}{Z_i}, \frac{Y_i}{Z_i})$ und $(\frac{X_j}{Z_j}, \frac{Y_j}{Z_j})$ mit der Summe $(Z_{i+j} \neq 0)$

$$\left(\frac{X_i}{Z_i}, \frac{Y_i}{Z_i}\right) + \left(\frac{X_j}{Z_j}, \frac{Y_j}{Z_j}\right) = \left(\frac{X_{i+j}}{Z_{i+j}}, \frac{Y_{i+j}}{Z_{i+j}}\right) \quad \text{mit} \quad X_{i+j}, Y_{i+j}, Z_{i+j} \in \mathbb{Z},$$

und es gilt $(X_k : Y_k : Z_k) = (X_{i+j} \bmod p : Y_{i+j} \bmod p : Z_{i+j} \bmod p)$.
Für $(X_i : Y_i : Z_i) \neq O$ und $Y_i \not\equiv 0 \bmod p$ folgen daher die Formeln *(5.8)* aus *(5.4)*:

$$\frac{X_{2i}}{Z_{2i}} = \frac{((\frac{X_i}{Z_i})^2 - a)^2 - 8b(\frac{X_i}{Z_i})}{4((\frac{X_i}{Z_i})^3 + a(\frac{X_i}{Z_i}) + b)} = \frac{(X_i^2 - aZ_i^2)^2 - 8bX_iZ_i^3}{4Z_i(X_i^3 + aX_iZ_i^2 + bZ_i^3)}.$$

Aber auch für $(X_i : Y_i : Z_i) = O$ liefern diese Formeln das richtige Ergebnis $X_{2i} = Z_{2i} = 0$. Unter den Voraussetzungen $(X_i : Y_i : Z_i), (X_{i+1} : Y_{i+1} : Z_{i+1}) \neq O$, $X_1 \not\equiv 0 \bmod p$ und $X_iZ_i^{-1} \not\equiv X_{i+1}Z_{i+1}^{-1} \bmod p$ folgen die Formeln *(5.9)* aus *(5.5)*:

$$\frac{X_{2i+1}}{Z_{2i+1}} = \frac{(a - \frac{X_i}{Z_i}\frac{X_{i+1}}{Z_{i+1}})^2 - 4b(\frac{X_i}{Z_i} + \frac{X_{i+1}}{Z_{i+1}})}{\frac{X_1}{Z_1}(\frac{X_i}{Z_i} - \frac{X_{i+1}}{Z_{i+1}})^2} =$$

$$= \frac{Z_1[(X_iX_{i+1} - aZ_iZ_{i+1})^2 - 4bZ_iZ_{i+1}(X_iZ_{i+1} + X_{i+1}Z_i)]}{X_1(X_{i+1}Z_i - X_iZ_{i+1})^2}.$$

In den Fällen $(X_i : Y_i : Z_i) = O$ oder $(X_{i+1} : Y_{i+1} : Z_{i+1}) = O$ erhält man ebenfalls das richtige Ergebnis $X_{2i+1} \equiv Z_{2i+1} \equiv 0 \bmod p$. □

Für $P_1 = (X_1 : Y_1 : Z_1) \neq O$ sollen die Punkte $P_n = (X_n : Y_n : Z_n) = n \cdot P_1$ für $n = 2, 3, \ldots$ mit den Formeln *(5.8)* und *(5.9)* berechnet werden. Die ersten Formeln gelten nicht für $Y_i \equiv 0 \bmod p$, und die zweiten nicht für $X_1 \equiv 0 \bmod p$ bzw. $X_i Z_i^{-1} \equiv X_{i+1} Z_{i+1}^{-1} \bmod p$. Welche Fehler und Folgefehler treten auf, wenn man sie trotzdem anwendet?

Aus $Y_i \equiv 0 \bmod p$ folgt $P_{2i} = O$. Das richtige Ergebnis wäre also in diesem Fall $X_{2i} \equiv Z_{2i} \equiv 0 \bmod p$. Formel *(5.8)* liefert den korrekten Wert für $Z_{2i}$, aber möglicherweise einen falschen Wert für $X_{2i}$  $(X_i^3 + aX_i Z_i^2 + bZ_i^3 \equiv Y_i^2 Z_i \equiv 0 \bmod p$ aus der Kurvengleichung).

$X_i Z_i^{-1} \equiv X_{i+1} Z_{i+1}^{-1} \bmod p$ bedeutet wegen der Symmetrie der zugrundeliegenden Kurve $Y_i Z_i^{-1} \equiv \pm Y_{i+1} Z_{i+1}^{-1} \bmod p$. Wegen $P_i \neq P_{i+1}$ folgt $P_{2i+1} = O$. Formel *(5.9)* liefert hier ebenfalls den richtigen Wert $Z_{2i+1} \equiv 0 \bmod p$, aber einen möglicherweise falschen Wert für $X_{2i+1}$.

Diese beiden Fälle bieten für die weiteren Berechnungen die gleiche Ausgangssituation. Für einen Punkt $P_i = O$ rechnet man mit richtigem $Z_i \equiv 0 \bmod p$ und eventuell falschem $X_i$. Bei Anwendung der Formeln *(5.8)* erhält man als Folge genau die selbe Situation. Für $P_{2i} = O$ ist $Z_{2i} \equiv 0 \bmod p$ richtig und $X_{2i}$ eventuell falsch.

Wendet man bei falschem $X_i$ für $P_i = O$ und richtigen Werten für $P_{i+1}$ die Formeln *(5.9)* an, so erhält man

$$X_{2i+1} \equiv Z_1 X_i^2 X_{i+1}^2 \bmod p \quad \text{und} \quad Z_{2i+1} \equiv X_1 X_i^2 Z_{i+1}^2 \bmod p.$$

Aus $P_i = O$ folgt $P_{2i+1} = P_{i+1} = P_1$ bzw. $X_{2i+1} Z_{2i+1}^{-1} \equiv X_{i+1} Z_{i+1}^{-1} \equiv X_1 Z_1^{-1} \bmod p$. Wegen

$$(Z_1 X_i^2 X_{i+1}^2)(X_1 X_i^2 Z_{i+1}^2)^{-1} \equiv (X_{i+1} Z_{i+1}^{-1})^2 (X_1 Z_1^{-1})^{-1} \equiv X_{i+1} Z_{i+1}^{-1} \bmod p$$

liefern die Formeln *(5.9)* also trotz falschem $X_i$ die richtigen Werte für $X_{2i+1}$ und $Z_{2i+1}$. Analog lässt sich dasselbe für den Fall $P_{i+1} = O$ zeigen.

Nun bleibt noch zu untersuchen, welche Auswirkung $X_1 \equiv 0 \bmod p$ hat für $P_1 \neq O$. Für $P_2$ liefert *(5.8)* die richtigen Werte

$$X_2 \equiv a^2 Z_1^4 \bmod p \quad \text{und} \quad Z_2 \equiv 4b Z_1^4 \bmod p.$$

Mit *(5.9)* erhält man daraus die möglicherweise falschen Werte

$$X_3 \equiv Z_1^3 (a^2 Z_2^2 - 4b Z_2 X_2) \equiv 0 \bmod p \quad \text{und} \quad Z_3 = 0 \bmod p.$$

Ist aber erst einmal $X_i \equiv Z_i \equiv 0$ oder $X_{i+1} \equiv Z_{i+1} \equiv 0 \bmod p$ für irgendein $i$ erreicht, so sind auch alle folgenden, mit den Formeln *(5.8)* und *(5.9)* daraus berechneten Werte $X_{2i} \equiv Z_{2i} \equiv X_{2i+1} \equiv Z_{2i+1} \equiv 0 \bmod p$.

*5.4.3.3 Beispiel:*

$$Y_i{}^2 Z_i \equiv X_i{}^3 + 4X_i Z_i{}^2 \bmod 5 \qquad Y_i{}^2 Z_i \equiv X_i{}^3 + 2X_i Z_i{}^2 + Z_i{}^3 \bmod 5$$

| $i$ | $P_i$ | $X_i$ | $Z_i$ |
|---|---|---|---|
| 1 | $(2:1:1)$ | 2 | 1 |
| 2 | $(0:0:1)$ | 0 | 4 |
| 3 | $(2:4:1)$ | 1 | 3 |
| 4 | $(0:1:0)$ | 1 * | 0 |
| 5 | $(2:1:1)$ | 4 | 2 |
| 6 | $(0:0:1)$ | 0 | 4 |
| 7 | $(2:4:1)$ | 1 | 3 |
| 8 | $(0:1:0)$ | 1 * | 0 |
| 9 | $(2:1:1)$ | 1 | 3 |
| 10 | $(0:0:1)$ | 0 | 4 |
| 11 | $(2:4:1)$ | 4 | 2 |
| 12 | $(0:1:0)$ | 1 * | 0 |
| 13 | $(2:1:1)$ | 4 | 2 |
| 14 | $(0:0:1)$ | 0 | 4 |
| 15 | $(2:4:1)$ | 1 | 3 |
| 16 | $(0:1:0)$ | 1 * | 0 |

| $i$ | $P_i$ | $X_i$ | $Z_i$ |
|---|---|---|---|
| 1 | $(0:4:1)$ | 0 | 1 |
| 2 | $(1:2:1)$ | 4 | 4 |
| 3 | $(3:2:1)$ | 0 * | 0 * |
| 4 | $(3:3:1)$ | 3 | 1 |
| 5 | $(1:3:1)$ | 0 * | 0 * |
| 6 | $(0:1:1)$ | 0 | 0 * |
| 7 | $(0:1:0)$ | 0 | 0 |
| 8 | $(0:4:1)$ | 0 | 1 |
| 9 | $(1:2:1)$ | 0 * | 0 * |
| 10 | $(3:2:1)$ | 0 * | 0 * |
| 11 | $(3:3:1)$ | 0 * | 0 * |
| 12 | $(1:3:1)$ | 0 * | 0 * |
| 13 | $(0:1:1)$ | 0 | 0 * |
| 14 | $(0:1:0)$ | 0 | 0 * |
| 15 | $(0:4:1)$ | 0 | 0 * |
| 16 | $(1:2:1)$ | 4 | 4 |

Die beiden Tabellen zeigen für $P_1 = (2 : 1 : 1) \in E_{4,0}(\mathbb{Z}_5)$ bzw.
$P_1 = (0 : 4 : 1) \in E_{2,1}(\mathbb{Z}_5)$ jeweils die Vielfachen $P_i$, wie sie
aus Definition der Addition folgen, sowie daneben die Werte $X_i$
und $Z_i$, wie man sie mit den Formeln *(5.8)* und *(5.9)* erhält. Die
falschen Werte sind durch Sternchen gekennzeichnet.

Der Punkt $P_1 = (2 : 1 : 1) \in E_{4,0}(\mathbb{Z}_5)$ hat die Ordnung 4. Daher
ist jeder vierte Wert $P_{4k} = O$. Wegen $Y_2 = 0$ erhält man einen
falschen Wert für $X_4$ und als Folgefehler falsche Werte für alle
weiteren $X_{4k}$.

Die Ordnung von $P_1 = (0 : 4 : 1) \in E_{2,1}(\mathbb{Z}_5)$ ist 7. Wegen $X_1 =
0$ liefert *(5.9)* die falschen Werte $X_3 = Z_3 = 0$, und als Folge
davon erhält man für alle weiteren $i > 3$ ebenfalls $X_i = Z_i = 0$,
unabhängig davon, ob dies richtig oder falsch ist. Ausnahme sind
hierbei die Werte für $i = 2^k$, $k \in \mathbb{N}$, da bei deren Berechnung
ausschließlich *(5.8)* verwendet wird.

## 5.4.4 Der Faktorisierungsalgorithmus

Es sei $p > 3$ ein Primteiler von $N$. Da $p$ nicht bekannt ist, können
die Koordinaten von $n \cdot (X_1 : Y_1 : Z_1) = (X_n : Y_n : Z_n)$ nur modulo
$N$ berechnet werden. Man verwendet analog zum vorhergehenden Satz die
*Duplikationsformeln*

$$X_{2i}' \equiv (X_i'^2 - aZ_i'^2)^2 - 8bX_i'Z_i'^3 \bmod N,$$
$$Z_{2i}' \equiv 4Z_i'(X_i'^3 + aX_i'Z_i'^2 + bZ_i'^3) \bmod N, \tag{5.10}$$

bzw. die *Additionsformeln*

$$X'_{2i+1} \equiv Z'_1[(X'_i X'_{i+1} - aZ'_i Z'_{i+1})^2 - 4bZ'_i Z'_{i+1}(X'_i Z'_{i+1} + X'_{i+1} Z'_i)] \bmod N,$$
$$Z'_{2i+1} \equiv X'_1(X'_{i+1} Z'_i - X'_i Z'_{i+1})^2 \bmod N. \tag{5.11}$$

Dann gilt für $j = 2i, 2i+1$ unter den im letzten Satz genannten Voraussetzungen

$$X'_j \equiv X_j \bmod p \quad \text{und} \quad Z'_j \equiv Z_j \bmod p.$$

Missachtet man diese Voraussetzungen, so kann schlimmstenfalls gelten

$$X'_j \not\equiv X_j \bmod p \quad \text{und} \quad Z'_j \equiv 0 \bmod p.$$

Wenn $Z'_j \equiv 0 \bmod p$ ist, entweder weil ein Fehler aufgetreten ist oder wegen $(X_j : Y_j : Z_j) = (0 : 1 : 0) \in E_{a,b}(\mathbb{Z}_p)$, dann ist $p$ Teiler von ggT $(Z'_j, N)$.

Wie bei Pollard-$(p-1)$ wählt man eine ganze Zahl $k$, die aus möglichst vielen kleinen Primzahlen zusammengesetzt ist, etwa $k = \text{kgV}(1, 2, \ldots, S)$ für eine bestimmte Schranke $S$. Wenn $k$ ein Vielfaches der Gruppenordnung von $E_{a,b}(\mathbb{Z}_p)$ ist, dann gilt $k \cdot (X_1 : Y_1 : Z_1) = (X_k : Y_k : Z_k) = (0 : 1 : 0)$ mit dem Satz von Fermat. Bei entsprechender Berechnung modulo $N$ ist in diesem Fall ggT $(Z'_k, N)$ mit großer Wahrscheinlichkeit ein nichttrivialer Teiler von $N$.

_____**Multiplikation mit Skalaren auf elliptischen Kurven**_____

```
procedure MulSkal(a, b, n, X, Z, N)     # Eingabe: a, b, n, X, Z, N ∈ ℤ,
    X₁ ← X; Z₁ ← Z; i ← 1               #          n = (1, n₀, ..., n_{ℓ-1})₂
    Berechne X₂ und Z₂ gemäß (5.10)     # Ausgabe: (Xₙ : Zₙ) = n * (X : Z)
    for j from 2 to ℓ do
        if n_{ℓ-j} = 0 then
            Berechne X_{2i}, Z_{2i} gemäß (5.10)
            Berechne X_{2i+1}, Z_{2i+1} gemäß (5.11)
            i ← 2i
        else
            Berechne X_{2i+1}, Z_{2i+1} gemäß (5.11)
            Berechne X_{2i+2}, Z_{2i+2} gemäß (5.10)
            i ← 2i + 1
        end if
    end do
    Return (Xₙ, Zₙ)
end
```

Der Algorithmus MulSkal berechnet die $X$- und $Z$-Koordinaten von $k \cdot (X : Y : Z)$ mit den Duplikations- und Additionsformeln. Die $Y$-Koordinaten werden dazu nicht benötigt. Daher sei der durch $X$ und $Z$ repräsentierte Punkt mit $(X : Z)$ bezeichnet und die skalaren Vielfachen mod $N$ mit $n * (X : Z)$. Dadurch können auch die (mod $N$) von (mod $p$) unterscheidenden Striche bei $X'_i, X'_{2i}, \ldots$ weggelassen werden.

*5.4.4.1 Beispiel:* Bei der Multiplikation des Punktes $(X_n : Z_n)$ mit $n = 37 = (1,1,0,1,0,0,1)_2$ berechnet `MulSkal` nacheinander die Werte

$$
\begin{array}{cccccc}
X_1, Z_1, & X_2, Z_2, & X_4, Z_4, & X_9, Z_9, & X_{18}, Z_{18}, & X_{37}, Z_{37}, \\
X_2, Z_2, & X_3, Z_3, & X_5, Z_5, & X_{10}, Z_{10}, & X_{19}, Z_{19}, & X_{38}, Z_{38}.
\end{array}
$$

Nun kann der Faktorisierungsalgorithmus formuliert werden. Wie bei Pollard-$(p-1)$ wird eine Schranke $S$ gewählt und für alle $m$ verschiedenen Primzahlen $q_1 < q_2 < \ldots < q_m \le S$ jeweils die größte Primzahlpotenz $Q_i = q_i^{\alpha_i} \le S$ bestimmt. Dann ist

$$
k = \prod_{i=1}^{m} Q_i = \mathrm{kgV}(1,2,\ldots,S).
$$

Auch hier muss $k$ nicht direkt ausmultipliziert werden. Man erhält $k*(X : Z)$ durch sukzessive Berechnung von $Q_m * (\ldots (Q_2 * (Q_1 * (X : Z)\,))\ldots)$.

Wie bereits erwähnt, besteht der wesentliche Vorteil gegenüber dem Pollard-$(p-1)$-Algorithmus darin, dass zu verschiedenen Kurven $E_{a_j,b_j}$, festgelegt durch verschiedene Parameter $a_j, b_j$, sehr wahrscheinlich auch verschiedene Gruppenordnungen $|E_{a_j,b_j}(\mathbb{Z}_p)|$ gehören, welche ziemlich gleichmäßig auf das Intervall $]p+1-2\sqrt{p}, p+1+2\sqrt{p}[$ verteilt sind. Führt man die Multiplikationen mit $k$ also auf mehreren Kurven parallel aus, so wird dadurch die Wahrscheinlichkeit, dass eine der Gruppenordnungen $k$ teilt, wesentlich erhöht.

*5.4.4.2 Beispiel:* Pollard-$(p-1)$ kann die Zahl $N = 197111 = 439 \cdot 449$ nur mit einer relativ hoch gewählten Schranke $S$ faktorisieren. Wegen $439 - 1 = 2 \cdot 3 \cdot 73$ und $449 - 1 = 2^6 \cdot 7$ findet dieser Algorithmus für einige $g$ (etwa $g = 3$) den Teiler 449 nur für $S \ge 64$.

Die folgende Tabelle enthält für dieses $N$ die Anfangspunkte und Parameter von 6 zufällig erzeugten elliptischen Kurven. So wurden z.B. für die erste Kurve die Punktkoordinaten $X = 107012$ und $Y = 39043$ sowie der Kurvenparameter $a = 88032$ zufällig aus $\mathbb{Z}_N$ gezogen.

Daraus wurde $b \equiv Y^2 - X^3 - aX \bmod N = 4864$ ermittelt. Reduziert man die Werte $X, Y, a, b$ modulo 449, so sieht man, dass der Anfangspunkt $(X : Y : 1)$ dem Punkt $(150 : 429 : 1)$ in der Gruppe $E_{28,374}(\mathbb{Z}_{449})$ entspricht.

Dieser Punkt hat in seiner Gruppe die Ordnung $476 = 2^2 \cdot 7 \cdot 17$. Der Teiler 449 kann also mit `ECM` gefunden werden, wenn man die Schranke $S \ge 17$ wählt. Für $S = 20$ ist z.B. $k = 2^4 \cdot 3^2 \cdot 5 \cdot 7 \cdot 11 \cdot 13 \cdot 17 \cdot 19$. Dieses $k$ wird von der Ordnung von $(150 : 429 : 1) \in E_{28,374}(\mathbb{Z}_{449})$ geteilt.

Bei Reduktion $\bmod\, 439$ erhält man den Punkt $(335 : 411 : 1) \in E_{232,35}(\mathbb{Z}_{449})$. Er hat in seiner Gruppe die Ordnung $448 = 2^6 \cdot 7$.

| $j$ | mod | $X$ | $Y$ | $a$ | $b$ | ord$((X:Y:1))$ | $S$ |
|---|---|---|---|---|---|---|---|
| 1 | $N$ | 107012 | 39043 | 88032 | 4864 | | |
| | 449 | 150 | 429 | 28 | 374 | $476 = 2^2 \cdot 7 \cdot 17$ | 17 |
| | 439 | 335 | 411 | 232 | 35 | $448 = 2^6 \cdot 7$ | 64 |
| 2 | $N$ | 154952 | 54164 | 35673 | 56241 | | |
| | 449 | 47 | 284 | 202 | 116 | $222 = 2 \cdot 3 \cdot 37$ | 37 |
| | 439 | 424 | 167 | 114 | 49 | $92 = 2^2 \cdot 23$ | 23 |
| 3 | $N$ | 91435 | 112406 | 11963 | 196411 | | |
| | 449 | 288 | 156 | 289 | 198 | $67 = 67$ | 67 |
| | 439 | 123 | 22 | 110 | 178 | $450 = 2 \cdot 3^2 \cdot 5^2$ | 25 |
| 4 | $N$ | 181455 | 185914 | 125994 | 80967 | | |
| | 449 | 59 | 28 | 274 | 147 | $485 = 5 \cdot 97$ | 97 |
| | 439 | 148 | 217 | 1 | 191 | $461 = 461$ | 461 |
| 5 | $N$ | 171552 | 29475 | 7468 | 50855 | | |
| | 449 | 34 | 290 | 284 | 118 | $109 = 109$ | 109 |
| | 439 | 342 | 62 | 5 | 370 | $105 = 3 \cdot 5 \cdot 7$ | 7 |
| 6 | $N$ | 74092 | 38068 | 23995 | 175606 | | |
| | 449 | 7 | 352 | 198 | 47 | $19 = 19$ | 19 |
| | 439 | 340 | 314 | 289 | 6 | $472 = 2^3 \cdot 59$ | 59 |

Der Teiler $439$ kann also nur mit einer Schranke $S \geq 64$ gefunden werden, dann aber früher als der Teiler $449$, weil er bereits nach der Multiplikation mit $Q_1 \cdot Q_2 \cdot Q_3 \cdot Q_4 = 2^6 \cdot 3^3 \cdot 5^2 \cdot 7^2$ in ggT $(Z_4, N)$ auftritt.

Arbeitet man auf allen $6$ Kurven parallel, so findet man den Teiler $439$ bereits für die Schranke $S \geq 7$ mit der 5. Kurve.

Nach Satz dem Satz von Hasse gilt für die Gruppenordnungen

$$408 \leq |E_{a,b}(\mathbb{Z}_{449})| \leq 492 \quad \text{und} \quad 399 \leq |E_{a,b}(\mathbb{Z}_{439})| \leq 481.$$

Die Ordnungen der Punkte sind Teiler der Gruppenordnungen. So hat etwa bei der zweiten Kurve der Punkt $(47 : 284 : 1)$ die Ordnung $222$. Die Ordnung der Gruppe $E_{202,116}(\mathbb{Z}_{449})$ ist daher $444$.

Als Variation schlägt Peter L. Montgomery in [Mon] eine alternative Parametrisierung der elliptischen Kurven vor, die auch in MAPLE verwendet wird. Für $By^2 = x^3 + Ax^2 + x$ statt $y^2 = x^3 + ax + b$ verwendet man die Duplikationsformeln

$$X_{2n} \equiv (X_n^2 - Z_n^2)^2 \bmod N,$$
$$Z_{2n} \equiv 4X_n Z_n (X_n^2 + AX_n Z_n + Z_n^2) \bmod N,$$

und die Additionsformeln

$$X_{m+n} \equiv Z_{m-n}(X_m X_n - Z_m Z_n)^2 \bmod N,$$
$$Z_{m+n} \equiv X_{m-n}(X_m Z_n - Z_m X_n)^2 \bmod N,$$

für $m \cdot P \neq n \cdot P$. Der Vorteil ist, dass man bei der Auswertung dieser Formeln etwas weniger Additionen und Multiplikationen benötigt als bei der Auswertung der früher vorgestellten Duplikations- und Additionsformeln.

_____Die „Elliptic Curve Method"_____

**procedure** ECM$(N, S, h)$          # Eingabe: $N$ , Schranke $S$ und
   $j \leftarrow 1 \,; d \leftarrow N$          #          Anzahl $h$ der Kurven
   **while** $j \leq h$ **and** $d = N$ **do**          # Ausgabe: Faktor $d$ von $N$
     Wähle zufällige $a_j \in \mathbb{Z}_N$ und          #          (u.U $d = N$ )
     $X_j, Y_j \in \mathbb{Z}_N \setminus \{0\}$
     $b_j \leftarrow Y_j^2 - X_j^3 - a_j X_j \bmod N$
     $d \leftarrow \mathrm{ggT}(4a_j^3 + 27b_j^2, N)$
     $j \leftarrow j + 1$
   **end do**
   **if** $d < N$ **then**
     Return $(d)$
   **else**
     $X_{j,0} \leftarrow X_j \,, Z_{j,0} \leftarrow 1$
   **end if**
   Es seien $q_1 < \ldots < q_m$ alle $m$ verschiedenen Primzahlen $\leq S$
   **for** $i$ **from** 1 **to** $m$ **do**
     Bestimme $Q_i$ und $\alpha_i$ mit $Q_i = q_i^{\alpha_i}$ und $Q_i \leq S < q_i Q_i$
     **for** $j$ **from** 1 **to** $h$ **do**
       $(X_{j,i}, Z_{j,i}) \leftarrow$ MulSkal$(a_j, b_j, Q_i, X_{j,i-1}, Z_{j,i-1}, N)$
     **end do**
     $Z_i \leftarrow \prod_{j=1}^{h} Z_{j,i} \bmod N$
     $d \leftarrow \mathrm{ggT}(Z_i, N)$
     **if** $1 < d < N$ **then**
       Return $(d)$
     **end if**
   **end do**
   Return $(d)$
**end**

---

### 5.4.5 Aufwandsabschätzung

H. W. Lenstra hat in [Le6] die asymptotische erwartete Laufzeit seines Faktorisierungs-Algorithmus ECM abgeschätzt. Die Analyse betrachtet nicht nur eine leicht abgewandelte Form des bisher vorgestellten Algorithmus, sondern baut auch auf unbewiesenen aber plausiblen zahlentheoretischen Annahmen auf. Um einen Vergleich mit den anderen Methoden zu haben, wird Lenstras Vorgehen zur Aufwandsabschätzung kurz wiedergegeben.

Die von ihm untersuchte Version von ECM verwendet nicht die Duplikations- und Additionsformeln in der Routine MulSkal, sondern addiert die Kurvenpunkte direkt mit den Formeln aus der Definition (aber $\bmod N$ ). Dabei treten die Kurvenpunkte nur in der Form $(X : Y : 1)$ oder $(0 : 1 : 0)$ auf.

Bei diese Variante müssen bei der Addition der Punkte $P_1 + P_2 = P_3$ fünf verschiedene Fälle unterschieden werden:

1. Fall: $P_1 = O$: Setze $P_3 = P_2$.

2. Fall: $P_2 = O$: Setze $P_3 = P_1$.

In den anderen Fällen ist $P_1 = (X_1 : Y_1 : 1) \neq O$ und $P_2 = (X_2 : Y_2 : 1) \neq O$:

3. Fall: $X_1 \equiv X_2 \bmod p$ und $Y_1 \equiv -Y_2 \bmod p$: Setze $P_3 = O$.

4. Fall: $X_1 \equiv X_2 \bmod p$ und $Y_1 \equiv Y_2 \bmod p$: Setze $P_3 = (X_3 : Y_3 : 1)$ mit

$$\lambda \equiv (3X_1^2 + a)(2Y_1)^{-1} \bmod N,$$
$$X_3 \equiv \lambda^2 - X_1 - X_2 \bmod N,$$
$$Y_3 \equiv \lambda(X_1 - X_3) - Y_1 \bmod N,$$

5. Fall: $X_1 \not\equiv X_2 \bmod p$: Setze $P_3 = (X_3 : Y_3 : 1)$ mit

$$\lambda \equiv (Y_1 - Y_2)(X_1 - X_2)^{-1} \bmod N,$$
$$X_3 \equiv \lambda^2 - X_1 - X_2 \bmod N,$$
$$Y_3 \equiv \lambda(X_1 - X_3) - Y_1 \bmod N.$$

Wenn die Fälle 1. oder 2. gegeben sind, lässt sich dies leicht an den Punkten $P_1$ und $P_2$ ablesen. Zur Unterscheidung der Fälle 3. bis 5. sowie zur Bestimmung der Inversen in $\mathbb{Z}_N^*$ bei der Berechnung von $\lambda$ wird der erweiterte euklidische Algorithmus herangezogen. Er liefert auch gegebenenfalls den gesuchten nichttrivialen Teiler von $N$.

Es gilt

$$\mathrm{ggT}(X_1 - X_2, N) = \begin{cases} N & \Rightarrow \text{3. oder 4. Fall,} \\ 1 & \Rightarrow \text{5. Fall,} \\ d \notin \{1, N\} & \Rightarrow \text{nichttrivialer Teiler } d \text{ gefunden.} \end{cases}$$

Im Falle $\mathrm{ggT}(X_1 - X_2, N) = 1$ liefert der erweiterte euklidische Algorithmus auch das Inverse $(X_1 - X_2)^{-1} \bmod N$, welches zur Berechnung von $\lambda$ benötigt wird. $\mathrm{ggT}(X_1 - X_2, N) = N$ bedeutet $X_1 \equiv X_2 \bmod p$, so dass aufgrund der Kurvendefinition $Y_1 \equiv \pm Y_2 \bmod p$ gelten muss. Es wird weiter unterschieden durch:

$$\mathrm{ggT}(Y_1 + Y_2, N) = \begin{cases} N & \Rightarrow \text{3. Fall,} \\ 1 & \Rightarrow \text{4. Fall,} \\ d \notin \{1, N\} & \Rightarrow \text{nichttrivialer Teiler } d \text{ gefunden.} \end{cases}$$

Im Fall $Y_1 \equiv -Y_2 \bmod p$ erhält man $\mathrm{ggT}(Y_1 + Y_2, N) > 1$. Daher bedeutet $\mathrm{ggT}(Y_1 + Y_2, N) = 1$, dass $Y_1 \equiv Y_2 \bmod p$ ist, wobei der erweiterte euklidische Algorithmus das Inverse $(Y_1 + Y_2)^{-1} \bmod N \equiv (2Y_1)^{-1} \bmod N$ für die Berechnung von $\lambda$ liefert.

Die Anzahl der erforderlichen Punkt-Additionen für die Multiplikation eines Kurvenpunktes mit einer Zahl $q_i^{\alpha_i}$ ist bei Lenstras Version die gleiche wie bei dem Algorithmus ECM. Der Unterschied ist, dass bei Lenstras Version für jede einzelne Addition bis zu zwei ggT-Berechnungen erforderlich sind, während bei der hier vorgestellten Variante der ggT erst nach vollendeter Multiplikation des Punktes mit $q_i^{\alpha_i}$ berechnet wird.

Beim Algorithmus ECM werden die $h$ Kurvenpunkte jeweils mit $k = \prod_{i=1}^{m} q_i^{\alpha_i}$ multipliziert, wobei für die $m$ Primzahlen $q_1 < q_2 < \ldots < q_m \leq S$ die Exponenten $\alpha_i$ so gewählt sind, dass $q_i^{\alpha_i} \leq S < q_i^{\alpha_i+1}$. Dann ist $k = \mathrm{kgV}(1,2,3,\ldots,S)$.

Bei seiner Analyse geht Lenstra allerdings davon aus, dass die $h$ Kurvenpunkte statt mit $k$ mit einem durch die Parameter $v$ und $w$ bestimmten

$$k_2 = \prod_{r=2}^{w} r^{e(r)}$$

multipliziert werden, wobei $e(r)$ die größte ganze Zahl ist mit $r^{e(r)} \leq v + 2\sqrt{v} + 1$. Die Parameter $v$ und $w$ sollen dabei optimal bestimmt werden.

Für die Multiplikation von $h$ Kurvenpunkten jeweils mit der Zahl $k_2$ benötigt man $\mathcal{O}(h \log k_2) = \mathcal{O}(hw \log v)$ Punkt-Additionen (Routine MulSkal). Wenn $\mathcal{A}(N)$ der Aufwand einer einzelnen Addition von zwei Kurvenpunkten ist, dann hat Lenstras Version von ECM insgesamt eine zeitliche Komplexität von

$$\mathcal{O}((hw \log v)\mathcal{A}(N)) \quad . \tag{5.12}$$

Als zweiten Anhaltspunkt für die optimale Wahl der Parameter $h$, $v$ und $w$ hat Lenstra folgenden Satz über die Erfolgswahrscheinlichkeit seines Algorithmus bewiesen:

**5.4.5.1 Satz:** (Lenstra [Le6]) *$N \in \mathbb{N}$ habe mindestens zwei verschiedene Primteiler $> 3$. Der Parameter $v \in \mathbb{N}$ sei so gewählt, dass $p \leq v$ ist für den kleinsten solchen Primteiler $p > 3$ von $N$ und $w \in \mathbb{N}$ sei so gewählt, dass mindestens drei ganze Zahlen aus dem Intervall $]p+1-\sqrt{p}, p+1+\sqrt{p}[$ ausschließlich Primteiler $\leq w$ besitzen. Dann gibt es eine Konstante $c > 1$, so dass die Erfolgswahrscheinlichkeit von Lenstras ECM mindestens*

$$1 - c^{-hf(w)/\log v} \tag{5.13}$$

*beträgt. Dabei sei $f(w)$ die Wahrscheinlichkeit, dass eine zufällige ganze Zahl aus dem Intervall $]p + 1 - \sqrt{p}, p + 1 + \sqrt{p}[$ nur aus Primteilern $\leq w$ besteht.*

Diese Wahrscheinlichkeit $f(w)$ soll nun näher bestimmt werden. Für eine reelle Zahl $x > e$ definiert man die Funktion

$$L(x) = e^{\sqrt{\log x \log \log x}}.$$

Mit dieser Schreibweise kann man aus einem Satz von Canfield, Erdös und Pomerance folgendes schließen (s. [CEP] und [Po3]):

**5.4.5.2 Satz:** $\alpha > 0$ *sei eine reelle Zahl. Die Wahrscheinlichkeit, dass eine zufällige, positive ganze Zahl* $\leq x$ *ausschließlich Primteiler* $\leq L(x)^{\alpha}$ *besitzt, beträgt*

$$L(x)^{-(2\alpha)^{-1}+o(1)} \quad \text{für } x \to \infty.$$

Lenstra vermutet, dass dasselbe auch für eine zufällige ganze Zahl aus dem Intervall $]x + 1 - \sqrt{x}, x + 1 + \sqrt{x}[$ gilt:

ANNAHME VON LENSTRA : $\alpha > 0$ *sei eine reelle Zahl. Die Wahrscheinlichkeit, dass eine zufällige, positive ganze Zahl aus dem Intervall* $]x + 1 - \sqrt{x}, x + 1 + \sqrt{x}[$ *ausschließlich Primteiler* $\leq L(x)^{\alpha}$ *besitzt, beträgt*

$$L(x)^{-(2\alpha)^{-1}+o(1)} \quad \text{für } x \to \infty.$$

Der Term $hw \log v$ in der Aufwandsabschätzung soll minimiert, der Term $hf(w)/\log v$ aus der Erfolgswahrscheinlichkeit soll maximiert werden. Lenstra minimiert daher $w/f(w)$. Setzt man $w = L(p)^{\alpha}$, so folgt

$$f(w) = L(p)^{-(2\alpha)^{-1}+o(1)} \quad \text{und} \quad \frac{w}{f(w)} = L(p)^{(2\alpha)^{-1}+\alpha+o(1)}.$$

$\frac{w}{f(w)}$ ist minimal für $\alpha = \frac{1}{\sqrt{2}}$. Setzt man diesen Wert ein, so erhält man

$$f(w) = L(p)^{-1/\sqrt{2}+o(1)} \quad \text{und} \quad w = L(p)^{1/\sqrt{2}+o(1)}.$$

Das Problem bei dieser Angabe ist, dass der kleinste Primteiler $p > 3$ von $N$ bei der Wahl des Parameters $w$ noch nicht bekannt ist. Lenstra nimmt aber an, dass die Teiler, die der Algorithmus findet, aufgrund der Definition von $k_2$ ungefähr von derselben Größenordnung wie die Schranke $v$ sind. Daher schlägt er vor, $p$ in den Formeln für $w$ und $f(w)$ durch $v$ zu ersetzen und den Algorithmus mehrmals für verschieden große $v$ laufen zu lassen. Der in den Ausdrücken *(5.12)* und *(5.13)* vorkommende Faktor $\log v$ ist dann $L(p)^{o(1)}$. Damit ist der Algorithmus von der Ordnung

$$hL(p)^{1/\sqrt{2}+o(1)}\mathcal{A}(N) \sim h \cdot n^{\sqrt{\frac{n}{4\log n}}} \cdot \mathcal{A}(N) \sim h \cdot e^{\sqrt{\frac{n \log n}{4}}} \cdot \mathcal{A}(N)$$

bei einer Erfolgswahrscheinlichkeit von

$$1 - e^{-hL(p)^{-(1/\sqrt{2}+o(1))} \log c}.$$

Dabei sei $\mathcal{A}(N)$ die zeitliche Komplexität einer einzelnen Addition von zwei Kurvenpunkten modulo $N$. Für sie kann $\mathcal{O}(\log^2 N) = \mathcal{O}(n^2)$ angenommen werden, da sie von den Multiplikationen modulo $N$ bzw. den ggT-Berechnungen bei Lenstras Version dominiert wird.

Wesentlich ist also der Term $\sqrt{\frac{n \log n}{4}}$ im Exponenten von $e$, der zeigt, dass der gesamte Algorithmus exponentiell von $n$ abhängt.

Setzt man $g = hL(p)^{-(1/\sqrt{2}+o(1))} \log c$, dann kann man kürzer formulieren: Bei passender Wahl der Parameter $h$, $w$ und $v$ findet der Algorithmus ECM einen nichttrivialen Teiler von $N$ in der Zeit

$$g \cdot K(p) \cdot \mathcal{A}(N)$$

mit einer Wahrscheinlichkeit von mindestens $1 - e^{-g}$. Dabei ist $p$ der kleinste Primteiler von $N$. Für die Funktion $K : \mathbb{R}_+ \to \mathbb{R}_+$ gilt

$$K(x) = e^{\sqrt{(2+o(1)) \log x \log \log x}} \quad \text{für } x \to \infty.$$

## 5.5 Der Algorithmus von Morrison und Brillhart

### 5.5.1 Die Grundidee

Im Jahre 1975 veröffentlichten M. A. Morrison und J. Brillhart in [MBr] ihren „Continued Fraction Algorithm" (kurz CFRAC). Dieser Methode liegt die folgende Überlegung von Maurice Kraïtchik (1882-1957) zugrunde, die ihrerseits schon auf Fermat zurückgeht.

Angenommen, es seien zwei ganze Zahlen $x$ und $y$ bekannt mit

$$x^2 \equiv y^2 \bmod N \tag{5.14}$$

Dann gibt es eine ganze Zahl $k \in \mathbb{Z}$ mit $kN = x^2 - y^2 = (x-y)(x+y)$. Berechnet man $d = \mathrm{ggT}(x-y, N)$ und stecken die Primteiler von $N$ teils in $(x-y)$ und teils in $(x+y)$, so ist $d$ ein nichttrivialer Teiler von $N$.

Bereits 1931 hatten D. H. Lehmer und R. E. Powers die Idee, in Kettenbruchentwicklungen nach solchen Zahlen $x$ und $y$ zu suchen, die der Kongruenz (5.14) genügen. Ihre Methode war jedoch zu aufwändig für die Rechenmaschinen der damaligen Zeit und geriet daher in Vergessenheit. Erst 1970 entwickelten Michael A. Morrison und John Brillhart daraus den Algorithmus CFRAC und berechneten damit als erste die vollständige Faktorisierung der Fermatschen Zahl $F_7 = 2^{128} + 1\,°$.

Wie in den folgenden Abschnitten noch genauer erläutert wird, erhält man bei der Berechnung der Kettenbruchentwicklung von $\sqrt{N}$ positive ganze Zahlen $A_{i-1}$ und $Q_i$, die für $i = 1, 2, 3, \ldots$ der Kongruenz

$$A_{i-1}^2 \equiv (-1)^i Q_i \bmod N$$

genügen.

---

°    $F_7 = 59649589127497217 \cdot 5704689200685129054721$.

Um eine Kongruenz der Form $x^2 \equiv y^2 \bmod N$ zu erhalten, versucht man bestimmte Werte $Q_n$ so zu kombinieren, dass das Produkt $\prod_n (-1)^n Q_n$ eine Quadratzahl ergibt. Wenn man eine solche Kombination gefunden hat, berechnet man

$$x = \sqrt{\prod_n (-1)^n Q_n}, \qquad \text{und} \qquad y = \prod_n A_{n-1} \bmod N.$$

Dann gilt $y^2 \equiv \prod_n A_{n-1}^2 \equiv \prod_n (-1)^n Q_n = x^2 \bmod N$

und $d = \mathrm{ggT}(x - y, N)$ ist der gesuchte nichttriviale Teiler von $N$, sofern nicht $d = 1$ oder $d = N$ ist.

## 5.5.2 Approximation reeller Zahlen durch Kettenbrüche

### 5.5.2.1 Definition: Ein *einfacher Kettenbruch* ist

$$[q_0, q_1, q_2, \dots, q_m] := q_0 + \cfrac{1}{q_1 + \cfrac{1}{q_2 + \cfrac{1}{q_3 + \cfrac{1}{\ddots \cfrac{}{q_{m-1} + \frac{1}{q_m}}}}}}$$

wobei $q_0$ eine ganze Zahl ist und die so genannten *Teilnenner* $q_1, \dots, q_m$ positive ganze Zahlen sind.

Jeder einfache Kettenbruch hat ausmultipliziert einen rationalen Wert. Umgekehrt lässt sich auch jede rationale Zahl $x_0 \in \mathbb{Q}$ in einen einfachen Kettenbruch $x_0 = [q_0, q_1, q_2, \dots, q_m]$ entwickeln. $q_0 \in \mathbb{Z}$ und die Teilnenner $q_1, q_2, \dots, q_m \in \mathbb{N}$ dieser Kettenbruchentwicklung erhält man mit dem folgenden Algorithmus:

_____**Kettenbruchentwicklung**_____

**procedure** KetBru($x_0, M$)           # Eingabe: $x_0 \in \mathbb{R}, M \in \mathbb{N}$,
  $q_0 \leftarrow \lfloor x_0 \rfloor$                    # Ausgabe: Kettenbruchentwicklung
  $m \leftarrow 0$                          #          $x_0 = [q_0, q_1, \dots, q_{M-1}, \dots]$
  **while** $x_m - q_m \neq 0$ **and** $m < M$ **do**
  $\quad\big|\quad x_{m+1} \leftarrow \frac{1}{x_m - q_m}$
  $\quad\big|\quad q_{m+1} \leftarrow \lfloor x_{m+1} \rfloor$
  $\quad\big|\quad m \leftarrow m + 1$
  **end do**
  **Return**($[q_0, q_1, \dots, q_m]$)
**end**

_____

Lässt man die Schranke $M$ weg, so terminiert dieser Algorithmus genau dann, wenn $x_0$ eine rationale Zahl ist. Das Verfahren entspricht einer fortwährenden Division mit Rest durch den jeweiligen Zähler:

$$\frac{5}{12} = \frac{5:5}{12:5} = \frac{1}{2 + \frac{2}{5}} = \frac{1}{2 + \frac{2:2}{5:2}} = 0 + \frac{1}{2 + \frac{1}{2 + \frac{1}{2}}} = [0, 2, 2, 2]$$

und ist identisch mit den Schritten zur ggT-Berechnung von Zähler und Nenner mit dem euklidischen Algorithmus:

$$\begin{aligned}
5 &= \mathbf{0} \cdot 12 + 5 \\
12 &= \mathbf{2} \cdot 5 + 2 \\
5 &= \mathbf{2} \cdot 2 + 1 \\
2 &= \mathbf{2} \cdot 1 + 0
\end{aligned}$$

Wendet man ihn auf eine irrationale Zahl $x_0 \in \mathbb{R}$ an, so erhält man eine unendliche Entwicklung $x_0 = q_0 + \frac{1}{q_1 + \frac{1}{q_2 + \cdots}} = [q_0, q_1, q_2, \ldots]$, bei welcher ebenfalls $q_0 \in \mathbb{Z}$ und $q_1, q_2, \ldots \in \mathbb{N}$ sind.

Bricht man die Entwicklung einer reellen Zahl $x_0$ an einer beliebigen Stelle $m$ ab, so hat der (nicht einfache) Kettenbruch $[q_0, q_1, \ldots, q_m, x_{m+1}]$ genau den Wert $x_0$, während der einfache Kettenbruch $[q_0, q_1, \ldots, q_m]$ einen rationalen Wert $A_m/B_m$ besitzt. Weil dieser Wert $x_0$ für $m \to \infty$ beliebig genau (s. die Folgerung nach dem nächsten Hilfssatz) annähert, wird $A_m/B_m = [q_0, q_1, q_2, \ldots, q_m]$ als $m$-ter Näherungsbruch von $x_0$ bezeichnet.

Wenn man den Zähler $A_m$ und den Nenner $B_m$ des $m$-ten Näherungsbruches $[q_0, q_1, q_2, \ldots, q_m]$ explizit berechnen möchte, liegt es nahe, den Kettenbruch rückwärts aufzurollen, also zunächst $q_{m-1} + \frac{1}{q_m}$ zu berechnen und sich dann sukzessive bis $q_0$ vorzuarbeiten.

Es gibt aber glücklicherweise eine viel praktischere Methode, bei der man die Teilnenner $q_i$ vorwärts durchläuft und auf diesem Wege für $i = 0, 1, 2 \ldots, m$ gleich sämtliche Werte $A_i$ und $B_i$ erhält.

**5.5.2.2 Satz:** *Es sei $[q_0, q_1, q_2, \ldots, q_m]$ ein einfacher Kettenbruch mit $q_0 \in \mathbb{Z}$ und den Teilnennern $q_1, q_2, \ldots, q_m \in \mathbb{N}$. Setzt man*

$$\begin{aligned}
A_{-2} &= 0, & A_{-1} &= 1, \\
B_{-2} &= 1, & B_{-1} &= 0,
\end{aligned} \tag{5.15}$$

*dann lassen sich die Näherungsbrüche*

$$\frac{A_i}{B_i} = [q_0, q_1, q_2, \ldots, q_i]$$

*für $i = 0, 1, 2 \ldots, m$ rekursiv berechnen mit den Formeln*

$$\begin{aligned}
A_i &= q_i A_{i-1} + A_{i-2}, \\
B_i &= q_i B_{i-1} + B_{i-2},
\end{aligned} \tag{5.16}$$

*wobei man die Näherungsbrüche $A_i/B_i$ in gekürzter Form erhält, d.h.*

$$\mathrm{ggT}(A_i, B_i) = 1. \tag{5.17}$$

*Beweis:* Für $i = 0$ folgen die Rekursionsformeln *(5.16)* aus

$$\frac{A_0}{B_0} = q_0 = \frac{q_0}{1} = \frac{q_0 A_{-1} + A_{-2}}{q_0 B_{-1} + B_{-2}}.$$

Wegen ggT $(A_0, B_0) =$ ggT$(q_0, 1) = 1$ gilt dann auch *(5.17)*.

Der Kettenbruch $A_{i+1}/B_{i+1} = [q_0, q_1, q_2, \ldots, q_i, q_{i+1}]$ kann aus $A_i/B_i = [q_0, q_1, q_2, \ldots, q_i]$ konstruiert werden, indem man dessen letzten Teilnenner $q_i$ durch $q_i + \frac{1}{q_{i+1}}$ ersetzt. Wenn die Rekursionsformeln *(5.16)* und Gleichung *(5.17)* bereits für irgendein $i \geq 0$ bewiesen sind, so gilt auch

$$\frac{A_{i+1}}{B_{i+1}} = \frac{(q_i + \frac{1}{q_{i+1}})A_{i-1} + A_{i-2}}{(q_i + \frac{1}{q_{i+1}})B_{i-1} + B_{i-2}} = \frac{q_i A_{i-1} + A_{i-2} + \frac{A_{i-1}}{q_{i+1}}}{q_i B_{i-1} + B_{i-2} + \frac{B_{i-1}}{q_{i+1}}} = \frac{A_i + \frac{A_{i-1}}{q_{i+1}}}{B_i + \frac{B_{i-1}}{q_{i+1}}} =$$

$$= \frac{q_{i+1} A_i + A_{i-1}}{q_{i+1} B_i + B_{i-1}}.$$

Das entspricht den Rekursionsformeln für $i + 1$. Schließlich fehlt noch der Beweis von ggT$(A_{i+1}, B_{i+1}) = 1$. Dieser wird von dem folgenden Hilfssatz erledigt. □

**5.5.2.3 Hilfssatz:** *Wenn man die Werte $A_i$ und $B_i$ mit den Formeln (5.15) und (5.16) berechnet, so gilt*

$$A_{i-1}B_i - A_i B_{i-1} = (-1)^i. \tag{5.18}$$

*Beweis:* Für $i = 0$ stimmt die Gleichung wegen $A_{-1}B_0 - A_0 B_{-1} = 1 \cdot 1 - q_0 \cdot 0 = 1$. Wenn sie für irgendein $i \geq 0$ gilt, so gilt sie auch für $i+1$ wegen

$$A_i B_{i+1} - A_{i+1} B_i = A_i(q_{i+1} B_i + B_{i-1}) - (q_{i+1} A_i + A_{i-1}) B_i =$$
$$= -(A_{i-1}B_i - A_i B_{i-1}) = -(-1)^i = (-1)^{i+1}. \qquad □$$

**Folgerung:** Berechnet man wie im Beweis des Satzes $[q_0, \ldots, q_m, x_{m+1}]$ aus $\frac{A_m}{B_m} = [q_0, q_1, q_2, \ldots, q_m]$ und bildet die Differenz, so erhält man

$$\left| [q_0, \ldots, q_m, x_{m+1}] - \frac{A_m}{B_m} \right| = \left| \frac{x_{m+1}A_m + A_{m-1}}{x_{m+1}B_m + B_{m-1}} - \frac{A_m}{B_m} \right| =$$

$$= \left| \frac{B_m A_{m-1} - A_m B_{m-1}}{(x_{m+1}B_m + B_{m-1})B_m} \right| \overset{\text{(HS)}}{=} \frac{1}{(x_{m+1}B_m + B_{m-1})B_m} < \frac{1}{B_m^2}$$

Da die Folge der $B_m$ streng monoton steigt, zeigt dies dies Konvergenz der $m$-ten Näherungsbrüche gegen $x_0$.

### 5.5.3 Die Kettenbruchentwicklung einer Wurzel

In der Zahlentheorie interessiert man sich besonders für die Kettenbruchentwicklung von $\sqrt{N}$, wobei $N$ eine nicht quadratische ganze Zahl ist. Durch die rekursive Berechnung von

$$x_0 = \sqrt{N}, \qquad q_0 = \lfloor \sqrt{N} \rfloor,$$
$$x_{i+1} = \frac{1}{x_i - q_i}, \quad q_{i+1} = \lfloor x_{i+1} \rfloor, \qquad \text{für } i = 0, 1, 2, \ldots \tag{5.19}$$

(vgl. die Prozedur KetBru) erhält man für die irrationale Zahl $\sqrt{N}$ eine unendliche Kettenbruchentwicklung $\sqrt{N} = [q_0, q_1, q_2, \ldots]$ mit $q_i \in \mathbb{N}$.

*5.5.3.1 Beispiel:* Für $N = \sqrt{21}$ ergibt sich:

$$x_0 = \sqrt{21} \qquad\qquad\qquad\qquad\qquad\qquad \Rightarrow q_0 = 4,$$
$$x_1 = \frac{1}{\sqrt{21}-4} = \frac{\sqrt{21}+4}{5} \qquad\qquad\qquad = 1 + \frac{\sqrt{21}-1}{5} \Rightarrow q_1 = 1,$$
$$x_2 = \frac{5}{\sqrt{21}-1} = \frac{5(\sqrt{21}+1)}{20} = \frac{\sqrt{21}+1}{4} = 1 + \frac{\sqrt{21}-3}{4} \Rightarrow q_2 = 1,$$
$$x_3 = \frac{4}{\sqrt{21}-3} = \frac{4(\sqrt{21}+3)}{12} = \frac{\sqrt{21}+3}{3} = 2 + \frac{\sqrt{21}-3}{3} \Rightarrow q_3 = 2,$$
$$x_4 = \frac{3}{\sqrt{21}-3} = \frac{3(\sqrt{21}+3)}{12} = \frac{\sqrt{21}+3}{4} = 1 + \frac{\sqrt{21}-1}{4} \Rightarrow q_4 = 1,$$
$$x_5 = \frac{4}{\sqrt{21}-1} = \frac{4(\sqrt{21}+1)}{20} = \frac{\sqrt{21}+1}{5} = 1 + \frac{\sqrt{21}-4}{5} \Rightarrow q_5 = 1,$$
$$x_6 = \frac{5}{\sqrt{21}-4} = \frac{5(\sqrt{21}+4)}{5} = \sqrt{21} + 4 = 8 + \sqrt{21} - 4 \Rightarrow q_6 = 8,$$
$$x_7 = \frac{1}{\sqrt{21}-4} \qquad\qquad\qquad\qquad\qquad\qquad \Rightarrow q_7 = 1.$$

Wegen $x_7 = x_1$ wiederholt sich von nun an die Rechnung, so dass

$$\sqrt{21} = [4, \overline{1, 1, 2, 1, 1, 8}, 1, 1, 2, \ldots].$$

In der Beispielrechnung sieht es so aus, als ob sich die $x_i$ für $i \geq 1$ immer in der Gestalt $x_i = \frac{Q_{i-1}}{\sqrt{N}-P_i}$ mit ganzen Zahlen $Q_{i-1}$ und $P_i$ schreiben lassen. Für diese Zahlen sollen nun Rekursionsformeln gefunden werden und dann bewiesen werden, dass sie in der Tat immer ganz sind.

Im Beispiel wurde für $i \geq 1$ jeweils wie folgt gerechnet:

$$x_i = \frac{Q_{i-1}}{\sqrt{N}-P_i} = \frac{Q_{i-1}(\sqrt{N}+P_i)}{N-P_i^2} \overset{(*)}{=} \frac{\sqrt{N}+P_i}{Q_i} \overset{(**)}{=} q_i + \frac{\sqrt{N}-P_{i+1}}{Q_i}. \tag{5.20}$$

Damit (*) richtig ist, muss gelten

$$Q_i = \frac{N - P_i^2}{Q_{i-1}}. \tag{5.21}$$

Aus *(5.19)* folgt $x_{i+1} = \frac{Q_i}{\sqrt{N}-P_{i+1}} = \frac{1}{x_i - q_i}$ woraus durch Umformen der letzte Teil von *(5.20)* $x_i = q_i + \frac{\sqrt{N}-P_{i+1}}{Q_i}$ folgt.

Damit (**) richtig ist, muss gelten

$$P_{i+1} = q_i Q_i - P_i.$$                     (5.22)

Wegen *(5.19)* muss dabei gelten

$$q_i = \lfloor x_i \rfloor = \left\lfloor \frac{\sqrt{N} + P_i}{Q_i} \right\rfloor.$$                     (5.23)

Wegen $x_0 = \sqrt{N} = \frac{\sqrt{N} + P_0}{Q_0}$ setzt man schließlich

$$P_0 = 0,\ Q_0 = 1.$$                     (5.24)

**5.5.3.2 Satz:** *Es sei $N$ eine nicht quadratische ganze Zahl. Dann sind die Werte $P_i$ und $Q_i$, die man für $i = 1, 2, 3, \ldots$ aus (5.21) bis (5.24) erhält, ganze Zahlen mit*

$$0 < P_i < \sqrt{N} \quad \text{und} \quad 0 < Q_i < 2\sqrt{N}.$$

*Beweis:* Für $i = 1$ folgt die Behauptung direkt aus *(5.24)* bis *(5.21)* durch

$$P_1 = \lfloor \sqrt{N} \rfloor \in \mathbb{Z}, \quad 0 < \lfloor \sqrt{N} \rfloor < \sqrt{N},$$
$$Q_1 = N - \lfloor \sqrt{N} \rfloor^2 \in \mathbb{Z}, \quad 0 < N - \lfloor \sqrt{N} \rfloor^2 < N - (\sqrt{N} - 1)^2 < 2\sqrt{N}.$$

Wenn für ein bestimmtes $i \geq 1$ die Werte $P_i, Q_i \in \mathbb{Z}$ sind, dann ist offensichtlich auch $P_{i+1} \in \mathbb{Z}$. Aus $Q_i = \frac{N - P_i^2}{Q_{i-1}}$ folgt $\frac{N - P_i^2}{Q_i} \in \mathbb{Z}$, und damit ist auch

$$Q_{i+1} = \frac{N - P_{i+1}^2}{Q_i} = \frac{N - (q_i Q_i - P_i)^2}{Q_i} = \frac{N - P_i^2}{Q_i} - q_i^2 Q_i + 2 q_i P_i \in \mathbb{Z}.$$

Nun sei für ein bestimmtes $i \geq 1$ bereits $0 < P_i < \sqrt{N}$ und $Q_i > 0$ bewiesen. Aus *(5.23)* und *(5.20)* folgt

$$0 < x_i - q_i = \frac{\sqrt{N} - P_{i+1}}{Q_i} < 1.$$

Daher ist $P_{i+1} < \sqrt{N}$. Falls $Q_i > P_i$ ist, folgt aus *(5.22)* $P_{i+1} > 0$. Andernfalls ist $Q_i \leq P_i < \sqrt{N}$, und es folgt $P_{i+1} > \sqrt{N} - Q_i > 0$. Dadurch sind die Schranken für $P_{i+1}$ bewiesen. Aus *(5.21)* folgt damit $Q_{i+1} > 0$, und aus *(5.22)* folgt

$$Q_i = \frac{P_i + P_{i+1}}{q_i} < 2\sqrt{N}. \qquad \square$$

**5.5.3.3 Satz:**  *Es sei $N$ eine nicht quadratische ganze Zahl. Dann ist die Folge der $q_i$ in der Kettenbruchentwicklung*

$$\sqrt{N} = [q_0, q_1, q_2, \ldots]$$

*periodisch, d.h. es existieren natürliche Zahlen $k$ und $l$, so dass $q_i = q_{i+l}$ ist für alle $i \geq k$.*

*Beweis:*  Aus dem vorhergehenden Satz folgt, dass es höchstens $\lfloor \sqrt{N} \rfloor \cdot \lfloor 2\sqrt{N} \rfloor < 2N$ verschiedene Paare $(P_i, Q_i)$ gibt. Deshalb muss nach höchstens $2N$ Schritten wieder ein Paar auftreten, das schon früher einmal in der Entwicklung vorgekommen ist.

Also gibt es ein $l > 0$ und ein $k < 2N$ mit $(P_{k+l}, Q_{k+l}) = (P_k, Q_k)$ und $q_{k+l} = q_k$. Da jedes Paar $(P_{i+1}, Q_{i+1})$ durch seinen Vorgänger $(P_i, Q_i)$ bestimmt ist, wiederholt sich von nun an die Folge der Paare und damit auch die der $q_i$.  □

Später wird noch eine weitere Formel benötigt, mit der $Q_{i+1}$ ohne Division berechnet werden kann. Es gilt

$$Q_{i+1} = Q_{i-1} + (P_i - P_{i+1})q_i. \tag{5.25}$$

Aus *(5.21)* erhält man nämlich $Q_i Q_{i-1} = N - P_i^2$ und $Q_{i+1} Q_i = N - P_{i+1}^2$. Subtrahiert man diese beiden Gleichungen, so erhält man

$$Q_i(Q_{i+1} - Q_{i-1}) = P_i^2 - P_{i+1}^2 = (P_i - P_{i+1})(P_i + P_{i+1}) = (P_i - P_{i+1})q_i Q_i,$$

denn aus *(5.22)* folgt $P_i + P_{i+1} = q_i Q_i$. Formel *(5.25)* folgt daraus durch Elimination von $Q_i$.

Der nun folgende Satz ist der Grund, warum die Kettenbruchentwicklung von $\sqrt{N}$ eine solche Bedeutung für die Faktorisierung von $N$ hat.

**5.5.3.4 Satz:**  *Es sei $N$ eine nicht quadratische ganze Zahl. Für ein $i > 0$ seien die Werte $A_{i-1}$, $B_{i-1}$ und $Q_i$ rekursiv berechnet worden mit (5.15), (5.16) und (5.24) bis (5.21). Dann gilt*

$$A_{i-1}^2 - N B_{i-1}^2 = (-1)^i Q_i, \tag{5.26}$$

*und damit*

$$A_{i-1}^2 \equiv (-1)^i Q_i \bmod N. \tag{5.27}$$

*Beweis:*  Nach Satz **5.5.2.2** ist

$$[q_0, q_1, q_2, \ldots, q_i] = \frac{A_i}{B_i} = \frac{q_i A_{i-1} + A_{i-2}}{q_i B_{i-1} + B_{i-2}}.$$

Ersetzt man darin $q_i$ durch $x_i$, so ergibt das

$$[q_0, q_1, q_2, \ldots, q_{i-1}, x_i] = \sqrt{N} = \frac{x_i A_{i-1} + A_{i-2}}{x_i B_{i-1} + B_{i-2}}.$$

Durch Einsetzen von $x_i = \frac{\sqrt{N}+P_i}{Q_i}$ erhält man

$$\sqrt{N} = \frac{A_{i-1}\sqrt{N} + A_{i-1}P_i + A_{i-2}Q_i}{B_{i-1}\sqrt{N} + B_{i-1}P_i + B_{i-2}Q_i},$$

bzw. $NB_{i-1} + (B_{i-1}P_i + B_{i-2}Q_i)\sqrt{N} = A_{i-1}\sqrt{N} + A_{i-1}P_i + A_{i-2}Q_i$.

Da $\sqrt{N}$ irrational und damit $1$ und $\sqrt{N}$ über $\mathbb{Q}$ linear unabhängig sind, kann man Koeffizienten vergleichen:

$$A_{i-1}P_i + A_{i-2}Q_i = NB_{i-1},$$
$$B_{i-1}P_i + B_{i-2}Q_i = A_{i-1}.$$

Durch Elimination von $P_i$ erhält man $(A_{i-2}B_{i-1} - A_{i-1}B_{i-2})Q_i = NB_{i-1}^2 - A_{i-1}^2$. Mit (5.18) ist das $(-1)^{i-1}Q_i = NB_{i-1}^2 - A_{i-1}^2$ und daraus folgt die Behauptung. $\qquad\square$

### 5.5.4 Der Faktorisierungsalgorithmus

Wie bereits am Anfang erwähnt, sucht man Zahlen $x$ und $y$, welche die Kongruenz $x^2 \equiv y^2 \bmod N$ erfüllen. Für die Konstruktion eines solchen Zahlenpaares bieten sich die Werte $A_{i-1}$ und $Q_i$ aus der Kettenbruchentwicklung von $\sqrt{N}$ an, weil sie für $i = 1, 2, 3, \ldots$ der Kongruenz (5.27) genügen. Da die Werte $A_{i-1}$ sehr schnell anwachsen, empfiehlt es sich, diese nur modulo $N$ zu berechnen. Das beschleunigt die Arithmetik und Kongruenz (5.27) bleibt trotzdem gültig.

Man beginnt mit den Startwerten (aus (5.22) folgt $Q_1 = N - P_1^2 = N - q_0^2$ und aus (5.25) $Q_1 = Q_{-1} - q_0^2$; die Wahl für $Q_{-1}$ ist also vernünftig)

$$A_{-2} = 0,\ A_{-1} = 1,\ Q_{-1} = N,\ Q_0 = 1,\ P_0 = 0,\ w = \lfloor\sqrt{N}\rfloor, \qquad (5.28)$$

und berechnet rekursiv für $i = 0, 1, 2, \ldots$

$$\begin{aligned} q_i &= \left\lfloor \frac{w+P_i}{Q_i} \right\rfloor, & P_{i+1} &= q_iQ_i - P_i, \\ A_i &= (q_iA_{i-1} + A_{i-2})\bmod N, & Q_{i+1} &= Q_{i-1} + q_i(P_i - P_{i+1}). \end{aligned} \qquad (5.29)$$

(vgl. (5.15), (5.16), (5.24), (5.23), (5.22), (5.25))

In der Menge aller hierbei auftretenden Werte $Q_i$ soll nun nach einer Teilmenge $\{Q_{i_1}, \ldots, Q_{i_n}\}$ gesucht werden, für die das Produkt $\prod_{k=1}^{n}(-1)^{i_j}Q_{i_j}$ eine Quadratzahl ist. Um Indexsalat zu vermeiden, verwendet man statt $i_j$ einfach den Index $n$, wenn Elemente dieser bestimmten Teilmenge gemeint sind: Man sucht also nach einer Menge von bestimmten Werten $Q_n$, deren Produkt $\prod_n(-1)^nQ_n$ eine Quadratzahl ist.

Dafür benötigt man die Primfaktorzerlegungen vieler Werte $Q_i$. Man verlagert also das Problem von der Faktorisierung einer sehr großen Zahl $N$ auf die Faktorisierung vieler kleinerer Zahlen $Q_i < 2\sqrt{N}$, die ungefähr die halbe Länge von $N$ haben.

Aber auch diese sind oft noch schwer zu faktorisieren. Man beschränkt sich daher auf diejenigen Werte $Q_i$, die sich schon mit wenigen Probedivisionsschritten vollständig in Primfaktoren unterhalb einer niedrigen Schranke $S$ zerlegen lassen.

**5.5.4.1 Definition:**  Eine Zahl $a \in \mathbb{Z}$ wird als *quadratischen Rest* von $p \in \mathbb{Z}$ bezeichnet, wenn es ein $x \in \mathbb{Z}$ gibt mit $x^2 \equiv a \bmod p$.

Für eine ungerade Primzahl $p$ sei das *Legendre-Symbol*[*] $(a/p)$ definiert durch

$$(a/p) = \begin{cases} 0 & \text{falls } p \text{ Teiler von } a \text{ ist,} \\ 1 & \text{falls } a \text{ quadratischer Rest von } p \text{ ist,} \\ -1 & \text{sonst.} \end{cases}$$

**5.5.4.2 Satz:**  *Wenn $a$ eine ganze Zahl und $p$ eine ungerade Primzahl ist, dann gilt für das Legendre-Symbol*

$$(a/p) \equiv a^{\frac{p-1}{2}} \bmod p.$$

Für einen Beweis siehe etwa [HWr]. Mit dem Begriff des Legendre-Symbols kann die Menge der Primzahlen $\leq S$, durch welche die Werte $Q_i$ probedividiert werden müssen, eingeschränkt werden:

**5.5.4.3 Satz:**  *Der Wert $Q_i$ aus der Kettenbruchentwicklung von $\sqrt{N}$ sei für ein $i > 0$ definiert wie in (5.21). Wenn eine ungerade Primzahl $p$ Teiler von $Q_i$ ist, dann ist das Legendre-Symbol $(N/p) = 1$ oder $(N/p) = 0$.*

*Beweis:*  Aus *(5.26)* folgt die Kongruenz

$$A_{i-1}^2 \equiv N B_{i-1}^2 \bmod p.$$

Wegen *(5.18)* ist $\mathrm{ggT}(A_{i-1}, B_{i-1}) = 1$ und $p$ kann nicht Teiler von $B_{i-1}$ sein. Deshalb ist

$$N \equiv \left( \frac{A_{i-1}}{B_{i-1}} \right)^2 \bmod p$$

ein quadratischer Rest von $p$ oder Null, wenn $A_{i-1} \equiv 0 \bmod p$ ist.  $\square$

Zu Beginn des Algorithmus bestimmt man also die Menge $F = \{p_1, p_2, \ldots, p_m\}$ aller Primzahlen $p_j \leq S$, für welche gilt

$$1 \equiv N^{(p_j - 1)/2} \bmod p_j.$$

Das sind alle ungeraden Primzahlen $\leq S$ mit $(N/p_j) = 1$ und die 2.

---

[*]  Bei Einschränkung auf $\mathbb{Z}_p^*$ ist das ein Gruppenhomomorphismus $\mathbb{Z}_p^* \to \{-1, 1\}$. Zur Vermeidung von Verwechslungen wird hier nicht die auch übliche Schreibweise $\left(\frac{a}{p}\right)$ verwendet

Diese Menge $F$ wird *Faktorenbasis* genannt. Nach dem vorhergehenden Satz finden sich alle ungerade Primteiler $\leq S$ von Werten $Q_i$ in dieser Menge.

Sollte man hierbei auf ein $p_j$ treffen, für welches $(N/p_j) = 0$ ist, so bedeutet dies, dass $p_j$ bereits der gesuchte nichttriviale Teiler von $N$ ist. Gewöhnlich wendet man aber diese Faktorisierungsmethode erst an, wenn die Zahl $N$ bereits mit weniger anspruchsvollen Methoden (Probedivisionen, Pollard-$(p-1)$ etc.) nach kleineren Primteilern abgesucht worden ist. Außerdem muss man natürlich vor Beginn dieses Algorithmus sicherstellen, dass $N$ keine Quadratzahl ist.

Nach jedem Iterationsschritt der Kettenbruchentwicklung dividiert man das neu berechnete $Q_i$ zur Probe nacheinander durch alle Primzahlen $p_1 < p_2 < \ldots < p_m$ der Faktorenbasis $F$, um eine vollständige Faktorisierung von $Q_i$ in der Form

$$(-1)^i Q_i = (-1)^{e_{i,0}} p_1^{e_{i,1}} p_2^{e_{i,2}} \ldots p_m^{e_{i,m}}$$

zu erhalten.

Dabei ist $e_{i,0} = i$ und $e_{i,j} \geq 0$ für $j = 1, 2, \ldots, m$ jeweils der Exponent der Primzahl $p_j$ in der Zerlegung von $Q_i$.

Man verwirft diejenigen Werte $Q_i$, die auf diese Weise nicht vollständig faktorisiert werden können. Den erfolgreich zerlegten $Q_i$ ordnet man dagegen einen binären Vektor

$$\vec{v}_i = (\alpha_{i,0}, \alpha_{i,1}, \alpha_{i,2}, \ldots, \alpha_{i,m}) \in \mathbb{Z}_2^{m+1}$$

zu, mit den Koordinaten $\alpha_{i,j} = e_{i,j} \bmod 2$

Das Produkt bestimmter Werte $Q_n$,

$$\prod_n (-1)^n Q_n = (-1)^{e_0} p_1^{e_1} p_2^{e_2} \ldots p_m^{e_m},$$

ist genau dann eine Quadratzahl, wenn alle Exponenten gerade sind, also

$$e_j = \sum_n e_{n,j} \equiv 0 \bmod 2 \qquad \text{für } k = 0, 1, 2, \ldots, m.$$

Diesen Fall erkennt man daran, dass die Summe modulo 2 der dazugehörigen Vektoren $\vec{v}_n$ gleich dem Nullvektor ist.

Man betreibt die Kettenbruchentwicklung und die Probedivisionen so lange, bis man $m + 2$ Werte $Q_i$ vollständig faktorisiert hat. Dann bildet man aus den dazugehörigen Vektoren $\vec{v}_i$ als Zeilenvektoren eine $(m + 2) \times (m + 1)$-Matrix $M$, auf welcher eine Gauß-Elimination modulo 2 durchgeführt wird. Jeder dabei auftretende Nullvektor, d.h. jede lineare Abhängigkeit in dieser Matrix $M$, entspricht einer der gesuchten Kombinationen von Werten $Q_n$ mit quadratischem Produkt und führt zu einem trivialen oder nichttrivialen Teiler von $N$.

Um hinterher nachvollziehen zu können, um welche $Q_n$ es sich dabei handelt, ergänzt man die Matrix $M$ durch eine $(m+2) \times (m+2)$ - Einheitsmatrix $E$ und führt die Gauß-Elimination modulo 2 auf der so erzeugten $(m+2) \times (2m+3)$ -Matrix $[M|E]$ durch.

Wenn der linke Teil einer Zeile nur noch aus Nullen besteht, hat man eine Menge linear abhängiger Vektoren $\vec{v}_n$ gefunden, deren Zusammensetzung am rechten Teil der Zeile abgelesen werden kann.

_____**Der Algorithmus von Morrison und Brillhart (CFRAC)**_____

**procedure** MorBril($N, S$)          # Eingabe: $N, S \in \mathbb{N}$,

   $F \leftarrow \{p_1, \ldots, p_m\}$ mit $p_j \le S$          # Ausgabe: Teiler $d$ von $N$

   und $N^{(p_j-1)/2} \bmod p_j = 1$          #          (u.U. $d = N$ )

   Initialisiere gemäß *(5.28)*

   $i \leftarrow 1$

   **for** $\ell$ **from** 1 **to** $m+2$ **do**

      Berechne $A_{i-1}$ und $Q_i$ gemäß *(5.29)*

      Berechne $f_i$ mit $Q_i = (\prod_{j=1}^{m} p_j^{e_{i,j}}) f_i$ und $\mathrm{ggT}(f_i, p_j) = 1$

      **while** $f_i \ne 1$ **do**

         $i \leftarrow i + 1$

         Berechne $A_{i-1}$ und $Q_i$ gemäß *(5.29)*

         Berechne $f_i$ mit $Q_i = (\prod_{j=1}^{m} p_j^{e_{i,j}}) f_i$ und $\mathrm{ggT}(f_i, p_j) = 1$

         **if** $f_i = 1$ **then**

            Bestimme $e_{i,j}$ mit $(-1)^i Q_i = (-1)^{e_{i,0}} p_1^{e_{i,1}} p_2^{e_{i,2}} \ldots p_m^{e_{i,m}}$

            $\vec{v}_\ell \leftarrow (e_{i,0} \bmod 2, \ldots, e_{i,m} \bmod 2)$

            **if** $\vec{v}_\ell = \vec{0}$ **then** $f_i \leftarrow 2$ **end if**

         **end if**

      **end do**

   **end do**

   $M \leftarrow (\vec{v}_1^T, \ldots, \vec{v}_{m+2}^T)^T$

   $[M|E] \xrightarrow{\text{Gauß} \bmod 2} [M'|M'']$ mit $M'$ in Zeilenstufenform

   **for** $i$ **from** 1 **to** $m+2$ **do**

      **if** ( $i$ -te Zeile von $M'$ ) $= \vec{0}$ **then**

         Lies aus $i$ -ter Zeile von $M''$ ab: $K \leftarrow$ (Menge der Indizes $n$ der $\vec{v}_n$

         die hier zu $\vec{0}$ kombiniert wurden)

         $x \leftarrow \sqrt{\prod_{n \in K} (-1)^n Q_n}$, $y \leftarrow \prod_{n \in K} A_{n-1} \bmod N$

         $d = \mathrm{ggT}(x - y, N)$

         **if** $1 < d < N$ **then**

            **Return** ($d$)

         **end if**

      **end if**

   **end do**

   **Return** (Kein Erfolg)

**end**

Mit den dazugehörigen Werten $Q_n$ und $A_{n-1}$ berechnet man

$$x = \sqrt{\prod_n (-1)^n Q_n} \qquad \text{und} \qquad y = \prod_n A_{n-1} \bmod N.$$

Dann ist $d = \mathrm{ggT}(x - y, N)$ ein Teiler von $N$. Wenn $d = 1$ oder $d = N$ ist, versucht man sein Glück mit einer anderen linearen Abhängigkeit. Eventuell müssen hierfür weitere Werte $Q_i$ erzeugt und faktorisiert werden.

Bei manchen Zahlen $N$ scheitert CFRAC, weil die Periode der Kettenbruchentwicklung von $\sqrt{N}$ so kurz ist, dass sich die Wertepaare $(A_{i-1}, Q_i)$ wiederholen, bevor eine der quadratischen Kombinationen zu einem nichttrivialen Ergebnis geführt hat.

Der gezeigte Algorithmus sollte daher in der Praxis um eine Funktion zur Erkennung solcher Endlosschleifen erweitert werden. Im Falle einer zu kurzen Periode kann man sich damit behelfen, dass man statt $\sqrt{N}$ die Zahl $\sqrt{kN}$ entwickelt, wobei der Faktor $k$ eine kleine, quadratfreie ganze Zahl ist.

Zwei praktische Variationen von CFRAC wurden bereits von Morrison und Brillhart in [MBr] angedeutet. Die erste ist bekannt unter dem Namen „Large Prime Variation": Jedes $Q_i$ lässt sich in der Form

$$Q_i = (\prod_{j=1}^{m} p_j^{e_{i,j}}) f_i$$

schreiben, wobei $f_i$ der restliche Faktor von $Q_i$ ist, der nach den Probedivisionen übrig bleibt und von keiner der Primzahlen $p_1 < p_2 < \ldots < p_m$ aus der Faktorenbasis $F$ geteilt wird.

Stellt sich nach den Probedivisionen $f_i = 1$ heraus, so ist $Q_i$ vollständig in Primzahlen der Faktorenbasis zerlegt worden. Ist aber $f_i < p_m^2$, so muss dieser restliche Faktor ebenfalls eine Primzahl sein, und damit wäre auch in diesen Fall die vollständige Zerlegung bekannt.

Tatsächlich hat es sich als praktische Variation erwiesen, solche Zerlegungen mit einem einzigen großen Primfaktor nicht einfach zu verwerfen. Je größer dieses $f_i$ ist, desto seltener werden allerdings weitere $Q_i$-Werte mit diesem Primfaktor auftreten. Und je mehr verschiedene große Primfaktoren $f_i$ akzeptiert werden, desto mehr zusätzliche Spalten müssen der Matrix angefügt werden und desto länger dauert schließlich auch die Gauß-Elimination. Daher ist es sinnvoll, diese großen Primfaktoren durch eine obere Schranke $S_1$ zu beschränken, die kleiner als $p_m^2$ ist, z.B. $S_1 = 20 p_m$.

Die zweite Variation mit dem Namen „Early Abort Strategy" soll verhindern, dass erst langwierig durch alle Primzahlen der Faktorenbasis probedividiert wird, um hinterher doch nur festzustellen, dass das $Q_i$ nicht faktorisierbar ist.

Nachdem durch eine bestimmte Anzahl von Primzahlen probedividiert worden ist, überprüft man, ob der restliche Faktor von $Q_i$ immer noch größer als ein bestimmter, vorher festgelegter Wert $S_2$ ist, und verwirft das $Q_i$ in diesem Fall ohne weitere Probedivisionen.

Hierbei können zwar auch solche $Q_i$ verlorengehen, die durchaus hätten faktorisiert werden können, weil sie nur aus besonders vielen kleinen Primzahlen oder sehr hohen Potenzen von kleinen Primzahlen bestehen, aber bei geschickter Wahl der Schranke $S_2$ machen diese Fälle nur einen geringen Anteil aller verworfenen $Q_i$ aus und die erhebliche Zeitersparnis macht diesen Verlust wett. Für sehr große $N$ können sogar mehrere solcher Abbruchmöglichkeiten vorgesehen werden.

*5.5.4.4  Beispiel:*  Am Beispiel von $N = 6356221 = 2111 \cdot 3011$ soll nun der Ablauf von CFRAC in seiner Grundversion erläutert werden. Wählt man die Schranke $S = 30$, so erhält man als Faktorenbasis $F = \{2, 3, 5, 7, 11, 13, 29\}$.

In der folgenden Tabelle sind für $i = 1, \ldots, 22$ die Werte $A_{i-1}$ und $(-1)^i Q_i$ aus der Kettenbruchentwicklung von $\sqrt{N}$ aufgelistet. Zu jedem $Q_i$ ist die vollständige Primfaktorisierung aufgeführt, und in den Fällen, in denen diese Zerlegung nur aus Primzahlen der Faktorenbasis besteht, sind im rechten Teil der Tabelle die Werte des entsprechenden Exponentenvektoren $v_i$ angegeben.

| $i$ | $A_{i-1}$ | $=$ | $(-1)^i Q_i$ | $-1$ | 2 | 3 | 5 | 7 | 11 | 13 | 29 |
|---|---|---|---|---|---|---|---|---|---|---|---|
| 1 | 2521 | $-780 =$ | $-2^2 \cdot 3 \cdot 5 \cdot 13$ | 1 | 0 | 1 | 1 | 0 | 0 | 1 | 0 |
| 2 | 15127 | $2173 =$ | $41 \cdot 53$ | | | | | | | | |
| 3 | 32775 | $-724 =$ | $-2^2 \cdot 181$ | | | | | | | | |
| 4 | 211777 | $2353 =$ | $13 \cdot 181$ | | | | | | | | |
| 5 | 244552 | $-2685 =$ | $-3 \cdot 5 \cdot 179$ | | | | | | | | |
| 6 | 456329 | $60 =$ | $2^2 \cdot 3 \cdot 5$ | 0 | 0 | 1 | 1 | 0 | 0 | 0 | 0 |
| 7 | 6338754 | $-2519 =$ | $-11 \cdot 229$ | | | | | | | | |
| 8 | 438862 | $2523 =$ | $3 \cdot 29^2$ | 0 | 0 | 1 | 0 | 0 | 0 | 0 | 0 |
| 9 | 421395 | $-52 =$ | $-2^2 \cdot 13$ | 1 | 0 | 0 | 0 | 0 | 0 | 1 | 0 |
| 10 | 2755456 | $2331 =$ | $3^2 \cdot 7 \cdot 37$ | | | | | | | | |
| 11 | 5932307 | $-716 =$ | $-2^2 \cdot 179$ | | | | | | | | |
| 12 | 211972 | $2535 =$ | $3 \cdot 5 \cdot 13^2$ | 0 | 0 | 1 | 1 | 0 | 0 | 0 | 0 |
| 13 | 6144279 | $-2443 =$ | $-7 \cdot 349$ | | | | | | | | |
| 14 | 30 | $900 =$ | $2^2 \cdot 3^2 \cdot 5^2$ | 0 | 0 | 0 | 0 | 0 | 0 | 0 | 0 |
| 15 | 6144429 | $-333 =$ | $-3^2 \cdot 37$ | | | | | | | | |
| 16 | 3391163 | $4540 =$ | $2^2 \cdot 5 \cdot 227$ | | | | | | | | |
| 17 | 3179371 | $-195 =$ | $-3 \cdot 5 \cdot 13$ | 1 | 0 | 1 | 1 | 0 | 0 | 1 | 0 |
| 18 | 3421415 | $4492 =$ | $2^2 \cdot 1123$ | | | | | | | | |
| 19 | 244565 | $-385 =$ | $-5 \cdot 7 \cdot 11$ | 1 | 0 | 0 | 1 | 1 | 1 | 0 | 0 |
| 20 | 6356195 | $676 =$ | $2^2 \cdot 13^2$ | 0 | 0 | 0 | 0 | 0 | 0 | 0 | 0 |
| 21 | 244383 | $-1827 =$ | $-3^2 \cdot 7 \cdot 29$ | 1 | 0 | 0 | 0 | 1 | 0 | 0 | 1 |
| 22 | 488740 | $2420 =$ | $2^2 \cdot 5 \cdot 11^2$ | 0 | 0 | 0 | 1 | 0 | 0 | 0 | 0 |

In den Zeilen 14 und 20 handelt es sich dabei um Nullvektoren, weil $(-1)^{14}Q_{14} = 30^2$ und $(-1)^{20}Q_{20} = 26^2$ Quadratzahlen sind. Sie führen aber beide wegen

$$x = A_{13} = 30, \qquad y = \sqrt{Q_{14}} = 30, \ x - y = 0, \qquad \mathrm{ggT}(x-y, N) = N$$
$$x = A_{19} = 6356195, \ y = \sqrt{Q_{20}} = 26, \ x - y = 6356169, \ \mathrm{ggT}(x-y, N) = 1$$

nur zu trivialen Lösungen und können daher verworfen werden.

Aus den restlichen Exponentenvektoren (ohne $v_{14}$ und $v_{20}$) wird eine $9 \times 8$-Matrix gebildet, in welcher nach linear abhängigen Zeilen gesucht wird. Sie wird um eine $9 \times 9$-Einheitsmatrix ergänzt, damit nach der Gauß-Elimination die Zusammensetzungen der linearen Abhängigkeiten nachvollzogen werden können.

Die Elimination mod 2 wird an folgender Matrix durchgeführt:

| $i$ | $-1$ | 2 | 3 | 5 | 7 | 11 | 13 | 29 | $i = 1$ | 6 | 8 | 9 | 12 | 17 | 19 | 21 | 22 |
|---|---|---|---|---|---|---|---|---|---|---|---|---|---|---|---|---|---|
| 1  | 1 | 0 | 1 | 1 | 0 | 0 | 1 | 0 | 1 | 0 | 0 | 0 | 0 | 0 | 0 | 0 | 0 |
| 6  | 0 | 0 | 1 | 1 | 0 | 0 | 0 | 0 | 0 | 1 | 0 | 0 | 0 | 0 | 0 | 0 | 0 |
| 8  | 0 | 0 | 1 | 0 | 0 | 0 | 0 | 0 | 0 | 0 | 1 | 0 | 0 | 0 | 0 | 0 | 0 |
| 9  | 1 | 0 | 0 | 0 | 0 | 0 | 1 | 0 | 0 | 0 | 0 | 1 | 0 | 0 | 0 | 0 | 0 |
| 12 | 0 | 0 | 1 | 1 | 0 | 0 | 0 | 0 | 0 | 0 | 0 | 0 | 1 | 0 | 0 | 0 | 0 |
| 17 | 1 | 0 | 1 | 1 | 0 | 0 | 1 | 0 | 0 | 0 | 0 | 0 | 0 | 1 | 0 | 0 | 0 |
| 19 | 1 | 0 | 0 | 1 | 1 | 1 | 0 | 0 | 0 | 0 | 0 | 0 | 0 | 0 | 1 | 0 | 0 |
| 21 | 1 | 0 | 0 | 0 | 1 | 0 | 0 | 1 | 0 | 0 | 0 | 0 | 0 | 0 | 0 | 1 | 0 |
| 22 | 0 | 0 | 0 | 1 | 0 | 0 | 0 | 0 | 0 | 0 | 0 | 0 | 0 | 0 | 0 | 0 | 1 |

Nach beendeter Gauß-Elimination enthalten die Zeilen 9, 12, 17 und 22 im linken Teil der Matrix nur noch Nullen. An den Positionen der Einsen im rechten Teil der Matrix lässt sich ablesen, durch welche Zeilen-Additionen diese Nullzeilen zustandegekommen sind:

Die Nullzeile in Zeile 9 wurde beispielsweise durch Addition der Zeilen 1, 6 und 9 gebildet. Also ist $(-1)^{1+6+9}Q_1 Q_6 Q_9$ eine Quadratzahl. Man berechnet daher

$$x = A_0 A_5 A_8 \bmod N = 6354661, y = \sqrt{Q_1 Q_6 Q_9} = 1560,$$

erhält damit aber nur die triviale Lösung $\mathrm{ggT}(x - y, N) = 1$.

| $i$ | $-1$ | 2 | 3 | 5 | 7 | 11 | 13 | 29 | $i = 1$ | 6 | 8 | 9 | 12 | 17 | 19 | 21 | 22 |
|---|---|---|---|---|---|---|---|---|---|---|---|---|---|---|---|---|---|
| 1  | 1 | 0 | 1 | 1 | 0 | 0 | 1 | 0 | 1 | 0 | 0 | 0 | 0 | 0 | 0 | 0 | 0 |
| 6  | 0 | 0 | 1 | 1 | 0 | 0 | 0 | 0 | 0 | 1 | 0 | 0 | 0 | 0 | 0 | 0 | 0 |
| 8  | 0 | 0 | 0 | 1 | 0 | 0 | 0 | 0 | 0 | 1 | 1 | 0 | 0 | 0 | 0 | 0 | 0 |
| 9  | 0 | 0 | 0 | 0 | 0 | 0 | 0 | 0 | 1 | 1 | 0 | 1 | 0 | 0 | 0 | 0 | 0 |
| 12 | 0 | 0 | 0 | 0 | 0 | 0 | 0 | 0 | 0 | 1 | 0 | 0 | 1 | 0 | 0 | 0 | 0 |
| 17 | 0 | 0 | 0 | 0 | 0 | 0 | 0 | 0 | 1 | 0 | 0 | 0 | 0 | 1 | 0 | 0 | 0 |
| 19 | 0 | 0 | 0 | 0 | 1 | 1 | 1 | 0 | 1 | 0 | 1 | 0 | 0 | 0 | 1 | 0 | 0 |
| 21 | 0 | 0 | 0 | 0 | 0 | 1 | 0 | 1 | 0 | 1 | 1 | 0 | 0 | 0 | 1 | 1 | 0 |
| 22 | 0 | 0 | 0 | 0 | 0 | 0 | 0 | 0 | 0 | 1 | 1 | 0 | 0 | 0 | 0 | 0 | 1 |

Als nächstes liest man aus den Zeilen 12 und 17 ab, dass $(-1)^{6+12}Q_6Q_{12}$ bzw. $(-1)^{1+17}Q_1Q_{17}$ Quadratzahlen sind. Sie liefern aber beide wegen

$$x = A_5A_{11} \bmod N = 6355831, \quad y = \sqrt{Q_6Q_{12}} = 390,$$
$$x = A_0A_{16} \bmod N = 6355831, \quad y = \sqrt{Q_1Q_{17}} = 390,$$

ebenfalls nur die triviale Lösung $\text{ggT}(x - y, N) = 1$. Schließlich führt die Kombination $(-1)^{6+8+22}Q_6Q_8Q_{22}$ aus Zeile 22 mit

$$x = A_5A_7A_{21} \bmod N = 956424, y = \sqrt{Q_6Q_8Q_{22}} = 19140$$

zu dem gesuchten nichttrivialen Teiler $\text{ggT}(x - y, N) = 2111$.

## 5.5.5 Aufwandsabschätzung

Die bisher gründlichste Analyse der asymptotischen, erwarteten Laufzeit von CFRAC stammt von Carl Pomerance [Po3]:

Die Wahl der Schranke $S$ hat einen wesentlichen Einfluss auf die Laufzeit, da sie die Anzahl $m$ der Primzahlen in der Faktorenbasis bestimmt, von welcher abhängt, wieviele Probedivisionen pro $Q_i$ durchgeführt werden müssen und wie umfangreich schließlich die Matrix ist, auf der die Gauß-Elimination vorgenommen wird.

Man definiert daher genau wie bei der Analyse von ECM für reelles $x > e$ die Funktion

$$L(x) := e^{\sqrt{\log x \log \log x}}$$

und nimmt an, dass $S = L(N)^\alpha$ ist, wobei für den Exponenten $\alpha > 0$ ein optimaler Wert gefunden werden soll.

Die Werte $Q_i \in [0, 2\sqrt{N}]$ werden mit Hilfe der Kettenbruchentwicklung von $\sqrt{N}$ deterministisch erzeugt. Für die Analyse von CFRAC möchte man aber annehmen können, dass sie ähnlich verteilt sind wie zufällig gezogene Zahlen aus diesem Intervall. Insbesondere möchte man annehmen können, dass der Anteil der durch die Probedivisionen vollständig zerlegbaren $Q_i$ dem von zufällig gezogenen Zahlen entspricht.

Dem steht entgegen, dass für bestimmte $N$ die Periode der Kettenbruchentwicklung so kurz ist, dass sie gar nicht genügend verschiedene faktorisierbare $Q_i$ enthält. In anderen Fällen werden ungewöhnlich viele $Q_i$ produziert, die nur aus großen Primteilern bestehen und daher nicht zerlegt werden können, oder die Faktorenbasis enthält zu wenig Primzahlen. Und bei manchen $N$ führen die Lösungen $x, y$ der Kongruenz $x^2 \equiv y^2 \bmod N$ besonders häufig zu trivialen Teilern von $N$.

Diesen Widrigkeiten kann man jeweils dadurch begegnen, dass man $\sqrt{kN}$ statt $\sqrt{N}$ entwickelt, wobei $k$ eine kleine, quadratfreie ganze Zahl ist. Als Voraussetzung für seine Laufzeitanalyse formuliert Pomerance daher die folgenden Annahmen:

Es gibt eine Konstante $N_0 \in \mathbb{N}$, so dass für $N \geq N_0$ folgendes gilt:

1.) Es gibt eine Zahl $k \in \mathbb{Z}$ mit $1 \leq k \leq \log^2 N$, so dass die Periode des Kettenbruchs von $\sqrt{kN}$ mindestens die Länge $N^{1/100}$ hat.

2.) Für diese Zahl $k$ und für ein beliebiges $\alpha$, $1/10 < \alpha < 1$, gilt $(kN/p) = 1$ für mindestens $1/3$ aller Primzahlen $p \leq L(N)^\alpha$.

3.) Wenn $A_i/B_i$ die $i$-te Näherung von $\sqrt{kN}$ ist und $Q_i = A_{i-1}^2 - kNB_{i-1}^2$, dann sind in der Hinsicht, dass ein bestimmter Anteil von ihnen alle Primfaktoren unter einer bestimmten Schranke besitzt, die $Q_i$ im Intervall $[0, 2\sqrt{kN}]$ genauso verteilt wie die gesamten ganzen Zahlen in $[0, 2\sqrt{kN}]$.

4.) Lässt man den Algorithmus CFRAC so lange laufen, bis $1 + \lfloor \log^2 N \rfloor$ Paare $x, y$ mit $x^2 \equiv y^2 \bmod kN$ erzeugt sind, so gilt für mindestens eines dieser Paare $x \not\equiv \pm y \bmod N$.

Der Einfachheit halber wird von nun an $k = 1$ angenommen.

Die Anzahl der Primzahlen $p \leq L(N)^\alpha$ beträgt näherungsweise

$$\frac{L(N)^\alpha}{\log(L(N)^\alpha)} = \frac{L(N)^\alpha}{\alpha\sqrt{\log N \log\log N}} = L(N)^{\alpha + o(1)} \quad \text{für } N \to \infty.$$

Ein Drittel davon ist ebenfalls $L(N)^{\alpha + o(1)}$. Mit der zweiten Annahme von Pomerance werden also zum Erstellen der Matrix $m = L(N)^{\alpha + o(1)}$ vollständig faktorisierte Werte $Q_i$ benötigt.

Unter der dritten Annahme folgt mit dem Satz von Canfield, Erdős und Pomerance, auf den schon bei der Analyse von ECM Bezug genommen wurde, dass die Wahrscheinlichkeit, dass sich ein $Q_i$ vollständig in Primzahlen $\leq S = L(N)^\alpha$ zerlegen lässt, für $N \to \infty$ den folgenden Wert hat:

$$L(N)^{-(4\alpha)^{-1} + o(1)}$$

Der Exponent $-(4\alpha)^{-1} + o(1)$ im Gegensatz zu $-(2\alpha)^{-1} + o(1)$ bei ECM erklärt sich hierbei dadurch, dass sich die $Q_i$ wie zufällige, positive ganze Zahlen $< 2\sqrt{N}$ verhalten, anstatt $\leq N$. Es ist also zu erwarten, dass

$$L(N)^{\alpha + (4\alpha)^{-1} + o(1)}$$

$Q_i$-Werte erzeugt werden müssen, damit $m = L(N)^{\alpha + o(1)}$ davon vollständig in Primzahlen der Faktorenbasis zerlegt werden können.

Für die Erzeugung eines einzelnen $Q_i$ veranschlagt man den Aufwand

$$\mathcal{O}(\log^2 N) = L(N)^{o(1)}$$

und für die Probedivisionen eines $Q_i$ durch sämtliche $m$ Primzahlen der Faktorenbasis

$$L(N)^{\alpha + o(1)}.$$

Multipliziert man diese Zeiten mit der Anzahl von $Q_i$-Werten, die insgesamt erzeugt und getestet werden müssen, so ergibt dies für das Erstellen der Matrix insgesamt die erwartete Laufzeit

$$L(N)^{2\alpha + (4\alpha)^{-1} + o(1)}.$$

Die Gauß-Elimination auf dieser $L(N)^{\alpha + o(1)} \times L(N)^{\alpha + o(1)}$-Matrix benötigt einen Aufwand von
$$L(N)^{3\alpha + o(1)}.$$

Addiert man die Zeiten für das Erstellen der Matrix und die Gauß-Elimination, so folgt mit der Annahme von Pomerance für CFRAC eine gesamte Laufzeit von
$$L(N)^{\max\{2\alpha + (4\alpha)^{-1}, 3\alpha\} + o(1)}.$$

Minimiert man den Ausdruck $\max\{2\alpha + (4\alpha)^{-1}, 3\alpha\}$, so erhält man $1/\sqrt{8}$ als optimale Wahl für $\alpha$. Die asymptotische, erwartete zeitliche Komplexität von CFRAC in der Grundversion mit $S = L(N)^{1/\sqrt{8}}$ ist also

$$L(N)^{\sqrt{2} + o(1)} \quad \text{für } N \to \infty.$$

Bei Verwendung der „Large Prime Variation" können zusätzlich zu den $Q_i$, die nur aus Primzahlen der Faktorenbasis bestehen, auch noch diejenigen $Q_i$ verwendet werden, die einen einzigen, einfachen Primteiler aus dem Intervall zwischen $S = L(N)^{\alpha}$ und $S_1 \leq L(N)^{2\alpha}$ besitzen.

Man erhält diese faktorisierten $Q_i$ ohne zusätzlichen Faktorisierungsaufwand, so dass auch hier die Faktorisierung eines einzelnen $Q_i$ die Zeit $L(N)^{\alpha + o(1)}$ benötigt.

Obwohl bei dieser Variation ein größerer Anteil von $Q_i$-Werten vollständig in Primzahlen der Faktorenbasis zerlegt werden kann als in der Grundversion, beträgt die asymptotische Wahrscheinlichkeit für die Faktorisierbarkeit eines $Q_i$ ebenfalls nur

$$L(N)^{-(4\alpha)^{-1} + o(1)}.$$

Der Zuwachs betrifft also nur das „$o(1)$" im Exponenten von $L(N)$.

Da mit der „Large Prime Variation" mehr Primzahlen in den Zerlegungen vorkommen können, stellt sich die Frage, um wieviel komplexer die Gauß-Elimination dadurch wird.

Muss sie nun etwa auf einer $L^{2\alpha + (1)} \times L^{2\alpha + o(1)}$-Matrix statt auf einer $L^{\alpha + o(1)} \times L^{\alpha + o(1)}$-Matrix durchgeführt werden?

Um dies zu vermeiden, schlägt Pomerance ein Verfahren vor, das er „cull" nennt (etwa: Kahlschlag): Man ordnet die zerlegten $Q_i$'s nach ihrem jeweils größten Primteiler. Dann geht man genau einmal durch die Reihe der dazugehörigen Vektoren $\vec{v}_\ell$. Jedes $\vec{v}_\ell$, das seine letzte 1 nicht an der selben Position wie eines seiner beiden benachbarten $\vec{v}_\ell$'s hat, wird sofort gelöscht.

Wenn aber $n$ Vektoren ihre letzte 1 an der selben Stelle haben, wird der erste davon jeweils modulo 2 zu den folgenden $n-1$ Vektoren addiert, wodurch deren letzte 1 wegfällt.

Da jedes $Q_i$ höchstens einen Primteiler $> S = L(N)^\alpha$ besitzt, bleiben nach diesem ersten Ausdünnen nur noch Vektoren übrig, bei denen alle zu den Primteilern $> S = L(N)^\alpha$ gehörigen Koordinaten 0 sind, so dass die Matrix auf $L(N)^{\alpha+o(1)}$ Spalten reduziert werden kann.

Dieser einmalige Durchgang durch die maximal $L(N)^{2\alpha+o(1)}$ großen Primzahlen benötigt eine Laufzeit von höchstens $L(N)^{2\alpha+o(1)}$ und wird deshalb bei weitem von der Komplexität $L(N)^{3\alpha+o(1)}$ der Gauß-Elimination dominiert.

Da das Erstellen der Matrix und die Gauß-Elimination mit „Large Prime Variation" zumindest asymptotisch die gleiche Komplexität besitzt wie ohne, beträgt die erwartete zeitliche Komplexität von CFRAC mit „Large Prime Variation" ebenfalls

$$L(N)^{\sqrt{2}+o(1)} \quad \text{für } N \to \infty.$$

Für die „Early Abort Strategy" fand Pomerance folgende optimalen Werte: Nach Probedivision jedes einzelnen $Q_i$'s bis $L(N)^{\sqrt{1/28}}$ überprüft man, ob der restliche Kofaktor noch größer als $S_2 = N^{1-1/7}$ ist. Wenn dies der Fall ist, wird die Probedivision für dieses $Q_i$ abgebrochen. Die asymptotische zeitliche Komplexität von CFRAC mit einer Abbruchmöglichkeit beträgt dann

$$L(N)^{\sqrt{7/4}+o(1)} \quad \text{für } N \to \infty.$$

Man kann bei der Zerlegung der $Q_i$'s auch mehrere solcher Abbruchmöglichkeiten vorsehen. Für eine „Early Abort Strategy" mit $n$ Abbruchmöglichkeiten gibt Pomerance eine zeitliche Komplexität von

$$L(N)^{\sqrt{3/2+1/(2n+2)}+o(1)} \quad \text{für } N \to \infty.$$

Lässt man dabei $n \to \infty$ gehen, so drückt das die zeitliche Komplexität von CFRAC herab auf einen idealen Wert von

$$L(N)^{\sqrt{3/2}+o(1)} \quad \text{für } N \to \infty.$$

Je nach Strategie hat man also eine Algorithmus mit dem erwarteten zeitlichen Aufwand (mit einem $\gamma$ zwischen $\frac{3}{2}$ und $2$)

$$L(N)^{\sqrt{\gamma}+o(1)} = e^{\sqrt{\gamma \log N \log \log N}+o(1)} \quad \text{für } N \to \infty.$$

# 5.6 Verwendung der Algorithmen

Carl Friedrich Gauß (1777-1855) hatte die Idee, ganze Zahlen mit Hilfe der Theorie der binären quadratischen Formen zu faktorisieren [Gau]. Daniel Shanks gelang es, aus dieser Theorie einen Algorithmus zu entwickeln, der relativ einfach auf Computern implementiert werden kann [Sha]. Er stellte diesen Algorithmus mit dem Namen *Square Forms Factorization* (SQUFOF) im Jahre 1975 auf einem AMS-Meeting in San Antonio vor.

Die diesem Algorithmus zugrundeliegende Theorie ist sehr umfangreich weshalb dieser Algorithmus hier nicht besprochen wird. Die bisher wohl ausführlichste Behandlung der zugrundeliegenden Theorie und des Algorithmus von Shanks finden sich in [Bue].

Andere Algorithmen werden in den bekanntesten Computeralgebra-Programmen nicht verwendet. Der Aufbau der Faktorisierungsfunktion `ifactor` in MAPLE ist etwa der folgende:

1.) Probedivision bis 1699,

2.) Primalitätstest,

3.) Wurzelziehen,

4.) Pollard-$(p-1)$ mit Schranke $S = 2000$,

5.) Probedivision bis 100 000,

6.) Weitere Methoden nach Wahl (2.Parameter von `ifactor`; Wenn nichts angegeben wird, wird der Kettenbruchalgorithmus von Morrison und Brillhart verwendet):

   a)  „pollard"   Pollard-$\rho$-Algorithmus,

   b)  „lenstra"   Lenstras ECM-Algorithmus,

   c)  „squfof"   D. Shanks Algorithmus mit quadratischen Formen.

Der Aufbau der Funktion `FactorInteger` in MATHEMATICA ist ähnlich:

1.) Probedivision,

2.) Pollard-$(p-1)$,

3.) Pollard Rho,

4.) Probedivision,

und es gibt noch eine zusätzliche Funktion `FactorIntegerECM`, die mit elliptischen Kurven arbeitet.

Für eine feste Schranke $S$ findet der Pollard-$(p-1)$ Algorithmus kleinere bis mittlere Teiler in $\mathcal{O}(n^2)$ Schritten. Durch die vorgeschalteten Probedivisionen wird dieser Algorithmus in MAPLE erstmals bei der Faktorisierung von 2941189 aufgerufen und scheitert zum ersten Mal bei $12007001 = 4001 \cdot 3001$. Sein Einsatz als erster nichttrivialer Algorithmus erscheint also sinnvoll.

Die Laufzeit von Pollard-$\rho$ hängt von der Größe der Teiler $p$ von $N$ ab. Dieser Algorithmus scheint damit besonders geeignet für mittelgroße Teiler.

Die Laufzeit des Morrison-Brillhart-Algorithmus ist unabhängig von der Größe der Teiler. Sie hängt nur von der Größe von $N$ ab. Dieser Algorithmus erscheint damit günstig für den Fall, dass $N$ zwei Primteiler von der Größenordnung von $\sqrt{N}$ besitzt. Da dieser Algorithmus asymptotisch schneller als Pollard-$\rho$ ist und man a priori nichts über eventuelle Primteiler weiß, wird er von MAPLE auch folgerichtig als erste Wahl angeboten.

Lenstras ECM-Algorithmus und der erwähnte Algorithmus SQUFOF sind von ähnlicher asymptotische Laufzeit wie CFRAC und werden deshalb in MAPLE als Alternativen angeboten, die man im Falle des Scheiterns von CFRAC zu Rate ziehen kann.

Neuere Versionen von MATHEMATICA, MAGMA und anderen Systemen bieten zusätzlich zu den oben genannten Verfahren das so genannte quadratische Sieb (QS) an. Dieses wurde Anfang der 80er Jahre von Carl Pomerance in [Po3] vorgestellt und war ab da der schnellste bekannte Faktorisierungs-Algorithmus, bis dann Anfang der 90er Jahre das Zahlkörper-Sieb (number field sieve, NFS abgekürzt) bekannt wurde [LMP].

Ursprünglich war das NFS nur für Zahlen der speziellen Bauart $N = r^t - s$ geeignet, wobei $r, t \in \mathbb{N}$, $s \in \mathbb{Z}$ und $r$ und $s$ dem Betrag nach klein sind. Es wurden und werden große Anstrengungen unternommen, das NFS auf beliebige Zahlen zu zu verallgemeinern. Inzwischen gibt es lauffähige Implementierungen dieses so genannten GNFS (general number field sieve=verallgemeinertes Zahlkörper-Sieb; siehe etwa [Zay]), die aber noch nicht Eingang in die gängigen Computeralgebra Programme gefunden haben.

Das GNFS ist mit einem Aufwand von

$$e^{1.9223 \sqrt[3]{\log N (\log \log N)^2}} \quad \text{für } N \to \infty$$

asymptotisch das schnellste bekannte Verfahren zur Faktorisierung ganzer Zahlen. Bis zur Größe von ungefähr 100 Dezimalen ist aber das quadratische Sieb mit dem größeren asymptotischen Aufwand von

$$L(N) = e^{\sqrt{\log N \log \log N}} \quad \text{für } N \to \infty$$

immer noch überlegen. Die MATHEMATICA-Entwickler haben in der neuesten Version CFRAC durch die Version PMPQS (multiple polynomial quadratic sieve with single large prime variation) von QS ersetzt, die nach ihren Angaben bei Primteilern zwischen 5 und 40 Ziffern ca. 40-80mal schneller als CFRAC ist. Das quadratische Sieb wird im folgenden Abschnitt erläutert.

# 5.7 Das quadratische Sieb

## 5.7.1 Die Grundidee

Die Grundidee des quadratischen Siebs (und auch des NFS) ist die gleiche wie bei CFRAC. Es werden ganze Zahlen $x$ und $y$ gesucht, die Gleichung (5.14) erfüllen, also

$$x^2 \equiv y^2 \bmod N \,,$$

für die aber $x \not\equiv \pm y \bmod N$ gilt. Mit $\mathrm{ggT}(x - y, N)$ oder $\mathrm{ggT}(x + y, N)$ findet man dann einen nichttrivialen Teiler von $N$.

Während bei CFRAC aber geeignete $x$ und $y$ mit Hilfe von Kettenbruchentwicklungen gesucht werden, wird für QS das Polynom

$$f(x) = (x + \lfloor \sqrt{N} \rfloor)^2 - N \qquad (5.30)$$

verwendet.

Angenommen $x_1, x_2, \ldots x_k$ werden derart gewählt, dass das Produkt $f(x_1) \cdot \ldots \cdot f(x_k)$ ein Quadrat $y^2$ ist. Sei weiterhin

$$x = (x_1 + \lfloor \sqrt{N} \rfloor)(x_2 + \lfloor \sqrt{N} \rfloor) \ldots (x_k + \lfloor \sqrt{N} \rfloor) \,,$$

dann gilt

$$
\begin{aligned}
x^2 &= (x_1 + \lfloor \sqrt{N} \rfloor)^2 \cdot \ldots \cdot (x_k + \lfloor \sqrt{N} \rfloor)^2 \\
y^2 &= f(x_1) \cdot \ldots \cdot f(x_k) \\
&= [(x_1 + \lfloor \sqrt{N} \rfloor)^2 - N] \cdot \ldots \cdot [(x_k + \lfloor \sqrt{N} \rfloor)^2 - N] \\
&= (x_1 + \lfloor \sqrt{N} \rfloor)^2 \cdot \ldots \cdot (x_k + \lfloor \sqrt{N} \rfloor)^2 + \quad \text{Vielfache von} \quad N \,,
\end{aligned}
$$

d.h. modulo $N$ sind diese beiden Ausdrücke gleich, erfüllen also (5.14).

Um passende $x_i$ zu erhalten, werden Zahlen in einem Intervall $[-M, M]$, dem so genannten Siebintervall, mit einer von $N$ abhängigen Schranke $M$ überprüft, ob sie über einer bestimmten Menge kleiner Primzahlen zerfallen. Die Zusammensetzung dieser Menge, die wie bei CFRAC Faktorenbasis genannt wird, wird nun erläutert.

## 5.7.2 Die Faktorenbasis

Die Faktorenbasis $F$ besteht aus Primzahlen $p$, die mögliche Teiler der Funktionswerte $f(x)$ sind, und der Zahl $-1$, da die untersuchten Zahlen auch negativ sein können. Aus der Definition von $f$ folgt dann, dass für Primzahlen $p$ aus der Faktorenbasis gilt

$$(x + \lfloor \sqrt{N} \rfloor)^2 \equiv N \bmod p \,,$$

d.h. $N$ ist ein quadratischer Rest modulo $p$.

Da die Faktorenbasis nicht zu große Primzahlen enthalten sollte, gibt man sich eine von $N$ abhängige obere Schranke $B$ für ihre Mächtigkeit vor. Diese Schranke $B$ und Größe des Siebintervalls $M$ haben erheblichen Einfluss auf die Laufzeit des gesamten Algorithmus und müssen entsprechend geschickt gesetzt werden.

Ist diese Vorarbeit geleistet, füllt man die Faktorenbasis (außer mit der $-1$, die immer dabei ist) mit kleinen Primzahlen $p$, so dass jeweils $N$ ein quadratischer Rest modulo $p$ ist.

Die lässt sich mit Hilfe des bereits im Abschnitt über den Algorithmus von Morrison und Brillhart eingeführten Legendre-Symbols $(N/p)$ erreichen. Die Berechnung kann etwa mit der oft Euler-Kriterium genannten Formel **5.5.4.2** erfolgen.

### 5.7.3 Das Sieben

In der Siebphase werden nun Zahlen $f(x)$ gesucht, die komplett über der Faktorenbasis zerfallen. Dazu kann man dem Siebintervall $[-M, M]$ eine zufällig gewählte Zahl $x$ entnehmen, $f(x)$ berechnen, und prüfen, ob sich diese Zahl vollständig mit den Elementen der Faktorenbasis zerlegen lässt.

Hat man ausreichend viele dieser vollständig zerlegbaren Funktionswerte gefunden, versucht man diese so zu kombinieren, dass in dem Produkt alle Exponenten von den beteiligten Elementen der Faktorenbasis gerade sind, also ein vollständiges Quadrat vorliegt.

Ähnlich wie bei CFRAC führt das auf ein lineares Gleichungssystem über $\mathbb{Z}_2$ : sind $p_1 < \ldots < p_m$ die Primzahlen der Faktorenbasis $F$ und

$$f(x_i) = (-1)^{e_{i,0}} p_1^{e_{i,1}} p_2^{e_{i,2}} \ldots p_m^{e_{i,m}},$$

so ordnet man diesem $f(x_i)$ einen binären Vektor

$$\vec{v}_i = (\alpha_{i,0}, \alpha_{i,1}, \alpha_{i,2}, \ldots, \alpha_{i,m}) \in \mathbb{Z}_2^{m+1}$$

zu, mit den Koordinaten $\alpha_{i,j} = e_{i,j} \bmod 2$. Ein Produkt verschiedener $f(x_i)$ ist genau dann ein vollständiges Quadrat, wenn die Summe der zugehörigen $\vec{v}_i$ der Nullvektor ist.

*5.7.3.1 Beispiel:* Für $N = 152769431$ kann man etwa $B = 13$ und $M = 2197$ wählen. Damit ist $f(x) = x^2 + 24718x - 24550$ und z.B.

$$F = \{-1, 2, 5, 11, 13, 17, 19, 23, 31, 71, 79, 109, 113\}$$

eine geeignete Faktorenbasis. Für das aus dem Siebintervall zufällig gezogene $x = 1002$ ergibt sich dann $f(x) = 25746890 = 2 \cdot 5 \cdot 13 \cdot 23 \cdot 79 \cdot 109$, d.h. dieser Wert zerfällt vollständig in Faktoren aus der Faktorenbasis. Der binäre Exponentenvektor dazu ist $(0, 1, 1, 0, 1, 0, 0, 1, 0, 0, 1, 1, 0)$.

Schreibt man die gefundenen Exponentenvektoren hintereinander als Spalten in eine Matrix $A$, so bekommt man sicher eine nichttriviale Lösung des homogenen linearen Gleichungssystems $A \cdot \vec{\ell} = 0$ über $\mathbb{Z}_2$, wenn man mehr Spalten als Zeilen, also mehr als $B$ Stück, hat. Der Lösungsvektor $\vec{\ell}$ liefert dann die $f(x_i)$, deren Produkt ein Quadrat

Das bisher geschilderte Verfahren ist allerdings noch viel zu aufwändig und lässt sich noch sehr viel effektiver gestalten. Zuerst einmal gilt es, möglichst viele Probedivisionen für die Zerlegung der $f(x_i)$ zu vermeiden. Außerdem kann man probieren, die dabei auftretenden Zahlen noch kleiner zu bekommen.

Da $f(x)$ ein einfaches quadratisches Polynom ist, kann man sich eine der Primzahlen $p_i$ aus der Faktorenbasis auswählen und die zwei Wurzeln $z_{i1}, z_{i2} \in \{0, 1, \ldots, p_i - 1\}$ von $f(x) \bmod p_i$ berechnen.

Damit weiß man dann aber, dass für $k \in \mathbb{Z}$ auch alle Werte $z_{i1} + kp_i$ und $z_{i2} + kp_i$ Nullstellen von $f(x) \bmod p_i$ sind. Auf diese Weise kann man ohne Probedivisionen von sehr vielen Zahlen im Siebintervall auf einmal feststellen, dass sie durch $p_i$ teilbar sind. Dieser Idee verdankt das Verfahren seinen Namen.

Da das Siebintervall meist zu groß ist, um alle Werte auf einmal zu untersuchen, könnte man sich jetzt ein gewisses Teilintervall davon vornehmen und alle Funktionswerte $f(z_{i1} + kp_i)$ und $f(z_{i2} + kp_i)$ aus diesem Bereich durch die höchste enthaltene Potenz von $p_i$ teilen. Macht man das für alle $p_i$ aus der Faktorenbasis, so steht am Schluss an der Stelle der völlig über der Faktorenbasis zerfallenden Funktionswerte jeweils eine $1$. Protokolliert man in einem Vektor jeweils mit, durch welche $p_i$ und wie oft man schon geteilt hat, so hat man dazu auch gleich den passenden Vektor $(e_{i,0}, \ldots, e_{i,m})$.

Am Anfang dieses Verfahrens steht jeweils die Berechnung der Wurzeln $z_{i1}$, $z_{i2}$ des quadratischen Polynoms $f(x) = (x + \lfloor \sqrt{N} \rfloor)^2 - N$ modulo $p_i$. Dazu muss man die Quadratwurzel von $N$ modulo $p_i$ berechnen können. Dies kann z.B. mit dem nach Shanks und Tonelli benannten Algorithmus geschehen, der jetzt beschrieben wird (vgl. etwa [Gon] für andere Möglichkeiten).

Der so genannte Shanks-Tonelli-Algorithmus berechnet die Quadratwurzel aus einer Zahl $a$ modulo einer Primzahl $p$. Da das nur für einen quadratischen Rest modulo $p$ geht, also für $(a/p) = 1$, weiß man nach dem Euler-Kriterium, dass dann $a^{\frac{p-1}{2}} \equiv 1 \bmod p$ gelten muss.

Ist das der Fall, so zerlegt man $p - 1$ in $p - 1 = s \cdot 2^e$ mit ungeradem $s$ und $e \in \mathbb{N}$. Zusätzlich sucht man sich irgendein Nichtquadrat $n$, also ein Element mit $n^{\frac{p-1}{2}} \equiv -1 \bmod p$. Damit setzt man

$$w := a^{\frac{s+1}{2}} , \ b := a^s , \ g = n^s , \ r = e .$$

Mit diesen Werten gilt dann $w^2 = a^{s+1} = b \cdot a$. Ist $b \equiv 1 \bmod p$, so ist $w$ gerade die gesuchte Quadratwurzel.

Die Chancen dafür stehen gut, denn

$$b^{2^e} = (a^s)^{2^k} = a^{s2^e} = a^{p-1} \equiv 1 \bmod p \Rightarrow \operatorname{ord} b = 2^m \text{ mit } m < e$$

Ist $m$ doch nicht $0$, so kann man die Ordnung mit dem folgenden Trick schrittweise absenken und so doch noch das Gewünschte erreichen. Setze

$$w' = w \cdot g^{2^{r-m-1}} \,,\, g' = g^{2^{r-m}} \,,\, b' = b \cdot g' \,,\, r' = m \,. \qquad (5.31)$$

Mit diesen neuen Größen gilt dann

$$w'^2 = \left(w \cdot g^{2^{r-m-1}}\right)^2 = a \cdot b \cdot g^{2^{r-m}} = a \cdot b'$$

und dieses neue $b'$ hat jetzt höchstens die Ordnung $2^{m-1}$, denn

$$b'^{2^{m-1}} = b \cdot g^{2^{r-m} 2^{m-1}} = b^{2^{m-1}} g^{2^{r-1}} \equiv (-1) \cdot (-1) = 1 \bmod p \,,$$

denn wegen $\operatorname{ord} b = 2^m$ ist $b^{2^{m-1}} \equiv -1 \bmod p$ und

$$g^{2^{r-1}} = (n^s)^{2^{r-1}} = n^{s2^{e-1}} = n^{\frac{p-1}{2}} \equiv -1 \bmod p$$

Reicht dies immer noch nicht, d.h. ist $m - 1 \neq 0$, so benennt man um zu $w \leftarrow w'$, $b \leftarrow b'$, $g \leftarrow g'$, $r \leftarrow m$ und wiederholt dieses Verfahren, d.h. macht mit $(5.31)$ weiter.

_____**Wurzel aus $a$ modulo einer Primzahl $p$**_____

**procedure** ShanksTonelli$(a, p)$        # Eingabe: $a \in \mathbb{Z}$, $p$ prim

  **if** $a^{\frac{p-1}{2}} \bmod p \neq 1$ **then**        # Ausgabe: $w$ mit $w^2 \equiv a \bmod p$

  | **Return** („kein Quadrat")

  **end if**

  $s \leftarrow p - 1; e \leftarrow 0$

  **while** ZRest$(s, 2) = 0$ **do**

  | $s \leftarrow \frac{s}{2}; e \leftarrow e + 1$

  **end do**

  $w \leftarrow a^{\frac{s+1}{2}} \bmod p; b \leftarrow a^s \bmod p; g \leftarrow n^s \bmod p$

  $r \leftarrow e \bmod p; m \leftarrow \log_2(\operatorname{ord}(b, p))$

  **while** $m \neq 0$ **do**

  | $\rho \leftarrow 2^{r-m-1}; g' \leftarrow g^{2\rho} \bmod p; b' \leftarrow bg' \bmod p$

  | $w' \leftarrow wg^{\rho} \bmod p; r' \leftarrow m \bmod p; m \leftarrow \log_2(\operatorname{ord}(b, p))$

  | $w \leftarrow w'; b \leftarrow b'; g \leftarrow g'; r \leftarrow r'$

  **end do**

  Return$(w)$

**end**

_____

5.7.3.2 *Beispiel:* Wie im letzten Beispiel sei $N = 152769431$ und $f(x) = (x + \lfloor\sqrt{N}\rfloor)^2 - N$. Ist etwa $p = 13$, so muss zur Berechnung der Wurzeln von $f$ die Quadratwurzel $\sqrt{N} \bmod p$ berechnet werden.

Der Shanks-Tonelli-Algorithmus startet also mit $p = 13$ und $a = N \equiv 9 \bmod 13$. Wegen $a^{\frac{p-1}{2}} \equiv 1 \bmod p$ ist die Berechnung der Quadratwurzel möglich.

Nun zerlegt man $p - 1 = 12$ in $s \cdot 2^e = 3 \cdot 2^2$. Ein Nichtquadrat $\bmod\,13$ ist etwa $n = 2$. Damit ergibt sich $w \equiv 3$, $b \equiv 1$, $g \equiv 8$, $r \equiv 2 \bmod 13$, d.h. $\sqrt{N} \bmod 13 \equiv w = 3$ wurde bereits im ersten Schritt des Shanks-Tonelli-Algorithmus berechnet.

Wegen $\lfloor \sqrt{N} \rfloor = 12359 \equiv 4$ ergeben sich die Nullstellen von $f(x) \bmod 13$ also aus $x + 9 = \pm 3$ zu $z_1 = 1$ und $z_2 = 7$.

Arbeitet man mit der Faktorenbasis $F$ des letzten Beispiels (also 13 an der 5ten Stelle), so kann man bei den $x$-Werten $1 + 13k$ und $7 + 13k$ mit $k \in \mathbb{Z}$ jeweils $f(x)$ durch 13 teilen und an der 5ten Stelle des zugehörigen Exponentenvektors 1 addieren.

Da natürlich $f(x)$ den Primteiler 13 mehrfach enthalten kann, könnte man bei den resultierenden Werten auch nochmals die Teilbarkeit testen und den Faktor solange aus $f(x)$ herausziehen und im Exponentenvektor addieren, bis der Rest teilerfremd zu 13 ist. In der folgenden Tabelle wurde das so gemacht. Im Anschluss an das Beispiel wird eine schnellere Variante diskutiert.

Mit der letzten Primzahl der aktuellen Faktorenbasis, $p = 113$, gelingt die Berechnung von $\sqrt{N} \bmod p$ erst nach einmaliger Anwendung von *(5.31)*: Zuerst zerlegt man $p - 1 = 112$ in $s \cdot 2^e = 7 \cdot 2^4$. Ein Nichtquadrat $\bmod\,113$ ist etwa $n = 3$. Damit ergibt sich $w \equiv 1$, $b \equiv 15$, $g \equiv 40$, $r \equiv 4 \bmod 113$.

| $x$ | $\dfrac{f(x)}{\text{Primteiler}}$ | Exponentenvektor |
|---|---|---|
| 40 | 1 | $(0, 1, 1, 0, 1, 1, 1, 1, 0, 0, 0, 0, 0)$ |
| 59 | 1 | $(0, 0, 0, 1, 1, 0, 1, 2, 0, 0, 0, 0, 0)$ |
| 113 | 1 | $(0, 0, 0, 0, 0, 1, 1, 0, 0, 0, 1, 1, 0)$ |
| 202 | 1 | $(0, 1, 1, 1, 1, 0, 0, 0, 1, 0, 0, 0, 1)$ |
| 566 | 1 | $(0, 1, 0, 0, 1, 0, 0, 0, 0, 2, 0, 1, 0)$ |
| 631 | 1 | $(0, 0, 0, 3, 2, 0, 0, 0, 0, 1, 0, 0, 0)$ |
| 686 | 1 | $(0, 1, 0, 1, 0, 1, 1, 0, 1, 0, 1, 0, 0)$ |
| 844 | 1 | $(0, 1, 0, 0, 0, 1, 0, 0, 0, 1, 1, 0, 1)$ |
| 1002 | 1 | $(0, 1, 1, 0, 1, 0, 0, 1, 0, 0, 1, 1, 0)$ |
| 1150 | 1 | $(0, 1, 2, 2, 0, 3, 0, 0, 0, 0, 0, 0, 0)$ |
| 1332 | 1 | $(0, 1, 2, 0, 0, 1, 2, 0, 0, 0, 0, 0, 1)$ |
| 1522 | 1 | $(0, 1, 1, 1, 2, 0, 1, 0, 0, 0, 0, 0, 1)$ |
| 1535 | 1 | $(0, 0, 1, 1, 1, 0, 0, 1, 1, 0, 1, 0, 0)$ |
| 1554 | 1 | $(0, 1, 0, 0, 1, 0, 0, 1, 2, 1, 0, 0, 0)$ |
| 1876 | 1 | $(0, 1, 0, 2, 0, 2, 0, 1, 1, 0, 0, 0, 0)$ |
| 1983 | 1 | $(0, 0, 0, 0, 4, 1, 0, 0, 0, 0, 0, 1, 0)$ |

Wegen $b \not\equiv 1 \bmod p$ bekommt man mit *(5.31)* $w' \equiv 18$, $b' \equiv 1$, $g' \equiv 98$ und $r' \equiv 2 \bmod 113$, d.h. $\sqrt{N} \bmod 113 \equiv 18$.

Mit $\lfloor \sqrt{N} \rfloor = 12359 \equiv 42 \bmod 113$ ergeben sich die Nullstellen von $f(x) \bmod 113$ also aus $x + 42 = \pm 18$ zu $z_1 = 53$ und $z_2 = 89$.

Siebt man etwa die Zahlen von 1 bis 2000 durch, so finden sich am Ende die auf der Vorseite gezeigten interessanten Einträge im Siebarray: Diese Exponentenvektoren, $\bmod 2$ genommen, kommen als Spalten in die Koeffizientenmatrix des zu lösenden Gleichungssystems.

Das im Beispiel beschriebene Testen von Funktionswerten auf mehrfache Teilbarkeit durch eine Primzahl ist so natürlich noch viel zu aufwändig.

Da viele der betrachteten Zahlen nicht quadratfrei über der Faktorenbasis sind, kann man zur Vermeidung von teuren Probedivisionen zwei mögliche Ansätze verfolgen. Eine Möglichkeit liefert der Satz von Hensel, der es ermöglicht aus Nullstellen von $f \bmod p$ auch die von $f \bmod p^t$ zu berechnen. Man kann aber auch das Sieben nach höheren Potenzen von $p$ weglassen und am Schluss nicht nur die Funktionswerte betrachten, die zu 1 reduziert wurden, sondern all die, die unter einer gewissen Schranke liegen.

Für das Hensel-Lifting in diesem einfachen Fall muss für die betrachtete Primzahl $p_i$ aus der Faktorenbasis $\mathrm{ggT}(2(x + \lfloor \sqrt{N} \rfloor), p_i) = 1$ sein. Ist das der Fall, so setzt man startend mit $t = 1$ für jede der beiden Nullstellen $z^{(t)} = z_{i1}$ und $z^{(t)} = z_{i2} \bmod p_i$ jeweils $v = f(z^{(t)})/p_i^t \in \mathbb{N}$ und damit

$$b = -\frac{v}{2(z^{(t)} + \lfloor \sqrt{N} \rfloor)} \bmod p_i \quad \text{und} \quad z^{(t+1)} = z^{(t)} + b \cdot t .$$

Dieses $z^{(t+1)}$ ist dann eine Nullstelle von $f \bmod p^{t+1}$ und damit auch jedes $z^{(t+1)} + k p_i^{t+1}$ mit $k \in \mathbb{Z}$.

Man lässt das $k \in \mathbb{Z}$ so laufen, dass $z^{(t+1)} + k p_i^{t+1}$ das betrachtete Teilintervall des Siebintervalls durchläuft, teilt die Funktionswerte durch $p_i$ und addiert 1 im zugehörigen Exponentenvektor. Dann setzt man $t$ um 1 hoch und wiederholt dieses Verfahren bis zu einem geeigneten $t_{\max}$.

Auch im oben ausgeschlossenen Fall $p_i = 2$ kann man mit der folgenden Überlegung relativ einfach höhere Potenzen von 2 in $f(x)$ finden. Da man $N$ als ungerade voraussetzen kann, gilt $2|f(x)$ falls 2 ein Teiler von $x + \lfloor \sqrt{N} \rfloor$ ist. Man kann leicht nachrechnen, dass sogar gilt

$8|f(x)$ falls $N \equiv 1 \bmod 8$, $4|f(x)$ falls $N \equiv 5 \bmod 8$ und

$2|f(x)$ falls $N \equiv 3$ oder $7 \bmod 8$.

Um große Zahlen möglichst zu vermeiden, wird beim quadratischen Sieb auch statt mit den Zahlen selbst nur mit ihren 2-Längen (Bitlänge) gerechnet. Das Siebarray wird dann jeweils nicht mit $f(x)$, sondern mit der 2-Länge von $f(x)$ belegt und statt der Divisionen durch die Primfaktoren aus der Faktorenbasis werden deren vorher bestimmte 2-Längen abgezogen.

Da die 2-Längen nicht genau die Logarithmen zur Basis 2 sind, sondern die ganzzahlig aufgerundeten Werte, entstehen so Rundungsfehler. Am Ende des Siebprozesses steht somit an der Stelle der völlig zerfallenden Funktionswerte oft nicht die der 1 entsprechende 0, sondern ein betragsmäßig kleiner Wert.

Je nachdem, ob man auch nach größeren Potenzen der $p_i$ gesiebt hat, oder nicht, muss man hier also eine geeignete Schranke bereitstellen, so dass mit großer Wahrscheinlichkeit die Funktionswerte, die nach dem Sieben betragsmäßig unter dieser Schranke liegen, diejenigen sind, die vollständig über der Faktorenbasis zerfallen. Silverman schlägt in [Si2] z.B. vor, nur 2er-Potenzen wie oben beschrieben zu behandeln, bei den restlichen Primzahlen aber nur die erste Potenz zu sieben und dann alle Werte unter der Schranke $\frac{1}{2}\ell\mathrm{n}(N) + \ell\mathrm{n}(M) - 2\ell\mathrm{n}(p_{\max})$ zu nehmen, wobei $p_{\max}$ die größte Primzahl in der Faktorenbasis sei und $T$ ein Faktor zwischen 1.5 und 2.5 bei einer Größe von 30-60 Bit von $N$.

### 5.7.4 Mehrere Polynome

Nochmals eine deutliche Beschleunigung des Algorithmus kann erreicht werden, indem man nicht nur das in *(5.30)* angegebene Polynom, sondern mehrere Polynome mit den gleichen Grundeigenschaften verwendet.

Die wesentliche Eigenschaft des bisherigen $f(x)$ war dabei

$$f(x) \equiv (x + \lfloor \sqrt{N} \rfloor)^2 \bmod N .$$

Deshalb setzt man $f(x) = ax^2 + 2bx + c$ an und bestimmt die ganzzahligen Koeffizienten so, dass die entsprechende Äquivalenz

$$af(x) \equiv (ax + b)^2 \bmod N$$

erfüllt ist. Es folgt direkt, dass dann $b^2 - ac \equiv 0 \bmod N$ sein muss.

Da $f(x) \bmod N$ ein Quadrat sein soll, nimmt man für $a$ ein Quadrat, denn dann folgt das aus obiger Gleichung automatisch.

Möchte man wieder ein symmetrisches Siebintervall $[-M, M]$ nehmen, so sollen natürlich die Werte von $f(x)$ nicht zu groß werden, denn dann rechnet es sich leichter mit ihnen und die Wahrscheinlichkeit, dass sie völlig über der Faktorenbasis zerfallen, ist größer.

Das quadratische Polynom $f(x)$ hat sein Minimum bei $x = -\frac{b}{a}$ mit dem Wert $f(-\frac{b}{a}) = c - \frac{b^2}{a} = \frac{ac-b^2}{a}$. An den Rändern des Intervalls hat man dagegen die Werte $aM^2 \pm 2bM + c$.

Soll das ein möglichst kleines, symmetrisches Intervall sein, so kann man wegen $b^2 - ac \equiv 0 \bmod N$ etwa $b^2 - ac = N$ wählen, denn damit hat man das negative Minimum $f(-\frac{b}{a}) = -\frac{N}{a}$.

Damit an den beiden Rändern bei $\pm M$ ungefähr der entgegengesetzte Wert $\frac{N}{a}$ angenommen werden kann, sollte das Minimum $-\frac{b}{a}$ ungefähr in der Mitte dazwischen liegen. Dies kann man erreichen, indem man $0 < b < a \iff 0 < \frac{b}{a} < 1$ nimmt. Dann sind die Werte an den beiden Intervallrändern $aM^2 \pm 2bM + c$ ungefähr gleich, also $\approx aM^2 + c$

Aus der Bedingung $\frac{N}{a} \approx aM^2 \pm 2bM + c$ erhält man damit schließlich $\frac{N}{a} \approx aM^2 + c = \frac{a^2 M^2 + ac}{a} = \frac{a^2 M^2 + b^2 - N}{a}$, also $a \approx \sqrt{\frac{2N - b^2}{M^2}}$.

Nach dieser Diskussion, erscheint es also sinnvoll, die Größen $a$, $b$ und $c$ wie folgt zu bestimmen:

$a$ ein Quadrat mit $a \approx \dfrac{\sqrt{2N}}{M}$ und $(N/p) = 1$ für jeden Primteiler $p | a$,

$b$ mit $0 < b < a$ und $b^2 \equiv N \bmod a$, $c$ mit $b^2 - ac = N$.

Man beginnt mit der Suche nach einem geeigneten $a$ etwa bei $\lfloor \sqrt{\frac{\sqrt{2N}}{M}} \rfloor^2$. Gilt nicht für alle Primteiler $p$ dieser Zahl $(N/p) = 1$, weicht man zu benachbarten Quadratzahlen aus.

Zu einem festen $a$ sind nun Lösungen $b$ von $x^2 - N \equiv 0 \bmod a$ gesucht. Dies heißt, dass für jeden Primteiler $p$ von $a$ gelten muss $x^2 - N \equiv 0 \bmod p$. Jede dieser quadratischen Gleichungen hat 2 Lösungen, denn es wurde ja bereits im ersten Schritt dafür gesorgt, dass $(N/p) = 1$ ist. Diese Lösungen kann man wieder mit dem Shanks-Tonelli-Algorithmus berechnen.

Mit Hensel-Lifting kann man diese Lösungen für $p \neq 2$ liften, so dass man je zwei Lösungen von $x^2 - N \equiv 0 \bmod p^2$ bekommt. Kombiniert man die Lösungen zu verschiedenen Primteiler-Quadraten mit Hilfe des Chinesischen Restsatzes, so bekommt man zu einem festen $a$ mit $\ell$ Primfaktoren $2^\ell$ mögliche Werte für $b$.

**5.7.4.1** *Beispiel:* Für $N = 152\,769\,431$ und $M = 500$ ist $\frac{\sqrt{2N}}{M} \approx 34.9$. Da für das nächstgelegene Quadrat 36 der Primteiler $p = 3$ mit $(N/p) = -1$ dabei wäre, kann man etwa $a = 25$ wählen, denn $(N/5) = 1$.

Das Polynom $x^2 - N$ hat $\bmod 5$ die zwei Wurzeln 1 und 4. Einmaliges Hensel-Lifting liefert die Lösungen 9 und $16 \bmod 25$. Mit diesen beiden Werten erhält man zwei geeignete Polynome zu diesem Wert von $a$:

$$f = 25x^2 + 18x - 6\,110\,774 \quad \text{oder} \quad f = 25x^2 + 32x - 6\,110\,767$$

Betrachtet man dagegen $N = 1\,524\,212\,467\,931$ und $M = 1000$, so ist etwa $a = 4225 = (5 \cdot 13)^2$ ein geeigneter Wert. Das Polynom $x^2 - N$ hat $\bmod 5$ die zwei Wurzeln 1 und 4. Einmaliges Hensel-Lifting liefert die Lösungen 9 und $16 \bmod 25$. Dagegen bekommt man $\bmod 13$ die Wurzel 6 und 7 oder $\bmod 13^2$ geliftet 45 und 124.

Kombination dieser Lösungen mit dem Chinesischen Restsatz liefert die 4 Ergebnisse $1566$, $3166$, $1059$ und $2659 \bmod a$, was auf die 4 Polynome

$$4\,225x^2 + 3\,132x - 360\,759\,767, \; 4225x^2 + 6\,332x - 360\,757\,975,$$
$$4\,225x^2 + 2\,118x - 360\,760\,082, \; 4225x^2 + 5\,318x - 360\,758\,674$$

führt.

Üblicherweise geht man so vor, dass man wie im Beispiel zu einem festen $a$ alle möglichen Werte $b$ und $c$ berechnet, und möglichst auf mehreren Prozessoren oder Rechnern parallel mit diesen Polynomen siebt. Es wird berichtet [Gua], dass Implementierungen mit $k$ Computern dabei fast $k$-mal so schnell wie auf einem Computer sind.

Durch die beschriebene Wahl der Koeffizienten $a$, $b$ und $c$ kommt man mit einer kleineren Faktorenbasis und einem kleineren Siebarray aus, als bei dem anfänglichen Polynom *(5.30)*.

Nach dem Sieben ist bei großem $N$ das zu lösende lineare Gleichungssystem über $\mathbb{Z}_2$ ein Problem. Silverman empfiehlt etwa $B \approx L(N)^{\frac{\sqrt{2}}{4}}$ und $M \approx B^3$. Für die Zahl RSA-129, eine 129-stellige Zahl, die aus zwei großen Primfaktoren besteht, wären das fast 2 Millionen Primzahlen. Bei der Faktorisierung im Jahr 1994 mit dem quadratischen Sieb wurden zwar nicht ganz so viele verwendet („nur" 524 339, s. [AGL]° ), das resultierende Gleichungssystem der Größe 569 466 mal 524 339 war aber immer noch gigantisch. Trotzdem ließ sich dieser letzte Schritt auf einem einzigen Computer erledigen. Die Siebphase dominiert also deutlich. Für lineare Gleichungssysteme dieser Größenordnung über $\mathbb{Z}_2$ sind spezialisierte Lösungsverfahren nötig, etwa der Algorithmus von Wiedemann [Wie].

---

° An der Siebphase dieser Faktorisierung nahmen etwa 600 Personen mit insgesamt ca. 1600 Computern teil. Trotzdem dauerte das fast 8 Monate

# 6 Polynom–Faktorisierung

## 6.1 Motivation

In vielen Teilgebieten der Mathematik stößt man auf das Problem, ein gegebenes Polynom faktorisieren zu müssen. Während man in der Codierungstheorie oder Kryptographie eher Polynome über endlichen Körpern faktorisieren muss (etwa für die Konstruktion zyklischer Codes, die Berechnung der Anzahl von Punkten auf elliptischen Kurven oder den 'index calculus' Algorithmus zum Berechnen diskreter Logarithmen), braucht man für andere Teilgebiete der Computeralgebra (etwa als Vorarbeit für die Summation oder Integration) auch die Faktorisierung von Polynomen über Ringen der Charakteristik $0$.

Für den Anfang wird man dort univariate Polynome über $\mathbb{Q}$ oder algebraischen Erweiterungen $\mathbb{Q}[\alpha]$, $\mathbb{Q}[\alpha, \beta]$ betrachten. Nach dem in **4.6.6.2** bewiesenen Satz von Gauß kann sich bei $\mathbb{Q}[x]$ auf $\mathbb{Z}[x]$ beschränken.

Eine erste Idee, wie man Polynome aus $\mathbb{Z}[x]$ faktorisieren könnte, wird meist nach Kronecker benannt, obwohl sie wohl bereits 90 Jahre vor Kronecker (1793) von Friedrich von Schubert entwickelt worden war (Schuberts Idee beruht ihrerseits auf einer von Newton in seiner *Arithmetica Universalis* (1707) angegebenen Methode zum Auffinden linearer und quadratischer Faktoren). Die Grundidee ist dabei denkbar einfach:

Es sei $f(x) \in \mathbb{Z}[x]$ mit $\deg f(x) = n$. Zerfällt $f(x)$ in Faktoren $g(x)$, $h(x) \in \mathbb{Z}[x]$, also $f(x) = g(x)h(x)$, so hat einer dieser Faktoren Grad $\leq \frac{n}{2}$. Es sei also $m = \left[\frac{n}{2}\right]$ und $g(x)$ der gesuchte Faktor vom Grad $\leq m$. Zur Bestimmung von $g(x)$ berechnet man $m+1$ ganzzahlige Funktionswerte $f(a_0), \ldots, f(a_m)$ für beliebige $a_i \in \mathbb{Z}$ für $i = 0, \ldots, m$. Wegen $g(x)|f(x)$ in $\mathbb{Z}[x]$ gilt insbesondere $g(a_i)|f(a_i)$ für $i = 0, \ldots, m$ in $\mathbb{Z}$.

Da jedes $f(a_i)$ nur endlich viele Teiler in $\mathbb{Z}$ hat, gibt es auch nur endlich viele Möglichkeiten für die $g(a_i)$. Mittels Polynominterpolation durch die Stützpunkte $(a_0, g(a_0)), \ldots, (a_m, g(a_m))$ lässt sich das zugehörige $g(x)$ bestimmen.

Kandidaten mit nicht-ganzzahligen Koeffizienten werden natürlich sofort verworfen. Weiterhin kommen nur Polynome in Frage, deren Leitkoeffizient den Leitkoeffizienten von $f$ teilt.

Hat ein Kandidat all diese Tests bestanden, könnte man vor der nötigen Polynomdivision noch für eine weitere Zahl $a_{m+1} \in \mathbb{Z}$ prüfen, ob $g(a_{m+1})$ den Funktionswert $f(a_{m+1})$ teilt.

Nun kann man mit Polynomdivision nachprüfen, ob dieses $g(x)$ wirklich ein Teiler von $f(x)$ in $\mathbb{Z}[x]$ ist. Die $a_i$ wird man bei per Hand gerechneten Beispielen natürlich so wählen, dass $f(a_i)$ möglichst wenige ganzzahlige Faktoren hat, um die Suche etwas kürzer zu gestalten.

**6.1.1 Beispiel:** $f(x) = x^5 + x^4 + x^2 + x + 2$ soll mit der Kronecker-Methode faktorisiert werden. Ganzzahlige Nullstellen von $f(x)$ sind Teiler des konstanten Terms 2 von $f(x)$, hier also $\pm 1$ oder $\pm 2$. Wegen

| $x$    | $-2$  | $-1$ | 0 | 1 | 2  |
|--------|-------|------|---|---|----|
| $f(x)$ | $-12$ | 2    | 2 | 6 | 56 |

hat $f(x)$ keine Linearfaktoren. Man muss also nur noch nach Teilern $g(x)$ vom Grad 2 suchen. Wählt man als Stützpunkte $-1$, 0, 1 aus, so ergibt sich das folgende Bild:

| $a_i$    | $-1$         | 0            | 1                           |
|----------|--------------|--------------|-----------------------------|
| $f(a_i)$ | 2            | 2            | 6                           |
| $g(a_i)$ | $\pm 1; \pm 2$ | $\pm 1; \pm 2$ | $\pm 1; \pm 2; \pm 3; \pm 6$ |

Es gibt $4 \cdot 4 \cdot 8 = 128$ mögliche Stützstellenkombinationen, von denen je zwei auf (bis auf das Vorzeichen) gleiche Polynome führen. Das Polynom $g(x)$ mit den Funktionswerten 1, 1, 3 an den vorgegebenen Stützstellen ist $x^2 + x + 1$. Polynomdivision zeigt, dass dies ein Teiler von $f(x)$ ist. Der zweite Faktor ist also $h(x) = x^3 - x + 2$. Jeder der gefundenen Faktoren muss grundsätzlich nach dem gleichen Verfahren weiter untersucht werden. Im vorliegenden Fall hat man allerdings schon die vollständige Faktorisierung in irreduzible Faktoren erreicht.

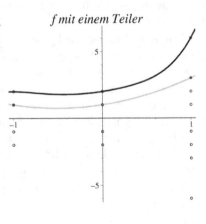

*f mit einem Teiler*

**6.1.2 Beispiel:** Sehr viel Arbeit kann man sich sparen, wenn man ein Polynom zuerst modulo verschiedener Primzahlen $p$ faktorisiert und aus diesen Faktorisierungen versucht, Informationen über die Grade der irreduziblen Faktoren des Polynoms zu erhalten.

Zerfällt $f(x)$ über $\mathbb{Z}$ in Faktoren, so zerfällt dieses Polynom modulo einer Primzahl $p$ mindestens in Faktoren gleichen Grades, wenn nicht gerade $p$ den Leitkoeffizienten von $f$ teilt.

Einige Faktoren können natürlich über $\mathbb{Z}_p$ auch noch weiter zerfallen. Es sei etwa

$$f(x) = x^8 + x^6 - 3x^4 - 3x^3 + 8x^2 + 2x - 5 \,.$$

Die vollständige Faktorisierung modulo 13 ist

$$f(x) \equiv (x^4 + 2x^3 + 3x^2 + 4x + 6)(x^3 + 8x^2 + 4x + 12)(x + 3) \bmod 13 \,,$$

die vollständige Faktorisierung modulo 2 ist dagegen

$$f(x) \equiv (x^6 + x^5 + x^4 + x + 1)(x^2 + x + 1) \bmod 2 \,.$$

Wie man auf diese Faktorisierungen kommt, wird im folgenden noch beschrieben werden. Jetzt sei nur soviel gesagt, dass diese Faktorisierungen sehr viel leichter zu bekommen sind, als Faktorisierungen über $\mathbb{Z}$.

Aus der Faktorisierung mod 2 liest man hier ab, dass $f(x)$ entweder irreduzibel ist, oder in zwei Faktoren vom Grad 6 und 2 zerfällt. Dies steht aber im Widerspruch zur Faktorisierung mod 13, nach der nur die Faktorgrade $8\,;\ 7,1\,;\ 5,3\,;\ 4,4\,;\ 4,3,1$ möglich sind. Das Polynom $f(x)$ ist also irreduzibel über $\mathbb{Z}$ und damit auch über $\mathbb{Q}$.

Kroneckers Methode ist als Algorithmus sehr schlecht: Die Wahl der Stützpunkte $a_i$ hängt sehr vom Geschick des Einzelnen ab. Überlässt man das einem Rechner, so wird man meist große Funktionswerte $f(a_i)$ mit vielen Primteilern bekommen.

Das Zerlegen in Primteiler ist sehr aufwändig (exponentiell in der $\beta$-Länge der zu faktorisierenden Zahl; vgl. den entsprechenden Abschnitt). Dann müssen noch Interpolationspolynome durch all diese Primteiler berechnet werden und mit Polynomdivision getestet werden. Insgesamt hängt der Rechenaufwand für Kroneckers Methode exponentiell vom Grad des betrachteten Polynoms ab. Der Algorithmus ist für praktische Anwendungen uninteressant.

Wie im letzten Beispiel gezeigt, ist es oft günstig zur Faktorisierung eines Polynoms von $\mathbb{Z}$ in den endlichen Körper $\mathbb{Z}_p$ ($p$ prim) auszuweichen. Es gibt Methoden, die aus solchen Faktorisierungen die vollständige Faktorisierung über $\mathbb{Z}$ berechnen. Diese Methoden werden in einem späteren Abschnitt noch behandelt.

Abgesehen von diesem Interesse an der Faktorisierung ganzzahliger Polynome, ist – wie bereits erwähnt – die Faktorisierung von Polynomen über endlichen Körpern auch für sich selbst genommen in vielen mathematischen Teilgebieten von größtem Interesse.

## 6.2  Quadratfreie Faktorisierung

Es sei $R$ ein faktorieller Ring (also insbesondere nullteilerfrei und wie immer kommutativ mit 1). Der Polynomring $R[x]$ ist dann ebenfalls faktoriell (vgl. den Abschnitt über Ideale).

Bevor man die Faktorisierungs-Algorithmen der folgenden Abschnitte auf ein gegebenes Polynom $f \in R[x]$ anwendet, zerlegt man $f$ zunächst in seinen *Inhalt* $\mathrm{Inh}(f)$ und den verbleibenden *primitiven Anteil* $\mathrm{pA}(f)$ und durchsucht beide nach mehrfachen Faktoren. Dann zerlegt man $f$ in nicht unbedingt irreduzible Faktoren, die keine mehrfachen Teilfaktoren mehr enthalten.

Da $R[x]$ faktoriell ist, lässt sich $f(x) \in R[x] \setminus (R^* \cup \{0\})$ eindeutig[*] als

$$f(x) = a \cdot f_1^{\mu_1} \cdot f_2^{\mu_2} \cdot \ldots \cdot f_k^{\mu_k} \qquad (6.1)$$

mit verschiedenen irreduziblen, paarweise nicht assoziierten Faktoren $f_1, \ldots, f_k \in R[x] \setminus R$ und $a \in R^*$, $\mu_1, \ldots, \mu_k \in \mathbb{N}$ schreiben.

Das Polynom $f$ heißt *quadratfrei*, wenn in seiner Zerlegung in Primelemente (=irreduzible Polynome) gilt: $\mu_1 = \ldots = \mu_k = 1$.

Unter der *quadratfreien Faktorisierung* von $f(x) \in R[x] \setminus (R^* \cup \{0\})$ versteht man eine Darstellung der Form

$$f = c \cdot q_1 \cdot q_2^2 \cdot \ldots \cdot q_m^m \qquad (6.2)$$

mit $c \in R^*$ und quadratfreien, paarweise teilerfremden $q_1, \ldots, q_m \in R[x]$.

Das Produkt $q_1 \cdot q_2 \cdot \ldots \cdot q_m$ heißt der *quadratfreie Anteil* von $f$ (und ist auch wirklich quadratfrei). Die Faktoren der quadratfreien Faktorisierung sind bis auf Assoziiertheit eindeutig.

Die Quadratfreiheit lässt sich mit Hilfe der formalen Ableitung überprüfen. Definiert man für $f := \sum_{i=0}^{n} a_i x^i \in R[x]$ die *formale Ableitung*[◇]

$$f' := \sum_{i=0}^{n-1} (i+1) a_{i+1} x^i \in R[x],$$

so prüft man leicht nach, dass $'$ eine $R$-lineare Abbildung von $R[x]$ ist.

Es gilt die Produktregel $(fg)' = f'g + fg'$ und die Kettenregel $(f(g))' = f'(g) \cdot g'$. Ist $\mathrm{char}(R) = 0$ [◁], so ist genau dann $f' = 0$, wenn $f \in R$ ist. Ist dagegen $\mathrm{char}(R) = p \neq 0$, so ist $f' = 0$ genau dann der Fall, wenn $f$ von der Gestalt $g(x^p)$ mit einem $g \in R[x]$ ist.

---

[*]  d.h.: ist $f(x) = b \cdot g_1^{\nu_1} \cdot g_2^{\nu_2} \cdot \ldots \cdot g_\ell^{\nu_\ell}$ eine andere Zerlegung, so ist $\ell = k$ und (möglicherweise nach Umnummerierung) $g_i$ und $f_i$ sind assoziiert mit $\nu_i = \mu_i$ für $i = 1, \ldots, k$.

[◇]  $(i+1)$ bedeutet hier $1_R + \ldots + 1_R$ mit $i+1$ Summanden.

[◁]  Folgt für $n \in \mathbb{N}$ und $r \in R$ aus $nr = 0$ stets $r = 0$, so hat $R$ die Charakteristik 0, i.Z. $\mathrm{char}(R) = 0$. Gibt es $r \neq 0$ mit dieser Eigenschaft, so ist $\mathrm{char}(R)$ das kleinste $n$ dazu.

Ist $g \in R[x] \setminus R$ irreduzibel und $g^m$ mit $m \in \mathbb{N}$ ein Teiler von $f$ in $R[x]$, also etwa $f = g^m \cdot h$, so gilt nach Ketten- und Produktregel

$$f' = m \cdot g^{m-1} \cdot g' \cdot h + g^m \cdot h' = g^{m-1} \cdot (m \cdot g' \cdot h + g \cdot h').$$

Da der Klammerausdruck in $R[x]$ ist, ist $g^{m-1}$ ein Teiler von $f$ in $R[x]$. Ist $m$ ein Vielfaches von $\operatorname{char}(R)$, so verschwindet der erste Summand in der Klammer und es ist sogar $g^m$ ein Teiler von $f$.

Da auf jeden Fall $g^{m-1}$ ein Teiler von $\operatorname{ggT}(f, f')$ ist, wenn $g^m$ das Polynom $f$ teilt, folgt insbesondere, dass $f$ quadratfrei ist, wenn $\operatorname{ggT}(f, f') = 1$ ist.

Die Umkehrung davon ist auf jeden Fall richtig, wenn $\operatorname{char}(R) = 0$ ist. Ist nämlich $g^m$ die größte Potenz von $g$, die in $f$ aufgeht, so ist $g^{m-1}$ die größte Potenz von $g$, die in $\operatorname{ggT}(f, f')$ aufgeht, da $g$ kein Teiler des nichtverschwindenden Ausdrucks $m \cdot g' \cdot h$ ist.

Im Fall $\operatorname{char}(R) = p$ könnte $p$ dagegen ein Teiler von $m$ sein, so dass sogar $g^m$ den $\operatorname{ggT}(f, f')$ teilt.

Das Standardbeispiel $f = x^p - t^p$ eines über dem Unterkörper $\mathbb{Z}_p(t^p)$ des Körpers $\mathbb{Z}_p(t)$ irreduziblen (und somit quadratfreien) Polynoms mit $f' = 0$ und damit $\operatorname{ggT}(f, f') = f$ zeigt, dass bei $\operatorname{char}(R) \neq 0$ i.Allg. nicht aus der Quadratfreiheit eines Polynoms auf $\operatorname{ggT}(f, f') = 1$ geschlossen werden kann.

In der Algebra wird gezeigt, dass Körper der Charakteristik 0 und endliche Körper vollkommen° sind und dass bei diesen Körpern aus der Quadratfreiheit auf $\operatorname{ggT}(f, f') = 1$ geschlossen werden kann. Der angegebene Fall eines unendlichen Körpers der Charakteristik $p$ ist also die einzige Chance für ein solches Gegenbeispiel.

Ist $f = c \prod_{i=1}^{m} q_i^i$ eine quadratfreie Faktorisierung, so ist die formale Ableitung

$$f' = c \cdot \sum_{j=1}^{m} \left( j \cdot q_j^{j-1} \cdot q_j' \cdot \prod_{\substack{i=1 \\ i \neq j}}^{m} q_i^i \right) = c \cdot \prod_{i=1}^{m} q_i^{i-1} \cdot \left( \sum_{j=1}^{m} j \cdot q_j' \cdot \prod_{\substack{i=1 \\ i \neq j}}^{m} q_i \right)$$

Damit ist $\prod_{i=1}^{m} q_i^{i-1}$ ein gemeinsamer Teiler von $f = c \prod_{i=1}^{m} q_i^{i-1} \cdot \prod_{i=1}^{m} q_i$ und $f'$ und damit auch ein Teiler von $\operatorname{ggT}(f, f')$.

Für $\underline{\operatorname{char}(R) = 0}$ ist dieser Teiler bereits ein $\operatorname{ggT}$, denn ist $h$ ein irreduzibler Teiler von $\prod_{i=1}^{m} q_i$, so ist $h$ ein Teiler von genau einem $q_j$ für $j = 1, \ldots, m$, denn die $q_j$ sind ja paarweise teilerfremd vorausgesetzt.

---

° $K$ heißt *vollkommen*, wenn jedes irreduzible $f \in K[x]$ nur einfache Wurzeln in $\overline{K}$ hat.

Damit teilt $h$ die $m-1$ Summanden von $\sum_{j=1}^{m} j \cdot q_j' \cdot \prod_{\substack{i=1 \\ i \neq j}}^{m} q_i$, die dieses $q_j$ enthalten, den Summanden $j \cdot q_j' \cdot \prod_{\substack{i=1 \\ i \neq j}}^{m} q_i$ und damit die ganze Summe aber nicht: es sind $j$, $q_j'$ und $\prod_{\substack{i=1 \\ i \neq j}}^{m} q_i$ von Null verschieden, also wegen der Nullteilerfreiheit auch deren Produkt; der Teiler $h$ teilt $\prod_{\substack{i=1 \\ i \neq j}}^{m} q_i$ nicht und wegen der Quadratfreiheit von $q_j$ teilt er auch $q_j'$ nicht[*]. Es gilt also

$$\mathrm{ggT}(f, f') = \prod_{i=1}^{m} q_i^{i-1}, \quad \frac{f}{\mathrm{ggT}(f, f')} = c \cdot \prod_{i=1}^{m} q_i \quad \text{für} \quad \mathrm{char}(R) = 0. \quad (6.3)$$

Nun sei $\mathrm{char}(R) = p$[◇]. Als faktorieller Ring ist $R$ insbesondere nullteilerfrei. Ist $R$ zusätzlich endlich (dies sei im folgenden jeweils vorausgesetzt), so ist $R$ automatisch ein Körper (vgl. etwa [Me1]) und somit vollkommen.

Es verschwinden diejenigen Summanden in $\sum_{j=1}^{m} j \cdot q_j' \cdot \prod_{\substack{i=1 \\ i \neq j}}^{m} q_i$, bei denen die Charakteristik $p$ den Index $j$ teilt. Ist $h$ wieder ein irreduzibler Teiler von $\prod_{i=1}^{m} q_i$ und somit auch Teiler eines bestimmten $q_j$ für $j = 1, \ldots, m$, so teilt $h$ die Summe nur, wenn durch diesen Effekt genau der Term ohne $q_j$ verschwindet, d.h. wenn $p$ den Index $j$ teilt. Ist das nicht der Fall, so folgert man wie im Fall $\mathrm{char}(R) = 0$, dass $h$ den Summanden $j \cdot q_j' \cdot \prod_{\substack{i=1 \\ i \neq j}}^{m} q_i$ nicht teilt.

Damit ist gezeigt

$$\mathrm{ggT}(f, f') = \prod_{\substack{i=1 \\ p \mid i}}^{m} q_i^{i} \prod_{\substack{i=1 \\ p \nmid i}}^{m} q_i^{i-1}, \quad \frac{f}{\mathrm{ggT}(f, f')} = c \cdot \prod_{\substack{i=1 \\ p \nmid i}}^{m} q_i \quad \text{für} \quad \mathrm{char}(R) = p. \quad (6.4)$$

Setzt man im Fall $\underline{\mathrm{char}(R) = 0}$ für $f(x)$ wie in $(6.2)$ gegeben

$$F_0 := f, \ F_j := \mathrm{ggT}(F_{j-1}, F_{j-1}') \quad \text{für} \quad j = 1, 2, \ldots$$

so ist nach $(6.3)$ $F_j = \prod_{i=j}^{m} q_i^{i-j}$, also insbesondere $F_j = 1$ für $j > m$.

Berechnet man nun

$$G_j := \frac{F_{j-1}}{F_j} \quad \text{für} \quad j = 1, \ldots, m,$$

so ist $G_j = \prod_{i=j}^{m} q_i$ und damit

$$q_j = \frac{G_j}{G_{j+1}} \quad \text{für} \quad j = 1, \ldots, m.$$

---

[*]    Es ist $\mathrm{char}(R) = 0$ und deshalb der Quotientenkörper vollkommen $\Rightarrow \mathrm{ggT}(q_j, q_j') = 1$

[◇]    Die Schreibweise $\mathrm{char}(R) = p$ suggeriert bereits, dass es sich bei der Charakteristik um eine Primzahl handelt. Dies ist bei nullteilerfreien Ringe mit $1$ in der Tat immer der Fall.

Normale ggT-Berechnungen könnten dabei in den Quotientenkörper $K := Q(R)$ von $R$ führen, sollen aber hier jeweils so durchgeführt werden, dass sie auch wieder Ergebnisse in $R[x]$ liefern (vgl. den Abschnitt über die ggT-Berechnung bei Polynomen).

Ein einfacher Algorithmus im Fall $\mathrm{char}(R) = 0$ für die quadratfreie Zerlegung eines primitiven (d.h. $\mathrm{Inh}(f) = 1$) Polynoms $f$ sieht dann etwa wie die folgende Prozedur SQF aus.

―――――**Quadratfreie Faktorisierung im Fall char(R) = 0** ―――――

**procedure** SQF($f$)                          # Alle aufgerufenen Unterroutinen
  $i \leftarrow 1$                              # wie ggT oder Division sollen
  $\mathrm{temp}_1 \leftarrow f$                # Ergebnisse in $R[x]$ liefern.
  $\mathrm{temp}_2 \leftarrow \mathrm{ggT}(\mathrm{temp}_1, \frac{d}{dx}\mathrm{temp}_1)$                          #
  $\mathrm{temp}_3 \leftarrow \mathrm{ggT}(\mathrm{temp}_2, \frac{d}{dx}\mathrm{temp}_2)$                          # Eingabe: primitives $f \in R[x]$
  **while** $\mathrm{temp}_2 \neq \mathrm{temp}_3$ **do**                              #          mit $\mathrm{char}(R) = 0$
    $q_i \leftarrow \frac{\mathrm{temp}_1 \cdot \mathrm{temp}_3}{\mathrm{temp}_2^2}$                          # Ausgabe: quadratfreie Faktorisie-
    $i \leftarrow i + 1$                          #          rung
    $\mathrm{temp}_1 \leftarrow \mathrm{temp}_2; \mathrm{temp}_2 \leftarrow \mathrm{temp}_3$                          #          wie in (6.2)
    $\mathrm{temp}_3 \leftarrow \mathrm{ggT}(\mathrm{temp}_2, \frac{d}{dx}\mathrm{temp}_2)$                          #
  **end do**
  $m \leftarrow i$
  $q_m \leftarrow \frac{\mathrm{temp}_1 \cdot \mathrm{temp}_3}{\mathrm{temp}_2^2}$
  **Return** $(\prod_{j=1}^{m} q_j^j)$
**end**

6.2.1 *Beispiel:* Gegeben sei das primitive Polynom $f \in R = \mathbb{Z}[x]$ durch

$$f = 2x^{17} - 11x^{16} + 26x^{15} - 69x^{14} + 120x^{13} - 120x^{12} + 228x^{11} + 54x^{10} + 42x^9 +$$
$$+ 273x^8 - 534x^7 - 117x^6 - 884x^5 - 790x^4 - 584x^3 - 732x^2 - 144x - 216.$$

Seine quadratfreie Zerlegung ist

$$f = (2x - 3) \cdot (x^2 - 2x - 3)^2 (x^4 + 3x^2 + 2)^3.$$

Soll das Polynom $12 \cdot f$ quadratfrei zerlegt werden, so könnte man auch seinen Inhalt $12$ zerlegen in $3 \cdot 2^2$ und die Faktoren dieser Zerlegung sinngemäß auf die oben berechnete Zerlegung seines primitiven Teils verteilen.

$$12 \cdot f = [3(2x - 3)] \cdot [2(x^2 - 2x - 3)]^2 [(x^4 + 3x^2 + 2)]^3.$$

Die quadratfreie Zerlegung des Inhalts von $f$ wird von den meisten Computeralgebra-Systemen nur soweit gemacht, wie dieser noch polynomial ist: die $12$ im letzten Beispiel wird etwa von MAPLES `convert(f,sqrfree)`-Befehl nicht mehr zerlegt.

Die vollständige Zerlegung von $f$ in irreduzible Faktoren lautet

$$(2x - 3)(x + 1)^2(x - 3)^2(x^2 + 1)^3(x^2 + 2)^3\,.$$

*6.2.2 Beispiel:* Es sei
$$f(x,y) := 27x^8 - 36x^6y + 81x^5y^2 + 54x^6 + 12x^4y^2 - 108x^3y^3 - 72x^4y + 36xy^4 + 24x^2y^2\,.$$

Betrachtet man $x$ als Hauptvariable, d.h. $R = \mathbb{Z}[y]$ und $\mathbb{Z}[x,y] = R[x]$, so ist $\mathrm{Inh}(f) = 3 \in R$ und die quadratfreie Zerlegung von $\mathrm{pA}(f)$ ist
$$(x^4 + 2x^2 + 3y^2x)(3x^2 - 2y)^2\,,$$

so dass die quadratfreie Zerlegung von $f$ lautet

$$[3(x^4 + 2x^2 + 3y^2x)][(3x^2 - 2y)]^2\,.$$

Betrachtet man $y$ als Hauptvariable, d.h. $R = \mathbb{Z}[x]$ und $\mathbb{Z}[x,y] = R[y]$, so ist $\mathrm{Inh}(f) = 3x \in R$ und quadratfreie Zerlegung von $\mathrm{pA}(f)$ ist

$$(x^3 + 2x + 3y^2)(3x^2 - 2y)^2\,,$$

was aber insgesamt auf die gleiche quadratfreie Zerlegung von $f$ wie oben führt.

Eine Verbesserung zu `SQF` stammt von D. Y. Y. Yun und wurde in [Yun] angegeben. Die Verbesserung zielt vor allem darauf ab, durch kleine Änderungen an dem hier gezeigten Algorithmus die ggT-Berechnungen in der Schleife effektiver zu machen.

Yun betrachtet zusätzlich zu dem bisher betrachteten $\frac{f}{\mathrm{ggT}(f,f')} = c \cdot \prod_{i=1}^m q_i$ aus *(6.3)* die Ausdrücke

$$\frac{f'}{\mathrm{ggT}(f,f')} = c \cdot \left( \sum_{j=1}^m j \cdot q'_j \cdot \prod_{\substack{i=1 \\ i \neq j}}^m q_i \right) \quad \text{und} \quad \frac{d}{dx}\frac{f}{\mathrm{ggT}(f,f')} = c \cdot \left( \sum_{j=1}^m q'_j \cdot \prod_{\substack{i=1 \\ i \neq j}}^m q_i \right)\,.$$

Damit gilt

$$\frac{f'}{\mathrm{ggT}(f,f')} - \frac{d}{dx}\frac{f}{\mathrm{ggT}(f,f')} = c \cdot q_1 \cdot \left( \sum_{j=2}^m (j-1) \cdot q'_j \cdot \prod_{\substack{i=2 \\ i \neq j}}^m q_i \right)\,. \qquad (6.5)$$

Bildet man nun den ggT von $\frac{f}{\mathrm{ggT}(f,f')}$ und dem soeben berechneten Ausdruck, so erhält man den ersten Faktor $q_1$ der quadratfreien Faktorisierung von $f$, da $q_2, \ldots, q_m$ den Klammerausdruck in *(6.5)* nicht teilen.

Dividiert man jetzt sowohl $\frac{f}{\mathrm{ggT}(f,f')}$ als auch *(6.5)* durch $q_1$, so hat man $c \cdot \prod_{i=2}^m q_i$ und $c \cdot \left( \sum_{j=2}^m (j-1) \cdot q'_j \cdot \prod_{\substack{i=2 \\ i \neq j}}^m q_i \right)$, woraus man nach dem gleichen Verfahren $q_2$ berechnen kann.

Rekursive Fortsetzung liefert die komplette quadratfreie Zerlegung von $f$.

Damit hat man zwar eine Ableitung zusätzlich zu berechnen, die zu berechnenden ggTs sind jetzt aber deutlich einfacher. Bezeichnet $n_i$ den Grad des Faktors $q_i$ (also $n = \deg(f) = \sum_{i=1}^{m}(i \cdot n_i)$), so wird im $j$-ten Schritt in der Schleife bei Yun der ggT von Polynomen vom Grad $\leq \sum_{i=j}^{m} n_i$ berechnet (statt $\sum_{i=j}^{m}(i-j)n_i$ bei der zuerst vorgestellten Methode).

Da die Berechnung des ggT zweier Polynome vom Grad $\leq n$ von der Ordnung $\mathcal{O}(n^2)$ ist, benötigt die Schleife bei Yun

$$\sum_{j=1}^{m}\left(\sum_{i=j}^{m} n_i\right)^2 = \mathcal{O}(n^2)$$

Operationen in $R$, ebenso wie die Berechnung von $\mathrm{ggT}(f, f')$ vor der Schleife. Damit ist der gesamte Algorithmus von quadratischer Ordnung, d.h.

$$\mathrm{Op}_R[c \cdot q_1 \cdot q_2^2 \cdot \ldots \cdot q_m^m \text{ gemäß } (6.2) \leftarrow \mathrm{SQF}_{\mathrm{Yun}}(f)] = \mathcal{O}(n^2)$$

____Quadratfreie Faktorisierung im Fall char(R) = 0 nach Yun ____

| | |
|---|---|
| **procedure** $\mathrm{SQF}_{\mathrm{Yun}}(f)$ | # Alle aufgerufenen Unterroutinen |
| $\quad i \leftarrow 1 \,;\, \mathrm{temp}_1 \leftarrow \mathrm{ggT}(f, \frac{d}{dx}f)$ | # wie ggT oder Division sollen |
| $\quad \mathrm{temp}_2 \leftarrow \frac{f}{\mathrm{temp}_1} \,;\, \mathrm{temp}_3 \leftarrow \frac{f'}{\mathrm{temp}_1}$ | # Ergebnisse in $R[x]$ liefern. |
| $\quad \mathrm{temp}_4 \leftarrow \mathrm{temp}_3 - \mathrm{temp}_2'$ | # |
| $\quad$ **while** $\mathrm{temp}_4 \neq 0$ **do** | # Eingabe: primitives $f \in R[x]$ |
| $\qquad q_i \leftarrow \mathrm{ggT}(\mathrm{temp}_2, \mathrm{temp}_4)$ | #          mit char$(R) = 0$ |
| $\qquad i \leftarrow i+1$ | # Ausgabe: quadratfreie Faktorisie- |
| $\qquad \mathrm{temp}_2 \leftarrow \frac{\mathrm{temp}_2}{q_i} \,;\, \mathrm{temp}_3 \leftarrow \frac{\mathrm{temp}_3}{q_i}$ | #          rung wie in $(6.2)$ |
| $\qquad \mathrm{temp}_4 \leftarrow \mathrm{temp}_3 - \mathrm{temp}_2'$ | |
| $\quad$ **end do** | |
| $\quad$ **Return** $\left(\prod_{j=1}^{i} q_j^j\right)$ | |
| **end** | |

Setzt man im Fall <u>char$(R) = p$</u> für $f(x)$ wie in $(6.2)$ gegeben

$$F_0 := f \,,\; F_j := \mathrm{ggT}(F_{j-1}, F'_{j-1}) \quad \text{für} \quad j = 1, 2, \ldots$$

so ist nach $(6.4)$ die Situation etwas komplizierter als im Fall char$(R) = 0$.

Um diesem Fall gerecht zu werden, ordnet man in $(6.2)$ die Exponenten nach Restklassen $\bmod\, p$

$$f = \left(q_p^p q_{2p}^{2p} \ldots\right)\left(q_1^1 q_{p+1}^{p+1} \ldots\right)\left(q_2^2 q_{p+2}^{p+2} \ldots\right) \ldots \left(q_{m'}^{m'} q_{p+m'}^{p+m'} \ldots\right).$$

Dabei sei $m' \in \mathbb{N}_0, 0 \leq m' \leq p-1$ der größte Index, für den es ein $q_i \neq 1$ ($q_i \neq 0$ ist in $(6.2)$ sowieso vorausgesetzt) mit $i \in m' + p\mathbb{Z}$ gibt.

Damit liefert Anwendung von *(6.4)*

$$F_0 = \prod_{i\equiv 0\,\mathrm{mod}\,p} q_i^i \cdot \prod_{i\equiv 1\,\mathrm{mod}\,p} q_i^i \cdot \prod_{i\equiv 2\,\mathrm{mod}\,p} q_i^i \cdot \ldots \cdot \prod_{i\equiv m'\,\mathrm{mod}\,p} q_i^i \ ,$$

$$F_1 = \prod_{i\equiv 0\,\mathrm{mod}\,p} q_i^i \cdot \prod_{i\equiv 1\,\mathrm{mod}\,p} q_i^{i-1} \cdot \prod_{i\equiv 2\,\mathrm{mod}\,p} q_i^{i-1} \cdot \ldots \cdot \prod_{i\equiv m'\,\mathrm{mod}\,p} q_i^{i-1} \ ,$$

$$F_2 = \prod_{i\equiv 0\,\mathrm{mod}\,p} q_i^i \cdot \prod_{i\equiv 1\,\mathrm{mod}\,p} q_i^{i-1} \cdot \prod_{i\equiv 2\,\mathrm{mod}\,p} q_i^{i-2} \cdot \ldots \cdot \prod_{i\equiv m'\,\mathrm{mod}\,p} q_i^{i-2} \ ,$$

$$\vdots$$

$$F_{m'} = \prod_{i\equiv 0\,\mathrm{mod}\,p} q_i^i \cdot \prod_{i\equiv 1\,\mathrm{mod}\,p} q_i^{i-1} \cdot \prod_{i\equiv 2\,\mathrm{mod}\,p} q_i^{i-2} \cdot \ldots \cdot \prod_{i\equiv m'\,\mathrm{mod}\,p} q_i^{i-m'} \ .$$

Da jetzt alle Exponenten Vielfache der Charakteristik $p$ sind, verschwindet die nächste Ableitung, d.h. es ist $F_{m'+1} = F_{m'}$.

Ist $m' \geq 1$ so berechnet man nun wie im Fall $\mathrm{char}(R) = 0$ die Größen $G_j := \frac{F_{j-1}}{F_j}$ für $j = 1, \ldots, m'$ und liest daraus ab

$$G_1 = \prod_{i\equiv 1\,\mathrm{mod}\,p} q_i \cdot \prod_{i\equiv 2\,\mathrm{mod}\,p} q_i \cdot \ldots \cdot \prod_{i\equiv m'\,\mathrm{mod}\,p} q_i \ ,$$

$$G_2 = \prod_{i\equiv 2\,\mathrm{mod}\,p} q_i \cdot \ldots \cdot \prod_{i\equiv m'\,\mathrm{mod}\,p} q_i \ ,$$

$$\vdots$$

$$G_{m'} = \prod_{i\equiv m'\,\mathrm{mod}\,p} q_i \ .$$

Ist dagegen $m' = 0$, so ist $f$ selbst eine $p$-te Potenz, d.h. es gibt ein Polynom $g$ mit $f = g^p$. Dieses $g$ zerlegt man entsprechend quadratfrei.

Durch die jetzt kompliziertere Form der $G_j$ im Fall $m' \geq 1$ liefert die Berechnung von $H_j := \frac{G_j}{G_{j+1}}$ für $j = 1, \ldots, m'-1$ und $H_{m'} := G_{m'}$ noch nicht die gesuchten Werte $q_j$ wie im Fall $\mathrm{char}(R) = 0$. Es gilt

$$H_j = \prod_{i\equiv j\,\mathrm{mod}\,p} q_i \ .$$

Betrachtet man nun

$$\mathrm{ggT}(H_j, F_j) = \prod_{\substack{i\equiv j\,\mathrm{mod}\,p \\ i \neq j}} q_i \ \text{ für } \ j = 1, \ldots, m' \ ,$$

so liest man daraus ab, dass

$$\frac{H_j}{\mathrm{ggT}(H_j, F_j)} = q_j \ \text{ für } \ j = 1, \ldots, m' \ .$$

Damit sind die Werte $q_1, \ldots, q_{p-1}$ berechnet, denn $q_{m'+1}, \ldots, q_{p-1} = 1$ waren ja bereits bekannt. Vergleicht man nun die beiden Polynome

$$\prod_{j=1}^{m'} q_j^j \, \mathrm{ggT}(H_j, F_j)^p = \left(q_1 q_{p+1}^p q_{2p+1}^p \cdots\right) \left(q_2^2 q_{p+2}^p q_{2p+2}^p \cdots\right) \cdots \left(q_{m'}^{m'} q_{p+m'}^p q_{2p+m'}^p \cdots\right)$$

$$F_0 = \left(q_1 q_{p+1}^{p+1} q_{2p+1}^{2p+1} \cdots\right) \left(q_2^2 q_{p+2}^{p+2} q_{2p+2}^{2p+2} \cdots\right) \cdots \left(q_{m'}^{m'} q_{p+m'}^{p+m'} q_{2p+m'}^{2p+m'} \cdots\right) \left(q_p^p q_{2p}^{2p} q_{3p}^{3p} \cdots\right)$$

so liest man daraus den Quotienten ab:

$$f_1 := \frac{F_0}{\prod_{j=1}^{m'} q_j^j \, \mathrm{ggT}(H_j, F_j)^p} = \left(q_{p+1} q_{2p+1}^{p+1} \cdots\right) \cdots \left(q_{p+m'}^{m'} q_{2p+m'}^{p+m'} \cdots\right) \left(q_p^p q_{2p}^{2p} q_{3p}^{3p} \cdots\right)$$

## _____Quadratfreie Faktorisierung im Fall char(R) = p _____

```
procedure SQFp(f, p)                    # Die Prozedur sqfp wird von SQFp mit
    sqfp(f, p, 0, 0)                     # Z₁ = Z₂ = 0 gestartet und ruft sich dann
end                                      # mit anderen Werten Z₁, Z₂ rekursiv selbst
                                         # auf. Die Größen Z₁, Z₂ kontrollieren,
                                         # welche qᵢ dabei berechnet werden.
procedure sqfp(f, p, Z₁, Z₂)            # Alle nicht explizit berechneten qᵢ seien =1
    i ← 1, F₀ ← f, g ← f'               # gesetzt. Alle aufgerufenen Unterroutinen
    if g ≠ 0 then                        # wie ggT oder Division sollen Ergebnisse in
    │   F₁ ← ggT(F₀, g), G₁ ← F₀/F₁      # R[x] liefern.
    │   while Fᵢ − Fᵢ₋₁ ≠ 0 then         # Eingabe: primitives f ∈ R[x]
    │   │   i ← i + 1                     #          und p = char(R)
    │   │   k ← p^Z₂ · (Z₁ · p + i − 1)   # Ausgabe: quadratfr. Fakt.
    │   │   Fᵢ ← ggT(Fᵢ₋₁, d/dx Fᵢ₋₁)     #          wie in (6.2)
    │   │   Gᵢ ← Fᵢ₋₁/Fᵢ, Hᵢ₋₁ ← Gᵢ₋₁/Gᵢ
    │   │   qₖ ← Hᵢ₋₁/ggT(Hᵢ₋₁, Fᵢ₋₁)
    │   end do
    │   m' ← i − 1, Hₘ' ← Gₘ'
    │   for i from 1 to p − 1 do
    │   │   k ← p^Z₂ · (Z₁ · p + i), qqᵢ ← qₖ
    │   end do
    │   sqfp(F₀/∏_{l=1}^{m'} qqₗ^l · ggT(Hₗ, Fₗ), p, Z₁ + 1, Z₂)
    else
    │   if F₀ ∈ R[x] \ R then
    │   │   sqfp(ᵖ√F₀, p, 0, Z₂ + 1)
    │   else
    │   │   Return(∏ qᵢ^i)
    │   end if
    end if
end
```

Damit sind die Werte $q_1, \ldots, q_{p-1}$ berechnet, denn $q_{m'+1}, \ldots, q_{p-1} = 1$ waren ja bereits bekannt. Vergleicht man nun die beiden Polynome

$$\prod_{j=1}^{m'} q_j^j \, \mathrm{ggT}(H_j, F_j)^p = \left(q_1 q_{p+1}^p q_{2p+1}^p \cdots\right) \left(q_2^2 q_{p+2}^p q_{2p+2}^p \cdots\right) \cdots \left(q_{m'}^{m'} q_{p+m'}^p q_{2p+m'}^p \cdots\right)$$

$$F_0 = \left(q_1 q_{p+1}^{p+1} q_{2p+1}^{2p+1} \cdots\right) \left(q_2^2 q_{p+2}^{p+2} q_{2p+2}^{2p+2} \cdots\right) \cdots \left(q_{m'}^{m'} q_{p+m'}^{p+m'} q_{2p+m'}^{2p+m'} \cdots\right) \left(q_p^p q_{2p}^{2p} q_{3p}^{3p} \cdots\right)$$

so liest man daraus den Quotienten ab:

$$f_1 := \frac{F_0}{\prod_{j=1}^{m'} q_j^j \, \mathrm{ggT}(H_j, F_j)^p} = \left(q_{p+1} q_{2p+1}^{p+1} \cdots\right) \cdots \left(q_{p+m'}^{m'} q_{2p+m'}^{p+m'} \cdots\right) \left(q_p^p q_{2p}^{2p} q_{3p}^{3p} \cdots\right)$$

## _____Quadratfreie Faktorisierung im Fall char(R) = p _____

**procedure** $\mathrm{SQFp}(f, p)$

  $\mathrm{sqfp}(f, p, 0, 0)$

**end**

**procedure** $\mathrm{sqfp}(f, p, Z_1, Z_2)$

  $i \leftarrow 1$, $F_0 \leftarrow f$, $g \leftarrow f'$

  **if** $g \neq 0$ **then**

  │ $F_1 \leftarrow \mathrm{ggT}(F_0, g)$, $G_1 \leftarrow \frac{F_0}{F_1}$

  │ **while** $F_i - F_{i-1} \neq 0$

  │ │ $i \leftarrow i + 1$

  │ │ $k \leftarrow p^{Z_2} \cdot (Z_1 \cdot p + i - 1)$

  │ │ $F_i \leftarrow \mathrm{ggT}(F_{i-1}, \frac{d}{dx} F_{i-1})$

  │ │ $G_i \leftarrow \frac{F_{i-1}}{F_i}$, $H_{i-1} \leftarrow \frac{G_{i-1}}{G_i}$

  │ │ $q_k \leftarrow \frac{H_{i-1}}{\mathrm{ggT}(H_{i-1}, F_{i-1})}$

  │ **end do**

  │ $m' \leftarrow i - 1$, $H_{m'} \leftarrow G_{m'}$

  │ **for** $i$ **from** $1$ **to** $p - 1$ **do**

  │ │ $k \leftarrow p^{Z_2} \cdot (Z_1 \cdot p + i)$, $qq_i \leftarrow q_k$

  │ **end do**

  │ $\mathrm{sqfp}\left(\dfrac{F_0}{\prod_{l=1}^{m'} qq_l^l \cdot \mathrm{ggT}(H_l, F_l)}, p, Z_1 + 1, Z_2\right)$

  **else**

  │ **if** $F_0 \in R[x] \setminus R$ **then**

  │ │ $\mathrm{sqfp}(\sqrt[p]{F_0}, p, 0, Z_2 + 1)$

  │ **else**

  │ │ **Return**$(\prod q_i^i)$

  │ **end if**

  **end if**

**end**

Kommentare:
# Die Prozedur sqfp wird von SQFp mit
# $Z_1 = Z_2 = 0$ gestartet und ruft sich dann
# mit anderen Werten $Z_1, Z_2$ rekursiv selbst
# auf. Die Größen $Z_1, Z_2$ kontrollieren,
# welche $q_i$ dabei berechnet werden.
# Alle nicht explizit berechneten $q_i$ seien $=1$
# gesetzt. Alle aufgerufenen Unterroutinen
# wie ggT oder Division sollen Ergebnisse in
# $R[x]$ liefern.
# Eingabe: primitives $f \in R[x]$
#          und $p = \mathrm{char}(R)$
# Ausgabe: quadratfr. Fakt.
#          wie in $(6.2)$

Das Polynom $f_1$ hat kleineren Grad als das ursprüngliche $f$, sieht prinzipiell aber genauso aus. Damit kann man die eben beschriebenen Operationen nochmals auf $f_1$ anwenden und erhält somit den nächsten Abschnitt der quadratfreien Faktorisierung von $f$, nämlich die Polynome $q_{p+1}, \dots, q_{2p-1}$.

Rekursive Fortsetzung dieses Verfahrens liefert nun aus $f_\ell =$

$$\left( q_{\ell p+1} q_{(\ell+1)p+1}^{p+1} \cdots \right) \left( q_{\ell p+2}^2 q_{(\ell+1)p+2}^{p+2} \cdots \right) \cdots \left( q_{\ell p+m'}^{m'} q_{(\ell+1)p+m'}^{p+m'} \cdots \right) \left( q_p^p q_{2p}^{2p} q_{3p}^{3p} \cdots \right)$$

die Polynome $q_{\ell p+1}, \dots, q_{\ell p+p-1}$ für $\ell = 2, 3, \dots$, bis man schließlich bei einem $\ell = L$ mit $f_L = q_p^p q_{2p}^{2p} q_{3p}^{3p} \cdots$ und damit mit $\frac{d}{dx} f_L = 0$ anlangt.

Daraus kann man direkt das Polynom $q_p q_{2p}^2 q_{3p}^3 \cdots$ ablesen. Dieses Polynom hat kleineren Grad als das ursprünglich gegebene. Seine mit dem soeben beschriebenen Algorithmus berechnete quadratfreie Faktorisierung liefert die restlichen Faktoren $q_p, q_{2p}, \dots$ der quadratfreien Faktorisierung von $f$.

Es folgen eine mögliche Implementierung und ein Beispiel des Algorithmus zur Berechnung der quadratfreien Faktorisierung $\bmod p$.

### 6.2.3 Beispiel: Es sei

$$f = x^{47} + 2x^{46} + x^{45} + x^{44} + 2x^{43} + x^{42} + 2x^{41} + x^{40} + 2x^{39} + x^{38} +$$
$$+ 2x^{37} + x^{36} + x^{35} + 2x^{34} + x^{33} + x^{32} + 2x^{31} + x^{30} + 2x^{26} + x^{25} +$$
$$+ 2x^{24} + x^{23} + 2x^{22} + x^{21} + x^{17} + 2x^{16} + x^{15} + 2x^{14} + x^{13} + 2x^{12} +$$
$$+ x^8 + 2x^7 + x^6 + x^2 + 2x + 1 \in \mathbb{Z}_3[x]$$

Im ersten Schritt ($Z_1 = 0$, $Z_2 = 0$) wird $q_1 = q_2 = 1$ berechnet. Nun ist

$$f_1 = x^{44} + 2x^{43} + x^{42} + 2x^{38} + x^{37} + 2x^{36} + 2x^{35} + x^{34} + 2x^{33} + 2x^{32} +$$
$$+ x^{31} + 2x^{30} + 2x^{29} + x^{28} + 2x^{27} + x^{26} + 2x^{25} + x^{24} + x^{23} + 2x^{22} +$$
$$+ x^{21} + x^{14} + 2x^{13} + x^{12} + x^{11} + 2x^{10} + x^9 + 2x^8 + x^7 + 2x^6 +$$
$$+ 2x^5 + x^4 + 2x^3 + x^2 + 2x + 1$$

und die Routine wird nochmals mit $Z_1 = 1$ und $Z_2 = 0$ aufgerufen. Dabei wird $q_4 = 1$, $q_5 = x + 1$ und

$$f_2 = x^{42} + 2x^{36} + 2x^{33} + 2x^{30} + 2x^{27} + x^{24} + x^{21} + x^{12} + x^9 + 2x^6 + 2x^3 + 1$$

berechnet.

Wegen $f_2' = 0$ wird $x^3$ durch $x$ ersetzt, $Z_1 = 0$, $Z_2 = 1$ gesetzt und die Prozedur mit dem neuen

$$f = x^{14} + 2x^{12} + 2x^{11} + 2x^{10} + 2x^9 + x^8 + x^7 + x^4 + x^3 + 2x^2 + 2x + 1$$

gestartet.

Dieser Schritt liefert $q_3 = x^2 + 1$, $q_6 = x^3 + 2x + 2$ und $f_1 = x^6 + x^3 + 1$.

Da $f_1' = 0$ ist, wird wieder $x^3$ durch $x$ ersetzt, $Z_1 = 0$, $Z_2 = 2$ gesetzt und die Prozedur mit dem neuen $f = x^2 + x + 1$ gestartet, was $q_9 = 1$ und $q_{18} = x + 2$ liefert.

Nun ist $f_2 = 1$ und der Algorithmus ist damit beendet. Insgesamt wurde also die quadratfreie Faktorisierung

$$(x^2 + 1)^3 (x + 1)^5 (x^3 + 2x + 2)^6 (x + 2)^{18}$$

des ursprünglichen Polynoms $f$ berechnet, was in diesem Fall bereits die vollständige Faktorisierung mod 3 ist.

Damit wurde in diesem Fall das folgende Diagramm durchlaufen:

(alle nicht explizit aufgeführten $q_i$ mit $i \leq 18$ werden gleich 1 gesetzt).

Dieser Algorithmus lässt sich ähnlich wie im Fall $\mathrm{char}(R) = 0$ mit der Idee von Yun noch etwas beschleunigen, so dass man wieder mit $\mathcal{O}(n^2)$ Operationen in $R$ rechnen kann. Dies soll hier nicht weiter ausgeführt werden.

# 6.3 Der Berlekamp-Algorithmus

## 6.3.1 Grundvariante für kleine Körper

Möchte man ein Polynom vom Grad $n$ aus $\mathrm{GF}(q)[x]$ ( $q = p^s$, $p$ prim) faktorisieren, so kommen alle $q^n$ Polynome vom Grad $< n$ als Teiler in Frage. Der einfachste, aber natürlich auch dümmste Algorithmus wäre es, alle Kandidaten mittels Polynomdivision durchzuprobieren. Es ist klar, dass dies kein schönes Verfahren ist, da der Rechenaufwand exponentiell vom Grad des untersuchten Polynoms abhängt. Berlekamps [Be1]Verdienst ist es, als erster die Anzahl der zu untersuchenden Polynome auf $\mathcal{O}(n^3 \cdot q)$ eingeschränkt zu haben und somit einen in $n$ und $q$ polynomialen Algorithmus bereitgestellt zu haben.

Ist das zu faktorisierende Polynom in dichter Darstellung gespeichert, so benötigt es den Platz von $s \cdot (n+1) = \mathcal{O}(n \log q)$ Elementen aus $\mathbb{Z}_p$. Betrachtet man deshalb $n \log q$ als Eingabegröße, so ist der Berlekamp-Algorithmus wegen $q = \mathcal{O}(p^{\log q})$ nicht polynomial in dieser Eingabegröße.

Bevor der Algorithmus von Berlekamp vorgestellt wird, sollen noch einige aus der Algebra bekannte Fakten über endliche Körper wiederholt werden, die im folgenden benötigt werden.

Wie bereits im Abschnitt über endliche Körper erwähnt, ist $\mathrm{GF}(q)^* = \mathrm{GF}(q) \backslash \{0\}$ eine zyklische Gruppe. Damit gilt für jedes Element $a$ dieser Gruppe nach dem Satz von Fermat $a^{q-1} = 1$ und somit für jedes $a \in \mathrm{GF}(q) : a^q = a$.

Jedes Körperelement ist deshalb eine Wurzel des Polynoms $x^q - x$. Über $\mathrm{GF}(q)$ zerfällt dieses Polynom in Linearfaktoren

$$x^q - x = \prod_{a \in \mathrm{GF}(q)} (x - a) \ .$$

Die Frobenius-Abbildung $x \mapsto x^p$ ist ein Körper-Homomorphismus von $\mathrm{GF}(q)$. Insbesondere folgt $(a_1 + \ldots + a_r)^{p^n} = a_1^{p^n} + \ldots + a_r^{p^n}$ für alle $a_1, \ldots, a_r \in \mathrm{GF}(q)$ und $n \in \mathbb{N}$. Zusammen mit $a^q = a$ für alle $a \in \mathrm{GF}(q)$ folgt für jedes $h(x) \in \mathrm{GF}(q)[x]$: $h(x)^q = h(x^q)$.

Da $\mathrm{GF}(q)[x]$ ein euklidischer und damit insbesondere auch ein faktorieller Ring der Charakteristik $p$ ist, kann jedes $f(x) \in \mathrm{GF}(q)[x]$ von positivem Grad eindeutig in der Form *(6.1)* geschrieben werden.

Beim Faktorisieren kann man sich auf normierte Polynome beschränken, denn das Durchmultiplizieren mit dem Inversen des Leitkoeffizienten ändert nichts an der Faktorisierung.

Nach dem vorhergehenden Abschnitt kann man zuerst die quadratfreie Faktorisierung von $f$ berechnen und muss dann nur noch die quadratfreien Teil-Polynome faktorisieren.

Nach dieser Vorarbeit hat man es mit einem normierten quadratfreien Polynom zu tun. Der Einfachheit halber wird dieses Polynom ab jetzt mit $f(x) \in \mathrm{GF}(q)[x]$ bezeichnet und es sei $f = f_1 \cdot \ldots \cdot f_k$ mit verschiedenen, irreduziblen und normierten Faktoren $f_i$.

Die Grundidee von Berlekamp ist es nun, Polynome $g(x) \in \mathrm{GF}(q)[x]$ mit

$$1 \leq \deg(\mathrm{ggT}(f, g)) < n = \deg(f)$$

zu finden, denn dann ist $\mathrm{ggT}(f, g)$ ein nichttrivialer Teiler von $f$. Solche Polynome $g$ heißen *f-reduzierend*. Das Problem dabei ist es, geeignete Polynome $g$ zu finden: Dazu nimmt man sich ein Polynom $G$, das von $f$ geteilt wird und von dem man im Gegensatz zu $f$ bereits eine Zerlegung in Faktoren kennt. Die bekannten Faktoren $g_1, \ldots, g_m$ von $G$ sind dann sicher gute Kandidaten für $f$-reduzierende Polynome.

Für die Wahl des Polynoms $G$ erinnert man sich nun an die bekannte Faktorisierung des Polynoms

$$x^q - x = \prod_{a \in \mathrm{GF}(q)} (x - a) \ .$$

Substituiert man in diese Gleichung statt $x$ ein beliebiges Polynom $\ell(x) \in \mathrm{GF}(q)[x]$, so erhält man

$$\ell(x)^q - \ell(x) = \prod_{a \in \mathrm{GF}(q)} (\ell(x) - a) \ . \tag{6.6}$$

Wählt man nun also das Polynom $\ell$ so, dass $G(x) := \ell(x)^q - \ell(x)$ durch $f$ teilbar ist, so hat man die oben beschriebene Situation, denn von $G$ ist ja eine Faktorisierung (nicht unbedingt in irreduzible Faktoren!) bekannt.

Unter den Faktoren $\ell(x) - a$ von $G$ sind dabei sicher $f$-reduzierende Polynome, wenn $\deg(\ell) < \deg(f)$ ist. Man sucht also ein Polynom $\ell$ mit den Eigenschaften

$$\ell^q \equiv \ell \bmod f \, , \qquad \deg(\ell) < \deg(f) \tag{6.7}$$

Der folgende Satz zeigt, dass man schon sehr weit ist, wenn man solch ein $\ell$ hat.

**6.3.1.1 Satz:** *Es sei $f(x) \in \mathrm{GF}(q)[x]$ normiert und $\ell(x) \in \mathrm{GF}(q)[x]$ mit $\ell^q \equiv \ell \bmod f$ und $\deg \ell > 0$. Dann gilt:*

$$f(x) = \prod_{a \in \mathrm{GF}(q)} \mathrm{ggT}(f(x), \ell(x) - a).$$

*Beweis:*

$$\left. \begin{array}{c} \mathrm{ggT}(f, \ell - a) \mid f \\ \mathrm{ggT}(\ell - a, \ell - b) = 1 \text{ für } a \neq b \Rightarrow \mathrm{ggT}(\mathrm{ggT}(f, \ell - a), \mathrm{ggT}(f, \ell - b)) = 1 \end{array} \right\} \Rightarrow$$

$$\Rightarrow \prod_{a \in \mathrm{GF}(q)} \mathrm{ggT}(f, \ell - a) \mid f$$

$$\ell^q \equiv \ell \bmod f \iff f \mid \ell^q - \ell = \prod_{a \in \mathrm{GF}(q)} (\ell - a) \Rightarrow f \mid \prod_{a \in \mathrm{GF}(q)} \mathrm{ggT}(f, \ell - a). \qquad \square$$

Die Hauptfrage ist nun also die Anzahl der Lösungen von *(6.7)* und, falls es Lösungen gibt, wie man diese bekommt. Aus *(6.6)* und der Irreduzibilität der $f_1, \ldots, f_k$ folgt, dass jeder der Faktoren $f_i$ von $f$ eines der Polynome $\ell - a$ teilt, d.h. jede Lösung von *(6.7)* erfüllt

$$\ell(x) \equiv a_i \bmod f_i(x) \, , \quad 1 \leq i \leq k \tag{6.8}$$

für ein $k$-Tupel $(a_1, \ldots, a_k)$ von Körperelementen.

Umgekehrt kann man zu jedem beliebigen $k$-Tupel $(a_1, \ldots, a_k)$ von Körperelementen eine Lösung $\ell$ von *(6.7)* finden, denn nach dem Chinesischen Restsatz[▷] gibt es zu *(6.8)* eine eindeutige Lösung $\ell(x)$ mit $\deg(\ell) < \deg(f)$. Für diese Lösung gilt

$$\ell(x)^q \equiv a_i^q \bmod f(x) \, , \quad 1 \leq i \leq k$$

und damit wegen $a_i^q = a_i$ auch *(6.7)*. Damit ist gezeigt, dass *(6.7)* genau $q^k$ Lösungen besitzt, denn zu jedem $k$-Tupel $(a_1, \ldots, a_k)$ von Körperelementen gehört wegen *(6.8)* genau ein jeweils anderes $\ell$.

Gleichung *(6.7)* stellt ein ganz einfaches lineares Gleichungssystem dar. Um das einzusehen macht man den Ansatz $\ell(x) = \sum_{i=0}^{n-1} \ell_i x^i$. Wegen $\ell(x)^q = \ell(x^q)$ heißt das, dass man die Koeffizienten in der folgenden Gleichung berechnen will

---

[▷] die $f_i$ sind wegen der Quadratfreiheit paarweise teilerfremd, die erzeugten Ideale paarweise erzeugend

$$\sum_{i=0}^{n-1} \ell_i x^i = \sum_{i=0}^{n-1} \ell_i x^{qi} \bmod f(x) \,. \tag{6.9}$$

Um einen Koeffizientenvergleich durchführen zu können, muss man dazu erst noch die Potenzen $x^{qi}$ auf der rechten Seite modulo $f$ reduzieren. Jedes $x^{qi}$ ergibt nach dieser Reduktion ein Polynom vom Grad kleiner als $n = \deg(f)$.

Die Koeffizienten der reduzierten Monome schreibt man in die so genannte Berlekamp-Matrix $B = (b_{ji})$ mit $0 \le i, j \le n-1$:

$$x^{qi} \equiv \sum_{j=0}^{n-1} b_{ji} x^j \bmod f(x) \,, \quad 0 \le i \le n-1$$

Mit diesen Abkürzungen wird *(6.9)* zu

$$\sum_{j=0}^{n-1} \ell_j x^j = \sum_{i=0}^{n-1} \ell_i \sum_{j=0}^{n-1} b_{ji} x^j = \sum_{j=0}^{n-1} \sum_{i=0}^{n-1} \ell_i b_{ji} x^j$$

Koeffizientenvergleich liefert jetzt

$$\ell_j = \sum_{i=0}^{n-1} b_{ji} \ell_i \,, \quad 0 \le j \le n-1$$

oder in Matrixschreibweise:

$$\vec{\ell} = B \cdot \vec{\ell} \quad \text{mit} \quad \vec{\ell} := (\ell_0, \dots, \ell_{n-1})^t$$

Die gesuchten Vektoren $\vec{\ell}$ bilden also den Eigenraum der Matrix $B$ zum Eigenwert 1, bzw. den Kern der Matrix $B - E_n$. Da es $q^k$ verschiedene Lösungspolynome $\ell(x)$ gibt, also auch ebensoviele Vektoren $\vec{\ell}$, heißt dies, dass der Rang $r$ der Matrix $B - E_n$ gleich $n-k$ ist, d.h. $n-r$ ist die Anzahl der irreduziblen Faktoren von $f$. Das Polynom $f$ ist genau dann irreduzibel, wenn $B - E_n$ den Rang $n-1$ hat.

Im Kern von $B - E_n$ befindet sich die Lösung $\ell_1(x) = 1$ bzw. $\vec{\ell}_1 = (1, 0, \dots, 0)^t$, die aber wegen $\deg \ell_1 = 0$ nicht $f$-reduzierend und damit uninteressant ist. Die anderen Basiselemente $\vec{\ell}_2, \dots, \vec{\ell}_k$ des Kerns von $B - E_n$, bzw. ihre polynomialen Entsprechungen $\ell_2(x), \dots, \ell_k(x)$ haben dann sicher Grad $> 0$.

Zusammen mit **6.3.1.1** sieht man, dass es zu jedem $\ell_i(x)$ $(i > 1)$ mindestens ein $a_i \in \mathrm{GF}(q)$ gibt, so dass $\ell_i(x) - a_i$ $f$-reduzierend ist.

Aus dem Rang von $B - E_n$ weiß man im voraus, wieviele irreduzible Faktoren von $f$ es gibt und beginnt diese nun mit der Berechnung von $\mathrm{ggT}(f(x), \ell_2(x) - a)$ für alle $a \in \mathrm{GF}(q)$ zu suchen. Sollte man dabei nicht alle $k$ irreduziblen Faktoren von $f$ gefunden haben, so berechnet man jeweils den $\mathrm{ggT}$ der bereits gefundenen Faktoren mit $\ell_3(x)$ usw.

Bei diesem Prozess kommt man sicher auf die vollständige Faktorisierung von $f$, selbst wenn die einzelnen $\mathrm{ggT}(f(x), \ell(x) - a)$ nicht unbedingt irreduzibel sind:

Nach *(6.8)* gibt es Elemente $a_{i1}, a_{i2} \in \mathrm{GF}(q)$ mit $\ell_i(x) \equiv a_{i1} \bmod f_1(x)$ und $\ell_i(x) \equiv a_{i2} \bmod f_2(x)$ für $1 \le i \le k$. Wäre $a_{i1} = a_{i2}$ für $1 \le i \le k$, so gäbe es für jede Lösung $\ell(x)$ von *(6.7)* ein $b \in \mathrm{GF}(q)$ mit $b \bmod f_1(x) \equiv \ell(x) \equiv b \bmod f_2(x)$, denn jede Lösung $\ell(x)$ ist ja eine Linearkombination der $\ell_i$.

Da gezeigt wurde, dass *(6.8)* für beliebige $k$-Tupel $(a_1, \ldots, a_k)$ von Körper-elementen lösbar ist, muss es auch eine Lösung $\ell$ geben, die modulo $f_1$ und $f_2$ verschiedene Werte liefert. Damit gibt es also ein $1 \leq i \leq k$ mit $a_{i1} \neq a_{i2}$, was zur Folge hat, dass $\ell_i(x) - a_{i1}$ zwar durch $f_1$, nicht aber durch $f_2$ teilbar ist. Die irreduziblen Faktoren von $f$ werden also im Laufe des Prozesses sicher getrennt.

*6.3.1.2 Beispiel:* Das Polynom $x^8 + x^4 + x^3 + x^2 + x + 1$ soll über $\mathbb{Z}_2$ faktorisiert werden. Der Algorithmus `SQFp` liefert die quadratfreie Faktorisierung $(x^5 + x^4 + 1)(x + 1)^3$ mit dem offensichtlich irreduziblen Faktor $x + 1$.

Man muss sich also nur noch um den ersten Faktor $f := x^5 + x^4 + 1$ kümmern. Dieser ist quadratfrei mit $\deg f = n = 5$.

Die Spalten der Matrix $B$ sind die Koeffizienten der Polynome $x^{2i} \bmod f$ für $0 \leq i \leq n - 1 = 4$. Für $i = 0, 1, 2$ ist nichts zu rechnen, für $i = 3, 4$ ergibt sich:

$$x^6 \equiv x^5 + x \equiv x^4 + x + 1, \; x^8 \equiv x^7 + x^3 \equiv x^4 + x^3 + x^2 + x + 1$$

Die Berechnung der $x^{2i} \bmod f$ lässt sich dabei sehr einfach mit dem folgenden linearen Schieberegister bewerkstelligen bzw. nach dem gleichen Verfahren als Software implementieren.

Damit ist

$$B = \begin{pmatrix} 1 & 0 & 0 & 1 & 1 \\ 0 & 0 & 0 & 1 & 1 \\ 0 & 1 & 0 & 0 & 1 \\ 0 & 0 & 0 & 0 & 1 \\ 0 & 0 & 1 & 1 & 1 \end{pmatrix} \Rightarrow B - E_n = \begin{pmatrix} 0 & 0 & 0 & 1 & 1 \\ 0 & 1 & 0 & 1 & 1 \\ 0 & 1 & 1 & 0 & 1 \\ 0 & 0 & 0 & 1 & 1 \\ 0 & 0 & 1 & 1 & 0 \end{pmatrix} \rightsquigarrow \begin{pmatrix} 0 & 1 & 0 & 0 & 0 \\ 0 & 0 & 1 & 0 & 1 \\ 0 & 0 & 0 & 1 & 1 \\ 0 & 0 & 0 & 0 & 0 \\ 0 & 0 & 0 & 0 & 0 \end{pmatrix}$$

| Zeitpunkt | Speicherinhalt | | | | |
|---|---|---|---|---|---|
| 0 | 0 | 0 | 0 | 0 | 1 |
| 1 | 0 | 0 | 0 | 1 | 0 |
| 2 | 0 | 0 | 1 | 0 | 0 |
| 3 | 0 | 1 | 0 | 0 | 0 |
| 4 | 1 | 0 | 0 | 0 | 0 |
| 5 | 1 | 0 | 0 | 0 | 1 |
| 6 | 1 | 0 | 0 | 1 | 1 |
| 7 | 1 | 0 | 1 | 1 | 1 |
| 8 | 1 | 1 | 1 | 1 | 1 |
| 9 | 0 | 1 | 1 | 1 | 1 |

Die unterstrichenen Speicherinhalte sind die Spalten von $B$.

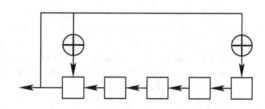

Schieberegister zu $f = x^5 + x^4 + 1$

Damit ist

$$B = \begin{pmatrix} 1 & 0 & 0 & 1 & 1 \\ 0 & 0 & 0 & 1 & 1 \\ 0 & 1 & 0 & 0 & 1 \\ 0 & 0 & 0 & 0 & 1 \\ 0 & 0 & 1 & 1 & 1 \end{pmatrix} \Rightarrow B - E_n = \begin{pmatrix} 0 & 0 & 0 & 1 & 1 \\ 0 & 1 & 0 & 1 & 1 \\ 0 & 1 & 1 & 0 & 1 \\ 0 & 0 & 0 & 1 & 1 \\ 0 & 0 & 1 & 1 & 0 \end{pmatrix} \rightsquigarrow \begin{pmatrix} 0 & 1 & 0 & 0 & 0 \\ 0 & 0 & 1 & 0 & 1 \\ 0 & 0 & 0 & 1 & 1 \\ 0 & 0 & 0 & 0 & 0 \\ 0 & 0 & 0 & 0 & 0 \end{pmatrix}$$

Der Rang der Matrix ist $r = 3$, das Polynom $f$ zerfällt in $n - r = k = 2$ irreduzible Faktoren. Außer der trivialen Lösung $\ell_1(x) = 1$ findet man aus $\vec{\ell}_2 = (0, 0, 1, 1, 1)^t$ das $f$-reduzierende $\ell_2(x) = x^4 + x^3 + x^2$.

Wegen $\text{ggT}(f, \ell_2-0) = x^2+x+1$ und $\text{ggT}(f, \ell_2-1) = x^3+x+1$ gilt also $f(x) = (x^2+x+1)(x^3+x+1)$ und damit ist $(x^2+x+1)(x^3+x+1)(x+1)^3$ die vollständig faktorisierte Form des ursprünglich gegebenen Polynoms über $\mathbb{Z}_2$.

*6.3.1.3 Beispiel:* Da die Werte $\text{ggT}(f(x), \ell(x) - a)$ nicht zwangsläufig irreduzibel sind, bekommt man die irreduziblen Teiler des untersuchten Polynoms i.Allg. nicht so direkt serviert wie im letzten Beispiel. Die Behauptung , dass man einfach so lange $\text{ggT}(f(x), \ell(x) - a)$ für die verschiedenen $\ell(x)$ und $a \in \text{GF}(q)$ berechnen muss, bis man $n - r$ verschiedene Werte beisammen hat, ist schlichtweg falsch, wie das folgende Beispiel zeigt:

Es sei $f = x^{10} + x^8 + x^7 + x^6 + x^2 + 1$ und wieder $p = 2$. Dieses $f$ ist bereits quadratfrei. Die Berechnung aller $\text{ggT}(f(x), \ell(x) - a)$ mit

$$L := \{\underbrace{x^9 + x^5 + x^4 + x^3 + x^2 + x}_{=\ell_2}, \underbrace{x^8 + x^6 + x^5 + x^4 + x^3 + x^2}_{=\ell_3}, \underbrace{x^7 + x^3 + x}_{=\ell_4}\}$$

liefert in diesem Fall die 6-elementige Menge

$$\{x^3+x+1, x^4+x+1, x^6+x^4+x+1, x^5+x^4+1, x^5+x^4+x^2+1, x^7+x^3+x+1\}.$$

Da man aus dem Rang $r$ von $B - E_n$ weiß, dass $f$ in $n - r = 4$ irreduzible Faktoren zerfällt, und dass die Summe der Grade dieser Faktoren natürlich gleich dem Grad $n = 10$ von $f$ ist, sieht man, dass die 4 Faktoren von $f$ nicht als Teilmenge dieser Menge erscheinen.

Aus der Herleitung weiß man, dass alle irreduziblen Faktoren von $f$ in den berechneten 6 Elementen enthalten sind und dass es zu jedem irreduziblen Faktor $f_i$ von $f$ sowohl Elemente dieser Menge gibt, die diesen enthalten, als auch andere, die ihn nicht enthalten.

Da für ein festes $\ell$ gilt $\text{ggT}(\ell - a, \ell - b) = 1$ für $a \neq b$, muss man diese ggTs nicht berechnen. Im vorliegenden Fall beginnt man etwa mit $\ell_2 = x^9 + x^5 + x^4 + x^3 + x^2 + x$, was auf $K := \{x^4 + x + 1, x^6 + x^4 + x+1\}$ führt. Statt nun mit $\text{ggT}(f(x), \ell_3(x) - a)$ weiterzumachen, zerlegt man die bereits berechneten Faktoren $u \in K$ weiter, indem man gleich $\text{ggT}(u(x), \ell_3(x) - a)$ berechnet.

Wählt man $\ell_3 = x^8 + x^6 + x^5 + x^4 + x^3 + x^2$, so ist der erste nichttriviale (also $\neq 1, u(x)$) Teiler, den man findet $\text{ggT}(x^6 + x^4 + x + 1, \ell_3) = x + 1$. Das Element $x^6 + x^4 + x + 1$ wird deshalb aus $K$ gestrichen und durch die zwei Polynome $x + 1$ und $\frac{x^6+x^4+x+1}{x+1} = x^5 + x^4 + 1$ ersetzt.

Da man jetzt erst 3 der 4 Teiler von $f$ hat, fährt man entsprechend rekursiv fort. Der letzte Faktor findet sich schließlich bei der Untersuchung von $\text{ggT}(x^5 + x^4 + 1, x^7 + x^3 + x) = x^3 + x + 1$. Man ersetzt $x^5+x^4+1$ in $K$ durch $x^3+x+1$ und $\frac{x^5+x^4+1}{x^3+x+1} = x^2+x+1$ und erhält somit    $K = \{x + 1, x^2 + x + 1, x^3 + x + 1, x^4 + x + 1\}$.

Der zeitliche Aufwand für diese Variante des Berlekamp-Algorithmus liegt im Aufstellen der Matrix $B$, dem Triangulieren der $n \times n$-Matrix $B - E_n$ zur Kern-Berechnung und in den anschließenden ggT-Berechnungen.

_____Berlekamp-Algorithmus für „kleines" GF(q) _____

```
procedure Berle(f, q)                    # Kern, ggT usw. jeweils
    n ← deg(f)                           # in GF(q) bzw. GF(q)[x].
    B ← (b_{ji}) mit x^{qi} ≡ Σ_{j=0}^{n-1} b_{ji}x^j mod f    # L_i = i.tes Element von L.
        für 0 ≤ i ≤ n - 1                #
    K ← Kern(B - E_n), k ← dim(K)         # Eingabe: f (quadratfrei) und
                                         #          Körpergröße q.
    L ← Basis von K ohne 1               #
    K ← {f}; i ← 1                       # Ausgabe: Faktoren von f
    while |K| < k do
        for u in K do
            for a in GF(q) do
                g ← ggT(u, L_i - a)
                K ← ((K \ {u}) ∪ {g, u/g}) \ {1}
                if |K| = k then Return(K) end if
            end do
        end do
        i ← i + 1
    end do
end
```

Da man in diesem Algorithmus viele Operationen mit univariaten Polynomen über endlichen Körpern ausführen muss, sollte man diese in dichter Darstellung abspeichern. Damit können für die Verknüpfung zweier Polynome vom Grad $\leq n$ jeweils $\mathcal{O}(n)$ (Addition und Subtraktion) bzw. $\mathcal{O}(n^2)$ (Multiplikation, Division und ggT) Operationen im endlichen Körper veranschlagt werden. Für sehr großes $n$ sollte man die Multiplikation mit dem Karatsuba-Algorithmus ($\mathcal{O}(n^{\log_2 3 \approx 1,585})$) oder sogar mit der schnellen Fouriertransformation (allgemein $\mathcal{O}(n \log n \log \log n)$, bei $\mathbb{Z}_p$ sogar $\mathcal{O}(n \log n)$, nach [Mo2] ab ca. $n = 600$ lohnend) erwägen. Bei diesen asymptotisch schnellen Multiplikationsalgorithmen wird auch die ggT-Berechnung entsprechend schneller ($\log n$-faches der Multiplikation; s. [AHU]).

Für das Aufstellen von $B$ braucht man $x^{qi} \bmod f(x)$ mit $i = 0, \ldots, n - 1$. Dazu berechnet man erst die Potenzen $x^i \bmod f(x)$ für $i = 0, \ldots, q$ analog zu obigem Schieberegister-Beispiel. Dabei erfordert jeder Schritt $\mathcal{O}(n)$ Additionen im Körper. Der Gesamtaufwand für die Berechnung der ersten nichttrivialen Spalte von $B$ ist so $\mathcal{O}(nq)$. Die folgenden Spalten werden jeweils durch $x^{2q} = (x^q)^2 \bmod f(x)$, $x^{3q} = x^{2q} \cdot x^q \bmod f(x)$, ... berechnet. Dies erfordert $\mathcal{O}(n)$ Produkte und Reduktionen von Polynomen vom Grad $\leq n$, also $\mathcal{O}(n^3)$ Grundoperationen. Damit braucht das Aufstellen von $B$ insgesamt $\mathcal{O}(nq + n^3)$ Körperoperationen.

Die vielleicht schneller erscheinende Berechnung von $x^q \bmod f$ durch fortgesetztes Quadrieren und anschließende Multiplikation mit $x^q \bmod f$ ist nur für großes $q$ schneller und wird deshalb im Abschnitt über große Körper verwendet.

Das Triangulieren der Matrix $B$ mit dem Gauß-Eliminationsverfahren benötigt $\mathcal{O}(n^3)$ Rechenschritte in $\mathrm{GF}(q)$. Es gibt Vorschläge, wie man das asymptotisch schneller machen könnte ([CoW]: $\mathcal{O}(n^w)$ mit $w < 2,376$), diese erscheinen aber unpraktikabel.

Besteht $K$ bereits aus den Faktoren $u_1, \ldots, u_r$ von $f$ mit den Graden $m_1, \ldots, m_r$ mit $r < k$ und $m_1 + \ldots + m_r = n$, so erfordert wegen $\deg L_i < n$ die Berechnung von $\mathrm{ggT}(u_j, L_i - a)$ für festes $i$, festes $a$ und $j = 1, \ldots, r$ den Gesamtaufwand $\mathcal{O}(m_1 \cdot n + \ldots + m_r \cdot n) = \mathcal{O}(n^2)$. Dies wird in der **while**-Schleife maximal $k \cdot q$-mal geschehen. Alle ggT-Berechnungen benötigen also zusammen $\mathcal{O}(q \cdot k \cdot n^2)$ Rechenschritte.

Damit hat die Grundversion des Algorithmus von Berlekamp eine gesamte zeitliche Komplexität von $\mathcal{O}(qn^2(1 + k) + 2n^3) = \mathcal{O}(2n^3 + n^2kq)$.

Da $f$ höchstens $k = n$ Faktoren hat, ist die maximale zeitliche Komplexität des Algorithmus

$$\mathrm{Op}_{\mathrm{GF}(q)}[f_1 \ldots f_k \leftarrow \mathtt{Berle}(f, q)] = \mathcal{O}(n^3 q)$$

Wählt man ein zufälliges Polynome $f$ vom Grad $n$ aus $\mathrm{GF}(q)[x]$, so ist dieses mit circa der Wahrscheinlichkeit $\frac{1}{n}$ irreduzibel* .

Ist der Körper ausreichend groß, so kann man im Mittel $H_n := 1 + \frac{1}{2} + \ldots + \frac{1}{n}$ ◇ verschiedene, irreduzible Faktoren von $f$ erwarten [Kn2]. Wegen $H_n - \ell n\, n \overset{n \to \infty}{\to} \gamma$ (Euler-Konstante $\approx 0,5772$) folgt $H_n \approx \ell n\, n$.

Ein zufällige gewähltes Polynome $f$ vom Grad $n$ aus $\mathrm{GF}(q)[x]$ hat also im Mittel $\mathcal{O}(\log n)$ irreduzible Faktoren, d.h. man wird bei der Grundversion des Berlekamp-Algorithmus und der Schulversion der Polynommultiplikation mit dem mittleren Aufwand $\mathcal{O}(qn^2 \log(n))$ rechnen.

Mit den oben erwähnten schnelleren Multiplikationsverfahren für großes $n$ ließe sich der Aufwand für die ggT-Berechnungen auf $\mathcal{O}(n \log^2(n))$ und somit die maximale zeitliche Komplexität des Berlekamp-Algorithmus auf $\mathcal{O}(n^3 + n^2 \log^2(n)q)$ bzw. erwartet $\mathcal{O}(n^3 + n \log^3(n)q)$ drücken.

Verwendet man etwa die polynomiale Darstellung von $\mathrm{GF}(q = p^s)$ über $\mathrm{GF}(p) = \mathbb{Z}_p$, so benötigt eine Addition $\mathcal{O}(s)$, eine Multiplikation $\mathcal{O}(s^2)$ Operationen in $\mathbb{Z}_p$. Je nach der Größe von $p$ sind diese Rechnungen in Kurzzahlarithmetik zu erledigen oder erfordern ihrerseits weitere Rechnungen in Langzahlarithmetik. Im schlimmsten Fall bedeutet dies nochmal einen Faktor $(s \log p)^2$ für $\mathrm{Op}(\mathtt{Berle}(f, q))$.

---

* Es gibt $\frac{1}{n} \sum_{d|n} \mu(d) q^{\frac{n}{d}} \approx \frac{1}{n} q^n$ normierte irreduzible Polynome vom Grad $n$ [HQ], [Kn2]. Dabei ist $\mu : \mathbb{N} \to \{-1, 0, 1\}$ die Möbius-$\mu$-Funktion. Es ist $\mu(d) = 0$, falls die Primfaktorzerlegung von $d$ nicht quadratfrei ist und $\mu(d) = (-1)^r$, für $d$ quadratfrei mit $r$ Primfaktoren.

◇ $H_n$ ist die $n$-te Partialsumme der harmonischen Reihe und wird als $n$-te *harmonische Zahl* bezeichnet.

Bei der Laufzeit kann man auch ohne Schaden noch die quadratfreie Faktorisierung hinzunehmen, da diese mit $\mathcal{O}(n^2)$ Schritten von den folgenden Schritten dominiert wird. Dafür kann man dann die bisherige Voraussetzung „quadratfrei" fallen lassen.

Da in der Laufzeit die Größe $q$ des Körpers eingeht, die z.B. in kryptographischen Anwendungen ziemlich groß werden kann, ist diese Version des Algorithmus nur für kleinere Körper geeignet. Eine für große Körper geeignetere Version wurde ebenfalls von Berlekamp [Be2] angegeben und wird im folgenden Abschnitt behandelt.

Auch für große Werte von $n$ ist der Algorithmus in dieser Form ungeeignet, denn die Berlekamp-Matrix benötigt Speicherplatz in der Größenordnung $\mathcal{O}(n^2)$ und ihre Behandlung mit dem Gauß-Eliminationsverfahren geht mit $\mathcal{O}(n^3)$ in die Laufzeit ein.

### 6.3.2 Variante für große Körper

Grundlage für den Berlekamp-Algorithmus zur Faktorisierung eines Polynoms $f$ mit $\deg f = n$ über dem endlichen Körper $\mathrm{GF}(q)$ (ob groß oder klein) ist der in Satz **6.3.1.1** formulierte Sachverhalt

$$f(x) = \prod_{a \in \mathrm{GF}(q)} \mathrm{ggT}(f(x), \ell(x) - a)$$

wobei $\ell(x) \in \mathrm{GF}(q)[x]$ ein Polynom von positivem Grad mit $\ell^q \equiv \ell \bmod f$ ist.

Solch ein Polynom $\ell(x)$ lässt sich dabei über ein lineares Gleichungssystem ( $n \times n$ Koeffizientenmatrix) einfach bestimmen. Dieses Gleichungssystem hat $k$ linear unabhängige Lösungen $\ell_1(x), \ldots, \ell_k(x)$ wenn $f$ in $k$ irreduzible Faktoren zerfällt.

Das Problem in großen Körpern („groß" heißt hier $q \gg n$ ) ist es also, die $kq$ größten gemeinsamen Teiler auf der rechten Seite zu berechnen. Da die Faktoren dieses Produkts paarweise teilerfremd sind, sind höchstens $k$ der $q$ Faktoren von positivem Grad (man stelle sich die Ineffizienz dieser Methode etwa im Fall $q = 2^{>100}$ und $k \leq 10$ vor). Man könnte sich also viel Rechenzeit ersparen, wenn man von vornherein wüsste, für welche $a \in \mathrm{GF}(q)$ gilt $\deg(\mathrm{ggT}(f, \ell - a)) > 0$.

Solch ein Kriterium mit Hilfe von Resultanten liefert Satz **2.5.4**. Nach diesem Satz sind die interessanten Körperelemente gerade die Wurzeln in $\mathrm{GF}(q)$ des Polynoms

$$F(y) := \mathrm{res}_x(f(x), \ell(x) - y).$$

Dieses $F(y)$ ist ein Polynom vom Grad $n$ in $y$. Da es aber höchstens $k$ Körperelemente $a$ mit $\deg(\mathrm{ggT}(f, \ell - a)) > 0$ gibt, heißt das, dass $F(y)$ über $\mathrm{GF}(q)$ höchstens $k$ Wurzeln hat. Wegen

$$y^q - y = \prod_{a \in \mathrm{GF}(q)} (y - a)$$

kann man die höchstens $k$ interessanten Linearfaktoren herausfiltern:

$$F^*(y) := \mathrm{ggT}(F(y), y^q - y)$$

hat genau die $a \in \mathrm{GF}(q)$ als einfache Wurzeln, für die es sich lohnt $\mathrm{ggT}(f, \ell - a)$ zu berechnen.

Damit ist das Problem, ein allgemeines Polynom $f(x) \in \mathrm{GF}(q)[x]$ vom Grad $n$ in irreduzible Faktoren zu zerlegen, auf die Berechnung der Wurzeln des vollständig in Linearfaktoren zerfallenden Polynoms $F^*(y)$ vom Grad $k \leq n$ reduziert.

Da $F^*(y)$ ein Teiler von $y^q - y$ ist, kann man mit *(4.2)* schreiben

$$\prod_{b \in \mathrm{GF}(p)} (S(y) - b) \equiv 0 \bmod F^*(y)$$

Mit der gleichen Argumentation wie beim Beweis von **6.3.1.1** folgt sofort

$$F^*(y) = \prod_{b \in \mathrm{GF}(p)} \mathrm{ggT}(F^*(y), S(y) - b) \qquad (6.10)$$

Falls man mit dieser Formel eine nichttriviale Faktorisierung des Hilfspolynoms $F^*(y)$ und damit auch eine Faktorisierung des ursprünglichen Polynoms $f(x)$ bekäme, so hätte man dazu nur $p$ statt $q = p^s$ ggT-Berechnungen benötigt. Dies wäre insbesondere für kleine Charakteristik $p$ und großes $s$ eine ganz erhebliche Vereinfachung.

Gibt es ein $b \in \mathrm{GF}(p)$ mit $S(y) \equiv b \bmod F^*(y)$, so ist $\mathrm{ggT}(S(y) - b, F^*(y)) = F^*(y)$ und *(6.10)* liefert nur eine triviale Faktorisierung. Dies kann in der Tat passieren, lässt sich aber durch eine einfache Substitution in *(6.10)* wieder gutmachen: Es sei $\{1, c, c^2, \ldots, c^{s-1}\}$ eine Basis des $\mathrm{GF}(p)$-Vektorraumes $\mathrm{GF}(q)$ und $0 \leq i \leq s - 1$. Substituiert man $c^i y$ für $x$ in *(4.2)*, so erhält man wegen $(c^i)^q = c^i$:

$$y^q - y = \prod_{b \in \mathrm{GF}(p)} (S(y) - b) \iff y^q - y = c^{-i} \prod_{b \in \mathrm{GF}(p)} (S(c^i y) - b)$$

Damit erhält man die Verallgemeinerung

$$F^*(y) = \prod_{b \in \mathrm{GF}(p)} \mathrm{ggT}(F^*(y), S(c^i y) - b) \qquad (6.11)$$

von *(6.10)*. Rechnet man von dieser Gleichung ausgehend wie beim Grundalgorithmus von Berlekamp weiter, so werden dabei sicher alle irreduziblen Teiler gefunden.

Angenommen, es gäbe im Widerspruch dazu zu jedem $i$ ein $b_i$ mit

$$S(c^i y) \equiv b_i \bmod F^*(y)$$

d.h. jede Faktorisierung wäre trivial. Sind $d_1 \neq d_2 \in \mathrm{GF}(q)$ zwei der $k$ Nullstellen von $F^*(y)$, so gilt also auch $S(c^i d_1) = b_i = S(c^i d_2)$ für $0 \le i \le s - 1$. Dies heißt $S(c^i d_1) - S(c^i d_2) = 0$ für $0 \le i \le s - 1$.

Da aber $S(a)$ für $a \in \mathrm{GF}(q)$ die Spur von $a$ ist und diese nach **4.5.3** linear ist, gilt

$$\mathrm{Sp}(c^i(d_1 - d_2)) = 0 \quad \text{für} \quad 0 \le i \le s - 1.$$

Wieder wegen der Linearität von $\mathrm{Sp}$ und wegen der Voraussetzung, dass die $c^i$ eine Basis von $\mathrm{GF}(q)$ bilden, gilt damit

$$\mathrm{Sp}(a(d_1 - d_2)) = 0 \quad \text{für alle} \quad a \in \mathrm{GF}(q).$$

Da $\mathrm{Sp}$ nach **4.5.3** surjektiv ist, heißt das $d_1 = d_2$ im Widerspruch zur Voraussetzung.

Damit kommt man u.U. nicht gleich mit den ersten $p$ ggT-Berechnungen in *(6.10)* aus, die höchstens $s \cdot p$ ggT-Berechnungen in *(6.11)* reichen aber. Dies ist immer noch ein erheblicher Vorteil gegenüber $p^s$.

Natürlich bekommt man diese Vereinfachung nicht umsonst. Der geringere Aufwand für die ggT-Berechnungen wird erkauft mit der zusätzlichen Berechnung von $F(y) = \mathrm{res}_x(f(x), \ell(x) - y)$, $F^*(y) = \mathrm{ggT}(F(y), y^q - y)$ und $\mathrm{ggT}(F^*(y), S(c^i y) - b)$.

Nach [Co2] ist die Berechnung der Resultante für $F$ mit dem Aufwand $\mathcal{O}(sn^5 + s^2 n^4)$ verbunden.

Würde man den ggT bei $F^*$ so ausrechnen, wie er dasteht, hätte man mit einem Aufwand von $\mathcal{O}(nq)$ zu rechnen. Das hängt wieder von dem großen $q$ ab, was man ja gerade vermeiden wollte.

---
**Große modulare Potenzen**
---

```
procedure ModPot(r, n, s)          # Eingabe: r, s ∈ R (Ring), n ∈ ℕ,
    t ← r                          #                n = (1, n₀, ..., nₗ₋₁)₂
    for i from 2 to ℓ do           # Ausgabe: rⁿ mod s
        if nₗ₋ᵢ = 0 then
        |   t ← t² mod s
        else
        |   t ← t · r² mod s
        end if
    end do
    Return(t)
end
```

---

Da $q$ sehr viel größer als $n$ ist, kann man diesen ggT allerdings schneller berechnen, indem man zuerst $y^q \bmod F(y)$ mit dem Algorithmus Mod-Pot, also im Wesentlichen durch fortgesetztes Quadrieren, berechnet.

Da die Schleife $\ell - 1 = \lceil \log_2(n) \rceil - 1$-mal durchlaufen wird und in jeder Schleife eine feste Anzahl von Operationen in $R$ ausgeführt wird, benötigt ModPot $\mathcal{O}(\log n)$ Operationen in $R$.

Speziell im Fall von $R = \mathrm{GF}(q)[y]$ und $s = F(y)$ kann man sich diese Operationen zusätzlich noch erleichtern, indem man einmal am Anfang die folgenden auf Polynome vom Grad $< n$ reduzierten Ausdrücke berechnet:

$$y^n \bmod F(y)\,,\ y^{n+1} \bmod F(y)\,,\ldots,\ y^{2n-2} \bmod F(y)\,.$$

Ist nämlich $r(y) \equiv r_0 + r_1 y + \ldots + r_{n-1} y^{n-1} \bmod F(y)$, so kann man die reduzierte Form von $r^2 \bmod F$ einfach bestimmen, indem man $r^2$ berechnet und dann die dort auftretenden Potenzen $y^n, \ldots, y^{2n-2}$ durch die bereits $\bmod F$ reduzierten Ausdrücke ersetzt. Damit kommt man in der Schleife mit $\mathcal{O}(n^2)$ Operationen in $\mathrm{GF}(q)$ aus.

Der Aufruf ModPot$(y, q, F(y))$ erfordert $\mathcal{O}(\log q)$ Operationen im Ring $\mathrm{GF}(q)[x]$, bzw. $\mathcal{O}(n^2 \log q)$ Operationen im Körper $\mathrm{GF}(q)$. Dies dominiert die anschließende Berechnung von $\mathrm{ggT}(F(y), y^q - y \bmod F(y))$, die mit $\mathcal{O}(n^2)$ Operationen auskommt, d.h. der ganze Schritt ist von der Ordnung $\mathcal{O}(n^2 \log q)$.

Das gleiche Problem tritt nochmals auf beim Aufstellen der Matrix $B$. Das Berechnen der ersten nichttrivialen Spalte ist mit der bisher verwendeten Methode mit dem für großes $q$ nicht akzeptablen Aufwand $\mathcal{O}(nq)$ verbunden. Wird diese Spalte dagegen mit ModPot$(x, q, f(x))$ berechnet, so sinkt der Aufwand dafür auf $\mathcal{O}(n^2 \log q)$.

Die weiteren Spalten sind die Koeffizienten von $x^{qi} \bmod f(x)$ mit $i = 2, \ldots, n-1$ und können nun mit den in ModPot bereits bestimmten Ausdrücken $x^n \bmod f(x)$, $x^{n+1} \bmod f(x)$, $\ldots$, $x^{2n-2} \bmod f(x)$ durch $x^{2q} = (x^q)^2 \bmod f(x)$, $x^{3q} = x^{2q} \cdot x^q \bmod f(x)$, $\ldots$ und Substituieren der reduzierten Werte für $x^n$, $x^{n+1}$, $\ldots$, $x^{2n-2}$ berechnet werden.

Jeder dieser $n-2$ Schritte ist mit $\mathcal{O}(n^2)$ Körperoperationen verbunden, so dass man den Aufwand für das Aufstellen der Matrix bei großen Körpern insgesamt von $\mathcal{O}(nq + n^3)$ auf $\mathcal{O}(n^2 \log q + n^3) = \mathcal{O}(n^2 s \log p + n^3)$ reduziert hat.

Da $S(c^i y) - b$ den Grad $p^{s-1} = \frac{q}{p}$ hat, darf man $\mathrm{ggT}(F^*(y)\,, S(c^i y) - b)$ auch nicht direkt berechnen, sondern muss erst $S(c^i y)$ modulo $F^*$ reduzieren. Dies kann man erreichen, indem man die in $S(y)$ vorkommenden Potenzen $y^{p^i}$ für $i = 0, \ldots, s-1$ mit ModPot$(y, p^i, F^*)$ berechnet (das benötigt jeweils $\mathcal{O}(k^2 \log p^i)$ Körperoperationen, also insgesamt $\mathcal{O}(k^2 s^2 \log p)$) und dann geeignet kombiniert. Dieser Schritt ist so von der Ordnung $\mathcal{O}(k^2 s^2 \log p)$, also schlimmstenfalls $\mathcal{O}(n^2 s^2 \log p)$ bzw. im Schnitt $\mathcal{O}(s^2 \log p \log^2 n)$.

Damit sind die dominierenden Schritte des Berlekamp-Algorithmus für große Körper die ggT-Berechnungen zur Faktorisierung von $F^*$ in *(6.11)*, die Berechnung der Resultante und die Reduktion von $S \bmod F^*$.

Dies bedeutet einen Gesamtaufwand von maximal

$$\mathcal{O}(n^2 \log p \cdot s^2 + n^2 p \cdot s + n^5 s + n^4 s^2)$$

bzw. erwartet

$$\mathcal{O}(\log^2 n \log p \cdot s^2 + n^2 p s + n^5 s + n^4 s^2).$$

Durch den Übergang von $q$ zu $\log q$ gewinnt man hier also bei großen Körpern. Bei großen Polynomgraden ist diese Variante dagegen noch schlechter als die Grundversion.

*6.3.2.1 Beispiel:* Gegeben sei das normierte, quadratfreie Polynom

$$\begin{aligned}
f = x^7 &+ (2\alpha^2 + 2\alpha)x^6 + (2\alpha^3 + 2\alpha^2)x^5 + (\alpha^2 + \alpha + 2)x^4 + \\
&+ (2\alpha^2 + \alpha + 2)x^3 + (\alpha^3 + \alpha^2 + 2\alpha + 2)x^2 + \\
&+ (\alpha^2 + \alpha + 1)x + 2\alpha^2 + \alpha^3 \in \mathrm{GF}(81)[x]
\end{aligned}$$

Dabei sei $\alpha$ eine Wurzel des über $\mathbb{Z}_3$ irreduziblen Polynoms $x^4 + x + 2$. Dieses Trinom ist primitiv, d.h. $\alpha$ erzeugt $\mathrm{GF}(81)^*$ und $\{1, \alpha, \alpha^2, \alpha^3\}$ ist eine Basis des $\mathbb{Z}_3$-Vektorraumes $\mathrm{GF}(81)$.

Nun berechnet man $x^{81} \bmod f$ mit $\mathtt{ModPot}(x, 81, f(x))$ und daraus die weiteren für die Berlekamp-Matrix benötigten Potenzen $x^{81i} \bmod f$ für $i = 2, \ldots, 6$ durch fortgesetztes Quadrieren. Aus den Koeffizienten dieser Polynome liest man die Einträge für die Matrix ab. Es ergibt sich

$$\begin{pmatrix}
1 & \alpha^3+\alpha & 2\alpha^3+\alpha+2 & 2\alpha^3+2\alpha^2+\alpha+2 & 2\alpha^3+2\alpha+2 & \alpha^3+2\alpha^2+1 & 2\alpha^2+2\alpha+1 \\
0 & 2\alpha^3+\alpha^2+\alpha+1 & 2\alpha^3+2 & \alpha^2+\alpha & \alpha^3+2\alpha^2+\alpha+2 & \alpha^2+2 & 2\alpha^2+\alpha+1 \\
0 & \alpha^2+2 & 2\alpha+1 & \alpha^2+\alpha & \alpha^3+\alpha^2+\alpha+2 & 2\alpha^3+\alpha+2 & \alpha^2+\alpha \\
0 & 2\alpha^3+\alpha+2 & 2\alpha^2+2 & \alpha^3+\alpha^2+2 & 2\alpha^3+2\alpha^2+2\alpha & \alpha^3+\alpha^2+\alpha+1 & 2\alpha^3+\alpha+1 \\
0 & 2\alpha+1 & \alpha^3+\alpha^2+\alpha+2 & 2\alpha & \alpha^3+2\alpha+1 & \alpha^3+2\alpha & 2 \\
0 & 2\alpha^2+\alpha+2 & 2\alpha^3+\alpha^2 & 0 & \alpha^2+\alpha & \alpha^3 & 2\alpha^3+2\alpha \\
0 & 2\alpha^3+\alpha^2+2\alpha+1 & \alpha^2 & \alpha^2+\alpha+1 & \alpha^3+\alpha^2+2\alpha & \alpha^3+2\alpha^2+2\alpha+1 & \alpha^3+\alpha^2+\alpha
\end{pmatrix}$$

Die triangulierte Form von $B - E_n$ ist

$$\begin{pmatrix}
0 & 2\alpha+1 & \alpha^3+\alpha^2+\alpha+2 & 2\alpha & \alpha^3+2\alpha & \alpha^3+2\alpha & 2 \\
0 & 0 & \alpha^2+1 & 0 & 2\alpha^3+\alpha^2+\alpha+1 & \alpha^3+2\alpha & 2\alpha^3+\alpha^2+\alpha+2 \\
0 & 0 & 0 & \alpha^3+\alpha+2 & \alpha^3+2\alpha^2+\alpha+1 & 2\alpha^3+2\alpha+2 & 1 \\
0 & 0 & 0 & 0 & 2\alpha^3+2\alpha^2+2 & \alpha^3+2\alpha^2+2\alpha+2 & 2\alpha^2+2\alpha+2 \\
0 & 0 & 0 & 0 & 0 & 0 & 0 \\
0 & 0 & 0 & 0 & 0 & 0 & 0 \\
0 & 0 & 0 & 0 & 0 & 0 & 0
\end{pmatrix}$$

woraus man bereits abliest, dass $f$ drei irreduzible Faktoren hat. Die zu Polynomen umgeschriebenen Basisvektoren von $\mathrm{Kern}(B - E_n)$ sind

$$1, \ (2\alpha^3 + \alpha + 1)x + (\alpha^3 + 2\alpha + 1)x^2 + x^3 + (2\alpha + 2)x^4 + 2\alpha^3 x^6,$$

$$(\alpha^2 + 1)x + (\alpha^3 + \alpha^2 + 2\alpha)x^2 + (2\alpha + 1)x^4 + x^5 + (2\alpha^2 + 2\alpha^3 + 1)x^6$$

Beginnt man mit dem zweiten dieser drei Polynome, so ergibt sich

$$F = 2y^7 + (\alpha^3 + 2)y^6 + (\alpha^3 + \alpha^2 + 2)y^5 + 2\alpha^3 y^4 + (2\alpha^2 + 2\alpha + 1)y^3 + (\alpha^3 + \alpha + 2)y^2 + \alpha^3 y + 2 + 2\alpha^3 + 2\alpha^2 + 2\alpha$$

und daraus $F^* = y^3 + (\alpha^2 + \alpha + 2)y^2 + (2\alpha^2 + 2\alpha + 1)y + 2\alpha$.

Wegen $\deg F^* = 3$ und der Konstruktion von $F^*$ enthält $F^*$ drei Linearfaktoren, deren Wurzeln auf drei zueinander teilerfremde, nichttriviale Faktoren von $f$ führen.

Da bereits bekannt ist, dass $f$ drei irreduzible Faktoren besitzt, führt also bereits dieser erste Schritt zu einer vollständigen Zerlegung.

Die Berechnung von $\mathrm{ggT}(F^*(y), S(y) - b)$ für $b \in \mathbb{Z}_3$ mit $S(y) = y + y^3 + y^9 + y^{27}$ liefert die noch unvollständige Faktorisierung

$$F^* = (y + 2\alpha^2 + \alpha + 2)(y^2 + 2\alpha^2 x + \alpha^3 + \alpha^2).$$

Der quadratische Faktor wird schließlich durch die Berechnung von $\mathrm{ggT}(y^2 + 2\alpha^2 y + \alpha^3 + \alpha^2, S(\alpha y) - b)$ für $b \in \mathbb{Z}_3$ zerlegt.

Aus den drei Faktoren

$$y + 2\alpha^3 + \alpha^2 + \alpha, y + 2\alpha^2 + \alpha + 2, y + \alpha^3 + \alpha^2 + 2\alpha$$

von $F^*$ liest man die drei Werte

$$a_1 = \alpha^3 + 2\alpha^2 + 2\alpha, a_2 = \alpha^2 + 2\alpha + 1, a_3 = 2\alpha^3 + 2\alpha^2 + \alpha$$

ab für die sich die Berechnung von $\mathrm{ggT}(f, \ell - a_i)$ lohnt.

Die Berechnung dieser drei ggTs liefert die vollständige Zerlegung

$$f = (x^2 + (2\alpha + 2)x + \alpha + 2)(x^2 + (2\alpha + 1)x + 2)(x^3 + (2\alpha^2 + \alpha)x^2 + 2\alpha x + 2\alpha^2).$$

Dazu waren insgesamt 9 ggT-Berechnungen nötig (6 für die Faktorisierung von $F^*$ und 3 für die Zerlegung von $f$) statt schätzungsweise $k \cdot q = 243$-ggT-Berechnungen beim Standard-Algorithmus.

### 6.3.3 Verbesserungen von Cantor und Zassenhaus

Probabilistische Versionen des Berlekamp-Algorithmus für große Körper wurden von Cantor und Zassenhaus in [CZa] vorgeschlagen. Der erste Vorschlag zielt darauf ab, den Aufwand für die Berechnung der Resultante $\mathrm{res}_x(f(x), \ell(x) - y)$, für $\mathrm{ggT}(F(y), y^q - y)$ und $\mathrm{ggT}(F^*(y), S(c^i y) - b)$ zu sparen, nimmt dafür aber in Kauf, dass wieder einige (aber bei weitem nicht so viele, wie bei der Grundversion des Berlekamp-Algorithmus) ggTs umsonst berechnet werden.

Je nach gerader oder ungerader Charakteristik des Körpers werden zwei Fälle unterschieden. Ist $p$ und somit auch $q$ ungerade, so gilt

$$x^q - x = x \cdot (x^{\frac{q-1}{2}} - 1) \cdot (x^{\frac{q-1}{2}} + 1),$$

d.h. aus *(6.7)* folgt

$$f | \ell \cdot (\ell^{\frac{q-1}{2}} - 1) \cdot (\ell^{\frac{q-1}{2}} + 1).$$

Nun kann man hoffen, dass sich die irreduziblen Teiler von $f$ für beliebiges $\ell$ aus dem Lösungsraum aus *(6.7)* jeweils circa zur Hälfte in den beiden gleich großen Faktoren $\ell^{\frac{q-1}{2}} \pm 1$ finden.

Deshalb berechnet man für verschiedene, zufällig aus dem Kern von $B - E_n$ gewählte Vektoren $\vec{\ell}$ den $\mathrm{ggT}(f, \ell^{\frac{q-1}{2}} - 1)$ bzw., falls schon nichttriviale Faktoren $u$ von $f$ gefunden sind $\mathrm{ggT}(u, \ell^{\frac{q-1}{2}} - 1)$.

Der $\mathrm{ggT}(f, \ell^{\frac{q-1}{2}} - 1)$ ist trivial, wenn entweder alle irreduziblen Faktoren $f_1, \ldots, f_k$ das Polynom $\ell^{\frac{q-1}{2}} - 1$ teilen oder wenn keiner der Faktoren diesen Ausdruck teilt. Das ist der Fall, wenn gilt $\ell^{\frac{q-1}{2}} \equiv 1 \bmod f_i$ für alle $i = 1, \ldots, k$ bzw. wenn $\ell^{\frac{q-1}{2}} \not\equiv 1 \bmod f_i$ für alle $i = 1, \ldots, k$.

Die Vektoren $\vec{\ell}$ bilden einen $\mathrm{GF}(q)$-Vektorraum der Dimension $k$. Die entsprechenden Polynome $\ell(x)$ bilden den Ring $W := \{\ell \in \mathrm{GF}(q)[x]; \ell^q \equiv \ell \bmod f\}$. Da die Faktoren $f_1, \ldots, f_k$ irreduzibel über $\mathrm{GF}(q)$ vorausgesetzt waren, ist $K_i := \mathrm{GF}(q)[x]/\langle f_i \rangle$ für $i = 1, \ldots, k$ jeweils ein Körper isomorph zu $\mathrm{GF}(q^{n_i})$.

Die Teilmenge $W_i := \{\ell \in K_i; \ell^q = \ell\}$ ist jeweils isomorph zu $\mathrm{GF}(q)$. Die Abbildung $\phi : \ell \mapsto (\ell \bmod f_1, \ldots, \ell \bmod f_k)$, von $W$ nach $\prod_{j=1}^{k} W_i$ ist nach dem Chinesischen Restsatz ein Isomorphismus.

Der $\mathrm{ggT}(f, \ell^{\frac{q-1}{2}} - 1)$ ist also trivial, wenn entweder $\phi(\ell^{\frac{q-1}{2}}) = (1, \ldots, 1)$ ist oder wenn keine einzige Komponente von $\phi(\ell^{\frac{q-1}{2}})$ gleich 1 ist.

Ist $\alpha$ ein primitives Element von $\mathrm{GF}(q)$, so gilt für ein beliebiges, von Null verschiedenes Element $\beta := \alpha^j$ dieses Körpers $\beta^{\frac{q-1}{2}} = \left(\alpha^j\right)^{\frac{q-1}{2}}$.

Ist $j$ gerade, d.h. $\beta$ ein Quadrat, so ist dies eine Potenz von $\alpha^{q-1} = 1$, also selber 1. Ist $j$ dagegen ungerade, so ist dies gleich $\alpha^{\frac{q-1}{2}}$, also von 1 verschieden und damit wegen $\beta^2 = 1$ gleich $-1$. In $\mathrm{GF}(q)$ gibt es deshalb genau $\frac{q-1}{2}$ Elemente $\beta$ mit $\beta^{\frac{q-1}{2}} = 1$ (*Quadrate*) und $\frac{q+1}{2}$ Elemente $\beta$ mit $\beta^{\frac{q-1}{2}} \neq 1$ (*Nichtquadrate*).

Sind die Komponenten von $\phi(\ell^{\frac{q-1}{2}})$ voneinander unabhängig, so ist $\phi(\ell^{\frac{q-1}{2}}) = (1, \ldots, 1)$ mit der Wahrscheinlichkeit $\left(\frac{q-1}{2q}\right)^k$, bzw. keine einzige Komponente von $\phi(\ell^{\frac{q-1}{2}})$ gleich 1 mit der Wahrscheinlichkeit $\left(\frac{q+1}{2q}\right)^k$.

Die Wahrscheinlichkeit für einen nichttrivialen $\mathrm{ggT}(f, \ell^{\frac{q-1}{2}} - 1)$ ist also

$$P(q, k) = 1 - \left(\frac{q-1}{2q}\right)^k - \left(\frac{q+1}{2q}\right)^k.$$

Da $q$ ungerade vorausgesetzt war, gilt $q \geq 3$. Die Methode wird nur verwendet im Fall von mindestens 2 irreduziblen Teilern von $f$, man kann somit $k \geq 2$ voraussetzen. Diskussion der Funktion $P(q, k)$ unter diesen Voraussetzungen zeigt nun, dass sie ihr globales Minimum in dem Punkt $(3, 2)$ annimmt. Wegen $P(3, 2) = \frac{4}{9}$ erhält man wie erhofft in fast der Hälfte aller Fälle einen nichttrivialen $\mathrm{ggT}$.

Wie der Berlekamp-Algorithmus für große Körper braucht diese verbesserte Version erst mal die Berlekamp-Matrix und deren Eigenraum zum Eigenwert $1$. Dieser Programmteil ist also mit dem Aufwand $\mathcal{O}(n^2 \log p \cdot s + 2n^3)$ verbunden. Dann geht es in die Schleife, in der jeweils zuerst ein $\ell$ aus der berechneten Basis zufällig kombiniert wird. Das Kombinieren benötigt $\mathcal{O}(kn)$ Rechenschritte. Dann wird $\ell^{\frac{q-1}{2}} \bmod f$ mit $\mathsf{ModPot}$ berechnet, was mit $\mathcal{O}(n^2 \log(\frac{q-1}{2})) = \mathcal{O}(n^2 \log p \cdot s)$ geht. Die folgende $\mathrm{ggT}$-Berechnung benötigt mit Standardverfahren $\mathcal{O}(n^2)$, d.h. die gesamte Arbeit in der Schleife wird von $n^2 \log p \cdot s$ dominiert.

Nachdem pro Schleifendurchlauf mit einer Wahrscheinlichkeit $P(q, k) \geq \frac{4}{9}$ ein nichttrivialer Faktor gefunden wird, erwartet man mindestens bei jedem zweiten Durchlauf einen Treffer. Da man insgesamt $\log n$ irreduzible Faktoren erwartet, wird man im Mittel mit $2 \log n$ Durchläufen auskommen, was also auf die erwartete Komplexität von $\mathcal{O}(2(n^2 \log n \log p \cdot s + n^3))$ führt. Gegenüber der ursprünglichen Version von Berlekamp ist das eine deutliche Verbesserung sowohl bei der Potenz von $n$, als auch bei der Körpergröße ($\log p \cdot s$ statt $p \cdot s$). Diese verbesserte Version des Berlekamp-Algorithmus für große Körper findet sich in der Literatur oft unter dem Namen *Big Prime Berlekamp*

*6.3.3.1 Beispiel:* Betrachtet wird wieder das Polynom

$$\begin{aligned}
f = &\; x^7 + (2\alpha^2 + 2\alpha)x^6 + (2\alpha^3 + 2\alpha^2)x^5 + (\alpha^2 + \alpha + 2)x^4 + \\
&+ (2\alpha^2 + \alpha + 2)x^3 + (\alpha^3 + \alpha^2 + 2\alpha + 2)x^2 + \\
&+ (\alpha^2 + \alpha + 1)x + 2\alpha^2 + \alpha^3 \in \mathrm{GF}(81)[x]
\end{aligned}$$

dessen Faktorisierung bereits im vorhergehenden Beispiel mit dem Berlekamp-Algorithmus für große Körper berechnet worden ist.

Bis zur Berechnung einer Basis von $\mathrm{Kern}(B - E_n)$ verläuft die Cantor-Zassenhaus-Variante genauso wie Berlekamps Version. Man kann also die geordnete Basis

$$\begin{aligned}
[&1, (\alpha^2 + 1)x + (\alpha^3 + \alpha^2 + 2\alpha)x^2 + (2\alpha + 1)x^4 + x^5 + (2\alpha^2 + 2\alpha^3 + \\
&+ 1)x^6, (2\alpha^3 + \alpha + 1)x + (\alpha^3 + 2\alpha + 1)x^2 + x^3 + (2\alpha + 2)x^4 + 2\alpha^3 x^6]
\end{aligned}$$

aus dem bereits gerechneten Beispiel übernehmen. Ein möglicher Verlauf des Algorithmus sieht nun etwa wie folgt aus:

Zufällig gewählte Koeffizienten der Linearkombination:

$$\lambda_1 = \alpha^3, \ \lambda_2 = 2\alpha^3 + 2\alpha^2 + \alpha + 1, \ \lambda_3 = \alpha^3 + 2\alpha.$$

Die zugehörige Linearkombination ist

$$\ell = (\alpha^3 + \alpha^2 + \alpha)x^6 + (\alpha^3 + 2\alpha)x^5 + (2\alpha^3 + 2)x^4 + (2\alpha^3 + \alpha + \\ + 1)x^3 + (2\alpha^3 + 2\alpha^2 + \alpha + 1)x^2 + (\alpha^2 + \alpha + 2)x + \alpha^3$$

Damit ist

$$\ell^{\frac{q-1}{2}} - 1 \equiv (\alpha^3 + 2)x^6 + (\alpha^2 + 2)x^5 + (\alpha^3 + 2\alpha + 1)x^4 + \\ + (2\alpha^2 + 2\alpha^3 + 2 + 2\alpha)x^3 + (\alpha^3 + \alpha^2)x^2 + \\ + (\alpha^3 + \alpha^2 + \alpha + 2)x + 2 + \alpha \bmod f$$

Der ggT diese Ausdrucks mit $f$ liefert die Zerlegung $U$ von $f$

$$U = \{x^3 + (2\alpha^2 + \alpha)x^2 + 2\alpha x + 2\alpha^2, \\ x^4 + \alpha x^3 + (\alpha^2 + \alpha)x^2 + 2\alpha^2 x + 2\alpha + 1\}$$

Mit den neuen Koeffizienten

$$\lambda_1 = \alpha^3 + \alpha^2 + \alpha, \ \lambda_2 = 2, \ \lambda_3 = \alpha^3 + 2\alpha^2 + 2\alpha$$

erhält man nun die Linearkombination

$$\ell = (\alpha^3 + 2\alpha^2 + \alpha + 2)x^6 + (\alpha^3 + 2\alpha^2 + 2\alpha)x^5 + (2\alpha^3 + \alpha^2 + \alpha + \\ + 1)x^4 + (2\alpha^2 + \alpha^3)x^3 + 2x^2 + (\alpha^3 + \alpha^2 + \alpha)x + \alpha^2 + \alpha + \alpha^3$$

mit

$$\ell^{\frac{q-1}{2}} - 1 \equiv (2\alpha^3 + 2\alpha)x^6 + (\alpha^3 + 2\alpha^2 + 2\alpha + 1)x^5 + (2\alpha^2 + 2\alpha + 1)x^4 + \\ + (\alpha^3 + \alpha^2 + 1)x^3 + \alpha^2 x^2 + (2\alpha^3 + 2)x + 2\alpha^3 + 2\alpha^2 \bmod f.$$

Nun werden alle ggTs dieses Ausdrucks mit den zwei berechneten Teilern von $f$ in der Menge $U$ berechnet. Während der erste Teiler in $U$ nichts Neues bringt, liefert der zweite die neuen Teiler $x^2 + (2\alpha + 1)x + 2$ und $x^2 + (2\alpha + 2)x + \alpha + 2$.

Damit sind bereits die 3 gesuchten Teiler von $f$ gefunden:

$$\{x^2 + (2\alpha + 2)x + \alpha + 2, x^2 + (2\alpha + 1)x + 2, x^3 + (2\alpha^2 + \alpha)x^2 + 2\alpha x + 2\alpha^2\}$$

Die Faktorisierung von $f$ wurde in diesem Fall besonders sparsam mit nur 3 ggT-Berechnungen erreicht.

Für einen ähnlichen Ansatz im Fall $p = 2$ sollte man sich an *(4.2)* erinnern, was hier

$$x^q - x = S(x) \cdot (S(x) + 1)$$

und damit

$$f \mid S(\ell) \cdot (S(\ell) + 1)$$

bedeutet.

Berechnet man wieder für zufällig gewählte $\ell$ aus dem Lösungsraum den Ausdruck $\mathrm{ggT}(f, S(\ell))$, bzw. $\mathrm{ggT}(u, S(\ell))$, wenn man schon Teiler $u$ von $f$ hat, so erhält man möglicherweise nichttriviale Teiler von $f$.

Betrachtet man wieder die Abbildung $\phi : \ell \mapsto (\ell \bmod f_1 , \ldots , \ell \bmod f_k)$, von $W$ nach $\prod_{j=1}^{k} W_i$, so folgt wegen der in **4.5.3** nachgewiesenen Linearität der Spurfunktion

$$\begin{aligned}
\phi(S(\ell)) &= (S(\ell) \bmod f_1 , \ldots , S(\ell) \bmod f_k) = \\
&= (S(\ell \bmod f_1) , \ldots , S(\ell \bmod f_k)) \, .
\end{aligned}$$

Die Funktionswerte $S(\ell \bmod f_i)$ für $i = 1, \ldots, k$ sind Elemente von $\mathrm{GF}(2)$, können also nur $0$ oder $1$ sein. Die $i$-te Komponente von $\phi(S(\ell))$ ist genau dann gleich $0$, wenn $f_i$ das Polynom $S(\ell)$ teilt. Der $\mathrm{ggT}(f, S(\ell))$ wird also genau dann trivial, wenn alle Komponenten von $\phi(S(\ell))$ verschwinden ( $\mathrm{ggT} = f$ ), oder wenn alle Komponenten von $\phi(S(\ell))$ gleich $1$ sind ( $\mathrm{ggT} = 1$ ).

Geht man davon aus, dass die $S(\ell \bmod f_i)$ unabhängig voneinander sind, so ist die Wahrscheinlichkeit für jeden dieser Fälle $(\frac{1}{2})^k$, also die Wahrscheinlichkeit für eine nichttriviale Faktorisierung $P(k) = 1 - 2(\frac{1}{2})^k = 1 - (\frac{1}{2})^{k-1}$. Da man dieser Verfahren nur für $k > 1$ anwendet, hat man also auch in diesem Fall mit $P(k) \geq \frac{1}{2}$ sehr gute Erfolgsaussichten.

*6.3.3.2 Beispiel:* Gegeben sei das normierte, quadratfreie $f \in \mathrm{GF}(32)$

$$f = x^{10} + x^9 + (\alpha^2 + 1)x^8 + (\alpha^3 + \alpha)x^7 + x^6 + x^5 + x^4 + (\alpha^3 + \alpha)x^3 + x + 1$$

(sogar primitiven) Polynoms $x^5 + x^3 + 1$ sei. Nach der üblichen Vorarbeit erhält man die geordnete Basis

$$\begin{aligned}
(1, &(\alpha^3 + \alpha^2 + 1)x + (\alpha^4 + \alpha + 1)x^2 + (\alpha^3 + \alpha^2 + \alpha + 1)x^3 + \\
&+ x^4 + (\alpha^4 + \alpha^2 + \alpha + 1)x^8, (\alpha^4 + \alpha^3 + \alpha)x + (\alpha^2 + \alpha)x^2 + \\
&(\alpha^4 + \alpha^3 + \alpha^2)x^3 + x^5 + (\alpha + 1)x^6 + (\alpha^4 + \alpha^3 + \alpha^2 + \alpha + \\
&+ 1)x^7 + (\alpha^3 + \alpha^2)x^8, \alpha x + (\alpha^3 + \alpha + 1)x^2 + (\alpha^3 + \alpha^2 + \\
&+ \alpha)x^3 + \alpha^2 x^6 + (\alpha^4 + \alpha^2 + \alpha)x^7 + (\alpha^4 + \alpha^2)x^8 + x^9)
\end{aligned}$$

von $\mathrm{Kern}(B - E_n)$, woraus man insbesondere abliest, dass $f$ in $4$ irreduzible Teiler zerfällt.

Beginnt man z.B. mit den zufälligen Koeffizienten der Linearkombination $\alpha^2 + \alpha, \alpha^4 + \alpha^2, \alpha^2, \alpha^3 + \alpha$, so erhält man

$$\begin{aligned}\ell(x) =&(\alpha^3 + \alpha)x^9 + (\alpha + 1)x^8 + (\alpha^4 + \alpha^2 + \alpha)x^7 + (\alpha^3 + \\&+ \alpha^2 + 1)x^6 + \alpha^2 x^5 + (\alpha^4 + \alpha^2)x^4 + (\alpha^3 + \alpha^2 + \alpha + 1)x^3 + \\&+ (\alpha^4 + \alpha^3 + 1)x^2 + (\alpha^4 + \alpha^2 + 1)x + \alpha^2 + \alpha\end{aligned}$$

und damit $\bmod f$

$$\begin{aligned}S(\ell) \equiv&(\alpha^4 + \alpha^2 + 1)x^9 + (\alpha^4 + \alpha^2 + \alpha + 1)x^8 + (\alpha^4 + \alpha)x^7 + \\&+ (\alpha^3 + \alpha^2 + \alpha + 1)x^6 + (\alpha^2 + \alpha + 1)x^5 + (\alpha^4 + \alpha^3 + \alpha^2 + \\&+ \alpha)x^4 + x^3 + (\alpha^3 + \alpha^2 + \alpha + 1)x^2 + (\alpha^3 + \alpha^2)x + \alpha^4 + \alpha\end{aligned}$$

und somit aus $\mathrm{ggT}(f, S(\ell))$ bzw. $\mathrm{ggT}(f, S(\ell) \bmod f)$ die erste nichttriviale Zerlegung von $f$.
Nach diesem Schritt ist $U =$

$$\{x^4 + \alpha x^3 + \alpha^4 x^2 + (\alpha + 1)x + \alpha^4 + 1, x^6 + (\alpha + 1)x^5 + (\alpha^4 + \alpha + 1)$$
$$x^4 + (\alpha^4 + \alpha^3 + \alpha^2 + \alpha + 1)x^3 + x^2 + (\alpha^4 + \alpha^3 + 1)x + \alpha^4 + \alpha\}$$

Rechnet man nun z.B. mit den zufälligen Koeffizienten der Linearkombination $\alpha^4 + \alpha^2 + \alpha$, $\alpha^4$, $\alpha^4 + \alpha^3 + \alpha^2 + \alpha$, $\alpha$ weiter, so erhält man

$$\begin{aligned}\ell(x) =&\alpha x^9 + (\alpha^4 + \alpha^2 + 1)x^8 + (\alpha^2 + \alpha + 1)x^7 + (\alpha + 1)x^6 + \\&+ (\alpha^4 + \alpha^3 + \alpha^2 + \alpha)x^5 + \alpha^4 x^4 + (\alpha^4 + \alpha + 1)x^3 + (\alpha + \\&+ 1)x^2 + (\alpha^4 + \alpha^2)x + \alpha^4 + \alpha^2 + \alpha\end{aligned}$$

und damit

$$\begin{aligned}S(\ell) \equiv&(\alpha^3 + \alpha^2)x^9 + (\alpha^4 + \alpha + 1)x^8 + (\alpha^3 + \alpha + 1)x^6 + (\alpha^3 + \\&+ \alpha^2 + \alpha)x^5 + (\alpha^4 + \alpha^2 + \alpha + 1)x^4 + (\alpha^4 + \alpha^2)x^3 + (\alpha + \\&+ 1)x^2 + (\alpha^4 + \alpha^3 + \alpha^2)x + \alpha^3 + \alpha^2 + \alpha \bmod f\end{aligned}$$

Mit dieser Spur wird nun jeweils der $\mathrm{ggT}(u, S(\ell))$ für alle $u \in U$ berechnet. Der erste ggT ist $1$, der zweite, mit dem Polynom 6. Grades aus $U$, liefert eine Verfeinerung der bisher berechneten Zerlegung: $\mathrm{ggT}(u, S(\ell)) = x^2 + (\alpha^3 + \alpha^2)x + \alpha^3 + \alpha$.
Nach diesem Schritt ist

$$\begin{aligned}U =&\{x^4 + (\alpha^3 + \alpha^2 + \alpha + 1)x^3 + (\alpha^3 + \alpha^2 + \alpha + 1)x^2 + (\alpha^4 + \\&+ \alpha^2)x + \alpha^4 + \alpha^3 + \alpha, x^4 + \alpha x^3 + \alpha^4 x^2 + (\alpha + 1)x + \alpha^4 + \\&+ 1, x^2 + (\alpha^3 + \alpha^2)x + \alpha^3 + \alpha\}\end{aligned}$$

Rechnet man nun z.B. mit den zufälligen Koeffizienten der Linearkombination $\alpha^4 + \alpha^2 + 1$, $\alpha^3 + \alpha$, $\alpha^4 + \alpha^2$, $\alpha^3 + \alpha^2 + \alpha + 1$ weiter, also mit der Linearkombination

$$
\begin{aligned}
\ell(x) = &(\alpha^3 + \alpha^2 + \alpha + 1)x^9 + (\alpha^3 + \alpha^2 + \alpha)x^8 + (\alpha^4 + \alpha^2 + \alpha)x^7 + \\
&+ (\alpha^4 + \alpha^2)x^5 + (\alpha^3 + \alpha)x^4 + (\alpha^4 + \alpha^3 + \alpha + 1)x^3 + \\
&+ (\alpha^3 + \alpha + 1)x^2 + (\alpha^4 + \alpha^3 + \alpha)x + \alpha^4 + \alpha^2 + 1
\end{aligned}
$$

so ergibt sich die Spur

$$
\begin{aligned}
S(\ell) \equiv &(\alpha^3 + \alpha)x^9 + (\alpha^3 + \alpha^2 + \alpha + 1)x^8 + (\alpha^4 + \alpha + 1)x^7 + \\
&+ (\alpha^3 + \alpha)x^6 + (\alpha^4 + \alpha^3 + \alpha^2 + \alpha)x^5 + (\alpha^4 + \alpha^2 + \alpha + \\
&+ 1)x^4 + (\alpha^4 + \alpha^3 + \alpha^2)x^3 + (\alpha^3 + \alpha + 1)x^2 + (\alpha^3 + \alpha^2 + \\
&+ \alpha)x + \alpha^4 + \alpha^2 + \alpha \bmod f
\end{aligned}
$$

Der ggT der Spur mit dem ersten $u$ (Grad 4) liefert dann auch schon den letzten Faktor:

$$
\mathrm{ggT}(u, S(\ell)) = x^2 + (\alpha^2 + \alpha + 1)x + \alpha^2 + 1 + \alpha^4
$$

also insgesamt die vollständige Zerlegung von $f$:

$$
\begin{aligned}
U = \{&x^2 + (\alpha^2 + \alpha + 1)x + \alpha^2 + 1 + \alpha^4, x^2 + \alpha^3 x + \alpha + 1 + \alpha^3, \\
&x^4 + \alpha x^3 + \alpha^4 x^2 + (\alpha + 1)x + \alpha^4 + 1, x^2 + (\alpha^3 + \alpha^2)x + \alpha^3 + \alpha\}.
\end{aligned}
$$

Bei dem geschilderten Verlauf wurden insgesamt 4 ggT-Berechnungen durchgeführt. Nur eine davon ergab einen trivialen ggT, alle anderen führten direkt zur Zerlegung von $f$!

Bekanntlich ist $x^q - x$ das Produkt aller $x - a$ mit $a \in \mathrm{GF}(q)$, d.h. das Produkt aller verschiedenen normierten, über $\mathrm{GF}(q)$ irreduziblen Polynome vom Grad 1. Eine weitere Verbesserung des Faktorisierungsalgorithmus beruht auf dem folgenden Satz, der dieses Ergebnis verallgemeinert.

**6.3.3.3 Satz:** Das Polynom $x^{q^r} - x$ ist das Produkt aller verschiedenen, normierten, über $\mathrm{GF}(q)$ irreduziblen Polynome, deren Grad die Zahl $r \in \mathbb{N}$ teilt.

*Beweis:* Es sei $m(x) \in \mathrm{GF}(q)[x]$ ein irreduzibles Polynom vom Grad $d$ mit $d \mid r$, also etwa $r = d \cdot r'$. Dann ist der Restklassenring $F := \mathrm{GF}(q)[x]/\langle m(x)\rangle$ ein Körper mit $q^d$ Elementen.

Für jedes $f \in F$ gilt also $f^{q^d} = f$ und somit auch

$$
f^{q^r} = f^{q^{d \cdot r'}} = \left(\left(f^{q^d}\right)^{q^d} \cdots\right)^{q^d} = f.
$$

Insbesondere gilt dies natürlich für das Polynom $f(x) = x$, was für $x \in F$ bedeutet $x^{q^r} = x$, bzw. für $x \in \mathrm{GF}(q)[x]$

$$x^{q^r} \equiv x \bmod m(x) \iff m(x) \mid x^{q^r} - x,$$

d.h. jedes irreduzible Polynom vom Grad $d \mid r$ teilt $x^{q^r} - x$.

Es bleibt noch zu zeigen, dass das alle Polynome sind, die $x^{q^r} - x$ teilen. Dazu geht man vom Gegenteil aus und betrachtet ein irreduzibles Polynom $m(x) \in \mathrm{GF}(q)[x]$ vom Grad $d > r$ mit $m(x) \mid x^{q^r} - x$. Der Körper $F$ sei wie oben definiert. Für ein beliebiges $f(x) = \sum_{i=0}^{d-1} f_i x^i \in F$ ist dann $f(x)^{q^r} = f(x^{q^r}) = f(x)$, denn in $F$ gilt wegen $m(x) \mid x^{q^r} - x$, dass $x^{q^r} = x$. Somit ist jedes $f \in F$ eine Wurzel des Polynoms $z^{q^r} - z$, was aber wegen $|F| = q^d > q^r = \deg(z^{q^r} - z)$ nicht möglich ist.   $\square$

**6.3.3.4 Beispiel:** Das Polynom $x^{16} - x$ hat über $\mathbb{Z}_2$ die Faktoren $x$, $x+1$, $x^2+x+1$, $x^4+x+1$, $x^4+x^3+1$ und $x^4+x^3+x^2+x+1$, also genau alle verschiedenen, normierten, über $\mathbb{Z}_2$ irreduziblen Polynome vom Grad $1$, $2$ und $4$.

Mit diesem Satz kann man mit einer Folge einfacher ggT-Berechnungen ein gegebenes quadratfreies Polynom $f(x) \in \mathrm{GF}(q)[x]$ vom Grad $n$ faktorisieren in $f(x) = d_1(x) \cdot d_2(x) \cdots \ldots \cdot d_n(x)$, wobei $d_i$ das Produkt aller verschiedenen, normierten, über $\mathrm{GF}(q)$ irreduziblen Teiler vom Grad $i$ von $f$ sei. Es ist nämlich

$$d_i(x) = \mathrm{ggT}\left(x^{q^i} - x, f(x)/\prod_{j=1}^{i-1} d_j(x)\right) \quad \text{für } i = 1, 2, \ldots$$

**___Faktorisierung nach Graden (Distinct Degree Factorization)___**

```
procedure DDF(f, q)                    # Eingabe: f ∈ GF(q)[x] quadratfrei
    r ← x; h ← f; g ← 0; n ← deg(f)    # Ausgabe: d₁, d₂,...mit ∏ᵢ dᵢ = f
    while g < n/2 and h ≠ 1 do         #          und dᵢ = Produkt aller
        g ← g + 1; r ← r^q mod h       #          Teiler vom Grad i
        d_g ← ggT(r − x, h)
        if d_g ≠ 1 then
            h ← h/d_g
            r ← r mod h
        end if
    end do
    n ← deg(h); if n > 1 then d_n ← h end if
    Return(d₁,...,d_n)
end
```

**6.3.3.5 Beispiel:** Für $f(x) = x^{21} + x^{20} + x^{18} + x^{17} + x^{15} + x^6 + x^5 + x^3 + x^2 + 1 \in \mathbb{Z}_2[x]$ liefert DDF die Faktorisierung

$$f = \underbrace{(x+1)}_{d_1} \underbrace{(x^2+x+1)}_{d_2} \underbrace{(x^{12}+x^9+x^6+x^3+1)}_{d_4} \underbrace{(x^6+x^5+x^3+x^2+1)}_{d_6} \,.$$

Ist der Grad von $d_i$ gleich $i$, so ist $d_i$ irreduzibel. Im Beispiel weiß man also, dass $d_1$, $d_2$ und $d_6$ irreduzibel sind und $d_4$ aus 3 irreduziblen Faktoren vom Grad 4 besteht.

Ist $n = \deg(f)$ und berechnet man $r^q \bmod h$ jeweils mit ModPot$(r,q,h)$ so erfordert das höchstens $\mathcal{O}(n^2 \log q)$ Operationen in GF$(q)$, denn $\deg(h) \leq \deg(f)$. Die folgende ggT-Berechnung erfordert $\mathcal{O}(n^2)$ Operationen, wird also von dem ersten Schritt dominiert. Da die Schleife maximal $\frac{n}{2}$-mal durchlaufen wird führt das auf eine Gesamtkomplexität dieses Teils von $\mathcal{O}(n^3 \log q)$.

Die **if** -Schleife wird maximal so oft durchlaufen, wie es verschiedene irreduzible Faktoren in $f$ gibt. Hier erwartet man im Schnitt $\mathcal{O}(\log(n))$ Faktoren und im schlimmsten Fall $\mathcal{O}(n)$ Faktoren und jeder Schritt ist von der Ordnung $\mathcal{O}(n^2)$, d.h. dieser Teil schlägt insgesamt mit erwartet $\mathcal{O}(n^2 \log(n))$ bis maximal $\mathcal{O}(n^3)$ zu Buche und wird somit von obigem $\mathcal{O}(n^3 \log q)$ dominiert. Es gilt also

$$\mathrm{Op}[(d_1,\dots,d_n) \leftarrow \mathrm{DDF}(f,q)](n,q) = \mathcal{O}(n^3 \log q)\,.$$

Wie gezeigt, ist die Berechnung von $x^{q^i} - x \bmod h(x)$ der aufwändigste Teil des Algorithmus. Eine Verbesserung mit Hilfe der Berlekamp-Matrix $B$ wurde in [Le7] vorgeschlagen und beruht auf dem

**6.3.3.6 Hilfssatz:** Es seien $f(x) \in$ GF$(q)[x]$ quadratfrei mit $\deg(f) = n$ und $B = (b_{ji})$ die Matrix mit $x^{qi} \equiv \sum_{j=0}^{n-1} b_{ji}x^j \bmod f(x)$ für $0 \leq i \leq n-1$. Für ein beliebiges $g(x) \in$ GF$(q)[x]$ mit $\deg g < \deg f$ gilt dann

$$B \cdot g = g^q \bmod f(x)\,,$$

wobei $g$ und $g^p$ hier die Koeffizientenvektoren der entsprechenden Polynome seien.

*Beweis:* Es sei $g(x) = \sum_{i=0}^{n-1} g_i x^i$. In GF$(q)[x]$ gilt $g(x)^q = g(x^q) = \sum_{i=0}^{n-1} g_i x^{qi}$. Damit folgt

$$g(x)^q \equiv \sum_{i=0}^{n-1} g_i \sum_{j=0}^{n-1} b_{ji}x^j \bmod f(x) = \sum_{j=0}^{n-1} \left( \sum_{i=0}^{n-1} b_{ji}g_i \right) x^j = B \cdot g\,. \qquad \square$$

Damit muss man einmal am Anfang die Berlekamp-Matrix berechnen, was mit ModPot bekanntlich mit dem Aufwand $\mathcal{O}(n^2 \log q + n^3)$ verbunden ist, und dann jeweils $x^{q^i} - x \bmod h(x)$ über das Produkt mit der Berlekamp-Matrix $B$ gemäß dem Hilfssatz bestimmen.

Da das jeweils mit $\mathcal{O}(n^2)$ geht und die Schleife maximal $\frac{n}{2}$-mal durchlaufen wird, sinkt damit die Komplexität dieses Programmteils auf $\mathcal{O}(n^3 + n^2 \log q)$ gegenüber obigem $\mathcal{O}(n^3 \log q)$.

Eine sehr ausführliche Diskussion der Laufzeit dieses Algorithmus findet sich in [FGP]. Dort wird unter anderem gezeigt, dass nach der Anwendung der quadratfreien Faktorisierung und der Faktorisierung nach Graden die Wahrscheinlichkeit für eine bereits vollständige Faktorisierung asymptotisch nahe bei $e^{-\gamma}$ liegt°, also bei über 56%.

Um die verbleibenden reduziblen Faktoren $d_i$ mit $\deg d_i > i$ nun noch vollständig zu zerlegen (der Gesamtgrad dieser $d_i$ hat laut [FGP] den Erwartungswert $\log n$), verwendet man einen ähnlichen Ansatz wie bei der 'Big Prime'-Variante des Berlekamp-Algorithmus. Wie bereits im Beweis des vorhergehenden Satzes gezeigt, ist jedes $f \in F$ eine Wurzel des Polynoms $z^{q^r} - z$, d.h. $f^{q^r} \equiv f \bmod x^{q^r} - x$ bzw. $x^{q^r} - x \mid f^{q^r} - f$. Insbesondere enthält also $f^{q^r} - f$ alle irreduziblen Polynome vom Grad $r$ über $\mathrm{GF}(q)$. Deshalb gilt für ungerades $q$ und beliebiges $f$

$$d_i = \mathrm{ggT}(d_i, f^{q^i} - f) = \mathrm{ggT}(d_i, f) \cdot \mathrm{ggT}(d_i, f^{\frac{q^i-1}{2}} - 1) \cdot \mathrm{ggT}(d_i, f^{\frac{q^i-1}{2}} + 1)$$

und man kann hoffen durch die Berechnung von $\mathrm{ggT}(d_i, f^{\frac{q^i-1}{2}} - 1)$ nichttriviale Teiler von $d_i$ zu finden. Der große Vorteil bei diesem Verfahren ist natürlich, dass dazu keine Berlekamp-Matrix und keine Lösung eines linearen Gleichungssystems nötig ist. Außerdem sieht man ohne weitere Rechnung sofort am Grad, ob eines der beteiligten Polynome irreduzibel ist.

Ist $\deg d_i > i$, so gibt es irreduzible Polynome $f_{i1}, \ldots, f_{ij}$ mit $\deg f_{i\ell} = i$ für $\ell = 1, \ldots, j$ und $d_i = f_{i1} \cdot \ldots \cdot f_{ij}$. Nach dem Chinesischen Restsatz ist der kanonische Homomorphismus

$$\phi : \mathrm{GF}(q)[x]/_{\langle d_i(x)\rangle} \to \mathrm{GF}(q)[x]/_{\langle f_{i1}(x)\rangle} \times \ldots \times \mathrm{GF}(q)[x]/_{\langle f_{ij}(x)\rangle}$$

sogar ein Ringisomorphismus und alle Restklassenringe auf der rechten Seite sind wegen der Irreduzibilität der $f_{i\ell}$ Körper isomorph zu $\mathrm{GF}(q^i)$.

Analog zur Argumentation am Anfang ist $\mathrm{ggT}(d_i, f^{\frac{q^i-1}{2}} - 1)$ genau dann trivial, wenn alle $f_{i\ell}$ das Polynom $f^{\frac{q^i-1}{2}} - 1$ teilen oder kein $f_{i\ell}$ das Polynom $f^{\frac{q^i-1}{2}} - 1$ teilt, d.h. wenn $\phi(f^{\frac{q^i-1}{2}})$ der volle 1-Vektor ist oder all seine Einträge $\neq 1$ sind.

Dies ist genau dann der Fall, wenn $f^{\frac{q^i-1}{2}} \equiv 1 \bmod f_{i\ell}$ für $\ell = 1, \ldots j$ ist, d.h. wenn $f$ in allen $\mathrm{GF}(q)[x]/_{\langle f_{i\ell}(x)\rangle}$ ein Quadrat ist, oder wenn $f$ in all diesen Körpern ein Nichtquadrat ist.

Da es in $\mathrm{GF}(q^i)$ genau $\frac{q^i-1}{2}$ Quadrate und $\frac{q^i+1}{2}$ Nichtquadrate gibt, ist die Wahrscheinlichkeit für eine nichttriviale Faktorisierung

---

° $\gamma \approx 0,577216$ sei die Eulersche Konstante

$$P(q^i, j) = 1 - \left(\frac{q^i - 1}{2q^i}\right)^j - \left(\frac{q^i + 1}{2q^i}\right)^j \geq \frac{4}{9}$$

Deshalb erwartet man etwa 2 Schritte pro Treffer. Pro Schritt wird $f^{\frac{q^i-1}{2}} - 1 \bmod d_i$ berechnet, was mit ModPot etwa $\mathcal{O}(\deg(d_i)^2 \log \frac{q^i-1}{2}) = \mathcal{O}(i^3 j^2 \log q)$ Schritte erfordert. Der Algorithmus, der oft mit EDF (Equal Degree Factorization) bezeichnet wird, sieht dann etwa so aus:

___Faktorisierung, Produkt gleicher Grade, $q$ ungerade (EDF)___

**procedure** EDF$(d, i, q)$      # Eingabe: Polynom $d(x) =$
  **if** $\deg(d) \leq i$ **then Return**$(d)$ **end if** #     quadratfreies Produkt
  $f \leftarrow$ zufälliges Polynom vom Grad   #     irreduzibler Faktoren
    $\deg(d) - 1$ aus GF$(q)[x]$     #     vom Grad $i$
                          # Ausgabe: Irreduzible Faktoren
  $f \leftarrow \mathrm{ggT}(d, f^{\frac{q^i-1}{2}} - 1 \bmod d)$   #     $f_1, \ldots, f_j$ von $d(x)$
  **Return**(EDF$(f, i, q) \cdot$ EDF$(d/f, i, q)$)
**end**

*6.3.3.7 Beispiel:*  Gegeben sei das quadratfreie Polynom

$$f = x^7 + (\alpha + 1)x^6 + 2x^5 + (2\alpha^2 + 2\alpha)x^4 + (2\alpha^2 + 2\alpha + 2)x^3 +$$
$$+ (\alpha^3 + \alpha^2 + 2)x^2 + (2\alpha^2 + \alpha + 1)x + \alpha \in \mathrm{GF}(81)[x].$$

Dabei sei $\alpha$ eine Wurzel des über $\mathbb{Z}_3$ irreduziblen Polynoms $x^4 + x + 2$. Dieses Trinom ist primitiv, d.h. $\alpha$ erzeugt GF$(81)^*$ und $\{1, \alpha, \alpha^2, \alpha^3\}$ ist eine Basis des $\mathbb{Z}_3$-Vektorraumes GF$(81)$. DDF liefert

$$d_1(x) = x^3 + (2\alpha^3 + \alpha^2 + 2\alpha + 2)x^2 + (2\alpha^3 + \alpha^2 + 1)x + 2 + \alpha^3 + 2\alpha^2 + 2\alpha,$$

also 3 noch nicht getrennte Linearfaktoren und

$$d_2(x) = x^4 + (\alpha^3 + 2\alpha^2 + 2\alpha + 2)x^3 + (\alpha^2 + \alpha + 1)x^2 +$$
$$+ (\alpha^3 + 2\alpha^2 + 2\alpha)x + \alpha^3 + 2,$$

was aus 2 quadratischen Faktoren besteht.

Mit $d_1$ könnte EDF z.B. so ablaufen (im Algorithmus ist $d$ jeweils das als erstes Argument übergebene Polynom):

   Erster Aufruf:

      EDF$(d_1, 1, 81)$

         Zufälliges $f = x^2 + 2\alpha^3 + 2\alpha^2 + \alpha + 2 + (2\alpha^2 + 1)x$

         $\Rightarrow f^{\frac{q^i-1}{2}} \bmod d = 2 \Rightarrow \mathrm{ggT}(d, f^{\frac{q^i-1}{2}} - 1 \bmod d) = 1$

      Ausgabe: EDF$(d_1, 1, 81) \cdot$ EDF$(1, 1, 81)$

      Rekursiver Aufruf (EDF$(1, 1, 81)$ liefert 1):

      EDF$(d_1, 1, 81)$

         Zufälliges $f = x^2 + \alpha^3 + \alpha^2 + 2\alpha + 2 + \alpha^3 x$

$$\Rightarrow f^{\frac{q^i-1}{2}} \bmod d = 1 \Rightarrow \mathrm{ggT}(d, f^{\frac{q^i-1}{2}} - 1 \bmod d) = d$$

Ausgabe: $\mathrm{EDF}(d_1, 1, 81) \cdot \mathrm{EDF}(1, 1, 81)$

Rekursiver Aufruf ($\mathrm{EDF}(1, 1, 81)$ liefert 1):

$\mathrm{EDF}(d_1, 1, 81)$

Zufälliges $f = x^2 + 2\alpha^3 + 2\alpha^2 + \alpha + 2 + (2\alpha^3 + 1)x$

$$\Rightarrow f^{\frac{q^i-1}{2}} \bmod d = (\alpha^3 + \alpha^2)x^2 + 2x + 2\alpha + 2 + 2\alpha^3 + \alpha^2$$

$$\Rightarrow \mathrm{ggT}(d, f^{\frac{q^i-1}{2}} - 1 \bmod d) = x + \alpha^2 + 2$$

Ausgabe:

$\mathrm{EDF}(x + \alpha^2 + 2, 1, 81) \cdot \mathrm{EDF}(x^2 + (2\alpha^3 + 2\alpha)x + 2\alpha^3 + 1, 1, 81)$

Rekursiver Aufruf ($\mathrm{EDF}(x + \alpha^2 + 2, 1, 81)$ liefert $x + \alpha^2 + 2$):

$\mathrm{EDF}(x^2 + (2\alpha^3 + 2\alpha)x + 2\alpha^3 + 1, 1, 81)$

Zufälliges $f = x + 2\alpha^3 + \alpha^2 + \alpha + 1$

$$\Rightarrow f^{\frac{q^i-1}{2}} \bmod d = \alpha^3 x + \alpha^2 + 2\alpha + 1 + 2\alpha^3$$

$$\Rightarrow \mathrm{ggT}(d, f^{\frac{q^i-1}{2}} - 1 \bmod d) = x + 2\alpha^2 + 2$$

Ausgabe:

$\mathrm{EDF}(x + 2\alpha^2 + 2, 1, 81) \cdot \mathrm{EDF}(x + \alpha^2 + 2\alpha + 1 + 2\alpha^3, 1, 81) =$
$(x + 2\alpha^2 + 2) \cdot (x + \alpha^2 + 2\alpha + 1 + 2\alpha^3)$

also zusammen mit dem bereits weiter oben berechneten Linearfaktor mit insgesamt 4 ggT-Berechnungen

$$d_1 = (x + \alpha^2 + 2)(x + 2\alpha^2 + 2)(x + \alpha^2 + 2\alpha + 1 + 2\alpha^3).$$

Entsprechend erhält man für $d_2$ die Zerlegung

$$d_2 = (x^2 + (\alpha^3 + 2\alpha^2 + \alpha + 2)x + \alpha^3 + 2)(x^2 + \alpha x + 1),$$

so dass damit die vollständige Faktorisierung

$$f = (x + \alpha^2 + 2)(x + 2\alpha^2 + 2)(x + \alpha^2 + 2\alpha + 1 + 2\alpha^3)$$
$$(x^2 + (\alpha^3 + 2\alpha^2 + \alpha + 2)x + \alpha^3 + 2)(x^2 + \alpha x + 1)$$

berechnet wurde.

Ist $q$ gerade, also von der Form $p = 2^s$, so verwendet man wieder die Spurfunktion, von der man nach $(4.2)$ weiß, dass

$$x^{(q^r)} - x = \left(\sum_{i=0}^{rs-1} x^{p^i}\right) \cdot \left(\sum_{i=0}^{rs-1} x^{p^i} + 1\right)$$

Da $f^{q^r} - f$ alle irreduziblen Polynome vom Grad $r$ über $\mathrm{GF}(q)$ enthält, folgt

$$d_i = \mathrm{ggT}(d_i, f^{q^i} - f) = \mathrm{ggT}\left(d_i, \sum_{j=0}^{is-1} f^{p^j}\right) \cdot \mathrm{ggT}\left(d_i, \sum_{j=0}^{is-1} f^{p^j} + 1\right)$$

und man kann hoffen, mittels $\mathrm{ggT}(d_i, \sum_{j=0}^{is-1} f^{p^j})$ nichttriviale Teiler von $d_i$ zu finden.

Auch hier hat man sehr gute Chancen für ein nichttriviales Ergebnis. Besteht $d_i$ aus den $j$ irreduziblen Faktoren $f_{i1}, \ldots, f_{ij}$, so ist obiger ggT trivial, falls $\sum_{i=0}^{is-1} f^{p^i}$ von allen $f_{i\ell}$ geteilt wird, oder falls es von keinem geteilt wird. Von den insgesamt $2^j$ Möglichkeiten führen also genau 2 zu einem trivialen Ergebnis, d.h. mit der Wahrscheinlichkeit $1 - 2\left(\frac{1}{2}\right)^j \geq \frac{1}{2}$ für $j \geq 2$ erhält man eine nichttriviale Zerlegung. Um den gezeigten Algorithmus EDF tauglich für die Charakteristik 2 zu machen, muss man also nur eine **if**-Abfrage nach $q$ einbauen und im geraden Fall statt $\mathrm{ggT}(d, f^{\frac{q^i-1}{2}} - 1 \bmod d)$ den $\mathrm{ggT}(d, \sum_{j=0}^{is-1} f^{p^j} \bmod d)$ berechnen.

## 6.4 Berlekamp-Hensel Faktorisierung

### 6.4.1 Grundidee

Um einen besseren Algorithmus als den von Kronecker zu bekommen, bedient man sich der Technik des Rechnens in homomorphen Bildern, die für den Fall der Faktorisierung eines univariaten Polynoms durch das folgende Diagramm beschrieben wird.

Bevor man ein gegebenes Polynom $f$ aus $\mathbb{Z}[x]$ dieses Diagramm durchlaufen lässt, macht man es primitiv und quadratfrei (Algorithmus vonYun).

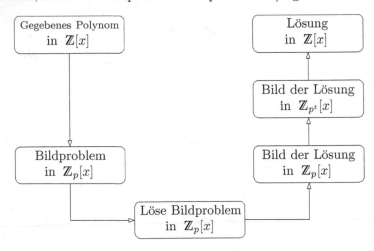

Durch Multiplizieren von $f$ mit $\mathrm{LK}(f)^{\deg f - 1}$ und anschließende Substitution $x \leftarrow x/\mathrm{LK}(f))$ erhält man ein Polynom $\hat{f}(x)$, das normiert ist, in $\mathbb{Z}[x]$ liegt und aus dessen Faktorisierung man durch die umgekehrte Transformation die Faktorisierung von $f$ in $\mathbb{Z}[x]$ ablesen kann.

Diese Normierung erleichtert die Wahl der Primzahl $p$ (s. das folgende Beispiel) und die spätere Rücktransformation aus $\mathbb{Z}_p[x]$, macht aber die Koeffizienten des betrachteten Polynoms unnötig groß. Lässt man deshalb diesen Schritt weg, so muss man sich Gedanken machen, wie man nach der Rücktransformation den ursprünglichen Leitkoeffizienten wieder herstellen kann.

Das Durchlaufen des Diagramms führt auf eine Faktorisierung von $f$, wenn die gewählte Primzahl $p$ nicht gerade unglücklich gewählt wurde. Dies ist sicher dann der Fall, wenn $p$ den Leitkoeffizienten von $f$ teilt und somit der Grad von $f$ durch die Abbildung nach $\mathbb{Z}_p[x]$ verringert wird. Ebenso ist $p$ unglücklich, wenn das Bild von $f$ in $\mathbb{Z}_p[x]$ nicht mehr quadratfrei ist.

Der zweite Punkt lässt sich leicht mit Hilfe von Resultanten nachprüfen. Da wir über einem endlichen und somit vollkommenen Körper arbeiten, ist $f$ genau dann quadratfrei in $\mathbb{Z}_p[x]$, wenn gilt $\mathrm{ggT}(f \bmod p, f' \bmod p) = 1$. Dies ist genau dann der Fall, wenn $\mathrm{res}_x(f \bmod p, f' \bmod p)$ nicht verschwindet, also wenn $p$ kein Teiler von $\mathrm{res}_x(f, f')$ ist.

*6.4.1.1 Beispiel:* Das Polynom

$$f(x) = 10x^6 - 9x^5 - 7x^4 + 40x^2 - 36x - 28 \in \mathbb{Z}[x]$$

soll faktorisiert werden. Es ist primitiv und wegen $\mathrm{ggT}(f, f') = 1$ quadratfrei.

Geht man zu

$$\hat{f}(x) = 10^5 \cdot f(\frac{x}{10}) = x^6 - 9x^5 - 70x^4 + 40000x^2 - 360000x - 2800000$$

über und faktorisiert dieses normierte Polynom, so muss man sich zwar nicht mehr um ein eventuelles Verschwinden des Leitkoeffizienten kümmern, hat es aber dafür mit deutlich größeren Koeffizienten zu tun.

Die vollständige Faktorisierung von $\hat{f}$ lautet

$$\hat{f} = (x - 14)(x + 5)(x^2 + 20x + 200)(x^2 - 20x + 200).$$

Rücktransformation liefert

$$f(x) = 10^{-5}\hat{f}(10x) = (2x + 1)(5x - 7)(x^2 - 2x + 2)(x^2 + 2x + 2).$$

Verzichtet man auf diese Normierung, so muss $p \notin \{2, 5\}$ sein, damit der Leitkoeffizient 10 von $f$ nicht beim Rechnen modulo $p$ verschwindet.

Wegen

$$\operatorname{res}_x(f, f') = -6002376864600064000 = -2^{15}5^3 13^6 19^2 29^2$$

muss $p \notin \{2, 5, 13, 19, 29\}$ sein, da sonst $f \bmod p$ nicht mehr quadratfrei ist. Es gilt z.B.

$$f \equiv 10(x+4)(x+6)(x+9)^2(x+7)^2 \bmod 13\,,$$

$$f \equiv 3x(x+4)(x^2+5x+2)(x^2+2x+2) \bmod 7\,,$$

$$f \equiv 10(x+14)(x+9)(x+2)(x+5)(x+12)(x+3) \bmod 17\,.$$

Während sich aus der ersten Faktorisierung wegen des doppelten Faktors $(x+9)(x+7)$ nicht auf die Faktorisierung in $\mathbb{Z}[x]$ schließen lässt, ist $f$ in den beiden anderen Fällen quadratfrei. Die Faktorisierung $\bmod 7$ führt mit dem Satz von Hensel relativ direkt auf die Faktorisierung in $\mathbb{Z}[x]$, während $f \bmod 17$ in mehr irreduzible Faktoren zerfällt als $f$ selbst und deshalb noch zusätzliche Arbeit erfordert.

Der sehr allgemeine Fall des Satzes von Hensel wird in dem vorliegenden Fall deutlich einfacher. Der Ring $R$ ist $\mathbb{Z}[x]$, das Ideal $I$ ist $\langle p \rangle$, die Elemente $a_1, a_2, \ldots, a_k$ sind die mit dem Berlekamp-Algorithmus oder irgendeinem anderen Faktorisierungs-Algorithmus gefundenen irreduziblen Faktoren von $f$ in $\mathbb{Z}_p[x]$, $n$ ist 1 und wir betrachten das Polynom

$$F(x_1, x_2, \ldots, x_k) := f - x_1 \cdot x_2 \cdot \ldots \cdot x_k$$

aus $\mathbb{Z}[x][x_1, x_2, \ldots, x_k]$.

Bezeichnet man die irreduziblen Faktoren des quadratfreien Polynoms $f$ wie beim Berlekamp-Algorithmus mit $f_1, f_2, \ldots, f_k$ (nicht zu verwechseln mit den gleichnamigen Polynomen im Satz von Hensel), so gilt nach Definition von $F$

$$F(f_1, f_2, \ldots, f_k) \equiv 0 \bmod p\,.$$

Die Jakobi-Matrix $U = \left( \frac{\partial F}{\partial x_i}(f_1, \ldots, f_k) \right)_{1 \le i \le k}$ ist in diesem einfachen Fall der Zeilenvektor $U = (u_1, \ldots, u_k)$ mit

$$u_i := -\prod_{\substack{j=1 \\ j \ne i}}^{k} f_j \text{ für } 1 \le i \le k\,.$$

Da die $u_i$ teilerfremd sind und $v = \frac{F(f_1, \ldots f_k)}{p}$ ein Polynom kleineren Grades als $f$ ist, gibt es nach der Folgerung zu Satz **2.4.2** ein $\vec{b} = (b_j)_{1 \le j \le k}$ mit $U \cdot \vec{b} \equiv -v \bmod p$ und $\deg b_j < \deg f_j$. Mit diesem $\vec{b}$ ist auch $f_j^{(2)} := f_j + b_j \cdot p$ ein normiertes Polynom mit $\deg f_j^{(2)} = \deg f_j$.

Mit dieser Strategie für die Lösung von $U \cdot \vec{b} \equiv -v \bmod p$ hat man auch in den folgenden Liftschritten mit $v = \dfrac{F\left(f_1^{(t)}, \ldots f_k^{(t)}\right)}{p^t}$ Erfolg, denn auch dieses Polynom hat kleineren Grad als $f$. Das Polynom

$$f_j^{(t+1)} := f_j^{(t)} + b_j \cdot p^t$$

hat also immer noch den gleichen Grad wie $f_j^{(1)} = f_j$ und ist normiert.

Da das relativ einfach ist, kann man sich auch an das quadratische Liften wagen. Statt der im Sinne von **2.4.2** verallgemeinerten Bézout-Gleichung:[°]

$$u_1 b_1 + \ldots + u_k b_k \equiv -v \bmod p \,,$$

muss man dafür die Gleichung

$$u_1^{(t)} b_1 + \ldots + u_k^{(t)} b_k = -v \bmod p^t \qquad (6.12)$$

mit $u_i^{(t)} := -\prod_{\substack{j=1 \\ j \neq i}}^{k} f_j^{(t)}$, $t \in \mathbb{N}$ unter Einhaltung der Gradschranken $\deg b_i < \deg f_i$ für $1 \le i \le k$ nach $b_i$ lösen.

An die Lösung von *(6.12)* tastet man sich schrittweise heran. Zuerst betrachtet man eine solche Gleichung mit nur zwei Termen auf der linken Seite und mit $t = 1$, also etwa $Sa + Tb = v \bmod p$ mit teilerfremden Polynomen $a$ und $b$ und $\deg(v) < \deg(a) + \deg(b)$. Aus **2.4.2** ist bekannt, dass diese Gleichung eindeutig lösbar ist.

Mit Hilfe der Prozedur Gcdex aus dem Abschnitt über Ideale (man befindet sich ja in dem euklidischen Ring $\mathbb{Z}_p[x]$) kann man effektiv die Gleichung $S'a + T'b = 1 \bmod p$ lösen. Beidseitige Multiplikation mit $v$ führt dann auf $S'va + T'vb = v \bmod p$. Teilt man wie im Beweis von **2.4.2** die beiden Summanden mit Rest durch den $\mathrm{kgV}(a, b) = ab$, so erhält man

$$\begin{aligned}
S'va &= qab + r \;\Rightarrow\; (a|r \iff r = a\tilde{r}) \;\Rightarrow\; S'v - qb = \tilde{r} \\
T'vb &= q'ab + r' \;\Rightarrow\; (b|r' \iff r' = a\bar{r}) \;\Rightarrow\; T'v - q'a = \bar{r},
\end{aligned}$$

und $S := \tilde{r}$, $T := \bar{r}$ lösen $Sa + Tb = v \bmod p$. Wegen $q + q' = 0$ reicht für die Berechnung von $S$ und $T$ neben dem Aufruf von Gcdex die eine Division mit Rest $S'v = qb + S$ und damit $T'v = q'a + T \iff T = T'v + qa$.

Als kleine Routine sieht das etwa so aus

**————————Bézout-Gleichung mit zwei Termen mod $p$————————**

```
procedure bezout2 (a, b, v, p)      # Eingabe:  p prim, a, b, v ∈ ℤ_p[x]
    Gcdex(a, b, S, T)               #           mit deg(v) < deg(a) + deg(b)
    q ← PQuo(Sv, b)                 # Ausgabe:  [S, T] mit Sa + Tb = v mod p
    Return([PRest(Sv, b), qa + Tv]) #           PQuo, PRest und Gcdex
end                                 #           arbeiten in ℤ_p[x]
```

---

[°]    Da es sich um eine Gleichung mit ganzzahligen Lösungen handelt, spricht man auch von einer diophantischen Gleichung (nach Diophantos von Alexandria)

Hat man erst einmal die Lösung $\mod p$, so kann man diese mit einfachem Hensel-Lifting unter Verwendung der Routine `bezout2` liften zu einer Lösung von $Sa + Tb = v \mod p^t$.

_____**Bézout-Gleichung mit zwei Termen mod** $p^t$_____

**procedure** `bezout21` $(a, b, v, p, t)$    # Eingabe:    $p$ prim, $a, b, v \in \mathbb{Z}_p[x]$, $t \in \mathbb{N}$

   $[S, T] \leftarrow$ `bezout2`$(a, b, v, p)$       #          mit $\deg(v) < \deg(a) + \deg(b)$

   **for** $i$ **from** 1 **to** $p - 1$ **do**     # Ausgabe:    $[S, T]$ mit $Sa + Tb = v \mod p^t$

     $V \leftarrow \frac{Sa + Tb - v}{p^i}$

     $[\sigma, \tau] \leftarrow$ `bezout2`$(a, b, -V, p)$

     $S \leftarrow (S + \sigma p^i) \mod p^{i+1}$

     $T \leftarrow (T + \tau p^i) \mod p^{i+1}$

   **enddo**

   **Return**$([S, T])$

**end**

---

Damit kann man nun endlich *(6.12)* lösen, indem man rekursiv `bezout21` aufruft. Man setzt $\beta_0 := v$ und berechnet dann für $i = 1, \ldots, k - 1$ die eindeutige Lösung $\beta_i$, $b_i$ der Gleichung

$$\beta_i f_i + b_i \prod_{j=i+1}^{k} f_j \equiv \beta_{i-1} \mod p^t \tag{6.13}$$

aus. Am Ende setzt man noch $b_k := \beta_{k-1}$, d.h. $b_k f_{k-1} + b_{k-1} f_k \equiv \beta_{k-2}$.

Die so berechneten $b_i$ sind wirklich die in *(6.13)* gesuchten Größen, wie man durch Einsetzen überprüft:

$$\overbrace{b_1 \prod_{j=2}^{k} f_j^{(t)}}^{=-u_1 b_1} + \ldots + \overbrace{b_{k-2} f_k^{(t)} f_{k-1}^{(t)} \prod_{j=1}^{k-3} f_j^{(t)}}^{=-u_{k-2} b_{k-2}} + \overbrace{b_{k-1} f_k^{(t)} \prod_{j=1}^{k-2} f_j^{(t)}}^{=-u_{k-1} b_{k-1}} + \overbrace{b_k f_{k-1}^{(t)} \prod_{j=1}^{k-2} f_j^{(t)}}^{=-u_k b_k}$$

$$\underbrace{\qquad\qquad\qquad\qquad\qquad\qquad\qquad\qquad\qquad \equiv \beta_{k-2} \prod_{j=1}^{k-2} f_j^{(t)} \mod p^t ((6.13), i=k-1)}$$

$$\underbrace{\qquad\qquad\qquad\qquad\qquad \equiv \beta_{k-3} \prod_{j=1}^{k-3} f_j^{(t)} \mod p^t ((6.13) \text{ mit } i=k-2)}$$

$$\equiv \beta_0 \mod p^t \equiv v \mod p^t$$

_____**Bézout-Gleichung mit mehreren Termen mod** $p^t$_____

**procedure** `bezoutm` $(F, v, p, t)$    # Eingabe:    $F =$Faktorenliste $f_1, \ldots, f_k \in \mathbb{Z}_p[x]$

   $\beta_0 \leftarrow v$                #          von $f \in \mathbb{Z}[x]$, $\deg(v) < \deg(f)$

   $k \leftarrow$ Länge von $F$      #         $p$ prim, $t \in \mathbb{N}$

   **for** $i$ **from** 1 **to** $k - 1$ **do**   # Ausgabe:   $[b_1, \ldots, b_k]$ wie in *(6.12)*

     $[\beta_i, b_i] \leftarrow$ `bezout21`$(f_i, \prod_{j=i+1}^{k} f_j \mod p^t, \beta_{i-1}, p, t)$

   **end do**

   **Return**$([b_1, \ldots, b_{k-1}, \beta_{k-1}])$

**end**

---

*6.3.2  Beispiel:*  Mit $f(x) := x^6 + x^4 + x^2 + 1$ und $p = 13$ ist $f_1 := x + 5$, $f_2 := x^2 + 5$, $f_3 := x - 5$ und $f_4 := x^2 - 5$ und es folgt $-U =$

$$(x^5 - 5x^4 + x - 5,\; x^4 - 4x^2 - 5,\; x^5 + 5x^4 + x + 5,\; x^4 + 6x^2 + 5)$$

Zu dieser Matrix ist bereits in Beispiel *2.4.3* eine Rechtsinverse $W \bmod 13$ mit kleinen Graden berechnet worden, nämlich $W = (-2, 1, 2, 5)^t$. Weiterhin ist

$$v = \frac{F(f_1, \ldots, f_4)}{13} \equiv 2x^4 + 2x^2 + 4 \bmod 13 \quad.$$

Damit ist eine Lösung von $-U\vec{b} \equiv v \bmod 13$ der Vektor

$$\vec{b} = Wv \equiv \begin{pmatrix} -4x^4 - 4x^2 + 5 \\ 2x^4 + 2x^2 + 4 \\ 4x^4 + 4x^2 - 5 \\ -3x^4 - 3x^2 - 6 \end{pmatrix} \bmod 13 \quad.$$

Da die Einträge von $\vec{b}$ alle vom Grad 4 sind, würden sie beim Liftschritt $f_j^{(2)} = f_j + b_j \cdot 13$ für $j = 1, \ldots 4$ den Grad erhöhen, was natürlich unerwünscht ist. Gemäß der Folgerung zu Satz **2.4.2** gibt es aber auch eine Lösung $\vec{b}$, bei der dieser Effekt nicht auftritt.

Solch eine Lösung ist in Beispiel *2.4.4* bereits berechnet worden, nämlich $\vec{b} = (5, 5, -5, -5)^t$. Die Prozedur bezoutm liefert diese Lösung jetzt sehr viel direkter.

Damit hat man nun die algorithmische Grundlage, um linear oder quadratisch liften zu können. Linear braucht man bezoutm nur $\bmod\, p$ und mit der gegebenen Faktorenliste, im quadratischen Fall wird bezoutm $\bmod\, p^\ell$ gebraucht und mit der bereits gelifteten Faktorenliste $L$.

____Lineares Hensel-Lifting nach dem Berlekamp-Algorithmus____

**procedure** henlin $(f, F, p, t)$       # Eingabe: $F$ =Faktorenliste $f_1, \ldots, f_k \in \mathbb{Z}_p[x]$

   $m \leftarrow p; L \leftarrow F$             #              von $f \in \mathbb{Z}[x]$, $p$ prim, $t \in \mathbb{N}$

   $k \leftarrow$ Länge von $F$          # Ausgabe: $L$ =geliftete Faktorenliste

   **for** $j$ **from** 1 **to** $t - 1$ **do**    #              $f_1^{(t)}, \ldots, f_k^{(t)} \bmod p^t$

      $f_p \leftarrow \prod_{j=1}^{k} L_i$       # $L_i = i$.tes Element von $L$

      $v \leftarrow \frac{f - f_p}{m} \bmod m$

      bezoutm$(F, v, p, 1)$

      **for** $i$ **from** 1 **to** $k$ **do**

         $L_i \leftarrow L_i + b_i \cdot m \bmod(p \cdot m)$

      **end do**

      $m \leftarrow m \cdot p$

   **end do**

   **Return**$(L)$

**end**

*6.3.3 Beispiel:* Mit dem in vorhergehenden Beispiel berechneten $\vec{b}$ erhält man die Faktoren $\bmod 13^2$ von $f$

$$f_1^{(2)} = x + 70 \,, \ f_2^{(2)} = x^2 + 70 \,, \ f_3^{(2)} = x - 70 \,, \ f_4^{(2)} = x^2 - 70 \,.$$

Es gilt $f_i^{(2)} \equiv f_i \bmod 13$ und $\deg f_i^{(2)} = \deg f_i$ für $i = 1, \dots, 4$.

**_Quadratisches Hensel-Lifting nach dem Berlekamp-Algorithmus_**

**procedure henqu** $(f, F, p, t)$     # Eingabe: $F =$ Faktorenliste $f_1, \dots, f_k \in \mathbb{Z}_p[x]$

  $m \leftarrow p; L \leftarrow F; \ell \leftarrow 1$     #          von $f \in \mathbb{Z}[x]$, $p$ prim, $t \in \mathbb{N}$

  $k \leftarrow$ Länge von $F$     # Ausgabe: $L =$ geliftete Faktorenliste

  **for** $j$ **from** 1 **to** $t$ **do**     #          $f_1^{(t)}, \dots, f_k^{(t)} \bmod p^t$

   $fp \leftarrow \prod_{i=1}^{k} L_i; v \leftarrow \frac{f - fp}{m} \bmod m$

   **bezoutm**$(L, v, p, \ell)$

   **for** $i$ **from** 1 **to** $k$ **do**

    $L_i \leftarrow L_i + b_i \cdot m \bmod m^2$

   **end do**

   $m \leftarrow m^2; \ell \leftarrow 2\ell$

  **end do**

  **Return**$(L)$

**end**

---

*6.3.4 Beispiel:* Es sei wieder $f(x) := x^6 + x^4 + x^2 + 1 \in \mathbb{Z}[x]$ gegeben. Dieses Polynom ist quadratfrei und normiert. Da 3 kein Teiler von $\mathrm{res}_x(f, f')$ ist, kann man etwa $\bmod\, p = 3$ faktorisieren und erhält mit dem Berlekamp-Algorithmus $f(x) = (x^2 + 2x + 2)(x^2 + 1)(x^2 + x + 2)$ bzw. die Faktorenliste $F := [x^2 + 2x + 2, x^2 + 1, x^2 + x + 2]$.

Ruft man nun `henlin` mit diesen Werten auf, so erhält man hintereinander

$$\begin{aligned}
(1) \quad & v = x^4 + 2 + 2x^5 + x \ , \quad b = [x + 2, 0, x + 2] \ \Rightarrow \\
& L = [x^2 - 4x - 1, x^2 + 1, x^2 + 4x - 1] \bmod 9 \\
(2) \quad & v = 2x^2 + 2x^4 \quad\quad\quad , \quad b = [x, 0, 2x] \quad\quad\quad \Rightarrow \\
& L = [x^2 + 5x - 1, x^2 + 1, x^2 - 5x - 1] \bmod 27 \\
(3) \quad & v = x^4 + x^2 \quad\quad\quad\quad , \quad b = [2x, 0, x] \quad\quad\quad \Rightarrow \\
& L = [x^2 - 22x - 1, x^2 + 1, x^2 + 22x - 1] \bmod 81
\end{aligned}$$

usw.

Analog kommt man da mit `henqu` schon in 2 Lift-Schritten hin.

## 6.3.1 Wie weit muss man liften?

Nun stellt sich die Frage, wie weit man liften muss, um von der Faktorisierung modulo $p^t$ auf die gesuchte Faktorisierung in $\mathbb{Z}[x]$ schließen zu können. Darüber geben die Ungleichungen von Mignotte in **2.7.6** Auskunft.

In $\mathbf{Z}_{p^t}$ rechnet man mit ganzzahligen Vertretern zwischen $-\left[\frac{p^t-1}{2}\right]$ und $\left[\frac{p^t}{2}\right]$. Wählt man nun $t$ so, dass

$$\left[\frac{p^t - 1}{2}\right] > \max\{|b_j|\,,\ \deg q \le \frac{n}{2}\} = \left(\begin{matrix}\left[\frac{n}{2}\right]\\\left[\frac{n}{4}\right]\end{matrix}\right)\ \|f\| := B' \iff p^t > B$$

mit $B := 2B' + 1$ bzw. $B := 2B'$ je nachdem ob $p$ gerade oder ungerade ist, so ändert sich nichts, wenn man die gesuchte Faktorisierung in $\mathbf{Z}[x]$ modulo $p^t$ betrachtet.

Eine aus der Faktorisierung in $\mathbf{Z}_p[x]$ nach $\mathbf{Z}_{p^t}[x]$ hochgeliftete Faktorisierung könnte höchstens aus mehr Faktoren bestehen als dieses Bild der gesuchten Faktorisierung in $\mathbf{Z}[x]$. In diesem Fall könnten einige der Faktoren $f_1^{(t)}, \ldots, f_k^{(t)}$ mit den Faktoren in $\mathbf{Z}[x]$ übereinstimmen, andere müssen zu Faktoren in $\mathbf{Z}$ kombiniert werden.

*6.3.1.1 Beispiel:* Für das bereits mehrfach betrachtete $f(x) := x^6 + x^4 + x^2 + 1$ ist $\sqrt{\sum_{i=0}^{n} a_i^2} = \sqrt{4}$, $n = 6$ und damit (für ungerades $p$) $B = 2 \cdot \begin{pmatrix}3\\1\end{pmatrix} \cdot \sqrt{4} = 12$. Man kann also ein $p < B$ wählen und solange liften, bis man bei einem $p^t > B$ angelangt ist, oder man kann gleich eine Primzahl $p > B$ nehmen und sich damit das Hensel-Lifting sparen.

Die erste Möglichkeit wurde bereits im letzten Beispiel durchgerechnet:

$$f(x) \equiv (x^2 + 5x - 1)(x^2 - 5x - 1)(x^2 + 1) \bmod 27$$

Probedivisionen zeigen nun, dass $x^2 + 1$ auch ein Teiler von $f(x)$ in $\mathbf{Z}[x]$ ist, die beiden anderen mod 27 gefundenen Teiler aber keine Faktoren in $\mathbf{Z}[x]$ sind. Weiteres Liften bringt auch nichts, weil 27 schon über der Mignotte-Schranke liegt.

Die einzig verbleibende Möglichkeit ist, dass $f(x) \bmod 3$ in mehr Faktoren zerfällt, als es das in $\mathbf{Z}[x]$ tut. In der Tat ist

$$(x^2 + 5x - 1)(x^2 - 5x - 1) \equiv x^4 + 1 \bmod 27$$

ein Teiler von $f$ in $\mathbf{Z}[x]$, womit die vollständige Faktorisierung von $f$ in $\mathbf{Z}[x]$ gefunden wäre:

$$f(x) = (x^4 + 1)(x^2 + 1)\,.$$

Die zweite Möglichkeit kann man etwa mit $p = 13$ durchrechnen. Der Berlekamp-Algorithmus liefert

$$f(x) \equiv (x^2 + 5)(x^2 - 5)(x + 5)(x - 5) \bmod 13\,.$$

Mit Polynomdivision prüft man nun leicht nach, dass diese Faktoren keine echten Teiler sind. Die Produkte $(x - 5)(x + 5) \equiv x^2 + 1 \bmod 13$ und $(x^2 - 5)(x^2 + 5) = x^4 + 1 \bmod 13$ sind dagegen die bereits oben auf andere Weise gefundenen irreduziblen Faktoren in $\mathbb{Z}[x]$.

Bereits im letzten Beispiel war auch die Lösung mod 13 geliftet worden. Die Faktorisierung von $f(x)$ in $\mathbb{Z}[x]$ erhält man aus dieser Faktorisierung wie aus der Faktorisierung mod 13 durch Kombination zweier Faktoren. Dieser Liftschritt jenseits der Mignotteschranke bringt nichts.

Ist $f$ nicht normiert, und lässt man trotzdem die Normierung $\hat{f}(x) :=$ $\mathrm{LK}(f)^{\deg(f)-1} \cdot f(\frac{x}{\mathrm{LK}(f)})$ weg um die Koeffizienten (und damit auch die Mignotte-Schranke) möglichst klein zu halten, so stellt sich die Frage, wie man mit dem Leitkoeffizienten von $f$ umgeht. In $\mathbb{Z}_p[x]$ rechnet man ja auf jeden Fall mit normierten Polynomen.

Ist $g(x)$ einer der berechneten normierten Faktoren von $f(x) \bmod p^t$ und ist $p^t$ bereits größer als $B$, so berechnet man $\hat{g} := \mathrm{LK}(f) \cdot g(x) \bmod p^t$.

Da $f(x)$ primitiv vorausgesetzt war, ist auch jeder der gesuchten Teiler in $\mathbb{Z}[x]$ primitiv. Deshalb betrachtet man $\mathrm{pA}(\hat{g})$ in $\mathbb{Z}[x]$. Dieses Polynom enthält den richtigen Anteil von $\mathrm{LK}(f)$ und ist möglicherweise einer der gesuchten Teiler in $\mathbb{Z}[x]$. Ist es dies auch nicht, so muss man wieder Teiler kombinieren.

*6.3.1.2 Beispiel:* (Fortsetzung von *6.4.1.1*) Für

$$f(x) = 10x^6 - 9x^5 - 7x^4 + 40x^2 - 36x - 28$$

ist $B' \approx 187.6$, man kann also etwa $p^t = p = 379 > B = 2B'$ nehmen und muss dann nicht mehr liften.

Die normierte Faktorisierung von $f \bmod 379$ ist

$$(x^2 - 2x + 2)(x - 189)(x^2 + 2x + 2)(x - 153).$$

Es folgt

| $\mathrm{LK}(f) \cdot g =$ | | $\hat{g} =$ | | $\mathrm{pA}(\hat{g}) =$ |
|---|---|---|---|---|
| $10(x^2 - 2x + 2)$ | $\equiv$ | $10x^2 - 20x + 20$ | $\bmod 379$ , | $x^2 - 2x + 2$, |
| $10(x - 189)$ | $\equiv$ | $10x + 5$ | $\bmod 379$ , | $2x + 1$, |
| $10(x^2 + 2x + 2)$ | $\equiv$ | $10x^2 + 20x + 20$ | $\bmod 379$ , | $x^2 + 2x + 2$, |
| $10(x - 153)$ | $\equiv$ | $10x - 14$ | $\bmod 379$ , | $5x - 7$. |

Die vier Polynome in der letzten Spalte sind gerade auch die irreduziblen Teiler von $f$ in $\mathbb{Z}[x]$. Dies war durch Zufall der günstige Fall in dem die Grade dieser Faktoren den Faktoren in $\mathbb{Z}[x]$ entsprachen.

Nimmt man $p = 401$, so erhält man die normierte Faktorisierung

$$(x - 19)(x - 21)(x + 159)(x + 21)(x - 200)(x + 19).$$

Wie oben ergibt sich daraus

| $\mathrm{LK}(f) \cdot g =$ | $\hat{g} =$ | | $\mathrm{pA}(\hat{g}) =$ |
|---|---|---|---|
| $10(x - 19)$ | $\equiv 10x - 190$ | $\bmod 401$ , | $x - 19$ , |
| $10(x - 21)$ | $\equiv 10x + 191$ | $\bmod 401$ , | $10x + 191$ , |
| $10(x + 159)$ | $\equiv 10x - 14$ | $\bmod 401$ , | $5x - 7$ , |
| $10(x + 21)$ | $\equiv 10x - 191$ | $\bmod 401$ , | $10x - 191$ , |
| $10(x - 200)$ | $\equiv 10x + 5$ | $\bmod 401$ , | $2x + 1$ , |
| $10(x + 19)$ | $\equiv 10x + 190$ | $\bmod 401$ , | $x + 19$ . |

Davon sind nur $5x - 7$ und $2x + 1$ echte Teiler in $\mathbb{Z}[x]$, die anderen Faktoren müssen miteinander kombiniert werden. So ist etwa $(x - 19)(x + 21) \equiv x^2 + 2x + 2 \bmod 401$ ein weiterer Teiler in $\mathbb{Z}[x]$ (hier muss nicht mehr die Multiplikation mit $\mathrm{LK}(f)$ versucht werden, denn dieser Faktor steckt in den Linearfaktoren $5x - 7$ und $2x + 1$ bereits vollständig drin).

Die letzten Beispiele zeigen, dass man sich viel Arbeit mit dem Kombinieren der Faktoren am Ende sparen kann, wenn man eine glückliche Primzahl wählt, modulo der das gegebene Polynom möglichst wenige Teiler hat. Im letzten Beispiel führte etwa $p = 379$ ohne jegliche Kombination direkt auf die Faktorisierung in $\mathbb{Z}[x]$.

In dem Beispiel mit $x^6 + x^4 + x^2 + 1$ war $3$ von der Anzahl der Faktoren her günstiger als $13$, es musste aber in jedem Fall kombiniert werden. Der dafür verantwortliche Faktor $x^4 + 1$ von $f(x)$ hat die für dieses Verfahren unangenehme Eigenschaft, dass er modulo jeder Primzahl zerfällt, obwohl er in $\mathbb{Z}[x]$ irreduzibel ist.

Der Berlekamp-Algorithmus und das anschließende Hensel-Lifting funktionieren abhängig von $n$ und $p$ in polynomialer Zeit. Es stellt sich nun die Frage, wie stark das Kombinieren und Testen von entsprechend gelifteten Faktoren am Ende auf die Gesamtzeit des Algorithmus wirkt.

## 6.3.2 Swinnerton-Dyer Polynome

**6.3.2.1 Satz:** *Es seien* $n \in \mathbb{N}$ *und* $p_1, \dots, p_n$ *paarweise verschiedene Primzahlen. Das Polynom* $f_{p_1,\dots,p_n}(x)$ *vom Grad* $2^n$, *dessen Wurzeln*

$$e_1 \sqrt{p_1} + \dots + e_n \sqrt{p_n} \quad \text{mit} \quad e_i = \pm 1 \quad \text{für} \quad i = 1, \dots, n$$

*sind, hat ganzzahlige Koeffizienten und ist irreduzibel in* $\mathbb{Z}[x]$. *Weiterhin zerfällt* $f_{p_1,\dots,p_n}(x)$ *für jede Primzahl* $p$ *modulo* $p$ *in irreduzible Faktoren vom Grad höchstens* $2$

Die Polynome $f_{p_1,\dots,p_n}(x)$ heißen *Swinnerton-Dyer Polynome*.

*Beweis:* Wir zeigen zunächst per Induktion nach $n \in \mathbb{N}$, dass $g_n(x) :=$ $f_{p_1,\ldots,p_n}(x) \in \mathbb{Z}[x]$ ist, dass $\zeta_n := \sqrt{p_1} + \ldots + \sqrt{p_n}$ ein primitives Element der Körpererweiterung $K_n : \mathbb{Q}$ mit $K_n := \mathbb{Q}[\sqrt{p_1}, \ldots, \sqrt{p_n}]$ ist und dass $[K_n : \mathbb{Q}] = 2^n$ ist.

Für $n = 1$ ist die Behauptung sofort klar. Nun sei $n > 1$. Ist $g_{n-1} \in \mathbb{Z}[x]$, so folgt aus der Definition von $g_n(x)$

$$g_n(x) = g_{n-1}(x + \sqrt{p_n}) \cdot g_{n-1}(x - \sqrt{p_n}) \in \mathbb{Z}[\sqrt{p_n}][x].$$

Mit Satz **2.5.3** liest man daraus ab

$$g_n(x) = \mathrm{res}_y\left(g_{n-1}(x - y), y^2 - p_n\right).$$

Als Resultante zweier Polynome aus $\mathbb{Z}[x][y]$ ist damit $g_n(x) \in \mathbb{Z}[x]$.

Die $2^{n-1}$ Elemente der Menge $B_{n-1}$ mit

$$B_k := \{1\} \cup \left\{ \sqrt{p_{i_1} \cdot \ldots \cdot p_{i_j}} ; j = 1, \ldots, k, 1 \leq i_1 < i_2 < \ldots < i_j \leq k \right\}$$

erzeugen den $\mathbb{Q}$-Vektorraum $K_{n-1}$. Wegen der Induktionsvoraussetzung $[K_{n-1} : \mathbb{Q}] = 2^{n-1}$ ist $B_{n-1}$ sogar eine Basis von $K_{n-1} : \mathbb{Q}$.

Das Element $\sqrt{p_n}$ liegt nicht in $K_{n-1}$, denn es lässt sich nicht als $\mathbb{Q}$-Linearkombination der Elemente von $B_{n-1}$ darstellen. Gäbe es nämlich eine solche nichttriviale Linearkombination, so folgte aus der Tatsache, dass $p_1, \ldots, p_n$ paarweise verschiedene Primzahlen sind, dass mindestens zwei der Koeffizienten in der Kombination ungleich Null wären.

Nummeriert man die Primzahlen gerade so, dass etwa $p_{n-1}$ eine der Primzahlen ist, die in dieser nichttrivialen Linearkombination vorkommt, so gäbe es Elemente $a, b \in K_{n-2} \setminus \{0\}$ mit

$$a + b\sqrt{p_{n-1}} = \sqrt{p_n} \Rightarrow \sqrt{p_{n-1}} = \frac{p_n - a^2 - b^2 p_{n-1}}{2ab} \in K_{n-2},$$

was aber ein Widerspruch zur Induktionsvoraussetzung wäre. Dies zeigt $[K_n : K_{n-1}] = 2$ und damit $[K_n : \mathbb{Q}] = [K_n : K_{n-1}] \cdot [K_{n-1} : \mathbb{Q}] = 2^n$.

Es bleibt also noch zu zeigen, dass $\zeta_n := \sqrt{p_1} + \ldots + \sqrt{p_n}$ ein primitives Element der Körpererweiterung $K_n : \mathbb{Q}$ ist. Dazu betrachten wir die Wurzeln $w_1 := \zeta_{n-1}, w_2, \ldots, w_{2^{n-1}}$ von $g_{n-1}(x)$. Dann ist

$$h(x) := g_{n-1}(\underbrace{w_1 + \sqrt{p_n}}_{=\zeta_n} - x) \in \mathbb{Q}[\zeta_n][x].$$

Wegen $h(\sqrt{p_n}) = 0 \neq h(-\sqrt{p_n})$ ($w_1 + 2\sqrt{p_n} \notin \{w_2, \ldots, w_{2^{n-1}}\}$, denn $w_1 - w_j \in K_{n-1}$ und $\sqrt{p_n} \notin K_{n-1}$) gilt

$$\mathrm{ggT}(h(x), x^2 - p_n) = x - \sqrt{p_n} \in \mathbb{Q}[\zeta_n][x] \Rightarrow \sqrt{p_n} \in \mathbb{Q}[\zeta_n].$$

Da nach Induktionsvoraussetzung $\zeta_{n-1}$ primitives Element von $K_{n-1}$ ist und wegen $\zeta_{n-1} + \sqrt{p_n} = \zeta_n$, folgt $\mathbb{Q}[\zeta_n] = K_{n-1}[\sqrt{p_n}] = K_n$.

Da $[\mathbb{Q}[\zeta_n] : \mathbb{Q}] = 2^n$ ist und $\zeta_n$ Wurzel des normierten Polynoms $g_n(x)$ vom Grad $2^n$ ist, ist $g_n(x)$ das Minimalpolynom von $\zeta_n$, also insbesondere irreduzibel.

Rechnet man modulo $p$, so ist $\sqrt{p_i}$ als Wurzel des Polynoms $x^2 - p_i \in$ GF$(p)[x]$ $(1 \le i \le n)$ in GF$(p)$ oder schlimmstenfalls in GF$(p^2)$. Über GF$(p^2)$ zerfällt $g_n(x)$ somit in Linearfaktoren. Die irreduziblen Faktoren von $g_n(x) \bmod p$ sind also höchstens quadratisch. $\qquad\square$

*6.3.2.2 Beispiel:*

$$
\begin{aligned}
f_{17,19,23}(x) =& (x + \sqrt{17} + \sqrt{19} + \sqrt{23})(x + \sqrt{17} + \sqrt{19} - \sqrt{23})\cdot \\
& \cdot (x + \sqrt{17} - \sqrt{19} + \sqrt{23})(x + \sqrt{17} - \sqrt{19} - \sqrt{23})\cdot \\
& \cdot (x - \sqrt{17} + \sqrt{19} + \sqrt{23})(x - \sqrt{17} + \sqrt{19} - \sqrt{23})\cdot \\
& \cdot (x - \sqrt{17} - \sqrt{19} + \sqrt{23})(x - \sqrt{17} - \sqrt{19} - \sqrt{23}) = \\
=& x^8 - 236x^6 + 11678x^4 - 210428x^2 + 1261129 \ .
\end{aligned}
$$

Für dieses Polynom erhält man als Faktorisierungen:

in $\mathbb{Z}$ :   $x^8 - 236x^6 + 11678x^4 - 210428x^2 + 1261129$ ,

mod 2 :  $(x + 1)^8$ ,

mod 3 :  $(x^2 + 2x + 2)(x^2 + x + 2)(x + 1)^2(x + 2)^2$ ,

mod 5 :  $(x^2 + x + 1)(x^2 + x + 2)(x^2 + 4x + 2)(x^2 + 4x + 1)$ ,

mod 7 :  $(x^2 + x + 3)(x^2 + 6x + 6)(x^2 + 6x + 3)(x^2 + x + 6)$ ,

mod 11 :  $(x^2 + 2x + 2)(x^2 + 9x + 2)(x^2 + 2x + 5)(x^2 + 9x + 5)$ ,

mod 13 :  $(x^2 + 5x + 10)(x^2 + 8x + 10)(x^2 + 10x + 6)(x^2 + 3x + 6)$ ,

mod 17 :  $(x^2 + 12x + 13)^2(x^2 + 5x + 13)^2$ ,

mod 19 :  $(x + 4)^2(x + 8)^2(x + 15)^2(x + 11)^2$ ,

mod 23 :  $(x^2 + 12)^2(x^2 + 8)^2$ ,

mod 29 :  $(x^2 + 11x + 20)(x^2 + 18x + 20)(x^2 + 18x + 12)$

:        $\cdot (x^2 + 11x + 12),$

Insbesondere gilt $B = 84 \cdot \sqrt{33364545494} \approx 15343410,08$. Die nächstgrößte Primzahl ist $p = 15343417$. Die Faktorisierung von $f_{17,19,23}(x)$ modulo $p$ ist

$(x + 5180808) \cdot (x + 723412) \cdot (x + 4014938) \cdot (x + 9919158)\cdot$
$(x + 10162609) \cdot (x + 14620005) \cdot (x + 11328479) \cdot (x + 5424259)$ .

Um eine Faktorisierung von $f_{17,19,23}$ in $\mathbb{Z}[x]$ zu erhalten, müsste man jetzt hintereinander erst die 8 Faktoren modulo $p$ testen, dann 28 Kombinationen von je 2 Faktoren, 56 Kombinationen von je 3 Faktoren und schließlich 70 Kombinationen von je 4 Faktoren.

Die Swinnerton-Dyer Polynome führen also zur Explosion der Rechenzeit beim Faktorisieren mit dem Berlekamp-Hensel-Algorithmus. Dieser schlimmste Fall lässt sich mit einem Algorithmus von A. K. Lenstra, H. W. Lenstra und L. Lovász ([LLL] oft LLL- oder L$^3$-Algorithmus genannt) abfangen, der mit Hilfe ganzzahliger Gitter arbeitet.

# 7 Summation in endlich vielen Termen

## 7.1 Grundbegriffe

Die Summation $\sum_{k=m}^{n} f(k)$ ist in vielerlei Hinsicht das diskrete Analogon zur Integration $\int_{m}^{n} f(x)\, dx$. Die zur Untersuchung nötige Differenzenrechnung hat sich parallel zur Differentialrechnung entwickelt. Brook Taylor, dessen Name von der Differentialrechnung her wohlbekannt ist, gilt auch als einer der Urväter der Differenzenrechnung (Methodus Incrementorum, London 1717). Eine zentrale Rolle für die Differenzenrechnung spielen binomische Polynome:

**7.1.1 Definition:** Für $k \in \mathbb{Z}$ wird das *binomische Polynom* $\binom{x}{k} \in \mathbb{Q}[x]$ definiert durch

$$\binom{x}{k} := \begin{cases} \dfrac{1}{k!} \displaystyle\prod_{i=0}^{k-1}(x-i) & \text{für} \quad k \in \mathbb{N}_0 \\[2mm] 0 & \text{für} \ -k \in \mathbb{N}. \end{cases}$$

Für $n, k \in \mathbb{N}_0$ stimmt das binomische Polynom $\binom{x}{k}$ an der Stelle $n$ mit den bekannten Binomialkoeffizienten überein, es gibt also keine Verwirrung durch die Schreibweise

$$\left[ \binom{x}{k} \right]_{x=n} = \binom{n}{k}.$$

Für $k \in \mathbb{N}_0$ ist $\deg_x \binom{x}{k} = k$. Die Folge $\left( \binom{x}{k} \right)_{k \in \mathbb{N}_0}$ bildet also eine Basis des $\mathbb{Q}$-Vektorraumes $\mathbb{Q}[x]$.

**7.1.2 Satz:** (Produktsatz für binomische Polynome) *Für $n, k \in \mathbb{Z}$ gilt:*

$$\binom{x}{n}\binom{x-n}{k} = \binom{x}{k}\binom{x-k}{n}.$$

*Beweis:* Für $n < 0$ oder $k < 0$ ist die Behauptung trivial. Es seien nun also $n, k \geq 0$. Für jede ganze Zahl $m \geq n, k$ gilt dann

$$\binom{m}{n}\binom{m-n}{k} = \frac{m!}{(m-n)!\,n!} \cdot \frac{(m-n)!}{(m-n-k)!\,k!} = \frac{m!}{k!}\frac{1}{(m-n-k)!\,n!} =$$

$$= \frac{m!}{(m-k)!\,k!}\frac{(m-k)!}{(m-n-k)!\,n!} = \binom{m}{k}\binom{m-k}{n}.$$

Damit stimmen die beiden Polynome in unendlich vielen Stützpunkten überein, sind also gleich. □

Der Vollständigkeit halber sei noch (ohne Beweis) der Binomialsatz angegeben, der in dieser Allgemeinheit demnächst benötigt wird.

**7.1.3 Satz:** (Binomialsatz) *Es sei $R$ ein nicht notwendig kommutativer Ring mit Einselement und $x, y \in R$ seien vertauschbare Elemente. Dann gilt für $n \in \mathbb{N}$*

$$(x+y)^n = \sum_{k=0}^{n} \binom{n}{k} x^k y^{n-k}.$$

**7.1.4 Definition:** Ein Tupel $(\mathbb{F}, \mathcal{F})$ aus einem Körper $\mathbb{F}$ der Charakteristik $0$ und einer Abbildung $\mathcal{F} : \mathbb{F} \to \mathbb{F}$ heißt (Vorwärts-) *Differenzenkörper*, wenn für alle $f, g \in \mathbb{F}$ gilt:

($\Delta$1)  $\mathcal{F}(f+g) = \mathcal{F}f + \mathcal{F}g$,

($\Delta$2)  $\mathcal{F}(f \cdot g) = f \cdot \mathcal{F}g + g \cdot \mathcal{F}f + \mathcal{F}f \cdot \mathcal{F}g$,

($\Delta$3)  $\mathcal{F}1 = 0$.

Die Menge $\mathbb{K} := \{f \in \mathbb{F}, \mathcal{F}f = 0\}$ heißt der *Konstantenkörper* des Differenzenkörpers $\mathbb{F}$.

Es ist aus den drei Grundeigenschaften nachweisbar, dass $\mathbb{K}$ wirklich ein Körper ist, der den Primkörper $\mathbb{Q}$ umfasst. Weiterhin folgt, dass $\mathcal{F}$ eine $\mathbb{K}$-lineare Abbildung des $\mathbb{K}$-Vektorraumes $\mathbb{F}$ ist:

$$\mathcal{F}f = \mathcal{F}g = 0 \overset{(\Delta1)}{\Rightarrow} \mathcal{F}(f+g) = 0$$

$$\mathcal{F}0 = \mathcal{F}(0+0) \overset{(\Delta3)}{=} \mathcal{F}0 + \mathcal{F}0 \Rightarrow \mathcal{F}0 = 0,$$

$$0 = \mathcal{F}(f-f) \overset{(\Delta1)}{=} \mathcal{F}(f) + \mathcal{F}(-f) \Rightarrow (\mathcal{F}f = 0 \Rightarrow \mathcal{F}(-f) = 0),$$

$$\mathcal{F}f = \mathcal{F}g = 0 \overset{(\Delta2)}{\Rightarrow} \mathcal{F}(f \cdot g) = 0,$$

$$0 \overset{(\Delta3)}{=} \mathcal{F}(1) = \mathcal{F}(f \cdot f^{-1}) = f \cdot \mathcal{F}(f^{-1}) + f^{-1} \cdot \mathcal{F}f + \mathcal{F}f \cdot \mathcal{F}(f^{-1}) \Rightarrow (\mathcal{F}f = 0 \Rightarrow f \cdot \mathcal{F}(f^{-1}) = 0 \overset{f \neq 0}{\Rightarrow} \mathcal{F}(f^{-1}) = 0),$$

$$\mathcal{F}a = \mathcal{F}b = 0 \Rightarrow \mathcal{F}(af + bg) \overset{(\Delta1)}{=} \mathcal{F}(af) + \mathcal{F}(bg) \overset{(\Delta2)}{=} a \cdot \mathcal{F}f + f \cdot \mathcal{F}a + \mathcal{F}a \cdot \mathcal{F}f + b \cdot \mathcal{F}g + g \cdot \mathcal{F}b + \mathcal{F}b \cdot \mathcal{F}g = a \cdot \mathcal{F}f + b \cdot \mathcal{F}g \text{ für alle } a, b \in \mathbb{K}, \ f, g \in \mathbb{F}.$$

*7.1.5 Beispiel:* Es sei $\mathbb{F} = \mathbb{Q}(\sqrt{3})$. Jedes Element dieses Körpers lässt sich in der Form $f = a + \sqrt{3}b$ mit $a, b \in \mathbb{Q}$ schreiben.

Da die Abbildung

$$\kappa : \begin{cases} \mathbb{Q}(\sqrt{3}) & \to \mathbb{Q}(\sqrt{3}) \\ a + \sqrt{3}b & \mapsto a - \sqrt{3}b \end{cases}$$

bekanntlich ein Automorphismus von $\mathbb{F}$ ist, erfüllt die durch $\mathcal{F} :=$ $\kappa - id$ definierte Abbildung offensichtlich die Bedingung (Δ1). Weiterhin gilt für $f, g \in \mathbb{F}$ :

$$\mathcal{F}(f \cdot g) = \kappa(f \cdot g) - f \cdot g = \kappa f \cdot \kappa g - f \cdot g =$$
$$= f(\kappa g - g) + g(\kappa f - f) + (\kappa f - f)(\kappa g - g) =$$
$$= f\mathcal{F}g + g\mathcal{F}f + \mathcal{F}f \cdot \mathcal{F}g$$

also (Δ2). Die Bedingung (Δ3) ist trivialerweise erfüllt. Damit ist $(\mathbb{Q}(\sqrt{3})$, $a + \sqrt{3}b \to -2\sqrt{3}b)$ ein Differenzenkörper mit Konstantenkörper $\mathbb{K} = \mathbb{Q}$.

Für den Nachweis der Eigenschaft (Δ1)-(Δ3) im letzten Beispiel wurden die speziellen Eigenschaften des Automorphismus $\kappa$ gar nicht benutzt.

Man kann deshalb Differenzenkörper auch einfach als Paar aus einem Körper $\mathbb{F}$ und einem Automorphismus $\kappa$ einführen. Die in der vorhergehenden Definition geforderte Abbildung $\mathcal{F}$ ergibt sich dann aus $\mathcal{F} := \kappa - id$.

**7.1.6 Beispiel:** Das Standardbeispiel eines Differenzenkörpers ist der Körper der rationalen Funktionen $\mathbb{Q}(x)$ mit dem Translationsoperator

$$T : \begin{cases} \mathbb{Q}(x) & \to \mathbb{Q}(x) \\ f(x) & \mapsto f(x + 1). \end{cases}$$

Da $T$ ein Körperautomorphismus ist, ist nach dem vorhergehenden Bemerkungen $(\mathbb{Q}(x), \Delta)$ ein Differenzenkörper, wobei $\Delta := T - id$ gesetzt sei, also $\Delta f(x) = f(x + 1) - f(x)$. Konstantenkörper ist der Primkörper $\mathbb{Q}$.

Die im vorhergehenden Beispiel eingeführten Operatoren $T$ (= Translationsoperator, in vielen englischsprachigen Büchern mit $E$ bezeichnet) und $\Delta$ (Vorwärtsdifferenz) lassen sich bei Bedarf auch völlig analog in einem Erweiterungskörper $\mathbb{F}$ von $\mathbb{Q}(x)$ definieren. Sind Verwechslungen möglich, so wird die Hauptvariable extra gekennzeichnet. Weiterhin werden auch andere Schrittweiten als 1 für die beiden Operatoren zugelassen. Für $f(x, y) \in \mathbb{Q}(x, y)$ schreibt man

$$\mathop{T}_{x,h} f(x, y) := f(x + h, y) \quad \text{und} \quad \mathop{\Delta}_{x,h} f(x, y) := f(x + h, y) - f(x, y).$$

Der Zusammenhang $\mathop{\Delta}_{x,h} = \mathop{T}_{x,h} - id$ bleibt auch in dieser Schreibweise erhalten. Ist $h = 1$ und die Hauptvariable $x$ eindeutig, so kann man bei der kürzeren Notation $T$ und $\Delta$ bleiben. Steht die Variable $x$ fest, so kann man natürlich statt $\mathop{T}_{x,h}$ auch $T^h$ schreiben.

Im Folgenden werden nur noch diese beiden Operatoren betrachtet. Für weitere Informationen zu allgemeinen Differenzenkörpern siehe etwa [Coh]. Der Differenzenoperator $\Delta$ entspricht dem Operator $D$ der Differential-rechnung $\left( \text{statt } \lim\limits_{h \to 0} \frac{f(x+h)-f(x)}{h} \text{ im diskreten Fall } \left[ \frac{f(x+h)-f(x)}{h} \right]_{h=1} \right)$.

Beide Operatoren sind linear über dem jeweiligen Konstantenkörper. Die *Produktregel* ($\Delta 2$) ist durch den letzten Term etwas komplizierter als die bekannte Produktregel der Differentialrechnung.

Bei der *Quotientenregel* für $\Delta$ sieht der Nenner etwas anders aus. Wie man leicht nachrechnet, gilt

$$\Delta \left( \frac{1}{g(x)} \right) = - \frac{\Delta g(x)}{g(x) \cdot T g(x)} \quad \text{und damit}$$

$$\Delta \left( \frac{f(x)}{g(x)} \right) = \frac{-f(x) \cdot \Delta g(x) + g(x) \Delta f(x)}{g(x) \cdot T g(x)} .$$

Da $T$ eine $\mathbb{K}$-lineare Abbildung ($\mathbb{K}$=Konstantenkörper) und mit der Identität vertauschbar ist, kann man eine Potenz $\Delta^n$ des Differenzenopera-tors für $n \in \mathbb{N}_0$ mit Hilfe des Binomialsatzes berechnen. Es gilt

$$\Delta^n = (T - id)^n = \sum_{j=0}^{n} (-1)^j \binom{n}{j} T^{n-j}$$

und damit ($T$ ist sogar Körperautomorphismus)

$$\Delta^n (f(x) \cdot g(x)) = \sum_{j=0}^{n} (-1)^j \binom{n}{j} T^{n-j} f(x) \cdot T^{n-j} g(x) =$$

$$= \sum_{j=0}^{n} (-1)^j \binom{n}{j} (\Delta + id)^{n-j} f(x) \cdot T^{n-j} g(x) .$$

Nochmalige Anwendung des Binomialsatzes auf $(\Delta + id)^{n-j} f(x)$ führt auf

$$\sum_{j=0}^{n} (-1)^j \binom{n}{j} \sum_{k=0}^{n-j} \binom{n-j}{k} \Delta^k f(x) \cdot T^{n-j} g(x) =$$

$$= \sum_{j=0}^{n} \sum_{k=0}^{n-j} (-1)^j \binom{n}{j} \binom{n-j}{k} \Delta^k f(x) \cdot T^{n-j} g(x) .$$

Mit Hilfe des Produktsatzes **7.1.2** erhält man daraus

$$\sum_{j=0}^{n} \sum_{k=0}^{n-j} (-1)^j \binom{n}{k} \binom{n-k}{j} \Delta^k f(x) \cdot T^{n-j} g(x) =$$

$$= \sum_{k=0}^{n} \sum_{j=0}^{n-k} (-1)^j \binom{n}{k} \binom{n-k}{j} \Delta^k f(x) \cdot T^{n-j} g(x) =$$

$$= \sum_{k=0}^{n} \binom{n}{k} \cdot \Delta^k f(x) \sum_{j=0}^{n-k} (-1)^j \binom{n-k}{j} \cdot T^{n-j} g(x) =$$

$$= \sum_{k=0}^{n} \binom{n}{k} \cdot \Delta^k f(x) \sum_{j=0}^{n-k} (-1)^j \binom{n-k}{j} \cdot T^{n-k-j} \left( T^k g(x) \right).$$

Wendet man nochmals den Binomialsatz auf die innere Summe an, so hat man damit den folgenden Satz gezeigt.

**7.1.7  Satz:**  (Leibnizsche Produktregel) *Für* $n \in \mathbb{N}_0$ *und* $f(x), g(x) \in \mathbb{F}$ *gilt*

$$\Delta^n (f(x) \cdot g(x)) = \sum_{k=0}^{n} \binom{n}{k} \cdot \Delta^k f(x) \Delta^{n-k} g(x+k).$$

Wie bereits am Anfang des Abschnitts bemerkt, bilden die Polynome $\left( \binom{x}{k} \right)_{k \in \mathbb{N}_0}$ eine Basis des $\mathbb{Q}$– Vektorraumes $\mathbb{Q}[x]$. Es gibt also zu jedem Polynom $p(x) \in \mathbb{Q}[x]$ vom Grad $n$ eine eindeutige Darstellung der Gestalt

$$p(x) = \sum_{j=0}^{n} p_j \cdot \binom{x}{j} \text{ mit } p_j \in \mathbb{Q}. \qquad (7.1)$$

Zur Bestimmung der Koeffizienten $(p_j)_{j \in \mathbb{N}_0}$ betrachtet man die Wirkung des Differenzenoperators auf die binomischen Polynome. Für $k \in \mathbb{N}$ gilt

$$\Delta \binom{x}{k} = \frac{1}{k!} \prod_{i=0}^{k-1} (x+1-i) - \frac{1}{k!} \prod_{i=0}^{k-1} (x-i) =$$

$$= \frac{1}{k!} \left( (x+1) \prod_{i=0}^{k-2} (x-i) - (x-k+1) \prod_{i=0}^{k-2} (x-i) \right) = \qquad (7.2)$$

$$= \frac{1}{(k-1)!} \prod_{i=0}^{k-2} (x-i) = \binom{x}{k-1}.$$

Wegen $\binom{x}{0} = 1$ und $\binom{x}{k} = 0$ für negatives $k$, stimmt diese Formel sogar für $k \in \mathbb{Z}$.
Für $j, k \in \mathbb{N}_0$ gilt also

$$\Delta^k \binom{x}{j} = \binom{x}{j-k} \text{ und damit } \left[ \Delta^k \binom{x}{j} \right]_{x=0} = \delta_{j,k}$$

(Kronecker-Symbol).

Damit gilt für $j \le n$

$$\binom{x}{j} = \sum_{k=0}^{n} \left[ \Delta^k \binom{x}{j} \right]_{x=0} \cdot \binom{x}{k}.$$

Einsetzen in *(7.1)* ergibt

$$p(x) = \sum_{j=0}^{n} p_j \sum_{k=0}^{n} \left[ \Delta^k \binom{x}{j} \right]_{x=0} \cdot \binom{x}{k}.$$

Wegen der Linearität von $\Delta$ und der Unabhängigkeit der Koeffizienten $p_j$ von $x$ erhält man

$$p(x) = \sum_{k=0}^{n} \left[ \Delta^k \underbrace{\sum_{j=0}^{n} p_j \binom{x}{j}}_{=p(x)} \right]_{x=0} \cdot \binom{x}{k} = \sum_{k=0}^{n} \underbrace{\left[ \Delta^k p(x) \right]_{x=0}}_{=p_k} \cdot \binom{x}{k}.$$

Damit ist gezeigt:

**7.1.8 Satz:** (Newton- oder MacLaurin-Entwicklung) *Für* $p(x) \in \mathbb{Q}[x]$ *mit* $\deg(x) = n$ *gilt*

$$p(x) = \sum_{k=0}^{n} \left[ \Delta^k p(x) \right]_{x=0} \cdot \binom{x}{k}.$$

Betrachtet man zum Vergleich die MacLaurin-Entwicklungeines Polynoms in der Differentialrechnung

$$p(x) = \sum_{k=0}^{n} \frac{\left[ D^k p(x) \right]_{x=0}}{k!} x^k,$$

so sieht man, dass den $x^k$ die Polynome $k! \cdot \binom{x}{k}$ entsprechen. Diese Polynome heißen auch *(fallende) faktorielle Polynome*.
Für $k \in \mathbb{N}_0$ sei

$$(x)_k := k! \binom{x}{k} = \prod_{i=0}^{k-1} (x - i).$$

Leider existieren in der Literatur sehr viele verschiedene Abkürzungen für faktorielle Polynome (z.B. $[x]_k$, $[x]^k$, $x^{[k]}$, $x^{(k)}$, $x^{\underline{k}}$ etc. siehe [Jor]). Die hier gegebene Definition wird später noch deutlich verallgemeinert werden.
Einsetzen der neuen Definition in *(7.2)* zeigt

$$\Delta(x)_k = k(x)_{k-1},$$

also die Entsprechung zu $Dx^k = kx^{k-1}$.

Die Newton-Entwicklung lautet jetzt

$$p(x) = \sum_{k=0}^{n} \frac{\left[\Delta^k p(x)\right]_{x=0}}{k!} (x)_k.$$

Die gleiche Formel kann man nochmals verwenden, um schnell rekursiv die Koeffizienten

$$a_k := \frac{\left[\Delta^k p(x)\right]_{x=0}}{k!}$$

zu berechnen. Für $j \le n$ gilt

$$p(j) = \sum_{k=0}^{n} \frac{\left[\Delta^k p(x)\right]_{x=0}}{k!} (j)_k = \sum_{k=0}^{j} \binom{j}{k} \left[\Delta^k p(x)\right]_{x=0} =$$

$$= j! \left( \frac{\left[\Delta^j p(x)\right]_{x=0}}{j!} + \sum_{k=0}^{j-1} \frac{\left[\Delta^k p(x)\right]_{x=0}}{k!(j-k)!} \right)$$

$$\Longleftrightarrow \frac{\left[\Delta^j p(x)\right]_{x=0}}{j!} = \frac{p(j)}{j!} - \sum_{k=0}^{j-1} \frac{\left[\Delta^k p(x)\right]_{x=0}}{k!(j-k)!} \Longleftrightarrow$$

$$\Longleftrightarrow a_j = \frac{p(j)}{j!} - \sum_{k=0}^{j-1} \frac{a_k}{(j-k)!} \quad \text{für} \quad j = 0, 1, \ldots, n \ .$$

**7.1.9 Beispiel:** Es sei $p(x) = x^2 + 2$. Dann ist $a_0 = p(0) = 2, a_1 = p(1) - a_0 = 3 - 2 = 1$ und $a_2 = \frac{1}{2}p(2) - \frac{1}{2}a_0 - a_1 = 3 - 1 - 1 = 1$ und damit

$$p(x) = 2 \cdot \underbrace{1}_{=(x)_0} + 1 \cdot \underbrace{x}_{=(x)_1} + 1 \cdot \underbrace{x(x-1)}_{=(x)_2} = 2\binom{x}{0} + \binom{x}{1} + 2\binom{x}{2}.$$

Das Analogon $Dx^k = kx^{k-1}$ der Differentialrechnung zu dem soeben nachgewiesenen $\Delta(x)_k = k(x)_{k-1}$ gilt bekanntlich sogar für alle $k \ne 0$. Die faktoriellen Polynome sind bisher nur für $k \in \mathbb{N}$ definiert und es stellt sich die Frage, wie man die Definition von $(x)_k$ zu verallgemeinern hat, um $\Delta(x)_k = k(x)_{k-1}$ auch für negative $k$ zu bekommen.

Sind $n$ und $m$ positive ganze Zahlen mit $n > m$, so liest man aus der Definition der faktoriellen Polynome ab, dass $(x)_n = (x)_m \cdot (x - m)_{n-m}$ ist. Setzt man $m = 0$ in diese Formel ein, so sieht man, dass die Formel auch in diesem Fall richtig bleibt, falls man $(x)_0 = 1$ definiert.

Probiert man nun $n = 0$, so sagt die Formel, dass

$$(x - m)_{-m} = \frac{1}{(x)_m} \quad \text{bzw.} \quad (x)_{-m} = \frac{1}{(x + m)_m}$$

eine sinnvolle Erweiterung der Definition der faktoriellen Polynome auf negative ganze Zahlen wäre.

Die Definition der faktoriellen Polynome wird also wie folgt erweitert:

$$(x)_k := \begin{cases} \displaystyle\prod_{i=0}^{k-1}(x-i) & \text{für } k \in \mathbb{N}_0 \\ \displaystyle\prod_{i=0}^{-k-1}\frac{1}{(x-k-i)} & \text{für } -k \in \mathbb{N}. \end{cases}$$

Für $-k \in \mathbb{N}$ gilt damit

$$\Delta(x)_k = \Delta \prod_{i=0}^{-k-1}\frac{1}{(x-k-i)} = \prod_{i=0}^{-k-1}\left[\frac{1}{(x+1-k-i)}\right] - \prod_{i=0}^{-k-1}\left[\frac{1}{(x-k-i)}\right]$$

$$= \frac{1}{x+1-k}\prod_{i=0}^{-k-2}\frac{1}{(x-k-i)} - \frac{1}{x+1}\prod_{i=0}^{-k-2}\frac{1}{(x-k-i)} =$$

$$= k\cdot\frac{1}{(x+1)(x+1-k)}\prod_{i=1}^{-k-1}\frac{1}{x-k+1-i} =$$

$$= k\cdot\prod_{i=0}^{-k}\frac{1}{x-k+1-i} = k(x)_{k-1}.$$

Diese Regel gilt also jetzt wie gewünscht für alle $k \in \mathbb{Z}$ mit $k \neq 0$.

Insbesondere für die Summation rationaler Funktionen wird die vorliegende Definition *faktorieller Polynome* nochmals erweitert, und zwar von $x$ auf ein beliebiges Polynom $f(x) \in \mathbb{F}$, also

$$(f(x))_k := \begin{cases} \displaystyle\prod_{i=0}^{k-1}f(x-i) & \text{für } k \in \mathbb{N}_0 \\ \displaystyle\prod_{i=0}^{-k-1}\frac{1}{f(x-k-i)} & \text{für } -k \in \mathbb{N}. \end{cases}$$

Nachdem es sich für negatives $k$ nicht um ein Polynom handelt spricht man nur noch von der *$k$-ten Faktoriellen* von $f$.

Die Zahl $k$ nennt man in Analogie zum Exponenten in der Potenz $(f(x))^k$ auch *faktoriellen Exponenten* von $(f(x))_k$. Um mit diesen neuen Begriffen arbeiten zu können, untersucht man wieder die Wirkung des Differenzenoperators auf diese Ausdrücke. Ist $k \in \mathbb{N}$, so gilt

$$\Delta(f(x))_k = \Delta\prod_{i=0}^{k-1}f(x-i) = \prod_{i=0}^{k-1}f(x+1-i) - \prod_{i=0}^{k-1}f(x-i) =$$

$$= f(x+1)\prod_{i=0}^{k-2}f(x-i) - f(x-k+1)\prod_{i=0}^{k-2}f(x-i) =$$

$$= (f(x))_{k-1} \cdot \underset{x,k}{\Delta} f(x - k + 1).$$

Für $-k \in \mathbb{N}$ gilt

$$\Delta\,(f(x))_k = \Delta \prod_{i=0}^{-k-1} \frac{1}{f(x-k-i)} = \prod_{i=0}^{-k-1} \frac{1}{f(x+1-k-i)} - \prod_{i=0}^{-k-1} \frac{1}{f(x-k-i)}$$

$$= f(x+1) \prod_{i=0}^{-k} \frac{1}{f(x+1-k-i)} - f(x+1-k) \prod_{i=0}^{-k} \frac{1}{f(x+1-k-i)}$$

$$= (f(x))_{k-1} \underset{x,k}{\Delta} f(x-k+1).$$

Zusammen ist also für $k \in \mathbb{Z}$

$$\Delta\,(f(x))_k = \begin{cases} (f(x))_{k-1} \cdot \underset{x,k}{\Delta} f(x-k+1) & \text{falls } k \neq 0 \\ 0 & \text{falls } k = 0 \end{cases} \qquad (7.3)$$

## 7.2 Die unbestimmte Summation

Gibt es zu einem $f(x) \in \mathbb{F}$ ein $g(x) \in \mathbb{F}$ mit $\Delta g(x) = f(x)$, so gilt

$$\sum_{k=m}^{n} f(k) = \sum_{k=m}^{n} \Delta g(k) = \sum_{k=m}^{n} g(k+1) - \sum_{k=m}^{n} g(k) = g(n+1) - g(m),$$

falls $f(x)$ für $x = m, \ldots, n$ bzw. $g(x)$ für $x = m, \ldots, n+1$ definiert sind. Der Zusammenhang

$$\Delta g(x) = f(x) \Rightarrow \sum_{k=m}^{n} f(k) = [g(x)]_{x=m}^{x=n+1}$$

ist die (bis auf die obere Grenze) genaue Entsprechung des Hauptsatzes der Differential- und Integralrechnung

$$Dg(x) = f(x) \Rightarrow \int_{m}^{n} f(x)dx = [g(x)]_{x=m}^{x=n}\,.$$

Dies führt auf die folgende

**7.2.1 Definition:** Gibt es zu $f(x) \in \mathbb{F}$ ein $g(x) \in \mathbb{F}$ mit $\Delta g(x) = f(x)$, so heißt $f(x)$ *in endlich vielen Termen summierbar* in $\mathbb{F}$ und $g(x)$ seine *unbestimmte Summe*. Man schreibt

$$g(x) = \sum f(x).$$

In der Literatur ist statt $\sum$ auch $\Delta^{-1}$ gebräuchlich, $g(x)$ wird auch *diskrete Stammfunktion* von $f(x)$ genannt. Im Gegensatz zur Stammfunktion der Differential- und Integralrechnung ist diese nicht nur bis auf Konstanten eindeutig, sondern bis auf Funktionen mit der Periode $1$.

Man verschafft sich einen ersten Eindruck über die unbestimmte Summation, indem man auf viele bekannte Funktionen den Differenzenoperator anwendet und die so erhaltene Tabelle umdreht.

| Nr. | $f(x) = \Delta g(x)$ | $\sum f(x) = g(x)$ | Tipp |
|---|---|---|---|
| (1) | $a^{cx}$ <br><br> $(c \neq 0, a \neq 1)$ | $\dfrac{a^{cx}}{a^c - 1}$ | |
| (2) | $(x)_k a^x$ <br><br> $(a \neq 1, k \in \mathbb{N}_0)$ | $a^k \dfrac{d}{da^k} \dfrac{a^x}{a-1}$ | (1) nach $a$ <br><br> differenzieren |
| (3) | $(x)_k$ <br><br> $(k \in \mathbb{Z},\ k \neq -1)$ | $\dfrac{1}{k+1}(x)_{k+1}$ | |
| (4) | $\dbinom{x}{k}$ <br><br> $(k \in \mathbb{N}_0)$ | $\dbinom{x}{k+1}$ | |
| (5) | $p(x) \cdot a^x$ <br><br> ($p$ = Polynom vom Grad $n$, $a \neq 1$) | $\displaystyle\sum_{j=0}^{n} \dfrac{\left[\Delta^j p(x)\right]_{x=0}}{j!} a^j \dfrac{d^j}{da^j}\left(\dfrac{a^x}{a-1}\right)$ | Newton-Entw. <br><br> von $p(x)$ und (2) |
| (6) | $\sin(ax + b)$ <br><br> $(a \neq 2k\pi,\ k \in \mathbb{Z})$ | $\dfrac{-\cos(ax + b - \frac{a}{2})}{2\sin\left(\frac{a}{2}\right)}$ | $\underset{y,1}{\Delta}\cos(ay + b)$ <br><br> und $x = y + \frac{1}{2}$ |
| (7) | $\cos(ax + b)$ <br><br> $(a \neq 2k\pi,\ k \in \mathbb{Z})$ | $\dfrac{\sin(ax + b - \frac{a}{2})}{2\sin\left(\frac{a}{2}\right)}$ | analog zu (6) <br><br> mit sin |
| (8) | $\sinh(ax + b)$ <br><br> $(a \neq 2k\pi i,\ k \in \mathbb{Z})$ | $\dfrac{\cosh(ax + b - \frac{a}{2})}{2\sinh\left(\frac{a}{2}\right)}$ | analog zu (6), <br><br> nur hyperbolisch |
| (9) | $\cosh(ax + b)$ <br><br> $(a \neq 2k\pi i,\ k \in \mathbb{Z})$ | $\dfrac{\sinh(ax + b - \frac{a}{2})}{2\sinh\left(\frac{a}{2}\right)}$ | analog zu (7), <br><br> nur hyperbolisch |
| (10) | $\log\left(1 + \dfrac{a}{ax+b}\right)$ | $\log(ax + b)$ | |
| (11) | $a\log(ax + b)$ <br> $a \in \mathbb{Z}$ | $\log\Gamma(ax + b)$ | |

In der letzten Spalte wird gegebenenfalls ein Tipp gegeben, was zu tun ist, um die angegebene Formel selber herzuleiten.

Die Wirkung von $\Delta$ auf binomische Polynome wurde bereits untersucht:

$$\Delta\binom{x}{k} = \binom{x}{k-1} \Rightarrow \sum\binom{x}{k-1} = \binom{x}{k}$$

Wie etwa bei Integraltabellen üblich, lässt man jeweils das „$+C$" bzw. „+Funktion der Periode 1" weg.

Damit erhält man für $k \in \mathbb{N}$ die Formel

$$\sum_{j=0}^{n} \binom{j}{k-1} = \left[\binom{x}{k}\right]_{x=0}^{x=n+1} = \binom{n+1}{k} \quad \text{oder} \quad \sum_{j=0}^{n}\binom{j}{k} = \binom{n+1}{k+1}.$$

*7.2.2 Beispiel:* Ein schon etwas fortgeschritteneres Beispiel erhält man mit Hilfe von Beispiel *7.1.9.* Dort war gezeigt worden:

$$x^2 + 2 = 2(x)_0 + (x)_1 + (x)_2.$$

Wegen $\Delta(x)_k = k(x)_{k-1}$ gilt ($\sum$ ist offensichtlich linear):

$$\sum(x)_{k-1} = \frac{1}{k}(x)_k \quad \text{bzw.} \quad \sum(x)_k = \frac{(x)_{k+1}}{k+1}.$$

Damit folgt

$$\sum(x^2 + 2) = 2\frac{(x)_1}{1} + \frac{(x)_2}{2} + \frac{(x)_3}{3} \quad \text{bzw.}$$

$$\sum_{k=0}^{n}(k^2 + 2) = \left[2\frac{(x)_1}{1} + \frac{(x)_2}{2} + \frac{(x)_3}{3}\right]_{x=0}^{x=n+1} =$$

$$= (n+1) \cdot \left(2 + \frac{1}{2}n + \frac{1}{3}n(n-1)\right).$$

## 7.3 Die Polygamma-Funktionen

Bekanntlich gilt die Formel $\int x^k dx = \frac{x^{k+1}}{k+1}$ nur für $k \neq -1$, für $k = -1$ ist das Ergebnis nicht mehr in $\mathbb{Q}(x)$. Erst, wenn man den Logarithmus naturalis zum Grundkörper hinzunimmt, wird auch der Fall $k = -1$ lösbar. Bei der Summation liegt das Problem sehr ähnlich. Die Formel

$$\sum(x)_k = \frac{(x)_{k+1}}{k+1}$$

gilt nur für $k \neq -1$. Auch hier muss eine über $\mathbb{Q}(x)$ transzendente Funktion, die so genannte Digamma-Funktion, hinzugenommen werden um den Fall $k = -1$ behandeln zu können. Da sich diese Digamma-Funktion, bzw. die ganze Klasse der so genannten Polygamma-Funktionen, aus der Gammafunktion ableiten, werden erst einige Grundlagen aus der Funktionentheorie wiederholt.

Für $z \in \mathbb{C}$ mit $\mathrm{Re}(z) > 0$ ist die Gammafunktion $\Gamma(z)$ als eulersches Integral definiert:

$$\Gamma(z) = \int_{0}^{\infty} t^{z-1} \exp(-t)\, dt$$

In der Halbebene $\mathrm{Re}(z) > 0$ konvergiert dieses Integral absolut und stellt dort eine analytische Funktion dar.

Für die Ableitung gilt

$$\Gamma^{(k)}(z) = \int_0^\infty t^{z-1} \left(\ell n(t)\right)^k \exp(-t)\, dt \quad \text{für} \quad k \in \mathbb{N}_0, \mathrm{Re}(z) > 0\,.$$

Weiterhin ist $\Gamma(1) = 1$ und durch partielle Integration folgt die Funktionalgleichung

$$\Gamma(z+1) = z \cdot \Gamma(z) \quad \text{für} \quad \mathrm{Re}(z) > 0\,.$$

Insbesondere gilt also $\Gamma(n+1) = n!$, weshalb die Gammafunktion als Verallgemeinerung der Fakultät betrachtet werden kann. Durch iterierte Anwendung der Funktionalgleichung erhält man für $n \in \mathbb{N}_0$

$$\Gamma(z) = \frac{\Gamma(z+n+1)}{z \cdot (z+1) \cdot \ldots \cdot (z+n)}\,.$$

Die rechte Seite dieser Gleichung ist definiert für $\mathrm{Re}(z) > -(n+1)$ und für $z \neq 0, -1, -2, \ldots, -n$.

Diese Gleichung erlaubt also die analytische Fortsetzung auf die linke Halbebene mit Ausnahme der Menge $\mathbb{N}_0^-$. In der Funktionentheorie wird gezeigt, dass diese Fortsetzung die einzig mögliche ist. In den Ausnahmestellen liegen einfache Pole vor. Die Gammafunktion ist also nach dieser Fortsetzung eine in $\mathbb{C}$ meromorphe Funktion mit der Polstellenmenge $\mathbb{N}_0^-$.

Wenn hier von der Gammafunktion geredet wird, ist jeweils diese auf $\mathbb{C} \setminus \mathbb{N}_0^-$ fortgesetzte Funktion gemeint. Sie hat in ihrem Definitionsbereich keine Nullstellen und es gilt $\Gamma(\overline{z}) = \overline{\Gamma(z)}$ für alle $z \in \mathbb{C} \setminus \mathbb{N}_0^-$, also insbesondere $\Gamma(x) \in \mathbb{R}$ für $x \in \mathbb{R} \setminus \mathbb{N}_0^-$.

*Die Gamma-Funktion*
*auf der reellen Achse*

*Der Betrag der Gamma-Funktion*
*über der gaußschen Zahlenebene*

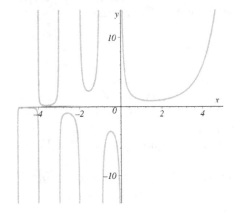

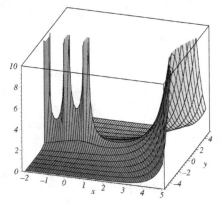

**7.3.1 Definition:** Für $z \in \mathbb{C} \setminus \mathbb{N}_0^-$ und $m \in \mathbb{N}$ heißt

$$\Psi_m(z) := D^m \ell n \left( \Gamma(z) \right)$$

*Polygamma-Funktion.* Im Fall $m = 1$ spricht man von der Digamma-Funktion[*] oder gaußschen Psi-Funktion[°] , im Fall $m = 2$ von der Trigamma-Funktion[°] etc.

Diese Definition der Polygamma-Funktionen ist in der Literatur nicht einheitlich. Einige Autoren (vgl etwa [Jor]) verwenden $z + 1$ statt $z$ als Argument. Die hier angegebene Definition geht wohl auf Legendre zurück.

In der rechten Halbebene lässt sich die Polygamma-Funktion wie die Gammafunktion als Integral schreiben. Es ist

$$\Psi_1(z) = \int_0^\infty \frac{\exp(-t)}{t} - \frac{\exp(-zt)}{1 - \exp(-t)} dt \, , \; \Psi_m(z) = (-1)^m \int_0^\infty \frac{t^{m-1} \exp(-zt)}{1 - t} dt$$

für $m = 2, \ldots$ und $\mathrm{Re}(z) > 0$ .

Insgesamt ist die Polygamma-Funktion $\Psi_m(z)$ eine in $\mathbb{C}$ meromorphe Funktion mit Polen der Ordnung $m$ in $z = 0, -1, -2, \ldots$ Es ist $\Psi_m(\bar{z}) = \overline{\Psi_m(z)}$ , also insbesondere $\Psi_m(x) \in \mathbb{R}$ für $x \in \mathbb{R} \setminus \mathbb{N}_0^-$ .

Die Digamma-Funktion ist die Funktion, die die angesprochene Lücke bei der Summation schließt:

$$\Delta \Psi_m(x) = \Delta D^m \ell n \Gamma(x) = D^m \Delta \ell n \Gamma(x) = D^m \left( \ell n \Gamma(x+1) - \ell n \Gamma(x) \right) =$$

$$= D^m \ell n \frac{\Gamma(x+1)}{\Gamma(x)} = D^m \ell n(x) = D^{m-1} \frac{1}{x} = D^{m-2} \left( -\frac{1}{x^2} \right) =$$

$$= D^{m-3} \left( (-1)(-2)\frac{1}{x^3} \right) = \ldots = (-1)^{m-1} \frac{(m-1)!}{x^m} \qquad (7.4)$$

für $m \in \mathbb{N}$ also insbesondere für $m = 1$ :

$$\Delta \Psi_1(x+1) = \Delta F(x+1) = \frac{1}{x+1} = (x)_{-1}$$

(dies zeigt, woher die erwähnte Alternativdefinition von $F$ mit dem Argument $x + 1$ statt $x$ kommt) bzw.

$$\sum (x)_{-1} = \Psi_1(x+1) = F(x+1).$$

Die dabei gewonnene allgemeinere Formel

---

[*]  $F(z)$ geschrieben; $F$ heißt Digamma und ist ein nicht mehr gebräuchliches griechisches Zeichen

[°]  $\psi(z) = \frac{\Gamma'(z)}{\Gamma(z)}$ geschrieben; es ist $\psi^{(m-1)}(z) = \Psi_m(z)$

[°]  Teilweise wie $F$ – aber mit einem zusätzlichen kleinen Querstrich – geschrieben.

$$\sum \frac{1}{x^m} = \frac{(-1)^{m-1}}{(m-1)!}\Psi_m(x) \quad \text{für} \quad m \in \mathbb{N} \tag{7.5}$$

ist natürlich auch von großem Interesse.

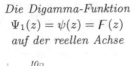

*Die Digamma-Funktion*
$\Psi_1(z) = \psi(z) = F(z)$
*auf der reellen Achse*

*Die Trigamma-Funktion*
$\Psi_2(z) = \psi'(z)$
*auf der reellen Achse*

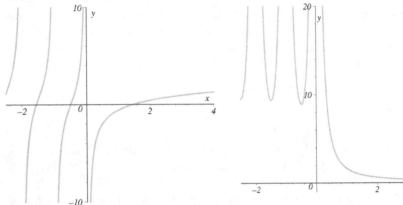

Aus *(7.4)* liest man ab, dass die Polygamma-Funktion der Rekursion

$$\Psi_m(z+1) = \Psi_m(z) + \frac{(-1)^{m-1}(m-1)!}{z^m}$$

gehorcht. Mit Hilfe dieser und anderer Formeln lässt sich die Polygamma-Funktion sehr effektiv berechnen, was hier aber nicht weiter ausgeführt werden soll (man vergleiche dazu etwa [ASt]).

## 7.4 Shiftfreie Faktorisierung

**7.4.1 Definition:** Ein Polynom $f(x) \in \mathbb{F}$ heißt *r-shiftfrei*, wenn ggT $(f(x), T^r f(x)) = 1$ ist ( $r \in \mathbb{N}$, im Fall von 1-shiftfrei spricht man auch einfach von *shiftfrei*). Ist ein Polynom $f(x)$ für jedes $r \in \mathbb{N}$ *r*-shiftfrei, so heißt $f(x)$ *vollständig shiftfrei*. Eine Darstellung $f(x) = \prod_{i=1}^{k}(f_i(x))_i$ mit shiftfreien, paarweise teilerfremden Faktoren $f_i(x)$ heißt *shiftfreie Faktorisierung* von $f$. Besitzt $f(x)$ eine Darstellung $f(x) = \prod_{i=1}^{k}(f_i(x))_i$ mit vollständig shiftfreien, paarweise teilerfremden Faktoren $f_i(x)$, so heißt diese Zerlegung *vollständig shiftfreie Faktorisierung* von $f$.

Mit Hilfe von Resultanten lässt sich ein Polynom sehr leicht auf vollständige Shiftfreiheit prüfen, denn der größte gemeinsame Teiler von $f(x)$ und $T^r f(x)$ ist nach **2.5.4** genau dann nichttrivial, wenn $g(r) := \mathrm{res}_x(f(x), T^r f(x))$ verschwindet.

Man berechnet also die ganzzahligen positiven Nullstellen von $g(r)$ ( 0 ist trivialerweise immer eine Wurzel, außerdem ist $g(r)$ achsensymmetrisch, d.h. die negativen Wurzeln bringen keine neue Information).

**7.4.2 Beispiel:** Es sei $n(x) = x^6 + 6x^5 + 16x^4 + 30x^3 + 37x^2 + 36x + 18 \in \mathbb{Q}[x]$. Die Resultante $g(r) = \operatorname{res}_x(n(x), T^r n(x))$ (ein Polynom vom Grad 36 ) hat die ganzzahligen Nullstellen $0, \pm 1$ und $\pm 2$. Das Polynom $n$ ist also nicht shiftfrei. Es ist $h := \operatorname{ggT}(n, Tn) = x^2 + 2x + 3$, also

$$T^{-1}h \cdot h = (h)_2 = (x^2 + 2x + 3)_2 = x^4 + 5x^2 + 2x^3 + 4x + 6$$

ein Teiler von $n$.

Der Rest $\frac{n}{(h)_2} = x^2 + 4x + 3$ ist wegen

$$\operatorname{res}_x(x^2 + 4x + 3, (x + r)^2 + 4(x + r) + 3) = r^2(r - 2)(r + 2)$$

zwar shiftfrei, aber nicht vollständig shiftfrei:

$$\operatorname{ggT}(x^2 + 4x + 3, (x + 2)^2 + 4(x + 2) + 3) = x + 3.$$

und damit

$$n(x) = (x^2 + 4x + 3)_1 \cdot (x^2 + 2x + 3)_2$$

zwar eine shiftfreie Zerlegung von $n$, wegen des ersten Faktors aber nicht vollständig shiftfrei ( $x^2 + 2x + 3$ ist irreduzibel über $\mathbb{Q}$, also erst recht vollständig shiftfrei).

Es ist bereits an diesem Beispiel klar, dass sich eine vollständig shiftfreie Zerlegung im Allgemeinen auch nicht erreichen lässt.

Ist das betrachtete Polynom der Nenner einer rationalen Funktion $r(x) = \frac{z(x)}{n(x)}$, so kann man mit Hilfe der shiftfreien Faktorisierung von $n(x)$ gemäß **2.6.3** die shiftfreie Partialbruchzerlegung von $r(x)$ berechnen.

Auch wenn $n(x)$ keine vollständig shiftfreie Zerlegung besitzt, kann man sich in diesem Fall durch Erweitern mit den fehlenden Termen behelfen und $r$ umschreiben in

$$r(x) = \frac{\hat{z}(x)}{\prod_{i=1}^{k}(n_i(x))_i}$$

mit vollständig shiftfreier Faktorisierung des neuen Nenners. Daraus kann man dann die so genannte *vollständig shiftfreie Partialbruchzerlegung* berechnen.

**7.4.3 Beispiel:** (Fortsetzung) Wegen $x^2 + 4x + 3 = T^{-2}(x + 3) \cdot (x + 3) = (x + 1)(x + 3)$ fehlt dem Polynom $n(x) = x^6 + 6x^5 + 16x^4 + 30x^3 + 37x^2 + 36x + 18$ der Faktor $T^{-1}(x + 3) = x + 2$, man schreibt also z.B. die rationale Funktion $r(x) := \frac{1}{n(x)}$ um in

$$r(x) = \frac{x + 2}{(1)_1(x^2 + 2x + 3)_2(x + 3)_3}.$$

Der Nenner ist jetzt eine vollständig shiftfreie Faktorisierung.

Der erweiterte euklidische Algorithmus liefert

$$\frac{1}{66}(5x^2+26x+32)\cdot(x^2+2x+3)_2-\frac{1}{66}(5x^3+6x^2+18x+10)\cdot(x+3)_3 = x+2$$

und damit die Partialbruchzerlegung

$$r(x) = \frac{1}{66}\left[\frac{5x^2 + 26x + 32}{(x + 3)_3} - \frac{5x^3 + 6x^2 + 18x + 10}{(x^2 + 2x + 3)_2}\right].$$

Durch fortgesetzte Division mit Rest (vgl. Beweis von **2.6.3**) erhält man daraus die vollständig shiftfreie Partialbruchzerlegung

$$r(x) = \frac{1}{66}\left[\frac{5}{(x + 1)_1} + \frac{1}{(x + 2)_2} - \frac{1}{(x + 3)_3} - \frac{5x - 4}{(x^2 + 2)_1} - \frac{11(x + 2)}{(x^2 + 2x + 3)_2}\right].$$

## 7.5  Partielle Summation

Analog zur Integration lässt sich aus der Produktregel (Δ2) eine Rechenregel zur partiellen Summation herleiten. Es gilt

$$\Delta(fg) = f\Delta g + g\Delta f + \Delta f\Delta g = f\Delta g + \Delta f(g + \Delta g) = f\Delta g + \Delta fTg \iff$$
$$f\Delta g = \Delta(fg) - \Delta fTg$$

und damit

$$\sum(f\Delta g) = fg - \sum \Delta fTg.$$

Mit Hilfe dieser Rechenregel und der Tabelle diskreter Stammfunktionen kann man nun schon schwierigere Funktionen summieren.

*7.5.1  Beispiel:* Es soll $\sum x\sin(ax + b)$ bestimmt werden. Wählt man $f(x) = x$ und $\Delta g(x) = \sin(ax + b)$, so ist $\Delta f(x) = 1$ und $g(x) = \frac{-\cos\left(ax+b-\frac{a}{2}\right)}{2\sin\left(\frac{a}{2}\right)}$ (für $a \neq 2k\pi, k \in \mathbb{Z}$). Damit ergibt partielle Summation

$$\sum x\sin(ax + b) = -\frac{1}{2\sin\left(\frac{a}{2}\right)}x\cos\left(ax + b - \frac{a}{2}\right) - \sum Tg(x).$$

Wegen $Tg(x) = -\frac{1}{2\sin\left(\frac{a}{2}\right)}\cos\left(ax + b + \frac{a}{2}\right)$ und der Linearität von $\sum$ kann man jetzt das Ergebnis aus der Tabelle ablesen. Es folgt

$$\sum x\sin(ax + b) = \frac{x}{h}\cos\left(ax + b - \frac{a}{2}\right) + \frac{1}{h^2}\sin(ax + b)$$

mit $h := -2\sin\left(\frac{a}{2}\right)$.

*7.5.2  Beispiel:* Auch die gerade eingeführte Polygamma-Funktion lässt sich mit Hilfe partieller Summation summieren.

Mit $f(x) = \Psi_m(x)$ und $\Delta g(x) = 1$ ist $\Delta f(x) = (-1)^{m-1}\frac{(m-1)!}{x^m}$ (vgl. *(7.4)*) und $g(x) = x$. Damit erhält man für $m \geq 2$

$$\sum \Psi_m(x) = x\Psi_m(x) - \sum (-1)^{m-1}\frac{(m-1)!}{x^m} \cdot (x+1) =$$
$$= x\Psi_m(x) - (-1)^{m-1}(m-1)! \cdot \sum \left(\frac{1}{x^{m-1}} + \frac{1}{x^m}\right) \overset{(7.5)}{=}$$
$$= x\Psi_m(x) + ((m-1)\Psi_{m-1}(x) - \Psi_m(x)) =$$
$$= (x-1)\Psi_m(x) + (m-1)\Psi_{m-1}(x).$$

Im Spezialfall $m = 1$ erhält man entsprechend

$$\sum \Psi_1(x) = x\Psi_1(x) - \sum \left(1 + \frac{1}{x}\right) =$$
$$= x\Psi_1(x) - (x + \Psi_1(x)) = (x-1)\Psi_1(x) - x$$

Die Liste solcher Beispiele lässt sich beliebig erweitern. Wie bei der Integration ist es aber oft sehr schwierig, geeignete Funktionen $f$ und $g$ zu finden. Insbesondere ist diese Suche nach $f$ und $g$ im allgemeinen kein Algorithmus. Für rationale Funktionen hat R. Moenck ([Mo3]) einen Algorithmus angegeben, der mit Hilfe rekursiver Anwendung partieller Summation arbeitet. Moenck betrachtet Ausdrücke der Gestalt $\sum \frac{d\Delta h}{hTh}$. Wählt man $g = -\frac{1}{h}$, so folgt nach der Quotientenregel $\Delta g = \frac{\Delta h}{hTh}$. Damit ist der zu summierende Ausdruck von der Gestalt $\sum f\Delta g$ mit $f = d$ und $g = -\frac{1}{h}$. Es folgt also

$$\sum \frac{d\Delta h}{hTh} = -\frac{d}{h} + \sum \frac{\Delta d}{Th}. \tag{7.6}$$

## 7.6 Der Algorithmus von Moenck

Gegeben sei eine rationale Funktion $r(x) = \frac{z(x)}{n(x)} \in \mathbb{Q}(x)$ mit $z(x), n(x) \in \mathbb{Z}[x]$, $\deg z(x) < \deg n(x)$ und natürlich $n(x) \neq 0$. Mittels geeigneter Erweiterung lässt sich $r(x)$ in die Form

$$r(x) = \frac{\hat{z}(x)}{\prod_{i=1}^{k}(n_i(x))_i}$$

mit vollständig shiftfreier Faktorisierung des Nenners bringen.
Da die $(n_i(x))_i$ für $i = 1, \ldots, k$ paarweise teilerfremd sind und wegen

$$(n_i(x))_i = \prod_{j=0}^{i-1} n_i(x-j) = \prod_{j=1}^{i} n_i(x-j+1)$$

gibt es nach **2.6.3** eine zugehörige vollständige Partialbruchzerlegung

$$r(x) = \frac{\hat{z}(x)}{\prod_{i=1}^{k} \prod_{j=1}^{i} n_i(x - j + 1)} = \sum_{i=1}^{k} \sum_{\ell=1}^{i} \frac{w_{i,\ell}(x)}{\prod_{j=1}^{\ell} n_i(x - j + 1)}$$

mit $\deg w_{i,\ell} < \deg n_i$ für $1 \le \ell \le i \le k$ (vgl. Beispiel 7.4.3).

Man kann also rationale Funktionen summieren, wenn man in der Lage ist Summanden der Gestalt

$$\frac{w(x)}{(n_i(x))_\ell}$$

mit $\ell \le i, \deg w(x) < \deg n_i(x)$ und vollständig shiftfreiem $n_i(x)$ zu summieren.

Dazu setzt man $h(x) = (n_i(x - 1))_{\ell-1}$ in (7.6) und erhält

$$-\frac{d}{(n_i(x - 1))_{\ell-1}} + \sum \frac{\Delta d}{(n_i(x))_{\ell-1}} = \sum \frac{d \cdot \Delta(n_i(x - 1))_{\ell-1}}{(n_i(x - 1))_{\ell-1} \cdot (n_i(x))_{\ell-1}}.$$

Da wegen (7.3) gilt

$$\Delta(n_i(x - 1))_{\ell-1} = (n_i(x - 1))_{\ell-2} \underset{x,\ell-1}{\Delta} n_i(x - \ell + 1)$$

hat man zusammen

$$-\frac{d}{(n_i(x - 1))_{\ell-1}} + \sum \frac{\Delta d}{(n_i(x))_{\ell-1}} = \sum \frac{d \cdot (n_i(x - 1))_{\ell-2} \underset{x,\ell-1}{\Delta} n_i(x - \ell + 1)}{(n_i(x - 1))_{\ell-1}(n_i(x))_{\ell-1}} =$$

$$= \sum \frac{d \cdot \underset{x,\ell-1}{\Delta} n_i(x - \ell + 1)}{n_i(x - \ell + 1)(n_i(x))_{\ell-1}}$$

$$= \sum \frac{d \cdot \underset{x,\ell-1}{\Delta} n_i(x - \ell + 1)}{(n_i(x))_\ell}. \tag{7.7}$$

Um diesen Sachverhalt ausnutzen zu können, zerlegt man das Polynom $w(x)$ im Zähler von $\frac{w(x)}{(n_i(x))_\ell}$ nach Bézout in

$$c(x) \cdot n_i(x - \ell + 1) + d(x) \cdot \underset{x,\ell-1}{\Delta} n_i(x - \ell + 1) = w(x). \tag{7.8}$$

Das geht, da $n_i(x - \ell + 1)$ und $\underset{x,\ell-1}{\Delta} n_i(x - \ell + 1)$ teilerfremd sind (dies ist noch zu begründen) und $\deg w(x) < \deg n_i(x)$ ist. Wie üblich ist man an Lösungen $c(x), d(x)$ möglichst kleinen Grades interessiert, da man ja mit diesen Polynomen weiterrechnen muss. Die Lösung ist sogar eindeutig, wenn man $\deg c(x), \deg d(x) < \deg n_i(x)$ fordert.

Mit dieser Zerlegung bekommt man

$$\frac{w(x)}{(n_i(x))_\ell} = \frac{c(x) \cdot n_i(x - \ell + 1) + d(x) \cdot \underset{x,\ell-1}{\Delta} n_i(x - \ell + 1)}{(n_i(x))_\ell} =$$

$$= \frac{c(x)}{(n_i(x))_{\ell-1}} + \frac{d(x) \cdot \underset{x,\ell-1}{\Delta} n_i(x - \ell + 1)}{(n_i(x))_\ell}$$

Zusammen mit *(7.7)* wird nun die Summation von $\frac{w(x)}{(n_i(x))_\ell}$ möglich, denn durch

$$\sum \frac{w(x)}{(n_i(x))_\ell} = -\frac{d(x)}{(n_i(x-1))_{\ell-1}} + \sum \frac{c(x) + \Delta d(x)}{(n_i(x))_{\ell-1}} \qquad (7.9)$$

wird der faktorielle Exponent der Nenner um 1 abgesenkt. Man kann also rekursiv so weitermachen, bis man beim faktoriellen Exponenten 1 angelangt ist.

*7.6.1 Beispiel:* (Fortsetzung von *7.4.3*) Einige der Summanden der vollständig shiftfreien Partialbruchzerlegung von $r(x)$ kann man nun direkt summieren. Der einfachste Summand ist

$$\sum \frac{5}{66} \frac{1}{(x+1)} = \frac{5}{66} \sum (x)_{-1} = \frac{5}{66} \Psi_1(x+1).$$

Den Summanden $\sum \frac{1}{66} \frac{1}{(x+2)_2}$ kann man mit der Moenckschen Reduktion *(7.9)* vereinfachen. Mit $\ell = 2$ und $n_i = x + 2$ ist

$$n_i(x - \ell + 1) = x + 1 \quad \text{und}$$
$$\underset{x,\ell-1}{\Delta} n_i(x - \ell + 1) = (x+2) - (x+1) = 1.$$

Der Satz von Bézout *(7.8)* liefert zu $w(x) = 1$ die Polynome $c(x) = 1$ und $d(x) = -x$. Die Formel *(7.9)* lautet also

$$\sum \frac{1}{(x+2)_2} = -\frac{-x}{(x+1)_1} + \sum \frac{1 + \Delta(-x)}{(x+2)_1} =$$
$$= \frac{x}{x+1} = 1 - \frac{1}{x+1}.$$

Die 1 kann man dabei ohne Schaden weglassen. Da $x + 2$ linear ist, hätte man dies auch einfacher haben können. Es ist nämlich $\frac{1}{(x+2)_2} = (x)_{-2}$ und damit

$$\sum (x)_{-2} = \frac{1}{-2+1}(x)_{-2+1} = -(x)_{-1} = -\frac{1}{x+1}.$$

In jedem Fall kann man für den zweiten Summanden von $r$ notieren

$$\sum \frac{1}{66} \frac{1}{(x+2)_2} = -\frac{1}{66} \frac{1}{x+1}.$$

Entsprechend erhält man für

$$\sum -\frac{1}{66}\frac{1}{(x+3)_3} = \frac{1}{66}\sum (x)_{-3} =$$

$$= -\frac{1}{66}\frac{1}{-3+1}(x)_{-3+1} = \frac{1}{132}(x)_{-2} =$$

$$= \frac{1}{132}\frac{1}{(x+2)(x+1)}.$$

Nun zum letzten Summanden $\sum -\frac{1}{6}\frac{x+2}{(x^2+2x+3)_2}$ . Auch dieser wird mit der Reduktion *(7.9)* vereinfacht. Mit $\ell = 2$ und $n_i = x^2 + 2x + 3$ ist

$$n_i(x-\ell+1) = x^2 + 2 \quad \text{und}$$

$$\underset{x,\ell-1}{\Delta}\, n_i(x-\ell+1) = (x^2+2x+3) - (x^2+2) = 2x+1.$$

Zu $w(x) = x + 2$ liefert der Satz von Bézout $c(x) = \frac{2}{3}$ und $d(x) = -\frac{1}{3}x + \frac{2}{3}$ . Mit Formel *(7.9)* folgt nun

$$\sum \frac{x+2}{(x^2+2x+3)_2} = -\frac{-\frac{1}{3}x+\frac{2}{3}}{x^2+2} + \sum \frac{\frac{2}{3}+\left(-\frac{1}{3}\right)}{x^2+2x+3}$$

und damit

$$-\frac{1}{6}\sum \frac{x+2}{(x^2+2x+3)_2} = -\frac{1}{18}\left[\frac{x-2}{x^2+2} + \sum \frac{1}{x^2+2x+3}\right].$$

Damit hat man bisher insgesamt

$$\sum r(x) = \frac{5}{66}\Psi_1(x+1) - \frac{1}{66}\frac{1}{x+1} + \frac{1}{132}\frac{1}{(x+1)(x+2)} -$$

$$- \frac{1}{18}\frac{x-2}{x^2+2} - \frac{1}{18}\sum \frac{1}{x^2+2x+3} - \frac{1}{66}\sum \frac{5x-4}{x^2+2}.$$

Der eigentliche Algorithmus von Moenck ist damit am Ende, denn die Nenner der noch zu summierenden rationalen Funktionen sind vollständig shiftfrei und über $\mathbb{Q}$ nicht weiter zu zerlegen. Da die Nennerpolynome in den verbleibenden Summen nun vom Grad kleiner als 5 sind, kann man jetzt vollständige Partialbruchzerlegungen über $\mathbb{C}$ berechnen und kommt so zum Ziel.

Mit der Faktorisierung $x^2 + 2x + 3 = (x+1-i\sqrt{2})(x+1+i\sqrt{2})$ und Bézout erhält man die vollständige Partialbruchzerlegung

$$\frac{1}{x^2+2x+3} = -\frac{i\sqrt{2}}{4}\frac{1}{x+1-i\sqrt{2}} + \frac{i\sqrt{2}}{4}\frac{1}{x+1+i\sqrt{2}}$$

und damit

$$-\frac{1}{18}\sum \frac{1}{x^2+2x+3} = \frac{i\sqrt{2}}{72}\Psi_1(x+1-i\sqrt{2}) - \frac{i\sqrt{2}}{72}\Psi_1(x+1+i\sqrt{2}).$$

Entsprechend erhält man aus der komplexen Partialbruchzerlegung

$$\frac{5x-4}{x^2+2} = -\frac{1}{2}\left(\frac{-5+2\sqrt{2}i}{x+\sqrt{2}i} + \frac{-5-2\sqrt{2}i}{x-\sqrt{2}i}\right)$$

die diskrete Stammfunktion

$$-\frac{1}{66}\sum\frac{5x-4}{x^2+4} = \frac{-5+2\sqrt{2}i}{132}\Psi_1(x+\sqrt{2}i) + \frac{-5-2\sqrt{2}i}{132}\Psi_1(x-\sqrt{2}i)$$

also insgesamt $\sum r(x) =$

$$-\frac{1}{66}\frac{1}{x+1} + \frac{1}{132}\frac{1}{(x+1)(x+2)} - \frac{1}{18}\frac{x-2}{x^2+2}+$$

$$+\frac{5}{66}\Psi_1(x+1) + \frac{i\sqrt{2}}{72}\Psi_1(x+1-i\sqrt{2}) - \frac{i\sqrt{2}}{72}\Psi_1(x+1+i\sqrt{2})+$$

$$+\frac{-5+2\sqrt{2}i}{132}\Psi_1(x+\sqrt{2}i) + \frac{-5-2\sqrt{2}i}{132}\Psi_1(x-\sqrt{2}i).$$

Wegen

$$a\Psi_m(z) + \overline{a}\Psi_m(\overline{z}) = a\Psi_m(z) + \overline{a\Psi_m(z)} = 2\,\mathrm{Re}(a\Psi_m(z))$$

kann man dabei die komplex aussehenden Terme zusammenfassen und erhält schließlich

$$\sum r(x) = -\frac{1}{66}\frac{1}{x+1} + \frac{1}{132}\frac{1}{(x+1)(x+2)} - \frac{1}{18}\frac{x-2}{x^2+2}+$$

$$+\frac{5}{66}\Psi_1(x+1) + 2\,\mathrm{Re}\left(\frac{i\sqrt{2}}{72}\Psi_1(x+1-i\sqrt{2})\right)+$$

$$+2\,\mathrm{Re}\left(\frac{-5+2\sqrt{2}i}{132}\Psi_1(x+\sqrt{2}i)\right).$$

Nun noch zu der nachzutragenden Begründung für *(7.9)*:

**7.6.2 Hilfssatz:**    $\mathrm{ggT}(n(x), \underset{x,\ell}{\Delta}\, n(x)) = 1 \iff n$ ist $\ell$-shiftfrei.

*Beweis:*

„$\Rightarrow$" Wäre $\mathrm{ggT}(n(x), T^\ell n(x)) = g(x)$ mit $\deg g(x) > 0$, also $n(x)$ nicht $\ell$-shiftfrei, so wäre dieses $g(x)$ auch ein Teiler von $\underset{x,\ell}{\Delta}\, n(x) = \underset{x,\ell}{T}\, n(x) - n(x) = T^\ell n(x) - n(x)$ und damit $\mathrm{ggT}(n(x), \underset{x,\ell}{\Delta}\, n(x)) \neq 1$.

„$\Leftarrow$" Ist $g(x) := \mathrm{ggT}(n(x), \underset{x,\ell}{\Delta}\, n(x))$ von positivem Grad, so teilt $g(x)$ die Polynome $n(x)$ und $n(x+\ell) - n(x)$. Damit teilt $g(x)$ auch $n(x+\ell) = T^\ell n$, also auch $\mathrm{ggT}(n(x), T^\ell n(x))$.    □

## 7.7 Der Algorithmus von Gosper

Ein weiteres mächtiges Verfahren zur unbestimmten Summation ist der 1978 veröffentlichte Algorithmus von Gosper ([Gos]). Dieser ist in der Lage $\sum f(x) = g(x)$ zu berechnen, falls $\frac{g(x+1)}{g(x)}$ rational in $x$ ist (also $f(x) \in \mathbb{F}$ und $\frac{g(x+1)}{g(x)} \in \mathbb{K}(x)$, wobei $\mathbb{K}$ der Konstantenkörper des Differenzenkörpers $(\mathbb{F}, \Delta)$ sei). Das Problem ist, dass man dies natürlich nicht a priori weiß. Der Algorithmus muss also auf gut Glück gestartet werden. Er entscheidet ob $\frac{g(x+1)}{g(x)}$ wirklich rational ist und berechnet $g(x)$ in diesem Fall.

Die Methode ist denkbar einfach. Es wird gezeigt werden, dass $\frac{f(x)}{f(x-1)}$ rational ist, falls $\frac{g(x+1)}{g(x)}$ rational ist und dass es Polynome $p, q, r \in \mathbb{K}[x]$ gibt mit

$$\frac{f(x)}{f(x-1)} = \frac{p(x)}{p(x-1)} \cdot \frac{q(x)}{r(x)}$$

und $\mathrm{ggT}(q(x), T^j r(x)) = 1$, für alle $j \in \mathbb{N}_0$.

Mit diesen Polynomen kann man weiterhin zeigen, dass es ein Polynom $s(x) \in \mathbb{K}[x]$ mit

$$g(x+1) = \frac{q(x+1)}{p(x)} s(x) f(x)$$

gibt, für das die folgende Funktionalgleichung gilt:

$$p(x) = q(x+1)s(x) - r(x)s(x-1).$$

Da man Schranken für den Grad von $s(x)$ angeben kann, lässt sich $s(x)$ aus der Funktionalgleichung berechnen und man hat damit auch $g(x)$.

Nun zu den Einzelheiten des Vorgehens. Ist $g(x) = \sum f(x) \iff f(x) = \Delta g(x)$ bekannt und $\frac{g(x+1)}{g(x)}$ (und damit natürlich auch $\frac{g(x-1)}{g(x)}$) rational, so folgt

$$\frac{f(x)}{f(x-1)} = \frac{\Delta g(x)}{\Delta g(x-1)} = \frac{g(x+1) - g(x)}{g(x) - g(x-1)} = \frac{\frac{g(x+1)}{g(x)} - 1}{1 - \frac{g(x-1)}{g(x)}},$$

d.h. insbesondere, dass auch $\frac{f(x)}{f(x-1)}$ rational ist.

Damit gibt es Polynome $p, q, r \in \mathbb{K}[x]$ mit

$$\frac{f(x)}{f(x-1)} = \frac{p(x)}{p(x-1)} \frac{q(x)}{r(x)}; \qquad (7.10)$$

man nehme etwa $p(x) = 1$ und für $q(x), r(x)$ den Zähler bzw. den Nenner der rationalen Funktion $\frac{f(x)}{f(x-1)}$. Dies ist allerdings noch nicht die Darstellung von $\frac{f(x)}{f(x-1)}$, die man für das weitere Vorgehen braucht. Wie bereits erwähnt, hätte man in (7.10) gerne

$$\mathrm{ggT}(q(x), T^j r(x)) = 1 \quad \text{für alle} \quad j \in \mathbb{N}_0. \qquad (7.11)$$

Diese Forderung lässt sich wie folgt immer erfüllen. Gibt es ein $j_0 \in \mathbb{N}_0$ mit

$$\mathrm{ggT}(q(x), T^{j_0} r(x)) = d(x) \quad \text{und} \quad \deg d(x) > 0$$

so ersetzt man

$$q(x) \leftarrow \frac{q(x)}{d(x)}, r(x) \leftarrow \frac{r(x)}{T^{-j_0} d(x)} \qquad (7.12)$$

und

$$p(x) \leftarrow p(x)(d(x))_{j_0}.$$

Damit bekommt die rechte Seite von *(7.10)* die Gestalt

$$\frac{p(x)(d(x))_{j_0}}{p(x-1)(d(x-1))_{j_0}} \frac{q(x)T^{-j_0}d(x)}{d(x)r(x)}$$

was wegen

$$\frac{(d(x))_{j_0}}{(d(x-1))_{j_0}} \frac{T^{-j_0}d(x)}{d(x)} = 1$$

immer noch $\frac{f(x)}{f(x-1)}$ ist.

In der neuen Darstellung *(7.10)* von $\frac{f(x)}{f(x-1)}$ gilt nun $\mathrm{ggT}(q(x), T^{j_0} r(x)) = 1$. Um alle $j \in \mathbb{N}_0$ mit *(7.11)* zu finden, greift man wieder auf **2.5.4** zurück und betrachtet

$$h(j) := \mathrm{res}_x(q(x), T^j r(x)).$$

Aus der Definition der Resultanten folgt, dass $h(j)$ ein Polynom vom Grad $\deg q \cdot \deg r$ ist. Für jede der endlich vielen Wurzeln $j_0 \in \mathbb{N}_0$ von $h(j)$ ist also die Substitution *(7.12)* durchzuführen. Nach endlich vielen Schritten erhält man so eine Darstellung *(7.10)*, die die Bedingung *(7.11)* erfüllt.

*7.7.1 Beispiel:* Es sei $f(x) = xa^x$ mit $a \in \mathbb{K} \setminus \{0, 1\}$. Dann ist

$$\frac{f(x)}{f(x-1)} = \frac{xa^x}{(x-1)a^{x-1}} = \frac{xa}{x-1} \in \mathbb{K}(x).$$

Man startet mit $q(x) = xa, r(x) = x - 1$ und $p(x) = 1$. Es ist

$$h(j) = \mathrm{res}_x(xa, x + j - 1) = \begin{vmatrix} a & 0 \\ 1 & j-1 \end{vmatrix} = a(j-1)$$

also $j_0 = 1$ die einzige Wurzel von $h(j)$ in $\mathbb{N}_0$. Der zugehörige nichttriviale größte gemeinsame Teiler ist $d(x) = \mathrm{ggT}(xa, x) = x$.
Damit liefert die Substitution *(7.12)*

$$q(x) \leftarrow \frac{xa}{x} = a, \; r(x) \leftarrow \frac{x-1}{x-1} = 1, \; p(x) \leftarrow x$$

also mit *(7.10)*:

$$\frac{f(x)}{f(x-1)} = \frac{xa}{x-1} = \frac{x}{x-1}\frac{a}{1}.$$

Mit der nun vorliegenden Zerlegung *(7.10)* mit Zusatzbedingung *(7.11)* macht man den Ansatz

$$g(x+1) = \frac{q(x+1)}{p(x)}s(x)f(x) \qquad (7.13)$$

aus dem versucht werden soll die Funktion $s(x) \in \mathbb{F}$ zu berechnen. Der folgende Hilfssatz zeigt, dass dieser Ansatz sinnvoll ist.

**7.7.2 Hilfssatz:** *Ist $\frac{g(x+1)}{g(x)}$ rational, so ist $s(x)$ in (7.13) ein Polynom.*

*Beweis:* Auflösen von *(7.13)* nach $s(x)$ liefert

$$s(x) = \frac{p(x)}{q(x+1)}\frac{g(x+1)}{f(x)} = \frac{p(x)}{q(x+1)}\frac{g(x+1)}{\Delta g(x)}$$

$$= \frac{p(x)}{q(x+1)}\frac{1}{1 - \frac{g(x)}{g(x+1)}}.$$

Da $p(x)$ und $q(x+1)$ nach Voraussetzung Polynome sind und $\frac{g(x)}{g(x+1)}$ rational ist, zeigt dies, dass $s(x)$ rational ist. Es gibt also Polynome $z(x), n(x)$ mit $s(x) = \frac{z(x)}{n(x)}$. Diese Darstellung sei optimal durchgekürzt ist, also $\mathrm{ggT}(z(x), n(x)) = 1$, und im Widerspruch zur Aussage des Hilfssatzes sei $\deg n(x) > 0$. Nun setzt man *(7.13)* in $f(x) = \Delta g(x)$ ein. Es ergibt sich

$$f(x) = \frac{q(x+1)}{p(x)}s(x)f(x) - \frac{q(x)}{p(x-1)}s(x-1)f(x-1) \iff$$

$$p(x) = q(x+1)s(x) - \frac{p(x)}{p(x-1)}q(x)s(x-1)\frac{f(x-1)}{f(x)} \overset{(7.10)}{\iff}$$

$$p(x) = q(x+1)s(x) - r(x)s(x-1). \qquad (7.14)$$

Einsetzen von $s(x) = \frac{z(x)}{n(x)}$ und Ausmultiplizieren mit dem Hauptnenner führt auf

$$n(x)n(x-1)p(x) = z(x)n(x-1)q(x+1) - z(x-1)n(x)r(x). \qquad (7.15)$$

Nun sei $i_0 \in \mathbb{N}_0$ die größte ganze Zahl mit $\mathrm{ggT}(n(x), T^{i_0}n(x)) = t(x)$ und $\deg t > 0$, d.h. die größte ganzzahlige Wurzel des Polynoms $\mathrm{res}_x(n(x), T^i n(x))$.

Da $t(x)$ das Polynom $n(x)$ teilt, sieht man an *(7.15)*, dass $t(x)$ das Produkt $z(x)n(x-1)q(x+1)$ teilt. Wegen $\mathrm{ggT}(z(x), n(x)) = 1$ folgt $\mathrm{ggT}(z(x), t(x)) = 1$. Wegen der Maximalität von $i_0$ gilt

$$\mathrm{ggT}(n(x), T^{i_0+1}n(x)) = 1 \iff \mathrm{ggT}(n(x-1), T^{i_0}n(x)) = 1.$$

Da $t(x)$ ein Teiler von $T^{i_0}n(x)$ ist, heißt dies insbesondere $\mathrm{ggT}(n(x-1), t(x)) = 1$. Also ist $t(x)$ ein Teiler von $q(x+1)$, bzw. $t(x-1)$ ein Teiler von $q(x)$.

Ausgehend von $\mathrm{ggT}(T^{-(i_0+1)}n(x), n(x-1)) = T^{-(i_0+1)}t(x)$ kann man nun aber völlig analog argumentieren, dass $T^{-(i_0+1)}t(x)$ das Polynom $n(x-1)$ und damit nach *(7.15)* auch $z(x-1)n(x)r(x)$ teilt.

Wegen $\mathrm{ggT}(n(x-1), z(x-1)) = 1$ folgt nun $\mathrm{ggT}(T^{-(i_0+1)}t(x), z(x-1)) = 1$, wegen der Maximalität von $i_0$ gilt $\mathrm{ggT}(T^{-(i_0+1)}t(x), n(x)) = 1$, d.h. $T^{-(i_0+1)}t(x)$ ist ein Teiler von $r(x)$ bzw. $t(x-1)$ ein Teiler von $T^{i_0}r(x)$.

Damit ist aber $t(x-1)$ ein gemeinsamer nichttrivialer Teiler von $q(x)$ und $T^{i_0}r(x)$, was ein Widerspruch zu *(7.11)* ist. Damit ist $\deg n(x) = 0$ gezeigt, $s(x)$ ist also ein Polynom.    □

Um das Polynom $s(x)$ mit Hilfe der Funktionalgleichung *(7.14)* bestimmen zu können, braucht man noch eine Schranke für den Grad $k := \deg s(x)$. Dazu schreibt man *(7.14)* um in

$$p(x) = (q(x+1) - r(x))\frac{s(x) + s(x-1)}{2} + (q(x+1) + r(x))\frac{s(x) - s(x-1)}{2}.$$
$$(7.16)$$

Es ist $k = \deg(s(x) + s(x-1)) = 1 + \deg(s(x) - s(x-1))$ (das bleibt auch richtig für konstantes $s \neq 0$, wenn man dem Nullpolynom den Grad $-1$ zuweist). Nun sei

$$\ell := \max(\deg(q(x+1) - r(x)), \deg(q(x+1) + r(x))).$$

Ist $\ell = \deg(q(x+1) - r(x))$, so hat die rechte Seite von *(7.16)* den Grad $\ell + k$, es ist also

$$k = \deg(p(x)) - \ell.$$

Ist dagegen $\ell = \deg(q(x+1) + r(x))$ um mindestens 2 größer als $\deg(q(x+1) - r(x))$, so hat die rechte Seite von *(7.16)* den Grad $\ell + k - 1$, es ist also

$$k = \deg(p(x)) - \ell + 1.$$

Es bleibt noch die Möglichkeit

$$\ell = \deg(q(x+1) + r(x)) = \deg(q(x+1) - r(x)) + 1$$

zu betrachten. Der Koeffizient von $x^{\ell+k-1}$ auf der rechten Seite von *(7.16)* ist

$$\left(\frac{1}{2}k \cdot \mathrm{LK}(q(x+1) + r(x)) + \mathrm{LK}(q(x+1) - r(x))\right) \cdot \mathrm{LK}(s).$$

Ist dieser Koeffizient von Null verschieden, so ist wieder $k = \deg(p(x)) - \ell + 1$. Ist $k_0 := \frac{-2\,\mathrm{LK}(q(x+1) - r(x))}{\mathrm{LK}(q(x+1) + r(x))}$ dagegen ganzzahlig, so könnte dieser Wert noch größer sein als $\deg(p(x)) - \ell + 1$.

Zusammen ist also gezeigt, dass $s(x)$ fast immer kleiner oder gleich $\deg(p(x)) - \ell + 1$ ist. Einzige Ausnahme ist der Fall, dass $k_0$ ganzzahlig und größer als $\deg(p(x)) - \ell + 1$ ist, in diesem Fall ist $\deg s(x) = k_0$.

In jedem Fall kann man damit $s(x)$ mit unbestimmten Koeffizienten ansetzen und durch Einsetzen in die Funktionalgleichung *(7.14)* berechnen.

*7.7.3 Beispiel:* (Fortsetzung von *7.7.1*) Wegen $p(x) = x, q(x) = a$ und $r(x) = 1$ ist $\ell = 0$ und damit $k = 1$. Mit dem Ansatz $s(x) = s_1 x + s_0$ wird *(7.14)* also zu

$$x = a(s_1 x + s_0) - (s_1 x + s_0 - s_1) \iff$$
$$1 = as_1 - s_1 \,, \, 0 = as_0 - s_0 + s_1$$

Man liest ab $\qquad s_1 = \dfrac{1}{a-1}, s_0 = -\dfrac{1}{(a-1)^2}$

und damit aus *(7.13)*

$$g(x+1) = \frac{a}{x}\left(\frac{x}{a-1} - \frac{1}{(a-1)^2}\right)xa^x = \frac{(a-1)x - 1}{(a-1)^2}a^{x+1}$$

$$\iff g(x) = \frac{1}{(a-1)^2}((a-1)x - a)a^x$$

Zur Probe berechne man $\Delta g(x)$ bzw. vergleiche mit Eintrag (2) unserer Summationstabelle.

*7.7.4 Beispiel:* Ein sehr viel komplizierteres Beispiel, bei dem das gospersche Verfahren seine Mächtigkeit beweisen kann, ist

$$f = \frac{x^3}{\prod_{j=1}^{x}(j^3 + 1)}$$

Bearbeitet man dies mit MAPLE, so wird erst das unbestimmte Produkt berechnet. Das Programm liefert

$$f = \frac{x^2\pi}{(x+1)\sin(\pi\,(\frac{1}{2} + \frac{1}{2}I\sqrt{3}))\Gamma(x + \frac{1}{2} - \frac{1}{2}I\sqrt{3})\Gamma(x + \frac{1}{2} + \frac{1}{2}I\sqrt{3})\Gamma(x)}.$$

Setzt man nun `infolevel['sum']:=5` und berechnet `sum(f,x)`, so bekommt man die Einzelschritte des ausgeführten Algorithmus zu sehen (die Ausgabe wurde zur besseren Lesbarkeit etwas aufbereitet):

```
sum/indefnew    : indefinite summation
sum/extgosper   : applying Gosper algorithm to
                  a(x):= x^2*Pi/(x+1)/sin(Pi*(1/2+1/2*I*3^(1/2)))/
                      GAMMA(x+1/2-1/2*I*3^(1/2))/
                      GAMMA(x+1/2+1/2*I*3^(1/2))/GAMMA(x)
sum/gospernew   : a(x)/a(x-1):=
                      -4*x^3/(x+1)/(x-1)^3/(-2*x+1+I*3^(1/2))/
                      (2*x-1+I*3^(1/2))
sum/gospernew   : Gosper's algorithm applicable
```

```
sum/gospernew  : p:= x^3
sum/gospernew  : q:= -4
sum/gospernew  : r:= -4*x^3-4
sum/gospernew  : degreebound:=0
sum/gospernew  : solving equations to find f
sum/gospernew  : Gosper's algorithm successful
sum/gospernew  : f:= 1/4
sum/indefnew   : indefinite summation finished
```

Die Ausgabe ist schließlich

$$-\frac{\left(x^3+1\right)\pi}{x\left(x+1\right)\sin(\pi\left(\frac{1}{2}+\frac{1}{2}I\sqrt{3}\right))\Gamma(x)\Gamma(x+\frac{1}{2}+1/2\,I\sqrt{3})\Gamma(x+\frac{1}{2}-\frac{1}{2}I\sqrt{3})},$$

was identisch ist mit

$$g = \frac{-1}{\displaystyle\prod_{j=1}^{x-1}(j^3+1)}$$

Per Hand hätte man dies natürlich ohne den Umweg über die Berechnung der Produkte gemacht. Es ist

$$\frac{f(x)}{f(x-1)} = \frac{x^3}{(x-1)^3(x^3+1)} = \frac{x^3}{(x-1)^3}\cdot\frac{-4}{-4x^3-4} = \frac{p(x)}{p(x-1)}\cdot\frac{q(x)}{r(x)}$$

($p$, $q$ und $r$ wie oben von MAPLE berechnet). Aus

$$p(x) = q(x+1)s(x) - r(x)s(x-1) \iff$$
$$x^3 = -4\cdot s(x) - (-4x^3-4)\cdot s(x-1)$$

berechnet man mit der Gradschranke $\deg s = 0$ die Lösung $s(x) = \frac{1}{4}$ (im MAPLE-Ausdruck mit f bezeichnet) und somit

$$g(x) = \frac{q(x)}{p(x-1)}s(x-1)f(x-1) = \frac{-4}{(x-1)^3}\cdot\frac{1}{4}\cdot\frac{(x-1)^3}{\displaystyle\prod_{j=1}^{x-1}(j^3+1)} =$$

$$= \frac{-1}{\displaystyle\prod_{j=1}^{x-1}(j^3+1)}$$

# 8 Gröbner-Basen

## 8.1 Varietäten und Ideale

Es sei $K$ ein beliebiger kommutativer Körper. Zu einem $n$-Tupel $a = (a_1, \ldots, a_n)$ von Elementen einer Körpererweiterung $L : K$ sei

$$\phi_a : \begin{cases} K[x_1, \ldots, x_n] \to L \\ f \mapsto f(a) = f(a_1, \ldots, a_n) \end{cases}.$$

Die Elemente $a_1, \ldots, a_n \in L$ heißen *algebraisch unabhängig* über $K$, falls Kern $\phi_a = \{0\}$ ist, sonst *algebraisch abhängig*. Ist $f \in$ Kern $\phi_a$, so heißt $a$ eine *Nullstelle* von $f$. Die Menge der gemeinsamen Nullstellen von endlich vielen Polynomen $f_1, \ldots, f_r \in K[x_1, \ldots, x_n]$ heißt *algebraische Mannigfaltigkeit* oder *Varietät* $M$ in $A_n(L)$, wobei $A_n(L)$ den affinen Raum der $n$-Tupel über dem Körper $L$ bezeichnet, in Zeichen $M = V_L(\{f_1, \ldots, f_r\})$.

Ist $M$ die Varietät der gemeinsamen Nullstellen von $f_1, \ldots, f_r$ in $L$, so ist $M$ sogar die Varietät der gemeinsamen Nullstellen aller Polynome des Ideals $I = \langle f_1, \ldots, f_r \rangle \subseteq K[x_1, \ldots, x_n]$ in $L$. Man bezeichnet deshalb $M$ auch als Varietät von $I$ in $L$, in Zeichen $M = V_L(I)$ und nennt die Elemente von $M$ Nullstellen von $I$.

Da jeder Körper nur die trivialen Ideale $\langle 0 \rangle$ und $K$ enthält, ist er insbesondere ein noetherscher Ring. Nach Hilbert (vgl. den Abschnitt über Ideale) ist also $K[x_1, \ldots, x_n]$ ein noetherscher Ring. Deshalb kann man jede Varietät $M$ als Varietät eines Ideals $I$ auffassen, denn jedes Ideal ist ja endlich erzeugt.

Nun seien $M := V_L(I)$ und $N := V_L(J)$ die zu den von $F = \{f_1, \ldots, f_r\}$ und $G = \{g_1, \ldots, g_s\}$ erzeugten Idealen $I = \langle F \rangle$ und $J = \langle G \rangle$ gehörigen Varietäten. Bei den folgenden Überlegungen werden die in **2.4.9** zusammengestellten Eigenschaften von Idealen verwendet.

Falls $I \subset J$ ist, so gilt offensichtlich $M \supseteq N$, d.h., die Abbildung $V_L$, die jedem Ideal die zugehörige Varietät zuordnet, kehrt die Inklusion um. Der Fall $I \subsetneq J$ und $M = N$ ist allerdings möglich:

**8.1.1 Beispiel:** In $\mathbb{Q}[x, y]$ gilt $\langle xy \rangle \supsetneq \langle x^2 y, xy^2 \rangle$. Beide Ideale haben aber die gleiche Varietät in $A_2(\mathbb{C})$, nämlich alle Punkte $(a_1, a_2)$ mit $a_1 = 0$ oder $a_2 = 0$ („Koordinatenachsen" in $A_2(\mathbb{C})$).

Der Schnitt $M \cap N$ der Varietäten $M$ und $N$ ist wieder eine Varietät, nämlich die zu $\langle F \cup G \rangle$ gehörige, in Zeichen $V_L(F) \cap V_L(G) = V_L(F \cup G)$ oder in Idealschreibweise $V_L(I) \cap V_L(J) = V_L(I + J)$.

Auch die Vereinigung $M \cup N$ der beiden Varietäten $M$ und $N$ ist wieder eine Varietät, etwa von dem Ideal $I \cap J$ oder dem Ideal $I \cdot J$: Ist $h \in I \cap J$, so gilt $h(m) = 0$ für alle $m \in M$ und $h(n) = 0$ für alle $n \in N$ also zusammen $h(m) = 0$ für alle $m \in M \cup N$. Das zeigt $V_L(I \cap J) \supseteq M \cup N$.

Ist dagegen $m \notin M \cup N$, so gibt es ein Polynom $f \in I$ mit $f(m) \neq 0$ und ein $g \in J$ mit $g(m) \neq 0$. Das Polynom $f \cdot g$ ist dann ein Element von $I \cdot J$ mit der Eigenschaft $(f \cdot g)(m) \neq 0$. Dies zeigt $V_L(I \cdot J) \subseteq M \cup N$.

Wegen $I \cdot J \subseteq I \cap J$ und der die Inklusion umkehrenden Eigenschaft von $V_L$, gilt also

$$M \cup N \supseteq V_L(I \cdot J) \supseteq V_L(I \cap J) \supseteq M \cup N.$$

Es gilt also bei allen drei Inklusionen das Gleichheitszeichen. Für die Basen heißt das: $V_L(F) \cup V_L(G) = V_L(F \cdot G)$, wobei $F \cdot G$ die Menge aller Produkte von Elementen aus $F$ und $G$ bedeutet.

Lässt sich eine Varietät $M$ auf diese Weise als Vereinigung zweier nichtleerer und echter Teilvarietäten $M_1$ und $M_2$ darstellen, so heißt sie *reduzibel* (über dem Grundkörper $K$), sonst *irreduzibel*.

*8.1.2 Beispiel:* Die Varietät $V_{\mathbb{C}}(xy)$ von $\langle xy \rangle \subseteq \mathbb{Q}[x,y]$ ist reduzibel, denn sie ist die Vereinigung der Varietäten $V_{\mathbb{C}}(x)$ und $V_{\mathbb{C}}(y)$ der Ideale $\langle x \rangle$ und $\langle y \rangle$.

Wie bereits gezeigt, kann eine Varietät $M$ durchaus das Nullstellengebilde verschiedener Ideale sein. Die Teilmenge

$$\mathcal{I}(M) := \{f \in K[x_1, \ldots, x_n], \quad f(a) = 0 \text{ für alle } a \in M \subseteq A_n(L)\}$$

von $K[x_1, \ldots, x_n]$ ist, wie sich leicht nachprüfen lässt, ein Ideal das seinerseits auch wieder die Varietät $M$ besitzt, d.h. es gilt $V_L(\mathcal{I}(M)) = M$. Die Inklusion $V_L(\mathcal{I}(M)) \supseteq M$ ist klar nach Definition. Ist $M = V_L(\{f_1, \ldots, f_s\})$, so gilt insbesondere $\langle f_1, \ldots, f_s \rangle \subseteq \mathcal{I}(M)$ und damit $V_L(\langle f_1, \ldots, f_s \rangle) = M \supseteq V_L(\mathcal{I}(M))$, also die andere Inklusion.

Das Ideal $\mathcal{I}(M)$ heißt *das zu $M$ gehörige Ideal*. Für zwei Varietäten $M, N \subset A_n(L)$ weist man leicht nach:

(i)    $M \subseteq N \iff \mathcal{I}(M) \supseteq \mathcal{I}(N)$ und $M \neq N \iff \mathcal{I}(M) \neq \mathcal{I}(N)$,

(ii)    $\mathcal{I}(M \cup N) = \mathcal{I}(M) \cap \mathcal{I}(N)$.

Die Abbildung $\mathcal{I}$ weist also einer Varietät $M \subseteq A_n(L)$ das größtmögliche zugehörige Ideal in $K[x_1, \ldots, x_n]$ zu und kehrt dabei die Inklusion um. Erklärt man $\mathcal{I}$ sogar für beliebige Teilmengen (also nicht nur für Varietäten) $S \subseteq A_n(L)$, so ist $V_L(\mathcal{I}(S))$ die kleinste Varietät, die die Menge $S$ enthält. Ist nämlich $M \subseteq A_n(L)$ eine beliebige Varietät mit $M \supseteq S$, so folgt $\mathcal{I}(M) \subseteq \mathcal{I}(S)$ und damit $V_L(\mathcal{I}(M)) \supseteq V_L(\mathcal{I}(S))$.

Da die Abbildung $V_L \circ \mathcal{I}$ Teilmengen $S \subseteq A_n(L)$ zu Varietäten in $A_n(L)$ „abschließt", nennt man $\overline{S} := V_L(\mathcal{I}(S))$ auch den ZARISKI-*Abschluss* von $S$. Der affine Raum $A_n(L)$ mit den Varietäten als abgeschlossenen Mengen (ZARISKI-*Topologie*) ist ein topologischer Raum.

**8.1.3 Satz:** *Eine Varietät $M$ ist genau dann irreduzibel, wenn das zugehörige Ideal $\mathcal{I}(M)$ ein Primideal ist.*

*Beweis:*

„$\Leftarrow$" Sind $M_1$ und $M_2$ echte Teilvarietäten von $M$ mit $M = M_1 \cup M_2 \iff \mathcal{I}(M) = \mathcal{I}(M_1) \cap \mathcal{I}(M_2)$ und $\mathcal{I}(M) \neq \mathcal{I}(M_1), \mathcal{I}(M_2)$, so gibt es Polynome $f \in \mathcal{I}(M_1) \setminus \mathcal{I}(M)$ und $g \in \mathcal{I}(M_2) \setminus \mathcal{I}(M)$. Für diese Polynome gilt $f \cdot g \in \mathcal{I}(M)$ aber $f, g \notin \mathcal{I}(M)$, d.h. $\mathcal{I}(M)$ ist nicht prim.

„$\Rightarrow$" Ist $M$ irreduzibel und $f \cdot g \in \mathcal{I}(M)$ mit $f, g \notin \mathcal{I}(M)$, so setzt man $M_1 := \{a \in A_n(L), \quad f(a) = 0\}$ und $M_2 := \{a \in A_n(L), \quad g(a) = 0\}$. Da aus $f(a) \cdot g(a) = 0$ folgt, dass $f(a) = 0$ oder $g(a) = 0$ ist, heißt das $M = M_1 \cup M_2$. Da $M_1$ und $M_2$ echte Teilvarietäten von $M$ ($f, g \notin \mathcal{I}(M)$) sind, ist das ein Widerspruch zur Irreduzibilität von $M$. $\qquad\square$

**8.1.4 Satz:** *Sind $M, M_1, M_2$ Varietäten mit $M \subseteq M_1 \cup M_2$ und irreduziblem $M$, so gilt $M \subseteq M_1$ oder $M \subseteq M_2$.*

*Beweis:* Aus $M \subseteq M_1 \cup M_2$ folgt $\mathcal{I}(M) \supseteq \mathcal{I}(M_1) \cap \mathcal{I}(M_2)$. Ist weder $\mathcal{I}(M_1) \subseteq \mathcal{I}(M)$ noch $\mathcal{I}(M_2) \subseteq \mathcal{I}(M)$, so gibt es $f \in \mathcal{I}(M_1) \setminus \mathcal{I}(M)$ und $g \in \mathcal{I}(M_2) \setminus \mathcal{I}(M)$ mit $f \cdot g \in \mathcal{I}(M_1) \cap \mathcal{I}(M_2) \subseteq \mathcal{I}(M)$ also auch mit $f(m) \cdot g(m) = 0$ für alle $m \in M$. Daraus folgt $f \in \mathcal{I}(M)$ oder $g \in \mathcal{I}(M)$ im Widerspruch zur Voraussetzung. $\qquad\square$

Ist $\mathfrak{M}$ eine Menge von Varietäten in $A_n(L)$, so besitzt $\mathfrak{M}$ bzgl. Inklusion ein minimales Element, denn die Menge zugehöriger Ideale besitzt ein maximales Element (da $K[x_1, \ldots, x_n]$ noethersch ist) und die Abbildung $\mathcal{I}$ dreht die Inklusion um. Diese Vorüberlegung führt auf

**8.1.5 Satz:** (Zerlegung von Varietäten) *Jede über $K$ definierte Varietät $M$ lässt sich als Vereinigung von endlich vielen über $K$ irreduziblen Varietäten darstellen.*

*Beweis:* Gäbe es Varietäten, die sich nicht als Vereinigung von irreduziblen Varietäten darstellen lassen, so hätte diese Menge von Varietäten nach Vorüberlegung ein minimales Element $M$. Da $M$ nicht als Vereinigung von irreduziblen Varietäten darstellbar ist und folglich auch selbst nicht irreduzibel ist, gibt es zwei echte Teilvarietäten $M_1$ und $M_2$ mit $M = M_1 \cup M_2$. Wegen $M_1, M_2 \subset M$ und der Minimalität von $M$ sind $M_1$ und $M_2$ sehr wohl als Vereinigungen irreduzibler Varietäten darstellbar, was die Annahme zum Widerspruch führt. $\qquad\square$

**Folgerung:** Ist $M = M_1 \cup \ldots \cup M_r$, so folgt für die zugehörigen Ideale nach den hergeleiteten Rechenregeln $\mathcal{I}(M) = \mathcal{I}(M_1 \cup \ldots \cup M_r) = \mathcal{I}(M_1) \cap \ldots \cap \mathcal{I}(M_r)$. Die Ideale $\mathcal{I}(M_1), \ldots, \mathcal{I}(M_r)$ sind dabei nach Satz **8.1.3** Primideale, da die Varietäten $M_1, \ldots, M_r$ nach Voraussetzung irreduzibel sind. Es gilt also: Jedes zu einer Varietät gehörige Ideal lässt sich als Schnitt von Primidealen darstellen.[*]

Eine Teilmenge $S$ des Erweiterungskörpers $L$ von $K$ heißt *transzendent* über $K$, wenn jede endliche Teilmenge von $S$ algebraisch unabhängig über $K$ ist. Eine über $K$ transzendente Teilmenge $B$ von $L$ heißt eine *Transzendenzbasis* von $L : K$, wenn $L : K(B)$ algebraisch ist. In der Algebra-Vorlesung wird gezeigt (vgl. etwa [Me2]), dass solche Transzendenzbasen existieren und dass je zwei Transzendenzbasen die gleiche Mächtigkeit haben. Diese Mächtigkeit heißt der *Transzendenzgrad* von $L : K$ in Zeichen $\mathrm{Trg}(L : K) := |B|$.

Möchte man sich beim Arbeiten mit Varietäten von Idealen nicht jedesmal Gedanken über den Oberkörper $L$ von $K$ machen, so setzt man $L$ zweckmäßig als so genannten *Universalkörper* über $K$ voraus, d.h. man setzt voraus, dass $L$ unendlichen Transzendenzgrad über $K$ hat und algebraisch abgeschlossen ist.

Man kann $L$ etwa aus $K$ gewinnen, indem man zuerst abzählbar unendlich viele Unbestimmte $y_1, y_2, \ldots$ zu $K$ adjungiert und dann algebraisch abschließt.

Zum Arbeiten mit einem einzelnen Ideal reicht zwar immer schon eine Körpererweiterung $K(\alpha_1, \ldots, \alpha_m)$ mit endlich vielen Elementen $\alpha_1, \ldots, \alpha_m$ aus einem Oberkörper von $K$ aus, solch eine Körpererweiterung lässt sich aber immer isomorph in einen Universalkörper $L$ über $K$ einbetten:

**8.1.6 Satz:** *Jede Körpererweiterung $K(\alpha_1, \ldots, \alpha_m)$ mit endlich vielen Elementen $\alpha_1, \ldots, \alpha_m$ aus einem Oberkörper von $K$ kann isomorph in einen Universalkörper $L$ über $K$ eingebettet werden.*

*Beweis:* Die Elemente $\alpha_1, \ldots, \alpha_m$ seien so nummeriert, dass $\alpha_1, \ldots, \alpha_r$ mit $r \leq m$ algebraisch unabhängig über $K$ sind und $\alpha_{r+1}, \ldots, \alpha_m$ über $K(\alpha_1, \ldots, \alpha_r)$ algebraisch sind.

Nun wählt man $\alpha_1', \ldots, \alpha_r' \in L$ algebraisch unabhängig über $K$. Dies ist wegen des unendlichen Transzendenzgrades von $L$ über $K$ möglich. Dann gibt es einen Isomorphismus

$$\varphi : K(\alpha_1, \ldots, \alpha_r) \to K(\alpha_1', \ldots, \alpha_r'),$$

der die Elemente von $K$ festlässt und $\alpha_i$ für $i = 1, \ldots, r$ in $\alpha_i'$ überführt.

---

[*] Wegen dieser Sonderstellung der Nullstellengebilde von Primidealen werden von manchen Autoren nur diese Varietäten genannt, die Nullstellengebilde beliebiger Ideale werden dort einfach „Nullstellengebilde" oder auch „algebraische Mengen" genannt.

Ist $r = n$, so ist der Beweis hiermit beendet. Es sei also $r < n$. Dann ist $\alpha_{r+1}$ Wurzel eines Polynoms $f(x) \in K(\alpha_1, \ldots, \alpha_r)[x]$. Durch Abbildung der Koeffizienten von $f(x)$ mit dem Isomorphismus $\varphi$ erhält man nun ein Polynom $f'(x) \in K(\alpha_1', \ldots, \alpha_r')[x]$ mit einer Wurzel $\alpha_{r+1}' \in L$.

Damit lässt sich der Isomorphismus $\varphi$ fortsetzen zu einem Isomorphismus

$$\varphi' : K(\alpha_1, \ldots, \alpha_{r+1}) \to K(\alpha_1', \ldots, \alpha_{r+1}').$$

Fortsetzung dieses Verfahrens führt auf den gewünschten Isomorphismus

$$\psi : K(\alpha_1, \ldots, \alpha_n) \to K(\alpha_1', \ldots, \alpha_n'). \qquad \square$$

Ist $a \in A_n(L)$ eine Nullstelle des Ideals $I$, so heißt $a$ *allgemeine Nullstelle* von $I$, wenn gilt: $f \in I \iff f(a) = 0$. Durch jeden Punkt $a \in A_n(L)$ wird eindeutig das Ideal $I := \mathcal{I}(\{a\}) \subset K[x_1, \ldots, x_n]$ definiert, welches diesen Punkt als allgemeine Nullstelle besitzt. Da dieses Ideal offensichtlich das Einselement nicht enthält, ist es vom gesamten Ring verschieden. Das so definierte Ideal ist sogar ein Primideal, denn ist $f \cdot g \in I$, also $f(a) \cdot g(a) = 0$, so ist $f(a) = 0$ oder $g(a) = 0$ und damit $f \in I$ oder $g \in I$.

*8.1.7 Beispiel:* $\langle x \rangle \subseteq \mathbb{Q}[x, y]$ hat die allgemeine Nullstelle $(0, t)$, wobei $t$ eine neue Unbestimmte ist, d.h. ein von $x$ und $y$ verschiedenes transzendentes Element aus $L$, denn es gilt

$$f \in \langle x \rangle \iff f(0, t) = 0.$$

$\langle x \rangle$ ist ein Primideal, die zugehörige Varietät $M$ ist irreduzibel. Die Punkte von $M$ entstehen alle durch Einsetzen von Werten für $t$ in die allgemeine Nullstelle, also etwa $(0, 1), (0, i), (0, \sqrt[3]{2}), \ldots$

**8.1.8 Satz:** *Es seien $a \in A_n(L)$ und $I := \mathcal{I}(\{a\})$ das Primideal mit der allgemeinen Nullstelle $a$. Dann gilt*

$$K[x_1, \ldots, x_n]/I \cong K[a_1, \ldots, a_n]$$

*und damit auch die Isomorphie der zugehörigen Quotientenkörper.*

*Beweis:* Die bereits eingeführte Abbildung

$$\phi_a : \begin{cases} K[x_1, \ldots, x_n] \to L \\ f \mapsto f(a) = f(a_1, \ldots, a_n) \end{cases}$$

ist offensichtlich ein Ringhomomorphismus mit Kern $\phi_a = I$ und Bild $\phi_a = K[a_1, \ldots, a_n]$. Damit folgt die Behauptung aus dem Homomorphiesatz. Da $I$ prim ist, handelt es sich um Integritätsbereiche, man darf also Quotientenkörper bilden, die dann natürlich auch isomorph sind. $\qquad \square$

**8.1.9 Satz:** *Es sei $L$ Universalkörper über $K$. Dann besitzt jedes Primideal $I \neq K[x_1, \ldots, x_n]$ eine allgemeine Nullstelle $a$ in $A_n(L)$.*

*Beweis:* Es sei $\phi : K[x_1,\ldots,x_n] \to K[x_1,\ldots,x_n]/I$ der kanonische Epimorphismus. Benennt man die Nebenklassen von $x_1,\ldots,x_n$ um in $a_1 := \phi(x_1),\ldots,a_n := \phi(x_n)$, so gilt:

$$f \in \operatorname{Kern}\phi = I \iff \phi(f) = 0 \iff f(a_1,\ldots,a_n) = 0.$$

Da der Restklassenring $K[x_1,\ldots,x_n]/I \neq \langle 0\rangle$ und nullteilerfrei ist ($I$ ist prim !), lässt sich der Quotientenkörper bilden. Die Nebenklassen $a_1,\ldots,a_n$ lassen sich so als Elemente eines Erweiterungskörpers von $K$ deuten, der sich seinerseits isomorph in einen Universalkörper $L$ einbetten lässt. Damit ist $a = (a_1,\ldots,a_n)$ eine allgemeine Nullstelle von $I$.    □

Wenn jedes von $K[x_1,\ldots,x_n]$ verschiedene Primideal in $A_n(L)$ eine allgemeine Nullstelle $a$ besitzt, so ist also das einzige Primideal ohne allgemeine Nullstelle das Einheitsideal $\langle 1\rangle = K[x_1,\ldots,x_n]$. Es gilt sogar allgemeiner:

**8.1.10 Satz:**  *Es sei $L$ Universalkörper über $K$. Besitzt ein Ideal $I$ in $K[x_1,\ldots,x_r]$ keine Nullstelle $a \in A_n(L)$, so ist $I = K[x_1,\ldots,x_n]$.*

*Beweis:*  Angenommen, das Ideal $I \neq K[x_1,\ldots,x_n]$ hat keine Nullstelle. Da der Ring $K[x_1,\ldots,x_n]$ noethersch ist, gibt es dann ein maximales Ideal $I' \supseteq I$ das ebenfalls keine Nullstelle besitzt und von $K[x_1,\ldots,x_n]$ verschieden ist. In einem kommutativen Ring mit 1 ist jedes maximale Ideal prim. Damit ist $I'$ prim und hat nach dem vorhergehenden Satz im Widerspruch zur Annahme eine allgemeine Nullstelle.    □

Für diese Aussage reicht statt eines Universalkörpers $L$ über $K$ ein über $K$ algebraisch abgeschlossener Körper $L$ (vgl. etwa [CLO]), der Beweis wird dann allerdings etwas aufwändiger. Der vorliegende Satz mit dieser Voraussetzung wird auch als **schwacher Nullstellensatz** bezeichnet.

**Folgerung:**  Für Polynome $f_1,\ldots,f_r \in K[x_1,\ldots,x_n]$ und über $K$ algebraisch abgeschlossenes $L$ heißt das:

$$f_1,\ldots,f_r \text{ haben keine gemeinsame Nullstelle in } A_n(L) \iff 1 \in \langle f_1,\ldots,f_r\rangle$$

Die Aussage des letzten Satzes lässt sich nun noch verallgemeinern zu dem so genannten Hilbertschen Nullstellensatz:

**8.1.11 Satz:**  **(Hilbertscher Nullstellensatz)** *Ist $f \in K[x_1,\ldots,x_n]$ ein Polynom, das in allen gemeinsamen Nullstellen der Polynome $f_1,\ldots,f_r \in K[x_1,\ldots,x_n]$ in $A_n(L)$ ($L$ algebraisch abgeschlossen über $K$) verschwindet, so gilt: Es gibt ein $q \in \mathbb{N}$ mit $f^q \in \langle f_1,\ldots,f_r\rangle$.*

*Beweis:*  Der Beweis wird mit Hilfe eines Kunstgriffs geführt der diesen Satz auf die vorhergehende Folgerung zurückführt. Die gezeigte Vorgehensweise wird später genauso mit Hilfe von Gröbner-Basen auch angewandt: Ist $f = 0$, so ist die Behauptung klar, es sei also $f \neq 0$.

Zu den bereits benutzten Unbekannten $x_1, \ldots, x_n$ nimmt man eine neue Unbekannte $z$ dazu. Nun betrachtet man die Polynome $f_1, \ldots, f_{r+1}$ mit $f_{r+1} := 1 - z \cdot f$. Eine gemeinsame Nullstelle von $f_1, \ldots, f_{r+1}$ ist insbesondere eine gemeinsame Nullstelle von $f_1, \ldots, f_r$. Da nach Voraussetzung auch $f$ diese Nullstelle besitzt, ist $f_{r+1}$ an dieser Stelle immer gleich $1$, also von Null verschieden.

Damit haben $f_1, \ldots, f_{r+1}$ keine gemeinsame Nullstelle in $A_{n+1}(L)$, es gilt nach der vorangegangenen Folgerung

$$1 \in \langle f_1, \ldots, f_{r+1} \rangle \subseteq K[x_1, \ldots, x_n, z].$$

Es gibt also Polynome $g_1, \ldots, g_{r+1} \in K[x_1, \ldots, x_n, z]$ mit

$$1 = \sum_{i=1}^{n} g_i f_i = g_1 f_1 + \ldots + g_r f_r + g_{r+1}(1 - zf).$$

Die $g_i$ hängen dabei im Gegensatz zu den $f_i$ auch von $z$ ab. Substituiert man also $z = \frac{1}{f}$ in diese Gleichung, so fällt der letzte Summand weg und in den $g_i$ erhält man Potenzen von $\frac{1}{f}$. Multipliziert man diese Gleichung mit der höchsten in einem Nenner vorkommenden Potenz von $f$, so erhält man

$$f^q = h_1 f_1 + \ldots + h_r f_r$$

mit $h_i = g_i(x_1, \ldots, x_n, \frac{1}{f}) f^q \in K[x_1, \ldots, x_n]$ oder

$$f^q \in \langle f_1, \ldots, f_r \rangle \subseteq K[x_1, \ldots, x_n]. \qquad \Box$$

Gibt es umgekehrt ein $q \in \mathbb{N}$ mit $f^q \in \langle f_1, \ldots, f_r \rangle$, so verschwindet trivialerweise $f^q$ und damit auch $f$ auf allen gemeinsamen Nullstellen von $f_1, \ldots, f_r$.

Die Menge aller $f \in R$ mit $f^q \in \langle f_1, \ldots, f_r \rangle$ für ein $q \in \mathbb{N}$ ist gerade das in **2.4.9** definierte Radikal $\sqrt{I}$ des Ideals $\langle f_1, \ldots, f_r \rangle$. Für einen über $K$ algebraisch abgeschlossenen Körper $L$ lässt sich das Radikal eines Ideals $I \in K[x_1, \ldots, x_n]$ nach dem Hilbertschen Nullstellensatz auch in der Form

$$\sqrt{I} = \{ f \in K[x_1, \ldots, x_n] ; \, f(a) = 0 \text{ für alle } a \in V_L(I) \}$$

schreiben. Mit den bereits eingeführten Bezeichnungen heißt das:

$$\sqrt{I} = \mathcal{I}(V_L(I)).$$

Dies wird auch als der **starke Nullstellensatz** bezeichnet.

Für ein beliebiges Ideal $I \subseteq R$ gilt $\sqrt{I} \supseteq I$. Ein Ideal $I \subseteq R$ mit $\sqrt{I} = I$ heißt *Radikalideal*. Wegen $\sqrt{\sqrt{I}} = \sqrt{I}$ ist insbesondere jedes Radikal ein Radikalideal.

**Zusammenfassung:**

(i)   $F \subset G \subset K[x_1, \ldots, x_n] \Rightarrow V_L(G) \subset V_L(F)$

(ii)  $F, G \subset K[x_1, \ldots, x_n] \Rightarrow V_L(F) \cup V_L(G) = V_L(F \cdot G) = V_L(\langle F \rangle \cap \langle G \rangle)$

(iii) $F, G \subset K[x_1, \ldots, x_n] \Rightarrow V_L(F) \cap V_L(G) = V_L(F \cup G)$

(iv)  $M_1 \subset M_2 \subset A_n(L)$ Varietäten $\Rightarrow \mathcal{I}(M_1) \supset \mathcal{I}(M_2)$

(v)   $M_1, M_2 \subset A_n(L)$ Varietäten $\Rightarrow \mathcal{I}(M_1 \cup M_2) = \mathcal{I}(M_1) \cap \mathcal{I}(M_2)$

(vi)  Für jedes Ideal $I \subset K[x_1, \ldots, x_n]$ gilt ( $L$ algebraisch abgeschlossen):

$$\mathcal{I}(V_L(I)) = \sqrt{I}$$

(vii) Für jede Varietät $M \subset A_n(L)$ gilt: $V_L(\mathcal{I}(M)) = M$ .

## 8.2 Reduktionen modulo Polynomidealen

Es seien $K$ ein Körper und $R = K[x_1, \ldots, x_n] = K[X]$ ein Polynom-ring über diesem Körper (Schreibweisen wie im Abschnitt über Polynome eingeführt).

Weiterhin sei $<$ eine zulässige Ordnungsrelation auf $\mathrm{Term}(X)$. Jedes Polynom $f(X) \in K[X]$ sei in seiner zugehörigen kanonischen Normalform

$$f(X) = \sum_{i=0}^{m} a_{J_i} X^{J_i} \ \text{ mit } \ a_{J_i} \in K \setminus \{0\} \ \text{ für } \ i = 0, \ldots, m$$

und $X^{J_0} < X^{J_1} < \ldots < X^{J_m}$ dargestellt.

Sind $f_1, \ldots, f_s \in K[X]$, $E := \{f_1, \ldots, f_s\}$ und $I := \langle E \rangle$, so gilt natürlich $f_i \equiv 0 \bmod I$ für beliebiges $i \in \{1, \ldots, s\}$. und damit auch

$$\frac{f_i}{\mathrm{LK}(f_i)} \equiv 0 \bmod I \iff \mathrm{LT}(f_i) - \frac{f_i}{\mathrm{LK}(f_i)} \equiv \mathrm{LT}(f_i) \bmod I \quad .$$

Die in $\mathrm{LT}(f_i) - \frac{f_i}{\mathrm{LK}(f_i)}$ vorkommenden Terme sind dabei bezüglich der Ordnungsrelation $<$ kleiner, als $\mathrm{LT}(f_i)$ falls $f_i \neq 0$ ist. Ein Term $X^L = x_1^{\ell_1} \cdot \ldots \cdot x_n^{\ell_n}$ heißt *Vielfaches* des Terms $X^J = x_1^{j_1} \cdot \ldots \cdot x_n^{j_n}$ wenn für $i = 1, 2, \ldots, n$ gilt $\ell_i \geq j_i$ .

Ist ein $m := aX^L \in K[X]$ gegeben und $X^L$ Vielfaches von einem $\mathrm{LT}(f_i)$, also etwa $X^L = \mathrm{LT}(f_i) \cdot X^{L'}$, so gilt:

$$m = aX^L = aX^{L'} \cdot \mathrm{LT}(f_i) \equiv aX^{L'} \cdot \left( \mathrm{LT}(f_i) - \frac{f_i}{\mathrm{LK}(f_i)} \right) \bmod I$$

$$\equiv m - aX^{L'} \cdot \frac{f_i}{\mathrm{LK}(f_i)} \bmod I \quad .$$

Für $X^L \in \mathrm{Term}(X; f)$ gilt entsprechend

$$f \equiv \underbrace{f - aX^{L'} \cdot \frac{f_i}{\mathrm{LK}(f_i)}}_{=:g} \bmod I$$

Dies führt auf die folgende Definition:

**8.2.1 Definition:**  Mit den eingeführten Bezeichnungen schreibt man für $f, f_i \neq 0$

$$f \xrightarrow[f_i]{} g \, [m]$$

und sagt: *$f$ reduziert sich zu $g$ modulo $f_i$ durch Elimination von $m$*

Üblicherweise wird man dabei für $a$ den Koeffizienten von $X^L$ in $f$ wählen, dies ist aber nicht zwingend:

*8.2.2 Beispiel:*  Das Polynom $2x^2y^2$ ist Vielfaches beider Leitterme der Idealbasis $E = \{f_1 := x^2y - x, f_2 := xy^2 - 1\}$ in $\mathbb{Q}[x, y]$ (bzgl. jeder der drei meistverwendeten Ordnungsrelationen). Damit ergeben sich u.a. die folgenden möglichen Reduktionen:

Wegen

$$x^2y^2 = y(x^2y) \xrightarrow[f_1]{} y\left(x^2y - (x^2y - x)\right) [x^2y^2] = y(x) = xy$$
$$x^2y^2 = x(xy^2) \xrightarrow[f_2]{} x\left(xy^2 - (xy^2 - 1)\right) [x^2y^2] = x(1) = x$$

gilt etwa

$$2x^2y^2 \xrightarrow[f_1]{} 2xy \quad [2x^2y^2]$$
$$2x^2y^2 \xrightarrow[f_2]{} 2x \quad [2x^2y^2]$$
$$2x^2y^2 \xrightarrow[f_2]{} x + x^2y^2 \quad [2x^2y^2] \xrightarrow[f_1]{} x + xy \quad [x^2y^2]$$

**8.2.3 Definition:**

(i) Gibt es ein $X^L \in \mathrm{Term}(X; f)$ und $a \in K$ mit $f \xrightarrow[f_i]{} g[aX^L]$, so schreibt man auch $f \xrightarrow[f_i]{} g$ und sagt: *$f$ reduziert sich zu $g$ modulo $f_i$*.

(ii) Gibt es ein $f_i \in E$ mit $f \xrightarrow[f_i]{} g$, so schreibt man $f \xrightarrow[E]{} g$ und sagt: *$f$ reduziert sich zu $g$ modulo $E$*.

Das Tupel $(K[X], \xrightarrow[E]{})$ ist ein Umformungssystem. Die Schreibweisen $\xrightarrow[E]{}^*$, $\xleftarrow[E]{}^*$, $\downarrow_E$ und $g_{\underset{E}{}}$ werden sinngemäß aus dem Abschnitt über Umformungssysteme für die Relation $\xrightarrow[E]{}$ bernommen.

*8.2.4 Beispiel:*  Es seien $f_1(x, y) = x^2y - 3y^2 + 2y$, $f_2(x, y) = y^2 - 2x$, $E = \{f_1, f_2\}$ und $I = \langle E \rangle \subset \mathbb{Q}[x, y]$. Weiterhin sei $g(x, y) = x^4 - 2x^2y^2 + 5y^3 + x$ (alle Polynome nach Gesamtgrad und dann lexikographisch mit $x > y$ sortiert). Bezüglich der gegebenen Ordnungsrelation ist $\mathrm{LT}(f_1) = x^2y$ und $\mathrm{LT}(f_2) = y^2$.

Damit kann $g$ z.B. auf die folgenden Weisen modulo $E$ reduziert werden:

$$g \xrightarrow[f_1]{} x^4 - 2x^2y^2 + 5y^3 + x + 2y(x^2y - 3y^2 + 2y)[-2x^2y^2]$$
$$= x^4 - y^3 + 4y^2 + x$$
$$\xrightarrow[f_2]{} x^4 - y^3 + 4y^2 + x + y(y^2 - 2x)[-y^3]$$
$$= x^4 - 2xy + 4y^2 + x$$
$$\xrightarrow[f_2]{} x^4 - 2xy + 4y^2 + x - 4(y^2 - 2x)[4y^2]$$
$$= x^4 - 2xy + 9x =: g_1(x, y)$$

oder

$$g \xrightarrow[f_2]{} x^4 - 2x^2y^2 + 5y^3 + x + 2x^2(y^2 - 2x)[-2x^2y^2]$$
$$= x^4 - 4x^3 + 5y^3 + x$$
$$g \xrightarrow[f_2]{} x^4 - 4x^3 + 5y^3 + x - 5y(y^2 - 2x)[5y^3]$$
$$= x^4 - 4x^3 + 10xy + x =: g_2(x, y)$$

Die Polynome $g_1$ und $g_2$ sind in Normalform bezüglich $\xrightarrow[E]{}$, da weder in $\mathrm{Term}(X; g_1)$, noch in $\mathrm{Term}(X; g_2)$ Vielfache von $\mathrm{LM}(f_1)$ oder $\mathrm{LM}(f_2)$ enthalten sind.

Damit liegt hier der Fall $g_{2_E} \xleftarrow[E]{}{}^* g \xrightarrow[E]{}{}^* g_{1_E}$ mit $g_{1_E} \neq g_{2_E}$ vor, d.h. $\xrightarrow[E]{}$ ist nicht konfluent. Ist $S$ also ein Algorithmus, der jedem Element $g$ ein $g_E$ zuordnet, so ist dieser Normalform-Algorithmus für das $E$ aus dem vorhergehenden Beispiel kein kanonischer Simplifikator.

Als Programm könnte die Reduktion eines Polynom modulo eines anderen Polynoms in Normalform etwa wie folgt aussehen:

─────────────**Vollständige Reduktion bzgl** $\{g\}$─────────────

**procedure** RedPolPol( $f, g$ )          # Eingabe: $f, g \in K[X]$,
   count $\leftarrow 1$          # Ausgabe: $\underline{f'}_{\{g\}}$ mit $f \xrightarrow[g]{} f'$
   $f' \leftarrow f$
   **while** count $= 1$ **do**
     count $\leftarrow 0$
     **for** $X^I$ **in** $\mathrm{Term}(X; f)$ **do**
       **if** $\mathrm{LT}(g) | X^I$ **then**
         $a \leftarrow$ Koeffizient von $X^I$ in $f'$
         $f' \leftarrow h$ mit $f' \xrightarrow[g]{} h[aX^I]$
         count $\leftarrow 1$
       **end if**
     **end do**
   **end do**
   **Return** ( $f'$ )
**end**

Das folgende Beispiel zeigt, dass ein einmaliger Durchlauf des vorhergehenden Algorithmus pro Basiselement im allgemeinen nicht genügt.

*8.2.5 Beispiel:* Es seien $f_1 = yz + 2y$, $f_2 = xy^2 + xyz$ und $f = x^2y^2$ (alle nach Gesamtgrad, dann lexikographisch mit $x > y > z$ sortiert). Das Polynom $f$ ist bereits vollständig bezüglich $f_1$ reduziert.

Da das Leitmonom $x^2y^2$ ein Vielfaches des Leitmonoms $xy^2$ von $f_2$ ist, ergibt sich

$$f \xrightarrow{f_2} x^2y^2 - x \cdot f_2 = -x^2yz\,.$$

Das Ergebnis ist jetzt nicht mehr reduziert bezüglich $f_1$ :

$$-x^2yz \xrightarrow{f_1} -x^2yz + x^2f_1 = 2x^2y\,.$$

Erst jetzt ist das Ergebnis reduziert bezüglich $f_1$ und $f_2$ .

_____**Vollständige Reduktion bzgl** $E$_____

```
procedure RedPolBas(f, E)            # Eingabe:  f ∈ K[X], E ⊆ K[X]
   count ← 1 ; f' ← f                #            (endlich).
   while count=1 do                  # Ausgabe:  f'_E mit f ⟶_E f' .
      count ← 0 ; f'' ← f'
      for i from 1 to |E| do
         f'' ← RedPolPol( f'', f_i )
      end do
      if f'' ≠ f' then
         count ← 1 ; f' ← f''
      end if
   end do
   Return ( f' )
end
```

Ein Ziel beim Rechnen mit Polynomidealen ist es, eine Idealbasis $F$ von $I = \langle E \rangle$ zu finden, so dass $\xrightarrow{F}$ konfluent und damit der zugehörige Normalform-Algorithmus ein kanonischer Simplifikator wird. Solche Basen existieren und werden Standardbasen oder Gröbner-Basen genannt (B. Buchberger betrachtete diese Basen 1965 in seiner Doktorarbeit und benannte sie nach seinem Doktorvater W. Gröbner).

**8.2.6 Definition:** Eine Basis $E = \{f_1,\ldots,f_s\}$ eines Ideals $I \subseteq K[X]$ heißt *reduziert* bezüglich der zulässigen Ordnungsrelation $<$, wenn gilt:

(i)  $f_1,\ldots,f_s$ sind normiert bzgl. $<$ .

(ii) $f_i = \underline{f_i}_{E\setminus\{f_i\}}$ für $i = 1,\ldots,s$ .

Für das Nullideal $I = \{0\}$ sei $E = \emptyset$ die reduzierte Basis.

**8.2.7 Definition:** Eine Menge $G \subseteq K[X] \setminus \{0\}$ heißt *Gröbner-Basis* des Ideals $I = \langle G \rangle$ bzgl. der Ordnungsrelation $<$, wenn für jedes $g(x) \in K[X]$ die Normalform modulo $G$ eindeutig ist, d.h. wenn gilt:

$$\underline{g_2}_G \xleftarrow{\;*\;}_G g \xrightarrow{\;*\;}_G \underline{g_1}_G \Rightarrow \underline{g_1}_G = \underline{g_2}_G$$

Ist $G$ zusätzlich eine reduzierte Basis, so nennt man $G$ *reduzierte Gröbner-Basis*.

Die Reduktion einer gegebenen Basis $E$ erledigt das folgende Programm:

_____**Reduktion einer Basis**_____

| | |
|---|---|
| **procedure** RedBas($E$) | # Eingabe: $E \subseteq K[X]$ (endlich), |
|   **if** $E = \{0\}$ **then Return**($\emptyset$) **end if** | # Ausgabe: reduziertes $E'$ mit |
|   $E' \leftarrow E$ ; count $\leftarrow 1$ | #       $\langle E' \rangle = \langle E \rangle$ |

  **while** count=1 **do**

    count $\leftarrow 0$

    **for** $e_i$ **in** $E'$ **do**

      $e_i' \leftarrow$ RedPolBas( $e_i, E' \setminus \{e_i\}$ )

      **if** $e_i' \neq e_i$ **then**

        $E' \leftarrow (E' \setminus \{e_i\}) \cup \{e_i'\}$ ; count $\leftarrow 1$

      **end if**

    **end do**

    $E'' \leftarrow E'$

  **end do**

  **Return** ( $\left\{ \frac{f}{\mathrm{LK}(f)} \; ; \; f \in E' \setminus \{0\} \right\}$ )

**end**

_____

Eine Menge $E$ ist also genau dann Gröbner-Basis von $I = \langle E \rangle \subseteq K[X]$, wenn die Reduktion $\xrightarrow{E}$ des Umformungssystems $(K[X], \xrightarrow{E})$ konfluent ist. Da $\xrightarrow{E}$ noethersch ist, ist dies genau dann der Fall, wenn $\xrightarrow{E}$ lokal konfluent ist, d.h. wenn für alle $g \in K[X]$ gilt:

$$g_2 \xleftarrow{E} g \xrightarrow{E} g_1 \Rightarrow g_1 \downarrow_E g_2$$

(vgl. die Folgerung zu Satz **2.3.8**). Der zugehörige Normalform-Algorithmus $S$ ist dann ein kanonischer Simplifikator von $(K[X], \xrightarrow{E})$.

Es sei $\mathrm{Term}_E(X) := \{X^J \in \mathrm{Term}(X), \, X^J = \underline{X}_E^J\}$ die Menge der Terme, die bereits in Normalform bzgl. $E$ vorliegen. Da jedes Polynom, das in Normalform bzgl. $E$ vorliegt, eine Linearkombination von Elementen aus $\mathrm{Term}_E(X)$ ist, ist $\mathrm{Term}_E(X)$ ein Erzeugendensystem der Algebra $K[X]/\langle E \rangle$. Diese Erzeugendensystem ist aber i.Allg. nicht linear unabhängig, wie bereits im vorhergehenden Beispiel durchgerechnet wurde.

*8.2.8 Beispiel:* Bezüglich der gegebenen Basis $E = \{f_1, f_2\}$ aus *8.2.4* ist

$$\mathrm{Term}_E(xy) = \{1, y, xy, x, x^2, x^3, x^4, \ldots\}.$$

Dies kann man sich graphisch wie folgt verdeutlichen. In einem kartesischen Koordinatensystem identifiziert man jeden ganzzahligen Gitterpunkt $(i, j)$ mit dem Term $x^i y^j$. Alle Terme, die Vielfache von $\mathrm{LT}(f_1) = x^2 y$ sind, liegen in der nordöstlichen Viertelebene vom Punkt $(2, 1)$, die Vielfachen von $\mathrm{LT}(f_2) = y^2$ in der durch $(0, 2)$ gegebenen Viertelebene. Die Punkte im nichtschraffierten Gebiet sind gerade die Elemente von $\mathrm{Term}_E(xy)$.

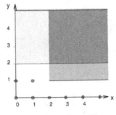

Wegen $g_1 \equiv g_2 \bmod I \iff x^4 - 4x^3 + 10xy + x \equiv x^4 - 2xy + 9x \bmod I \iff 4x^3 - 12xy + 8x \equiv 0 \bmod I$ folgt die lineare Abhängigkeit von $\mathrm{Term}_E(xy)$.

Der im folgenden Kapitel vorgestellte Algorithmus von Buchberger wird deshalb praktikabel, weil er sich zum Untersuchen der lokalen Konfluenz auf endlich viele so genannte *kritische Paare* beschränkt:

**8.2.9 Definition:** Sind $X^I = x_1^{i_1} \cdot \ldots \cdot x_n^{i_n} = \mathrm{LT}(f_i)$ und $X^J = x_1^{j_1} \cdot \ldots \cdot x_n^{j_n} = \mathrm{LT}(f_j)$ die Leitterme der Polynome $f_i, f_j \in E$, so heißt der Term

$$X^L = x_1^{\ell_1} \cdot \ldots \cdot x_n^{\ell_n} \quad \text{mit} \quad \ell_k := \max(i_k, j_k)$$

für $k = 1, \ldots, n$ *kleinstes gemeinsames Vielfaches* dieser beiden Leitterme, i.Z. $X^L = \mathrm{kgV}\,(\mathrm{LT}(f_i), \mathrm{LT}(f_j))$. Das Paar

$$\left( X^{L-I} \cdot (\mathrm{LT}(f_i) - \frac{f_i}{\mathrm{LK}(f_i)}), X^{L-J} \cdot (\mathrm{LT}(f_j) - \frac{f_j}{\mathrm{LK}(f_j)}) \right)$$

heißt dann *kritisches Paar bzgl. E*. Die Differenz der beiden Komponenten des kritischen Paars heißt *S-Polynom* $\mathrm{SP}(f_i, f_j)$ von $f_i$ und $f_j$.

*8.2.10 Beispiel:* Es seien $f(x,y) := x^3 y^2 - x^2 y^3 + x$ und $g(x,y) := x^4 y + \frac{1}{3} y^2 \in \mathbb{Q}[x,y]$. Dann ist (bzgl. der lexikographischen Ordnung)

$$\mathrm{kgV}\,(\mathrm{LT}(f), \mathrm{LT}(g)) = \mathrm{kgV}\,(x^3 y^2, x^4 y) = x^4 y^2$$

ein Polynom, das sich auf zwei Arten bezüglich der Ideal-Basis $E = \{f, g\}$ reduzieren lässt, nämlich gerade in die zwei Komponenten eines kritischen Paares:

$$x^4 y^2 = \left\{ \begin{matrix} x(x^3 y^2) & \xrightarrow{f} & x(x^2 y^3 - x) & = & x^3 y^3 - x^3 \\ y(x^4 y) & \xrightarrow{g} & y(-\frac{1}{3} y^2) & = & -\frac{1}{3} y^3 \end{matrix} \right\} \Rightarrow$$

$$\mathrm{SP}(f, g) = x^3 y^3 - x^3 + \frac{1}{3} y^3$$

Da sowohl $x^3 y^3 - x^3$, als auch $-\frac{1}{3} y^3$ kongruent zu $x^4 y^2$ modulo $I = \langle E \rangle$ sind, ist $\mathrm{SP}(f, g) \equiv 0 \bmod I$.

## 8.3 Der Buchberger-Algorithmus

Wäre $\xrightarrow{E}$ konfluent, so würden sich beide Komponenten eines jeden kritischen Paares zu einem gemeinsamen Nachfolger reduzieren lassen, d.h. das zugehörige $S$-Polynom müsste sich zu Null reduzieren. Tut es dies nicht, so liegt es nahe, die vorliegende Basis um eine Normalform dieses $S$-Polynoms zu erweitern.

Es ist klar, dass für die neue Basis $E'$ gilt: $\langle E' \rangle = \langle E \rangle = I$. Mit dieser neuen Basis verfährt man nun entsprechend weiter, bis sich wirklich alle $S$-Polynome zu Null reduzieren.

Mit dieser Vorgehensweise stellen sich die folgenden Fragen

(F1) Bricht dieser Algorithmus für jedes Ideal $I \subseteq K[X]$ und jede vorgegebene Idealbasis $E$ von $I$ nach endlich vielen Schritten ab?

(F2) Wenn (F1) mit „ja" beantwortet werden kann: Ist die nach Ablauf des Algorithmus vorliegende Idealbasis eine Gröbner-Basis ?

Beide Fragen können mit „ja" beantwortet werden, wie im Folgenden gezeigt wird.

Entscheidend für die Endlichkeit des Buchberger-Algorithmus ist die Tatsache, dass das in einem Schritt zur vorgegebenen Idealbasis $E$ hinzugefügte $S$-Polynom bzgl. $E$ reduziert ist, d.h. insbesondere, dass der Leitterm des $S$-Polynoms nicht Vielfaches von einem Leitterm der Polynome in $E$ ist. Der folgende Satz zeigt, dass so etwas nur endlich oft geht:

**8.3.1  Satz:**  *Hat eine Folge $f_1 = x_1^{I_{1,1}} \cdot \ldots \cdot x_n^{I_{1,n}}, f_2 = x_1^{I_{2,1}} \cdot \ldots \cdot x_n^{I_{2,n}}, \ldots$ von Termen die Eigenschaft, dass kein $f_k$ Vielfaches eines früheren $f_m$ $(1 \leq m < k)$ ist, so ist diese Folge endlich.*

*Beweis:*  Induktion nach der Variablenanzahl $N$:

$N = 1$: Für die Exponenten in $f_1 = x_1^{I_{1,1}}, f_2 = x_1^{I_{2,1}}, \ldots$ muss gelten $I_{1,1} > I_{2,1} > \ldots$. Diese Folge ganzer Zahlen ist durch $0$ nach unten beschränkt, also endlich.

Es sei nun $N > 1$ und der Satz gelte also für alle $n < N$. Für den Induktionsschritt zu $N$ betrachtet man die Folge, die mit $x_1^{I_{1,1}} \cdot \ldots \cdot x_N^{I_{1,N}}$ beginnt. Für $f_\ell = x_1^{I_{\ell,1}} \cdot \ldots \cdot x_N^{I_{\ell,N}}$ gilt dann für mindestens ein $i$ $(1 \leq i \leq N)$: $I_{\ell,i} < I_{1,i}$. Es seien $i_1, \ldots, i_k$ $(1 \leq k \leq N, 1 \leq i_j \leq N$ für $j = 1, \ldots, k, i_j \neq i_m$ für $j \neq m)$ Indizes, in denen $I_{\ell,i_j} < I_{1,i_j}$ gilt.

Es gibt endlich viele Möglichkeiten solch ein $k$-Tupel $(i_1, \ldots, i_k)$ auszuwählen und zu jedem dieser $k$-Tupel gibt es nur endlich viele $k$-Tupel $(I_{\ell,i_1}, \ldots, I_{\ell,i_k})$, die die Voraussetzung $I_{\ell,i_j} < I_{1,i_j}$ für $j = 1, \ldots, k$ erfüllen, denn die Exponenten sind ja durch Null nach unten beschränkt.

Nennt man das $k$-Tupel von Exponenten $(I_{\ell,i_1}, \ldots, I_{\ell,i_k})$ den „Typ von $f_\ell$", so ist damit gezeigt, dass es in der Folge $f_1, f_2, \ldots$ nur endlich viele verschiedene Typen gibt. Eine unendliche Folge mit der geforderten Eigenschaft kann es also nur geben, wenn es eine unendliche Teilfolge von Termen gleichen Typs in ihr gibt.

Nun betrachtet man diese unendliche Teilfolge. Da alle Elemente dieser Folge in den Exponenten von $x_{i_1}, \ldots, x_{i_N}$ übereinstimmen, streicht man diese Variablen und erhält eine unendliche Folge $f_1', f_2', \ldots$, in der kein $f_k'$ Vielfaches eines früheren $f_m'$ $(1 \leq m < k)$ ist, in den $N - k$ Variablen $x_i$ mit $i \in \{1, \ldots, N\} \setminus \{i_1, \ldots, i_k\}$. Wegen $N - k < N$ ist diese Folge im Widerspruch zur Annahme nach Induktionsvoraussetzung endlich.  □

Sind in $K[X]$ die Terme erst nach Grad und dann lexikographisch geordnet, so kann man diesen bei 1 beginnend der Größe nach jeweils eine natürliche Zahl, ihre sog. Ordnungsnummer zuordnen, in $K[x, y, z]$ mit $x > y > z$ etwa $\mathrm{ord}(1) = 1$, $\mathrm{ord}(z) = 2$, $\mathrm{ord}(y) = 3$, $\mathrm{ord}(x) = 4$, $\mathrm{ord}(z^2) = 5$, $\mathrm{ord}(yz) = 6$, ... usw. Der folgende Beweis arbeitet mit Induktion nach dieser Ordnungszahl, setzt also eine Ordnung nach Gesamtgrad voraus. Der Beweis lässt sich für andere verträgliche Ordnungen entsprechend anpassen, dies soll hier aber nicht ausgeführt werden (siehe auch den Zusammenhang der Ordnungen über die Ordnungsmatrizen!). Im Fall von 2 Variablen $x$ und $y$ und der Ordnung nach dem Gesamtgrad gibt die Ordnungsnummer gerade die Stellung in einer Art Pascalschem Dreieck an:

$$1$$
$$x \qquad y$$
$$x^2 \qquad xy \qquad y^2$$
$$x^3 \qquad x^2y \qquad xy^2 \qquad y^3$$
$$\vdots \qquad \vdots$$

**8.3.2 Satz:**  *Es sei $G = \{g_1, \ldots, g_u\}$ eine nach den endlich vielen Schritten des Algorithmus von Buchberger vorliegende Idealbasis von $I = \langle E \rangle \subseteq K[X]$. Dann ist $G$ eine Gröbner-Basis von $I$.*

*Beweis:* Zu zeigen ist, dass $\underline{f}_G$ für jedes $f \in K[X]$ eindeutig ist. Wie angekündigt geschieht dies per Induktion nach der Ordnungszahl des Leitterms von $f$.

Die Induktion startet mit dem Element $1 = x_1^0 \cdot \ldots \cdot x_n^0$ mit der Ordnungszahl $1$. Dieser Term hat bzgl. jeder Idealbasis die eindeutig bestimmte Normalform $1$, bzw. $0$ bzgl. des Nullideals. Dies gilt erst recht bzgl. $G$. Der Satz gelte also für alle Polynome $f$ mit $\mathrm{ord}(\mathrm{LT}(f)) < N \in \mathbb{N}$.

Nun betrachtet man ein Polynom $h$ mit $\mathrm{ord}(\mathrm{LT}(h)) = N$ und $\mathrm{LK}(h) = a \in K$. Um alle möglichen Reduktionen von $h$ bzgl. $G$ zu untersuchen, spaltet man das Leitmonom $a\,\mathrm{LT}(h)$ von $h$ auf in $a_1\,\mathrm{LT}(h) + \ldots + a_p\,\mathrm{LT}(h)$ mit Körperelementen $a_1, \ldots, a_p \in K$ und $\sum_{i=1}^p a_i = a$.

Nun gibt es drei Fälle zu unterscheiden:

(i)  $\mathrm{LT}(h) = \underline{\mathrm{LT}(h)}_G$ ist bereits in Normalform

(ii)  $\mathrm{LT}(h)$ ist Vielfaches genau eines $\mathrm{LT}(g_i)$ $(1 \le i \le u)$

(iii)  $\mathrm{LT}(h)$ ist Vielfaches mehrerer $\mathrm{LT}(g_i)$ $(1 \le i \le u)$

zu (i)  Wegen $\mathrm{ord}(\mathrm{LT}(h)) = N$ ist $\mathrm{ord}(h - a\,\mathrm{LT}(h)) < N$. Da $\mathrm{LT}(h)$ bereits in Normalform vorliegt, kann $h$ also nur durch Reduktion von $h - a\,\mathrm{LT}(h)$ reduziert werden. Nach Induktionsvoraussetzung ist $\underline{h - a\,\mathrm{LT}(h)}_G$ eindeutig und damit auch $\underline{h}_G$.

zu (ii)  In diesem Fall wird im Laufe der Reduktion jeder Summand $a_j\,\mathrm{LT}(h)$ $(1 \le j \le p)$ des Leitmonoms $a \cdot \mathrm{LT}(h)$ von $h$ irgendwann durch das entsprechende Vielfache von $a_j(\mathrm{LT}(g_i) - \frac{g_i}{\mathrm{LK}(g_i)})$ ersetzt.

Das Ergebnis ist jeweils ein Polynom mit einem Leitterm mit einer Ordnungsnummer $< N$ und kann damit nach Induktionsvoraussetzung zu einem eindeutig bestimmten Element in Normalform weiter reduziert werden.

zu (iii) Ist $\mathrm{LT}(h)$ Vielfaches von $\mathrm{LT}(g_i)$ für $i \in \{i_1, \ldots, i_r\}$ ($1 < r \leq n, 1 \leq i_\ell \leq n, i_\ell \neq i_k$ für $\ell \neq k$), so kann man $a_1 \mathrm{LT}(h) + \ldots + a_p \mathrm{LT}(h)$ reduzieren, indem man jeden beliebigen Summanden $a_j \mathrm{LT}(h)$ ($1 \leq j \leq p$) durch das entsprechende Vielfache von $a_j(\mathrm{LT}(g_{i_\ell}) - \frac{g_{i_\ell}}{\mathrm{LK}(g_{i_\ell})})$ ersetzt.

Jede mögliche Reduktion von $a\,\mathrm{LT}(h)$ ist also gekennzeichnet durch ein $p$-Tupel von Indizes $(I_1, \ldots, I_p)$ mit nicht notwendig verschiedenen $I_j \in \{i_1, \ldots, i_r\}$. Es wird gezeigt, dass ein beliebiges Index-Tupel $I_1, \ldots, I_p$ dabei im Endeffekt auf die gleiche Normalform führt, wie etwa das $p$-Index-Tupel $(i_1, \ldots, i_1)$.

Da $\mathrm{LT}(h)$ Vielfaches der Leitterme von $g_{i_1}$ und $g_{i_\ell}$ ist, ist $\mathrm{LT}(h)$ auch Vielfaches von $k := \mathrm{kgV}(\mathrm{LT}(g_{i_1})), \mathrm{LT}(g_{i_\ell})$, also etwa $\mathrm{LT}(h) = v \cdot k$. Reduktion von $\mathrm{LT}(h)$ liefert also $v \cdot k_1$ und $v \cdot k_2$, wobei $(k_1, k_2)$ das zu $g_{i_1}$ und $g_{i_\ell}$ gehörige kritische Paar ist, bzw. $k_1 - k_2 = \mathrm{SP}(g_{i_1}, g_{i_\ell})$. Da der Buchberger-Algorithmus aber erst abbricht, wenn die Normalformen aller $S$-Polynome Null sind, heißt das, dass Reduktion von $\mathrm{LT}(h)$ mit $g_{i_1}$ und Reduktion mit $g_{i_\ell}$ letztendlich zum gleichen Ergebnis führt.    □

Damit ist gezeigt, dass man zu jedem Ideal $I$ in $K[X]$ mit dem Buchbergerschen Algorithmus in endlich vielen Schritten eine Gröbner-Basis $G$ berechnen kann. Ist $S$ der zu dieser Gröbner-Basis gehörige Normalform-Algorithmus ($S(f) = \mathrm{RedPolBas}(f, G)$), so folgt aus der Definition von Gröbner-Basen sofort:

$$S(f) = S(g) \iff f \equiv g \bmod I$$

$$f \in I \iff S(f) = 0.$$

Da der Algorithmus von Buchberger erst stoppt, wenn sich alle $S$-Polynome zu Null reduzieren, ist eine Basis $E$ von $I$ also genau dann eine Gröbner-Basis von $I$, wenn für alle $f, g \in E$ mit $f \neq g$ gilt: $\mathrm{RedPolBas}(\mathrm{SP}(f, g), E) = 0$.

*8.3.3 Beispiel:* Es sei $E := \{f_1, f_2, f_3\} \subseteq \mathbb{Q}[x, y, z]$ mit

$$f_1 := x^3yz - xz^2, f_2 := xy^2z - xyz, f_3 := x^2y^2 - z^2.$$

eine Basis des Ideals $I \subseteq \mathbb{Q}[x, y, z]$.

Dann ist (Ordnung nach Gesamtgrad, dann $x > y > z$)

$$\mathrm{kgV}(\mathrm{LT}(f_1), \mathrm{LT}(f_2)) = x^3y^2z$$

und es gilt

$$x^3y^2z \xrightarrow[f_1]{} x^3y^2z - y(x^3yz - xz^2) = xyz^2 \text{ und}$$
$$x^3y^2z \xrightarrow[f_2]{} x^3y^2z - x^2(xy^2z - xyz) = x^3yz^2.$$

Damit ist $(xyz^2, x^3yz^2)$ ein kritisches Paar bezüglich der Basis $E$ und

$$\mathrm{SP}(f_1, f_2) = xyz^2 - x^3yz^2 = -\mathrm{SP}(f_2, f_1).$$

Da $x^3yz^2$ Vielfaches von $\mathrm{LT}(f_1) = x^3yz$ ist, lässt sich $\mathrm{SP}(f_1, f_2)$ reduzieren:

$$\mathrm{SP}(f_1, f_2) = xyz^2 - x^3yz^2 \xrightarrow[f_1]{} xyz^2 - x^3yz^2 + z(x^3yz - xz^2) =$$
$$= xyz^2 - xz^3.$$

Dieses Polynom ist in Normalform bzgl. $E$, da offensichtlich keiner seiner zwei Terme Vielfaches von $x^3yz, xy^2z$ oder $x^2y^2$ ist. Damit ist $E$ keine Gröbner-Basis von $I$. Die beiden Terme $xyz^2$ und $xz^3$ von $\mathrm{SP}(f_1, f_2)$ sind Elemente von $\mathrm{Term}_E(xyz)$, die wegen $\mathrm{SP}(f_1, f_2) \equiv 0 \bmod I$ linear abhängig in der $\mathbb{Q}$-Algebra $\mathbb{Q}[x, y, z]/I$ sind.

Mit dem folgenden Algorithmus lässt sich eine Gröbner-Basis eines Ideals $I = \langle E \rangle$ in endlich vielen Schritten berechnen:

―――――――――――**Berechnung einer Gröbner-Basis**―――――――――――

**procedure** Gröbner( $E$ )         # Eingabe:  $E \subseteq K[X]$
    $G \leftarrow E$                      #          (endlich).
    $P \leftarrow \{\{f, g\}, f, g \in G, f \neq g\}$    # Ausgabe: Gröbner-Basis $G$
    **while** $P \neq \emptyset$ **do**        #          mit $\langle G \rangle = \langle E \rangle$.
        wähle ein $\{f, g\} \in P$
        $P \leftarrow P \setminus \{\{f, g\}\}$
        $h \leftarrow \mathrm{SP}(f, g)$
        $h \leftarrow \mathrm{RedPolBas}(h, G)$
        **if** $h \neq 0$ **then**
            $P \leftarrow P \cup \{\{f, h\}, f \in G\}$
            $G \leftarrow G \cup \{h\}$
        **end if**
    **end do**
    **Return** ( $G$ )
**end**

―――――――――――――――――――――――――――――――――――――――――――――

Da der Algorithmus nicht festlegt, in welcher Reihenfolge die $S$-Polynome betrachtet werden sollen und man auch bei verschiedenen Basen starten kann, ist noch nicht geklärt, wieviele verschiedene Gröbner-Basen ein Ideal $I$ haben kann. Darüber gibt der folgende Satz Auskunft:

**8.3.4 Satz:** *Zwei Teilmengen $F$ und $G$ von $K[X]$ erzeugen genau dann das gleiche Ideal $I$, wenn sie die gleichen reduzierten Gröbner-Basen $\mathrm{GB}(F)$ und $\mathrm{GB}(G)$ besitzen.*

Reduzierte Gröbner-Basen sind nach diesem Satz also eindeutig, wobei das natürlich nur bis auf Reihenfolge der Basiselemente gemeint ist und nur für eine feste verträgliche Ordnungsrelation.

Bevor dieser Satz bewiesen wird, werden einige nötige Hilfssätze bereitgestellt: Es sei $F$ eine endliche Teilmenge von $K[X]$. Es sei $V(F)$ die Menge aller Terme in $x_1, \ldots, x_n$, die Vielfache eines Leitterms eines Elements von $F$ sind, also

$$V(F) := \{X^J \in \mathrm{Term}(X),\, X^J \text{ ist Vielfaches eines } \mathrm{LT}(f) \text{ für } f \in F\}$$

(siehe die graphische Darstellung in einem der vorhergehenden Beispiele).

**8.3.5 Hilfssatz:** Sind $F$ und $G$ reduzierte Gröbner-Basen des Ideals $I$, so gilt: $V(F) = V(G)$.

*Beweis:* Angenommen, der Satz ist falsch und es gibt einen Term $t \in V(F) \setminus V(G)$, d.h. es gilt $t = t' \cdot \mathrm{LT}(f_i)$ für ein $f_i \in F$. Da $t \notin V(G)$ ist, reduziert sich $t' \cdot f_i$ bzgl. $G$ nicht zu Null:

$$t' \cdot f_i \xrightarrow{\;G\;} \underline{t''}_G \neq 0$$

$t' \cdot f_i$ ist aber ein Element von $I$ und reduziert sich trivialerweise bzgl. $F$ zu Null. Die Tatsache, dass $\underline{t''}_G \neq 0$ ist, widerspricht also der Voraussetzung, dass $G$ eine Gröbner-Basis von $I$ ist.  □

**8.3.6 Hilfssatz:** Sind $F$ und $G$ zwei reduzierte Gröbner-Basen des Ideals $I$, so sind sie gleichmächtig und haben (bis auf Reihenfolge) die gleichen Leitterme.

*Beweis:* Angenommen $f_i$ ist ein Polynom aus der Basis $F$, dessen Leitterm mit keinem Leitterm von $G$ übereinstimmt. Wegen **8.3.5** ist $V(F) = V(G)$. Wegen $\mathrm{LT}(f_i) \in V(F)$ folgt also $\mathrm{LT}(f_i) \in V(G)$ d.h. es gibt ein $g_j \in G$ und einen Term $v \neq 1$ mit $\mathrm{LT}(f_i) = v \cdot \mathrm{LT}(g_j)$. Wegen $\mathrm{LT}(g_j) \in V(G) = V(F)$ gibt es dann aber auch einen Term $v'$ mit $\mathrm{LT}(g_j) = v' \cdot \mathrm{LT}(f_\ell)$, also zusammen $\mathrm{LT}(f_i) = v \cdot v' \cdot \mathrm{LT}(f_\ell)$ mit $v \neq 1$. Das ist aber ein Widerspruch zur Voraussetzung, dass $F$ eine reduzierte Gröbner-Basis ist.  □

Nun zum Beweis des eigentlichen Satzes:

*Beweis:* (von Satz **8.3.4**)
Da für das Nullideal $\emptyset$ die einzige reduzierte Gröbner-Basis ist, sei $F \neq \emptyset \neq G$. Da $F$ und $G$ nach **8.3.6** bis auf Reihenfolge die gleichen Leitterme besitzen und gleichmächtig sind, gibt es ein $s \in \mathbb{N}$ und ein $\pi \in S_s$ mit $F = \{f_1, f_2, \ldots, f_s\}, G = \{g_1, g_2, \ldots, g_s\}$ und $\mathrm{LT}(f_i) = \mathrm{LT}(g_{\pi(i)})$ für $i = 1, 2, \ldots, s$.

Angenommen es gibt unter diesen Indizes $i = 1, \ldots, s$ einen Index $i_0$ mit $f_{i_0} \neq g_{\pi(i)}$. Man betrachtet das Polynom $h := f_{i_0} - g_{\pi(i_0)}$.

Da die beiden beteiligten Polynome den gleichen Leitterm besitzen und beide normiert sind, kommt dieser Leitterm also in $h$ nicht mehr vor. Als Differenz zweier Polynome aus $\langle F \rangle = \langle G \rangle = I$ ist $h$ selbst wieder in $I$ und nach Voraussetzung von Null verschieden. Ist nun $t \in \mathrm{Term}(X; h)$ ein einzelner Term von $h$, so gibt es zwei Möglichkeiten:

(i)  $t$ kommt in $f_{i_0}$ vor, also $t \in \mathrm{Term}(X; f_{i_0})$,

(ii) $t$ kommt in $g_{\pi(i_0)}$ vor, d.h. $t \in \mathrm{Term}(X; g_{\pi(i_0)})$.

Im Fall (i) ist $t \notin V(F)$, denn sonst wäre $f_{i_0}$ bzgl. $F \setminus \{f_{i_0}\}$ nicht reduziert. Im 2. Fall folgt analog $t \notin V(G)$, was aber wegen **8.3.5** auch heißt $t \notin V(F)$. Das heißt, dass in jedem Fall $t \notin V(F)$ gilt, was zur Folge hat, dass das Polynom $h$, das aus diesen Termen besteht, bereits in Normalform bzgl. der Basis $F$ ist. Wegen $h \in I$ und $\underline{h}_F \neq 0$ ist das aber ein Widerspruch zu der Voraussetzung, dass $F$ eine reduzierte Gröbner-Basis ist. Es gibt also keinen Index $i_0$ mit $f_{i_0} \neq g_{\pi(i_0)}$.   □

Nach Satz **8.3.4** sind insbesondere reduzierte Gröbner-Basen von Interesse. Mit den bereits eingeführten Prozeduren lässt sich eine reduzierte Gröbner-Basis eines Ideals $I\langle E \rangle$ nun etwa aus $E$ berechnen, indem man hintereinander die Prozeduren Gröbner und RedBas auf $E$ anwendet, also $G := \mathtt{RedBas}(\mathtt{Gröbner}(E))$ berechnet.

**Folgerung:**

(i)  Ist $f \in K[X]$ normiert, so ist $G = \{f\}$ offensichtlich eine Gröbner-Basis des Hauptideals $I = \langle f \rangle$. Zusammen mit dem vorhergehenden Satz heißt das: Ein Ideal $I$ ist genau dann ein Hauptideal, wenn seine reduzierte Gröbner-Basis nur aus einem Element besteht.

(ii) Nach der Folgerung zu Satz **8.1.10** haben Polynome $f_1, \ldots, f_r \in K[X]$ genau dann keine gemeinsame Nullstelle in $A_n(L)$ ($L$ algebraisch abgeschlossen), wenn $1 \in \langle f_1, \ldots, f_r \rangle$ ist, d.h. wenn die Gröbner-Basis von $f_1, \ldots, f_r$ nur aus der 1 besteht.

(iii) Aus dem Beweis des Hilbertschen Nullstellensatzes liest man ab:

$$f \in \sqrt{\langle f_1, \ldots, f_r \rangle} \iff \{1\} \text{ ist Gröbner-Basis von } \langle f_1, \ldots, f_r, 1 - z \cdot f \rangle.$$

*8.3.7 Beispiel:*  Das Gleichungssystem

$$x^2 y + 4y^2 - 17 = 0$$
$$2xy - 3y^3 + 8 = 0$$
$$xy^2 - 5xy + 1 = 0$$

hat keine Lösung (egal bei welchem Oberkörper) da das von

$$E := \{x^2 y + 4y^2 - 17, 2xy - 3y^3 + 8, xy^2 - 5xy + 1\}$$

erzeugte Ideal die reduzierte Gröbner-Basis $\{1\}$ besitzt.

8.3.8 *Beispiel:* Gröbner-Basen werden auch dazu verwendet, geometrische Sachverhalte zu beweisen. Als Beispiel soll hier der Satz nachgerechnet werden, dass sich die Diagonalen eines Parallelogramms halbieren.

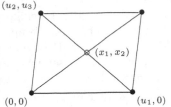

Da es sich um ein Parallelogramm handelt, ist die Koordinate des vierten Punktes $(u_1 + u_2, u_3)$. Da jeweils zwei gegenüberliegende Punkte und der Diagonalenschnittpunkt auf einer Geraden liegen, gilt

$$\frac{u_3}{u_1+u_2} = \frac{x_2}{x_1} \text{ und } \frac{u_3}{u_1-u_2} = \frac{x_2}{u_1-x_1}.$$

Die Behauptung, dass der Diagonalenschnittpunkt die Diagonale durch den Ursprung halbiert lautet als Gleichung formuliert

$$4(x_1^2 + x_2^2) = (u_1 + u_2)^2 + u_3^2.$$

Damit wird die Geometrie der Figur beschrieben durch die Gleichungen

$$u_3 x_1 - x_2(u_1 + u_2) = 0, \ u_3(u_1 - x_1) - x_2(u_1 - u_2) = 0$$

und man fragt sich, ob das Polynom

$$g := 4(x_1^2 + x_2^2) - (u_1 + u_2)^2 - u_3^2$$

auf allen Punkten der beschriebenen Varietät verschwindet. Um Ausartungsfälle zu vermeiden, fordert man $u_1 \neq 0$ und $u_3 \neq 0$. Dies kann man ebenfalls als Gleichungen formulieren, indem man mit den zwei neuen Variablen $z_1$ und $z_2$ schreibt

$$u_3 z_1 - 1 = 0, \ u_1 z_2 - 1 = 0.$$

Damit lautet also die Frage nach der Richtigkeit des geometrischen Satzes umformuliert:

$$g \overset{?}{\in} \sqrt{\langle u_3 x_1 - x_2(u_1 + u_2), \ u_3(u_1 - x_1) - x_2(u_1 - u_2), \ u_3 z_1 - 1, \ u_1 z_2 - 1 \rangle}.$$

Da die reduzierte Gröbner-Basis von

$$\langle u_3 x_1 - x_2(u_1 + u_2), \ u_3(u_1 - x_1) - x_2(u_1 - u_2), \ u_3 z_1 - 1, \ u_1 z_2 - 1, \ 1 - yg \rangle$$

gleich $\{1\}$ ist, ist dies der Fall, die Behauptung also richtig.

Der kritische Punkt an dieser Rechnung sind die beiden Ungleichungen. Lässt man diese weg, so besteht die Varietät aus drei irreduziblen Varietäten. Eine davon beschreibt den Spezialfall $u_1 = 0$, die andere den Fall $u_3 = 0$, weshalb $g$ dann nicht in dem Radikalideal liegt. Im vorliegenden Fall waren die Ungleichungen relativ naheliegend. Für kompliziertere Fälle gibt es Untersuchungen, welche Ungleichungen zu wählen sind (vgl. [Kap] oder [Wu]).

# 8.4 Eliminationsideale

Es sei $Y$ ein Teiler des Terms $X$ und $K[Y]$ der entsprechende Unterring von $K[X]$.

**8.4.1 Definition:** Es sei $I \subseteq K[X]$ ein Ideal. Der Schnitt von $I$ mit $K[Y]$ heißt *Eliminationsideal* von $I$ bezüglich $Y$, i.Z.:

$$I_Y := I \cap K[Y].$$

Speziell für $Y = x_{\ell+1} \cdot \ldots \cdot x_n$ mit $\ell \in \mathbb{N}_0$ heißt $I_Y$ das $\ell$-*te Eliminationsideal* von $I$ und wird auch mit $I_\ell$ bezeichnet werden, also

$$I_\ell := I_{x_{\ell+1} \cdot \ldots \cdot x_n} = I \cap K[x_{\ell+1}, \ldots, x_n].$$

Es ist leicht nachzuprüfen, dass $I_Y$ bzw. $I_\ell$ wirklich Ideale von $K[Y]$ sind, $I_0$ ist das Ideal $I$ selbst.

**8.4.2 Definition:** Gilt für alle $Y^J \in \mathrm{Term}(Y)$ und $X^I \in \mathrm{Term}(X/Y)$ mit $X^I \neq 1$, dass $Y^J < X^I$ ist, so schreibt man

$$Y \ll X/Y.$$

Zu jedem Teiler $Y$ von $X$ lässt sich sofort eine zulässige Ordnungsrelation $<$ angeben, so dass $Y \ll X/Y$ ist: man definiere etwa die lexikographische Ordnung auf $X$ so, dass jedes Element von $Y$ kleiner ist als ein beliebiges Element aus $X/Y$. Speziell für $Y = x_{k+1} \cdot \ldots \cdot x_n$ und die lexikographische Ordnung mit $x_n < x_{n-1} < \ldots < x_1$ gilt also z.B. $Y \ll X/Y$.

**8.4.3 Satz:** *Es sei $Y$ ein Teiler von $X$ und $<$ eine zulässige Ordnungsrelation mit $Y \ll X/Y$. Dann gilt*

(i) *Sind $X^I \in \mathrm{Term}(X)$ und $Y^J \in \mathrm{Term}(Y)$ mit $X^I < Y^J$, so gilt $X^I \in \mathrm{Term}(Y)$.*

(ii) *Sind $f \in K[Y]$ und $p, g \in K[X]$ mit $f \xrightarrow{p} g$, dann gilt $p, g \in K[Y]$.*

*Beweis:*

(i) Angenommen, $X^I \notin \mathrm{Term}(Y)$. Dann kann man $X^I$ in der Form $X^I = Y^{I_1} \cdot Z^{I_2}$ mit $Z^{I_2} \in \mathrm{Term}(X/Y) \setminus \{1\}$ schreiben. Wegen $Y \ll X/Y$ ist $Y^J < Z^{I_2}$. Da aber $X^I < Y^J$ vorausgesetzt ist, folgt $Y^{I_1} \cdot Z^{I_2} < Z^{I_2}$. Da $<$ eine zulässige Ordnungsrelation ist, gilt $Y^{I_1} \geq 1$ und damit auch $Y^{I_1} \cdot Z^{I_2} \geq Z^{I_2}$.

(ii) Wegen $f \xrightarrow{p} g$ ist ein $Y^I \in \mathrm{Term}(Y; f)$ Vielfaches von $\mathrm{LT}(p)$, also $\mathrm{LT}(p) \in \mathrm{Term}(Y)$. Da alle Elemente von $\mathrm{Term}(X; p)$ bzgl. $<$ kleiner oder gleich $\mathrm{LT}(p)$ sind, folgt also $\mathrm{Term}(X; p) \subseteq \mathrm{Term}(Y)$ oder $p \in K[Y]$. $\qquad \square$

**8.4.4 Satz:** *Es sei $Y$ ein Teiler von $X$ und $<$ eine zulässige Ordnungs-relation mit $Y \ll X/Y$. Sei weiterhin $I \subseteq K[X]$ ein Ideal und $G$ eine Gröbner-Basis von $I$ bzgl. $<$. Dann gilt:*

$$G_Y := G \cap K[Y] \text{ ist eine Gröbner-Basis von } I_Y.$$

*Beweis:* Es sei $G = \{g_1, \ldots, g_s\}$. Da $I_Y$ ein Ideal ist, folgt wegen $G_Y \subseteq I_Y$ sogar $\langle G_Y \rangle \subseteq I_Y$.

Da $G$ eine Gröbner-Basis von $I$ ist, besitzt jedes Element von $I$ bzgl. $G$ die eindeutige Normalform $0$. Insbesondere für jedes $f \in I_Y$ gilt $f \xrightarrow{\;\;*\;\;}_G 0$. Wegen $f \in K[Y]$ und der Voraussetzung $Y \ll X/Y$ bedeutet dies nach Punkt (ii) des vorhergehenden Satzes, dass für die Einzelschritte $f \xrightarrow{g_{i_1}} f' \xrightarrow{g_{i_2}} f'' \longrightarrow \ldots$ von $f \xrightarrow{\;\;*\;\;}_G 0$ gilt $g_{i_1}, f', g_{i_2}, f'', \ldots \in K[Y]$.

Damit sind $g_{i_1}, g_{i_2}, \ldots \in G_Y$ und man liest ab $f \in \langle G_Y \rangle$ für alle $f \in I_Y$. Das zeigt $\langle G_Y \rangle \supseteq I_Y$ und, weil die andere Inklusion schon gezeigt war, auch $\langle G_Y \rangle = I_Y$. $G_Y$ ist also eine Basis des Ideals $G_Y$.

Ist $f$ ein beliebiges Element von $K[Y] \subseteq K[X]$, so besitzt $f$ bezüglich $G$ eine eindeutige Normalform $g$, d.h. $f \xrightarrow{\;\;*\;\;}_G g$. Wegen $f \in K[Y]$ kann man wie im letzten Abschnitt argumentieren, dass alle Einzelschritte dieser Vereinfachung sogar mit Elementen aus $G_Y$ funktionieren, also $f \xrightarrow{\;\;*\;\;}_{G_Y} g_{G_Y}$. Die Idealbasis $G_Y$ von $I_Y$ ist also sogar eine Gröbner-Basis.     $\square$

Speziell für $Y = x_{\ell+1} \cdot \ldots \cdot x_n$ und die lexikographische Ordnung mit $x_n < x_{n-1} < \ldots < x_1$ gilt wie bereits erwähnt $Y \ll X/Y$. Ist $G$ eine Gröbner-Basis von $I \subset K[x_1, \ldots, x_n]$, so ist also nach dem vorhergehenden Satz $G_\ell := G \cap K[x_{\ell+1}, \ldots, x_n]$ eine Gröbner-Basis des Eliminationsideals $I_\ell$.

*8.4.5 Beispiel:* Gegeben sei die Basis

$$E := \{zx+yx-x+z^2-2, xy^2+2zx-3x+z+y-1, 2z^2+zy^2-3z+2zy+y^3-3y\}$$

des Ideals $I \in \mathbb{Q}[x, y, z]$. Die reduzierte Gröbner-Basis dieses Ideals bezüglich der lexikographischen Ordnung mit $x > y > z$ ist

$$G = \{xz^2 - 2x - z^4 + 4z^2 - 4, y + z^4 + 2z^3 - 5z^2 - 3z + 5,$$
$$z^6 + 2z^5 - 7z^4 - 8z^3 + 15z^2 + 8z - 10\}.$$

In MAPLE lässt sich das etwa je nach Version nach dem Laden des entsprechenden Pakets mit with(Groebner) -oder älter with(grobner)- mit dem Befehl gbasis(E,[x,y,z],plex) oder gbasis(E,plex(x,y,z)) berechnen. Daraus liest man mit dem vorhergehenden Satz ab:

$$G_{yz} = \{y + z^4 + 2z^3 - 5z^2 - 3z + 5, \, z^6 + 2z^5 - 7z^4 - 8z^3 + 15z^2 + 8z - 10\}$$
$$G_z = \{z^6 + 2z^5 - 7z^4 - 8z^3 + 15z^2 + 8z - 10\}.$$

Besonders interessant ist vorerst das einzelne Polynom aus $\mathbb{Q}[z]$ in $G_z$. Die vollständige Faktorisierung dieses Polynoms über $\mathbb{Q}$ lautet

$$z^6 + 2z^5 - 7z^4 - 8z^3 + 15z^2 + 8z - 10 = (z^2 - 2)(z^4 + 2z^3 - 5z^2 - 4z + 5).$$

Jede $z$-Koordinate einer Nullstelle von $I$ ist also Wurzel von einem dieser beiden Faktoren. Handelt es sich um eine Nullstelle von $z^2 - 2$, so kann man die beiden anderen Elemente der Gröbner-Basis durch Substitution von $z^2 = 2$ entsprechend vereinfachen. Aus $z^4 + 2z^3 - 5z^2 + y - 3z + 5$ wird so $z + y - 1$, aus $y + z^4 + 2z^3 - 5z^2 - 3z + 5$ wird $0$.

Ist die $z$-Koordinate einer Nullstelle von $I$ dagegen eine Wurzel von $z^4 + 2z^3 - 5z^2 - 4z + 5$, so kann man $z^4 = -2z^3 + 5z^2 + 4z - 5$ in die anderen Polynome einsetzen und erhält $-z^2 + x + 2$ und $y + z$.

Damit hat man die Varietät $V_L(I)$ in die zwei über $\mathbb{Q}$ irreduziblen Varietäten

$$V_L(y + z - 1, z^2 - 2) \quad \text{und}$$
$$V_L(x - z^2 + 2, y + z, z^4 + 2z^3 - 5z^2 - 4z + 5)$$

zerlegt. Die Punkte der ersten Varietät kann man nun sehr leicht, von $z^2 - 2$ ausgehend berechnen. Es gilt

$$V_L(y + z + 1, z^2 - 2) = \{(t, 1 - \sqrt{2}, \sqrt{2}), (t, 1 + \sqrt{2}, -\sqrt{2})\}$$

mit einem Parameter $t \in L$. Das ist ein paralleles Geradenpaar.

Die zweite Varietät ist dagegen endlich. Das Polynom $z^4 + 2z^3 - 5z^2 - 4z + 5$ hat vier komplexe Wurzeln, die sich sogar noch formal berechnen lassen. Die formalen Lösungen sollen hier allerdings nicht angegeben werden, da jede von ihnen mehrere Seiten füllt. Aus diesen Formeln kann man dann numerische Lösungen in beliebiger Genauigkeit berechnen. Im vorliegenden Fall stellt sich heraus, dass alle vier Lösungen in $\mathbb{R}$ liegen, nämlich $z_1 = -3.034390300$, $z_2 = -1.320384656$, $z_3 = 0.805515643$ und $z_4 = 1.549259313$.

Einsetzen dieser vier Werte in $x - z^2 + 2 = 0$ liefert für jeden $z$-Wert genau einen $x$-Wert, nämlich $x_1 = 7.207524493$, $x_2 = -.2565843600$, $x_3 = -1.351144549$ und $x_4 = 0.400204419$.

Einsetzen in $y + z = 0$ liefert für jeden $z$-Wert genau einen $y$-Wert, nämlich $y_1 = 3.034390300$, $y_2 = 1.320384656$, $y_3 = -.805515643$ und $y_4 = -1.549259313$. Die Varietät besteht also aus den vier Punkten

$$
\begin{aligned}
P_1 &= (\phantom{-}\ 7.207524493\ , \phantom{-}\ 3.034390300\ , -\ 3.034390300\ ) \\
P_2 &= (-\ .2565843600\ , \phantom{-}\ 1.320384656\ , -\ 1.320384656\ ) \\
P_3 &= (-\ 1.351144549\ , -\ 0.805515643\ , \phantom{-}\ 0.805515643\ ) \\
P_4 &= (\phantom{-}\ 0.400204419\ , -\ 1.549259313\ , \phantom{-}\ 1.549259313\ )
\end{aligned}
$$

*8.4.6 Beispiel:* Im $\mathbb{R}^3$ sei die Fläche $\vec{x}(t,u)$ in Parameterdarstellung gegeben:

$$\vec{x}(t,u) = \begin{pmatrix} x(t,u) \\ y(t,u) \\ z(t,u) \end{pmatrix} = \begin{pmatrix} t+u \\ t^2 + 2tu \\ t^3 + 3t^2 u \end{pmatrix}.$$

Berechnung einer Gröbner-Basis zu der Idealbasis

$$E := \{x - t - u, y - t^2 - 2tu, z - t^3 - 3t^2 u\}$$

mit lexikographischer Ordnung und $t > u > x > y > z$ liefert

$$G = \{t + u - x, u^2 - x^2 + y, 2ux^2 - 2uy - 2x^3 + 3xy - z,$$
$$uxy - uz - x^2 y - xz + 2y^2, 2uxz - 2uy^2 + 2x^2 z - xy^2 - yz,$$
$$2uy^3 - 2uz^2 - 4x^2 yz + xy^3 - 2xz^2 + 5y^2 z,$$
$$4x^3 z - 3x^2 y^2 - 6xyz + 4y^3 + z^2\}$$

*Die Fläche* $\vec{x}(t,u)$                    *Die Fläche*
*für* $-1 \leq t, u \leq 1$           $4x^3 z - 3x^2 y^2 - 6xyz + 4y^3 + z^2 = 0$

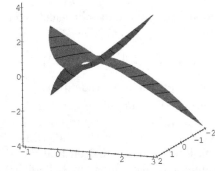
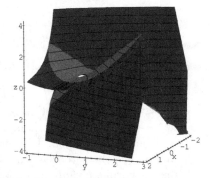

Nach dem vorhergehenden Satz heißt das

$$G_{xyz} = \{4x^3 z - 3x^2 y^2 - 6xyz + 4y^3 + z^2\}$$

d.h. $4x^3 z - 3x^2 y^2 - 6xyz + 4y^3 + z^2 = 0$ ist eine implizite Darstellung der Fläche.

# A  Anhang CA-Systeme

## 1.  Universelle Programme

Im folgenden werden einige der „großen" Computeralgebra-Programme mit jeweils einer kurzen Beschreibung alphabetisch aufgelistet. Die Liste erhebt keinen Anspruch auf Vollständigkeit und bei der Schnelllebigkeit von Software und Internet ist sie wahrscheinlich auch bald nicht mehr ganz aktuell. Trotzdem wird sie den Einstieg für Neulinge hoffentlich erleichtern. Einige der aufgelisteten Programme sind schon über 30 Jahre in der Entwicklung und haben dabei viele verschiedene Stationen durchlaufen, werden also vermutlich auch nicht so schnell „aussterben".

### AXIOM

**Plattformen:** Früher hauptsächlich IBM Maschinen, dann auch Solaris und Windows. Die neueste Debian-Version gibt es für Linux auf den üblichen Debian-Plattformen (also arm, hppa, i386, ia64, m68k, mips, mipsel, powerpc, s390, sparc). Den ALDOR-Compiler gibt es für Intel Linux, Alpha, Sparc (Solaris 7 oder 8) und Windows 9x, NT, 2000 und XP.

**Autoren:** Ursprünglich unter dem Namen SCRATCHPAD in den Forschungszentren der IBM in Yorktown Heights und in Heidelberg entwickelt (J. Griesmer, R. Jenks, D. Yun, J. Grabmeier etc.).

**Alter:** Internes Forschungsprojekt der IBM seit den 70er Jahren, erst ab Ende 1991 unter dem Namen AXIOM auf dem Markt. In den Jahren 1991-2002 als Produkt von NAG (http://www.nag.co.uk/) vertrieben. Inzwischen unter einer BSD-ähnlichen Lizenz zu haben. Später kam noch ALDOR als Compiler dazu. Ab 1994 war ALDOR Teil von AXIOM, hat sich jetzt aber zu einer eigenständigen Sprache weiterentwickelt.

**Infos:** AXIOM-Homepage http://www.nongnu.org/axiom/ und ALDOR -Homepage http://www.aldor.org/.

**Preis:** AXIOM ist jetzt freie Software.

**Literatur:**

— J. Griesmer, R. Jenks, D. Yun: Scratchpad User's Manual, IBM Research Publications RA70, 1974.

— R. Jenks, R. Sutor: AXIOM, The scientific computation system.

**Beschreibung**: Ursprünglich in LISP geschrieben mit eigener mächtiger Programmiersprache. Schon zu SCRATCHPAD-Zeiten war dieses Programm mit mindestens 12 MByte Speicherbedarf das Monster unter den CA-Sprachen (heute 92 MByte Quellcode). Durch das Designkonzept mit abstrakten Datentypen wurde die Realisation mathematischer Kategorien und Datenstrukturen ermöglicht. Dadurch nicht nur die üblichen Routinen universeller CA-Systeme, sondern auch Rechnen mit nicht-assoziativen oder -kommutativen Algebren oder Darstellungstheorie endlicher Gruppen möglich.

DERIVE

**Plattformen**: PCs mit (je nach Version) DOS, Windows 95, 98, Me, NT, XP oder 2000. Lief sogar auf dem PC-kompatiblen HP 95LX Palmtop.

**Autoren**: D. Stoutemyer, A. Rich.

**Alter**: 1988.

**Infos**: Soft Warehouse Europe, Softwarepark, A-4232 Hagenberg, Austria Tel.:(+43) (0) 7236-3297-0, Fax: (+43) (0) 7236-3297-71, Email: info@derive-europe.com, WWW: http://www.derive-europe.com/.

**Preis**: Die Version für Lehrkräfte, Studenten oder Schüler ist ab ca. 83€ zu haben. Eine Testversion gibt es für 30 Tage kostenlos.

**Literatur**: Eine aktuelle Sammlung von Derive-Büchern findet sich jeweils auf der Derive-Homepage. Hier seien etwa die folgenden Bücher genannt

— Ellis, W. Jr.; Lodi, E.: *A Tutorial Introduction to* DERIVE [ELo]

— Glynn, J.: *Mathematik entdecken mit* DERIVE *- von der Algebra bis zur Differentialrechnung* [Gly]

**Beschreibung**: Moderner Nachfolger von MUMATH (wohl ältestes CA-Programm für Micros; nicht mehr verfügbar) mit Fenstertechnik, Pull-Down-Menüs und Graphik. Anfänglich (bis Version 4) war die Programmiermöglichkeit eingeschränkt. Erstaunlich leistungsstark: Im Vergleich teilweise besser als sehr viel größere Programme.

Das Österreichische Unterrichts-Ministerium hat DERIVE für alle Gymnasien als Standardwerkzeug für den Mathematikunterricht bereits 1991 eingekauft! Andere Länder bzw. Bundesländer folgten nach, etwa Belgien, Schweden und im Jahr 2000 Brandenburg. Kopplung mit den Computeralgebra-Handhelds TI-89, TI-92+, Voyage 200 von Texas Instruments möglich.

MACSYMA

**Plattformen**: Symbolics (=spezielle LISP-Rechner), DEC VAX und Micro-VAX, Sun-2 und Sun-3 und jetzt auch auf PC $\geq 386$ (DOS- und WIN 3.1.-Versionen) und seit 2000 auch für Linux.

**Autoren**: J. Moses, W. Martin und viele andere am Massachusetts Institute of Technology (MIT) zusammen mit der Firma Symbolics (Entwicklungsaufwand $\geq 100$ Mann-Jahre !).

**Alter:** 1968.

**Infos:** Macsyma Inc., 20 Academy Street, Arlington, MA 02476, Tel: +1 781 646 4550, Email: info@macsyma.com , URL: http://www.macsyma.com/.

**Preis:** Lite Version von MACSYMA 2.3 für Windows beim Springer-Verlag für ca. 75€ (ISBN 3-540-14703-9) mit Handbuch. Vollversion in den USA um die 250 US $.

**Literatur:** R. H. Rand: *Computer Algebra in Applied Mathematics, An Introduction to Macsyma* [Ran]

**Beschreibung:** Sehr ausgereiftes und umfassendes Programm; Routinen auch zur Gruppentheorie oder etwa zu Lie-Algebren. In LISP geschrieben.     Zur Zeit mehr als 300000 Zeilen LISP-Code und über 300 Unterroutinen plus große Share-Library. Eigene einfache Sprache ähnlich zu der von REDUCE oder CAYLEY. Trotz des anfänglich recht hohen Preises sehr verbreitet an Universitäten und Forschungseinrichtungen.     Es existieren viele Abkömmlinge bzw. Varianten von MACSYMA, etwa DOE-MACSYMA (Speziell auf reinen LISP-Maschinen), VAXIMA (unter Vax-Unix) oder ALJABR (Macintosh). Unter http://gnuwin.epfl.ch/apps/maxima/de/ kann man inzwischen lesen: „Maxima ist eine Common Lisp-Implementation des Macsyma-Systems für computerbasierte Algebra vom MIT. Maxima wird bald unter der GNU Public License freigegeben." Dort kann man bereits jetzt eine Windows-Version von Maxima frei herunterladen.

---

## MAGMA

**Plattformen:** PCs mit Linux oder Windows, Apple Macintosh mit Mac OS X, Suns unter Solaris, DEC Alpha mit OSF/1 oder Linux, IBM Maschinen mit AIX, HP unter HP-UX und SGIs mit IRIX (32-bit and 64-bit).

**Autoren:** Computational Algebra Group an der Universität von Sydney (J. Cannon, W. Bosma, C. Playoust,...)

**Alter:** Verkauf ab Dezember 1993.

**Infos:** Homepage unter http://magma.maths.usyd.edu.au/.

**Preis:** Studenten-Version für PCs (Windows, Linux oder Mac mit OS X) zu 150 US $. Eine Hochschul-Lizenz für einen Rechner und 3 Jahre kostet etwa 1150 US $.

**Literatur:** Es gibt zwei Handbücher zum Programm ([CPl] und [CPB]), die aber im Buchhandel momentan nicht lieferbar sind. Bestandteil von MAGMA sind aber ca. 3000 Seiten Dokumentation. Weiterhin gibt es

— Pecquet, L.: A first course in Magma [Pec];

— Bosma, W.; Cannon, J.; Playoust, C.: The Magma algebra system. I: The user language [BCP]

**Beschreibung**: Ähnlich wie in AXIOM oder auch in MUPAD werden hier mathematische Strukturen sauber, d.h. entsprechend den Schreibweisen der Universellen Algebra oder der Kategorientheorie eingeführt. Daher kommt auch der Name des Programms – ein Magma ist eine Menge mit einer inneren Verknüpfung und das Grundkonzept dieser Programmiersprache. Vom Aufbau her ist MAGMA ähnlich wie GAP oder MAPLE: Um einen in C geschriebenen Kern herum gibt es in MAGMA geschriebene Module. Auch C-Routinen können in MAGMA eingebracht werden. Es sind bereits Gruppen, Halbgruppen, Ringe, Körper, Algebren, Moduln, Graphen, Codes und endliche Geometrien implementiert.

MAGMA ist der Nachfolger des früher von der gleichen Gruppe vertriebenen, auf Gruppentheorie spezialisierten CAYLEY, das es inzwischen nicht mehr gibt. Außer diesen Quellen enthält das Programm Algorithmen zur Zahlentheorie von KANT und die reelle Arithmetik basiert auf PARI.

### MAPLE

**Plattformen**: Sehr verbreitet: von PC und Macintosh über Workstations bis hinauf zu Supercomputern.

**Autoren**: K. Geddes, G. Gonnet mit einem Team an der University of Waterloo in Kanada.

**Alter**: 1985.

**Infos**: Webseite von Maple http://www.maplesoft.com/ bzw. die der deutschen Vertriebsfirma Scientific Computers (Friedlandstrasse 18, 52064 Aachen) unter http://www.scientific.de/.

**Preis**: Eine Studentenversion für 189€ kann man bei Scientific Computers bestellen (ISBN 1-894511-47-6). Weiterhin gibt es Klassenzimmerlizenzen für 1.349€ (15 Vollversionen) bis hin zur kommerziellen Einzelplatzversion zu 1.795 US $.

**Literatur**: Eine sehr ausführliche Liste findet man bei Waterloo Maple unter http://www.maplesoft.com/publications/books/.

**Beschreibung**: Der Kern von MAPLE ist in C geschrieben und umfasst „nur" um die 20000 Zeilen Quellcode. Das ist der einzig „geheime" Teil von MAPLE der kompiliert nur ca. 650 KByte umfasst. Der riesige Rest von MAPLE ist in der eigenen MAPLE-Sprache geschrieben und zugänglich. Die große Share Library wird ebenfalls im Quellcode mitgeliefert. Sehr umfassendes und ausgereiftes Paket mit Unterpaketen auch zum Rechnen in endlichen Körpern, Gruppentheorie, Geometrie etc. An vielen Hochschulen gibt es Campuslizenzen, Baden-Württemberg hat MAPLE landesweit angeschafft (s. http://notes.ikg.rt.bw.schule.de/).

### MATHEMATICA

**Plattformen**: Sehr verbreitet: von PC (Dos/Win/Linux) und Macintosh über Workstations bis hinauf zu Supercomputern wie etwa CONVEX.

**Autoren**: St. Wolfram.

**Alter**: 1988.

**Infos**: Wolfram Research Inc., 100 Trade Center Drive, Champaign, Ill. 61820-7237, USA, Tel.: +1 217 398 0700, E-Mail: info@wri.com, URL: http://www.wri.com/.

**Preis**: Mathematica für PC, Mac oder Linux gibt es in Deutschland ab ca. 140€ (Studentenversion) bis hinauf über 5000€ für die professionelle Einzelplatzlizenzen.

**Literatur**: Wolfram, St.: *The Mathematica Book* [Wol]. Online-Version der Dokumentation unter http://documents.wolfram.com/v5/.

**Beschreibung**: Das neueste der beschriebenen universellen Systeme. Vollständig in C geschrieben; dadurch nicht ganz so offen wie MAPLE oder REDUCE, wo man fast alle Quellen hat. Sehr gefällige Oberfläche (Notebook etc.). War lange den anderen Systemen in der Graphik deutlich überlegen, hat dafür aber in einigen Punkten im symbolischen Rechnen bei den Vergleichstests nicht so gut abgeschnitten. Voll programmierbar in eigener einfacher Sprache. Große Materialsammlung unter http://library.wolfram.com/infocenter

## MuPAD

**Plattformen**: Sun (Solaris), Macintosh (MacOS 9 oder X), PC (ab 386, Windows und Linux).

**Autoren**: Arbeitsgruppe um B. Fuchssteiner am Institut für Automatisierung und instrumentelle Mathematik an der Universität Paderborn. Den Anfang von MuPAD (= **M**ulti **P**rocessing **A**lgebra **D**ata Tool) machten die Diplomarbeiten von K. Morisse, O. Kluge, A. Kemper und H. Naundorf.

**Alter**: Die ersten zwei der genannten Diplomarbeiten wurden bereits 1989 geschrieben. Den Namen MuPAD gibt es seit Ende 1990. Im Jahr 1992 gibt es die erste Release-Nummer mit einer Eins vor dem Komma, die über anonymous `ftp` einem größeren Publikum zugänglich gemacht wird. Anfang 2004 stand die Zählung bei Version 3.0.

**Infos**: Im WWW unter http://www.mupad.de/ mit Download-Möglichkeit (Demoversionen für 30 Tage und kostenlose Light-Version.

**Preis**: Über 230 Schulen in Nordrhein-Westfalen arbeiten bereits mit MuPAD (Projekt MUMM=Mathematik Unterricht mit MuPAD). Im Rahmen dieses Projekts können Schüler MuPAD bereits ab 10€ erwerben. Die Studentenversion gibt es für ca. 110€, unbegrenzte Schullizenzen für knapp 400€ und die Einzellizenz für die Industrie für 550€.

**Literatur**: Benno Fuchssteiner et al.: MuPAD: Multi Processing Algebra Data Tool (zu MuPAD Version 1.2), Birkhäuser Verlag Basel, 1994, ISBN 3-7643-5017-2. W. Oevel, F. Postel, G. Rüscher, S. Wehmeier: Das MuPAD Tutorium, SciFace Software, Paderborn (Germany), ISBN 3-933764-00-9. Vollständige Liste unter http://www.mupad.de/BIB/.

**Beschreibung**: Leistungsfähiges Programm mit eigener Sprache, Bibliotheken zur Zahlentheorie, linearen Algebra, symbolischen Integration, Gröbner-Basen, Graphik etc. Das System ist offen, d.h. Anwender haben vollen Einblick in den Bibliotheks-Code, können nahezu jeden Teil des Systems erweitern und verändern, neue Routinen und Datentypen definieren und sogar Module in C++ schreiben, die zur Laufzeit zu Mu-PAD hinzugeladen werden können. Das Programm verfügt über ein tief integriertes Typsystem, das vom Anwender erweitert werden kann. Viele Funktionen des Systems lassen sich für Objekte eines bestimmten Typs neu definieren. Ein Quelltext-Debugger gehört zum Lieferumfang.

PARI

**Plattformen**: Da der vollständige Quellcode verteilt wird, lässt sich PARI auf so ziemlich jedem 32- oder 64-bit Computer mit einem ordentlichen C-Compiler einsetzen. Für 680x0- und die Intel-Familie ab dem 386er gibt es aber spezielle ASSEMBLER-Teile, die das System deutlich schneller machen.

**Autoren**: C. Batut, D. Bernardi, H. Cohen, M. Olivier an der Universität von Bordeaux, Frankreich.

**Alter**: 1989

**Infos**: Homepage http://www.parigp-home.de/.

**Preis**: Kostenlos (unter der GPL).

**Literatur**: Ein ca. 160-seitiges Handbuch ist im TEX-Quellcode bei der Distribution mit dabei.

**Beschreibung**: PARI ist ein Programm zur Zahlentheorie und für einfache numerische Analysis, das zur Zeit aus mehr als 32000 Zeilen Quellcode besteht. Dazu gehört ein Paket zur Linearen Algebra ebenso wie der Umgang mit Polynomen, rationalen Funktionen oder elliptischen Kurven. Es handelt sich aber nicht um ein Programm zur symbolischen Manipulation im üblichen Sinne (Eingabe von $\sin(x)$ liefert etwa die Taylorentwicklung des Sinus um den Ursprung), der Funktionsumfang lässt sich auch nicht mit dem von MAPLE, MACSYMA oder den anderen großen Pakten vergleichen.

Wesentliche Vorteile von PARI sind seine Geschwindigkeit und die Verwendbarkeit als Bibliothek zur Verwendung von anderen Programmiersprachen (C, PASCAL, FORTRAN,...) aus. Die Entwickler von PARI geben an, dass ihr Programm je nach Anwendung 5 bis 100 mal schneller als MAPLE oder MATHEMATICA ist. Verwendet man PARI nicht als Programmbibliothek für eigene Programme, so ruft man den GP/PARI-CALCULATOR auf, in dem man – wie auch bei anderen CA-Systemen üblich – interaktiv arbeiten kann. Arbeitet man mit GNU-EMACS, so ist es möglich und empfehlenswert, PARI als EMACS-Unterprozess laufen zu lassen. Man kann PARI auch so übersetzen, dass für die Langzahlarithmetik GMP verwendet wird.

## REDUCE

**Plattformen**: Sehr verbreitet: von Atari und PC über Workstations bis hinauf zu Großcomputern wie etwa Cray.

**Autoren**: A. C. Hearn.

**Alter**: 1968.

**Infos**: Homepage http://www.zib.de/Symbolik/reduce/

**Preis**: Je nach Rechner und Ausstattung zwischen 99€ und 1300€. Es gibt aber eine freie Demoversion (ohne garbage collection) und einen Testserver zum Online-Rechnen mit REDUCE.

**Literatur**: Anthony C. Hearn: REDUCE User's and Contributed Packages Manual, Version 3.7 , February 1999. Lieferbar vom Konrad-Zuse-Zentrum, Berlin. Eine ausführliche Buchliste zu REDUCE findet sich unter http://www.zib.de/Symbolik/reduce/Overview/books.html.

**Beschreibung**: Ein MACSYMA-ähnliches Paket (etwas kleiner); sehr ausgereift und umfassend mit eigener Sprache. In einem ALGOL-ähnlichen LISP-Dialekt namens RLISP geschrieben. Dadurch leichter zu portieren als MACSYMA. Sehr offenes System, alle Quellen werden mitgeliefert.

Große Share-Libraries (E-Mail: reduce-netlib@rand.org). Sehr verbreitet an Universitäten und Forschungseinrichtungen. Von Hans-Gert Gräbe von der Universität Leipzig gibt es z.B. ein Zusatzpaket namens CALI zur konstruktiven kommutativen Algebra.

## 2. Spezialisierte Programme

Zu den spezialisierten Programmen werden im Folgenden nur einige Kurzinfos gegeben.

## GAP

**Spezialgebiet**: GAP (=Groups, Algorithms and Programming) ist ein System für diskrete Algebra mit dem größten Schwerpunkt auf Gruppentheorie.

**Herkunft**: Die Entwicklung von GAP begann 1986 unter Prof. Neubüser an der RWTH Aachen. Seit seiner Emeritierung im Jahr 1997 wird die GAP-Entwicklung von der School of Computer Science an der University of St Andrews in Schottland koordiniert.

**Kommentar**: GAP steht (mit einem Manual von ca. 800 Seiten als LaTeX-file) kostenlos mit allen Quellen zur Verfügung, s. http://www.gap-system.org/. Aufbau (kleiner C-Kern und der Rest in der eigenen Sprache geschrieben) wie bei MAPLE. Auch das Interface erinnert sehr an die Text-Version von Maple.

Läuft auf so ziemlich jeder Unix-Version, Macintosh und Windows-PCs. GAP enthält eine große Bibliothek mit gruppentheoretischen Daten, Charaktertafeln, den kompletten Cambridge Atlas endlicher Gruppen etc. Der GAP-Server enthält eine beeindruckende Liste von Veröffentlichungen, die mit Unterstützung des Programms entstanden sind, bzw. erst durch GAP möglich waren.

### CoCoA

**Spezialgebiet:**: Kommutative Algebra, Polynomringe, Gröbnerbasen etc.

**Herkunft**: A. Capani, G. Niesi, L. Robbiano (Università degli studi di Genova) und viele andere ab 1987, Homepage: http://cocoa.dima.unige.it/. Siehe auch [KRo].

**Kommentar**: Das in C geschriebene Programmpaket ist für Forschung und Lehre frei verfügbar und läuft auf den üblichen Unix-Plattformen, unter Linux (PC und   Macintosh PPC), Mac OS X und DOS oder Windows. Je nach Betriebssystem gibt es eine Kommandozeilen-basierte Version, eine graphische Oberfläche oder auch eine EMACS-Schnittstelle. CoCoA umfasst eine PASCAL-ähnliche Programmiersprache namens CoCoAL, mit der man auch die eingebetteten Bibliotheken anpassen und erweitern kann. Die meisten Skripten des alten MACAULAY-Systems wurden in CoCoAL übersetzt.

### FELIX

**Spezialgebiet**: Kommutative Polynomringe, nicht kommutative Algebren und Module über diesen.

**Herkunft**: J. Apel und U. Klaus von der Fakultät für Mathematik und Informatik  der Universität Leipzig, s. http://felix.hgb-leipzig.de/.

**Kommentar**: Berechnungen in kommutativen und nicht-kommutativen Ringen und Modulen. Verallgemeinerung von Buchbergers Algorithmus auf nichtkommutative Ringe, freie $k$-Algebren und Algebren vom auflösbaren Typ. Eigene Sprache (interpretiert oder kompiliert). FELIX für WINDOWS, BSD, LINUX oder SOLARIS kann frei heruntergeladen werden. Es besteht jeweils aus einem maschinenabhängigen Assemblerteil und der darauf aufsetzenden eigenen FELIX-Sprache.

### KANT

**Spezialgebiet**: KANT ist ein mächtiges Werkzeug für algebraische Zahlentheorie.

**Herkunft**: Gruppe um M. Pohst, Technische Universität Berlin (davor Heinrich-Heine-Universität Düsseldorf), Homepage http://www.math.tu-berlin.de/~kant/kash.html

**Kommentar**: Ab 1987 ursprünglich in FORTRAN entwickelt. Baute auf dem (damals noch Public Domain) Paket MAGMA auf. Ab 1991 neu in C geschrieben, nach wie vor in enger Kooperation mit der MAGMA-Gruppe.

Für nichtkommerzielle Zwecke frei erhältlich für Windows und gängige Unixe. Für diejenigen, die nicht in C programmieren wollen, gibt es eine spezielle Shell namens KASH (basierend auf GAP). PASCAL-ähnliche Programmiersprache, erweiterbare Bibliothek, TEX-basiertes Hilfesystem.

## LiDIA

**Spezialgebiet**: Zahlentheorie

**Herkunft**: Abteilung Theoretische Informatik, Kryptographie und Computeralgebra der Technischen Universität Darmstadt. Homepage: http://www.informatik.tu-darmstadt.de/TI/LiDIA/.

**Kommentar**: LiDIA ist eine C++ Bibliothek für Zahlentheorie mit Schnittstellen zur Arithmetik von CLN (http://www.ginac.de/CLN/), GMP (http://www.swox.com/gmp/), LIBI (http://math.arizona.edu/~aprl/math/comp/bigint/), PIOLOGIE (http://www.hipilib.de/piologie.htm). Die Stärken von LiDIA liegen z.B. in der ganzzahligen Faktorisierung, der Reduktion ganzzahliger Gitter, linearer Algebra über $\mathbb{Z}$ und dem Rechnen in Zahlkörpern. LiDIA kann für nichtkommerzielle Zwecke frei verwendet werden.

## MACAULAY 2

**Spezialgebiet**: Algebraische Geometrie und kommutative Algebra.

**Herkunft**: Das erste MACAULAY ab 1977 von D. Bayer (Columbia Univ.) und M. Stillman (Cornell Univ.). Dann völlig neu geschrieben als MACAULAY 2 von M. Stillman und D. Grayson (Univ. of Illinois). Homepage: http://www.math.uiuc.edu/Macaulay2/.

**Kommentar**: Der MACAULAY 2-C-Kern bietet schnelle Polynom- und Matrixarithmetik, Gröbnerbasen, Syzygien und Hilbert Funktionen. Auf dem Server gibt es (unter der GPL) den Quellcode und binäre Versionen für Linux, SunOS, Solaris, Windows und andere Unix-Versionen. MACAULAY 2 baut u.a. auf Bibliotheken von SINGULAR und GMP auf. Mehr zu den mathematischen Fähigkeiten liest man entweder in der Online-Dokumentation nach oder in [EGSS].

## SIMATH

**Spezialgebiet**: Algebraische Zahlentheorie.

**Herkunft**: Anfangs Arbeitsgruppe von G. Zimmer an der Universität des Saarlandes. Seit 2002 pflegt die Gruppe von K. Nakamula von der Tokyo Metropolitan University das Programm. Homepage: http://simath.info/ („SI" im Namen von der langjährigen Siemens-Unterstützung).

**Kommentar**: Offenes, in C geschriebenes System mit vielen mächtigen Kommandos zum Umgang mit Zahlkörpern, elliptischen Kurven etc. Interaktiver Rechner SIMCALC. Läuft unter verschiedenen Unix-Varianten (Solaris, HP-UX, IRIX, Linux, etc.)

$$\boxed{\text{SINGULAR}}$$

**Spezialgebiet**: Kommutative Algebra, algebraische Geometrie und Singularitäten-Theorie.

**Herkunft**: G.M. Greuel, G.Pfister, H. Schönemann vom Fachbereich Mathematik der Universität Kaiserslautern (seit 1984).
Homepage: http://www.singular.uni-kl.de/.

**Kommentar**: SINGULAR arbeitet hauptsächlich mit Polynomen, Idealen und Modulen über verschiedenen Ringen. Sehr allgemeine Implementation von Gröbner-Basen, Faktorisierung multivariater Polynome, Resultanten etc. Interaktive Shell zur einfachen Verwendung, eigene C-ähnliche Sprache, aber auch Erweiterungsmöglichkeit der Bibliotheken mit C oder C++. Freie Software unter der GPL. Neben dem Quellcode gibt es Binärversionen für Windows, verschiedene Unix-Varianten (Linux auf PCs und DEC-Alpha, HP-UX, Solaris, IRIX, AIX, OSF, FreeBSD und MacOS X). SINGULAR kann außer mit sich selbst auch mit MATHEMATICA und MuPAD kommunizieren.

Speziell zur Langzahlarithmetik gibt es eine Fülle von Bibliotheken, die angeboten werden. Ein nicht mehr ganz neuer (1994), von M. Riordan zusammengestellter Überblick dazu (mit Kommentaren und Quellen oder Bezugsadressen, oft mit den damaligen Quellen im gleichen Verzeichnis), findet sich unter ftp://nic.funet.fi/pub/sci/math/multiplePrecision/BIGNUMS.TXT.

Außer den bereits oben bei den einzelnen Beschreibungen erwähnten Paketen sind dort MP, ARITHMETIC IN GLOBAL FIELDS, die ARBITRARY PRECISION MATH LIBRARY, BIGNUM, zwei namenlose Pakete von Lenstra, BMP, SPX, AMP, GENNUM, MIRACL, UBASIC, LONGINT und ELLIPTIC CURVE PRIMALITY PROVING aufgeführt.

Von diesen Paketen hat sich das schon seit 1991 unter der „GNU Lesser General Public License" (kurz GPL) veröffentlichte GMP (=GNU MULTIPLE PRECISION) immer mehr zum anerkannten Standard entwickelt und wird jetzt von anderen (teilweise auch kommerziellen) Systemen für die interne Langzahlarithmetik verwendet (z.B. MAPLE, PARI, LiDIA, KAFFEE, siehe die Projekt-Homepage unter http://swox.com/gmp/).

Trotz der vielen großen, und schon lange eingeführten Computeralgebra-Systeme, trauen sich auch Neuentwicklungen auf den Markt, so etwa YACAS (=yet another computer algebra system, s. http://yacas.sourceforge.net/). YACAS wird von einer Gruppe Interessierter entwickelt und unter der GPL mit allen Quellen angeboten. Nachdem die meisten anderen universellen Programme kommerzieller Natur sind, ist dies natürlich für Einsteiger besonders interessant, auch wenn das Programm (noch?) nicht den großen Funktionsumfang dieser Pakete beinhaltet. Auch YACAS besteht aus einem kleinen C-Kern (mit GMP als Rechenmaschine für die Langzahlarithmetik) und einer eigenen Sprache, in der der Rest des Systems geschrieben ist.

In diesem Zusammenhang sei auch TEXMACS (http://www.texmacs.org/) genannt. GNU TEXMACS ist ein freier wissenschaftlicher wysiwyg-Texteditor (what-you-see-is-what-you-get), der auf der mathematischen Textverarbeitung TEX aufsetzt und dabei viele Möglichkeiten des Editors EMACS bietet. TEXMACS besitzt Plugins für viele der genannten Computeralgebra-Systeme (momentan AXIOM, MACAULAY 2, MAXIMA, PARI und YACAS), so dass man Ausgaben dieser Programme direkt in seine Textdokumente übernehmen und ansprechend setzen kann. TEXMACS-Konverter existieren für TEX und LaTEX, Konverter für HTML und MATHML sind in der Entwicklung.

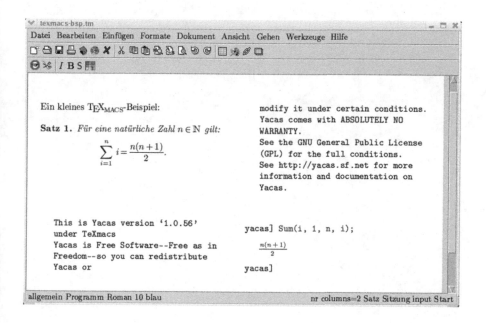

# B Anhang Beispielsitzungen

## 1. Maple

Die folgende Beispielsitzung zeigt einige wenige Möglichkeiten des sehr umfangreichen Computeralgebra-Systems MAPLE Bei den meisten verwendeten Befehlen dürfte spätestens nach Vergleich mit der Ausgabe klar sein, was sie tun. In anderen Computeralgebra-Sprachen gibt es viele dieser Befehle natürlich auch und in teilweise fast der gleichen Syntax.

Wer Genaueres zu MAPLE wissen möchte, sollte sich eines der vielen Bücher zu diesem leistungsfähigen Programm besorgen, auch wenn die, wie so oft bei Software, etwas den aktuellen Versionen hinterherhinken.

Die neuesten Bücher über MAPLE beschreiben MAPLE 7, viele andere sogar MAPLE V obwohl es seit Anfang 2003 bereits MAPLE 9 gibt. Trotzdem sind diese Bücher sicher wertvoll und für den Einstieg in dieses große Programmpaket geeignet. Die Unterschiede zwischen den verschiedenen Releases fallen dem Anfänger sowieso oft gar nicht auf. Die folgende Liste zeigt eine Auswahl der aktuellsten Handbücher:

— Robert M. Corless: *Essential Maple 7* [Cor]

— Alexander Walz: *Maple 7 - Rechnen und Programmieren* [Wal]

— André Heck: *Introduction to Maple* [Hec]

Nachdem MAPLE über eine ausführliche Online-Hilfe verfügt, kann man auch ohne eines dieser Bücher recht gut zurechtkommen. Mit dem Befehl ?? (= Gib mir Hilfe zur Online-Hilfe) kann man sich Näheres erklären lassen.

Jeder eingegebene Befehl wird bei MAPLE sofort interpretiert und ausgeführt. Jeder Befehl muss mit einem Semikolon oder einem Doppelpunkt abgeschlossen werden. Beim Semikolon wird das Ergebnis angezeigt, beim Doppelpunkt wird die Anzeige unterdrückt.

Meist wird man MAPLE über seine graphische Benutzeroberfläche (Motif bei Unix, MS Windows oder Macintosh-Oberfläche) verwenden. Hier kann man interaktiv sogenannte Worksheets erstellen und speichern.

Die gespeicherten Worksheets tragen üblicherweise die Endung '.mws', sind reine Textdateien und zwischen den verschiedenen Plattformen, auf denen MAPLE verfügbar ist, frei austauschbar. Das gezeigte Beispiel zeigt solch ein Worksheet.

Zum Ausführen des Worksheets lädt man es mit über das Menü `File` und den dort enthaltenen `Open`-Befehl in die Benutzeroberfläche und kann dann Zeile für Zeile durch Drücken von Return die einzelnen enthaltenen Befehle ausführen, oder das ganze Worksheet mit dem Befehl `Execute Worksheet` aus dem `Edit`-Menü wie ein Programm ablaufen lassen.

Der `restart`-Befehl am Anfang bewirkt, dass MAPLE seinen internen Speicher wieder freigibt und alle Variablen, Prozeduren etc., die vielleicht von einem anderen Worksheet oder einem früheren Lauf des gleichen Worksheets hinterlassen wurden, zurücksetzt.

Zuweisungen geschehen mit `:=`, mit `%` bezieht man sich auf das letzte berechnete Ergebnis, spart sich also dieses nochmals abzutippen. Entsprechend greift man mit `%%` bzw. `%%%` auf den vor- und vorvorletzten Ausdruck zurück.

MAPLE verfügt über eine solide Grundausstattung an Befehlen, hat aber nicht gleich für alle Spezialitäten Befehle parat. Möchte man etwa mit Permutationsgruppen arbeiten, so muss man erst das Paket `groups` mit dem Befehl `with(groups)` nachladen.

Auf einem 1GHz Pentium-PC unter Linux benötigt MAPLE für das gezeigt 22-seitige Beispiel etwas mehr als 4 Sekunden CPU-Zeit!

> restart:

# ⊟ Zahlen

Bruchrechnung

> 1/2+1/3+2/7;

$$\frac{47}{42}$$

Große Zahlen

> p:=1153*(3^58+5^40)/(29!-7^36);

$$p := \frac{13805075714975527214071994314}{53686306573114037144453245983}$$

Gleitkomma–Arithmetik

> evalf(p);

2.571433313

automatisch bei Kommaeingabe

> 1/2.0+1/3.0+2/7.0;

1.119047619

Umgang mit transzendenten Größen

> h:=tan(3*Pi/7);

$$h := \tan\left(\frac{3}{7}\pi\right)$$

> evalf(h);

4.381286277

Übergang zu 40 Ziffern Genauigkeit

> Digits:=40;

$$Digits := 40$$

> evalf(h);

4.381286267534823072404689085032695444160

> Digits:=10;

$$Digits := 10$$

> p:=2^(2^6)+1;

$$p := 18446744073709551617$$

Hinter dem Befehl isprime steckt ein probabilistischer Primzahltest

> isprime(p);

*false*

Ganzzahlige Faktorisierung

> **ifactor(p);**

$$(6728042131072 \text{I}) \, (274177)$$

Bernoulli Zahlen (Aus den Koeffizienten der Taylor Entwicklung von x/(e^x − 1)).
> **bernoulli(4);**

$$\frac{-1}{30}$$

Eine Folge von Binomialkoeffizienten (=Zeile des Pascalschen Dreiecks)
> **seq(binomial(10,k),k=0..10);**

$$1, 10, 45, 120, 210, 252, 210, 120, 45, 10, 1$$

# ⊟ Polynome
> **(x+1)^4*(x+2)^2;**

$$(x + 1)^4 \, (x + 2)^2$$

Multipliziere das aus (%=letztes Ergebnis)
> **expand(%);**

$$x^6 + 8\,x^5 + 26\,x^4 + 44\,x^3 + 41\,x^2 + 20\,x + 4$$

und faktorisiere es wieder (über Q!)
> **factor(%);**

$$(x + 1)^4 \, (x + 2)^2$$

> **a:=expand((x*y/2−y^2/3)*(x−y)*(3*x+y));**

$$a := \frac{3}{2}x^3\,y - 2\,x^2\,y^2 + \frac{1}{6}x\,y^3 + \frac{1}{3}y^4$$

> **a/(x^3−x^2*y−x*y+y^2);**

$$\frac{\frac{3}{2}x^3\,y - 2\,x^2\,y^2 + \frac{1}{6}x\,y^3 + \frac{1}{3}y^4}{x^3 - x^2\,y - x\,y + y^2}$$

Durchkürzen einer rationalen Funktion (ggT in mehreren Variablen)
> **normal(%);**

$$\frac{(9\,x^2 - 3\,x\,y - 2\,y^2)\,y}{6\,(x^2 - y)}$$

ggT in einer Variablen
> **gcd(x^3+1,x^2+3*x+2);**

$$x + 1$$

```
> p:=55*x^2*y+44*x*y-15*x*y^2-12*y^2;
```

$$p := 55\,x^2\,y + 44\,x\,y - 15\,x\,y^2 - 12\,y^2$$

```
> q:=77*x^2*y+22*x^2-21*x*y^2-6*x*y;
```

$$q := 77\,x^2\,y + 22\,x^2 - 21\,x\,y^2 - 6\,x\,y$$

```
> gcd(p,q);
```

$$-3\,y + 11\,x$$

kgV

```
> lcm(15*(x-5)*y,9*(x^2-10*x+25));
```

$$5\,y\,(9\,x^2 - 90\,x + 225)$$

Polynominterpolation durch gegebene Stützstellen

```
> interp([0,1,2,3],[0,3,1,3],z);
```

$$\frac{3}{2}z^3 - 7\,z^2 + \frac{17}{2}z$$

oder allgemeiner

```
> interp([0,1,2],[y1,y2,y3],z);
```

$$\left(\frac{1}{2}y3 - y2 + \frac{1}{2}y1\right)z^2 + \left(-\frac{1}{2}y3 + 2\,y2 - \frac{3}{2}y1\right)z + y1$$

Polynomfaktorisierung über Q

```
> factor(x^4-2);
```

$$x^4 - 2$$

und jetzt über Q[Wurzel aus 2]

```
> factor(x^4-2,sqrt(2));
```

$$-(-x^2 + \sqrt{2})\,(x^2 + \sqrt{2})$$

Alias-Vergabe zur besseren Lesbarkeit

```
> alias(alpha=RootOf(y^2-2));
```

$$\alpha$$

```
> factor(x^4-2,alpha);
```

$$(x^2 - \alpha)\,(x^2 + \alpha)$$

```
> f:=x^6+x^5+x^4+x^3+1;
>
```

$$f := x^6 + x^5 + x^4 + x^3 + 1$$

Faktorisierung über dem endlichen Körper Z_2
> **Factor(f) mod 2;**

$$(x^2 + x + 1)(x^4 + x + 1)$$

> **alpha:='alpha':**

> **alias(alpha=RootOf(y^2+y+1));**

$$\alpha$$

Modulo 2 und modulo $f$ (=irreduzibles Polynom vom Grad 2) zusammen heißt, dass man im endlichen Körper GF(4) faktorisiert
> **Factor(f,alpha) mod 2;**

$$(x + \alpha)(x^2 + x + \alpha)(x^2 + x + \alpha + 1)(x + \alpha + 1)$$

# Höhere Funktionen

Die Fehlerfunktion erf(x): = 2/sqrt(Pi) * int(exp(-t^2), t=0..x)
> **erf(3);**

$$\mathrm{erf}(3)$$

> **evalf(%);**

$$0.9999779095$$

Die Zetafunktion Zeta(z): = sum(1/i^z, i=1..infinity)
> **Zeta(2.2);**

$$1.490543257$$

Die Gammafunktion GAMMA(z) := int( exp(-t)*t^(z-1), t=0..infinity )
> **GAMMA(-1.4);**

$$2.659271873$$

Mit komplexem Argument (I=komplexe Einheit)
> **GAMMA(2*I);**

$$\Gamma(2\,I)$$

> **evalf(%);**

$$0.009902440081 - 0.07595200134\,I$$

# Differentiation

> **diff(sin(x)*cos(x),x);**

$$\cos(x)^2 - \sin(x)^2$$

> **diff(sin(x)*x^(x^x),x);**

$$\cos(x)\, x^{(x^x)} + \sin(x)\, x^{(x^x)} \left( x^x\, (\ln(x) + 1)\, \ln(x) + \frac{x^x}{x} \right)$$

> **diff(g(x),x);**

$$\frac{d}{dx}\, g(x)$$

> **diff(erf(x),x);**

$$\frac{2\, e^{(-x^2)}}{\sqrt{\pi}}$$

> **f:=x^9+3*x^7−x^5+5*x^3+1;**

$$f := x^9 + 3\, x^7 - x^5 + 5\, x^3 + 1$$

> **diff(f,x,x,x);**

$$504\, x^6 + 630\, x^4 - 60\, x^2 + 30$$

Funktionsschreibweise

> **f := x −> g(x,y(x));**

$$f := x \rightarrow g(x,\, y(x))$$

Differentialoperator

> **D(f);**

$$x \rightarrow D_1(g)(x,\, y(x)) + D_2(g)(x,\, y(x))\, D(y)(x)$$

Ein erste kleine Maple–Prozedur

> **f := proc(x) local t1,t2;**
    **t1 := x^2;**
    **t2 := sin(x);**
    **3*t1*t2+2*x*t1−x*t2**
  **end proc;**

$f := \mathbf{proc}(x)\ \mathbf{local}\ t1,\, t2;\ t1 := x{\wedge}2;\ t2 := \sin(x);\ 3{*}t1{*}t2 + 2{*}x{*}t1 - x{*}t2\ \mathbf{end\ proc}$

> **f(x);**

$$3\, x^2 \sin(x) + 2\, x^3 - x \sin(x)$$

Die Ableitung einer Prozedur liefert wieder eine Prozedur

> **D(f);**

```
        proc(x)
local t1, t2, t1x, t2x;
    t1x := 2*x;
    t1 := x^2;
    t2x := cos(x);
    t2 := sin(x);
    3*t1x*t2 + 3*t1*t2x + 2*t1 + 2*x*t1x - t2 - x*t2x
end proc
```

> **D(f)(x);**

$$6\, x \sin(x) + 3\, x^2 \cos(x) + 6\, x^2 - \sin(x) - x \cos(x)$$

# ⊒ Integration

> f:=(x^3+9*x^2+28*x+27)/((x+3)^3*x);

$$f := \frac{x^3 + 9\,x^2 + 28\,x + 27}{(x+3)^3\,x}$$

Stammfunktion einer rationalen Funktion

> int(f,x);

$$\ln(x) - \frac{1}{2\,(x+3)^2}$$

Bestimmtes Integral

> int(f,x=1..2);

$$\ln(2) + \frac{9}{800}$$

Unbestimmtes Integral  (gamma= Eulers Konstante: = limit(sum(1/i,i=1..n) − ln(n))

> int(ln(t)^2*t^(1/2)*exp(−t),t=0..infinity);

$$\frac{1}{4}\,\pi^{(5/2)} - 2\,\sqrt{\pi}\,\gamma - 4\,\sqrt{\pi}\,\ln(2) + \frac{1}{2}\,\sqrt{\pi}\,\gamma^2 + 2\,\sqrt{\pi}\,\gamma\,\ln(2) + 2\,\sqrt{\pi}\,\ln(2)^2$$

> evalf(%);

$$0.829626906$$

Verwendung höherer Funktionen (hypergeometrische Reihen, Psi–Funktionen etc.) bei der Integration

> int(exp(−t)/(1+t^(3/2)),t=0..infinity);

$$\frac{1}{6\,\pi^2}\left( \sqrt{3}\left( \frac{8}{3}\,\pi^3\,e^{\left(\frac{1}{2}\right)}\cos\!\left(\frac{1}{2}\sqrt{3}\right) - 4\,\pi^{(5/2)}\,\sqrt{3}\;hypergeom\!\left( [1], \left[ \frac{1}{2}, \frac{5}{6}, \frac{7}{6} \right], \frac{-1}{27} \right) \right) \right.$$

$$+ \frac{8}{9}\,\pi^3\,\sqrt{3}\,e^{\left(\frac{1}{2}\right)}\sin\!\left(\frac{1}{2}\sqrt{3}\right)$$

$$+ \frac{1}{2}\,\pi^2\,\sqrt{3}\left( \sum_{\_k1 = 0}^{\infty} \left( \frac{1}{\Gamma(3 + 3\,\_k1)}\left( (-1)^{(2\,\_k1)}\left( -\Psi(1 + \_k1) - \Psi\!\left(\frac{5}{3} + \_k1\right) \right. \right. \right. \right.$$

$$\left. + \pi\cot\!\left( -\pi\,\_k1 + \frac{1}{3}\pi \right) + \pi\tan(\pi\,\_k1) - \Psi\!\left(\frac{4}{3} + \_k1\right) - \pi\tan\!\left( -\pi\,\_k1 + \frac{1}{6}\pi \right) \right.$$

$$- 3 \ln(3) \Bigg] \; 3^{(-3\_k1)} \; \sec(\pi\_k1) \; \csc\!\left( -\pi\_k1 + \frac{1}{3}\pi \right) \sec\!\left( -\pi\_k1 + \frac{1}{6}\pi \right) 3^{(3\_k1)} \Bigg) \Bigg)$$

$$\Bigg) \Bigg) \Bigg)$$

```
> evalf(%);
```

$$0.6130734068$$

```
> Int(exp(x^3),x)=int(exp(x^3),x);
```

$$\int e^{(x^3)} \, dx = -\frac{1}{3}(-1)^{(2/3)} \left( \frac{2 \, x \, (-1)^{(1/3)} \, \pi \, \sqrt{3}}{3 \, \Gamma\!\left( \frac{2}{3} \right) (-x^3)^{(1/3)}} - \frac{x \, (-1)^{(1/3)} \, \Gamma\!\left( \frac{1}{3}, -x^3 \right)}{(-x^3)^{(1/3)}} \right)$$

Taylor–Entwicklung der rechten Seite

```
> taylor(rhs(%),x=0,15);
```

$$x + \frac{1}{4} x^4 + \frac{1}{14} x^7 + \frac{1}{60} x^{10} + \frac{1}{312} x^{13} + O(x^{16})$$

```
> x/(x^3-x^2+1);
```

$$\frac{x}{x^3 - x^2 + 1}$$

Integraldarstellung als Summe über alle Wurzeln eines Polynoms

```
> int(%,x=0..1);
```

$$-\left( \sum_{\_R = \text{RootOf}(\_Z^3 - \_Z^2 + 1)} \left( \frac{\ln(-\_R)}{3\_R - 2} \right) \right) + \left( \sum_{\_R = \text{RootOf}(\_Z^3 - \_Z^2 + 1)} \left( \frac{\ln(1 - \_R)}{3\_R - 2} \right) \right)$$

```
> evalf(%,40);
```

$$0.5568254628903705517121574991130382083811 + 0. \, I$$

## Formale Summation

```
> sum('i','i'=0..n-1);
```

$$\frac{1}{2} n^2 - \frac{1}{2} n$$

```
> sum(binomial(n,'i'),'i'=0..n);
```

$$2^n$$

```
> sum(1/'i'^2+1/'i'^3,'i'=1..infinity);
```

$$\frac{1}{6}\pi^2 + \zeta(3)$$

## ⊟ Grenzwerte, Reihen

> r:=(sin(x)−x)/x^3;

$$r := \frac{\sin(x) - x}{x^3}$$

Grenzwert für x –> 0
> limit(r,x=0);

$$\frac{-1}{6}$$

oder x –> oo (unendlich)
> limit(r,x=infinity);

$$0$$

series liefert bei Bedarf auch Laurent–Reihen
> series(erf(x),x=0);

$$\frac{2}{\sqrt{\pi}} x - \frac{2}{3\sqrt{\pi}} x^3 + \frac{1}{5\sqrt{\pi}} x^5 + O(x^6)$$

> series(GAMMA(x),x=0,3);

$$x^{(-1)} - \gamma + \left( \frac{1}{12} \pi^2 + \frac{1}{2} \gamma^2 \right) x + \left( -\frac{1}{3} \zeta(3) - \frac{1}{12} \pi^2 \gamma - \frac{1}{6} \gamma^3 \right) x^2 + O(x^3)$$

> evalf(%);

$$1. x^{(-1)} - 0.5772156649 + 0.9890559955 x - 0.9074790760 x^2 + O(x^3)$$

> n:='n':
> f:=n*(n+1)/(2*n−3);

$$f := \frac{n(n+1)}{2n-3}$$

Asymptotik
> asympt(f,n);

$$\frac{1}{2} n + \frac{5}{4} + \frac{15}{8n} + \frac{45}{16n^2} + \frac{135}{32n^3} + \frac{405}{64n^4} + \frac{1215}{128n^5} + O\left( \frac{1}{n^6} \right)$$

> series(sin(x),x=0,10);

$$x - \frac{1}{6} x^3 + \frac{1}{120} x^5 - \frac{1}{5040} x^7 + \frac{1}{362880} x^9 + O(x^{10})$$

Rationale Approximation des Sinus
> approx:=convert(%,ratpoly);

$$approx := \frac{\dfrac{551}{166320}x^5 - \dfrac{53}{396}x^3 + x}{1 + \dfrac{13}{396}x^2 + \dfrac{5}{11088}x^4}$$

> normal(%);

$$\frac{x\,(551\,x^4 - 22260\,x^2 + 166320)}{15\,(11088 + 364\,x^2 + 5\,x^4)}$$

# ⊟ Mengen

> a:={seq(i^2,i=1..10)};

$$a := \{1, 4, 9, 16, 25, 36, 49, 64, 81, 100\}$$

> b:={seq(5*i,i=1..10)};

$$b := \{5, 10, 15, 20, 25, 30, 35, 40, 45, 50\}$$

Schnitt

> a intersect b;

$$\{25\}$$

*a* ohne *b*

> a minus b;

$$\{1, 4, 9, 16, 36, 49, 64, 81, 100\}$$

Vereinigung

> a union b;

$$\{1, 4, 5, 9, 10, 15, 16, 20, 25, 30, 35, 36, 40, 45, 49, 50, 64, 81, 100\}$$

Test, ob 10 eine Element der Menge *a* ist

> member(10,a);

$$false$$

# ⊟ Löser

> r:='r':
> e1:=3*r+4*s-2*t+u=-2;
  e2:=r-s+2*t+2*u=7;
  e3:=4*r-3*s+4*t-3*u=2;
  e4:=-r+s+6*t-u=1;
  eqset:={e1,e2,e3,e4}:
  varset:={r,s,t,u}:

$$e1 := 3\,r + 4\,s - 2\,t + u = -2$$
$$e2 := r - s + 2\,t + 2\,u = 7$$
$$e3 := 4\,r - 3\,s + 4\,t - 3\,u = 2$$
$$e4 := -r + s + 6\,t - u = 1$$

Lösung eines (linearen) Gleichungssystems

> solset:=solve(eqset,varset);

$$solset := \left\{ t = \frac{3}{4}, s = -1, r = \frac{1}{2}, u = 2 \right\}$$

Probe durch Einsetzen (subs=Substitution)

> **subs(solset,eqset);**

$$\{1 = 1, 2 = 2, 7 = 7, -2 = -2\}$$

Nichtlineares Gleichungssystem

> **eqset:={x^2+y^2=1,x^2+x=y^2};**

$$eqset := \{x^2 + y^2 = 1, x^2 + x = y^2\}$$

> **varset:={x,y};**

$$varset := \{x, y\}$$

> **solset:=solve(eqset,varset);**

$$solset := \{y = 0, x = -1\}, \left\{ y = \frac{1}{2} \text{RootOf}(\_Z^2 - 3, label = \_L2), x = \frac{1}{2} \right\}$$

Differentialgleichung

> **de1:=x^2*diff(y(x),x)+y(x)=exp(x);**

$$de1 := x^2 \left( \frac{d}{dx} y(x) \right) + y(x) = e^x$$

> **dsolve(de1,y(x));**

$$y(x) = \left( \int \frac{e^{\left( \frac{(x-1)(x+1)}{x} \right)}}{x^2} dx + \_C1 \right) e^{\left( \frac{1}{x} \right)}$$

Rekursion

> **req:=s(n)=-3*s(n-1)-2*s(n-2);**

$$req := s(n) = -3 s(n-1) - 2 s(n-2)$$

> **rsolve(req,s(n));**

$$(2 s(0) + s(1)) (-1)^n + (-s(0) - s(1)) (-2)^n$$

> **rsolve({req,s(1)=1,s(2)=1},s(n));**

$$(-2)^n - 3 (-1)^n$$

Numerische Nullstellenbestimmung

> **fsolve(x^4-2,x);**

$$-1.189207115, 1.189207115$$

# ⊟ Pakete

Maple läuft auch auf relativ mager ausgestatteten Rechnern. Vieles von der Funktionalität von Maple
steht dehalb nicht von Anfang an zur Verfügung, sondern wird erst bei Bedarf als

Paket geladen:

## ⊟ Lineare Algebra

Laden des Pakets "LinearAlgebra". Maple zeigt alle Befehle aus diesem Paket an.

```
> with(LinearAlgebra);
```

[&x, Add, Adjoint, BackwardSubstitute, BandMatrix, Basis, BezoutMatrix,
BidiagonalForm, BilinearForm, CharacteristicMatrix, CharacteristicPolynomial,
Column, ColumnDimension, ColumnOperation, ColumnSpace,
CompanionMatrix, ConditionNumber, ConstantMatrix, ConstantVector, Copy,
CreatePermutation, CrossProduct, DeleteColumn, DeleteRow, Determinant,
Diagonal, DiagonalMatrix, Dimension, Dimensions, DotProduct,
EigenConditionNumbers, Eigenvalues, Eigenvectors, Equal, ForwardSubstitute,
FrobeniusForm, GaussianElimination, GenerateEquations, GenerateMatrix,
GetResultDataType, GetResultShape, GivensRotationMatrix, GramSchmidt,
HankelMatrix, HermiteForm, HermitianTranspose, HessenbergForm,
HilbertMatrix, HouseholderMatrix, IdentityMatrix, IntersectionBasis, IsDefinite,
IsOrthogonal, IsSimilar, IsUnitary, JordanBlockMatrix, JordanForm, LA_Main,
LUDecomposition, LeastSquares, LinearSolve, Map, Map2, MatrixAdd,
MatrixExponential, MatrixFunction, MatrixInverse, MatrixMatrixMultiply,
MatrixNorm, MatrixPower, MatrixScalarMultiply, MatrixVectorMultiply,
MinimalPolynomial, Minor, Modular, Multiply, NoUserValue, Norm, Normalize,
NullSpace, OuterProductMatrix, Permanent, Pivot, PopovForm,
QRDecomposition, RandomMatrix, RandomVector, Rank,
RationalCanonicalForm, ReducedRowEchelonForm, Row, RowDimension,
RowOperation, RowSpace, ScalarMatrix, ScalarMultiply, ScalarVector,
SchurForm, SingularValues, SmithForm, SubMatrix, SubVector, SumBasis,
SylvesterMatrix, ToeplitzMatrix, Trace, Transpose, TridiagonalForm,
UnitVector, VandermondeMatrix, VectorAdd, VectorAngle,
VectorMatrixMultiply, VectorNorm, VectorScalarMultiply, ZeroMatrix,
ZeroVector,
Zip]

```
> f:= (i,j) -> i^2-j^2;
```

$$f := (i, j) \rightarrow i^2 - j^2$$

Füllen einer 3x3–Matrix mit Hilfe einer Funktion
a) als Schleife for ... do ... end do

```
> B:=Matrix(3,3):
  for i from 1 to 3 do
   for j from 1 to 3 do
    B[i,j]:=f(i,j);
   end do:
  end do:

  print(B);
```

$$\begin{bmatrix} 0 & -3 & -8 \\ 3 & 0 & -5 \\ 8 & 5 & 0 \end{bmatrix}$$

b) oder direkt über den Matrix–Befehl

```
> A:=Matrix(3,f);
```

$$A := \begin{bmatrix} 0 & -3 & -8 \\ 3 & 0 & -5 \\ 8 & 5 & 0 \end{bmatrix}$$

> **Determinant(A);**

$$0$$

Eigenvektoren (1.Spalte = Eigenwerte, Spalten der Matrix dahinter = zugehörige Eigenvektoren)

> **Eigenvectors(A);**

$$\begin{bmatrix} 7\,I\,\sqrt{2} \\ -7\,I\,\sqrt{2} \\ 0 \end{bmatrix}, \begin{bmatrix} -\dfrac{15}{89}+\dfrac{56}{89}\,I\,\sqrt{2} & -\dfrac{15}{89}-\dfrac{56}{89}\,I\,\sqrt{2} & \dfrac{5}{3} \\ \dfrac{1}{623}\,I\,(-245+84\,I\,\sqrt{2})\,\sqrt{2} & \dfrac{1}{623}\,I\,(-245-84\,I\,\sqrt{2})\,\sqrt{2} & \dfrac{-8}{3} \\ 1 & 1 & 1 \end{bmatrix}$$

map wendet Befehle auf alle Einträge aus Listen, Mengen oder Matrizen an

> **map(evalf[4],{%});**

$$\left\{ \begin{bmatrix} -0.1685+0.8897\,I & -0.1685-0.8897\,I & 1.667 \\ 0.2696+0.5560\,I & 0.2696-0.5560\,I & -2.667 \\ 1. & 1. & 1. \end{bmatrix}, \begin{bmatrix} 9.898\,I \\ -9.898\,I \\ 0. \end{bmatrix} \right\}$$

> **H:=HilbertMatrix(2,2,x);**

$$H := \begin{bmatrix} \dfrac{1}{2-x} & \dfrac{1}{3-x} \\ \dfrac{1}{3-x} & \dfrac{1}{4-x} \end{bmatrix}$$

> **MatrixInverse(H);**

$$\begin{bmatrix} -(-3+x)^2\,(-2+x) & (-3+x)\,(-2+x)\,(-4+x) \\ (-3+x)\,(-2+x)\,(-4+x) & -(-3+x)^2\,(-4+x) \end{bmatrix}$$

Alternative Eingabemöglichkeit von Matrizen

> **M:=<<3,1,4,-1>|<4,-1,-3,1>|<-2,2,4,6>|<1,2,-3,-1>>;**

$$M := \begin{bmatrix} 3 & 4 & -2 & 1 \\ 1 & -1 & 2 & 2 \\ 4 & -3 & 4 & -3 \\ -1 & 1 & 6 & -1 \end{bmatrix}$$

> **b:=<-2,7,2,1>;**

$$b := \begin{bmatrix} -2 \\ 7 \\ 2 \\ 1 \end{bmatrix}$$

Lösung des LGS  M*x=b

> **LinearSolve(M, b);**

$$\begin{bmatrix} \dfrac{1}{2} \\ -1 \\ \dfrac{3}{4} \\ 2 \end{bmatrix}$$

Probe durch Einsetzen ( . steht für das nicht kommutative * bei Matrizen)

> **(M . %)–b;**

$$\begin{bmatrix} 0 \\ 0 \\ 0 \\ 0 \end{bmatrix}$$

Jakobi–Matrix zweier Funktionen in je 2 Variablen

> **f[1]:=unapply(1+cos(x–y)/sin(x+y),[x,y]);**
> **f[2]:=unapply(1–cos(x+y)/sin(x–y),[x,y]);**
> **abl:=(i,j) –> D[j](f[j])(x,y):**
> **J:=Matrix(2,abl);**

$$f_1 := (x, y) \to 1 + \frac{\cos(x - y)}{\sin(x + y)}$$

$$f_2 := (x, y) \to 1 - \frac{\cos(x + y)}{\sin(x - y)}$$

$$J := \begin{bmatrix} -\dfrac{\sin(x - y)}{\sin(x + y)} - \dfrac{\cos(x - y)\cos(x + y)}{\sin(x + y)^2} & \dfrac{\sin(x + y)}{\sin(x - y)} - \dfrac{\cos(x + y)\cos(x - y)}{\sin(x - y)^2} \\[4mm] -\dfrac{\sin(x - y)}{\sin(x + y)} - \dfrac{\cos(x - y)\cos(x + y)}{\sin(x + y)^2} & \dfrac{\sin(x + y)}{\sin(x - y)} - \dfrac{\cos(x + y)\cos(x - y)}{\sin(x - y)^2} \end{bmatrix}$$

## ⊟ Code Generator

Umwandlung und Ausgabe in anderen Sprachen (TeX, MathML, fortran, C) mit Optimierung, Kostenbestimmung etc.

> **with(codegen);**

**with(CodeGeneration);**

> [C, GRAD, GRADIENT, HESSIAN, JACOBIAN, MathML, WebEQ, cost, declare, dontreturn, eqn, fortran, horner, intrep2maple, joinprocs, makeglobal, makeparam, makeproc, makevoid, maple2intrep, optimize, packargs, packlocals, packparams, prep2trans, renamevar, split, swapargs]

```
Warning, the name C has been rebound
```

> [C, Fortran, IntermediateCode, Java, LanguageDefinition, Matlab, Names, Translate, VisualBasic]

> **J:=convert(J,array):**

Als Maple–Prozedur sieht die Matrix J so aus

> **makeproc(J,[x,y]);**

```
    proc(x, y)
local J;
    J := array(1 .. 2, 1 .. 2);
    J[1, 1] := − sin(x − y)/sin(x + y) − (cos(x − y)*cos(x + y))/sin(x + y)^2;
    J[1, 2] := sin(x + y)/sin(x − y) − (cos(x + y)*cos(x − y))/sin(x − y)^2;
    J[2, 1] := − sin(x − y)/sin(x + y) − (cos(x − y)*cos(x + y))/sin(x + y)^2;
    J[2, 2] := sin(x + y)/sin(x − y) − (cos(x + y)*cos(x − y))/sin(x − y)^2;
    J
end proc
```

Optimiert man dies, so ergibt sich die etwas längere Prozedur

> **Jpo:=optimize(%);**

```
                            Jpo := proc(x, y)
local t8, J, t11, t1, t2, t3, t4, t15, t7;
    J := array(1 .. 2, 1 .. 2);
    t1 := x − y;
    t2 := sin(t1);
    t3 := x + y;
    t4 := sin(t3);
    t7 := cos(t1);
    t8 := t4^2;
    t11 := cos(t3);
    J[1, 1] := − t2/t4 − (t7*t11)/t8;
    t15 := t2^2;
    J[1, 2] := t4/t2 − (t11*t7)/t15;
    J[2, 1] := J[1, 1];
    J[2, 2] := J[1, 2];
    J
end proc
```

die aber vom Rechenaufwand deutlich günstiger ist:

> cost(%%);
  cost(Jpo);

> 5 assignments + 4 storage + 4 subscripts + 24 additions + 20 functions + 8 divisions + 8 multiplications

> 12 storage + 13 assignments + 4 additions + 4 functions + 4 multiplications + 6 subscripts + 4 divisions

In C übersetzt sieht das dann so aus (Arrays fangen jetzt bei 0 an):

> **C(Jpo,defaulttype=float,resultname="J");**

```
#include <math.h>

void Jpo (double x, double y, double cgret[2][2])
{
  double t8;
  double J[2][2];
  double t11;
  double t1;
  double t2;
  double t3;
  double t4;
  double t15;
  double t7;
  t1 = x - y;
  t2 = sin(t1);
  t3 = x + y;
  t4 = sin(t3);
  t7 = cos(t1);
  t8 = t4 * t4;
  t11 = cos(t3);
  J[0][0] = -t2 / t4 - t7 / t8 * t11;
  t15 = t2 * t2;
  J[0][1] = t4 / t2 - t11 / t15 * t7;
  J[1][0] = J[0][0];
  J[1][1] = J[0][1];
  cgret[0][0] = J[0][0];
  cgret[0][1] = J[0][1];
  cgret[1][0] = J[1][0];
  cgret[1][1] = J[1][1];
}
```

Analog geht das In Java, VisualBasic, Fortran, Matlab etc.

Interessant für den Austausch mit anderen CA–Systemen oder die Web–Präsentation von Mathematik ist die furchtbar langatmige XML–Sprache MathML:

> **MathML(J[1,1],output=content);**

```
<math xmlns='http://www.w3.org/1998/Math/MathML'>
  <apply id='id32'>
    <minus/>
    <apply id='id12'>
      <minus/>
      <apply id='id11'>
        <divide/>
        <apply id='id5'>
          <sin id='id1'/>
          <apply id='id4'>
            <minus/>
            <ci id='id2'>x</ci>
            <ci id='id3'>y</ci>
          </apply>
        </apply>
        <apply id='id10'>
          <sin id='id6'/>
          <apply id='id9'>
            <plus/>
            <ci id='id7'>x</ci>
            <ci id='id8'>y</ci>
          </apply>
        </apply>
      </apply>
    </apply>
    <apply id='id31'>
      <divide/>
      <apply id='id23'>
```

```
<times/>
<apply id='id17'>
  <cos id='id13'/>
  <apply id='id16'>
    <minus/>
    <ci id='id14'>x</ci>
    <ci id='id15'>y</ci>
  </apply>
</apply>
<apply id='id22'>
  <cos id='id18'/>
  <apply id='id21'>
    <plus/>
    <ci id='id19'>x</ci>
    <ci id='id20'>y</ci>
  </apply>
</apply>
</apply>
<apply id='id30'>
  <power/>
  <apply id='id28'>
    <sin id='id24'/>
    <apply id='id27'>
      <plus/>
      <ci id='id25'>x</ci>
      <ci id='id26'>y</ci>
    </apply>
  </apply>
  <cn id='id29' type='integer'>2</cn>
</apply>
</apply>
</apply>
</math>
```

Für Textverarbeitungszwecke kann man auch in LaTeX umwandeln

**> latex(J);**

```
\left[ \begin {array}{cc} -{\frac {\sin \left( x-y \right) }{\sin
\left( x+y \right) }}-{\frac {\cos \left( x-y \right) \cos \left( x+y
\right) }{ \left( \sin \left( x+y \right) \right) ^{2}}}&{\frac {
\sin \left( x+y \right) }{\sin \left( x-y \right) }}-{\frac {\cos
\left( x-y \right) \cos \left( x+y \right) }{ \left( \sin \left( x-y
\right) \right) ^{2}}}\\\noalign{\medskip}-{\frac {\sin \left( x-y
\right) }{\sin \left( x+y \right) }}-{\frac {\cos \left( x-y \right)
\cos \left( x+y \right) }{ \left( \sin \left( x+y \right) \right) ^{2
}}}&{\frac {\sin \left( x+y \right) }{\sin \left( x-y \right) }}-{
\frac {\cos \left( x-y \right) \cos \left( x+y \right) }{ \left( \sin
\left( x-y \right) \right) ^{2}}}\end {array} \right]
```

## ▣ Permutationsgruppen

**> with(group);**

[*DerivedS, LCS, NormalClosure, RandElement, SnConjugates, Sylow, areconjugate
center, centralizer, core, cosets, cosrep, derived, elements, groupmember,
grouporder, inter, invperm, isabelian, isnormal, issubgroup, mulperms,
normalizer, orbit, parity, permrep, pres,
transgroup*]

Zykelschreibweise

**> a:=[[1,2]];
b:=[[2,3,4]];**

$$a := [[1, 2]]$$
$$b := [[2, 3, 4]]$$

Komposition von Permutationen

> **c:=mulperms(a,b);**

Von *a* und *b* erzeugte Untergruppe der S_7

> **g:=permgroup(7,{a,b});**

$$g := permgroup(7, \{[[1, 2]], [[2, 3, 4]]\})$$

Mächtigkeit dieser Gruppe

> **grouporder(g);**

$$24$$

> **gsub:=permgroup(7,{c})**

$$gsub := permgroup(7, \{[[1, 3, 4, 2]]\})$$

> **groupmember(c,g);**

*true*

> **grouporder(gsub);**

$$4$$

Nebenklassen

> **cosets(g,gsub)**

$$\{[[2, 4, 3]], [[3, 4]], [[2, 3]], [], [[2, 3, 4]], [[2, 4]]\}$$

Ist diese Untergruppe ein Normalteiler?

> **isnormal(g,gsub);**

*false*

# ⊟ Graphik

## ⊟ Beispiel 1, Flächendiskussion aus einem alten Vordiplom

Das andere Paket zur Linearen Algebra plus eines der Graphik Pakete

> **with(linalg):**
> **with(plots):**

```
Warning, the previous binding of the name GramSchmidt has been removed and it
now has an assigned value
```

```
Warning, the protected names norm and trace have been redefined and unprotected
```

```
Warning, the name changecoords has been redefined
```

Gegebene Fläche mit kreisförmigem Pol:

> **f:=1/(x^2+y^2–2)+8*x*y;**
> **Grad:=grad(f,[x,y]);**
> **Hesse:=hessian(f,[x,y]);**

$$f := \frac{1}{x^2 + y^2 - 2} + 8\,x\,y$$

$$Grad := \left[ -\frac{2\,x}{(x^2 + y^2 - 2)^2} + 8\,y, -\frac{2\,y}{(x^2 + y^2 - 2)^2} + 8\,x \right]$$

$$Hesse := \begin{bmatrix} \dfrac{8\,x^2}{(x^2 + y^2 - 2)^3} - \dfrac{2}{(x^2 + y^2 - 2)^2} & \dfrac{8\,y\,x}{(x^2 + y^2 - 2)^3} + 8 \\[20pt] \dfrac{8\,y\,x}{(x^2 + y^2 - 2)^3} + 8 & \dfrac{8\,y^2}{(x^2 + y^2 - 2)^3} - \dfrac{2}{(x^2 + y^2 - 2)^2} \end{bmatrix}$$

Projektion eines Kreises auf f:

```
> rk1:=[cos(t),sin(t)];
  r1:=simplify(subs({x=rk1[1],y=rk1[2]},f));
```

$$rk1 := [\cos(t),\ \sin(t)]$$

$$r1 := -1 + 8\,\cos(t)\,\sin(t)$$

Quadratische Approximation von f

```
> f00:=subs({x=0,y=0},f);
  f10:=subs({x=0,y=0},op(Grad));
  f20:=map(simplify,subs({x=0,y=0},op(Hesse)));
  T:=f00+multiply(transpose(f10),array([x,y]))
     +multiply(transpose(array([x,y])),multiply(f20,array([x,y])))/2;
```

$$f00 := \frac{-1}{2}$$

$$f10 := [0,\ 0]$$

$$f20 := \begin{bmatrix} \dfrac{-1}{2} & 8 \\[12pt] 8 & \dfrac{-1}{2} \end{bmatrix}$$

$$T := -\frac{1}{2} + \frac{1}{2}\,x\left(-\frac{1}{2}\,x + 8\,y\right) + \frac{1}{2}\,y\left(8\,x - \frac{1}{2}\,y\right)$$

Taylorpolynom in Zylinderkoordinaten

```
> TZ:=simplify(subs({x=r*cos(phi),y=r*sin(phi)},T));
```

$$TZ := -\frac{1}{2} + 8\,r^2\,\cos(\phi)\,\sin(\phi) - \frac{1}{4}\,r^2$$

f in Zylinderkoordinaten

```
> fZ:=simplify(subs({x=r*cos(phi),y=r*sin(phi)},f));
```

$$fZ := \frac{1 - 16\,r^2\,\cos(\phi)\,\sin(\phi) + 8\,\sin(\phi)\,r^4\,\cos(\phi)}{-2 + r^2}$$

p1=Fläche innerhalb sqrt(2),
p2=Fläche außerhalb sqrt(2)

```
> p1:=cylinderplot(
         [r, phi ,fZ ],
         r=0..sqrt(2)-1/40,
         phi=0..2*Pi,
         color=gray,
```

```
            grid=[20,40]
      ):
r2:=1.8:
p2:=cylinderplot(
            [r, phi ,fZ ],
              r=sqrt(2)+1/40..r2+1/5,
            phi=0..2*Pi,
            color=gray,
            grid=[20,40]
      ):
```

p3=Projektion des Einheitskreises auf die Fläche
```
> p3:=spacecurve(
            {[rk1[1],rk1[2],r1+1/20]},
            t=0..2*Pi,
            thickness=7,
            color=black
      ):
```

p4= Quadratische Approximation  innerhalb des kreisförmigen Pols:
```
> p4:=cylinderplot(
            [r, phi ,TZ +1/10],
            r=0..sqrt(2)−1/20,
            phi=0..2*Pi,
            color=COLOR(RGB, 0.8, 0.8, 0.8),
            grid=[30,50]
      ):
```

```
> display(
        {p1,p2},
        orientation=[99,49],
        titlefont=[TIMES,ITALIC,14],
        title='Unstetiges f(x,y) in Zylinderkoordinaten'
      );
```

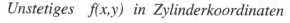

*Unstetiges   f(x,y)   in Zylinderkoordinaten*

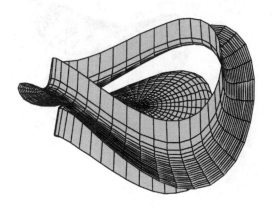

```
> display(
      {p1,p4},axes=frame,
      orientation=[112,67],
      axesfont=[TIMES,ITALIC,10],
      titlefont=[TIMES,ITALIC,14],
      title='f(x,y) mit Taylorpolynom'
      );
```

*f(x,y)  mit  Taylorpolynom*

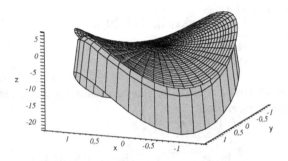

```
> display(
      {p1,p3},axes=frame,
      orientation=[112,67],
      axesfont=[TIMES,ITALIC,10],
      titlefont=[TIMES,ITALIC,14],
      title='f(x,y) mit Raumkurve'
      );
```

*f(x,y) mit Raumkurve*

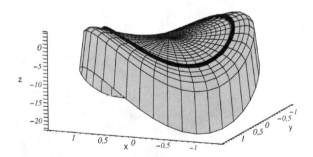

## ⌐ Beispiel 2, Kurve in Parameterdarstellung

```
> x:='x':y:='y':X:='X':
  n:=(1+t^2)^2:
  X:=[(t^3+2*t^2+t)/n,t^3/n,t=-100..100];
```

$$X := \left[ \frac{t^3 + 2\,t^2 + t}{(1 + t^2)^2}, \frac{t^3}{(1 + t^2)^2}, t = -100 .. 100 \right]$$

```
> p1:=plot(
      X,
      x=-0.15..1,
      y=-0.33..0.33,
      color=COLOR(RGB, 0.5, 0.5, 0.5),
      thickness=5,
      numpoints=200
      ):
> display(
      p1,
      scaling=constrained,
      labelfont=[TIMES,ITALIC,10],
      axesfont=[TIMES,ITALIC,10],
      titlefont=[TIMES,ITALIC,14],
      title=`Kurve in Parameterdarstellung`
      );
```

*Kurve in Parameterdarstellung*

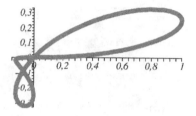

Neben dem üblichen Benutzerinterface bietet MAPLE über so genannte Maplets auch die Möglichkeit, für Nicht-Programmierer geeignete visuelle Interfaces zu programmieren. Hier ein Beispiel aus dem Student Package.

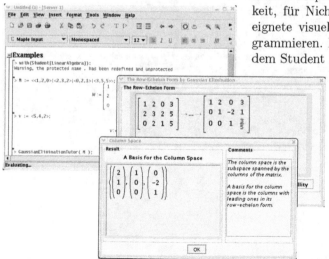

## 2. Mathematica

Ein anderes Computeralgebrapaket ist MATHEMATICA (für eine genauere Beschreibung und Bezugsquellen siehe Anhang A). Neben den mächtigen mathematischen Funktionen stehen hier ähnlich wie in LaTeX verschiedene *Styles* zur Verfügung, die es einem erlauben Ein- und Ausgaben ansprechend zu formatieren und so ganze Artikel mit der eingebauten Computeralgebra zu schreiben. Ein typisches MATHEMATICA-Notebook (mit einem mathematisch interessanten Beispiel) sieht etwa wie folgt aus:

## Algebraic Construction of a Klein Bottle

This constructs an implicit algebraic representation of a Klein bottle. The computation is highly complex, but on most computers takes *Mathematica* only a few minutes.

```
In[6]:=  klein =
         GroebnerBasis[{(2 + c_u s_t - 2 c_t s_t s_u) (c_u^2 - s_u^2) - x, 2 c_u s_u (2 + c_u s_t - 2 c_t s_t s_u) - y
         2 c_t c_u s_t + s_t s_u - z, c_u^2 + s_u^2 - 1, c_t^2 + s_t^2 - 1}, {x, y, z}, {c_u, s_u, c_t, s_t},
         MonomialOrder → EliminationOrder][[1]]
```

$$
\begin{aligned}
\text{Out[2]=}\quad & 4\,y^{12} + 32\,z\,y^{11} + 16\,x^2\,y^{10} + 112\,z^2\,y^{10} - 76\,y^{10} + 224\,z^3\,y^9 + 128\,x^2\,z\,y^9 - 64\,x\,z\,y^9 - \\
& 472\,z\,y^9 + 24\,x^4\,y^8 + 280\,z^4\,y^8 - 224\,x^2\,y^8 + 432\,x^2\,z^2\,y^8 - 384\,x\,z^2\,y^8 - 1204\,z^2\,y^8 + \\
& 16\,x\,y^8 + 441\,y^8 + 224\,z^5\,y^7 + 800\,x^2\,z^3\,y^7 - 960\,x\,z^3\,y^7 - 1616\,z^3\,y^7 + 192\,x^4\,z\,y^7 - \\
& 192\,x^3\,z\,y^7 - 1464\,x^2\,z\,y^7 + 1184\,x\,z\,y^7 + 1660\,z\,y^7 + 16\,x^6\,y^6 + 112\,z^6\,y^6 - 200\,x^4\,y^6 - \\
& 880\,x^2\,z^4\,y^6 - 1280\,x\,z^4\,y^6 - 1204\,z^4\,y^6 - 16\,x^3\,y^6 + 859\,x^2\,y^6 + 624\,x^4\,z^2\,y^6 - \\
& 1152\,x^3\,z^2\,y^6 - 3100\,x^2\,z^2\,y^6 + 4064\,x\,z^2\,y^6 + 2710\,z^2\,y^6 - 128\,x\,y^6 - 904\,y^6 + 32\,z^7\,y^5 + \\
& 576\,x^2\,z^5\,y^5 - 960\,x\,z^5\,y^5 - 472\,z^5\,y^5 + 1056\,x^4\,z^3\,y^5 - 2688\,x^3\,z^3\,y^5 - 2464\,x^2\,z^3\,y^5 + \\
& 5632\,x\,z^3\,y^5 + 2172\,z^3\,y^5 + 128\,x^6\,z\,y^5 - 192\,x^5\,z\,y^5 - 1560\,x^4\,z\,y^5 + 2784\,x^3\,z\,y^5 + \\
& 2484\,x^2\,z\,y^5 - 4040\,x\,z\,y^5 - 1136\,z\,y^5 + 4\,x^8\,y^4 + 4\,z^8\,y^4 - 16\,x^6\,y^4 + 208\,x^2\,z^6\,y^4 - \\
& 384\,x\,z^6\,y^4 - 76\,z^6\,y^4 - 144\,x^5\,y^4 + 315\,x^4\,y^4 + 984\,x^4\,z^4\,y^4 - 3072\,x^3\,z^4\,y^4 + 24\,x^2\,z^4\,y^4 + \\
& 3728\,x\,z^4\,y^4 + 697\,z^4\,y^4 + 256\,x^3\,y^4 - 912\,x^2\,y^4 + 400\,x^6\,z^2\,y^4 - 1152\,x^5\,z^2\,y^4 - \\
& 2652\,x^4\,z^2\,y^4 + 8640\,x^3\,z^2\,y^4 + 112\,x^2\,z^2\,y^4 - 7536\,x\,z^2\,y^4 - 136\,z^2\,y^4 + 256\,x\,y^4 + 400\,y^4 + \\
& 32\,x^2\,z^7\,y^3 - 64\,x\,z^7\,y^3 + 480\,x^4\,z^5\,y^3 - 1728\,x^3\,z^5\,y^3 + 1016\,x^2\,z^5\,y^3 + 992\,x\,z^5\,y^3 + \\
& 32\,x^8\,z\,y^3 - 64\,x^7\,z\,y^3 - 616\,x^6\,z\,y^3 + 2016\,x^5\,z\,y^3 - 12\,x^4\,z\,y^3 - 5008\,x^3\,z\,y^3 + 2976\,x^2\,z\,y^3 \\
& 1312\,x\,z\,y^3 + 52\,x^8\,y^2 - 176\,x^7\,y^2 - 183\,x^6\,y^2 + 96\,x^4\,z^6\,y^2 - 384\,x^3\,z^6\,y^2 + 388\,x^2\,z^6\,y^2 + \\
& 896\,x^5\,y^2 - 136\,x^4\,y^2 + 448\,x^6\,z^4\,y^2 - 2304\,x^5\,z^4\,y^2 + 2700\,x^4\,z^4\,y^2 + 1936\,x^3\,z^4\,y^2 - \\
& 3031\,x^2\,z^4\,y^2 - 768\,x^3\,y^2 + 144\,x^2\,y^2 + 96\,x^8\,z^2\,y^2 - 384\,x^7\,z^2\,y^2 - 820\,x^6\,z^2\,y^2 + \\
& 5088\,x^2\,z^2\,y^2 - 4066\,x^4\,y^2 - 5728\,x^3\,z^2\,y^2 + 6280\,x^2\,z^2\,y^2 + 128\,x^6\,z^5\,y - 768\,x^5\,z^5\,y + \\
& 1488\,x^4\,z^5\,y - 800\,x^3\,z^5\,y + 128\,x^8\,z^3\,y - 768\,x^7\,z^3\,y + 768\,x^6\,z^3\,y + 3072\,x^5\,z^3\,y - \\
& 7108\,x^4\,z^3\,y + 3896\,x^3\,z^3\,y - 48\,x^8\,z\,y + 416\,x^7\,z\,y - 836\,x^6\,z\,y - 968\,x^5\,z\,y + 4112\,x^4\,z\,y - \\
& 2784\,x^3\,z\,y + 16\,x^{10} - 64\,x^9 - 80\,x^8 + 512\,x^7 - 128\,x^6 + 16\,x^4\,z^6 - 1024\,x^5 + 768\,x^4 + \\
& 64\,x^8\,z^4 - 512\,x^7\,z^4 + 1472\,x^6\,z^4 - 1792\,x^5\,z^4 + 752\,x^4\,z^4 - 64\,x^8\,z^2 + 512\,x^7\,z^2 - \\
& 1468\,x^6\,z^2 + 1808\,x^5\,z^2 - 752\,x^4\,z^2
\end{aligned}
$$

This loads one of the standard add-on graphics packages.

```
In[3]:=   << Graphics `ContourPlot3D`
```

This makes a 3D contour surface that corresponds to the Klein bottle.

```
In[4]:=   Show[Graphics3D[
          Apply[{#1 Cos[#2], #1 Sin[#2], #3}&,
          Cases[ContourPlot3D[Evaluate[klein /. {x → r Cos[φ], y → r Sin[φ]}],
          {r, 0.6, 3.3}, {φ, 0, 2 π}, {z, -1.3, 1.3},
          PlotPoints → {12, 32, 16}, MaxRecursion → 0,
              DisplayFunction → Identity], _Polygon, Infinity],
             {-2}]]];
```

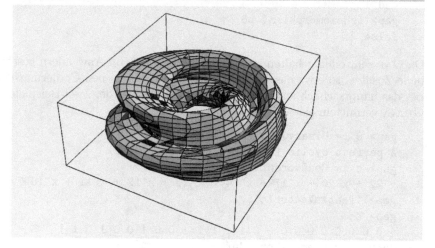

# 3. Gap

Ein hauptsächlich auf Gruppentheorie spezialisiertes Computeralgebra-Programm ist z.B. GAP (für eine genauere Beschreibung und Bezugsquellen siehe Anhang A). In GAP kann man zusätzlich zu den Grundoperationen mit endlichen Körpern oder Permutationsgruppen, die ja wie gezeigt teilweise auch in MAPLE angeboten werden, etwa auch mit Homomorphismen verschiedener Strukturen arbeiten. Die Syntax ist der von MAPLE sehr ähnlich. Das Eingabeprompt ist gap>, der Rest ist Ausgabe.

```
gap> g := Group((1,2,3,4), (2,4), (5,6,7));;  g.name:="g";;
gap> p4 := MappingByFunction( g, g, x -> x^4 );
MappingByFunction( g, g, function ( x )
    return x ^ 4;
end )
gap> IsHomomorphism( p4 );
true
gap> p6 := MappingByFunction( g, g, x -> x^6 );
MappingByFunction( g, g, function ( x )
    return x ^ 6;
end )
gap> IsHomomorphism( p6 );
false
```

Da GAP sehr offen gehalten ist, gibt es auch einige von Anwendern geschriebene Zusätze, so etwa das Paket GUAVA zur algebraischen Codierungstheorie, das hauptsächlich an der TU Delft entwickelt wurde. Zwei Beispiele mit GUAVA vermitteln einen Einblick in diese Paket.

```
gap> B := BinaryGolayCode();
A perfect cyclic [23,12,7] code over GF(2)
gap> c := CodewordNr(B, 4);
x^22 + x^20 + x^17 + x^14 + x^13 + x^12 + x^11 + x^10
gap> TreatAsVector(c);
gap> c;
[ 0 0 0 0 0 0 0 0 0 0 1 1 1 1 1 0 0 1 0 0 1 0 1 ]
gap> R := ReedMullerCode( 3, 1 );
a linear [8,4,4] Reed-Muller (3,1) code over GF(2)
gap> w := [ 1, 1, 1, 1 ] * R;
[ 1 0 0 1 0 1 1 0 ]
gap> Decode( R, w );
[ 1 1 1 1 ]
gap> Decode( R, w + "10000000" ); # Error in first position
[ 1 1 1 1 ]                        # Corrected by Guava
```

# Bibliographie

## 1. Bücher und Zeitschriften

*Die hier verwendeten Abkürzungen, wie etwa „EUROSAM-84", stehen für Prodeedingsbände von Konferenzen und werden in Abschnitt 2 dieser Bibliographie genauer erläutert.*

[ABV]    Ash, D.W.; Blake, I.F.; Vanstone, S.A.: *Low complexity normal bases.* Discrete Applied Mathematics **25, Nr. 3**, 1989, 191-210.

[AGL]    Atkins, D.; Graff, M.; Lenstra, A. K.; Leyland, P. C.: *The magic words are squeamish ossifrage.* Advances in cryptology - ASIACRYPT '94. 4th international conference on the theory and applications of cryptology, Wollongong, Australia, 28. Nov.-1. Dez. 1994, Proceedings. Berlin: Springer-Verlag. Lect. Notes Comput. Sci. **917**, 1995, 263-277. [Herausgeber: Pieprzyk, J.; ISBN 3-540-59339-X; ISSN 0302-9743]

[AHU]    Aho, A.V.; Hopcroft, J.E.; Ullman, J.D.: *The design and analysis of computer algorithms.* Addison-Wesley, 1974. [Addison-Wesley Series in Computer Science and Information Processing, Zentralblatt 0326.68005]

[Aig]    Aigner, M.: *Diskrete Mathematik.* Vieweg Studium, Aufbaukurs Mathematik, 1993. [ISBN 3-528-07268-7]

[ALo]    Adams, W.W.; Loustaunau, P.: *An Introduction to Gröbner Bases.* Graduate Studies in Mathematics, AMS **3**, 1994. [ISBN 0-8218-3804-0]

[ASt]    Abramowitz, W.; Stegun, I.A.: *Handbook of Mathematical Functions.* Dover Publ. Inc. (New York), 1968.

[Akr]    Akritas, A.G.: *Elements of computer algebra with applications.* John Wiley & Sons, Inc. (New York), 1989.

[And]    Anderson, W.M.: *A Survey of Polynomial Factorisation Algorithms.* M. Phil. Thesis, Univ. of Edinburgh, CST-73-91, 1991.

[AVL]    Adelson-Velskii, G.M.; Landis, E.M.: . Doklady Nauk SSSR **146**, 1962, 263-266. [Englische Übersetzung in Soviet Math 3, S. 1259-1263]

[Bac]    Bach, E.: *Toward a Theory of Pollard's Rho Method.* Information and Computation **90**, 1991, 139-155.

[BaCL]    Barthélemy, J.-P., Cohen, G., Lobstein, A.: *Algorithmic Complexity.* University College London Press Limited, 1996. [ISBN 1-85728-451-8]

[Bch]    Bachmann, P.: *Die analytische Zahlentheorie.* Teubner, Bibliotheca mathematica Teubneriana, 1894.

[BCL]    Buchberger, B.; Collins, G.E.; Loos, R. (Herausgeber): *Computer Algebra, Symbolic and Algebraic Computation.* Computing Supplementum 4, Springer (Wien, New York), 1982. [Inzwischen ist eine 2. Auflage erschienen (wieder beim Springer-Verlag, allerdings nicht mehr in der Reihe Computing Supplementum)]

[BCM]    Bosma, W.; Cannon, J.; Matthews, G.: *Programming with algebraic structures: Design of the Magma language.* ISSAC-94, 1994, 52-57.

[BCP]      Bosma, W.; Cannon, J.; Playoust, C.: *The Magma algebra system. I: The user language.* J. Symb. Comput. **24, No.3-4**, 1997, 235-265. [ISSN 0747-7171]

[Be1]      Berlekamp, E.R.: *Factoring Polynomials over Finite Fields.* Bell System Tech. J. **46**, 1967, 1853-1859.

[Be2]      Berlekamp, E.R.: *Factoring Polynomials over Large Finite Fields.* Math. Comput. **24**, 1970, 713-735. [ISSN 0025-5718]

[Ber]      Bernstein, D.: *Proving Primality after Agrawal-Kayal-Saxena.* Online unter http://cr.yp.to/papers/aks.pdf, 2003, 15 S..

[Bre]      Bressoud, D.M.: *Factorization and Primality Testing.* Springer (New York), 1989.

[Brn]      Brent, R.P.: *An Improved Monte Carlo Factorization Algorithm.* Nordisk Tidskrift for Informationsbehangling (BIT) **Vol. 20**, 1980, 176-184.

[Br1]      Bronstein, M.: *The Transcendental Risch Differential Equation.* J. Symb. Comput. **9**, 1990, 49-60.

[Br2]      Bronstein, M.: *Integration of Elementary Functions.* J. Symb. Comput. **9**, 1990, 117-173.

[BTr]      Brown, W.S.; Traub, J.F.: *On Euclid's algorithm and the theory of subresultants.* **J. ACM**, 18, 4, 1971. 505-514

[BPo]      Brent, R.P.; Pollard, J.M.: *Factorization of the eighth Fermat Number.* Math. Comput. **Vol. 36**, 1981, 627-630.

[Buc]      Buchberger, B.: *Ein Algorithmus zum Auffinden der Basiselemente des Restklassenringes nach einem nulldimensionalen Polynomideal.* Promotionsschrift, Univ. Innsbruck, 1965.

[Bue]      Buell, D.A.: *Binary Quadratic Forms. Classical Theory and Modern Computations.* Springer (New York), 1989.

[BWe]      Becker, Th.; Weispfenning, V.: *Gröbner Bases. A Computational Approach to Commutative Algebra.* Graduate Texts in Mathematics 141, Springer (New York, Berlin ...), 1993. [In Kooperation mit H. Kredel]

[CAk]      Collins, G.E.; Akritas, A.G.: *Polynomial real root isolation using Descartes' rule of signs.* SYMSAC-76, 1976, 272-275.

[Cas]      Cassels, J.W.S.: *An Introduction to the Geometry of Numbers.* Die Grundlehren der Mathematischen Wissenschaften, Band 99, Springer (Berlin, Göttingen, Heidelberg), 1959.

[Cav]      Caviness, B.F.: *On canonical forms and simplification.* J. Assoc. Comput. Mach. **17**, 1970, 385-396.

[CCa]      Cherry, G.W.; Caviness, B. F.: *Integration in Finite Terms with Special Functions: A Progress Report.* Lect. Notes Comput. Sci. **174**, 1984, 351-358.

[CEP]      Canfield, E.R., Erdös, P.; Pomerance C.: *On a problem of Oppenheim concerning 'Factorisatio Numerorum'.* J. Number Theory **17**, 1983, 1-28.

[CFa]      Caviness, V.S.; Fateman, R.J.: *Simplification of Radical Expressions.* SYMSAC-76, 1976, 329-338.

[CL1]      Collins, G.E.; Loos, R.: *Polynomial real root isolation by differentiation.* SYMSAC-76, 1976, 15-25.

[CL2]      Collins, G.E.; Loos, R.: *ALDES/SAC-2 now available.* SIGSAM Bulletin, 1982.

[CLO]      Cox, D.; Little, J.; O'Shea, D.: *Ideals, Varieties and Algorithms.* Springer (New York, Berlin ...), 1992.

[CMu]      Collins, G.E.; Musser, D.R.: *Analysis of the Pope-Stein Division Algorithm.* Inf. Process. Lett. **6**, 1977, 151-155.

[Coh]      Cohen, H.: *A Course in Computational Algebraic Number Theory.* Springer (Berlin, Heidelberg, New York), 1997. [ISBN 3-540-55640-0 und 0-387-55640-0]

[Cor]      Corless, R.: *Essential Maple 7.* Springer-Verlag New York, 2002. [ISBN: 0-387-95352-3]

[CoW]  Coppersmith, D.; Winograd, S.: *Matrix multiplication via arithmetic progressions*. J. Symb. Comput. **9, 3**, 1990, 251-280. [ISSN 0747-7171, Zentralblatt 0702.65046]

[Co1]  Collins, G.E.: *Subresultants and reduced polynomial remainder sequences*. J. ACM **14, 1**, 1967, 128-142.

[Co2]  Collins, G.E.: *The Calculation of Multivariate Polynomial Resultants*. J. ACM **18, 4**, 1971, 515-532.

[CP1]  Cannon, J.; Playoust, C.: *Algebraic Programming with Magma I: An Introduction to the Magma Language*. Springer (Berlin, Heidelberg, New York), 1997. [ISBN 3-540-62746-4]

[CPB]  Cannon, J.; Playoust, C.; Wieb, B.: *Algebraic Programming with Magma II: An Introduction to the Magma Categories*. Springer (Berlin, Heidelberg, New York), 1997. [ISBN 3-540-62747-2]

[CZa]  Cantor, D.G.; Zassenhaus, H.: *A new Algorithm for Factoring Polynomials over a Finite Field*. Math. Comp. **36**, 1981, 587-592.

[Da1]  Davenport, J.H.: *The Parallel Risch Algorithm (I)*. EUROCAM-82, 1982, 144-157.

[Da2]  Davenport, J.H.: $y' + fy = g$ . EUROSAM-84, 1984, 341-350.

[Da3]  Davenport, J.H.: *The Risch Differential Equation Problem*. SIAM J. Comput. **15**, 1986, 903-918.

[DHR]  Deprit, A.; Henrard, J.; Rom, A.: *Lunar Ephemeris: Delaunay's Theory Revisited*. Science **168**, 1970, 1569-1570.

[DTr]  Davenport, J.H., Trager, B.M.: *The Parallel Risch Algorithm (II)*. ACM Trans. Math. Software **11**, 1985, 356-362.

[DST]  Davenport, J.H.; Siret, Y.; Tournier, E.: *Computer Algebra*. Academic Press (London . . . ), 1988. [Französisches Original: *Calcul Formel, systèmes et algorithmes de manipulation algébriques*, Masson (Paris).]

[ELo]  Ellis, W. Jr.; Lodi, E.: *A Tutorial Introduction to* DERIVE. Brooks, Cole, Pacific Grove (USA), 1991. [94 Seiten, ISBN 0-534-15522-7]

[EGSS]  Eisenbud, D.; Grayson, D.; Stillman, M.; Sturmfels, B.: *Computations in algebraic geometry with Macaulay 2*. Springer-Verlag, 2001. [Nummer 8 in der Serie „Algorithms and Computations in Mathematics", ISBN 3-540-42230-7]

[FGP]  Flajolet, Ph.; Gourdon, X.; Panario, D.: *The Complete Analysis of a Polynomial Factorization Algorithm over Finite Fields*. J. Algorithms **40, No. 1**, 2001, 37-81. [ISSN 0196-6774]

[FWH]  Fuchssteiner, B; Wiwianka, W.; Hering, K. (Redaktion): . mathPAD journal **Vol. 1, Heft 3**, 1991. [Online verfügbar: ftp://ftp.mupad.de/MuPAD/mathpad/mathPAD]

[vGG]  von zur Gathen, J.; Gerhard, J.: *Modern Computer Algebra*. Cambridge University Press (Cambridge), 2003. [2. Auflage, ISBN 0-521-82646-2]

[Gau]  Disquisitiones Aritmeticae: *Neuauflage bei Yale University Press (New Haven)*. **1966**, .

[GCL]  Geddes, K.O.; Czapor, S.R.; Labahn, G.: *Algorithms for Computer Algebra*. Kluwer (Boston, Dordrecht, London), 1992.

[GGr]  Gonnet, G.H.; Gruntz, D.W.: *Algebraic Manipulation: Systems*. Technical Report 153, ETH Zürich, Institute of Scientific Comp., 1991. [http://www.inf.ethz.ch/research/wr/publications/tr.html]

[GHLV]  Geddes, K.O.; Heal, K.M.; Labahn, G.; Vorkoetter, S.M.; Monagan M.B. (Editor): *Maple V Programming Guide (Version A): Release 5*. Springer Verlag, 1998. [2. Auflage, 379 Seiten, ISBN 0-387-98398-8]

[GKW]  Grabmeier, J.; Kaltofen, E.; Weispfennig, V.: *Computer Algebra Handbook, Foundations, Applications, Systems*. Springer, Berlin, 2003. [637 Seiten, mit CD-Rom, ISBN 3-540-65466-6]

[Gly]  Glynn, J.: *Mathematik entdecken mit DERIVE - von der Algebra bis zur Differentialrechnung*. Birkhäuser (Basel), 1995. [ISBN 3-7643-5001-6, übersetzt von Daniela Treichel]

370     Bibliographie

[Gon]       Gonzalo, T.: *Square Roots Modulo p*. Proceedings der LATIN 2002: Theo-
            retical Informatics : 5th Latin American Symposium, Cancun, Mexico,
            April 3-6, Lecture Notes in Computer Science (LNCS), Springer-Verlag
            Heidelberg **2286**, 2002. [Herausgeber: Rajsbaum, S., ISSN: 0302-9743]
[Gua]       Guan, D. J.: *Experience in Factoring Large Integers Using Quadratic Sieve.*
            , 2003. [Online Folien http://guan.cse.nsysu.edu.tw/]
[Hec]       Heck, A.: *Introduction to Maple*. Springer-Verlag, New York, 2003.
            [3. Auflage, ISBN 0-387-00230-8]
[Hen]       Hensel, K.: *Theorie der Algebraischen Zahlen*. Teubner (Leipzig), 1908.
[HHR]       Heal, K.M.; Hansen, M.L.; Rickard, K.M.: *Maple V Learning Guide (Ver-
            sion A): Release 5*. Springer Verlag, 1998. [2. Auflage, 296 Seiten, ISBN
            0-387-98397-X]
[Hor]       Horowitz, E.: *A sorting algorithm for polynomial multiplication*. J. Assoc.
            Comput. Machin. **22**, 1975, 450-462.
[HQ]        Heise, W.; Quattrocchi, P.: *Informations- und Codierungstheorie*. Springer-
            Verlag (Berlin, Heidelberg, New York, 1995. [ISBN 3-540-57477-8; Dritte,
            neubearbeitete Auflage]
[HSA]       Horowitz, E.; Sahni, S.; Anderson-Freed, S.: *Grundlagen von Datenstruk-
            turen in C*. International Thomson Publishing (Bonn, Albany, . . . ), 1994.
            [ISBN 3-929821-00-1]
[HWH]       Harper, D.; Wooff, C.; Hodgkinson, D.: *A Guide to computer algebra sys-
            tems*. John Wiley & Sons (Chichester), 1991.
[HWr]       Hardy, G.H.; Wright, E.M.: *Einführung in die Zahlentheorie*. Oldenbourg
            Verlag, München, 1985. Übersetzung der 3. Auflage
[Je1]       Jebelean, T.: *Practical Integer Division with Karatsuba Complexity.*
            ISSAC-97, 1997, 339-341. [ISBN 0-89791-875-4]
[Je2]       Jebelean, T.: *A Double-Digit Lehmer-Euclid Algorithm for Finding the
            GCD of Long Integers*. J. Symb. Comp. **Vol. 19**, 1997, 145-157. [ISSN:
            0747-7171]
[Jun]       Jungnickel, D.: *Finite Fields – Structure and Arithmetics*. B.I.-Wissen-
            schaftsverlag (Mannheim), 1993. [Zentralblatt 0779.11058, ISBN 3-411-
            16111-6]
[Jor]       Jordan, C.: *Calculus of finite differences*. Chelsea Publishing Company
            (New York), 1965. [ISBN 0-828-40033-4, Zentralblatt 0154.33901, 3. Auf-
            lage]
[Kah]       Kahrimanian, H.: *Analytic differentiation by a digital computer*. MA The-
            sis, Temple University, Philadelphia, 1953.
[Kal]       Kaltofen, E.: *A Note on the Risch Differential Equation*. Lect. Notes Com-
            put. Sci. **174**, 1984, 359-366.
[Kap]       Kapur, D.: *Geometry Theorem Proving Using Hilbert's Nullstellensatz.*
            SYMSAC-86, 1986, 202-208.
[KBe]       Knuth, D.E., Bendix, P.B.: *Simple Word Problems in Universal Algebras.*
            OXFORD-67, 1967, 263-298.
[KBK]       Kofler, M.; Bitsch, G.; Komma, M.: *Maple: Einführung, Anwendung, Refe-
            renz*. Addison-Wesley, Scientific Computing, 2001. [4., überarbeitete Aufla-
            ge, 557 Seiten plus CD-Rom, ISBN 3-8273-1732-0]
[Kl1]       Klip, D.A.: *A comparative study of algorithms for sparse polynomial mul-
            tiplication*. SIGSAM Bull. **12, No. 3**, 1978, 12-19.
[Kl2]       Klip, D.A.: *New algorithms for polynomial multiplication*. SIAM J. Com-
            put. **8**, , 1979. 326-343
[KLL]       Kannan, R.; Lenstra, A.K.; Lovász, L.: *Polynomial Factorization and Non-
            randomness of Bits of Algebraic and some Transcendental Numbers*. Math.
            Comput. **50, Nr. 181**, 1988, 235-250.
[Kne]       Kneser, M.: *Lineare Abhängigkeit von Wurzeln*. Acta Arith. **26**, 307-308,
            1975. [ISSN 0065-1036, Zbl 0314.12001]
[Kn1]       Knuth, D.E.: *The Art of Computer Programming - Volume 1: Fundamental
            Algorithms*. Addison Wesley (Reading, Massachusetts . . . ), 1968.

[Kn2]      Knuth, D.E.: *The Art of Computer Programming - Volume 2: Seminume-rical Algorithms.* Addison Wesley (Reading, Massachusetts ...), 1969.

[KOf]      Karatsuba, A.A.; Ofman, Y.: *Multiplication of Multidigit Numbers on Au-tomata.* Soviet Physics-Doklady **7**, 1963, 595-596. [Russisches Original in Dokl. Akad. Nauk SSSR **145**, 1962, 293-294.]

[Kol]      Kolchin, E.R.: *Differential Algebra and Algebraic Groups.* Pure and App-lied Mathematics **Vol. 54**, 1973.

[KRo]      Kreuzer, M.; Robbiano, L.: *Computational Commutative Algebra I.* Sprin-ger Verlag, 2000. [ISBN 3-540-67733-X]

[Kre]      Kredel, H.: *MAS Modula-2 Algebra System.* DISCO-90, 1990, 270-271.

[KrJ]      Krandick, W.; Jebelean, T.: *Bidirectional Exact Integer Division.* J. Symb. Comput. **21**, 1996, 441-455. [ISSN 0747-7171]

[Kro]      Kronecker, L.: *Vorlesungen über Zahlentheorie.* Springer-Verlag (Berlin, Heidelberg, New York), 1978. [1. Bd.: 1. - 33. Vorlesung. Bearb. u. her-ausg. von Kurt Hensel. Reprint der Erstaufl. beim Teubner-Verlag, Leipzig, 1901]

[KRSW]     Klein, G.; Rott, M.; Schäfler, S.; Wimmer, S.: *Schnelle Algorith-men für dünnbesetzte Polynome.* Technische Universität München; Fa-kultät für Mathematik; Interdisziplinäres Projekt Informatik - Mathe-matik, 1997. [Die Dokumentation zu SPOCK gibt es im WWW unter http://www.ma.tum.de/~kaplan/ca/spock/]

[Lan]      Landau, S.: *Factoring Polynomials over Algebraic Number Fields.* SIAM J. Comput. **14**, 1985, 184-195.

[LRi]      Lazard, D.; Rioboo, R.: *Integration of Rational Functions: Rational Com-putation of the Logarithmic Part.* J. Symb. Comp. **9, Nr. 2**, 1990, 113-115.

[Leh]      Lehmer, D.H.: *Euclid's Algorithm for Large Numbers.* Am. Math. Mon. **45**, 1938, 227-233. [ISSN 0001-0782]

[Le1]      Lenstra, A.K.: *Lattices and Factorization of Polynomials over Algebraic Number Fields.* EUROCAM-82, 1982, 32-39.

[Le2]      Lenstra, A.K.: *Factoring Polynomials over Algebraic Number Fields.* EUROCAL-83, 1983, 245-254.

[Le3]      Lenstra, A.K.: *Factoring Multivariate Polynomials over Algebraic Number Fields.* Proc. of the 11th Symp. on Mathematical foundations (Prag) of computer science in LNCS **176**, 1984, 389-396.

[Le4]      Lenstra, A.K.: *Factoring Multivariate Polynomials over Algebraic Number Fields.* SIAM J. Comput. **16**, 1987, 591-598.

[Le5]      Lenstra, H.W.: *Algorithms for finite fields.* London Mathematical Society Lecture Note Series **154**, 1990, 76-85.

[Le6]      Lenstra, H.W.: *Factoring integers with elliptic curves.* Annals of Mathema-tics **Vol. 126**, 1987, 649-673.

[Le7]      Lenstra, A.K.: *Factorization of polynomials.* Computational methods in number theory, Part I, Math. Cent. Tracts **Vol. 154/155**, 1982, 169-198. [Mathematisch Centrum Amsterdam, Zentralblatt 0509.12002]

[Lo2]      Lorenz, F.: *Lineare Algebra II.* Wissenschaftsverlag (Mannheim, Wien, Zürich), 1989. [2. Auflage]

[LLL]      Lenstra, A.K.; Lenstra, H.W.; Lovász, L.: *Factoring Polynomials with Ra-tional Coefficients.* Math. Ann. **261**, 1982, 515-534.

[LMP]      Lenstra, A.K.; Lenstra, H.W.jun.; Manasse, M.S.; Pollard, J.M.: *The fac-torization of the ninth Fermat number.* Math. Comput. **61, No.203**, 1993, 319-349. [ISSN 0025-5718, Zentralblatt 0792.11055]

[LNi]      Lidl, R.; Niederreiter, H.: *Introduction to finite fields and their applicati-ons.* University Press (Cambridge), 1986.

[LSc]      Lenstra, H.W.; Schoof, R.J.: *Primitive normal bases for finite fields.* Math. Comput. **48**, 1987, 217-231.

[Loo]      Loos, R.G.K.: *The Algorithm Description Language ALDES.* SIGSAM Bulletin **14, Number 1**, 1976, 15-39.

372     Bibliographie

[Mat]      Matiyasevich, Y.V.: *Diophantine representation of recursively enumerable predicates.* Actes Congr. internat. Math. **1**, 1971, 235-238. [Je nach Transskription auch Matijasevic geschrieben]

[MBr]      Morrison, M. A.; Brillhart M.: *A Method of Factoring and the Factorization of $F_7$.* Math. Comput. **29**, 1975, 183-205.

[Men]      Menezes, A.J. (Editor); Blake, I.F.; Gao, X.; Mullin, R.C.; Vanstone, S.A.: *Applications of finite fields.* Kluwer Academic Publishers (Boston/USA), 1993. [ISBN 0-7923-9282-5]

[Me1]      Meyberg, K.: *Algebra, Teil 1.* Carl Hanser (München, Wien), 1975.

[Me2]      Meyberg, K.: *Algebra, Teil 2.* Carl Hanser (München, Wien), 1976.

[Mi1]      Mignotte, M.: *An Inequality about Factors of Polynomials.* Math. Comput. **28**, 1974, 1152-1157.

[Mi2]      Mignotte, M.: *Some Inequalities About Univariate Polynomials.* SYMSAC-81, 1981, 195-199.

[Mi3]      Mignotte, M.: *Mathematics for Computer Algebra.* Springer (New York, Berlin ... ), 1991.

[Mo1]      Moenck, R.T.: *Studies in Fast Algebraic Algorithms.* Ph.D. Thesis, Univ. of Toronto, 1973.

[Mo2]      Moenck, R.T.: *Practical fast polynomial multiplication.* SYMSAC-76, 1976, 136-148.

[Mo3]      Moenck, R.T.: *On Computing Closed Forms for Summations.* MACSYMA-77, 1977, 225-236.

[MOm]      Massey, J.; Omura, J.: *Computational method and apparatus for finite field arithmetic.* U.S.patent #4.587.627, 1986.

[Mon]      Montgomery, P.L.: *Speeding the Pollard and elliptic curve methods of factorization.* Math. Comput. **Vol. 48**, 1987, 243-264.

[Mor]      Mordell, L.J.: *On the linear independence of algebraic numbers.* Pac. J. Math. **3**, 625-630, 1953. [ISSN 0030-8730, Zbl 0051.26801]

[MOVW]     Mullin, R.C.; Onyszchuk, J.M; Vanstone, S.A.; Wilson, R.M.: *Optimal normal bases in $GF(p^n)$.* Discrete Appl. Math. **22, No. 2**, 1989, 149-161.

[Mu1]      Musser, D.R.: *Multivariate polynomial factorization.* J. ACM **22**, 1975, 291-308. [ISSN 0004-5411]

[Mu2]      Musser, D.R.: *On the efficiency of a polynomial irreducibility test.* J. ACM **25**, 1978, 271-282.

[Nar]      Narkiewicz, W.: *Elementary and Analytic Theory of Algebraic Numbers.* Panstwowe Wydawnictwo Naukowe (Warschau), 1974.

[Nol]      Nolan, J.: *Analytic differentiation on a digital computer.* Thesis, Massachusetts Institute of Technology (Cambridge, USA), 1953.

[Nor]      Norman, A. C.: *Integration in Finite Terms.* Computing Suppl. **4**, 1982, 57-69.

[NZe]      Najid-Zejli, H.: *Computation in Radical Extensions.* EUROSAM-84, 1984, 115-122.

[Par]      Parberry, I.: *Problems on Algorithms.* Prentice-Hall, Inc., 1995. [ISBN 0-13-433558-9]

[Pec]      Pecquet, L.: *A first course in Magma. The computer algebra system.* Springer-Verlag Berlin Heidelberg, 2001. [ISBN: 3-540-65885-8]

[Pin]      Pinch, R.G.E.: *Some Primality Testing Algorithms.* Department of Pure Mathematics and Mathematical Statistics, University of Cambridge, 1993.

[Po1]      Pollard, J.M.: *Theorems on Factorization and Primality Testing.* Proc. Cambridge Philo. Soc. **Vol. 76**, 1974, 521-528.

[Po2]      Pollard, J.M.: *A Monte Carlo Method for Factorization.* Nordisk Tidskrift for Informationsbehangling (BIT) **Vol. 15**, 1975, 331-334.

[Po3]      Pomerance, C.: *Analysis and Comparison of some Integer Factoring Algorithms.* Computational Methods in Number Theory **Part I**, 1982, 89-139. in: Mathematical Centre Tract #154, Mathematisch Centrum, Amsterdam, Herausgeber: Lenstra, H.W.; Tijdeman, R.

[Po4]   Pomerance, C.: *The Quadratic Sieve Factoring Algorithm.* EUROCRYPT-84, 1985, 169-182.

[Pri]   Pritchard, P.: *A Sublinear Additive Sieve for Finding Prime Numbers.* Comm. ACM **24**, 1981, 18-23.

[PSt]   Pope, D.A.; Stein, M.L.: *Multiple Precision Arithmetic.* Commun. ACM **3**, 1960, 652-654.

[Ran]   Rand, R.H.: *Computer Algebra in Applied Mathematics, An Introduction to Macsyma.* Research Notes in Mathematics **94**, 1984. Pitman (Boston-London-Melbourne)

[Rel]   Redfern, D.: *Maple V Handbook - Release 4.* Springer-Verlag, 1996. [3. Auflage, ISBN 0-387-94538-5]

[Ric]   Richardson, D.: *Some undecidable problems involving elementary functions of a real variable.* J. Symb. Logic **33**, 1968, 514-520.

[Rie]   Riesel, H.: *Prime Numbers and Computer Methods for Factorization.* Birkhäuser (Boston), 1994. [zweite Auflage]

[Ris]   Risch, R.H.: *The Problem of Integration in Finite Terms.* Trans. Am. Math. Soc. **139**, 1969, 167-189.

[Ri1]   Risch, R.H.: *The Problem of Integration in Finite Terms.* Trans. Am. Math. Soc. **139**, 1969, 167-189.

[Ri2]   Risch, R.H.: *The Solution of the Problem of Integration in Finite Terms.* Bull. Am. Math. Soc. **76**, 1970, 605-608.

[Ri3]   Risch, R.H.: *Algebraic Properties of the Elementary Functions of Analysis.* Amer. Jour. of Math. **101**, 1979, 743-759.

[Rob]   Robbiano, L.: *Term Orderings on the Polynomial Ring.* EUROCAL-85, 1985, 513-517.

[Ro1]   Rosenlicht, M.: *Liouville's Theorem on Functions with Elementary Integrals.* Pacific J. Math. **24**, 1968, 153-161.

[Ro2]   Rosenlicht, M.: *Integration in Finite Terms.* Amer. Math. Monthly **79**, 1972, 963-972.

[Ro3]   Rosenlicht, M.: *On Liouville's Theory of Elementary Functions.* Pacific Journal of Mathematics Vol. **65, Nr. 2**, 1976, 485-493.

[Ro4]   Rothstein, M.: *Aspects of Symbolic Integration and Simplification of Exponential and Primitive Functions.* Ph. D. Thesis, Univ. of Wisconsins, Madison, 1976.

[RSA]   Rivest, R.L.; Shamir, A.; Adleman, L.: *A method for obtaining digital signatures and public-key cryptosystems.* Commun. ACM **21**, 1978, 120-126.

[RSc]   Rosser, J. Barkley; Schoenfeld, L.: *Approximate Formulas for some Functions of Prime Numbers.* Ill. J. Math. **6**, 1962, 64-69.

[Sch]   Schinzel, A.: *On Linear Dependence of Roots.* Acta arithmetica **28**, 1975, 161-175.

[Scö]   Schönhage, A.: *The Fundamental Theorem of Algebra in Terms of Computational Complexity.* Technical Report, Math. Inst. Univ. Tübingen, 1982.

[ScS]   Schönhage, A.; Strassen, V.: *Schnelle Multiplikation großer Zahlen.* Computing **7**, 1971, 281-292. [ISSN 0010-485X]

[Scw]   Schwardmann, U.: *Computeralgebra-Systeme, Programme für Mathematik mit dem Computer.* Addison-Wesley, 1995. [ISBN 3-89319-682-X]

[Sca]   Schwartz, D. I.: *Introduction to Maple.* Prentice Hall, 1999. [ISBN 0-130-95133-1]

[SFl]   Sedgewick, R., Flajolet, Ph.: *Analysis of Algorithms.* Addison-Wesley, 1996. [ISBN 0-201-40009-X]

[Sha]   Shamir, A.: *A Polynomial Time Algorithm for Breaking the Merkle-Hellman Cryptosystem.* Proc. 23rd IEEE Symposium on the Foundations of Computer Science, 1982.

[Si1]   Silverman, J.J.: *The Arithmetic of Elliptic Curves.* Graduate Texts in Math. **106**, 1986. [Springer-Verlag]

[Si2]   Silverman, R.: *The Multiple Polynomial Quadratic Sieve Method of Computation.* Math. Comput.**Vol. 48, No. 177**, 1987, 329-340.

[Si3]        Simon, B.: *Comparative CAS Reviews*. Notices of the American Mathematical Society**Volume 39, Number 7**, September 1992, 700-710.

[Si4]        Simon, B.: *Symbolic Magic*. The Desktop Engineering Magazine **Volume 3, Issue 8**, April 1998. [ISSN 1085-0422, http://www.deskeng.com/articles/98/April/symbolic/]

[Sie]        Siegel, C.L.: *Algebraische Abhängigkeit von Wurzeln*. Acta Arith. **21**, 59-64, 1972. [ISSN 0065-1036, Zbl 0254.10030]

[SSh]        Stepanov, S.A.; Shparlinskij, I. .: *On the construction of a primitive normal basis in a finite field*. Mathematics of the USSR-Sbornik **67 Nr. 2**, 1990, 527-533.

[Str]        Strassen, V.: *Gaussian elimination is not optimal*. Numer. Math. **13**, 1969, 354-356. [ISSN 0029-599X, Zbl 0185.40101]

[SSC]        Singer, M.F.; Saunders, B.D.; Caviness, B.F.: *An Extension of Liouville's Theorem of Integration in Finite Terms*. SIAM J. Comput. **14, Nr. 4**, 1985, 966-990.

[Til]        van Tilborg, H.C.A.: *An Introduction to Cryptology*. Kluwer International Series in Engineering and Computer Science, 52 (Kluwer Academic Publishers), 1988. [ISBN 0-89838-271-8]

[Too]        Toom, A.L.: *The Complexity of a Scheme of Functional Elements Simulating the Multiplication of Integers*. Dokl. Akad. Nauk SSSR **150**, 1963, 496-498. [Englische Übersetzung in: Soviet Mathematics **3**, 1963.]

[Tra]        Trager, B.: *Integration of Algebraic Functions*. Ph. D. Thesis, Dept. of EECS, M.I.T., 1984.

[Vi1]        Viry, G.: *Factorisation des polynômes à plusieurs variables à coefficients entiers*. RAIRO, Inf. Theor. **12**, 1978, 305-318. [ISSN 0296-1598]

[Vi2]        Viry, G.: *Factorisation des polynomes à plusieurs variables*. RAIRO, Inf. Theor. **14**, 1980, 209-223. [ISSN 0296-1598]

[Vi3]        Viry, G.: *Factorisation sur Z[X] des polynomes de degré elevé a l'aide d'un monomorphisme*. RAIRO, Inform. Theor. Appl. **24, No.4**, 1990, 387-407. [ISSN 0988-3754]

[Wal]        Walz, A.: *Maple 7 - Rechnen und Programmieren*. R. Oldenbourg Verlag GmbH (München), 2002. [ISBN 3-486-25542-8]

[Wa1]        Waerden, B.L. van der: *Algebra I*. Springer (Berlin), 1993. [9. Auflage]

[Wa2]        Waerden, B.L. van der: *Algebra II*. Springer (Berlin), 1993. [6. Auflage]

[Wes]        Wester, M.J. (ed.): *Computer Algebra Systems: A Practical Guide*. John Wiley & Sons (Chichester), 1999. [436 Seiten, ISBN: 0-471-98353-5]

[Wg1]        Wang, P.S.: *Factoring multivariate polynomials over algebraic number fields*. Math. Comput. **30**, 1976, 324-336.

[Wg2]        Wang, P.S.: *An improved multivariate polynomial factoring algorithm*. Math. Comput. **32**, 1978, 1215-1231. [ISSN 0025-5718]

[Wan]        Wan, D.: *Factoring multivariate polynomials over large finite fields*. Math. Comput. **54, No.190**, 1990, 755-770. [ISSN 0025-5718]

[WaR]        Wang, P.S.; Rothschild, L.P.: *Factoring multivariate polynomials over the integers*. Math. Comput. **Vol. 29**, 1975, 935–950. [ISSN 0025-5718]

[Wat]        Waterhouse, W.C.: *Abelian varieties over finite fields*. Ann. Sci. Ecole Norm. Sup. **(4) 2**, 1969, 521-560.

[Wei]        Weispfenning, V.: *Admissible Orders and Linear Forms*. SIGSAM Bulletin **21, Number 2**, 1987.

[Wie]        Wiedemann, D. H.: *Solving sparse linear equations over finite fields*. IEEE Transactions on Information Theory **32, 1**, 1986, 54-62. [ISSN:0018-9448]

[Wir]        Wirth, N.: *Programming in Modula-2*. Springer (Berlin, Heidelberg, New York), 1985.

[Wol]        Wolfram, St.: *The Mathematica Book*. Wolfram Media, Inc., 2003. [5. Auflage, ISBN 1-57955-022-5, 1488 Seiten, die deutsche Version „Das Mathematica Buch" von Addison-Wesley mit ISBN 3-8273-1036-9 ist die Übersetzung der 3. Auflage]

[WRo]        Weinberger, P.J.; Rothschild, L.P.: *Factoring Polynomials over Algebraic Number Fields*. ACM Trans. on Mathematical Software **2**, 1976, 335-350.

[Wu]      Wu, W.: *Basic Principles of Mechanical Theorem Proving in Elementary Geometries.* J. Syst. Sci. and Math. Sci. **4(3)**, 1984, 207-235.

[Yun]     Yun, D.Y.Y.: *On Squarefree Decomposition Algorithms.* SYMSAC-76, 1976, 26-35.

[Zay]     Zayer, J.: *Faktorisieren mit dem Number Field Sieve.* Dissertation an der Universitt des Saarlandes, 1995. [http://www.informatik.tudarmstadt.de/ftp/pub/TI/reports/zayer.diss.ps.gz]

[Zi1]     Zippel, R.E.: *Probabilistic Algorithms for Sparse Polynomials.* PhD thesis, Massachusetts Institute of Technology (Cambridge, USA), 1979.

[Zi2]     Zippel, R.E.: *Probabilistic Algorithms for Sparse Polynomials.* EUROSAM-79, 1979, 216-226.

[Zi3]     Zippel, R.E.: *Effective Polynomial Computation.* Kluwer (Boston, Dordrecht, London), 1993. [ISBN 0-7923-9375-9]

[Zas]     Zassenhaus, H.: *On Hensel Factorisation I.* J. Number Theory **1**, 1969, 291-331.

# 2. Konferenzen und zugehörigen Proceedingsbände

AAECC-2    *Applied Algebra, Algorithmics and Error-Correcting Codes; 2nd International Conference,* Toulouse (Frankreich), 1.-5. Oktober 1984. Veröffentlicht in Lecture Notes in Computer Science (LNCS) **228**, Springer-Verlag Berlin etc. [Herausgeber: Poli, A.; ISBN 3-540-16767-6]

AAECC-3    *Algebraic Algorithms and Error-Correcting Codes; 3rd International Conference,* Grenoble (Frankreich), 15.-19. Juli 1985. Veröffentlicht in Lecture Notes in Computer Science (LNCS) **229**, Springer-Verlag Berlin etc. [Herausgeber: Calmet, J.; ISBN 3-540-16776-5]

AAECC-4    *Applicable Algebra, Error-Correcting Codes, Combinatorics and Computer Algebra; 4th International Conference,* Karlsruhe (Deutschland), 23.-26. September 1986. Veröffentlicht in Lecture Notes in Computer Science (LNCS) **307**, Springer-Verlag Berlin etc. [Herausgeber: Beth, T.; Clausen, M.; ISBN 3-540-19200-X]

AAECC-5    *Applied Algebra, Algebraic Algorithms and Error-Correcting Codes; 5th International Conference,* Menorca (Spanien), 15.-19. Juni 1987. Veröffentlicht in Lecture Notes in Computer Science (LNCS) **356**, Springer-Verlag Berlin etc. [Herausgeber: Huguet, L.; Poli, A.; ISBN 3-540-51082-6]

AAECC-6    *Applied Algebra, Algebraic Algorithms and Error-Correcting Codes; 6th International Conference,* Rom (Italien), 4.-8. Juli 1988. Veröffentlicht in Lecture Notes in Computer Science (LNCS) **357**, Springer-Verlag Berlin etc. [Herausgeber: Mora, T.; ISBN 3-540-51083-4]

AAECC-7    *Applied Algebra, Algebraic Algorithms and Error-Correcting Codes; 7th International symposium,* Toulouse (Frankreich), 1989. Veröffentlicht North-Holland, Amsterdam.

AAECC-8    *Applied Algebra, Algebraic Algorithms and Error-Correcting Codes; 8th International Symposium bzw. 2. International Joint Conference (IJC-2) zusammen mit International Symposium on Symbolic Algebraic Computation (ISSAC-90),* Tokyo (Japan), 20.-24. August 1990. Veröffentlicht in Lecture Notes in Computer Science (LNCS) **508**, Springer-Verlag Berlin etc. [Herausgeber: Sakata, S; ISBN 3-540-54195-0]

AAECC-9    *Applied Algebra, Algebraic Algorithms and Error-Correcting Codes; 9th International symposium,* New Orleans/LA (USA), 7.-11. Oktober 1991. Veröffentlicht in Lecture Notes in Computer Science (LNCS) **539**, Springer-Verlag Berlin etc. [Herausgeber: Mattson, H.F.; Mora, T.; Rao, T.R.N.; ISBN 3-540-54522-0 oder 0-387-54522-0]

AAECC-10     *Applied Algebra, Algebraic Algorithms and Error-Correcting Codes;*
             *10th International Symposium*, San Juan de Puerto Rico (Puerto Rico),
             10.-14. Mai 1993. Veröffentlicht in Lecture Notes in Computer Science
             (LNCS) **673**, Springer-Verlag Berlin etc. [Herausgeber: Cohen, G.; Mo-
             ra, T.; Moreno, O.; ISBN 3-540-56686-4]

AAECC-11     *Applied Algebra, Algebraic Algorithms and Error-Correcting Codes;*
             *11th International Symposium*, Paris (Frankreich), Juli 1995. Veröf-
             fentlicht in Lecture Notes in Computer Science (LNCS) **948**, Springer-
             Verlag Berlin etc. [Herausgeber: Cohen, G.; Giusti M.; Mora, T.; ISBN
             3-540-60114-7]

AAECC-12     *Applied Algebra, Algebraic Algorithms and Error-Correcting Codes,*
             Toulouse (Frankreich), 23.-27. Juni 1997. Veröffentlicht in Lecture Notes
             in Computer Science (LNCS) **1255**, Springer-Verlag Berlin etc. [Heraus-
             geber: Mora, T.; Mattson, H.; ISBN 3-540-63163-1]

AAECC-13     *Applied Algebra, Algebraic Algorithms and Error-Correcting Codes,*
             Honolulu, Hawaii (USA), 15.-19. November 1999. Veröffentlicht in Lec-
             ture Notes in Computer Science (LNCS) **1719**, Springer-Verlag Berlin
             etc. [Herausgeber: Fossorier, M.; Hideki Imai; Shu Lin; Poli, A; ISBN
             3-540-66723-7]

AAECC-14     *Applied Algebra, Algebraic Algorithms and Error-Correcting Codes,*
             Melbourne (Australia), 26.-30. November 2001. Veröffentlicht in Lecture
             Notes in Computer Science (LNCS) **2227**, Springer-Verlag Berlin etc.
             [Herausgeber: Boztas, S.; Shparlinski, I.; ISBN 3-540-40111-3]

AAECC-15     *Applied Algebra, Algebraic Algorithms and Error-Correcting Codes,*
             Toulouse (Frankreich), 12.-16. Mai 2003. Veröffentlicht in Lecture Notes
             in Computer Science (LNCS) **2643**, Springer-Verlag Berlin etc. [Her-
             ausgeber: Fossorier, M.; Hoeholdt, T.; Poli, A.; ISBN 3-540-40111-3]

DISCO-90     *Design and implementation of symbolic computation systems,* Capri
             (Italien), 10.-12. April 1990. Veröffentlicht in Lecture Notes in Com-
             puter Science (LNCS) **429**, Springer-Verlag Berlin etc. [Herausgeber:
             Miola A.; ISBN: 3-540-52531-9]

DISCO-92     *Design and implementation of symbolic computation systems,* Bath
             (Großbritannien), 13.-15. April 1992. Veröffentlicht in Lecture Notes in
             Computer Science (LNCS) **721**, Springer-Verlag Berlin etc. [Herausge-
             ber: Fitch J.P.; ISBN 3-540-57272-4]

DISCO-93     *Design and implementation of symbolic computation systems,* Gmunden
             (Österreich), 15.-17. September 1993. Veröffentlicht in Lecture Notes in
             Computer Science (LNCS) **722**, Springer-Verlag Berlin etc. [Herausge-
             ber: Miola, A.; ISBN 3-540-57235-X]

DISCO-96     *Design and implementation of symbolic computation systems,* Karls-
             ruhe (Deutschland), 18.-20. September 1996. Veröffentlicht in Lecture
             Notes in Computer Science (LNCS) **1128**, Springer-Verlag Berlin etc.
             [Herausgeber: Calmet, J.; Limongelli, C.; ISBN 3-540-61697-7]

EUROCAL-83   *European Conference on Computer Algebra, Symbolic and Algebraic*
             *Computation,* London (England), 28.-30. März 1983. Veröffentlicht in
             Lecture Notes in Computer Science (LNCS) **162**, Springer-Verlag Berlin
             etc.

EUROCAL-85   *European Conference on Computer Algebra, Volume 1: Invited Lectu-*
             *res,* Linz (Österreich), 1.-3. April 1985. Veröffentlicht in Lecture Notes
             in Computer Science (LNCS) **203**, Springer-Verlag Berlin etc. [Heraus-
             geber: Buchberger, B.; ISBN 3-540-15983-5]

EUROCAL-85   *European Conference on Computer Algebra, Volume 2: Research Con-*
             *tributions,* Linz (Österreich), 1.-3. April 1985. Veröffentlicht in Lecture
             Notes in Computer Science (LNCS) **204**, Springer-Verlag Berlin etc.
             [Herausgeber: Caviness, B.F.; ISBN 3-540-15984-3]

EUROCAL-87   *European Conference on Computer Algebra,* Leipzig, 2.-5.Juni 1987.
             Veröffentlicht in Lecture Notes in Computer Science (LNCS) **378**,
             Springer-Verlag Berlin etc. [Herausgeber: Davenport, J.H.; ISBN 3-540-
             51517-8]

EUROCRYPT 84    *European Workshop on the Theory and Application of Cryptographic Techniques*, Paris (Frankreich), 9.-11. April 1984. Veröffentlicht in Lecture Notes in Computer Science (LNCS) **209**, Springer-Verlag Berlin etc. [Herausgeber: Beth, Th.; Cot, N.; Ingemarsson, I.; 491 S.; ISBN 3-540-16076-0]

EUROCAM-82    *European Computer Algebra Conference*, Marseille (Frankreich), 5.-7. April 1982. Veröffentlicht in Lecture Notes in Computer Science (LNCS) **144**, Springer-Verlag Berlin etc. [Herausgeber: Calmet, J.; ISBN 3-540-11607-9]

EUROSAM-74    *European Symposium on Symbolic and Algebraic Manipulation* der SIGSAM, Stockholm (Schweden), 1.-2. August 1974. Veröffentlicht im SIGSAM Bulletin.

EUROSAM-79    *European Symposium on Symbolic and Algebraic Manipulation*, Marseille (Frankreich), 1979. Veröffentlicht in Lecture Notes in Computer Science (LNCS) **72**, Springer-Verlag Berlin etc. [Herausgeber: Ng; ISBN 3-540-09519-5]

EUROSAM-84    *International Symposium on Symbolic and Algebraic Computation*, Cambridge (England), 9.-11. Juli 1984. Veröffentlicht in Lecture Notes in Computer Science (LNCS) **174**, Springer-Verlag Berlin etc. [Herausgeber: Fitch, J.; ISBN 3-540-13350-X]

ISSAC-88    *International Symposium on Symbolic and Algebraic Computation* der ACM, Rom (Italien), 4.-8. Juli 1988. Veröffentlicht in Lecture Notes in Computer Science (LNCS) **358**, Springer-Verlag Berlin etc. [Herausgeber: Gianni, P.; ISBN 3-540-51084-2]

ISSAC-89    *International Symposium on Symbolic and Algebraic Computation* der ACM, Portland (Oregon,USA), 17.-19. Juli 1989. Veröffentlicht als Proceedings-Band bei ACM-Press. [ISBN 0-89791-325-6]

ISSAC-90    *International Symposium on Symbolic and Algebraic Computation* bzw. *2. International Joint Conference (IJC-2) zusammen mit Applied algebra, algebraic algorithms and error-correcting codes (AAECC-8)* der ACM, Tokyo (Japan), 20.-24 August 1990. Veröffentlicht als Proceedings-Band bei ACM-Press. [Herausgeber: Watanabe, S.; Nagata, M.; ISBN 0-89791-401-5]

ISSAC-91    *International Symposium on Symbolic and Algebraic Computation* der ACM, Bonn (Deutschland), 15.-17. Juli 1991. Veröffentlicht als Proceedings-Band bei ACM-Press. [Herausgeber: Watt, S.M.; ISBN 0-89791-437-6]

ISSAC-92    *International Symposium on Symbolic and Algebraic Computation* der ACM, Berkeley (California, USA), 27.-29 Juli 1992. Veröffentlicht als Proceedings-Band bei ACM-Press. [Herausgeber: Wang, P.; ISBN 0-89791-489-9]

ISSAC-93    *International Symposium on Symbolic and Algebraic Computation* der ACM, Kiew (Ukraine), 6.-8 Juli 1993. Veröffentlicht als Proceedings-Band bei ACM-Press. [Herausgeber: Bronstein, M.; ISBN 0-89791-604-2]

ISSAC-94    *International Symposium on Symbolic and Algebraic Computation* der ACM, Oxford (Großbrittannien), 20.-22 Juli 1994. Veröffentlicht als Proceedings-Band bei ACM-Press. [Herausgeber: von zur Gathen, J. et al., ISBN 0-89791-638-7]

ISSAC-95    *International Symposium on Symbolic and Algebraic Computation* der ACM, Montreal (Kanada), 10.-12. Juli 1995. Veröffentlicht als Proceedings-Band bei ACM-Press. [Herausgeber: Levelt, A.; ISBN 0-89791-699-9]

ISSAC-96    *International Symposium on Symbolic and Algebraic Computation* der ACM, Zürich (Schweiz), 24.-26. Juli 1996. Veröffentlicht als Proceedings-Band bei ACM-Press. [Herausgeber: Lakshman, Y.N.; ISBN 0-89791-796-0]

ISSAC-97      *International Symposium on Symbolic and Algebraic Computation* der
              ACM, Maui (HI, USA), 21.-23. Juli 1997. Veröffentlicht als Procee-
              dings-Band bei ACM-Press. [Herausgeber: Küchlin, W.; ISBN 0-89791-
              875-4]

ISSAC-98      *International Symposium on Symbolic and Algebraic Computation* der
              ACM, Rostock (Deutschland), 13.-15. August 1998. Veröffentlicht als
              Proceedings-Band bei ACM-Press. [Herausgeber: Gloor, O.; ISBN 1-
              58113-002-3])

ISSAC-99      *International Symposium on Symbolic and Algebraic Computation* der
              ACM, Vancouver (Kanada), 28.-31. Juli. Veröffentlicht als Proceedings-
              Band bei ACM-Press. [Herausgeber: Dooley, S.; ISBN 1-58113-073-2])

ISSAC-2000    *International Symposium on Symbolic and Algebraic Computation* der
              ACM, St. Andrews (Schottland), 2000. Veröffentlicht als Proceedings-
              Band bei ACM-Press. [Herausgeber: Traverso, C.; ISBN 1-58113-218-2])

ISSAC-2001    *International Symposium on Symbolic and Algebraic Computation* der
              ACM, London (Ontario, Kanada), 2001. Veröffentlicht als Proceedings-
              Band bei ACM-Press. [Herausgeber: Kaltofen, E.; Villard, G.; ISBN
              1-58113-417-7])

ISSAC-2002    *International Symposium on Symbolic and Algebraic Computation* der
              ACM, Lille (Frankreich), 7.-10. Juli 2002. Veröffentlicht als Procee-
              dings-Band bei ACM-Press. [Herausgeber: Giusti, M.; ISBN 1-58113-
              484-3])

ISSAC-2003    *International Symposium on Symbolic and Algebraic Computation* der
              ACM, Philadelphia (USA), 3.-6. August 2003. Veröffentlicht als Procee-
              dings-Band bei ACM-Press. [Herausgeber: Hoon Hong; ISBN 1-58113-
              641-2])

MACSYMA-77    *MACSYMA Users' Conference*, Berkeley (California, USA), 27.-29. Juli
              1977. Veröffentlicht vom MIT.[Herausgeber: Fateman R.J. et al.

MACSYMA-79    *MACSYMA Users' Conference*, Washington (D.C, USA), 20.-22. Juni
              1979. Veröffentlicht vom MIT.[Herausgeber: Lewis, V.E.]

MACSYMA-84    *MACSYMA Users' Conference*, New York (USA), 23.-25. Juli 1984. Ver-
              öffentlicht vom MIT.[Herausgeber: Golden, V.E.; Hussain, M.A.]

OXFORD-67     *Conference on Computational Problems in Abstract Algebra (Leech,
              J. ed.)*, Oxford, England, 29. August-2. September 1967. Veröffentlicht
              Pergamon Press, Oxford.

SYMSAC-66     *Symposium on Symbolic and Algebraic Computation* der ACM, , 1966.
              Veröffentlicht als Proceedings-Band bei ACM-Press.

SYMSAC-71     *Symposium on Symbolic and Algebraic Computation* der ACM, Los
              Angeles (USA), 23.-25. März 1971. Veröffentlicht als Proceedings-Band
              bei ACM-Press. [Herausgeber: Petrick, S.R.]

SYMSAC-76     *Symposium on Symbolic and Algebraic Computation* der ACM, York-
              town Heights (New York, USA), 10.-12. August 1976. Veröffentlicht als
              Proceedings-Band bei ACM-Press. [Herausgeber: Jenks, R.D.]

SYMSAC-81     *Symposium on Symbolic and Algebraic Computation* der ACM, Snow-
              bird (Utah, USA), 5.-8. August 1981. Veröffentlicht als Proceedings-
              Band bei ACM-Press. [Herausgeber: Wang, P.S.; ISBN 0-89791-047-8]

SYMSAC-86     *Symposium on Symbolic and Algebraic Computation* der ACM, Wa-
              terloo (Kanada), 21.-23. Juli 1986. Veröffentlicht als Proceedings-Band
              bei ACM-Press. [Herausgeber: Char, B.W.; ISBN 0-89791-199-7]

# Index

Mathematische Abkürzungen, wie etwa $\mathrm{Mon}(X;p)$, die sich alphabetisch einsortieren lassen, finden sich unter dem entsprechenden Buchstaben. Nicht alphabetisch einzusortierende Symbole. wie etwa $\longrightarrow$ sind unter dem Stichpunkt Symbole aufgelistet. Die Seitenzahlen von Algorithmen sind durch den Schrifttyp `typewriter` gekennzeichnet, die von mathematischen Symbolen sind *schräggestellt*.